Grundlehren der
mathematischen Wissenschaften 10

A Series of Comprehensive Studies in Mathematics

J. A. Schouten

Der Ricci-Kalkül

Eine Einführung in die neueren
Methoden und Probleme der
mehrdimensionalen Differentialgeometrie

Springer-Verlag Berlin Heidelberg GmbH

ISBN 978-3-662-06546-4 ISBN 978-3-662-06545-7 (eBook)
DOI 10.1007/978-3-662-06545-7

AMS Subject Classifications (1970): 53 C65

Ursprünglich erschienen bei Julius Springer in Berlin 1924
Reprinted in India by Rekha Printers Private Limited, New Delhi

NY/3014-54321

DIE GRUNDLEHREN DER

MATHEMATISCHEN WISSENSCHAFTEN

IN EINZELDARSTELLUNGEN MIT BESONDERER BERÜCKSICHTIGUNG DER ANWENDUNGSGEBIETE

GEMEINSAM MIT

W. BLASCHKE
HAMBURG

M. BORN
GÖTTINGEN

C. RUNGE
GÖTTINGEN

HERAUSGEGEBEN VON

R. COURANT
GÖTTINGEN

BAND X

DER RICCI-KALKÜL

VON

J. A. SCHOUTEN

Springer-Verlag Berlin Heidelberg GmbH

1924

DER RICCI-KALKÜL

EINE EINFÜHRUNG IN DIE NEUEREN METHODEN UND PROBLEME DER MEHRDIMENSIONALEN DIFFERENTIALGEOMETRIE

VON

J. A. SCHOUTEN

ORD. PROFESSOR DER MATHEMATIK
AN DER TECHNISCHEN HOCHSCHULE
DELFT IN HOLLAND

MIT 7 TEXTFIGUREN

Springer-Verlag Berlin Heidelberg GmbH

1924

HERRN PROFESSOR

DR. GREGORIO RICCI CURBASTRO

IN PADUA

DEM BEGRÜNDER
DES ABSOLUTEN DIFFERENTIALKALKÜLS
ZU SEINEM SIEBZIGSTEN GEBURTSTAGE
AM 12. JANUAR 1923

GEWIDMET VOM VERFASSER

Vorwort.

Bei der Herausgabe dieses Buches möchte ich an dieser Stelle Herrn *L. Berwald* in Prag, Herrn *D. J. Struik* in Delft und Herrn *R. Weitzenböck* in Blaricum, die mich durch das Mitlesen der Korrekturen sowie durch viele wichtige Bemerkungen aufs wirksamste unterstützt haben, meinen verbindlichsten Dank aussprechen.

Einen freundschaftlichen Gruß dem mathematischen Kreise in Hamburg, wo es mir vergönnt war, im Sommersemester dieses Jahres über die mehrdimensionale Affingeometrie zu lesen. Manche anregende Bemerkung zum vierten Abschnitt brachte mir diese schöne Zeit, die mir immer in freudiger Erinnerung bleiben wird.

Der Verlagsbuchhandlung Julius Springer meinen besonderen Dank für die sorgfältige Behandlung der Korrekturen, die mir die sauere Arbeit des Korrigierens fast zu einer Freude machte.

Delft, im Dezember 1923.

J. A. Schouten.

Inhaltsverzeichnis.

III. Die Integrabilitätsbedingungen der Differentialgleichungen.

IV. Die affine Übertragung.

V. Die Riemannsche Übertragung.

VI. Die Weylsche Übertragung.

VII. Die invariante Zerlegung einer Größe höheren Grades.

Einleitung.

Der 1887 von *Ricci*[1]) geschaffene „absolute Differentialkalkül" bildet ein treffendes Beispiel einer mathematischen Disziplin, die lange Zeit völlig unbeachtet bleibt und dann, durch zufällige Umstände in die breite Öffentlichkeit gelangt, sich fortan einer allgemeinen Beliebtheit erfreut. Zwar wurde der Riccikalkül durch die zusammenfassende gemeinschaftliche französische Arbeit von *Ricci* und *Levi-Civita*[2]) im Jahre 1901 etwas mehr bekannt, es war aber erst die neuere Relativitätstheorie, die das Interesse für die allgemeine *Riemann*sche mehrdimensionale Differentialgeometrie und damit für den von *Ricci* geschaffenen Rechenapparat bei zahllosen Mathematikern und Physikern wach rief. Es zeigte sich da nicht nur, daß die Schöpfung des italienischen Meisters ein ausgezeichnetes Instrument für die Behandlung der *Riemann*schen Geometrie darstellte, vielmehr wurde auch klar, daß der Kalkül, mit einigen kleinen äußerlichen Abänderungen und Ergänzungen, imstande war, die neueren, sich auf die allgemeine Theorie der Übertragungen aufbauenden Differentialgeometrien vollständig zu beherrschen.

Es ist nun merkwürdig, daß über eine mathematische Disziplin, die so in allen Händen ist, bis jetzt kein Buch existiert, das eine möglichst vollständige und zusammenfassende Darstellung der Hauptsätze mit den wichtigsten Anwendungen bringt. Die meisten Autoren, die den Riccikalkül verwenden, bringen selbst als Einleitung eine kurze, notwendig gedrängte und unvollständige Übersicht. Zahllose wichtige Sätze und Eigenschaften sowie Angaben über den Zusammenhang mit anderen Disziplinen finden sich zerstreut in der Literatur und sind keineswegs Gemeingut aller Autoren, die den Kalkül verwenden. Wo ein Autor aber nicht die volle Übersicht über alle Möglichkeiten seines Rechenapparates hat, wird der Nutzeffekt des Apparates bedeutend geringer. Unschöne und unnötig lange Beweise von Teilsätzen treten ad hoc irgendwo in den Anwendungen auf und könnten oft durch einfache Anwendung eines Fundamentaltheorems ersetzt werden. Lücken in der allgemeinen Theorie werden überbrückt durch verwickelte, nicht kovariante Zwischenrechnungen, die sich bei richtigem Gebrauch des

[1]) 1887, 1, vgl. auch 1886, 1. [2]) 1901, 1.

Kalküls ganz vermeiden ließen. Die Zeichen $\left\{ {\lambda \mu \atop \nu} \right\}$, die sich im Riccikalkül bei Problemen allgemeiner Art stets durch Verwendung der kovarianten Differentation vermeiden lassen, häufen sich, wo dem Autor die entsprechenden Sätze dieser Differentiation nicht zu Gebote stehen, und es tritt überhaupt eine gewisse Ungelenkigkeit auf, die das Ganze stört.

Diese Mängel soll das vorliegende Buch beseitigen. Es soll den Leser also möglichst vollständig in die Handgriffe des Kalküls einführen, was in den ersten drei Abschnitten geschieht, und ihn dann in den folgenden Abschnitten eine Übersicht verschaffen über einige Anwendungsgebiete, einerseits zur Übung, andererseits zur Einführung in diese Gebiete selbst.

Der erste Abschnitt enthält eine Darstellung des algebraischen Teiles des Kalküls. Es wird eine euklidischaffine Mannigfaltigkeit zugrunde gelegt, die durch Anwendung des Übertragungsprinzips definiert ist. Die gerade für den Differentialgeometer so wichtige geometrische Deutung der einzelnen Größen bei verschiedenen zugrunde gelegten Gruppen wird eingehend erörtert. Einige Paragraphen sind den Beziehungen zwischen Größen zweiten Grades und linearen Transformationen und zwischen alternierenden Größen und infinitesimalen Drehungen gewidmet. Auch die Sätze über lineare Abhängigkeit und über die Dimensionenzahl von symmetrischen und alternierenden Größen sind berücksichtigt. Der Abschnitt schließt mit dem Übergang von der affinen Mannigfaltigkeit zur Mannigfaltigkeit mit beliebiger Übertragung.

Der zweite Abschnitt bringt den analytischen Teil des Kalküls. Es wird dabei erst die allgemeinste lineare Übertragung behandelt und gezeigt, wie diese sich mit Hilfe von drei Feldern dritten Grades festlegen läßt. Erst dann werden aus dieser allgemeinsten Übertragung die weniger allgemeinen Übertragungen durch Spezialisierung gewonnen. Die Krümmungsgrößen und ihre Eigenschaften werden in derselben Weise behandelt. Der Abschnitt schließt mit der Erweiterung der *Gauß*schen und *Stokes*schen Integralsätze, erst für die allgemeinste Übertragung, dann für Spezialfälle.

Die für Theorie und Anwendungen wichtigsten Sätze sind wohl die über die Integrabilitätsbedingungen von Systemen von Differentialgleichungen. Diesen Sätzen ist der dritte Abschnitt gewidmet. Den Abschluß bildet das *Pfaff*sche Problem, das sich mit Hilfe des Riccikalküls sehr schön und übersichtlich behandeln läßt. In diesem Abschnitt vollzieht sich schon der Übergang zu den Anwendungen.

Die drei folgenden Abschnitte enthalten Anwendungen auf verschiedene spezielle Übertragungen. Es mußte dabei eine Auswahl getroffen werden, und es sind gerade die Übertragungen gewählt, die augenblicklich im Mittelpunkte des Interesses stehen, die *Riemann*sche Übertragung, die affine Übertragung und die *Weyl*sche Übertragung.

Die *Riemann*sche Übertragung bildet den Gegenstand des vierten Abschnittes, und dieser Abschnitt enthält demnach einige der Hauptsätze der n-dimensionalen Differentialgeometrie mit quadratischem Fundamentaltensor (Geometrie der V_n). Es sind namentlich die schon früh von *Ricci* untersuchten n-fachen Orthogonalsysteme und die Krümmungseigenschaften einer V_m in V_n berücksichtigt. Bei der Auswahl der Gegenstände ist danach gestrebt, daß dieser Abschnitt und die „Grundzüge der mehrdimensionalen Differentialgeometrie" von *Struik*[1]) einander möglichst ergänzen. So ist z. B. die Theorie der Krümmung einer Kurve der V_n, die in dem erwähnten Buche ausführlich zur Darstellung gelangte, hier nicht behandelt worden und auf den sechsten Abschnitt verschoben, wo die Behandlung direkt für den allgemeineren Fall der *Weyl*schen Geometrie erfolgt.

Der fünfte Abschnitt behandelt die (nicht euklidische) affine Geometrie (Geometrie der A_n). Ausgangspunkt bildet die Theorie der bahntreuen Transformationen, die zum Begriffe der Projektivkrümmung führt. Die in den letzten Jahren durch die Arbeiten von *Blaschke, Pick, Radon* u. a. in den Vordergrund getretene Affingeometrie ist ein Spezialfall der in diesem Abschnitte behandelten Geometrie einer A_{n-1} in A_n. Der Abschnitt schließt mit einigen Sätzen über die A_m in A_n.

Der sechste Abschnitt behandelt die *Weyl*sche Geometrie (Geometrie der W_n). Hauptgegenstand dieses Abschnittes bilden die Krümmungseigenschaften einer W_m in W_n.

Überall, wo Größen höheren Grades auftreten, ist die Frage nach der invarianten Zerlegung einer Größe oder, was das selbe ist, die Frage nach den linearen Kovarianten mit weniger Bestimmungszahlen als die Größe selbst, von großer Wichtigkeit. Die korrespondierende Zerlegung der zur Größe gehörigen algebraischen Formen nennt man in der Invariantentheorie Reihenentwicklung. Der siebente Abschnitt bringt die vollständige invariante Zerlegung einer kovarianten oder kontravarianten Größe beliebigen Grades bei der affinen Gruppe. Es wird damit gleichzeitig die Theorie der Reihenentwicklungen algebraischer Formen mit nur kontravarianten oder nur kovarianten Variablen zu einem gewissen Abschluß gebracht. Der Abschnitt schließt mit der weitergehenden Zerlegung bei der orthogonalen Gruppe.

Die Abweichungen, die der Verfasser sich in diesem Buche wie in seinen sonstigen Arbeiten von der ursprünglichen *Ricci*schen Schreibweise erlaubt hat, beziehen sich auf sechs Punkte, die hier aufgezählt und erläutert werden sollen:

1. Bezeichnung der gemischten Größen. Eine gemischte Größe wurde ursprünglich mit oberen und unteren Indizes übereinander geschrieben, z. B. $v_{\mu\nu}^{\varkappa\lambda}$. Dazu hat man das Prinzip des Herauf- und Herunterziehens mit Hilfe des Fundamentaltensors eingeführt, wodurch

[1]) 1922, 5.

Zweideutigkeit entstand, da $v^{\alpha}_{\mu\nu\omega}$ bedeuten konnte $g_{\omega\lambda}\, v^{\alpha\lambda}_{\mu\nu}$, aber auch $g_{\omega\varkappa}\, v^{\varkappa\alpha}_{\mu\nu}$. Bei *Ricci* selbst hat dies nie zu Fehlern Anlaß gegeben, da er das Prinzip des Herauf- und Herunterziehens niemals verwendete. Es sind nun verschiedene Schreibweisen vorgeschlagen worden, diesen Übelstand zu beseitigen, z. B. $v^{0\,0\,\varkappa\lambda}_{\mu\nu\,0\,0}$ und $v_{\mu\nu}{}^{\varkappa\lambda}$. Im folgenden werden wir die Schreibweise $v_{\mu\nu}^{\cdot\cdot\,\varkappa\lambda}$ verwenden, die einfacher ist als $v^{0\,0\,\varkappa\lambda}_{\mu\nu\,0\,0}$ und in Schrift weniger zu Verwechslungen Anlaß gibt als $v_{\mu\nu}{}^{\varkappa\lambda}$.

2. Bezeichnung der Alternation und der Mischung. Bei den Rechnungen kommt es überaus häufig vor, daß man von einer Größe über eine bestimmte Anzahl von Indizes den alternierenden oder symmetrischen Teil zu nehmen hat. *Bach*[1]) hatte vorgeschlagen, eine symmetrische oder alternierende Größe darzustellen mit Hilfe von runden oder eckigen Klammern, die die Indizes einschließen, z. B. $v_{(\lambda\mu)}$, $w_{[\lambda\mu]}$. Diesen Vorschlag erweiternd, hat der Verfasser die Klammern zur Andeutung des symmetrischen bzw. alternierenden Teiles einer Größe bzw. einer Gruppe von Indizes verwendet. Es bedeutet also z. B. $v_{[\lambda\mu]}$ den alternierenden Teil von $v_{\lambda\mu}$, also $\frac{1}{2}(v_{\lambda\mu} - v_{\mu\lambda})$ und $K_{[\omega\mu\lambda]}^{\cdot\cdot\cdot\,\nu}$ die Größe, die aus $K_{\omega\mu\lambda}^{\cdot\cdot\cdot\,\nu}$ durch Alternieren über $\omega\mu\lambda$ entsteht, also

$$\tfrac{1}{6}\left(K_{\omega\mu\lambda}^{\cdot\cdot\cdot\,\nu} + K_{\mu\lambda\omega}^{\cdot\cdot\cdot\,\nu} + K_{\lambda\omega\mu}^{\cdot\cdot\cdot\,\nu} - K_{\mu\omega\lambda}^{\cdot\cdot\cdot\,\nu} - K_{\omega\lambda\mu}^{\cdot\cdot\cdot\,\nu} - K_{\lambda\mu\omega}^{\cdot\cdot\cdot\,\nu}\right).$$

Mit Hilfe dieser Schreibweisen lassen sich viele Formeln bedeutend kürzen.

3. Einführung idealer Faktoren. In der Invariantentheorie ist es gebräuchlich, mit Hilfe der *Aronhold-Clebsch*schen Symbole allgemeine Formen als Produkte von idealen Linearformen zu schreiben. Dies läßt sich unmittelbar auf den Riccikalkül übertragen, indem man z. B. $v_{\varkappa\lambda\nu}$ als Produkt der drei idealen Vektoren $\overset{1}{v}_{\varkappa}, \overset{2}{v}_{\lambda}, \overset{3}{v}_{\nu}$ schreibt: $\overset{1}{v}_{\varkappa}\overset{2}{v}_{\lambda}\overset{3}{v}_{\mu}$. Mit Hilfe dieser Schreibweise gelingt es, die kovariante Differentiation besonders einfach zu behandeln.

4. Symbol der kovarianten Differentiation. Die kovariante Differentiation wird bei *Ricci* angedeutet durch Hinzufügung eines Indexes rechts. Es ist also z. B. $v_{\lambda\mu}$ die „Erweiterung"[2]) von v_λ. Verschiedene Autoren haben es als eine Schwierigkeit empfunden, daß man durch diese Schreibweise den Buchstaben v ein für allemal für die Erweiterungen von v_λ festlegt, und man hat die Schwierigkeit zuerst umgangen, indem man sich einfach nicht an die Vorschrift hielt und z. B. unter $K_{\omega\mu\lambda\nu}$ etwas ganz anderes verstand als die vierte Ableitung einer in derselben Rechnung vorkommenden Größe K. Andere Autoren haben den Index, der durch Differentiation entsteht, abgetrennt, und es entstanden so die Schreibweisen $v_{\lambda,\mu}$, $v_{\lambda/\mu}$, $v_{\lambda/_{\mu}}$, $v_{\lambda(\mu)}$. Nun tritt aber z. B. bei der Behandlung einer V_m, die in einer V_n eingebettet ist, eine

---

[1]) 1921, 6, S. 113.

[2]) Bei *Ricci* „derivazione covariante".

Schwierigkeit hinzu. In der V_n ist eine Übertragung definiert, und diese induziert eine andere Übertragung in die V_m. Zu jeder Übertragung gehört eine kovariante Differentiation und man kann nicht für beide dieselbe Schreibweise verwenden. Dieselbe Schwierigkeit tritt in verstärktem Maße auf, sobald man mit allgemeineren Übertragungen arbeitet, da dann schon in der n-dimensionalen Mannigfaltigkeit verschiedene kovariante Differentiationen nebeneinander auftreten können. Man kann sich da gelegentlich einmal helfen mit Schreibweisen wie die in der Literatur vorkommenden $\frac{v_\lambda}{\mu}$, $v_{\lambda/\mu}$ und $v_{\lambda(\mu)}$, $v_{\lambda((\mu))}$, aber, abgesehen von der Schwerfälligkeit solcher Bezeichnungen, ist damit das Problem nicht in einer für alle Fälle brauchbaren Weise gelöst. Die einzige Möglichkeit ist, den differenzierenden Index an ein besonderes Differentiationssymbol festzukoppeln. Die Wahl des Symbols ist gleichgültig, das Zeichen ∇ hat aber wohl historisch die meiste Berechtigung. Ein solches Symbol muß man dann, um sich dem allgemeinen Brauch in der Analysis anzupassen, an die linke Seite der zu differenzierenden Größe stellen, und es ergibt sich also z. B. für die kovariante Ableitung von v_λ die Bezeichnung $\nabla_\mu v_\lambda$. Gibt es nun mehrere kovariante Differentiationen, so hat man die Möglichkeit, diese durch Akzente oder Zahlenindizes, die dem Zeichen ∇ angehängt werden, zu unterscheiden, ∇, ∇', ∇'', $\overset{0}{\nabla}$, $\overset{1}{\nabla}$, $\overset{2}{\nabla}$, ..., und die Schwierigkeit ist damit vollständig und für alle Fälle beseitigt. Für das kovariante Differential ist das von *Hessenberg* vorgeschlagene Zeichen δ verwendet, das ebenfalls mit Akzenten oder Indizes versehen werden kann.

5. Orthogonale Bestimmungszahlen. Neben den kovarianten und kontravarianten Bestimmungszahlen werden wir bei der *Riemann*schen Geometrie auch orthogonale Bestimmungszahlen verwenden, die sich nicht auf ein System von Urvariabeln, sondern auf ein Orthogonalnetz beziehen. Im Gegensatz zu den zu den Urvariablen gehörigen Bestimmungszahlen, die stets mit griechischen Buchstaben bezeichnet werden, schreiben wir für die anderen Bestimmungszahlen, also z. B. für die orthogonalen, stets lateinische Buchstaben. Über griechische Indizes, die doppelt vorkommen, wird, wie jetzt allgemein gebräuchlich ist, stets summiert. Über lateinische Indizes wird nur summiert, wo dies durch ein Summenzeichen angegeben ist, da es gerade bei diesen Indizes sehr häufig vorkommt, daß man keine Summation wünscht.

6. Andere Indizes. Die Formeln des Riccikalküls werden oft recht unübersichtlich, wenn man Indizes zu verwenden hat, die keinen kovarianten, kontravarianten oder orthogonalen Charakter haben, und wenn man dann diese Indizes an derselben Stelle schreibt, wo die kovarianten und orthogonalen Indizes hingehören, d. h. rechts unten.

Dieser Übelstand wird vermieden, wenn man konsequent an der Regel festhält, daß die Stellen rechts oben und unten nur für kovariante, kontravariante und orthogonale Indizes zu verwenden sind, und daß alle anderen Indizes an anderen Stellen, z. B. über oder unter den Buchstaben, anzubringen sind.

7. Bezeichnung nicht-invarianter Parameter. In der Rechnung treten oft Parameter mit Indizes auf, die nicht Bestimmungszahlen von Größen sind. Solche Parameter bezeichnen wir stets mit griechischen Buchstaben, z. B. $\Gamma_{\lambda\mu}^{\nu}$. Zwischen den Indizes oben und unten braucht hier keine Reihenfolge beachtet zu werden, da das Herauf- und Herunterziehen von Indizes bei solchen Parametern überhaupt zu vermeiden ist. Wirkliche Größen werden dagegen, sofern sie keine Skalare sind, stets mit lateinischen Buchstaben geschrieben, z. B. $R_{\omega\mu\lambda}^{\cdot\cdot\cdot\nu}$, $K_{\mu\lambda}$. Nur für Zahlgrößen bleiben beide Alphabete erlaubt, z. B. λ, σ, p, s.

Im übrigen ist ganz die *Ricci*sche Schreibweise verwendet. Die Änderungen sind also in der Tat nur äußerlich; sie entstanden aus der Praxis der Rechnung heraus in Wechselwirkung mit der Eröffnung neuer Forschungsgebiete und sie tasten das Wesen der Methode nirgends an.

Anfänger klagen oft über die „vielen Indizes", die die Formeln unübersichtlich und schwer verständlich machen sollen. Es gibt nun, solange es sich um Probleme allgemeiner Art handelt, d. s. Probleme, die nicht der Einführung eines bestimmten Koordinatensystems bedürfen, einen Weg, diese Indizes zu vermeiden. Man braucht nur eine direkte Analysis zu verwenden, die mit den Größen selbst und nicht mit ihren Bestimmungszahlen arbeitet, wie sie der Verfasser 1918 ausgebildet und seitdem bedeutend vereinfacht und verbessert hat[1]). Da jede Formel des Riccikalküls sich in eine Formel der direkten Analysis umsetzen läßt, kann man in der Tat bei allen allgemeinen Problemen die Indizes los werden. Das ist einerseits nicht zu unterschätzen, andererseits aber auch nicht zu hoch anzuschlagen. Erstens muß bemerkt werden, daß die Formeln des Riccikalküls ja eigentlich schon keine Koordinatenformeln mehr sind, da sie alle kovariant und demnach von jeder speziellen Wahl des Koordinatensystems unabhängig sind. Damit hängt zusammen, daß jedes einzelne Symbol des Riccikalküls bei Verwendung der *Bach*schen Klammern, der idealen Faktoren und des Differentiationssymbols unmittelbar mit einem Symbol der direkten Analysis korrespondiert. Zweitens ist darauf hinzuweisen, daß der Übergang zu den speziellen Problemen, die ein bestimmtes Koordinatensystem verlangen, vom Riccikalkül aus für den weniger geübten Leser leichter ist, da hier

[1]) 1918, 1; 1921, 2. Man vergleiche *Struik*, 1922, 5, wo diese direkte Analysis auf die verschiedensten Gebiete der *Riemann*schen Differentialgeometrie angewandt ist.

von vornherein schon Koordinatenformeln vorliegen. Beide Methoden haben ihre Vorzüge und ihre Gefahren. Wer sich nur mit der direkten Analysis vertraut macht, ist der Gefahr ausgesetzt, sich in reinem Formalismus zu verlieren. Wer dagegen nur den Koordinatenkalkül kennt, kann leicht, indem er nicht kovariante Rechnungen auch dort verwendet, wo sie nicht am Platze sind, seine Formeln dermaßen komplizieren, daß er das Ziel verfehlt.

Irgendein Konkurrenzstreit zwischen beiden Rechnungsarten braucht niemals zu bestehen. Es liegt im Wesen des menschlichen Geistes, daß es immer eine Denkrichtung geben wird, die dazu neigt, durch weitgehendes Symbolisieren die Denk- und Schreibarbeit möglichst zu erleichtern, und eine andere, die das leicht zum Formalismus führende Symbolisieren möglichst zu vermeiden wünscht. Beide haben, solange sie Maß halten, ihre Existenzberechtigung. Der beste Rat, den man geben könnte, wäre wohl der, beide Methoden nebeneinander zu studieren und dann nach eigenem Geschmack zu entscheiden, wo die eine, wo die andere zu verwenden ist[1]). Daß es dem Verfasser, der selbst eine direkte Analysis auf den mathematischen Markt brachte, mit diesem Rate ernst ist, mag wohl daraus hervorgehen, daß er sich gerade in dem vorliegenden Buch bemüht, dem Leser den Weg zur „Konkurrenz" möglichst zu ebnen.

Was die im Buche vorkommenden Literaturangaben betrifft, ist zu bemerken, daß diese sich nur beschränken auf das, was für den Leser besonders wissenswert ist. Es wäre dies auch überflüssig, wo es zwei Werke gibt, die in dieser Beziehung nichts zu wünschen übrig lassen, das oben genannte *Struik*sche Buch und den bald erscheinenden Encyklopädieartikel von *L. Berwald* über mehrdimensionale Differentialgeometrie[2]). Vollständigkeit ist nur angestrebt, was die Arbeiten von *Ricci* betrifft.

---

[1]) Man vergleiche *Schouten-Struik*, 1922, 6. Diese Arbeit, die eine Einführung in die neueren Methoden der *Riemann*schen Differentialgeometrie darstellt, enthält fast alle Formeln in doppelter Schreibweise und führt dem Leser also gleichzeitig beide Methoden vor.

[2]) Differentialinvarianten in der Geometrie. *Riemann*sche Mannigfaltigkeiten und ihre Verallgemeinerungen. Enc. d. m. W. III D 11.

Erster Abschnitt.

Der algebraische Teil des Kalküls.

§ 1. Die allgemeine Mannigfaltigkeit X_n.

Eine n-dimensionale Mannigfaltigkeit X_n ist der Inbegriff der Werte, welche n Variablen, die Urvariablen x^ν, $\nu = a_1, \ldots, a_n$[1]) annehmen können. Ein bestimmtes Wertsystem heiße Punkt. Wo nicht ausdrücklich das Gegenteil bemerkt ist, betrachten wir im folgenden nur reelle Werte der Urvariablen, und es enthält die X_n demnach ∞^n Punkte.

Eine Gleichung in den Urvariablen bestimmt eine X_{n-1}, die in der X_n enthalten ist. p solcher Gleichungen bestimmen im allgemeinen eine X_{n-p}. Eine X_1 heißt Kurve oder Linie, eine X_2 Fläche, eine X_{n-1} Hyperfläche. Eine X_m kann auch durch ein System von n Gleichungen gegeben werden, das m voneinander unabhängige Parameter enthält, die alle möglichen Werte annehmen können. So bestimmt das System

$$x^\nu = x^\nu(\alpha) \tag{1}$$

im allgemeinen eine Kurve, das System

$$x^\nu = x^\nu(\alpha, \beta) \tag{2}$$

im allgemeinen eine Fläche.

Die X_{n-1}, für die eine der Urvariablen konstant sind, heißen die Parameterhyperflächen dieser Variablen. Das System von ∞^{n-1}-Kurven, längs deren sich nur eine Urvariable ändert, heißt die Kongruenz der Parameterlinien dieser Variablen. Die n Systeme von Parameterhyperflächen der Urvariablen schneiden sich also in den n Kongruenzen der Parameterlinien.

Führt man durch die n Gleichungen

$$'x^\nu = {}'x^\nu(x^{a_1}, \ldots, x^{a_n}) \tag{3}$$

n neue Variable ein, so ist die Transformation (3) in jedem Punkte, wo die Funktionaldeterminante $\left|\frac{\partial\, 'x^\nu}{\partial x^\lambda}\right|$ nicht verschwindet, umkehrbar. Für alle diese Punkte lassen sich also die $'x^\nu$ ebensogut als Urvariable verwenden wie die x^ν. Wir verwenden nun im folgenden nur Trans-

[1]) Die griechischen Indizes durchlaufen die Werte $a_1, \ldots, a_n$ (für $n = 3$: a, b, c; für $n = 4$: a, b, c, d usw.) zur Unterscheidung von den lateinischen Indizes, die, wenn nicht ausdrücklich etwas anderes festgesetzt wird, die Werte $1, \ldots, n$ durchlaufen.

formationen, deren Funktionaldeterminante nur in den Punkten vereinzelter $X_p, p < n$ verschwindet, und setzen überdies, um allen funktionentheoretischen Schwierigkeiten zu entgehen, fest, daß nur stetige und hinreichend oft differenzierbare Funktionen zur Verwendung gelangen.

§ 2. Der Begriff der Übertragung.

Der Inbegriff der n Differentiale $d x^\nu$ der Urvariablen heißt Linienelement. Die dx^ν heißen seine Bestimmungszahlen. In jedem Punkte der X_n gibt es also ∞^n Linienelemente. Aus den Linienelementen in einem Punkte P lassen sich andere lineare Gebilde zusammenstellen, z. B. ein Flächenelement, allgemeiner ein X_p-Element. Zwei zum nämlichen Punkte gehörige Linienelemente lassen nur dann einen Größenvergleich zu, wenn ihre Bestimmungszahlen proportional sind. Man sagt dann, daß die Linienelemente dieselbe Richtung haben. Im übrigen hat die „Länge" eines Linienelementes noch gar keine Bedeutung.

Zwei Linienelemente oder zwei aus Linienelementen zusammengesetzte Gebilde, die zu verschiedenen Punkten der X_n gehören, lassen sich hier überhaupt noch nicht vergleichen, weder der Länge, noch der Richtung nach. Um einen solchen Vergleich zu ermöglichen, muß erst irgendein Übertragungsprinzip eingeführt werden, d. h. eine Vorschrift, der gemäß sich ein Linienelement oder ein aus Linienelementen zusammengesetztes Gebilde in P nach einem benachbarten Punkte übertragen läßt. Eine solche Übertragung bildet die wesentliche Grundbedingung einer jeden Differentialgeometrie und es gibt so viele Differentialgeometrien, als es verschiedene Arten der Übertragung gibt.

§ 3. Die euklidischaffine Mannigfaltigkeit E_n.

Die denkbar einfachste Übertragung wird erhalten, indem man festsetzt, daß ein Linienelement $d x^\nu$ in P nach einem beliebigen Punkte Q übertragen wird, indem man in Q das Element mit den gleichen Bestimmungszahlen bildet. Ferner soll irgendein anderes Gebilde, etwa ein X_p-Element in P nach Q übertragen werden, indem man die Linienelemente, welche das Gebilde zusammensetzen, nach Q überträgt. Die beiden Gebilde heißen im Sinne der definierten Übertragung parallel.

Führt man nun vermittels (3) neue Urvariable $'x^\nu$ ein, so transformieren sich die $d x^\nu$ linear homogen:

(4a) $$d'x^\nu = \sum_{\lambda}^{a_1 \ldots a_n} \frac{\partial' x^\nu}{\partial x^\lambda} d x^\lambda ,$$

oder einfacher:

(4b) $$d'x^\nu = \frac{\partial' x^\nu}{\partial x^\lambda} d x^\lambda ,$$

wenn wir festsetzen, daß über griechische Indizes, die in einem Term gerade zweimal vorkommen, stets von a_1 bis a_n summiert werden soll, auch wenn das Summenzeichen nicht ausdrücklich hinzugeschrieben wird. Aus (4) geht hervor, daß die Transformation der Bestimmungszahlen eines Linienelementes in einem Punkte P eine ganz andere ist als die in einem anderen Punkte Q, da ja die Differentialquotienten $\frac{\partial' x^\lambda}{\partial x^\lambda}$ im allgemeinen in diesen beiden Punkten nicht gleich sind. Daraus folgt aber, daß bei der in bezug auf die x^ν definierten parallelen Übertragung zwar die dx^ν, nicht aber die $d'x^\nu$ ungeändert bleiben. Wir haben also durch die oben in bezug auf die x^ν gewählte Definition den Urvariablen x^ν einen Vorzug verliehen anderen Systemen von Urvariablen gegenüber. Es gibt jedoch Systeme $'x^\nu$, die sich derselben einfachen Eigenschaft erfreuen wie die x^ν. Es sind dies alle diejenigen Systeme, die aus den x^ν durch eine lineare Transformation erzeugt werden können:

$$'x^\nu = P^\nu_\lambda x^\lambda + R^\nu, \tag{5}$$

Gleichungen, in denen die n^2 Koeffizienten P^ν_λ sowie die n Koeffizienten R^ν von den x^ν unabhängig sind. Denn für die Transformationen dieser Art und nur für diese ist $\frac{\partial' x^\nu}{\partial x^\lambda} = P^\nu_\lambda$ und also vom Ort in der X_n unabhängig.

Man könnte nun in viel allgemeinerer Weise, als es oben geschehen ist, irgendeine Übertragung der Linienelemente festlegen, und sich die Frage vorlegen, ob es etwa Systeme von Urvariablen gibt, in bezug auf welche die einfache Regel der Erhaltung der Bestimmungszahlen gültig ist. Im folgenden werden wir ein einfaches Kriterium zur Beantwortung dieser Frage finden. Vorgreifend bemerken wir schon jetzt, daß die Antwort im allgemeinen verneinend lautet. Liegt aber der spezielle Fall vor, daß die Antwort eine bejahende ist, so nennen wir die X_n eine euklidisch-affine Mannigfaltigkeit, E_n, und die bevorzugten Systeme von Urvariablen kartesische Systeme oder kartesische Koordinaten. In einer E_n hat es einen Sinn, von einer Richtung überhaupt zu reden ohne Bezugnahme auf irgendeinen Punkt. Denn es läßt sich ja jede Richtung in einem Punkte in eindeutiger Weise nach jedem anderen Punkte der E_n parallel übertragen. Aus demselben Grunde lassen sich parallele Linienelemente in einer E_n der Länge nach vergleichen.

Es werde jetzt in einer E_n eine X_m betrachtet, die in kartesischen Koordinaten durch n lineare Gleichungen mit m Parametern bestimmt ist. Durch Elimination der m Parameter entstehen $n - m$ linear unabhängige lineare Gleichungen, die ebenfalls die X_m bestimmen. Durch eine lineare Transformation gehen wir zu anderen kartesischen Koordinaten $'x^\nu$ über, so daß $'x^{a_{m+1}}, \ldots, 'x^{a_n}$ auf der X_m Null sind. Dann ist durch die Übertragung der E_n auch in der X_m eine Übertragung festgelegt. Denn irgendein Linienelement der X_m ist dadurch ausgezeichnet, daß seine Bestimmungszahlen $d'x^{a_{m+1}}, \ldots, d'x^{a_n}$ verschwinden. Bei paralleler Übertragung von einem Punkte P nach einem Punkte Q der X_m bleiben diese $n - m$ Bestimmungszahlen Null, während die anderen

m sich nicht ändern. Das übertragene Linienelement ist also wiederum Linienelement der X_m und die Urvariablen $'x^{a_1}, \ldots, 'x^{a_m}$ bilden dazu ein System, in bezug auf welches die Bestimmungszahlen bei Übertragung erhalten bleiben, d. h. also ein kartesisches System. Die X_m ist also eine E_m. Wir haben demnach den Satz erhalten:

In einer E_n bestimmen $n - m$ linear unabhängige lineare Gleichungen in kartesischen Koordinaten eine E_m.

Eine E_1 heiße Gerade, eine E_2 Ebene, eine E_{n-1} Hyperebene. Die Parameterhyperflächen eines kartesischen Koordinatensystems sind also Hyperebenen, die Parameterlinien sind Geraden.

Die Grundzüge der Geometrie der E_n, der euklidischaffinen Geometrie, wären damit aus dem Übertragungsprinzip heraus gewonnen. Man erhält nun ja bekanntlich diese Geometrie auch auf einem anderen Wege, indem man in der projektiven Geometrie eine bestimmte ebene $(n - 1)$-dimensionale Mannigfaltigkeit als unendlich ferne Hyperebene wählt. Wir könnten also hier die Hauptsätze der euklidischaffinen Geometrie als hinreichend bekannt voraussetzen. Einige wenige Sätze, die im folgenden oft verwendet werden, sollen hier aber doch erwähnt werden.

Eine Gerade durch den Punkt $\underset{0}{x}^\nu$ kann in kartesischen Koordinaten gegeben werden durch die n linearen Gleichungen

$$x^\nu = \underset{0}{x}^\nu + \alpha\, v^\nu \tag{6}$$

mit dem Parameter α. Aus dieser Gleichung geht hervor, daß die Gerade entsteht, indem das Linienelement in $\underset{0}{x}^\nu$, dessen Bestimmungszahlen den v^ν proportional sind, immer in der eigenen Richtung parallel verschoben wird.

Die n linearen Gleichungen

$$x^\nu = \underset{0}{x}^\nu + \alpha\, \underset{1}{v}^\nu + \beta\, \underset{2}{v}^\nu \tag{7}$$

mit den zwei Parametern α und β bestimmen eine Ebene durch $\underset{0}{x}^\nu$, vorausgesetzt, daß die durch die $\underset{1}{v}^\nu$ bzw. $\underset{2}{v}^\nu$ bestimmten Richtungen nicht parallel, die $\underset{1}{v}^\nu$ also nicht den $\underset{2}{v}^\nu$ proportional sind. Die Ebene enthält die beiden Richtungen, ihre Stellung in der E_n heißt 2-Richtung.

In derselben Weise ist eine E_m eindeutig bestimmt durch einen Punkt und m unabhängige Richtungen, das sind Richtungen, die nicht in einer E_{m-1} enthalten sind. Sind die Richtungen gegeben durch $\underset{1}{v}^\nu, \ldots, \underset{m}{v}^\nu$, so ist die notwendige und hinreichende Bedingung der Unabhängigkeit, daß nicht alle m-reihigen Determinanten der durch die $m\,n$ Bestimmungszahlen $\underset{1}{v}^\nu, \ldots, \underset{m}{v}^\nu$ gebildeten Matrix verschwinden. Die Stellung einer E_m in der E_n heißt m-Richtung.

Eine E_p und eine E_q, $p \leqq q$ haben höchstens eine p-Richtung gemeinsam. In diesem Falle heißen die E_p und die E_q zueinander $\frac{p}{p}$-parallel oder vollständig parallel. Enthält dagegen E_p nur s unabhängige Richtungen der E_q, $s < p$, so heißen E_p und E_q $\frac{s}{p}$-parallel[1]). $\frac{s}{p}$ heißt der Grad des Parallelismus von E_p und E_q. Zusammen enthalten dann E_p und E_q gerade $p + q - s$ unabhängige Richtungen. Da es aber in der E_n nur n unabhängige Richtungen geben kann, ist $p + q - s \leqq n$ oder $s \geqq p + q - n$. Eine E_p und eine E_q haben also, wenn $p + q > n$ ist, wenigstens $p + q - n$ Richtungen gemeinschaftlich. Haben daher E_p und E_q einen gemeinsamen Punkt, so ist es nur für $p + q \leqq n$ möglich, daß dieser Punkt der einzige gemeinschaftliche ist. Im allgemeinen ist das Schnittgebilde eine E_s, $p \geqq s \geqq p + q - n$, in welcher Formel E_0 einen Punkt bezeichnet.

Wir verwenden nun die E_n zur Definition der verschiedenen Größen, die bei der Behandlung der Differentialgeometrie vorkommen und zeigen dann später, daß die erhaltenen Definitionen auch für einen Punkt der X_n verwendet werden können.

§ 4. Kontravariante und kovariante Vektoren.

Es sei x^ν ein kartesisches Koordinatensystem einer E_n. Beim Übergang zu einem anderen kartesischen System mit demselben Ursprung transformieren sich die x^ν linear homogen:

(8a) $$'x^\nu = P^\nu_\lambda x^\lambda .$$

Lautet die Umkehrung, die immer möglich ist, da $|P^\nu_\lambda| \neq 0$:

(8b) $$x^\nu = Q^\nu_\lambda \, 'x^\lambda ,$$

so ist:

(9) $$'x^\nu = P^\nu_\mu Q^\mu_\lambda \, 'x^\lambda ; \qquad x^\nu = Q^\nu_\mu P^\mu_\lambda x^\lambda$$

und daraus geht hervor:

(10) $$P^\nu_\mu Q^\mu_\lambda = P^\mu_\lambda Q^\nu_\mu = \begin{cases} 1 & \text{für } \lambda = \nu \ \text{(nicht summieren über } \lambda), \\ 0 & \text{,, } \lambda \neq \nu . \end{cases}$$

Alle Transformationen der Form (8) bilden zusammen die lineare homogene Gruppe oder (homogene) affine Gruppe[2]). Wo wir im folgenden von einer Größe sprechen, wird darunter immer verstanden der Inbegriff einer Anzahl von Zahlen, die sich bei den Transformationen eben dieser Gruppe in bestimmter unten angegebener Weise transformieren.

Der Inbegriff jedes Systems von Zahlen, von denen eine jede bei der Transformation (8) invariant ist, heißt Zahlgröße oder Skalar. Die Zahlen heißen seine Bestimmungszahlen. 3 und $4 + 2i$ sind Beispiele von Skalaren mit einer bzw. zwei Bestimmungszahlen (vgl. S. 44).

Der Inbegriff jedes Systems von n Zahlen v^ν, die sich bei der Transformation (8) transformieren wie die x^ν, heißt ein kontravarianter Vektor. Die Zahlen x^ν heißen seine Bestimmungszahlen. Der

---

1) *Schoute*, 1902, 5, S. 34. 2) Auch „affine Gruppe mit festem Punkt" genannt.

Index wird immer oben geschrieben. Das einfachste Beispiel eines kontravarianten Vektors ist der Punkt mit den Koordinaten x^ν. Jeder kontravariante Vektor läßt sich also bei gegebenem Ursprung darstellen durch einen Punkt, dessen Koordinaten die Bestimmungszahlen des Vektors sind. Diese geometrische Darstellung ist aber unzweckmäßig, da sie von der Wahl des Ursprungs abhängig ist. Sie läßt sich durch eine von dieser Wahl unabhängige ersetzen, indem man irgend zwei Punkte wählt, deren Koordinatendifferenzen gerade die Bestimmungszahlen des Vektors sind. Ein (nicht notwendig gerader) Pfeil gibt den Sinn vom negativ gezählten bis zum positiv gezählten Punkte an. Die beiden Punkte heißen Anfangspunkt und Endpunkt des Vektors. Die Koordinaten der beiden Punkte sind übrigens beliebig, so daß die ganze Figur keinen bestimmten Ort in der E_n hat, sondern sich beliebig parallel zu sich selbst verschieben läßt:

Jeder kontravariante Vektor läßt sich geometrisch darstellen durch zwei Punkte in der E_n, denen eine bestimmte Richtung, ein bestimmter durch einen (vorzugsweise, aber nicht notwendig, geraden) Pfeil angebbarer Sinn und eine bestimmte gegenseitige Lage zukommt, aber kein bestimmter Ort in der E_n.

Unter gleichartigen Größen verstehen wir Größen mit Bestimmungszahlen, die sich in derselben Weise transformieren.

Unter Addition zweier gleichartiger Größen verstehen wir Addition der korrespondierenden Bestimmungszahlen. Jede Addition erzeugt also, infolge der Linearität der Transformation (8), wiederum eine gleichartige Größe. Die geometrische Bedeutung der Addition kontravarianter Vektoren ist bekannt (Parallelogrammkonstruktion).

Die kontravarianten Vektoren mit den Bestimmungszahlen 1, 0, ..., 0; 0, 1, 0, ..., 0; usw. heißen die zum gewählten Koordinatensystem gehörigen kontravarianten Maßvektoren und werden bezeichnet mit $\underset{\mu}{e}^\nu$, $\mu = a_1, \ldots, a_n$:

(11) $$\underset{\mu}{e}^\nu = \begin{cases} 1 \text{ für } \nu = \mu \text{ [nicht summieren[1])]}, \\ 0 \quad ,, \quad \nu \neq \mu. \end{cases}$$

Die Bestimmungszahlen eines kontravarianten Vektors sind die Projektionen auf die Koordinatenachsen, gemessen durch die zugehörigen Maßvektoren. Für jeden kontravarianten Vektor v^ν gilt also die Gleichung:

(12) $$v^\nu = v^\mu \underset{\mu}{e}^\nu,$$

---

1) $\underset{a_1}{e}^\nu$ ist der Inbegriff der n Zahlen 1, 0, ..., 0, die sich bei Änderung des Koordinatensystems nicht ändern. $\underset{a_1}{e}^\nu$ ist also kein kontravarianter Vektor im eigentlichen Sinne, da die Transformationsweise der Bestimmungszahlen eines kontravarianten Vektors gegeben ist durch (8). Man kann aber $\underset{a_1}{e}^\nu$ auffassen als einen Vektor, der für jede Wahl des Koordinatensystems einen anderen Wert hat. Letztere Auffassung, die die übliche ist, wollen wir bevorzugen.

welche die Zerlegung von v^ν in n Komponenten in den Richtungen der Koordinatenachsen angibt.

Die Gleichung:

(13) $$u_\nu x^\nu = 1$$

bestimmt eine Hyperebene. Die u_λ sind die Koordinaten dieser Hyperebene (Hyperebenenkoordinaten) und werden erhalten, indem man die Stücke, welche durch die Hyperebene von den Koordinatenachsen abgeschnitten werden, jedesmal mit dem zugehörigen kontravarianten Maßvektor mißt und dann die reziproken Werte bildet. Die Gleichung (13) geht bei der Transformation (8) über in:

(14) $$'u_\nu {}'x^\nu = 1$$

oder, infolge (8):

(15) $$'u_\nu P^\nu_\lambda x^\lambda = 1$$

und es ist demnach:

(16a) $$u_\lambda = P^\nu_\lambda {}'u_\nu .$$

In derselben Weise wird bewiesen:

(16b) $$'u_\lambda = Q^\nu_\lambda u_\nu .$$

Die Transformation (16) heißt zu (8) kontragredient. In den u_λ haben wir also ein System von Zahlen, die sich kontragredient zu den x^ν transformieren. Der Inbegriff jedes Systems von n Zahlen w_λ, die sich bei den Transformationen (8) kontragredient zu den x^ν transformieren, heißt kovarianter Vektor. Die Zahlen w_λ heißen seine Bestimmungszahlen. Der Index wird immer unten geschrieben. Das einfachste Beispiel eines kovarianten Vektors ist die Hyperebene mit den Koordinaten u_λ. Jeder kovariante Vektor läßt sich also, bei gegebenem Ursprung, darstellen durch eine Hyperebene, deren Koordinaten die Bestimmungszahlen des Vektors sind. Diese weniger zweckmäßige Darstellung läßt sich wiederum durch eine von der Wahl des Ursprungs unabhängige ersetzen, indem man irgend zwei parallele Hyperebenen wählt, deren Koordinatendifferenzen gerade die Bestimmungszahlen des Vektors sind. Ein Pfeil gibt den Sinn von der negativ gezählten bis zur positiv gezählten Hyperebene an. Der Pfeil wird am besten krummlinig gezeichnet, da sonst der falsche Eindruck erweckt wird, daß zu einem kovarianten Vektor außer den beiden Hyperebenen noch irgendeine Richtung gehört. Die beiden Hyperebenen heißen Anfangshyperebene und Endhyperebene des Vektors. Die Koordinaten der beiden Hyperebenen sind übrigens beliebig, so daß die ganze Figur keinen bestimmten Ort in der E_n hat, sondern sich beliebig parallel zu sich selbst verschieben läßt. Die Bestimmungszahlen sind die reziproken Werte der durch die beiden Hyperebenen aus den Achsen herausgeschnittenen Stücke, gemessen durch die zugehörigen kontravarianten Maßvektoren:

Jeder kovariante Vektor läßt sich geometrisch darstellen durch zwei parallele Hyperebenen in der E_n, denen eine bestimmte $(n-1)$-Richtung, ein bestimmter durch einen (vorzugsweise nicht geraden) Pfeil angebbarer Sinn und eine bestimmte gegenseitige Lage zukommt, aber kein bestimmter Ort in der E_n[1]).

Abb. 1 zeigt einen kovarianten Vektor für $n = 3$. Die geometrische Bedeutung der Addition zweier kovarianter Vektoren läßt sich aus Abb. 2 ablesen, die einen Schnitt der $6 E_{n-1}$ von v_λ, w_λ und $v_\lambda + w_\lambda$ darstellt mit einer E_2 in allgemeiner Lage. Die $(n-1)$-Richtung der Summe zweier kovarianter Vektoren enthält also die $(n-2)$-Richtung, die den beiden Summanden gemeinschaftlich ist. Man erkennt leicht aus dieser Konstruktion oder auch aus der oben erwähnten geometrischen Bedeutung

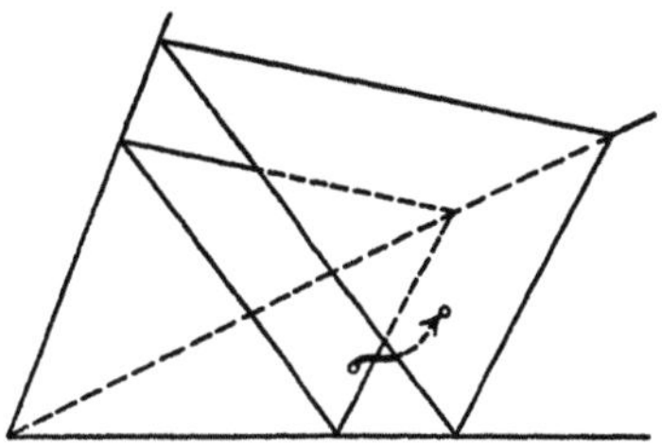

Abb. 1.

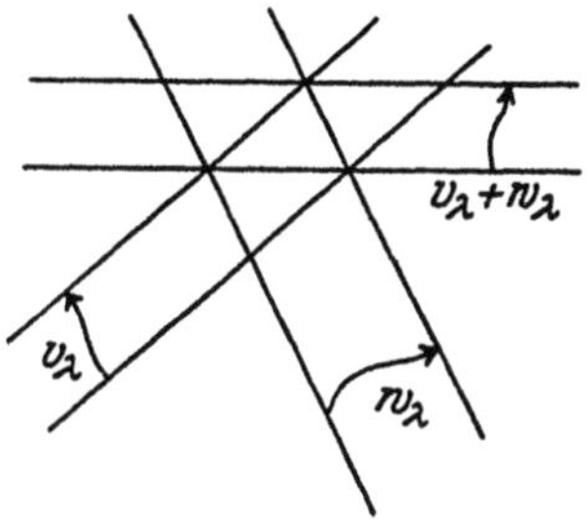

Abb. 2.

der Bestimmungszahlen des kovarianten Vektors, daß die beiden E_{n-1} von $m w_\lambda$ eine m mal kleinere Entfernung voneinander haben als die von w_λ.

Die kovarianten Vektoren mit den Bestimmungszahlen 1, 0, ..., 0; 0, 1, 0, ..., 0; usw. heißen die zum gewählten Koordinatensystem gehörigen **kovarianten Maßvektoren** und werden bezeichnet mit $\overset{\mu}{e}_\lambda$, $\mu = a_1, \ldots, a_n$:

$$\overset{\mu}{e}_\lambda = \begin{cases} 1 \text{ für } \lambda = \mu \text{ (nicht summieren)}, \\ 0 \quad ,, \quad \lambda \neq \mu\text{[2]}). \end{cases} \tag{17}$$

Für jeden kovarianten Vektor w_λ gilt also die Gleichung:

$$w_\lambda = w_\mu \overset{\mu}{e}_\lambda, \tag{18}$$

welche die Zerlegung von w_λ in n **Komponenten** mit den $(n-1)$-Richtungen der Koordinatenhyperebenen angibt. Die kovarianten Maßvektoren bilden ein n-dimensionales Parallelepiped, dessen Kanten mit den kontravarianten Maßvektoren zusammenfallen. Abb. 3 zeigt den Sachverhalt für $n = 3$. (Auf die Drehpfeile und den Schraubsinn ist hier noch nicht zu achten.)

---

[1]) *Schouten*, 1923, 4, S. 164.

[2]) Die $\overset{\nu}{e}_\lambda$ lassen sich wie die $\underset{\lambda}{e^\nu}$ auffassen als eigentliche Vektoren, die für jede Wahl des Koordinatensystems einen anderen Wert haben (vgl. S. 13 und S. 57)

Aus einem kontravarianten Vektor v^ν und einem kovarianten w_λ läßt sich ein Skalar bilden, also eine Zahl, die bei den Transformationen (8) und (16) invariant ist. Infolge (8), (10) und (16) ist nämlich:

$$'v^\lambda\, 'w_\lambda = P^\lambda_\nu\, v^\nu\, Q^\mu_\lambda\, w_\mu = v^\nu\, w_\nu \tag{19}$$

und $v^\lambda w_\lambda$ ist also eine Invariante. Umgekehrt, sind die v^ν die Bestimmungszahlen eines kontravarianten Vektors, und ist $v^\lambda w_\lambda$ invariant für jede Wahl von v^ν, so folgt, daß die w_λ Bestimmungszahlen eines kovarianten Vektors sind. Das gleiche gilt bei Vertauschung von v^ν und w_λ. Die Invariante $v^\lambda w_\lambda$ heißt die (skalare) Überschiebung von v^ν mit w_λ. Ihre geometrische Bedeutung ist einfach. Mißt man v^ν mit dem kontravarianten Vektor, der aus der Geraden von v^ν durch die beiden Hyperebenen von w_λ herausgeschnitten wird, als Maßeinheit, so ist das Resultat gerade $v^\lambda w_\lambda$.

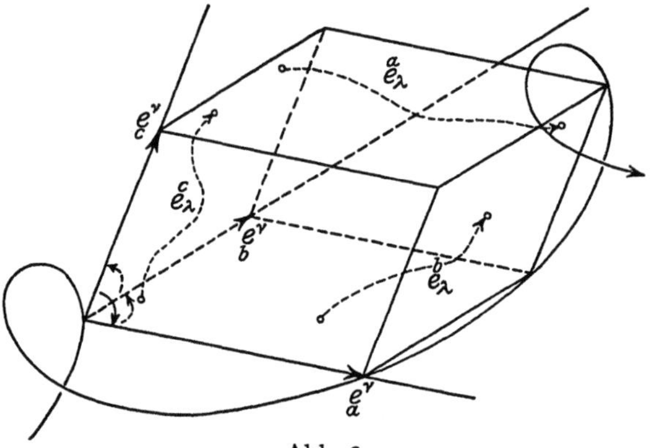

Abb. 3.

Man erhält das gleiche Resultat, wenn man in dual entgegengesetzter Weise w_λ mißt mit dem kovarianten Vektor, der parallel zu w_λ durch Anfangs- und Endpunkt von v^ν gelegt werden kann, als Maßeinheit. Die Gleichung:

$$v^\lambda w_\lambda = 1 \tag{20}$$

bedeutet also, daß v^ν gerade zwischen die beiden E_{n-1} von w_λ paßt, die Gleichung:

$$v^\lambda w_\lambda = 0\,, \tag{21}$$

daß die Richtung von v^ν in der $(n-1)$-Richtung von w_λ enthalten ist. Aus den Gleichungen (11) und (17) folgt:

$$\underset{\alpha}{e}^{\mu}\, \overset{\beta}{e}_{\mu} = \begin{cases} 1 & \text{für } \alpha = \beta \text{ (nicht über } \alpha \text{ summieren)}\,, \\ 0 & ,,\ \ \alpha \neq \beta\,, \end{cases} \tag{22}$$

d. h. der Maßvektor $\underset{\alpha}{e}^\nu$ paßt zwischen die E_{n-1} von $\overset{\alpha}{e}_\lambda$ und seine Richtung ist in den $(n-1)$-Richtungen sämtlicher $n-1$ anderen kovarianten Maßvektoren enthalten. Man betrachte hierzu Abb. 3.

§ 5. Kontravariante und kovariante Bivektoren, Trivektoren usw.

Zwei linear unabhängige kontravariante Vektoren v^ν und w^ν in bestimmter Reihenfolge bestimmen ein Parallelogramm mit einer bestimmten 2-Richtung und einem bestimmten Drehsinn (Abb. 4). Als Bestimmungszahlen dieser Figur kann man etwa die $\binom{n}{2}$ Projektionen auf die Koordinatenebenen wählen, gemessen mit Hilfe der von den $\underset{\mu}{e}^\nu$ gebildeten Parallelogramme. Man findet für diese Bestimmungszahlen leicht die Werte $|v^\lambda w^\mu| = v^\lambda w^\mu - v^\mu w^\lambda$.

Wir nennen nun den Inbegriff jedes Systems von $\binom{n}{2}$ Zahlen $u^{\lambda\mu} = -u^{\mu\lambda}$, die sich bei den Transformationen (8) transformieren wie die $\binom{n}{2}$ Determinanten $|v^\lambda w^\mu|$, die man aus zwei beliebigen kontravarianten Vektoren bilden kann, einen **kontravarianten Bivektor**. Das einfachste Beispiel eines kontravarianten Bivektors ist ein Teil einer E_2, dem eine bestimmte 2-Richtung, ein bestimmter Inhalt und ein bestimmter durch einen Drehpfeil angebbarer Sinn zukommt, dessen Form und dessen Ort in der E_n aber übrigens unbestimmt sind. Die Bestimmungszahlen dieser Größe sind etwa die $\binom{n}{2}$ Projektionen auf die Koordinatenebenen, gemessen mit Hilfe der Parallelogramme der kontravarianten Maßvektoren. Läßt sich ein kontravarianter Bivektor in dieser Weise geometrisch darstellen, so heißt er **einfach**. Dies ist eine geometrische Definition, die korrespondierende algebraische wird später angegeben (S. 26). Ein kontravarianter Bivektor ist im allgemeinen nicht einfach, läßt sich aber als Summe einer endlichen Anzahl von einfachen Bivektoren schreiben, wie unmittelbar aus folgender auf (17) beruhenden Zerlegung hervorgeht:

$$u^{\lambda\mu} = -u^{\mu\lambda} = u^{\alpha\beta}\underset{\alpha}{e}^\lambda \underset{\beta}{e}^\mu = \tfrac{1}{2}u^{\alpha\beta}\left(\underset{\alpha}{e}^\lambda \underset{\beta}{e}^\mu - \underset{\alpha}{e}^\mu \underset{\beta}{e}^\lambda\right). \tag{23}$$

In derselben Weise bestimmen p linear unabhängige kontravariante Vektoren $\underset{1}{v}^\nu, \ldots, \underset{p}{v}^\nu$ in bestimmter Reihenfolge ein p-dimensionales Parallelepiped mit einer bestimmten p-Richtung und einem bestimmten p-dimensionalen Schraubsinn. Als Bestimmungszahlen kann man etwa die $\binom{n}{p}$ Projektionen auf die $\binom{n}{p}$ Koordinaten-E_p wählen, gemessen mit Hilfe der $\binom{n}{p}$ p-dimensionalen Parallelepipede, die sich aus den kontravarianten Maßvektoren bilden lassen. Man findet für diese Bestimmungszahlen leicht die Werte:

$$\begin{vmatrix} \underset{1}{v}^{\nu_1} & \ldots & \underset{1}{v}^{\nu_p} \\ \vdots & & \\ \underset{p}{v}^{\nu_1} & \ldots & \underset{p}{v}^{\nu_p} \end{vmatrix}.$$

Wir nennen nun den Inbegriff jedes Systems von $\binom{n}{p}$ Zahlen $u^{\nu_1 \ldots \nu_p}$, die sich bei den Transformationen (8) transformieren wie die $\binom{n}{p}$ Determinanten, die man aus p beliebigen kontravarianten Vektoren bilden kann, einen kontravarianten p-Vektor. Notwendige Bedingung ist natürlich, daß Vertauschung von zwei der Indizes $\nu_1, \ldots, \nu_p$ Vorzeichenwechsel herbeiführt. Wir bringen dies zum Ausdruck, indem wir sagen, daß $u^{\nu_1 \ldots \nu_p}$ in allen p Indizes alternierend ist. Das einfachste Beispiel eines kontravarianten p-Vektors ist ein Teil einer E_p, dem eine bestimmte p-Richtung, ein bestimmter Inhalt und ein bestimmter durch eine p-dimensionale Schraube mit Pfeil[1]) angebbarer Sinn zukommt, dessen Form und dessen Ort in der E_n aber übrigens unbestimmt sind. Die Bestimmungszahlen dieser Größen sind etwa die $\binom{n}{p}$ Projektionen auf die Koordinaten-E_p, gemessen mit Hilfe der p-dimensionalen Parallelepipede der kontravarianten Maßvektoren. Läßt sich ein kontravarianter p-Vektor in dieser Weise geometrisch darstellen, so heißt er einfach. Ein kontravarianter $(n-1)$-Vektor ist stets einfach. Die korrespondierende algebraische Definition folgt weiter unten (S. 26). Ein kontravarianter p-Vektor ist im allgemeinen nicht einfach, läßt sich aber stets als Summe einer endlichen Anzahl einfacher p-Vektoren schreiben (vgl. S. 17).

Die Reihe der kontravarianten p-Vektoren schließt mit dem kontravarianten n-Vektor, der stets einfach ist, nur eine einzige Bestimmungszahl hat und durch einen Teil der E_n mit bestimmtem Inhalt und einem bestimmten n-dimensionalen Schraubsinn dargestellt wird. Die eine Bestimmungszahl ist nicht invariant bei der Transformation (8) und ein kontravarianter n-Vektor ist also kein Skalar.

Zwei einfache kontravariante p-Vektoren können bis jetzt dann und nur dann der Größe nach verglichen werden, wenn sie dieselbe p-Richtung haben. Für $p = n$ ist der Vergleich also stets möglich. Abb. 3 zeigt für $n = 3$ die drei einfachen kontravarianten Bivektoren und den kontravarianten Trivektor, die aus den kontravarianten Maßvektoren gebildet werden können.

Zwei linear unabhängige kovariante Vektoren v_λ und w_λ in bestimmter Reihenfolge bestimmen einen „Balken" mit einer bestimmten $(n-2)$-Richtung und einem bestimmten Drehsinn. Abb. 5 zeigt den Fall $n = 3$. Als Bestimmungszahlen dieser Abbildung kann man etwa die reziproken Werte der n Stücke wählen, die aus den Koordinatenebenen herausgestochen werden, gemessen mit Hilfe der von den kontravarianten Maßvektoren gebildeten Parallelogramme. Man findet für diese Bestimmungszahlen leicht die Werte $|v_\lambda w_\mu|$.

---

[1]) Da die Aufeinanderfolge der Verschiebungen $\underset{a_1}{e^\nu}, \ldots, \underset{a_p}{e^\nu}$ denselben oder den entgegengesetzten Schraubsinn bestimmt wie die Aufeinanderfolge $-\underset{a_p}{e^\nu}, \ldots, -\underset{a_1}{e^\nu}$, je nachdem $\frac{p(p+1)}{2}$ gerade oder ungerade ist, kehrt sich ein p-dimensionaler Schraubsinn dann und nur dann bei Umkehrung des Pfeiles um, wenn $\frac{p(p+1)}{2}$ ungerade ist. Für gerades $\frac{p(p+1)}{2}$ kann der Pfeil also fortgelassen werden.

Wir nennen nun den Inbegriff jedes Systems von $\binom{n}{2}$ Zahlen $u_{\lambda\mu} = -u_{\mu\lambda}$, die sich bei den Transformationen (8) transformieren wie die $\binom{n}{2}$ Determinanten $|v_\lambda w_\mu|$, die man aus zwei beliebigen kovarianten Vektoren bilden kann, einen kovarianten Bivektor. Das einfachste Beispiel eines kovarianten Bivektors ist ein Zylinder, dessen Begrenzung von ∞^1 vollständig parallelen E_{n-2} erzeugt wird, und dem ein bestimmter Querschnitt und ein bestimmter, durch einen Drehpfeil angebbarer Sinn zukommt, dessen Querschnittsform und dessen Ort in der E_n aber übrigens unbestimmt sind. Die Bestimmungszahlen dieser Größe sind etwa die reziproken Werte der $\binom{n}{2}$ Stücke, die durch den Zylinder aus den Koordinatenebenen herausgestochen werden, gemessen mit Hilfe der Parallelogramme der zugehörigen kontravarianten Maßvektoren. Läßt sich ein kovarianter Bivektor in dieser Weise geometrisch darstellen, so heißt er einfach.

In derselben Weise bestimmen p linear unabhängige kovariante Vektoren $\overset{1}{v}_\lambda, \ldots, \overset{p}{v}_\lambda$ in bestimmter Reihenfolge eine Figur mit einer bestimmten $(n-p)$-Richtung, einem bestimmten Querschnitt und einem bestimmten p-dimensionalen Schraubsinn. Als Bestimmungszahlen kann man etwa die reziproken Werte der $\binom{n}{p}$ Stücke wählen, die aus den Koordinaten-E_p herausgestochen werden, gemessen mit Hilfe der von den zugehörigen kontravarianten Maßvektoren gebildeten p-dimensionalen Parallelepipede. Man findet für diese Bestimmungszahlen leicht die Werte

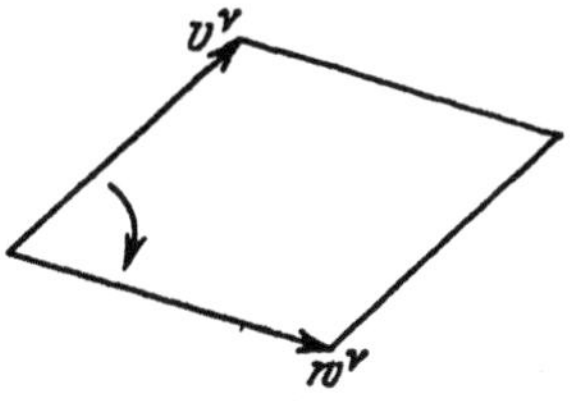

Abb. 4.

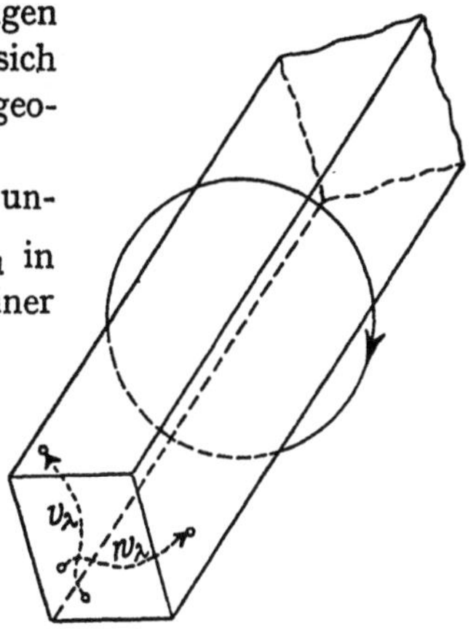

Abb. 5.

$$\begin{vmatrix} \overset{1}{v}_{\lambda_1} \ldots \overset{1}{v}_{\lambda_p} \\ \vdots \\ \overset{p}{v}_{\lambda_1} \ldots \overset{p}{v}_{\lambda_p} \end{vmatrix}.$$

Wir nennen nun den Inbegriff jedes Systems von $\binom{n}{p}$ Zahlen $u_{\lambda_1 \ldots \lambda_p}$, die in allen Indizes alternierend sind und sich bei den Transformationen (8) transformieren wie die $\binom{n}{p}$ Determinanten, die man aus p beliebigen kovarianten Vektoren bilden kann, einen kovarianten p-Vektor. Das einfachste Beispiel eines kovarianten p-Vektors ist ein Zylinder, dessen

Erzeugende E_{n-p} sind, und dem ein bestimmter Querschnitt und ein bestimmter p-dimensionaler Schraubsinn zukommt, dessen Querschnittsform und dessen Ort in der E_n aber unbestimmt sind. Die Bestimmungszahlen dieser Größe sind die reziproken Werte der Stücke, die aus den Koordinaten-E_p herausgestochen werden, gemessen wie oben[1]). Läßt sich ein kovarianter p-Vektor in dieser Weise geometrisch darstellen, so heißt er einfach. Das korrespondierende algebraische Kriterium folgt weiter unten (S. 26). Ein kovarianter $(n-1)$-Vektor ist stets einfach. Ein kovarianter p-Vektor ist im allgemeinen nicht einfach, läßt sich aber stets als Summe einer endlichen Anzahl einfacher p-Vektoren schreiben. Es ist nun klar, daß jedem kontravarianten p-Vektor in einer bis auf einen Zahlenfaktor eindeutigen Weise ein kovarianter $(n-p)$-Vektor zugeordnet ist, nämlich der $(n-p)$-Vektor, der dieselbe p-Richtung hat. Eben dieser Zahlenfaktor macht es aber unmöglich, beide Größen zu identifizieren.

Die Reihe der kovarianten p-Vektoren schließt mit dem kovarianten n-Vektor, der stets einfach ist, nur eine einzige Bestimmungszahl hat und durch einen Teil der E_n mit bestimmtem Inhalt und einem bestimmten n-dimensionalen Schraubsinn dargestellt wird. Der kontravariante und der kovariante n-Vektor werden also durch geometrische Figuren derselben Art dargestellt. Korrespondieren sie genau mit derselben Figur, so sind ihre Bestimmungszahlen offenbar zueinander reziprok.

Zwei einfache kovariante p-Vektoren können bis jetzt dann und nur dann der Größe nach verglichen werden, wenn sie dieselbe $(n-p)$-Richtung haben, für $p = n$ also immer.

Abb. 3 zeigt für $n = 3$ die drei einfachen kovarianten Bivektoren und den kovarianten Trivektor, die aus den kovarianten Maßvektoren gebildet werden können.

Die Gesamtheit der Richtungen eines kontravarianten p-Vektors heißt ein kontravariantes Gebiet p^{ter} Stufe, die Gesamtheit der $(n-1)$-Richtungen, die durch die $(n-p)$-Richtung eines kovarianten p-Vektors gelegt werden können, ein kovariantes Gebiet p^{ter} Stufe. In einem kontravarianten Gebiet p^{ter} Stufe gibt es p linear unabhängige kontravariante Vektoren, allgemeiner $\binom{p}{q}$ linear unabhängige einfache kontravariante q-Vektoren. Dasselbe gilt m. m. für ein kovariantes Gebiet p^{ter} Stufe. Ein ko- bzw. kontravarianter $(p-1)$-Vektor in einem ko- bzw. kontravarianten Gebiet p^{ter} Stufe ist offenbar stets einfach.

§ 6. Geometrische Darstellung kontravarianter und kovarianter p-Vektoren bei Einschränkung der Gruppe.

Die bisher behandelten Größen sind alle definiert in bezug auf die Transformationen der (homogenen) affinen Gruppe (8). Diese Größen lassen sich nun auch in einfacherer Weise geometrisch darstellen, voraus-

[1]) *Schouten-Struik*, 1922, 6.

gesetzt, daß man sich auf weniger allgemeine Transformationen als (8) beschränkt, d. h. nicht alle kartesischen Koordinatensysteme mit demselben Ursprung zuläßt, sondern nur gewisse bevorzugte. Wir wählen dazu zunächst die Transformationen, bei welchen die Determinante $|P_\lambda^\nu| = \pm 1$ ist, d. h. wir lassen nur solche kartesische Koordinatensysteme zu, die auseinander vermittels einer Transformation (8) mit Determinante ± 1 hervorgehen können. Diese Transformationen bilden zusammen die äquivoluminäre Gruppe, eine Untergruppe der affinen. Sie sind inhaltstreu, lassen aber einen gegebenen n-dimensionalen Schraubsinn nicht invariant. Zur Auswahl der zulässigen Koordinatensysteme verwenden wir diese Inhaltstreue. Irgendein n-dimensionales Volumen werde als Einheitsvolumen festgelegt. Es sind dann nur solche Koordinatensysteme zulässig, bei denen der Inhalt des Parallelepipeds der kontravarianten Maßvektoren gerade die Volumeinheit ist.

Es sei nun ein kovarianter Vektor gegeben. Dann ist es immer möglich, in den beiden E_{n-1} dieses Vektors zwei kongruente E_{n-1}-Teile abzugrenzen, dermaßen, daß der Inhalt des von beiden gebildeten Zylinders gerade die Volumeinheit ist. Jedem kovarianten Vektor kann also in eindeutiger Weise ein Teil einer E_{n-1} zugeordnet werden, dem eine bestimmte $(n-1)$-Richtung, ein bestimmter Inhalt und ein bestimmter Sinn zukommt, dessen Form und dessen Ort in der E_n aber übrigens unbestimmt sind. Der Sinn kann vermittels eines durch die E_{n-1} hindurchstechenden (vorzugsweise nicht geradlinigen) Pfeiles angegeben werden. Jeder kovariante Vektor kann also bei der äquivoluminären Gruppe statt durch zwei parallele E_{n-1} auch durch diese einfachere Figur dargestellt werden.

In derselben Weise läßt sich mit Hilfe der Volumeinheit jedem kovarianten $(n-p)$-Vektor in eindeutiger Weise ein Teil einer E_p zuordnen, dem eine bestimmte p-Richtung, ein bestimmter Inhalt und ein bestimmter $(n-p)$-dimensionaler Schraubsinn zukommt, dessen Form und dessen Ort in der E_n aber übrigens unbestimmt sind. Die $(n-p)$-dimensionale Schraube ist in irgendeiner die E_p nur in einem Punkte schneidenden E_{n-p} anzubringen. Dies gilt allgemein für $p = 1, \ldots, n-1$, wenn man folgerichtig Pfeil und Drehsinn als 1- bzw. 2-dimensionalen Schraubsinn auffaßt. Jeder kovariante $(n-p)$-Vektor läßt sich also jetzt durch eine einfache p-dimensionale Figur darstellen. Der Unterschied zwischen dem kontravarianten p-Vektor und dem kovarianten $(n-p)$-Vektor besteht nur darin, daß bei der ersten Größe der Schraubsinn p-dimensional ist und in der E_p liegt, während bei der zweiten Figur der Schraubsinn $(n-p)$-dimensional ist und ganz außerhalb der E_p liegt. Man kann dies zum Ausdruck bringen, indem man die erste Figur p-Vektor erster Art, die zweite p-Vektor zweiter Art nennt. Diese Namen haben selbstverständlich nur bei Zugrundelegung der äquivoluminären Gruppe Bedeutung.

Für $n = 3$ sind die Verhältnisse sehr leicht zu übersehen. Es gibt da zunächst den kontravarianten Vektor, darstellbar durch einen Pfeil, und den kovarianten Bivektor, darstellbar durch einen Teil einer Geraden mit einem Drehsinn (Vektor erster und zweiter Art). Sodann gibt es den kontravarianten Bivektor, darstellbar durch einen Teil einer Ebene mit Drehsinn und den kovarianten Vektor, darstellbar durch einen Teil einer Ebene mit einem durch die Ebene hindurchstechenden Pfeil (Bivektor erster und zweiter Art). Es sind dies die vier Größen, die auch gemeint sind mit den Worten: 1. polarer Vektor, 2. axialer Vektor, 3. axialer Bivektor und 4. polarer Bivektor[1]) (Abb. 6).

Gehen wir nun zu einer noch weniger umfassenden Gruppe über, der (homogenen) speziell affinen, die nur die Transformationen (8) mit der Determinante $+1$ enthält, so vereinfacht sich die geometrische Darstellung wiederum. Die Transformationen dieser Gruppe lassen nicht nur die Volumeinheit invariant, sondern auch einen gegebenen n-dimensionalen Schraubsinn. Wir legen nun einen solchen Schraubsinn als Normalschraubsinn fest (z. B. für $n = 3$ eine Rechtsschraube) und lassen nur noch solche Koordinatensysteme zu, bei denen die Punktfolge $0, 0, \ldots 0; 1, 0, 0, \ldots 0; 0, 1, 0, \ldots 0$ usw. den Normalschraubsinn bestimmt. Jedem $(n-p)$-dimensionalen Schraubsinn in einer E_{n-p} ist dann in jeder die E_{n-p} nur in einem Punkte schneidenden E_p in eindeutiger Weise ein p-dimensionaler Schraubsinn zugeordnet (z. B. für $n = 3$ jedem Pfeil in jeder den Pfeil schneidenden E_2 ein Drehsinn). Damit ist aber jedem kovarianten $(n-p)$-Vektor in eindeutiger Weise ein kontravarianter p-Vektor zugeordnet, d. h. der kovariante $(n-p)$-Vektor kann jetzt durch dieselbe Figur dargestellt werden wie der kontravariante p-Vektor. Anders ausgedrückt, der Unterschied zwischen den p-Vektoren erster und zweiter Art verschwindet. Die zugehörigen algebraischen Formeln finden sich S. 32. Für $n = 3$ verschwindet also der Unterschied zwischen Vektoren und Bivektoren (vgl. Abb. 6).

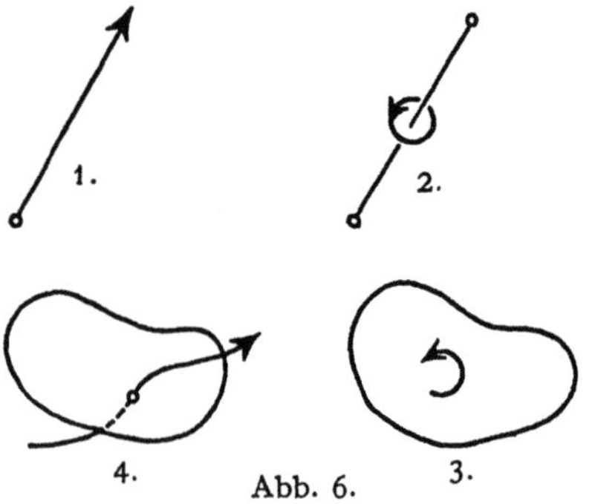

Abb. 6.

Zu einer noch weniger umfassenden Gruppe, bei der sich auch der kontravariante p-Vektor und der kontravariante $(n-p)$-Vektor durch dieselbe Figur darstellen lassen, gelangen wir weiter unten.

[1]) In der Literatur herrscht hier große Verwirrung, was nur daran liegt, daß die zugrunde gelegte Gruppe nicht beachtet ist. Haben doch diese Unterscheidungen nur bei der äquivoluminären Gruppe Bedeutung.

§ 7. Allgemeine Größen.

Wir wenden uns nun zur Definition der allgemeinen Größen, wobei als Spezialfall die bis jetzt betrachteten Größen wiederum auftreten. Es wird die (homogene) affine Gruppe zugrunde gelegt.

A. Kontravariante Größen. Es seien $\underset{1}{v}^\nu, \ldots, \underset{p}{v}^\nu$ linear unabhängige kontravariante Vektoren. Bei der Transformation (8) der affinen Gruppe transformieren sich die n^p Produkte, die sich aus den Bestimmungszahlen dieser Vektoren bilden lassen, in einer ganz bestimmten Weise und jedenfalls wiederum linear homogen. Wir nennen nun den Inbegriff von n^p Zahlen $v^{\nu_1 \ldots \nu_p}$ eine kontravariante Größe oder einen kontravarianten Affinor p^{ten} Grades, wenn sich die Zahlen bei den Transformationen (8) transformieren wie die oben angegebenen Produkte. Es ist zu beachten, daß die Reihenfolge der Indizes wesentlich ist, da ja z. B. im allgemeinen $v^{\nu_1 \ldots \nu_p}$ durchaus nicht gleich $v^{\nu_2 \nu_1 \nu_3 \ldots \nu_p}$ zu sein braucht. Alle kontravarianten Größen bekommen obere Indizes.

Lassen sich die p-Vektoren $\underset{1}{v}^\nu, \ldots, \underset{p}{v}^\nu$ zufällig so wählen, daß für alle Werte der Indizes

$$v^{\nu_1 \ldots \nu_p} = \underset{1}{v}^{\nu_1} \ldots \underset{p}{v}^{\nu_p}, \tag{24}$$

so heißt $v^{\nu_1 \ldots \nu_p}$ das allgemeine Produkt von $\underset{1}{v}^\nu, \ldots, \underset{p}{v}^\nu$ in dieser Reihenfolge. Die Reihenfolge der Faktoren ist wiederum wesentlich. Im allgemeinen gelingt es nicht, $\underset{1}{v}^\nu, \ldots, \underset{p}{v}^\nu$ in dieser Weise zu wählen, $v^{\nu_1 \ldots \nu_p}$ läßt sich aber immer als Summe einer endlichen Anzahl von Produkten von p-Vektoren schreiben. Auch läßt sich $v^{\nu_1 \ldots \nu_p}$ stets als ein allgemeines Produkt von p idealen Vektoren $\underset{1}{v}^\nu, \ldots, \underset{p}{v}^\nu$ schreiben indem man (24) als Definitionsgleichung dieser Vektoren betrachtet. Entsprechendes geschieht ja bekanntlich auch in der *Aronhold-Clebsch*-schen Invariantensymbolik. Die Rechnung wird durch Einführung dieser idealen Vektoren oft bedeutend erleichtert und vereinfacht. Der Kunstgriff beruht darauf, daß die Bestimmungszahlen der idealen Vektoren, die nichts anderes sind als *Aronhold-Clebsch*sche Symbole, sich in derselben Weise transformieren wie die realen Vektoren, und man also während der Rechnung den Unterschied zwischen realen und idealen Vektoren gar nicht zu beachten braucht. Erst nach der Rechnung ist zur Erlangung der realen Bedeutung des Resultates auf (24) zurückzugreifen.

Bei der Verwendung von idealen Vektoren ist eines zu beachten. Kommt eine Größe in irgendeinem Produkte mehr als einmal vor, z. B. $u^{\lambda\mu}$ in dem Produkte $u^{\varkappa\lambda} u^{\mu\nu}$, so muß man bei Einführung idealer Vektoren mit Hilfe der Gleichung

$$u^{\lambda\mu} = v^\lambda w^\mu \tag{25}$$

in irgendeiner Weise einen Unterschied machen zwischen den Vektoren, die zu verschiedenen Faktoren gehören. Geschieht dies nicht, so kommt man zu Fehlschlüssen, wie folgendes Beispiel zeigt. Es ließe sich doch schließen

(26) $$u^{\varkappa\lambda} u^{\mu\nu} = v^{\varkappa} w^{\lambda} v^{\mu} w^{\nu} = u^{\mu\lambda} u^{\varkappa\nu},$$

ein offenbar bei einer allgemeinen Größe $u^{\lambda\mu}$ falsches Resultat. Es könnte doch z. B. für irgendeine Wahl von $\varkappa$, λ, μ und ν $u^{\varkappa\lambda} \neq 0$, $u^{\mu\nu} \neq 0$, $u^{\mu\lambda} = 0$ sein. Führt man für die idealen Vektoren des zweiten Faktors eine besondere Bezeichnung ein:

(27) $$u^{\lambda\mu} = v^{\lambda} w^{\mu} = {}'v^{\lambda}\, {}'w^{\mu},$$

so wird:

(28) $$\begin{aligned} u^{\varkappa\lambda} u^{\mu\nu} &= v^{\varkappa} w^{\lambda}\, {}'v^{\mu}\, {}'w^{\nu}, \\ u^{\mu\lambda} u^{\varkappa\nu} &= v^{\mu} w^{\lambda}\, {}'v^{\varkappa}\, {}'w^{\nu}, \end{aligned}$$

und jede Verwechslung ist ausgeschlossen. Tritt also eine Größe i mal in einem Produkt auf, so sind gerade i gleichberechtigte Systeme idealer Vektoren einzuführen, so daß jeder Faktor seine eigenen Vektoren bekommt, die nicht mit den Vektoren eines anderen Faktors verwechselt werden dürfen. Derselbe Sachverhalt liegt ja bekanntlich in der *Aronhold-Clebsch*schen Symbolik vor.

Werden die idealen Vektoren von $v^{\nu_1 \ldots \nu_p}$ in irgendeiner Reihenfolge miteinander multipliziert, so entsteht ein Isomer von $v^{\nu_1 \ldots \nu_p}$, und zwar ein gerades oder ein ungerades Isomer, je nachdem die Permutation gerade oder ungerade ist. Es gibt also $p!$ Isomere, $v^{\nu_1 \ldots \nu_p}$ selbst mitgezählt. Zwei verschiedene Isomere derselben Größe sind im allgemeinen ungleich. Sie haben zwar dieselben Bestimmungszahlen, aber die Reihenfolge der Indizes ist bei zwei gleichen Bestimmungszahlen eine andere. Tritt irgendwo Gleichheit auf oder Gleichheit bis auf das Vorzeichen, so ist das eine Eigenschaft der Größe, die offenbar von der Wahl des Koordinatensystems unabhängig ist, die Größe ist dann eben besonderer Art.

Es sind da zwei Fälle als besonders wichtig hervorzuheben. Erstens der Fall, wo alle Isomere gleich sind, wo die Größe sich also nicht ändert, wenn zwei beliebige ideale Vektoren vertauscht werden. Eine solche Größe heißt symmetrisch oder ein Tensor. Der zweite bemerkenswerte Fall tritt auf, wenn bei Vertauschung irgend zweier idealer Vektoren nur Vorzeichenwechsel auftritt. In diesem Falle sind also $\frac{p!}{2}$ der Isomere unter sich gleich und den anderen $\frac{p!}{2}$ entgegengesetzt gleich. Eine solche Größe heißt alternierend. Bei einer alternierenden Größe nennt man den Grad mit *Graßmann* auch Stufe[1]). Die Bestimmungszahlen der Größe sind die $\binom{n}{p}$ Zahlen:

$$\frac{1}{p!}\begin{vmatrix} \underset{1}{v^{\nu_1}} & \ldots & \underset{1}{v^{\nu_p}} \\ \vdots & & \vdots \\ \underset{p}{v^{\nu_1}} & \ldots & \underset{p}{v^{\nu_p}} \end{vmatrix}.$$

[1]) *Graßmann*, 1844, 1, S. 52.

Da aber die idealen Vektoren sich wie gewöhnliche Vektoren transformieren, folgt, unter Berücksichtigung der Definition auf S. 18, daß eine alternierende Größe p-ter Stufe ein p-Vektor ist.

Sind p reale oder ideale kontravariante Vektoren $\underset{1}{v}^{\nu}, \ldots, \underset{p}{v}^{\nu}$ gegeben, so kann man sämtliche $p!$ Isomere des Produktes $\underset{1}{v}^{\nu_1} \ldots \underset{p}{v}^{\nu_p}$ bilden, diese zusammenzählen und die Summe durch die Anzahl $p!$ dividieren. Die so entstehende offenbar symmetrische Größe heißt das *symmetrische Produkt* der Vektoren $\underset{1}{v}^{\nu}, \ldots, \underset{p}{v}^{\nu}$ und der *symmetrische Teil* des Produktes $\underset{1}{v}^{\nu_1} \ldots \underset{p}{v}^{\nu_p}$. Wir schreiben für diese Größe: $\underset{1}{v}^{(\nu_1} \ldots \underset{p}{v}^{\nu_p)}$. Es ist also z. B.:

$$
\text{(29a)} \qquad v^{(\lambda} w^{\mu)} = \tfrac{1}{2} (v^{\lambda} w^{\mu} + v^{\mu} w^{\lambda}) \,,
$$

$$
\text{(29b)} \qquad R_{(\omega\mu)\lambda\nu} = \tfrac{1}{2} (R_{\omega\mu\lambda\nu} + R_{\mu\omega\lambda\nu}) \,,
$$

$$
\text{(29c)} \quad \left\{ \begin{aligned} R_{\omega\mu\lambda}^{\cdot\,\cdot\,\cdot\,(\alpha} v^{\beta\gamma)\lambda} = \tfrac{1}{6} \big(& R_{\omega\mu\lambda}^{\cdot\,\cdot\,\cdot\,\alpha} v^{\beta\gamma\lambda} + R_{\omega\mu\lambda}^{\cdot\,\cdot\,\cdot\,\beta} v^{\gamma\alpha\lambda} + R_{\omega\mu\lambda}^{\cdot\,\cdot\,\cdot\,\gamma} v^{\alpha\beta\lambda} \\ & + R_{\omega\mu\lambda}^{\cdot\,\cdot\,\cdot\,\alpha} v^{\gamma\beta\lambda} + R_{\omega\mu\lambda}^{\cdot\,\cdot\,\cdot\,\beta} v^{\alpha\gamma\lambda} + R_{\omega\mu\lambda}^{\cdot\,\cdot\,\cdot\,\gamma} v^{\beta\alpha\lambda} \big) . \end{aligned} \right.
$$

Das Wort „Teil" ist in der Tat zutreffend, da bei Abzug des symmetrischen Teiles eine Größe $\underset{1}{v}^{\nu_1} \ldots \underset{p}{v}^{\nu_p} - \underset{1}{v}^{(\nu_1} \ldots \underset{p}{v}^{\nu_p)}$ entsteht, deren symmetrischer Teil Null ist. Der Prozeß, der $\underset{1}{v}^{(\nu_1} \ldots \underset{p}{v}^{\nu_p)}$ aus $\underset{1}{v}^{\nu_1} \ldots \underset{p}{v}^{\nu_p}$ erzeugt, heißt *mischen über die Indizes* $\nu_1, \ldots, \nu_p$.

Bildet man aus dem Produkte $\underset{1}{v}^{\nu_1} \ldots \underset{p}{v}^{\nu_p}$, $p > 1$, die Summe sämtlicher geraden Isomere und zieht man die Summe sämtlicher ungeraden Isomere ab, so entsteht eine alternierende Größe. Diese Größe, durch $p!$ dividiert, heißt das *alternierende Produkt* von $\underset{1}{v}^{\nu}, \ldots, \underset{p}{v}^{\nu}$ und der *alternierende Teil* des Produktes $\underset{1}{v}^{\nu_1} \ldots \underset{p}{v}^{\nu_p}$ und wird bezeichnet mit $\underset{1}{v}^{[\nu_1} \ldots \underset{p}{v}^{\nu_p]}$. Es ist also z. B.:

$$
\text{(30a)} \qquad u^{[\varkappa} v^{\lambda} w^{\mu]} = \tfrac{1}{6} \begin{vmatrix} u^{\varkappa} & u^{\lambda} & u^{\mu} \\ v^{\varkappa} & v^{\lambda} & v^{\mu} \\ w^{\varkappa} & w^{\lambda} & w^{\mu} \end{vmatrix} ,
$$

$$
\text{(30b)} \quad \left\{ \begin{aligned} R_{[\omega\mu\lambda]}^{\cdot\,\cdot\,\cdot\,\nu} = \tfrac{1}{6} \big(& R_{\omega\mu\lambda}^{\cdot\,\cdot\,\cdot\,\nu} + R_{\mu\lambda\omega}^{\cdot\,\cdot\,\cdot\,\nu} + R_{\lambda\omega\mu}^{\cdot\,\cdot\,\cdot\,\nu} , \\ & - R_{\mu\omega\lambda}^{\cdot\,\cdot\,\cdot\,\nu} - R_{\lambda\mu\omega}^{\cdot\,\cdot\,\cdot\,\nu} - R_{\omega\lambda\mu}^{\cdot\,\cdot\,\cdot\,\nu} \big) , \end{aligned} \right.
$$

$$
\text{(30c)} \quad \left\{ \begin{aligned} R_{\omega\mu[\alpha}^{\cdot\,\cdot\,\cdot\,\nu} v_{\beta\gamma]\nu} = \tfrac{1}{6} \big(& R_{\omega\mu\alpha}^{\cdot\,\cdot\,\cdot\,\nu} v_{\beta\gamma\nu} + R_{\omega\mu\beta}^{\cdot\,\cdot\,\cdot\,\nu} v_{\gamma\alpha\nu} + R_{\omega\mu\gamma}^{\cdot\,\cdot\,\cdot\,\nu} v_{\alpha\beta\nu} \\ & - R_{\omega\mu\alpha}^{\cdot\,\cdot\,\cdot\,\nu} v_{\gamma\beta\nu} - R_{\omega\mu\beta}^{\cdot\,\cdot\,\cdot\,\nu} v_{\alpha\gamma\nu} - R_{\omega\mu\gamma}^{\cdot\,\cdot\,\cdot\,\nu} v_{\beta\alpha\nu} \big) , \end{aligned} \right.
$$

$$
\text{(30d)} \quad \begin{aligned} (L_{\lambda[\xi} - L g_{\lambda[\xi}) g_{\mu]\nu} &= L_{\lambda[\xi} g_{\mu]\nu} - L g_{\lambda[\xi} g_{\mu]\nu} \\ &= \tfrac{1}{2} (L_{\lambda\xi} g_{\mu\nu} - L_{\lambda\mu} g_{\xi\nu}) - \tfrac{1}{2} L (g_{\lambda\xi} g_{\mu\nu} - g_{\lambda\mu} g_{\xi\nu}) . \end{aligned}
$$

Das Wort „Teil" ist auch hier zutreffend, da der alternierende Teil von $\underset{1}{v}^{\nu_1} \ldots \underset{p}{v}^{\nu_p} - \underset{1}{v}^{[\nu_1} \ldots \underset{p}{v}^{\nu_p]}$ verschwindet. Der Prozeß, der $\underset{1}{v}^{[\nu_1} \ldots \underset{p}{v}^{\nu_p]}$ aus $\underset{1}{v}^{\nu_1} \ldots \underset{p}{v}^{\nu_p}$ erzeugt, heißt *alternieren über die Indizes* $\nu_1, \ldots, \nu_p$. Man kann auch mischen oder alternieren über einige der p Indizes und erhält dann eine Größe, die nur in *diesen* Indizes symmetrisch bzw. alternierend ist

Das alternierende Produkt $\underset{1}{v}^{[\lambda_1} \dots \underset{p}{v}^{\lambda_p]}$ läßt sich, je nachdem man die Indizes oder die idealen Faktoren permutiert, auf zwei verschiedene Weisen ausschreiben. Einerseits ist:

$$(31)\quad \begin{cases} \underset{1}{v}^{[\lambda_1} \dots \underset{p}{v}^{\lambda_p]} = \frac{1}{p} \underset{1}{v}^{\lambda_1} \underset{2}{v}^{[\lambda_2} \dots \underset{p}{v}^{\lambda_p]} - \frac{1}{p} \underset{1}{v}^{\lambda_2} \underset{2}{v}^{[\lambda_1} \underset{3}{v}^{\lambda_3} \dots \underset{p}{v}^{\lambda_p]} \\ \qquad + \frac{1}{p} \underset{1}{v}^{\lambda_3} \underset{2}{v}^{[\lambda_1} \underset{3}{v}^{\lambda_2} \underset{4}{v}^{\lambda_4} \dots \underset{p}{v}^{\lambda_p]} - \text{usw.}, \end{cases}$$

andererseits ist:

$$(32)\quad \begin{cases} \underset{1}{v}^{[\lambda_1} \dots \underset{p}{v}^{\lambda_p]} = \frac{1}{p} \underset{1}{v}^{\lambda_1} \underset{2}{v}^{[\lambda_2} \dots \underset{p}{v}^{\lambda_p]} - \frac{1}{p} \underset{2}{v}^{\lambda_1} \underset{1}{v}^{[\lambda_2} \underset{3}{v}^{\lambda_3} \dots \underset{p}{v}^{\lambda_p]} \\ \qquad + \frac{1}{p} \underset{3}{v}^{\lambda_1} \underset{1}{v}^{[\lambda_2} \underset{2}{v}^{\lambda_3} \underset{4}{v}^{\lambda_4} \dots \underset{p}{v}^{\lambda_p]} - \text{usw.} \end{cases}$$

Für jede Größe gilt also:

$$(33)\quad v^{[\lambda_1 \dots \lambda_p]} = \frac{1}{p} v^{\lambda_1 [\lambda_2 \dots \lambda_p]} - \frac{1}{p} v^{\lambda_2 [\lambda_1 \lambda_3 \dots \lambda_p]} + \frac{1}{p} v^{\lambda_3 [\lambda_1 \lambda_2 \lambda_4 \dots \lambda_p]} - \text{usw.},$$

und auch:

$$(34)\quad v^{[\lambda_1 \dots \lambda_p]} = \frac{1}{p} v^{\lambda_1 [\lambda_2 \dots \lambda_p]} - \frac{1}{p} v^{[\lambda_2 | \lambda_1 | \lambda_3 \dots \lambda_p]} + \frac{1}{p} v^{[\lambda_2 \lambda_3 | \lambda_1 | \lambda_4 \dots \lambda_p]} - \text{usw.},$$

wo die vertikalen Striche angeben, daß über den eingeschlossenen Index nicht alterniert wird. Die zweite Form wird u. a. auf S. 30 Verwendung finden.

Mit Hilfe der alternierenden Multiplikation läßt sich nun die Definition des einfachen p-Vektors folgendermaßen aussprechen:

Ein p-Vektor ist einfach, wenn er das alternierende Produkt von p *realen* Vektoren ist[1]).

Allgemeiner nennen wir einen p-Vektor q-dimensional, wenn er sich ganz in einer E_q, aber nicht in einer E_{q-1} unterbringen läßt, d. h. sich als Summe von Produkten von Vektoren schreiben läßt, die alle in einer E_q, aber nicht in einer E_{q-1} liegen. In einer E_{p+1} gibt es offenbar keine anderen als einfache p-Vektoren, da je zwei einfache p-Vektoren in einer E_{p+1} wenigstens $p-1$ Richtungen gemeinschaftlich haben und sich also zu einem einzigen einfachen p-Vektor zusammenstellen lassen. Ein p-Vektor ist also niemals $(p+1)$-dimensional[2]).

Notwendige und hinreichende Bedingung dafür, daß eine Größe $v^{\nu_1 \dots \nu_p}$ symmetrisch bzw. alternierend ist, ist, daß die Größe ihrem symmetrischen bzw. alternierenden Teil gleich ist, also:

$$(35)\quad v^{\nu_1 \dots \nu_p} = v^{(\nu_1 \dots \nu_p)} \quad \text{bezw.} \quad v^{\nu_1 \dots \nu_p} = v^{[\nu_1 \dots \nu_p]}.$$

Eine symmetrische Größe läßt sich also stets als Potenz eines einzigen idealen Vektors schreiben:

$$(36)\quad v^{\nu_1 \dots \nu_p} = v^{(\nu_1 \dots \nu_p)} = v^{\nu_1} \dots v^{\nu_p}.$$

Die Bestimmungszahlen dieses Vektors sind *Aronhold-Clebsch*sche Symbole. In derselben Weise läßt sich eine alternierende Größe stets als Potenz eines einzigen Vektors schreiben:

$$(37)\quad v^{\nu_1 \dots \nu_p} = v^{[\nu_1 \dots \nu_p]} = v^{\nu_1} \dots v^{\nu_p}.$$

---

1) *Graßmann*, 1862, 1, S. 56. 2) *Graßmann*, 1862, 1, S. 61.

Die Bestimmungszahlen des Vektors sind hier *Weitzenböck*sche Komplexsymbole. Im Gegensatz zu den *Aronhold-Clebsch*schen Symbolen genügen die *Weitzenböck*schen Komplexsymbole dem kommutativen Gesetz der Multiplikation nicht, bei Vertauschung irgend zweier zur nämlichen Größe $v^{\nu_1 \dots \nu_p}$ gehörigen Symbole tritt Vorzeichenwechsel auf. Die Darstellung einer alternierenden Größe als Potenz kommt in der Differentialgeometrie weniger vor, die der symmetrischen Größe dagegen sehr oft.

B. Kovariante Größen. Aus den kovarianten Vektoren lassen sich in derselben Weise kovariante Affinoren, Tensoren und p-Vektoren bilden, und alles was über kontravariante Größen gesagt ist, gilt m. m. auch für kovariante Größen. Alle kovarianten Größen bekommen untere Indizes.

Sieht man von der Größe ab und betrachtet man also nur die Verhältnisse der Bestimmungszahlen, so lassen sich die Bestimmungszahlen eines einfachen kontra- bzw. kovarianten p-Vektors auch auffassen als die homogenen Koordinaten einer E_{p-1} bzw. E_{n-p-1} in einer E_{n-1}, die Bestimmungszahlen eines allgemeinen kontra- bzw. kovarianten p-Vektors als homogene Koordinaten eines E_{n-p-1}- bzw. E_{p-1}-Komplexes in der E_{n-1}. Ein kontravarianter Bivektor steht also in dieser Weise für $n = 4$ in Beziehung zu einem Linienkomplex in E_3. Ist der Bivektor einfach, so besteht der Linienkomplex aus allen Geraden, die eine bestimmte Gerade schneiden[1]).

C. Gemischte Größen. Eine gemischte Größe oder ein gemischter Affinor p^{ten} Grades ist der Inbegriff von n^p Zahlen, die sich bei den Transformationen (8) transformieren wie die n^p Produkte der Bestimmungszahlen von p verschiedenen Vektoren, von denen $q < p$ kontravariant, die anderen $p - q$ kovariant sind. Die gemischte Größe bekommt q obere und $p - q$ untere Indizes, und läßt sich als Produkt von p idealen Vektoren schreiben, von denen q kontravariant und $p - q$ kovariant sind, z. B.:

$$v_{\varkappa\,\cdot\,\cdot\,\nu}^{\,\cdot\,\lambda\mu} = \overset{1}{v}_{\varkappa}\, \underset{2}{v}^{\lambda}\, \underset{3}{v}^{\mu}\, \overset{4}{v}_{\nu}\,. \tag{38}$$

Auf die Reihenfolge der Indizes ist auch hier aufs strengste zu achten[2]).

Der wichtigste gemischte Affinor ist der Einheitsaffinor (vgl.

---

[1]) Vgl. z. B. *Weitzenböck*, 1923, 1, S. 69 und 83.

[2]) Es wäre hier vollkommen genügend, nur die Reihenfolge gleichartiger Indizes zum Ausdruck zu bringen, was zur einfacheren, oft verwendeten Schreibweise $v_{\varkappa\,\nu}^{\lambda\mu}$ führen würde. Später, nach Einführung einer Maßbestimmung, könnte dann aber die, nicht von *Ricci* herrührende, jetzt aber allgemein übliche Methode des Herauf- und Herunterziehens der Indizes (vgl. S. 39) nicht verwendet werden, ohne daß Zweideutigkeit entstände.

S. 29), dessen Bestimmungszahlen in bezug auf jedes Koordinatensystem gegeben sind durch die Gleichungen:

$$(39) \qquad A_\lambda^\nu = \begin{cases} 1 \text{ für } \lambda = \nu \text{ (nicht summieren über } \lambda), \\ 0 \quad ,, \quad \lambda \neq \nu^{1)}. \end{cases}$$

Nur für diesen Einheitsaffinor verwenden wir statt $A_\lambda{}^\nu$ oder $A^\nu{}_\lambda$ die einfachere Schreibweise A_λ^ν [2]). Für jedes Koordinatensystem gilt auch, daß der Einheitsaffinor die Summe der Produkte gleichnamiger Maßvektoren ist:

$$(40) \qquad A_\lambda^\nu = \underset{\alpha}{e^\nu} \overset{\alpha}{e_\lambda}.$$

§ 8. Die Überschiebungen.

Eine Größe, deren Bestimmungszahlen sich in einer von der Wahl des Koordinatensystems unabhängigen Weise rational und ganz in den Bestimmungszahlen einiger gegebener Größen ausdrücken läßt, heißt eine ganze rationale Simultankomitante dieser Größen. Wenn sie nur einzeln invariante Bestimmungszahlen hat, nennt man sie auch Simultaninvariante[3]). Es kann gezeigt werden, daß jede Simultankomitante von Größen sich nur mit Hilfe der Addition, der allgemeinen Multiplikation und der S. 16 definierten Überschiebung aus den idealen Faktoren der Größen bilden läßt. Dieser Satz, dem die idealen Faktoren ihre Bedeutung verdanken, entspricht dem bekannten ersten Fundamentalsatz der Invariantensymbolik[4]). Die Verwendung der Indizesklammern ( ) und [ ] bringt nichts prinzipiell neues hinein, da diese ja nur anzeigen, daß man Isomere, d. h. allgemeine Produkte idealer Faktoren in bestimmter Weise zusammenzufassen hat. Man könnte auch ohne diese Zeichen auskommen. Ihre Verwendung ermöglicht aber eine sehr kurze und übersichtliche Schreibweise.

Es gibt nun weiter noch drei Verknüpfungen, die so häufig auftreten, daß es nützlich ist, für diese einen besonderen Namen einzuführen. Erstens definieren wir die i^{te} skalare (gegenläufige) Überschiebung oder kurz i^{te} Überschiebung von $v_{\lambda_1 \ldots \lambda_p}$ und $w^{\nu_1 \ldots \nu_q}$ durch die Gleichung:

$$(41) \qquad u_{\lambda_1 \ldots \lambda_{p-i}}{}^{\nu_{i+1} \ldots \nu_q} = v_{\lambda_1 \ldots \lambda_{p-i} \nu_i \ldots \nu_1} w^{\nu_1 \ldots \nu_q}.$$

Es werden also i skalare Überschiebungen der i letzten idealen Vektoren des ersten Faktors mit den i ersten des zweiten Faktors gebildet, und

---

1) Bei *Einstein* δ_λ^ν.

2) Daß hierdurch niemals Zweideutigkeit entstehen kann, wird auf S. 40 gezeigt.

3) Die anderen Komitanten lassen sich unterscheiden in Kovarianten, Kontravarianten und gemischte Komitanten.

4) Z. B. *Weitzenböck*, 1923, 1, S. 93.

diese i idealen Zahlen werden multipliziert mit den übrigen idealen Faktoren in der bestehenden Reihenfolge. Es kann auch v kontravariant und w kovariant sein, oder es können in derselben Weise Überschiebungen gemischter Größen gebildet werden, vorausgesetzt, daß die korrespondierenden Indizes die richtige Stellung haben. Auch kann man Überschiebungen bilden nach anderen Indizes als gerade den i letzten und i ersten. Unter diesen wird die i^{te} gleichläufige Überschiebung, definiert durch die Gleichung:

$$u_{\lambda_{i+1}\ldots\lambda_p}^{\cdot\,\ldots\,\cdot\;\nu_{i+1}\ldots\nu_q} = v_{\nu_1\ldots\nu_i\,\lambda_{i+1}\ldots\lambda_p}^{\cdot\;\ldots\;\cdot\;\cdot\;\ldots\;\cdot}\, w^{\nu_1\ldots\nu_q} \tag{42}$$

am meisten verwendet. Kommen Überschiebungen nach anderen Indizes zur Verwendung, so fügt man beim Sprechen die Indizes zu, nach denen die Überschiebung stattfindet. Es heißt also z. B.:

$$v^{\alpha\varkappa\cdot\lambda}_{\cdot\cdot\beta}\, w^{\cdot\mu\cdot\beta}_{\alpha\cdot\nu}$$

die Überschiebung von v und w nach den Indizes α und β. Durch einmalige Überschiebung mit dem Einheitsaffinor A_λ^ν ändert sich eine Größe nicht. Es ist z. B.:

$$A_\mu^\alpha\, v^{\varkappa\lambda\cdot\nu}_{\cdot\cdot\alpha} = v^{\varkappa\lambda\cdot\nu}_{\cdot\cdot\mu}\,. \tag{43}$$

Dieser Eigenschaft entstammt der Name Einheitsaffinor.

Eine Überschiebung einer Größe in sich heißt Faltung. Z. B. ist $v^{\alpha\cdot\cdot\beta}_{\cdot\beta\alpha}$ die Faltung von $v^{\alpha\cdot\cdot\delta}_{\cdot\beta\gamma}$ nach $\alpha\gamma$ und $\beta\delta$. Für die (skalare) Überschiebung beweisen wir folgenden viel verwendeten Satz:

Eine Größe p^{ten} Grades ist Null, wenn sie in $q \leqq p$ kovarianten bzw. kontravarianten Indizes symmetrisch ist und die Überschiebung mit der q^{ten} Potenz jedes *beliebigen* kontravarianten bzw. kovarianten Vektors nach diesen Indizes verschwindet.

Eine symmetrische Größe q^{ten} Grades hat $\binom{n+q-1}{q}$ Bestimmungszahlen und ist im allgemeinen nicht die q^{te} Potenz eines realen Vektors. Es gibt aber jedenfalls $\binom{n+q-1}{q}$ Vektoren, deren q^{te} Potenzen linear unabhängig sind. Man nehme z. B. die Vektoren $\underset{\lambda_1}{e}^\nu + \ldots + \underset{\lambda_q}{e}^\nu$, $\lambda_1, \ldots, \lambda_q = a_1, \ldots, a_n$. Ist also die Überschiebung nach bestimmten Indizes mit der q^{ten} Potenz jedes Vektors gleich Null, so ist auch die Überschiebung mit jeder symmetrischen Größe q^{ten} Grades und infolgedessen auch die mit jeder beliebigen Größe q^{ten} Grades nach denselben Indizes Null. Dann ist aber auch jede einzelne Bestimmungszahl Null, da sie entsteht durch Überschiebung mit den Maßvektoren.

Zweitens definieren wir die i^{te} vektorische Überschiebung der alternierenden Größe $v^{\nu_1\ldots\nu_p}$ mit der allgemeinen Größe $w^{\mu_1\ldots\mu_q}$ durch die Gleichung:

$$u^{\nu_1\ldots\nu_p\mu_1\ldots\mu_q} = v^{[\nu_1\ldots\nu_p}\, w^{\mu_1\ldots\mu_i]\,\mu_{i+1}\ldots\mu_q}\,. \tag{44}$$

Es wird also zunächst ein idealer $(p+i)$-Vektor gebildet aus dem ersten Faktor mit den i ersten idealen Vektoren des zweiten Faktors, und dieser $(p+i)$-Vektor wird mit den $q-i$ übrigen Vektoren des zweiten Faktors in der bestehenden Reihenfolge allgemein multipliziert. Die Überschiebung läßt sich auch bei kovarianten Größen bilden, und es kann sogar w in den $q-i$ letzten Indizes gemischt sein. Auch kann die Überschiebung an der rechten Seite gebildet werden. Sowohl die skalare als die vektorische Überschiebung erfreuen sich der distributiven Eigenschaft in bezug auf die Addition und können also als Produkte aufgefaßt werden. Die Verknüpfung:

$$u^{\nu_1 \dots \varkappa_s} = v^{\nu_1 \dots \nu_p [\mu_1 \dots \mu_q}\, w^{\lambda_1 \dots \lambda_r] \varkappa_1 \dots \varkappa_s} \tag{45}$$

der alternierenden Größe $v^{\nu_1 \dots \mu_q}$ mit einer allgemeinen Größe $w^{\lambda_1 \dots \lambda_r \varkappa_1 \dots \varkappa_s}$ läßt sich für $q+r=n$ in einfacher Weise umformen. Da jede in $n+1$ Indizes alternierende Größe verschwindet, ist nach (34):

$$\left\{\begin{aligned} 0 &= v^{\nu_1 \dots [\nu_p \mu_1 \dots \mu_q}\, w^{\lambda_1 \dots \lambda_r] \varkappa_1 \dots \varkappa_s} = \frac{1}{n+1}\, v^{\nu_1 \dots \nu_p [\mu_1 \dots \mu_q}\, w^{\lambda_1 \dots \lambda_r] \varkappa_1 \dots \varkappa_s} \\ &- \frac{1}{n+1}\, v^{\nu_1 \dots \nu_{p-1} [\mu_1 | \nu_p | \mu_2 \dots \mu_q}\, w^{\lambda_1 \dots \lambda_r] \varkappa_1 \dots \varkappa_s} + \text{usw.} \\ &+ \frac{1}{n+1} (-1)^{q+1}\, v^{\nu_1 \dots \nu_{p-1} [\mu_1 \dots \mu_q \lambda_1}\, w^{| \nu_p | \lambda_2 \dots \lambda_r] \varkappa_1 \dots \varkappa_s} \\ &+ \frac{1}{n+1} (-1)^{q+2}\, v^{\nu_1 \dots \nu_{p-1} [\mu_1 \dots \mu_q \lambda_1}\, w^{\lambda_2 | \nu_p | \lambda_3 \dots \lambda_r] \varkappa_1 \dots \varkappa_s} + \text{usw.} \\ &= \frac{q}{n+1}\, u^{\nu_1 \dots \varkappa_s} + \frac{1}{n+1} (-1)^{q+1}\, v^{\nu_1 \dots \nu_{p-1} [\mu_1 \dots \mu_q \lambda_1} \{ w^{| \nu_p | \lambda_2 \dots \lambda_r] \varkappa_1 \dots \varkappa_s} \\ &- w^{\lambda_2 | \nu_p | \lambda_3 \dots \lambda_r] \varkappa_1 \dots \varkappa_s} + \text{usw.} \} \end{aligned}\right. \tag{46}$$

und es läßt sich also $u^{\nu_1 \dots \varkappa_s}$ schreiben als Summe von Termen, die alle $q+1$ ideale Faktoren von $v^{\nu_1 \dots \mu_q}$ im alternierenden Produkt enthalten. Dieser Prozeß läßt sich fortsetzen, und es gilt demnach der Satz:

Ein Ausdruck mit einem alternierenden Produkt von n Faktoren, das *einige* von den idealen Faktoren einer alternierenden Größe $v^{\lambda_1 \dots \lambda_p}$ enthält, läßt sich stets schreiben als Summe von Größen, die alle ein alternierendes Produkt von n Faktoren enthalten, in welchem *alle* idealen Faktoren von $v^{\lambda_1 \dots \lambda_p}$ vorkommen[1]).

Die dritte Verknüpfung, die immer zwischen einigen Größen des gleichen Grades auftritt, soll hier der Übersichtlichkeit wegen durch ein Beispiel eingeführt werden. Es seien $p^{\alpha\beta\gamma}$, $q^{\alpha\beta\gamma}$, $r^{\alpha\beta\gamma}$ und $s^{\alpha\beta\gamma}$ allgemeine reale oder ideale Größen dritten Grades. Man bilde die Verknüpfung:

$$p^{[\alpha [\varkappa [\xi} \quad q^{\beta \lambda \eta} \quad r^{\gamma \mu \varrho} \quad s^{\delta] \nu] \omega]},$$

wo die eckigen Klammern bedeuten, daß sowohl über $\alpha\,\beta\,\gamma\,\delta$ als über $\varkappa\,\lambda\,\mu\,\nu$, als über $\xi\,\eta\,\varrho\,\omega$ unabhängig voneinander zu alternieren ist.

---

1) *Weitzenböck*, 1923, 1, S. 79.

Diese Verknüpfung heißt die dreifache vektorische Überschiebung oder dreifaches vektorisches Produkt der vier Größen $p^{\alpha\beta\gamma}$, $q^{\alpha\beta\gamma}$, $r^{\alpha\beta\gamma}$ und $s^{\alpha\beta\gamma}$. Verwendet man ideale Vektoren, so läßt sich die Überschiebung schreiben:

$$\underset{1}{p}^{[\alpha}\,\underset{1}{q}^{\beta}\,\underset{1}{r}^{\gamma}\,\underset{1}{s}^{\delta]}\quad \underset{2}{p}^{[\varkappa}\,\underset{2}{q}^{\lambda}\,\underset{2}{r}^{\mu}\,\underset{2}{s}^{\nu]}\quad \underset{3}{p}^{[\xi}\,\underset{3}{q}^{\eta}\,\underset{3}{r}^{\varrho}\,\underset{3}{s}^{\omega]}\,.$$

Folgendes einfachere Beispiel, die doppelte vektorische Überschiebung von $v^{\varkappa\lambda}$ und $w^{\mu\nu}$, möge vollständig ausgeschrieben werden:

$$v^{[\varkappa\,[\lambda}\,w^{\mu]\,\nu]} = \tfrac{1}{4}\left(v^{\varkappa\lambda}\,w^{\mu\nu} - v^{\mu\lambda}\,w^{\varkappa\nu} - v^{\varkappa\nu}\,w^{\mu\lambda} + v^{\mu\nu}\,w^{\varkappa\lambda}\right). \tag{47}$$

Die mehrfachen vektorischen Überschiebungen lassen sich auch bei kovarianten Vektoren bilden und besitzen ebenfalls die distributive Eigenschaft.

Es gibt auch Verknüpfungen, wo nicht über alle verfügbaren Indizes alterniert wird, z. B.

$$g_{\varkappa_1\,[\lambda_1\,[\nu_1}\quad g_{|\varkappa_2|\,\lambda_2]\,\nu_2]}\,,$$

wo nur über $\lambda_1\,\lambda_2$ und $\nu_1\,\nu_2$ alterniert ist. Auch kann man gleichzeitig über andere Indizes mischen. Um dies anzudeuten, verwenden wir die Schreibweise:

$$g_{(\varkappa_1\,(\lambda_1\,[\mu_1\,|\nu_1|}\quad g_{\varkappa_2\,\lambda_2\,\mu_2\,|\nu_2|}\quad g_{\varkappa_3)\,\lambda_3)\,\mu_3]\,\nu_3}\,,$$

wo über $\mu_1\,\mu_2\,\mu_3$ alterniert und über $\varkappa_1\,\varkappa_2\,\varkappa_3$ sowie über $\lambda_1\,\lambda_2\,\lambda_3$ gemischt ist. Zum Vermeiden von Mißverständnissen empfiehlt es sich, die Indizes, über die nicht alterniert oder gemischt werden soll, durch vertikale Striche abzugrenzen. Stehen die Indizes, über welche alterniert oder gemischt werden soll, nicht so regelmäßig, daß man diese Schreibweise verwenden kann, so kann man in ideale Faktoren zerlegen oder den Einheitsaffinor A_λ^ν verwenden. So sind z. B.:

$$A_{\alpha\beta\gamma}^{[\varkappa\mu\nu]}\,A_{\delta\varepsilon}^{(\lambda\omega)}\,v^{\alpha\delta\beta\gamma\varepsilon\xi}\;;\quad \underset{1}{v}^{[\varkappa}\,\underset{3}{v}^{\mu}\,\underset{4}{v}^{\nu]}\,\underset{2}{v}^{(\lambda}\,\underset{5}{v}^{\omega)}\,\underset{6}{v}^{\xi}$$

zwei Schreibweisen für die Größe, die aus $v^{\varkappa\lambda\mu\nu\omega\xi}$ entsteht durch alternieren über $\varkappa\mu\nu$ und mischen über $\lambda\omega$. $A_{\alpha\beta\gamma}^{\varkappa\mu\nu}$ steht für $A_\alpha^\varkappa\,A_\beta^\mu\,A_\gamma^\nu$. Jede dieser Schreibweisen genügt für alle Fälle.

Eine erste, an § 6 anschließende Anwendung der Überschiebungen möge hier gleich folgen. Die Festlegung einer Volumeinheit und eines Normalschraubsinns geschieht algebraisch durch Wahl eines Einheits-n-Vektors $E^{\nu_1\ldots\nu_n}$. Es liegt dann auch der korrespondierende kovariante n-Vektor $E_{\lambda_1\ldots\lambda_n}$ fest, der mit $E^{\nu_1\ldots\nu_n}$ durch die Gleichung:

$$E^{\nu_1\ldots\nu_n}\,E_{\nu_1\ldots\nu_n} = \frac{1}{n!} \tag{48}$$

verbunden ist, und für alle zulässigen Koordinatensysteme (S. 22) gelten die Formeln:

$$\begin{cases} E^{\nu_1\ldots\nu_n} = \underset{a_1}{e}^{[\nu_1}\ldots\underset{a_n}{e}^{\nu_n]} \\ E_{\lambda_1\ldots\lambda_n} = \overset{a_1}{e}_{[\lambda_1}\ldots\overset{a_n}{e}_{\lambda_n]}\,. \end{cases} \tag{49}$$

Die Korrespondenz zwischen dem einfachen p-Vektor $v^{\nu_1 \dots \nu_p}$ und dem zugehörigen kontravarianten $(n-p)$-Vektor wird durch $E^{\nu_1 \dots \nu_n}$ und $E_{\lambda_1 \dots \lambda_n}$ vermittelt mit Hilfe der Gleichungen:

$$(50)\quad \begin{cases} w_{\lambda_1 \dots \lambda_{n-p}} = \dfrac{n!}{(n-p)!} \quad E_{\lambda_1 \dots \lambda_n} v^{\lambda_{n-p+1} \dots \lambda_n} \\ v^{\nu_1 \dots \nu_p} = (-1)^{p(n-p)} \dfrac{n!}{p!} \quad E^{\nu_1 \dots \nu_n} w_{\nu_{p+1} \dots \nu_n} . \end{cases}$$

§ 9. Geometrische Darstellung der Tensoren.

Wie die alternierenden Größen lassen sich auch die symmetrischen Größen, die Tensoren, in einfacher Weise geometrisch darstellen. Wir führen zunächst einen festen Ursprung ein, stellen also einen kontravarianten Vektor dar durch einen Punkt, einen kovarianten durch eine Hyperebene. Sind dann x^ν Punktkoordinaten und u_λ Hyperebenenkoordinaten, so ist dem kovarianten Tensor $v_{\lambda_1 \dots \lambda_p}$ in eindeutiger Weise die X_{n-1} p^{ter} Ordnung mit der Gleichung:

$$(51)\qquad v_{\lambda_1 \dots \lambda_p} x^{\lambda_1} \dots x^{\lambda_p} = 1$$

zugeordnet und ebenso dem kontravarianten Tensor $w^{\nu_1 \dots \nu_p}$ die X_{n-1} p^{ter} Klasse mit der Gleichung:

$$(52)\qquad w^{\nu_1 \dots \nu_p} u_{\nu_1} \dots u_{\nu_p} = 1 .$$

Die Größe $v_{\lambda_1 \dots \lambda_p} x^{\lambda_1}$ entspricht dem Polargebilde des Punktes x^ν in bezug auf $v_{\lambda_1 \dots \lambda_p}$, ebenso $w^{\nu_1 \dots \nu_p} u_{\nu_1}$ dem Polargebilde der Hyperebene u_λ in bezug auf $w^{\nu_1 \dots \nu_p}$.

Man kann nun auch diese geometrische Darstellung vom Ursprung freimachen, indem man zur X_{n-1} einen Punkt hinzufügt. Bei einer X_{n-1} gerader Ordnung oder Klasse ist dies sogar überflüssig, da der Punkt Mittelpunkt ist. Ein kovarianter bzw. kontravarianter Tensor p^{ten} Grades wird also dargestellt durch eine X_{n-1} p^{ter} Ordnung bzw. Klasse, der ein Punkt adjungiert ist, welcher Punkt für gerades p mit dem Mittelpunkt zusammenfällt. Die Gesamtfigur, also die X_{n-1} mit Punkt, hat keinen bestimmten Ort in der E_n, sondern kann sich parallel zu sich selbst frei bewegen.

Da jede nicht ausgeartete X_{n-1} zweiter Ordnung auch zweiter Klasse ist, ergibt sich schon geometrisch, daß jedem kontravarianten Tensor zweiten Grades mit nicht verschwindender Determinante der Bestimmungszahlen ein kovarianter Tensor zweiten Grades zugeordnet ist. Sind $h^{\lambda\mu}$ und $l_{\lambda\mu}$ die beiden zur nämlichen Figur gehörigen Größen, und ist v^ν ein beliebiger kontravarianter Vektor, so stellt

$$l_{\lambda\mu} v^\mu$$

die Polarhyperebene des Punktes v^ν dar (Ursprung fest gewählt). Ferner ist:

$$h^{\varkappa\lambda} l_{\lambda\mu} v^\mu$$

der Pol dieser Hyperebene (Abb. 7 für $n = 3$). Es ist also:

$$(53)\qquad h^{\varkappa\lambda} l_{\lambda\mu} v^\mu = v^\varkappa$$

für jede beliebige Wahl von v^ν, und dies ist nur möglich, wenn $h^{\varkappa\lambda} l_{\lambda\mu}$ gleich dem Einheitsaffinor ist:

$$l^{\varkappa\lambda} h_{\lambda\mu} = A_\mu^\varkappa = \begin{cases} 1 \text{ für } \varkappa = \mu \text{ (nicht summieren über } \varkappa), \\ 0 \quad ,, \quad \varkappa \neq \mu . \end{cases} \tag{54}$$

Wir werden diesem Resultat im nächsten Paragraphen in verallgemeinerter und algebraischer Form wiederum begegnen.

§ 10. Größen zweiten Grades und lineare Transformationen.

Eine allgemeine kontravariante Größe zweiten Grades $l^{\lambda\mu}$ steht in eindeutiger Beziehung zu einer linearen Transformation, die kovariante Vektoren in kontravariante überführt:

$$w^\lambda = l^{\lambda\mu} v_\mu . \tag{55}$$

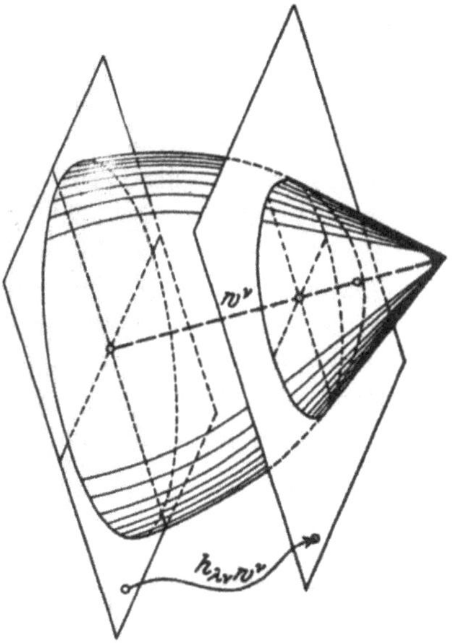

Abb. 7.

Ist die Determinante der $l^{\lambda\mu}$ nicht Null, so gibt es keinen Vektor v_λ, so daß $l^{\lambda\mu} v_\mu$ Null wäre, und es existiert die umgekehrte Transformation, die in eindeutiger Beziehung steht zu einer kovarianten Größe zweiten Grades $h_{\lambda\mu}$:

$$v_\lambda = h_{\lambda\nu} v^\nu . \tag{56}$$

Aus (55) und (56) folgt:

$$l^{\lambda\mu} h_{\mu\nu} = A_\nu^\lambda . \tag{57}$$

Man erhält die $h_{\lambda\mu}$, indem man die zu den Elementen der Determinante der $l^{\lambda\mu}$ gehörigen Minoren bildet und diese durch die Determinante dividiert. Das Gleiche gilt umgekehrt; zwischen $l^{\lambda\mu}$ und $h_{\lambda\mu}$ besteht vollständige Reziprozität. Ist $l^{\lambda\mu}$ symmetrisch, so ist auch $h_{\lambda\mu}$ symmetrisch und beide Größen gehören zur nämlichen X_{n-1} zweiter Ordnung und zweiter Klasse, wie es im vorigen Paragraphen dargestellt wurde.

Eine gemischte Größe zweiten Grades $P^\nu_{\cdot\lambda}$ steht in eindeutiger Beziehung erstens zu einer linearen Transformation der kontravarianten Vektoren:

$$'v^\nu = P^\nu_{\cdot\lambda} v^\lambda \text{ [1]}, \tag{58}$$

zweitens zu einer linearen Transformation der kovarianten Vektoren:

$$w_\lambda = P^\nu_{\cdot\lambda}\, 'w_\nu . \tag{59}$$

---

[1] Es stellt sich also heraus, daß die Koeffizienten P^ν_λ und Q^ν_λ in den Gleichungen (8) und (16) Bestimmungszahlen von Affinoren sind. Wir müssen dementsprechend jetzt schreiben $P^\nu_{\cdot\lambda}$ und $Q^\nu_{\cdot\lambda}$.

Dem Einheitsaffinor A_λ^ν entspricht die identische Transformation. Soll ein bestimmter Vektor v^ν bei der Transformation (58) seine Richtung behalten, so müssen n Gleichungen bestehen von der Form:

(60) $$P^\nu_{\cdot\mu} v^\mu = \lambda v^\nu$$

oder:

(61) $$\left(P^\nu_{\cdot\mu} - \lambda A^\nu_\mu\right) v^\mu = 0\,.$$

Diese n linearen homogenen Gleichungen lassen aber nur dann eine Lösung zu, wenn die Determinante verschwindet:

(62) $$\begin{vmatrix} P^{\alpha_1}_{\cdot\alpha_1} - \lambda & P^{\alpha_2}_{\cdot\alpha_1} & \cdots & P^{\alpha_n}_{\cdot\alpha_1} \\ P^{\alpha_1}_{\cdot\alpha_2} & P^{\alpha_2}_{\cdot\alpha_2} - \lambda & & \vdots \\ \vdots & & \ddots & \vdots \\ P^{\alpha_1}_{\cdot\alpha_n} & \cdots & \cdots & P^{\alpha_n}_{\cdot\alpha_n} - \lambda \end{vmatrix} = 0\,.$$

Hat diese Gleichung n^{ten} Grades in λ r Wurzeln, die ungleich Null sind, so heißt r der Rang der Größe $P^\nu_{\cdot\lambda}$. Es verschwinden dann alle $(p+1)$-reihigen, aber nicht alle p-reihigen Minoren der Determinante der $P^\nu_{\cdot\lambda}$. Zu einer m-fachen Wurzel λ gehört eine $E_{m'}$ $(m' \leqq m)$, deren Vektoren bei der Transformation alle die Richtung behalten und denselben Faktor λ bekommen. Die $E_{m'}$ heißt ein Hauptgebiet, das zu $\lambda = 0$ gehörige Hauptgebiet das Nullgebiet von $P^\nu_{\cdot\lambda}$. Ist der Rang von $P^\nu_{\cdot\lambda}$ n, so existiert die umgekehrte Transformation, die in eindeutiger Beziehung steht zu einer zweiten gemischten Größe $Q^\nu_{\cdot\lambda}$:

(63) $$v^\nu = Q^\nu_{\cdot\lambda}\,{}'v^\lambda,$$

(64) $$'w_\lambda = Q^\nu_{\cdot\lambda} w_\nu\,.$$

Die $Q^\nu_{\cdot\lambda}$ sind wiederum die Minoren der $P^\nu_{\cdot\lambda}$, dividiert durch die Determinante, und es besteht die Beziehung:

(65) $$P^\nu_{\cdot\mu} Q^\mu_{\cdot\lambda} = P^\mu_{\cdot\lambda} Q^\nu_{\cdot\mu} = A^\nu_\lambda\,,$$

die sich aus (58) und (63) ableiten läßt. Es kann der Fall eintreten, daß die Determinante der $P^\nu_{\cdot\lambda}$ bei irgendeiner Wahl des Koordinatensystems symmetrisch ist in bezug auf die Hauptdiagonale, d. h. also daß $P^\nu_{\cdot\lambda} = P^\lambda_{\cdot\nu}$ ist. Es ist aber ja zu beachten, daß diese Symmetrie bei einer gemischten Größe im Gegensatz zu den rein kontravarianten und rein kovarianten Größen keine vom Koordinatensystem unabhängige Bedeutung hat. Sie verschwindet im allgemeinen bei Einführung anderer Koordinaten. Nur ein Vielfaches des Einheitsaffinors A^ν_λ macht hier eine Ausnahme.

Man kann sich nun die Frage vorlegen, wie sich eine allgemeine Größe $v^{\nu_1 \ldots \nu_p}$ bei der Transformation (58) verhält. Zur Beantwortung dieser Frage führen wir ideale Faktoren ein:

(66) $$v^{\nu_1 \ldots \nu_p} = \underset{1}{v^{\nu_1}} \cdots \underset{p}{v^{\nu_p}}\,.$$

Jeder ideale Faktor von $v^{\nu_1 \ldots \nu_p}$, z. B. $\underset{1}{v}^{\nu}$, transformiert sich folgendermaßen:

(67) $$'\underset{1}{v}^{\nu} = P^{\nu}_{\cdot \lambda} \underset{1}{v}^{\lambda},$$

und die Transformation von $v^{\nu_1 \ldots \nu_p}$ lautet also:

(68) $$'v^{\nu_1 \ldots \nu_p} = P^{\nu_1}_{\cdot \lambda_1} \ldots P^{\nu_p}_{\cdot \lambda_p} v^{\lambda_1 \ldots \lambda_p}.$$

Interessant ist besonders der Fall, wo $v^{\nu_1 \ldots \nu_p}$ ein p-Vektor ist:

(69) $$v^{\nu_1 \ldots \nu_p} = v^{[\nu_1 \ldots \nu_p]}.$$

Es ist dann:

(70) $$'v^{\nu_1 \ldots \nu_p} = P^{\nu_1}_{\cdot \lambda_1} \ldots P^{\nu_p}_{\cdot \lambda_p} v^{\lambda_1 \ldots \lambda_p} = P^{[\nu_1}_{\cdot [\lambda_1} \ldots P^{\nu_p]}_{\cdot \lambda_p]} v^{\lambda_1 \ldots \lambda_p}.$$

Die Transformation wird also vermittelt durch eine in den oberen und in den unteren Indizes alternierende Größe $2p^{\text{ten}}$ Grades, die das doppelte vektorische Produkt von p Faktoren $P^{\nu}_{\cdot \lambda}$ ist. Eine solche Größe, die zu den p-Vektoren in derselben Beziehung steht wie der gemischte Affinor zweiten Grades zu den Vektoren, wird auch p-Vektoraffinor genannt. Der in dieser Weise aus einem Affinor $P^{\nu}_{\cdot \lambda}$ entstandene p-Vektoraffinor ist von einer besonderen Art, da bei der zugehörigen linearen Transformation alle einfachen p-Vektoren wieder in einfache übergehen, was ja bei einer allgemeinen linearen Transformation von p-Vektoren nicht der Fall zu sein braucht. Seine Bestimmungszahlen sind offenbar die p-reihigen Unterdeterminanten der Matrix von $P^{\nu}_{\cdot \lambda}$. Ist also r der Rang von $P^{\nu}_{\cdot \lambda}$, so ist $P^{[\nu_1}_{\cdot [\lambda_1} \ldots P^{\nu_p]}_{\cdot \lambda_p]}$ dann und nur dann gleich Null, wenn $p > r$. Umgekehrt, ist $P^{[\nu_1}_{\cdot [\lambda_1} \ldots P^{\nu_p]}_{\cdot \lambda_p]} \neq 0$ für $p = r$ und $= 0$ für $p = r + 1$, so ist diese Größe überhaupt $\neq 0$ für $p \leqq r$ und $= 0$ für $p > r$ und der Rang von $P^{\nu}_{\cdot \lambda}$ ist gleich r.

Die Gleichung

(71a) $$P^{[\nu_1}_{\cdot [\lambda_1} \ldots P^{\nu_p]}_{\cdot \lambda_p]} \begin{cases} \neq 0 & \text{für } p = r \\ = 0 & \;,, \;\; p > r \end{cases}$$

ist also die notwendige und hinreichende Bedingung dafür, daß der Rang von $P^{\nu}_{\cdot \lambda}$ gleich r ist.

Auch eine rein kontravariante Größe zweiten Grades hat einen Rang. Ist r die Anzahl der linear unabhängigen Lösungen der Gleichung

(72) $$h^{\lambda \mu} v_{\mu} = 0,$$

so heißt r der Rang von $h^{\lambda \mu}$. Ist der Rang gleich r, so verschwinden alle p-reihigen Unterdeterminanten von $h^{\lambda \mu}$ für $p > r$, nicht aber für $p \leqq r$. Da die Bestimmungszahlen des p-Vektoraffinors $h^{[\lambda_1 [\mu_1} \ldots h^{\lambda_p] \mu_p]}$ gerade diese p-reihigen Unterdeterminanten sind, so ist

(71b) $$h^{[\lambda_1 [\mu_1} \ldots h^{\lambda_p] \mu_p]} \begin{cases} \neq 0 & \text{für } p = r \\ = 0 & \;,, \;\; p > r \end{cases}$$

die notwendige und hinreichende Bedingung dafür, daß der Rang von $h^{\lambda \mu}$ gleich r ist. Das Gleiche gilt m. m. für rein kovariante Größen.

Der Größe $P^{\nu}_{\cdot\lambda}$ sind in eindeutiger Weise ein Bivektoraffinor, ein Trivektoraffinor usw. bis zu einem r-Vektoraffinor zugeordnet. Umgekehrt folgt aus dem Umstande, daß alle zu dieser Reihe gehörigen Transformationen einfache alternierende Größen in einfache überführen, daß jede der $r-1$ ersten Größen der Reihe die ganze Reihe eindeutig bestimmt. Nur der r-Vektoraffinor kann mit ∞ vielen gemischten Größen zweiten Grades korrespondieren.

Das Gleiche gilt m. m. für die zu einer rein kontravarianten oder rein kovarianten Größe gehörigen Größenreihe.

Läßt sich aus zwei Größen zweiten Grades durch Überschiebung wiederum eine Größe zweiten Grades bilden, z. B. $h^{\lambda\mu} k_{\mu\nu}$, $P^{\nu}_{\lambda} h^{\lambda\mu}$, $P^{\nu}_{\lambda} k_{\mu\nu}$, $P^{\nu}_{\lambda} R^{\lambda}_{\mu}$, und ist der Rang der einen Größe r, der der anderen n, so ist der Rang der dritten Größe wiederum r. Der sehr einfache Beweis dieses Satzes findet sich in jedem Lehrbuch der Algebra.

§ 11. Die Einführung einer Maßbestimmung in der E_n.

Zwei kontravariante Vektoren oder auch zwei Linienelemente lassen sich in der E_n nur dann der Größe nach vergleichen, wenn sie dieselbe Richtung haben. Der Größenvergleich zwischen Strecken verschiedener Richtung wird erst ermöglicht durch Einführung einer Maßbestimmung. In der Wahl dieser Maßbestimmung ist man zunächst ganz frei. Für jede einzelne Richtung kann festgelegt werden, was man als Längeneinheit für diese Richtung ansehen will. Die Entfernung der Punkte $\underset{1}{x}^{\nu}$ und $\underset{2}{x}^{\nu}$ ist dann eine Funktion der n Differenzen $\underset{2}{x}^{\nu} - \underset{1}{x}^{\nu}$, $F(\underset{2}{x}^{\nu} - \underset{1}{x}^{\nu})$, die nur der selbstverständlichen Bedingung

$$F\{k(\underset{2}{x}^{\nu} - \underset{1}{x}^{\nu})\} = |k| F(\underset{2}{x}^{\nu} - \underset{1}{x}^{\nu}), \qquad k > 0, \tag{73}$$

zu genügen hat, im übrigen aber noch vollständig frei wählbar ist. Wird, ausgehend von einem bestimmten Punkte $\underset{0}{x}^{\nu}$ der E_n die Längeneinheit in jede Richtung abgetragen, so bilden die Endpunkte ein System von ∞^{n-1} Punkten, die Indikatrix der gewählten Maßbestimmung, die durch die Gleichung:

$$F(x^{\nu} - \underset{0}{x}^{\nu}) = 1 \tag{74}$$

gegeben ist. Stellt man die Forderung auf, daß die Länge einer gerichteten Strecke von dem Sinn der Strecke unabhängig sein soll, so gilt (73) auch für $k < 0$ und die Indikatrix wird symmetrisch in bezug auf den Punkt $\underset{0}{x}^{\nu}$, anders gesagt, $\underset{0}{x}^{\nu}$ wird Mittelpunkt der Indikatrix. Wir setzen ferner voraus, daß F eindeutig, stetig und hinreichend oft differenzierbar ist. Die Indikatrix ist dann eine Hyperfläche, die jeder gegebenen Richtung eine einzige $(n-1)$-Richtung zuordnet, die $(n-1)$-Richtung der E_{n-1}, welche die Indikatrix, im Schnittpunkt mit der durch $\underset{0}{x}^{\nu}$ in der gegebenen Richtung liegenden Geraden, tangiert. Ist die Indikatrix algebraisch, so ist sie notwendig von gerader Ordnung, da $\underset{0}{x}^{\nu}$ Mittelpunkt sein muß.

In einer E_n kann ein Vektor v^ν in ganz beliebiger Weise auf die Richtung des Vektors w^ν projiziert werden. Ist aber eine symmetrische Hyperfläche als Indikatrix gegeben, so ist eine bestimmte Weise des Projizierens bevorzugt, nämlich die Projektion vermittels der E_{n-1}, deren $(n-1)$-Richtung der Richtung von w^ν zugeordnet ist. Ist v die Länge von v^ν und v' die Länge der in dieser Weise erhaltenen Projektion, so kann man sogar schon den Winkel zwischen v^ν und w^ν definieren mit Hilfe der Gleichung:

$$\cos(v^\nu, w^\nu) = \frac{v'}{v} \quad (75)$$ [1].

Es ist aber zu beachten, daß der in dieser Weise definierte Winkel im allgemeinen nicht unabhängig ist von der Reihenfolge von v^ν und w^ν:

$$\cos(v^\nu, w^\nu) \neq \cos(w^\nu, v^\nu). \quad (76)$$

Es gilt nun, unter den verschiedenen möglichen Formen der Indikatrix die geeignetsten Formen aufzufinden. Dazu verhilft uns der Begriff der Drehung[2]. Die erste Forderung, die wir an eine Drehung um den Punkt $\underset{0}{x}^\nu$ zu stellen haben, ist die, daß sie eine lineare homogene Transformation sein soll, die einen gegebenen n-dimensionalen Schraubsinn nicht verändert. Als zweite Forderung kommt hinzu, daß die Indikatrix allen Drehungen gegenüber invariant sein soll, als dritte, daß die Drehungen eine Gruppe bilden sollen. Diesen Forderungen gemäß enthält die Gruppe der Drehungen alle linearen homogenen Transformationen, bei denen ein Schraubsinn und die Indikatrix invariant sind. Es scheiden also sofort sämtliche Formen des Indikatrix aus, die nicht bei irgendeiner Untergruppe der linearen homogenen Gruppe invariant sind. Im übrigen bleibt aber die Wahl dieser Untergruppe noch frei. Man kann die Wahl einschränken, indem man verlangt, daß die gewählte Untergruppe auch umfassend genug sei, um ein gewisses Maß der freien Beweglichkeit zu gewähren. Man kann etwa die Forderung aufstellen, daß es immer eine Drehung geben soll, die irgendeiner Geraden durch $\underset{0}{x}^\nu$ eine beliebige vorgegebene Richtung erteilt, irgendeiner Ebene durch diese Gerade eine beliebige die gegebene Richtung enthaltende vorgegebene 2-Richtung usw. Dann läßt sich beweisen[3], daß diese Forderung nur erfüllt werden kann, wenn die Indikatrix eine nicht degenerierte quadratische Hyperfläche ist und die Entfernung zweier Punkte demzufolge die Quadratwurzel aus einer quadratischen Form.

Von einem anderen Standpunkte ausgehend kann man fordern, daß der oben definierte Winkel zwischen zwei Richtungen von der Reihenfolge der Richtungen unabhängig ist. Auch diese Forderung führt zu den nämlichen Bedingungen für die Indikatrix[4].

[1]) *Finsler*, 1918, 5, S. 39. [2]) Vgl. *Weyl*, 1921, 4, S. 125 u. f.
[3]) *Helmholtz*, 1868, 1; *Lie*, 1890, 1. Vgl. *Weyl*, 1921, 12, S. 26.
[4]) *Finsler*, 1918, 5, S. 40.

Im nächsten Abschnitt soll gezeigt werden, daß auch einige noch zwingendere Forderungen, die sich an den Begriff der Übertragung knüpfen, zu den gleichen Bedingungen führen.

§ 12. Die Fundamentaltensoren.

Im Anschluß an die Resultate des vorigen Paragraphen wählen wir die quadratische Indikatrix:

(77) $$g_{\lambda\mu}(x^\lambda - \underset{0}{x}^\lambda)(x^\mu - \underset{0}{x}^\mu) = 1,$$

in welcher Gleichung $g_{\lambda\mu}$ eine symmetrische Größe mit nicht verschwindender Determinante ist, die der kovariante Fundamentaltensor genannt wird. Die zugehörige kontravariante Größe, der kontravariante Fundamentaltensor sei $g^{\lambda\mu}$,

(78) $$g^{\nu\mu} g_{\mu\lambda} = A_\lambda^\nu.$$

Die Länge oder der Betrag v eines kontravarianten Vektors v^ν ist dann gegeben durch die Gleichung:

(79) $$v = \sqrt{g_{\lambda\mu} v^\lambda v^\mu}$$

und die Entfernung der Punkte $\underset{1}{x}^\nu$ und $\underset{2}{x}^\nu$, die mit der Länge des Verbindungsvektors identisch ist, durch

(80) $$l = \sqrt{g_{\lambda\mu}(\underset{2}{x}^\lambda - \underset{1}{x}^\lambda)(\underset{2}{x}^\mu - \underset{1}{x}^\mu)}.$$

Die auf S. 37 aufgestellte Definition des Winkels zwischen den Vektoren v^ν und w^ν führt zur Gleichung:

(81) $$\cos(v^\nu, w^\nu) = \frac{g_{\lambda\mu} v^\lambda w^\mu}{v\, w}; \quad v, w \neq 0.$$

Nach (81) sind v^ν und w^ν senkrecht zueinander, wenn:

(82) $$g_{\lambda\mu} v^\lambda w^\mu = 0.$$

Die Maßbestimmung, die durch Festlegung eines Fundamentaltensors in der E_n entstanden ist, heißt die euklidische. Eine n-dimensionale Mannigfaltigkeit mit euklidischer Maßbestimmung wird mit R_n bezeichnet. Da durch die euklidische Maßbestimmung der E_n in jeder E_m in der E_n ebenfalls eine euklidische Maßbestimmung festgelegt wird, ist jede dieser E_m also eine R_m.

Wir betrachten jetzt einen kontravarianten Vektor v^ν und den in bezug auf $g_{\lambda\mu}$ konjugierten kovarianten Vektor $w_\lambda = g_{\lambda\mu} v^\mu$. Jeder Vektor u^ν, dessen Richtung in der $(n-1)$-Richtung von w_λ enthalten ist, genügt der Gleichung:

(83) $$u^\lambda w_\lambda = 0$$

oder:

(84) $$g_{\lambda\mu} u^\lambda v^\mu = 0$$

und v^ν ist also senkrecht zu den beiden R_{n-1} von w_λ, d. h. senkrecht zu allen Richtungen, die in der $(n-1)$-Richtung dieser R_{n-1} enthalten sind. Da:

$$v^\lambda w_\lambda = v^2, \tag{85}$$

so ist die Entfernung der beiden Hyperebenen, gemessen in der Richtung senkrecht zu diesen Hyperebenen gleich $\frac{1}{v}$. Jedem kontravarianten Vektor v^ν ist also in eindeutiger Weise ein kovarianter Vektor zugeordnet, darstellbar durch zwei R_{n-1} senkrecht zu v^ν und in einer Entfernung $\frac{1}{v}$ voneinander. Jede der beiden Figuren, der Pfeil und die Doppelhyperebene kann, wenn der Fundamentaltensor $g_{\lambda\mu}$ festliegt, als geometrische Darstellung sowohl von v^ν als von $w_\lambda = g_{\lambda\mu} v^\mu$ benutzt werden. Wir können also, solange der Fundamentaltensor fest gewählt bleibt, die v^ν und w_λ auffassen als die kontravarianten bzw. kovarianten Bestimmungszahlen *einer einzigen Größe*, die sich geometrisch nach Belieben entweder durch einen Pfeil oder durch eine Doppelhyperebene darstellen läßt. Diese Tatsache wird zum Ausdruck gebracht, indem, wo ein Fundamentaltensor *fest* gegeben ist, beide Bestimmungszahlen durch *denselben* Buchstaben dargestellt werden:

$$\begin{cases} v_\lambda = g_{\lambda\mu} v^\nu \\ v^\nu = g^{\nu\mu} v_\mu . \end{cases} \tag{86}$$

Es ist dies die Methode des Herauf- und Herunterziehens der Indizes. Es ist zu beachten, daß diese Methode nur so lange verwendet werden darf, als der Fundamentaltensor *fest* bleibt. Ändert sich während der Rechnung der Fundamentaltensor, wie z. B. bei den Untersuchungen über konforme Abbildung, so darf die Methode *nicht* verwendet werden. Bei Änderung des Fundamentaltensors geht ja die vorhandene Korrespondenz zwischen kontravarianten und kovarianten Vektoren verloren und es stellt sich eine neue Korrespondenz ein, die durch den neuen Fundamentaltensor bedingt ist.

Auch der Unterschied zwischen kontravarianten, kovarianten und gemischten Größen verschwindet bei fest gegebenem Fundamentaltensor, es bleibt nur der Unterschied zwischen kontravarianten, kovarianten und gemischten Bestimmungszahlen, die auseinander hervorgehen durch Überschiebung mit $g^{\lambda\mu}$ und $g_{\lambda\mu}$. Z. B. ist:

$$P_{\varkappa\lambda\nu} = P_{\varkappa\lambda}{}^{\cdot\cdot\alpha} g_{\alpha\nu} = P_{\varkappa}{}^{\cdot\alpha\beta} g_{\alpha\lambda} g_{\beta\nu} = P^{\alpha}{}_{\cdot\lambda}{}^{\cdot\beta} g_{\alpha\varkappa} g_{\beta\nu} . \tag{87}$$

Auf die Reihenfolge der Indizes ist dabei stets zu achten, hat doch z. B. $P_{\alpha}{}^{\cdot\beta\gamma}$ eine ganz andere Bedeutung als $P^{\beta}{}_{\cdot\alpha}{}^{\cdot\gamma}$.

Nur bei einer Größe, die rein kovariant geschrieben und folglich auch rein kontravariant geschrieben in allen Indizes symmetrisch ist, ist die Reihenfolge der Indizes auch der gemischten Bestimmungszahlen unwesentlich. Der Einheitsaffinor A_λ^ν hat nun die besondere Eigenschaft, daß bei jeder beliebigen Wahl des Fundamentaltensors infolge der Gleichungen:

$$(88)\qquad \begin{cases} A^{\nu}_{\mu}\, g^{\lambda\mu} = g^{\lambda\nu} \\ A^{\mu}_{\lambda}\, g_{\mu\nu} = g_{\lambda\nu} \end{cases}$$

die A^{ν}_{λ} jedesmal mit den gemischten Bestimmungszahlen $g^{\nu}_{\cdot\lambda}$ des gewählten Fundamentaltensors identisch sind. Damit ist die auf S. 28 statt $A\dot{\lambda}^{\ \nu}$ eingeführte einfachere Schreibweise A^{ν}_{λ} gerechtfertigt. Im übrigen werden wir die Schreibweise P^{ν}_{λ} nirgends verwenden, auch nicht, wenn bei dem gegebenen Fundamentaltensor $g_{\mu\nu}\, P^{\mu}_{\cdot\lambda}$ symmetrisch ist, da diese Symmetrie bei Einführung eines anderen Fundamentaltensors verschwindet und dadurch Verwirrung entstehen könnte.

Ist der Fundamentaltensor festgelegt, so lassen sich die Maßvektoren in besonders einfacher Weise wählen. Als kontravariante Maßvektoren wähle man irgendein System von n gegenseitig senkrechten kontravarianten Einheitsvektoren $\underset{j}{i}^{\nu}$, $j = 1, \ldots, n$. i und $\underset{j}{i}$ sollen im folgenden stets E i n h e i t s v e k t o r e n andeuten. Eine einfache Überlegung zeigt, daß dies auf $\infty^{\frac{n(n-1)}{2}}$ verschiedene Weisen möglich ist. Die zugehörigen kovarianten Maßvektoren $\overset{j}{i}_{\lambda}$ sind bei dieser Wahl den kontravarianten in bezug auf $g_{\lambda\mu}$ konjugiert und es ist also:

$$(89)\qquad \underset{j}{i}^{\nu} = \overset{j}{i}_{\lambda}\, g^{\lambda\nu} = \overset{j}{i}^{\nu}.$$

Wir brauchen also zwischen kontravarianten und kovarianten o r t h o g o n a l e n Maßvektoren gar nicht zu unterscheiden und können demgemäß den Index j immer u n t e n schreiben. Wird irgendein Vektor v^{ν} nach den neuen Achsenrichtungen zerlegt:

$$(90)\qquad v^{\nu} = \sum_{j} v_j\, \underset{j}{i}^{\nu}\,; \quad v_{\lambda} = \sum_{j} v_j\, \underset{j}{i}_{\lambda}\,,$$

so schreiben wir auch hier den Index j immer u n t e n und nennen die v_j die o r t h o g o n a l e n B e s t i m m u n g s z a h l e n des Vektors. Bei Verwendung orthogonaler Bestimmungszahlen verschwindet also der Unterschied zwischen kovariant und kontravariant. Orthogonale Bestimmungszahlen werden immer durch l a t e i n i s c h e Indizes angegeben. Da es bei Verwendung o r t h o g o n a l e r Bestimmungszahlen sehr oft vorkommt, daß man über mehrfach auftretende Indizes n i c h t zu summieren wünscht, setzen wir fest, daß ü b e r l a t e i n i s c h e I n d i z e s n u r d a n n s u m m i e r t w i r d, w e n n a u s d r ü c k l i c h d a s S u m m e n z e i c h e n v o r g e s c h r i e b e n i s t.

Da:

$$(91)\qquad \underset{j}{i}^{\lambda}\, \underset{k}{i}_{\lambda} = \begin{cases} 1 \text{ für } j = k \\ 0 \ \text{,,} \ \ j \neq k, \end{cases}$$

so läßt sich der Fundamentaltensor folgendermaßen in die Einheitsvektoren ausdrücken:

$$g^{\lambda\mu} = \sum_j \underset{j}{i}^{\lambda} \underset{j}{i}^{\mu}\,; \quad g_{\lambda\mu} = \sum_j \underset{j}{i}_{\lambda} \underset{j}{i}_{\mu}\,, \tag{92}$$

was sich auch so schreiben läßt:

$$g_{ij} = \begin{cases} 1 \text{ für } i = j \\ 0 \quad ,, \quad i \neq j\,. \end{cases} \tag{93}$$

Zum Schluß sei bemerkt, daß sich die eineindeutige Beziehung zwischen kovarianten und kontravarianten Größen, und die dadurch erzielte Vereinfachung der Rechnung nur bei Einführung einer quadratischen Indikatrix einstellt. Dies ist wiederum ein Vorzug der quadratischen Maßbestimmung allen anderen Maßbestimmungen gegenüber.

§ 13. Geometrische Darstellung alternierender Größen bei der orthogonalen und rotationalen Gruppe. Metrische Eigenschaften.

Sobald ein Fundamentaltensor fest eingeführt ist, sind unter den kartesischen Koordinatensystemen die orthogonalen Systeme mit n gleich langen Maßvektoren ausgezeichnet. Unter den linearen homogenen Transformationen sind die orthogonalen ausgezeichnet, das sind die Transformationen, die ein Koordinatensystem dieser Art in ein System derselben Art mit demselben Ursprung überführen. Die orthogonalen Transformationen lassen die Indikatrix[1]) unverändert und sind inhaltstreu. Sie bilden eine Gruppe, die orthogonale Gruppe, die eine Untergruppe der äquivoluminären ist. Eine orthogonale Transformation, die einen n-dimensionalen Schraubsinn invariant läßt, hat die Determinante $+1$ und ist eine Drehung. Auch die Drehungen bilden eine Gruppe, die eine Untergruppe der (homogenen) speziell-affinen ist.

Wie wir oben sahen, verschwindet bei Einführung eines Fundamentaltensors, d. h. also bei Beschränkung auf die orthogonale Gruppe, der Unterschied zwischen kovarianten und kontravarianten Größen. Der kovariante einfache $(n-p)$-Vektor, der sich also schon bei der äquivoluminären Gruppe mit einem p-Vektor zweiter Art identifizieren ließ, läßt sich jetzt auch mit einem $(n-p)$-Vektor erster Art identifizieren. Bei der orthogonalen Gruppe kommt man also zur geometrischen Darstellung aus mit den einfachen p-Vektoren erster Art, $p = 1, \ldots, n$, das sind also p-Vektoren, die den Schraubsinn in sich haben.

Wird nun auch ein n-dimensionaler Schraubsinn festgelegt, d. h. beschränkt man sich nur auf die Gruppe der Drehungen, so verschwindet für gerades $p(n-p)$, infolge des Faktors $(-1)^{p(n-p)}$ in (50) (also stets für ungerades n) auch noch der Unterschied zwischen p-Vektoren und

1) Das Wort Indikatrix hat hier einen anderen Sinn als in der Topologie, was dort Indikatrix heißt, wird hier mit „Schraubsinn" bezeichnet.

$(n-p)$-Vektoren, und für ungerades n sind also zur geometrischen Darstellung nur noch die p-Vektoren erster Art $0 < p < \frac{1}{2}n$ erforderlich.

Für $n = 3$ sind die Verhältnisse wieder leicht zu übersehen. Bei der äquivoluminären Gruppe hat man vier verschiedene Größenarten, polare und axiale Vektoren sowie polare und axiale Bivektoren. Bei der speziell affinen Gruppe verschwindet der Unterschied zwischen polar und axial, bei der orthogonalen Gruppe der zwischen Vektoren und Bivektoren. Bei der Gruppe der Drehungen verschwinden schließlich alle Unterschiede und der gewöhnliche Pfeil genügt zur Darstellung sämtlicher Größen (Abb. 6).

Ist der Schraubsinn $0, 0, \ldots, 0$; $1, 0, \ldots, 0$; $1, 1, 0, \ldots, 0$ usw. als Normalsinn festgelegt, so wird der Einheits-n-vektor bei gegebenem Fundamentaltensor:

$$I^{\nu_1 \ldots \nu_n} = \underset{1}{i}^{[\nu_1} \ldots \underset{n}{i}^{\nu_n]}. \tag{94}$$

Ist der Fundamentaltensor gegeben, so ist es dasselbe, den Normalsinn festzulegen oder den Einheits-n-Vektor festzulegen. Das Festlegen des Einheits-n-Vektors ist gleichbedeutend mit dem Übergang zur speziellaffinen Gruppe, das Festlegen von Fundamentaltensor und Einheits-n-Vektor ist gleichbedeutend mit dem Übergang zur Gruppe der Drehungen. Die Größe $I^{\nu_1 \ldots \nu_n}$ muß also die eindeutige Beziehung zwischen p-Vektor und $(n-p)$-Vektor vermitteln. In der Tat gehen die Formeln (50) bei Verwendung orthogonaler Bestimmungszahlen über in:

$$\left\{\begin{aligned} w_{i_1 \ldots i_{n-p}} &= \sum_{i_{n-p+1} \ldots i_n} \frac{n!}{(n-p)!} \, I_{i_1 \ldots i_n} v_{i_{n-p+1} \ldots i_n} \\ v_{i_1 \ldots i_p} &= (-1)^{p(n-p)} \sum_{i_{p+1} \ldots i_n} \frac{n!}{p!} \, I_{i_1 \ldots i_n} w_{i_{p+1} \ldots i_n}. \end{aligned}\right. \tag{95}$$

Die Formel läßt deutlich erkennen, daß nur für gerades $p(n-p)$ vollständige Reziprozität zwischen $v_{i_1 \ldots i_p}$ und $w_{i_1 \ldots i_{n-p}}$ herrscht, und also nur in diesem Fall eine einzige eineindeutige Beziehung vorhanden ist.

Ist der Fundamentaltensor gegeben, so kann man in die R_p eines einfachen p-Vektors $v^{\nu_1 \ldots \nu_p}$ p gegenseitig senkrechte Einheitsvektoren $\underset{1}{i}^{\nu}, \ldots, \underset{p}{i}^{\nu}$ legen. Man kann die Reihenfolge dieser Vektoren so wählen, daß:

$$v^{\nu_1 \ldots \nu_p} = {}_p v \, \underset{1}{i}^{[\nu_1} \ldots \underset{p}{i}^{\nu_p]}, \tag{96}$$

wo ${}_p v$ eine positive Zahl ist. ${}_p v$ heißt der Inhalt oder der Betrag von $v^{\nu_1 \ldots \nu_p}$. ${}_p v$ ist der Inhalt der die Größe $v^{\nu_1 \ldots \nu_p}$ darstellenden Figur, gemessen mit Hilfe eines p-dimensionalen Einheitswürfels. Man überzeugt sich leicht von der Richtigkeit der Gleichung

$$({}_p v)^2 = p! \quad v^{\nu_1 \ldots \nu_p} v_{\nu_1 \ldots \nu_p} = (-1)^{\frac{p(p-1)}{2}} p! \quad v^{\nu_1 \ldots \nu_p} v_{\nu_p \ldots \nu_1}, \tag{97}$$

mit deren Hilfe sich ${}_p v$ aus $v^{\nu_1 \ldots \nu_p}$ berechnen läßt. Ein p-Vektor vom Betrag 1 heißt Einheits-p-Vektor.

Der Grad des Parallelismus einer E_p und einer E_q in E_n wurde auf S. 12 behandelt. Da bei Einführung eines Fundamentaltensors E_p,

E_q und E_n in R_p, R_q und R_n übergehen, gelten die dort erhaltenen Resultate auch für eine R_p und eine R_q in R_n. Es kommt jetzt aber eine metrische Eigenschaft, der Grad des gegenseitigen Senkrechtstehens, hinzu.

Sind alle Richtungen der R_p senkrecht zu allen Richtungen der R_q, $p \leqq q$, so heißen R_p und R_q $\frac{p}{p}$-senkrecht oder vollständig senkrecht. Dieser Fall kann nur eintreten, wenn $p + q \leqq n$. Enthält dagegen R_p nur t unabhängige Richtungen, die senkrecht zu allen Richtungen von R_q sind, so heißen R_p und R_q $\frac{t}{p}$-senkrecht[1]). Damit dieser Fall eintreten kann, ist notwendig, daß $t + q \leqq n$.

§ 14. Metrische Eigenschaften eines Tensors zweiten Grades.

Eine symmetrische Größe zweiten Grades hat nach Einführung eines Fundamentaltensors kovariante, kontravariante, gemischte und orthogonale Bestimmungszahlen, $h_{\lambda\mu}$, $h^{\lambda\mu}$, $h_{\lambda}^{\cdot\nu} = h^{\nu}_{\cdot\lambda}$, h_{ij}. Sie steht in eindeutiger Beziehung zur linearen Vektortransformation, die sich durch jede der vier folgenden Gleichungen darstellen läßt:

$$(98)\qquad \left\{\begin{aligned} 'v_\lambda &= h_{\lambda\mu}\, v^{\mu} \\ 'v^{\nu} &= h^{\nu\mu}\, v_{\mu} \\ 'v^{\nu} &= h^{\nu}_{\cdot\lambda}\, v^{\lambda} \\ 'v_i &= \sum_j h_{ij}\, v_j\,. \end{aligned}\right.$$

Die dritte Form der Gleichung stimmt ganz überein mit (58) auf S. 33. Auch die vierte Form zeigt völlige Übereinstimmung, wenn man bedenkt, daß bei Verwendung orthogonaler Bestimmungszahlen der Unterschied zwischen kovariant und kontravariant verschwindet. Es ist also unmittelbar klar, was man unter Hauptgebiet und Nullgebiet eines Tensors zu verstehen hat. Es kommen aber einige bemerkenswerte Eigenschaften hinzu. Zunächst sei bemerkt, daß die Gleichung:

$$(99)\qquad \sum_j (h_{ij} - \lambda\, g_{ij})\, v_j = 0\,,$$

die an die Stelle von (61) tritt, hier, wo $h_{\lambda\mu}$ eine symmetrische Größe ist, stets n reelle Wurzeln hat und daß zu jeder m-fachen Wurzel ein m-dimensionales Hauptgebiet gehört. Der wenig interessante Beweis, den man in jedem Lehrbuch der Algebra findet, sei hier unterdrückt. Sodann wollen wir zeigen, daß zwei Lösungen $\overset{1}{v}_j$ und $\overset{2}{v}_j$, die zu verschiedenen Wurzeln λ_1 und λ_2 gehören, gegenseitig senkrecht sind. In der Tat ist einerseits:

$$(100)\qquad \sum_i \overset{1}{v}_i \overset{2}{v}_i = \frac{1}{\lambda_1} \sum_{ij} h_{ij}\, \overset{1}{v}_j \overset{2}{v}_i\,,$$

andererseits:

$$(101)\qquad \sum_i \overset{1}{v}_i \overset{2}{v}_i = \frac{1}{\lambda_2} \sum_{ij} h_{ij}\, \overset{1}{v}_i \overset{2}{v}_j\,,$$

[1]) *Schoute*, 1902, 5, S. 49.

und dies ist infolge der Symmetrie von h_{ij} und der Ungleichheit von λ_1 und λ_2 nur möglich, wenn $\sum_i \overset{1}{v}_i \overset{2}{v}_i$ verschwindet. Alle Hauptgebiete sind also gegenseitig und zum Nullgebiet vollständig senkrecht. Innerhalb eines m-dimensionalen Hauptgebietes oder Nullgebietes können in beliebiger Weise m gegenseitig senkrechte Richtungen als Hauptrichtungen gewählt werden.

Wählt man die Achsenrichtungen in Hauptrichtungen von $h_{\lambda\mu}$, so bekommt $h_{\lambda\mu}$ die einfache Form:

(102) $$h_{\lambda\mu} = \sum_i h_{ii} \underset{i}{i_\lambda} \underset{i}{i_\mu}.$$

Die h_{ii} sind die Wurzeln λ der Gleichung (62) für $P^{\nu}_{\cdot\lambda} = h^{\nu}_{\cdot\lambda}$, die i_λ Einheitsvektoren in den Hauptrichtungen. Die h_{ii} heißen die Hauptwerte des Tensors und sind vom Koordinatensystem, nicht aber von der Wahl des Fundamentaltensors unabhängig. Die mit der inversen Transformation korrespondierende ebenfalls symmetrische Größe $l_{\lambda\mu}$ bekommt die Form:

(103) $$l_{\lambda\mu} = \sum_i \frac{1}{h_{ii}} \underset{i}{i_\lambda} \underset{i}{i_\mu}.$$

Die zur Transformation (98) gehörige Transformation der p-Vektoren wird vermittelt durch den p-Vektoraffinor:

$$h_{[i_1[j_1} \ldots h_{i_p]j_p]},$$

der infolge der Symmetrie von h_{ij} ebenfalls bei Vertauschung von allen vorderen mit allen hinteren Indizes ungeändert bleibt und deshalb p-Vektortensor genannt wird. Der Größe h_{ij} sind in eindeutiger Weise ein Bivektortensor, ein Trivektortensor usw. bis zu einem r-Vektortensor zugeordnet, die nur dann Null werden, wenn h_{ij} verschwindet.

Eine Richtung w_i, für welche

(104) $$\sum_{ij} h_{ij} w_i w_j = 0$$

ist, heißt eine Nullrichtung des Tensors h_{ij}. Die Nullrichtungen eines Tensors n^{ten} Ranges bilden einen quadratischen $(n-1)$-dimensionalen Kegelmantel. Ist der Rang $< n$, so ist der Kegel ausgeartet und enthält das Nullgebiet.

Der Tensor $$\frac{1}{n} h_{\lambda\mu} g^{\lambda\mu} g_{\varkappa\nu}$$

heißt der Skalarteil von $h_{\varkappa\nu}$. Der Name Teil ist zutreffend, da der Skalarteil von $h_{\varkappa\nu} - \frac{1}{n} h_{\lambda\mu} g^{\lambda\mu} g_{\varkappa\nu}$ verschwindet. Der Skalarteil von $g_{\lambda\mu}$ ist also $g_{\lambda\mu}$ selbst. Wir knüpfen hieran eine Erweiterung der Definition des Skalars auf S. 12. Nach Einführung des Fundamentaltensors soll jede Größe ein Skalar heißen, die sich mit Hilfe der behandelten Multiplikationen und Überschiebungen aus bei (8) invarianten Zahlen und den idealen Vektoren von beliebig vielen Faktoren $g_{\lambda\mu}$ und $g^{\lambda\mu}$ zusammenstellen läßt. Zur Unterscheidung behalten wir den Namen Zahlgröße für die S. 12 definierten Größen bei. $g_{\lambda\mu}$ ist also ein Skalar zweiten Grades, $g_{\varkappa\lambda}g_{\mu\nu}$ und $g_{[\varkappa[\lambda}g_{\mu]\nu]}$ sind Skalare vierten Grades. Die p^{te} vektorische Überschiebung von p Faktoren $g_{\lambda\mu}$ ist ein Skalar $2p^{\text{ten}}$ Grades, der in einer bemerkenswerten Beziehung steht zum Einheits-n-Vektor $I_{\lambda_1\ldots\lambda_n}$. Es gilt die Gleichung:

$$\sum_{k_1\ldots k_{n-p}}' I_{i_1\ldots i_p k_1\ldots k_{n-p}}\; I_{j_1\ldots j_p k_1\ldots k_{n-p}} = \frac{1}{n!\binom{n}{p}}\, g_{[i_1[j_1}\cdots g_{i_p]j_p]}{}^{1)}\,, \tag{105}$$

die sich leicht verifizieren läßt.

§ 15. Der Begriff der Komponente. Winkel einer R_p und einer R_q in R_n[2]).

Ist eine R_p durch P in R_n gegeben, so kann man von den n gegenseitig senkrechten Einheitsvektoren $\underset{j}{i}{}^\nu$ die p ersten in beliebiger Weise in die R_p legen. Wird dann irgend eine Größe als Summe von Produkten von Einheitsvektoren geschrieben, z. B.:

$$v^{\omega\mu\lambda\nu} = \sum_{ijkl}^{1,\ldots,n} v_{ijkl}\, \underset{i}{i}{}^\omega \underset{j}{i}{}^\mu \underset{k}{i}{}^\lambda \underset{l}{i}{}^\nu\,, \tag{106}$$

so nennt man die Summe aller Glieder, die nur $\underset{1}{i}{}^\nu, \ldots, \underset{p}{i}{}^\nu$ enthalten, die R_p-Komponente der gegebenen Größe:

$$'v^{\omega\mu\lambda\nu} = \sum_{uvwx}^{1,\ldots,p} v_{uvwx}\, \underset{u}{i}{}^\omega \underset{v}{i}{}^\mu \underset{w}{i}{}^\lambda \underset{x}{i}{}^\nu\,. \tag{107}$$

Die R_p-Komponente des Fundamentaltensors, die gleichzeitig Fundamentaltensor der R_p ist, ist also:

$$'g^{\lambda\mu} = \sum_{u}^{1,\ldots,p} \underset{u}{i}{}^\lambda \underset{u}{i}{}^\mu\,. \tag{108}$$

Mit Hilfe dieser Komponente kann man durch Überschiebung die Komponenten sämtlicher anderer Größen bilden. Es ist z. B.:

$$'v^{\omega\mu\lambda\nu} = {}'g^{\omega}_{\alpha}\,{}'g^{\mu}_{\beta}\,{}'g^{\lambda}_{\gamma}\,{}'g^{\nu}_{\delta}\, v^{\alpha\beta\gamma\delta}\,. \tag{109}$$

Die Größe

$$'g^{\nu}_{\lambda} = g^{\nu\alpha}\,{}'g_{\alpha\lambda} \tag{110}$$

ist der Einheitsaffinor der R_p.

Da Gleichungen dieser Art sehr oft vorkommen, führen wir für $'g^{\alpha}_{\omega}\,'g^{\beta}_{\mu}\ldots$ die Bezeichnung $'g^{\alpha\beta\ldots}_{\omega\mu\ldots}$ ein und schreiben also:

$$'v^{\omega\mu\lambda\nu} = {}'g^{\omega\mu\lambda\nu}_{\alpha\beta\gamma\delta}\, v^{\alpha\beta\gamma\delta}\,. \tag{111}$$

Außer der R_p sei jetzt auch eine R_q gegeben, $p \leqq q$. Ihr Fundamentaltensor sei $''g_{\lambda\mu}$. Die R_q-Komponente von $\underset{u}{i}{}^\lambda$ ist dann $''g^{\mu}_{\lambda}\underset{u}{i}{}^\lambda$ und das Quadrat des Cosinus des Winkels zwischen $\underset{u}{i}{}^\lambda$ und R_q ist:

$$\cos^2\varphi_u = \underset{u}{i}{}^\lambda \underset{u}{i}{}^\mu\, ''g_{\lambda\mu}\,. \tag{112}$$

---

1) *Lipka*, 1922, 21, S. 243.

2) Vgl. *Schoute*, 1902, 5, S. 77; *Segre*, 1921, 5, S. 800.

Bildet man dieses Quadrat für p beliebige gegenseitig senkrechte Richtungen in R_p, so entsteht bei Summierung:

$$\sum_u^{1,\ldots,p} \cos^2 \varphi_u = \sum_u^{1,\ldots,p} \underset{u}{i^\lambda}\, \underset{u}{i^\mu}\, {}''g_{\lambda\mu} = {}'g^{\lambda\mu}\, {}''g_{\lambda\mu}\,. \tag{113}$$

Diese Summe ist also unabhängig von der näheren Wahl der Richtungen $\underset{u}{i^\lambda}$ und auch gleich der Summe der q Cosinusquadrate der Winkel zwischen q beliebigen, in R_q gegenseitig senkrecht gewählten Richtungen mit R_p. Die Gleichung (112) läßt sich auch schreiben:

$$\cos^2 \varphi_u = \underset{u}{i^\lambda}\, \underset{u}{i^\mu}\, {}'g^{\alpha\beta}_{\lambda\mu}\, {}''g_{\alpha\beta}\,. \tag{114}$$

In R_p liegt also ein Tensor:

$$'h_{\lambda\mu} = {}'g^{\alpha\beta}_{\lambda\mu}\, {}''g_{\alpha\beta}\,, \tag{115}$$

die R_p-Komponente von $''g_{\lambda\mu}$, dessen Hauptrichtungen mit den extremen Werten von $\cos^2 \varphi_u$ korrespondieren. Ebenso liegt in R_q ein Tensor:

$$''h_{\lambda\mu} = {}''g^{\alpha\beta}_{\lambda\mu}\, {}'g_{\alpha\beta}\,. \tag{116}$$

Liegt v^ν in einer Hauptrichtung von $'h_{\lambda\mu}$, so ist:

$$'h^{\nu}_{\cdot\mu}\, v^\mu = \lambda\, v^\nu\,, \tag{117}$$

oder

$$'g^\nu_\alpha\, {}''g^\alpha_\mu\, v^\mu = \lambda\, v^\nu\,; \tag{118}$$

woraus folgt:

$$''g^\nu_\beta\, {}'g^\beta_\alpha\, {}''g^\alpha_\mu\, v^\mu = \lambda\, {}''g^\nu_\beta\, v^\beta\,, \tag{119}$$

oder

$$''h^\nu_\alpha \left({}''g^\alpha_\mu\, v^\mu\right) = \lambda\, {}''g^\nu_\beta\, v^\beta\,. \tag{120}$$

Aus dieser Gleichung geht hervor, daß die Projektion von v^μ auf R_q in eine Hauptrichtung von $''h_{\lambda\mu}$ fällt und denselben Faktor bekommt wie v^μ. Die Hauptrichtungen von $'h_{\lambda\mu}$ und $''h_{\lambda\mu}$ sind also Projektionen von einander und die zugehörigen Hauptwerte sind proportional. Die beiden Tensoren müssen demnach denselben Rang haben und dieser ist infolgedessen höchstens gleich p. Dies geht auch daraus hervor, daß R_q jedenfalls $q - p$ unabhängige Richtungen senkrecht zu R_p enthält, und diese im Nullgebiet des Tensors $''h_{\lambda\mu}$ liegen müssen. Sind die beiden Tensoren vom Range r, so enthält R_p gerade $p - r$ unabhängige Richtungen senkrecht zu R_q und R_q gerade $q - r$ unabhängige Richtungen senkrecht zu R_p, und R_p und R_q sind also $\frac{p-r}{p}$-senkrecht (S. 43). Umgekehrt, sind R_p und R_q $\frac{p-r}{p}$-senkrecht, so haben beide Tensoren den Rang r. Sind R_p und R_q $\frac{s}{p}$-parallel, so ist der Rang der Tensoren $\geqq s$.

Gibt man die R_p und die R_q in P durch die einfachen alternierenden Größen $v^{\nu_1 \ldots \nu_p}$ und $w^{\nu_1 \ldots \nu_q}$, so lassen sich für den Grad des Parallelismus und den Grad des gegenseitigen Senkrechtstehens sehr einfache Formeln aufstellen. Sind R_p und R_q vollständig senkrecht, so ist:

(121) $$v^{\lambda_1 \dots \lambda_{p-1} \mu} w_{\mu \nu_2 \dots \nu_q} = 0 .$$

Diese Bedingung ist auch hinreichend. Denn, enthielte $v^{\nu_1 \dots \nu_p}$ eine Richtung v^ν, die nicht senkrecht zu $w^{\nu_1 \dots \nu_q}$ wäre, so wäre $v^\mu w_{\mu \nu_2 \dots \nu_q} \neq 0$. Man könnte dann $v^{\nu_1 \dots \nu_p}$ in der Form $v^{[\nu_1 \dots \nu_{p-1}} v^{\nu_p]}$ schreiben, und die linke Seite von (121) erhielte dann sicher ein Glied:

$$\frac{1}{p} v^{\lambda_1 \dots \lambda_{p-1}} v^\mu w_{\mu \nu_2 \dots \nu_q} ,$$

das nicht Null wäre und durch kein anderes Glied neutralisiert werden könnte.

Wir beweisen nun den Satz:

Für $p \leqq q$ ist:

(122) $$v^{\lambda_1 \dots \lambda_{p-u} \mu_1 \dots \mu_u} w_{\mu_u \dots \mu_1 \nu_{u+1} \dots \nu_q} \begin{cases} \neq 0 & \text{für } u = p - t \\ = 0 & \text{,, } u = p - t + 1 \end{cases}$$

die notwendige und hinreichende Bedingung dafür, daß R_p und R_q $\frac{t}{p}$-senkrecht sind.

Die Überschiebung ist für $u = p - t$ das allgemeine Produkt eines t-Vektors in R_p mit einem $(q - p + t)$-Vektor in R_q, die vollständig senkrecht sein müssen, da ja die nächst höhere Überschiebung verschwindet. R_p kann aber nicht mehr als t unabhängige Richtungen senkrecht zu R_q enthalten, da sonst die Überschiebung auch für $u = p - t$ Null wäre. R_p und R_q sind also $\frac{t}{p}$-senkrecht. Ist umgekehrt gegeben, daß R_p und R_q $\frac{t}{p}$-senkrecht sind, so folgt, daß die Überschiebung für $u > p - t$ verschwindet, nicht aber für $u = p - t$, da sonst R_p und R_q mehr als $\frac{t}{p}$-senkrecht wären.

Die Gleichungen (122) haben auch eine vom Fundamentaltensor unabhängige Bedeutung. $w_{\lambda_1 \dots \lambda_q}$ hat dann eine $(n - q)$-Richtung, und aus dem eben erhaltenen Resultat folgt, daß (122) auch die notwendige und hinreichende Bedingung dafür ist, daß die E_p von $v^{\nu_1 \dots \nu_p}$ und die E_{n-q} von $w_{\lambda_1 \dots \lambda_q}$ $\frac{t}{p}$-parallel sind für $p < n - q$ und $\frac{t}{n-q}$-parallel für $p > n - q$. Eine andere Form der Bedingungen für den Parallelismus erhält man folgendermaßen. Werden eine E_p und eine E_q, $p \leqq q$, festgelegt durch $v^{\lambda_1 \dots \lambda_p}$ und $w^{\nu_1 \dots \nu_q}$, und sind E_p und E_q vollständig parallel, so ist:

(123) $$v^{\lambda_1 \dots \lambda_{p-1} [\mu} w^{\nu_1 \dots \nu_q]} = 0 .$$

Diese Bedingung ist auch hinreichend. Denn, enthielte $v^{\nu_1 \dots \nu_p}$ eine Richtung v^ν außerhalb R_q, so wäre $v^{[\nu} w^{\nu_1 \dots \nu_q]} \neq 0$. Man könnte dann $v^{\nu_1 \dots \nu_p}$ in der Form $v^{[\nu_1 \dots \nu_{p-1}} v^{\nu_p]}$ schreiben und die linke Seite von (123) enthielte dann sicher ein Glied:

$$\frac{1}{p} v^{\lambda_1 \dots \lambda_{p-1}} v^{[\mu} w^{\nu_1 \dots \nu_q]} ,$$

das nicht Null wäre und durch kein anderes Glied neutralisiert werden könnte.

Wir beweisen nun den Satz:

Für $p \leqq q$ ist:

$$v^{\lambda_1 \dots \lambda_{p-u} [\mu_1 \dots \mu_u} w^{\nu_1 \dots \nu_q]} \begin{cases} \neq 0 \text{ für } u = p - s \\ = 0 \quad ,, \quad u = p - s + 1 \end{cases} \tag{124}$$

die notwendige und hinreichende Bedingung dafür, daß R_p und R_q $\frac{s}{p}$-parallel sind.

Die Überschiebung ist für $u = p - s$ das allgemeine Produkt eines s-Vektors in R_p mit einem $w^{\nu_1 \dots \nu_q}$ als Faktor enthaltenden $(p + q - s)$-Vektor, die vollständig parallel sein müssen, da ja die nächsthöhere Überschiebung verschwindet. R_p kann aber nicht mehr als s unabhängige Richtungen parallel zu R_q enthalten, da sonst die Überschiebung auch für $u = p - s$ Null wäre. R_p und R_q sind also $\frac{s}{p}$-parallel. Ist umgekehrt gegeben, daß R_p und R_q $\frac{s}{p}$-parallel sind, so folgt, daß die Überschiebung für $u > p - s$ verschwindet, nicht aber für $u = p - s$, da sonst R_p und R_q mehr als $\frac{s}{p}$-parallel wären.

Es ist zu beachten, daß die Formeln (124) für den Grad des Parallelismus keine metrischen Beziehungen darstellen. Sie sind vom Fundamentaltensor unabhängig und werden nur deshalb an dieser Stelle erwähnt, um die bemerkenswerte Analogie, die zwischen den skalaren und den vektorischen Überschiebungen besteht, deutlich hervortreten zu lassen.

§ 16. Infinitesimale Drehungen und Bivektoren.

Eine lineare homogene Transformation heißt infinitesimal, wenn sie der identischen Transformation unendlich benachbart ist. Sie hat also die Form:

$$'x^\nu = x^\nu + \varepsilon\, G^\nu_{\cdot\lambda}\, x^\lambda \tag{125}$$

Soll die Transformation eine Drehung sein, so muß sie $g_{\nu\mu}\, x^\nu x^\mu$ unverändert lassen. Dazu ist notwendig und hinreichend, daß:

$$g_{\nu\mu} \left(x^\mu x^\lambda G^\nu_{\cdot\lambda} + x^\nu x^\lambda G^\mu_{\cdot\lambda} \right) = 0 \tag{126}$$

ist für jede Wahl von x^μ, d. h. es muß $g_{\mu\nu} G_\lambda^{\cdot\nu}$ ein Bivektor sein. Zu jeder infinitesimalen Drehung gehört also ein Bivektor:

$$\varepsilon F_{\lambda\mu} = \varepsilon\, g_{\lambda\nu}\, G^\nu_{\cdot\mu}\,, \tag{127}$$

der Bivektor der Drehung, und es ist:

$$'x^\nu = x^\nu + \varepsilon F^\nu_{\cdot\lambda}\, x^\lambda\,. \tag{128}$$

Wir wollen jetzt zeigen, daß es bei einer infinitesimalen Drehung für n gerade jedenfalls $\frac{n}{2}$ und für n ungerade jedenfalls $\frac{n-1}{2}$ Ebenen gibt, die eine Bewegung in sich selbst ausführen. Aus $F_{\lambda\mu}$ läßt sich die offenbar symmetrische Größe:

$$h_{\lambda\nu} = F_{\lambda}^{\cdot\mu} F_{\mu\nu} \tag{129}$$

ableiten. Es sei nun $\underset{1}{i}^{\nu}$ ein Einheitsvektor in einer Hauptrichtung dieses Tensors und h_{11} die zu $\underset{1}{i}^{\nu}$ gehörige Bestimmungszahl von $h_{\lambda\nu}$. Der Vektor $F_{\lambda\nu}\underset{1}{i}^{\nu}$ ist senkrecht zu $\underset{1}{i}^{\nu}$,und da:

$$h_{\mu}^{\cdot\lambda} F_{\lambda\nu} \underset{1}{i}^{\nu} = F_{\mu}^{\cdot\lambda} h_{\lambda\nu} \underset{1}{i}^{\nu} = h_{11} F_{\mu\lambda} \underset{1}{i}^{\lambda} \tag{130}$$

ist, so liegt $F_{\lambda\nu}\underset{1}{i}^{\nu}$ ebenfalls in einer Hauptrichtung von $h_{\lambda\nu}$, mit derselben Bestimmungszahl h_{11}. Legen wir $\underset{2}{i}^{\nu}$ in diese Richtung, so ist also $h_{11} = h_{22}$. Jeder Vektor in der 1, 2-Ebene wird durch Überschiebung mit $F_{\lambda\mu}$ um 90° gedreht und bekommt einen Faktor h_{11}. Ist nun der Rang von $h_{\lambda\mu} > 2$, so kann man $\underset{3}{i}^{\nu}$ in eine Hauptrichtung von $h_{\lambda\mu}$ senkrecht zu $\underset{1}{i}^{\nu}$ und $\underset{2}{i}^{\nu}$, die keine Nullrichtung ist, legen. Es gehört dann zu $\underset{3}{i}^{\nu}$ ebenso ein Vektor $\underset{4}{i}^{\nu}$ und es ist $h_{33} = h_{44}$. Auch $\underset{4}{i}^{\nu}$ ist senkrecht zu $\underset{1}{i}^{\nu}$ und $\underset{2}{i}^{\nu}$, da z. B.:

$$\underset{1}{i}_{\nu} \underset{4}{i}^{\nu} = \frac{1}{F_{43}} \underset{1}{i}^{\nu} F_{\nu\mu} \underset{3}{i}^{\mu} = \frac{F_{12}}{F_{43}} \underset{2}{i}_{\nu} \underset{3}{i}^{\nu} = 0\,. \tag{131}$$

Der Rang r von $h_{\lambda\mu}$ ist also $\geqq 4$. Fährt man in dieser Weise fort, so ergibt sich, daß r jedenfalls gerade ist, und daß $h_{\lambda\mu}$ und $F_{\lambda\mu}$ geschrieben werden können:

$$\left\{\begin{aligned} h_{\lambda\mu} &= h_{11}\left(\underset{1}{i}_{\lambda}\underset{1}{i}_{\mu} + \underset{2}{i}_{\lambda}\underset{2}{i}_{\mu}\right) + \dots + h_{rr}\left(\underset{r-1}{i}_{\lambda}\underset{r-1}{i}_{\mu} + \underset{r}{i}_{\lambda}\underset{r}{i}_{\mu}\right)\\ F_{\lambda\mu} &= v_{12}\left(\underset{1}{i}_{\lambda}\underset{2}{i}_{\mu} - \underset{2}{i}_{\lambda}\underset{1}{i}_{\mu}\right) + \dots + v_{r-1,r}\left(\underset{r-1}{i}_{\lambda}\underset{r}{i}_{\mu} - \underset{r}{i}_{\lambda}\underset{r-1}{i}_{\mu}\right)\\ v_{i,i+1} &= \sqrt{-h_{ii}} \text{ für } i \text{ ungerade}\,. \end{aligned}\right. \tag{132}$$

Der Rang von $h_{\lambda\mu}$ ist also dem Range von $F_{\lambda\mu}$ gleich. Sind die Koeffizientenpaare alle ungleich, so gibt es nur eine Zerlegung von $h_{\lambda\mu}$ und $F_{\lambda\mu}$, werden einige Paare gleich, so wird die Zerlegung dort unbestimmt. Bei jeder bestimmten Wahl der Richtungen $1, \dots, r$ führen aber die Ebenen 1-2, 3-4, ..., $(r-1)$-r eine Bewegung in sich aus, während sämtliche Richtungen, die zu diesen r Richtungen senkrecht sind, sich nicht ändern.

Der Rang eines Bivektors ist vom Fundamentaltensor unabhängig. Wählt man also einen anderen Fundamentaltensor, so wird die Zerlegung von $F_{\lambda\mu}$ in einfache Bivektoren eine andere, die Anzahl dieser Bivektoren ist aber stets dieselbe. Auch ist es nicht möglich, daß $F_{\lambda\mu}$ sich durch irgendwelche andere Methoden zerlegen ließe in weniger als $\frac{r}{2}$ einfache Bivektoren. Man könnte dann immer einen Fundamentaltensor so wählen, daß die Bivektoren in bezug auf diesen Tensor gegenseitig vollkommen senkrecht wären, bei einer senkrechten Zerlegung müssen aber, wie oben gezeigt wurde, immer $\frac{r}{2}$ einfache Bivektoren entstehen[1]).

Wir haben also die Sätze erhalten:

Der Rang r eines Bivektors (also auch der Rang jeder schiefsymmetrischen Determinante) ist stets gerade, und jeder Bivektor kann in $\frac{r}{2}$, nicht aber in weniger als $\frac{r}{2}$ einfache Bivektoren zerlegt werden[2]).

Zu jeder infinitesimalen Drehung gehört ein bestimmter Bivektor $\varepsilon F_{\lambda\mu}$, der sich in $\frac{r}{2}$ gegenseitig vollständig senkrechte einfache Bivektoren zerlegen läßt. Die Zerlegung ist nur dann eindeutig bestimmt, wenn die Hauptgebiete des Tensors $F_{\lambda\mu}F^{\mu}_{\cdot\nu}$ alle zweidimensional sind. Jeder einzelne der $\frac{r}{2}$ einfachen Bivektoren bewegt sich bei der infinitesimalen Drehung in sich, die zu $F_{\lambda\mu}$ senkrechten Richtungen bleiben in Ruhe.

Aus (132) ergibt sich ohne Rechnung eine neue Bedingung dafür, daß der Rang eines Bivektors r ist:

$$(133)\qquad F_{[\lambda_1\mu_1}\ldots F_{\lambda_p\mu_p]}\begin{cases}\neq 0 & \text{für } 2p=r,\\ =0 & \text{,, } 2p>r,\end{cases}$$

in Worten:

Ein Bivektor $F_{\lambda\mu}$ hat dann und nur dann den Rang r, wenn das alternierende Produkt von p Faktoren $F_{\lambda\mu}$ verschwindet für $2p>r$, aber nicht verschwindet für $2p=r$[3]).

Es verdient Beachtung, daß der in (133) für $2p=r$ auftretende r-Vektor einfach ist, was unmittelbar aus (132) folgt und im dritten Abschnitte Verwendung finden wird. Die Bestimmungszahlen des r-Vektors sind bis auf Zahlenfaktoren „*Pfaff*sche Aggregate r^{ter} Ordnung".

§ 17. Lineare Abhängigkeit und Dimensionenzahl von Tensoren und p-Vektoren.

Es seien m Größen p^{ten} Grades $\overset{u}{v}_{\lambda_1\ldots\lambda_p}$, $u=1,\ldots,m$ gegeben. Es ist zu untersuchen, unter welchen Bedingungen es unter diesen m Größen gerade q linear unabhängige gibt, oder, anders gesagt, wann gerade $m-q$ linear unabhängige Gleichungen von der Form:

$$(134)\qquad \sum_u \underset{ux}{\alpha}\,\overset{u}{v}_{\lambda_1\ldots\lambda_p}=0\,,\qquad x=1,\ldots,m-q$$

---

[1]) Die Zerlegung eines Bivektors ohne Verwendung eines Fundamentaltensors findet sich z. B. bei *Cartan*, 1922, 20, S. 53.

[2]) Literaturangaben bei *Pascal*, 1910, S. 64, 65, 129.

[3]) *Graßmann*, 1844, 1, S. 206; 1862, 1, S. 56; für $p=2$; *Rothe*, 1912, 1. S. 1039.

existieren. Existieren diese Gleichungen, so existieren auch die $m-q$ Gleichungen:

$$(135)\qquad \sum_u \underset{ux}{\alpha}\, \underset{1}{w}^{\lambda_1} \ldots \underset{p-1}{w}^{\lambda_{p-1}} \overset{u}{v}_{\lambda_1 \ldots \lambda_p} = 0\,, \qquad x = 1\,, \ldots, m-q$$

für jede Wahl der Vektoren $\underset{1}{w}^{\nu}, \ldots, \underset{p-1}{w}^{\nu}$, von denen eine jede die lineare Abhängigkeit von m Vektoren zum Ausdruck bringt. Nun ist die notwendige und hinreichende Bedingung für die Existenz von Gleichungen der Form (135), daß der Rang r der Matrix dieser m Vektoren gleich q ist. Diese Bedingung ist aber nicht hinreichend für die Existenz der Gleichungen (134). In den Gleichungen, die infolge $r = q$ existieren, sind nämlich die Koeffizienten $\underset{ux}{\alpha}$ von der Wahl der Vektoren $\underset{1}{w}^{\nu_1}, \ldots, \underset{p-1}{w}^{\nu_{p-1}}$ nicht unabhängig. Setzt man nun in (135) für $\underset{1}{w}^{\nu}, \ldots, \underset{p-1}{w}^{\nu}$ nacheinander auf alle möglichen Weisen die Maßvektoren $\underset{a_1}{e}^{\nu}, \ldots, \underset{a_n}{e}^{\nu}$ ein, so entstehen zwar Gleichungen, die dieselbe Form haben wie die n^p ausgeschriebenen Gleichungen (134), die Indizes $\underset{ux}{\alpha}$ sind aber in jeder einzelnen Gleichung andere, abhängig von den für $\lambda_1, \ldots, \lambda_{p-1}$ eingesetzten Werten. Nur von dem Werte von λ_p sind die $\underset{ux}{\alpha}$ unabhängig. Sind nun die Größen $\overset{u}{v}_{\lambda_1 \ldots \lambda_p}$ entweder alle symmetrisch oder alle alternierend, so ist ersichtlich, daß jede Kombination der Indizes durch wiederholte Permutation und Abänderung des Indexes λ_p aus jeder anderen Kombination entstehen kann, und in diesen beiden Fällen sind also die Koeffizienten $\underset{ux}{\alpha}$ der infolge der Bedingung $r = q$ existierenden Gleichungen von der Wahl der Indizes unabhängig und ist diese Bedingung infolgedessen hinreichend für die Existenz von (134). Wir beschränken uns weiter nur auf symmetrische oder alternierende Größen, und gehen auf den verwickelteren allgemeinen Fall nicht näher ein.

Damit haben wir den Satz erhalten:

Von m symmetrischen bzw. alternierenden Größen $\overset{u}{v}_{\lambda_1 \ldots \lambda_p}$, $u = 1, \ldots, m$, sind dann und nur dann gerade q linear unabhängig, wenn der Rang der Matrix der m Vektoren:

$$\underset{1}{w}^{\lambda_1} \ldots \underset{p-1}{w}^{\lambda_{p-1}} \overset{u}{v}_{\lambda_1 \ldots \lambda_p}$$

für irgendeine Wahl der Vektoren $\underset{1}{w}^{\nu_1}, \ldots, \underset{p-1}{w}^{\nu_{p-1}}$ gleich q, für keine Wahl aber $> q$ ist[1]).

Für $q = m = n$ lautet also die notwendige und hinreichende Bedingung:

$$(136)\qquad \overset{1}{v}_{(\lambda_{11} \ldots (\lambda_{1,p-1}[\lambda_{1,p}} \cdots \overset{n}{v}_{\lambda_{n1}) \ldots \lambda_{n,p-1}) \lambda_{n,p}]} \neq 0\,.$$

Eine symmetrische oder alternierende Größe $v_{\lambda_1 \ldots \lambda_p}$, die als Summe von Vielfachen der Produkte von q und nicht weniger als q linear unabhängigen Vektoren geschrieben werden kann, heißt q-dimensional.

[1]) *Sinigallia*, 1905, 3, S. 165, auch für den Fall, daß die Größen nicht denselben Grad haben.

Eine p-dimensionale alternierende Größe $v_{\lambda_1 \dots \lambda_p}$ ist also dasselbe wie ein einfacher p-Vektor. Ist $v_{\lambda_1 \dots \lambda_p}$ eine q-dimensionale Größe, so besitzt die Gleichung:

$$(137) \qquad v_{\lambda_1 \dots \lambda_p} w^{\lambda_p} = 0$$

$n - q$ linear unabhängige Lösungen w^ν. Denn man kann die q Vektoren als die q ersten kovarianten Maßvektoren $\overset{1}{e}_\lambda, \dots, \overset{q}{e}_\lambda$ nehmen, und die kontravarianten Maßvektoren $\underset{q+1}{e^\nu}, \dots, \underset{n}{e^\nu}$ bilden dann $n - q$ Lösungen. Hat umgekehrt die Gleichung (137) $n - q$ linear unabhängige Lösungen, so kann man diese als die $n - q$ letzten kontravarianten Maßvektoren wählen und $v_{\lambda_1 \dots \lambda_p}$ läßt sich dann in den q ersten kovarianten Maßvektoren allein ausdrücken. Es gilt also der Satz:

Dafüı, daß eine symmetrische oder alternierende Größe $v_{\lambda_1 \dots \lambda_p}$ q-dimensional ist, ist notwendig und hinreichend, daß die Gleichung (137) gerade $n - q$ linear unabhängige Lösungen hat.

Hat (137) $n - q$ linear unabhängige Lösungen, so bestehen zwischen den n Größen $(p-1)$-ten Grades:

$$(138) \qquad v_{\lambda_1 \dots \lambda_{p-2} a_1 \lambda_p}, \dots, v_{\lambda_1 \dots \lambda_{p-2} a_n \lambda_p}$$

gerade $n - q$ lineare Beziehungen und umgekehrt. Es muß also die Matrix der n^2 Bestimmungszahlen der n Vektoren:

$$(139) \qquad \underset{1}{w}^{\lambda_1} \dots \underset{p-2}{w}^{\lambda_{p-2}} v_{\lambda_1 \dots \lambda_{p-2} \mu \lambda p}, \qquad u = a_1, \dots, a_n$$

für irgendeine Wahl der Vektoren w^ν den Rang q, für keine Wahl aber einen Rang $> q$ haben (S. 51). Daraus folgt der Satz:

Dafür, daß eine symmetrische oder alternierende Größe $v_{\lambda_1 \dots \lambda_p}$ q-dimensional ist, ist notwendig und hinreichend, daß

$$(140) \qquad v_{(\lambda_{11} \dots (\lambda_{1,p-2} |\lambda_{1,p-1}| [\lambda_{1,p} \dots v_{\lambda_{s1}) \dots \lambda_{s,p-2})} |\lambda_{s,p-1}| \lambda_{s,p}]} \begin{cases} \neq 0 & s = q \\ = 0 & s > q. \end{cases}$$

Da die in (140) vorkommende Größe sp^{ten} Grades auch alternierend ist in den s Indizes $\lambda_{1,p-1} \dots \lambda_{s,p-1}$, so lautet eine andere Form der Bedingung:

$$(141) \qquad v_{(\lambda_{11} \dots (\lambda_{1,p-2} [\lambda_{1,p-1} [\lambda_{1,p} \dots v_{\lambda_{s1}) \dots \lambda_{s,p-2})} \lambda_{s,p-1}] \lambda_{s,p}]} \begin{cases} \neq 0 & s = q \\ = 0 & s > q. \end{cases}$$

Auch jede der Gleichungen:

$$(142) \qquad v_{\lambda_{11} \dots \lambda_{1,p-2} [\lambda_{1,p-1} [\lambda_{1,p} \dots v_{|\lambda_{s1} \dots \lambda_{s,p-2}| \lambda_{s,p-1}] \lambda_{s,p}]}} \begin{cases} \neq 0 & s = q \\ = 0 & s > q, \end{cases}$$

$$(143) \qquad v_{\lambda_{11} \dots \lambda_{1,p-2} \lambda_{1,p-1} [\lambda_{1,p} \dots v_{|\lambda_{s1} \dots \lambda_{s,p-2} \lambda_{s,p-1}| \lambda_{s,p}]}} \begin{cases} \neq 0 & s = q \\ = 0 & s > q \end{cases}$$

stellt eine notwendige und hinreichende Bedingung dar. Denn aus (142) bzw. (143) folgt (140) bzw. (141), und, ist umgekehrt $v_{\lambda_1 \dots \lambda_p}$ q-dimensional, so verschwindet jede Verknüpfung, in welcher über mehr als q Indizes alterniert ist. Es gilt also der Satz:

Dafür, daß eine symmetrische oder alternierende Größe q-dimensional ist, ist notwendig und hinreichend, daß eine der Beziehungen (140), (141), (142) oder (143) gilt.

Es ist zu beachten, daß der Fall $q = p + 1$ bei alternierenden Größen niemals auftreten kann, da es keine $(p + 1)$-dimensionalen p-Vektoren gibt (vgl. S. 20, 26).

Für $q = p$ gilt auch der Satz:

Eine alternierende Größe $v_{\lambda_1 \dots \lambda_p}$ ist dann und nur dann einfach, wenn $v_{[\lambda_1 \dots \lambda_p} v_{\mu_1] \mu_2 \dots \mu_p}$ verschwindet.

Die Notwendigkeit der Bedingung ist selbstverständlich, da ja $v_{\lambda_1 \dots \lambda_p}$ in einem kovarianten Gebiet p^{ter} Stufe (S. 20) liegt und in diesem Gebiet jede Alternation über $p + 1$ Indizes verschwinden muß. Um zu beweisen, daß sie auch hinreicht, führen wir $n - p - 1$ beliebige Vektoren $\underset{u}{w}_\lambda$, $u = 1, \dots, z$; $z = n - p - 1$ ein. Der Ausdruck:

$$(144) \qquad v_{\lambda_{11} \dots [\lambda_{1p}} v_{|\lambda_{21} \dots |\lambda_{2p}} \dots v_{|\lambda_{p+1,1} \dots |\lambda_{p+1,p}} \underset{1}{w}_{\mu_1} \dots \underset{z}{w}_{\mu_{n-p-1}]}$$

läßt sich dann nach dem auf S. 30 bewiesenen Satze schreiben als eine Summe von Größen, die alle ein alternierendes Produkt von n Faktoren enthalten, in welchem alle idealen Faktoren eines bestimmten Faktors $v_{\lambda_1 \dots \lambda_p}$ vorkommen. Daneben müssen noch $n - p$ andere Faktoren vorkommen, und da es nur $n - p - 1$ Faktoren $\underset{u}{w}_\lambda$ gibt, muß wenigstens ein idealer Faktor eines anderen Faktors $v_{\lambda_1 \dots \lambda_p}$ auftreten. Dann folgt aber aus der Voraussetzung, daß alle Terme verschwinden, d. h. daß (144) verschwindet. Nun sind aber die $\overset{u}{w}_\lambda$ beliebig wählbar und es verschwindet demnach der in (143) links auftretende Ausdruck für $s = p + 1$. Die Bedingung ist also auch hinreichend [1]).

Es läßt sich nicht in derselben Weise beweisen, daß das Verschwinden von $v_{[\lambda_1 \dots \lambda_p} v_{\mu_1 \dots \mu_q] \dots \mu_p}$ eine hinreichende Bedingung für die $(p + q - 1)$-Dimensionalität von $v_{\lambda_1 \dots \lambda_p}$ wäre. Denn bei der obigen Umformung können dann zu $v_{\lambda_1 \dots \lambda_p}$ ideale Faktoren treten, die zu verschiedenen Faktoren $v_{\lambda_1 \dots \lambda_p}$ gehören. Das Gegenbeispiel der immer verschwindenden Größe $v_{[\lambda_1 \lambda_2 \lambda_3} v_{\mu_1 \mu_2 \mu_3]}$ lehrt, daß diese Bedingung auch in der Tat nicht hinreichend ist. Man gelangt aber in derselben Weise wie oben zu dem Satz:

Dafür, daß $v_{\lambda_1 \dots \lambda_p}$ q-dimensional ist, ist notwendig und hinreichend, daß jeder Ausdruck, der ein Produkt enthält, von der Form $v_{[\lambda_1 \dots \lambda_p} \overset{1}{v}_{\lambda_{p+1}} \dots \overset{s-p}{v}_{\lambda_s]}$, für $s = q + 1$, aber nicht für $s = q$ verschwindet. In diesem Ausdruck sind $\overset{1}{v}_\lambda, \dots, \overset{s-p}{v}_\lambda$ ideale Faktoren, die zu einer beliebigen Anzahl von Faktoren $v_{\lambda_1 \dots \lambda_p}$ gehören.

[1]) Eine andere Form dieses Beweises findet sich bei *Weitzenböck*, 1923, 1, S. 84. Andere notwendige und hinreichende Bedingungen, die aber Hilfsgrößen enthalten, finden sich in den Anmerkungen und Nachträgen zu *Graßmann*, 1862, 1, S. 409 u. 511. Vgl. auch *Weitzenböck*, 1923, 1, S. 114 u. f.

Dieses Kriterium ist meist einfacher als eine der Gleichungen (140) bis (143).

Damit die Dimensionenzahl einer symmetrischen Größe $<n$ ist, ist notwendig und hinreichend, daß die Größe:

$$v_{(\lambda_{11}\ldots\lambda_{1p-2}[\lambda_{1p-1}[\lambda_{1p}} \cdots v_{\lambda_{n1}\ldots\lambda_{np-2})\lambda_{np-1}]\lambda_{np}]}$$

verschwindet, wo über alle $n(p-2)$ Indizes außer $\lambda_{1p-1}\ldots\lambda_{np-1}$ und $\lambda_{1p}\ldots\lambda_{np}$ gemischt ist. Die zu dieser Größe gehörige Form $\{n(p-2)\}$-ten Grades ist die *Hesse*sche Kovariante der zu $v_{\lambda_1\ldots\lambda_p}$ gehörigen Form[1]).

Für den Fall, daß die Größe alternierend, $q=n$ und n gerade ist, lassen sich die Bedingungen vereinfachen. Dazu verwenden wir die Formel:

$$(145)\qquad v_{[\lambda_1[\mu_1}\cdots v_{\lambda_n]\mu_n]} = (-1)^{\frac{n}{2}} 2^{-n} n!\left(\frac{n}{2}!\right)^{-1} v_{[\lambda_1\lambda_2}\cdots v_{\lambda_{n-1}\lambda_n]}\, v_{[\mu_1\mu_2}\cdots v_{\mu_{n-1}\mu_n]},$$

die gültig ist für jede alternierende Größe $v_{\lambda\mu}$ und gerades n.

Man beweist (145), indem man zeigt, daß die $a_1, \ldots, a_n, a_1, \ldots, a_n$-Bestimmungszahl auf beiden Seiten der Gleichung dieselbe ist. Es ist zweckmäßig, dabei die Maßvektoren so zu wählen, daß $v_{\lambda\mu}$ eine Summe von Produkten von Maßvektoren ist. Die Formel ist gleichbedeutend mit dem bekannten *Cayley*schen Satze, daß jede schiefsymmetrische Determinante geraden Grades sich als Quadrat schreiben läßt. (Die Bestimmungszahl von

$$v_{[\lambda_1\lambda_2}\cdots v_{\lambda_{n-1}\lambda_n]}$$

ist bis auf einen Zahlenfaktor ein „*Pfaff*sches Aggregat der Ordnung n".)

Ist also n gerade und $t=\frac{1}{2}n$, so ist das Produkt von:

$$\overset{1}{v}_{\lambda_{11}}\cdots\overset{1}{v}_{\lambda_{1,p-2}}\cdots\overset{t}{v}_{\lambda_{t1}}\cdots\overset{t}{v}_{\lambda_{t,p-2}}\overset{1}{v}_{[\alpha_1}\overset{1}{v}_{\alpha_2}\cdots\overset{t}{v}_{\alpha_{n-1}}\overset{t}{v}_{\alpha_n]}$$

mit sich selbst bis auf einen nicht verschwindenden Zahlenfaktor gleich der in (142) links auftretenden Größe. Es gilt also der Satz:

Dafür, daß ein p-Vektor n-dimensional ist, $n=2t$, ist notwendig und hinreichend, daß

$$(146)\qquad \overset{1}{v}_{\lambda_{11}}\cdots\overset{1}{v}_{\lambda_{1,p-2}}\cdots\overset{t}{v}_{\lambda_{t1}}\cdots\overset{t}{v}_{\lambda_{t,p-2}}\overset{1}{v}_{[\alpha_1}\overset{1}{v}_{\alpha_2}\cdots\overset{t}{v}_{\alpha_{n-1}}\overset{t}{v}_{\alpha_n]} \neq 0.$$

Für $p=2$ ergibt sich aus (146) die einfache Bedingung:

$$(147)\qquad v_{[\alpha_1\alpha_2}\cdots v_{\alpha_{n-1}\alpha_n]} \neq 0,$$

in Worten:

Dafür, daß ein Bivektor $v_{\lambda\mu}$ n-dimensional ist, $n=2t$, ist notwendig und hinreichend, daß das alternierende Produkt von t Faktoren $v_{\lambda\mu}$ nicht verschwindet.

Da die Dimension eines Bivektors dem Range gleich ist, ist dieser Satz ein Spezialfall des Satzes (133) auf S. 50.

---

[1]). *Sinigallia*, 1905, 3, S. 171.

§ 18. Die Größen der X_n.

Sämtliche im vorigen Paragraphen behandelten Größen und ihre Verknüpfungen sind definiert in bezug auf die E_n, genauer gesagt in bezug auf die (homogene) affine Gruppe, die Gruppe also, durch die in einer E_n die kartesischen Koordinatensysteme mit gemeinschaftlichem Ursprung vertauscht werden. Dementsprechend hatten alle Größen eine vom Ort in der E_n unabhängige Bedeutung und ließen sich durch endliche Figuren in der E_n geometrisch darstellen.

Es gilt jetzt, diese Definitionen so zu fassen, daß sie für eine allgemeine X_n Gültigkeit behalten. Dazu genügt die Bemerkung, daß beim Übergang von den Urvariablen x^ν zu neuen Urvariablen $'x^\nu$:

$$'x^\nu = {'x^\nu}(x^{a_1}, \ldots, x^{a_n}) \tag{148}$$

die Differentiale der Urvariablen sich linear homogen transformieren:

$$d\,'x^\nu = \frac{\partial\,'x^\nu}{\partial x^\lambda}\,d x^\lambda, \tag{149}$$

wobei die Funktionaldeterminante $\left|\frac{\partial' x^\nu}{\partial x^\lambda}\right|$ nicht verschwinden darf, da die Umkehrung:

$$d x^\nu = \frac{\partial x^\nu}{\partial\,'x^\lambda}\,d\,'x^\lambda \tag{150}$$

möglich sein soll. Werden alle möglichen Transformationen (148) mit nicht verschwindender Funktionaldeterminante betrachtet, so durchläuft in jedem Punkte der X_n die Transformation der Differentiale die ganze Gruppe der affinen Transformationen mit nicht verschwindender Determinante. Die zu verschiedenen Punkten gehörigen Gruppen sind aber vollständig unabhängig voneinander, da eine affine Transformation in P zusammen mit jeder beliebigen affinen Transformation in einem endlich entfernten Punkte Q auftreten kann, wenn man die Transformation der Urvariablen nur entsprechend wählt. Zu jedem Punkte der X_n gehört also eine affine Gruppe, und zwei dieser Gruppen in P und Q stehen lose nebeneinander ohne irgendeinen von den Urvariablen unabhängigen Zusammenhang. Das heißt, das infinitesimale Gebiet um P ist eine E_n für sich, die mit der E_n um Q in keinerlei Beziehung steht. In jeder einzelnen dieser infinitesimalen E_n gelten nun alle Begriffsbestimmungen und Resultate der vorigen Paragraphen, es braucht nur statt der Transformation (8) auf S. 12 die Transformation der Differentiale (149) eingesetzt werden. Ein kontravarianter Vektor in P ist also der Inbegriff von n Bestimmungszahlen v^ν, die sich bei Änderung der Urvariablen in folgender Weise transformieren:

$$'v^\nu = P^\nu_{\cdot\lambda} v^\lambda, \quad v^\nu = Q^\nu_{\cdot\lambda}\,'v^\lambda, \quad P^\nu_{\cdot\lambda} = \frac{\partial\,'x^\nu}{\partial x^\lambda}, \quad Q^\nu_{\cdot\lambda} = \frac{\partial x^\nu}{\partial\,'x^\lambda} \tag{151}$$

in welcher Gleichung mit den $\frac{\partial\,'x^\nu}{\partial x^\lambda}$ die Werte gemeint sind, die diese Differentialquotienten in P haben. Ein kontravariantes Vektorfeld ist der Inbegriff von n Ortsfunktionen v^ν, die sich bei Änderung der Urvariablen in der ganzen X_n nach (151) transformieren, wo jetzt die $\frac{\partial' x^\nu}{\partial x^\lambda}$ auch als Ortsfunktionen aufzufassen sind.

Sind in einem Punkte n linear unabhängige kontravariante Vektoren $\underset{1}{v}^\nu, \ldots, \underset{n}{v}^\nu$ gegeben, so kann man aus den n Gleichungen:

$$\underset{1}{v}^\nu = \underset{1}{v}^\lambda \underset{\lambda}{e}^\nu \tag{152}$$

die n kontravarianten Maßvektoren $\underset{\lambda}{e}^\nu$ berechnen. Nun lassen sich aber ohne weitere Annahmen in jedem Punkte einer X_n n linear unabhängige kontravariante Vektoren aufweisen, nämlich n Linienelemente dx^ν. Durch die Wahl der Urvariablen ist also in jedem Punkte, ohne daß irgendwelche weitere Annahmen erforderlich wären, das System der kontravarianten Maßvektoren festgelegt.

Ein kovarianter Vektor in P ist der Inbegriff von n Bestimmungszahlen w_λ, die sich bei Änderung der Urvariablen in folgender Weise transformieren:

$$'w_\lambda = Q^{\nu}_{\cdot\lambda} w_\nu, \quad w_\lambda = P^{\nu}_{\cdot\lambda}\, 'w_\nu, \quad \text{[vgl. (16) auf S. 14]}. \tag{153}$$

Sind in einem Punkte n linear unabhängige kovariante Vektoren $\overset{1}{w}_\lambda, \ldots, \overset{n}{w}_\lambda$ gegeben, so kann man wie oben aus diesen die n kovarianten Maßvektoren berechnen. Es gelingt nun mit Hilfe von n gegebenen kontravarianten Vektorfeldern $\underset{1}{v}^\nu, \ldots, \underset{n}{v}^\nu$ n Systeme von n Ortsfunktionen zu bilden, die sich kovariant transformieren. In der Tat, setzt man

$$\overset{p}{w}_{\nu_p} = \frac{1}{n}(-1)^{p-1} \frac{\underset{1}{v}^{[\nu_1} \ldots \underset{p-1}{v}^{\nu_{p-1}} \underset{p+1}{v}^{\nu_{p+1}} \ldots \underset{n}{v}^{\nu_n]}}{\underset{1}{v}^{[\nu_1} \ldots\ldots\ldots\ldots\ldots\ldots \underset{n}{v}^{\nu_n]}}, \quad p = 1, \ldots, n, \tag{154}$$

so ist $\overset{p}{w}_\lambda \underset{q}{v}^\lambda$ für jede Wahl von p und q invariant bei Änderung der Urvariablen:

$$\overset{p}{w}_\lambda \underset{q}{v}^\lambda = \begin{cases} 1 & \text{für } p = q \\ 0 & \text{,, } p \neq q \end{cases}, \qquad p, q = 1, \ldots, n \tag{155}$$

und die $\overset{p}{w}_\lambda$ transformieren sich also in der Tat (S. 16) kovariant. Die geometrische Bedeutung der $\overset{p}{w}_\lambda$ ist klar: in jedem Punkte sind die $\overset{p}{w}_\lambda$ die kovarianten Vektoren des Parallelepipeds der $\underset{p}{v}^\nu$. Wählt man für die v^ν die zu irgendeinem System von Urvariablen gehörigen kontravarianten Maßvektoren $\underset{\lambda}{e}^\nu$, so erhält man kovariante Maßvektoren $\overset{\nu}{e}_\lambda$. Durch die Wahl der Urvariablen ist also in jedem Punkte auch das System der kovarianten Maßvektoren festgelegt, ohne daß irgendwelche weiteren Annahmen erforderlich wären. Mit den kovarianten und kontravarianten Vektoren sind in jedem Punkte der X_n auch kovariante, kontravariante und gemischte Größen höheren Grades festgelegt. Zwei zu verschiedenen Punkten gehörige Größen lassen sich aber in keiner Weise vergleichen, so lange nicht ein, im nächsten Abschnitt näher zu erörterndes, Übertragungsprinzip eingeführt ist. Die Größen der X_n sind also in Gegensatz zu den Größen der E_n ortgebunden.

Man kann sich nun aber auf einen allgemeineren Standpunkt stellen und die kovarianten Vektoren nicht definieren durch (153), sondern durch die Gleichung:

$$(156) \qquad 'w_\lambda = \tau^{-1} Q^{\nu}_{.\lambda} w_\nu , \quad w_\lambda = \tau P^{\nu}_{.\lambda} {}'w_\nu ,$$

wo der hinzutretende Parameter τ eine Funktion des Ortes ist. Erst in der X_n, wo die Größen ortgebunden sind, hat eine solche Definition eine nicht triviale Bedeutung. In dem speziellen Falle, daß $\tau = 1$ ist, geht (156) wieder in (153) über und für den Fall, daß die Urvariablen konstant gehalten werden, geht (156) über in die Transformation:

$$(157) \qquad 'w_\lambda = \tau^{-1} w_\lambda ,$$

die wir die Änderung des kovarianten Maßes[1]) nennen. Die durch (156) definierten Größen sind natürlich anderer Art als die Größen die durch (153) definiert sind. Legt man (156) zugrunde, so sind z. B. die oben mit Hilfe von kontravarianten Vektoren gebildeten Größen keine eigentlichen kovarianten Vektoren, da ihre Bestimmungszahlen sich bei Änderung des kovarianten Maßes nicht ändern. Überall, wo wir im folgenden (156) zugrunde legen statt (153), sollen Größen, deren Bestimmungszahlen sich bei Änderung des kovarianten Maßes nach (157) transformieren, eigentliche Größen genannt werden.

Die Überschiebung von v^ν und w_λ ist, so bald (156) zugrunde gelegt wird, keine eigentliche Invariante mehr:

$$(158) \qquad 'v^\lambda \, 'w_\lambda = \tau^{-1} v^\lambda w_\lambda .$$

Die kovarianten Maßvektoren $\overset{\nu}{e}_\lambda$ sind keine eigentlichen Vektoren, da ihre Bestimmungszahlen bei Änderung des kovarianten Maßes unverändert bleiben und sich also nicht nach (156) transformieren. Wie auf S. 15 kann man diese Größen aber auch als eigentliche Vektoren auffassen, die nicht fest sind, aber sich bei Änderung der Urvariablen und bei Änderung des kovarianten Maßes mit ändern. Auch der Einheitsaffinor A^ν_λ ist keine eigentliche Größe mehr, läßt sich aber in derselben Weise als veränderliche eigentliche Größe auffassen.

---

[1]) Mit einer Maßbestimmung hat dies noch nichts zu tun. Der Ausdruck findet seinen Grund in der Tatsache, daß der Übergang von (153) zu (156) gleichbedeutend ist mit der Verabredung, fortan alle kovarianten Vektoren mit einem τ mal größeren Maßstab zu messen. Würde man in derselben Weise das kontravariante Maß ändern, so würden, außer in dem trivialen Falle eines in der X_n konstanten Proportionalitätsfaktors, die $d x^\nu$ aufhören, exakte Differentiale zu sein. Obwohl in der Tat ein allgemeinerer Ansatz auf Grundlage nicht exakter $d x^\nu$ möglich und für eine Vertiefung der Grundlagen der Differentialgeometrie vielleicht vielversprechend ist, werden wir hier diese Möglichkeit außer acht lassen.

§ 19. Die Einführung einer Maßbestimmung in der X_n.

Wird in einem Punkte der X_n eine Volumeneinheit festgelegt, so geht die affine Gruppe über in die äquivoluminäre. Einführung eines Normalschraubsinns bedeutet eine weitergehende Beschränkung auf die speziell-affine Gruppe. Einführung eines Fundamentaltensors bedeutet Übergang von der äquivoluminären zur orthogonalen Gruppe, wobei die infinitesimale E_n in jedem Punkte in eine R_n übergeht. Diese Einführungen können in allen Punkten der X_n unabhängig voneinander gemacht werden.

Die Einführung eines Fundamentaltensors $g_{\lambda\mu}$ als eine stetige und hinreichend oft differenzierbare Funktion des Ortes, wodurch die Volumeneinheit mit festgelegt wird, ist besonders wichtig. Eine X_n, in der diese Einführung stattgefunden hat, heißt eine Mannigfaltigkeit mit quadratischer Maßbestimmung oder V_n (auch *Riemann*sche Mannigfaltigkeit, wohl zu unterscheiden von der Mannigfaltigkeit konstanter Krümmung der sog. *Riemann*schen Geometrie). Die Länge des Linienelementes dx^ν ist in einer V_n:

$$ds = \sqrt{g_{\lambda\mu}\, dx^\lambda\, dx^\mu}\,. \tag{159}$$

Linienelemente in verschiedenen Punkten lassen sich der Länge nach vergleichen, und es kann also auch die Länge eines Kurvenbogens als Integral von ds bestimmt werden. Es ist aber auch nach Einführung des Fundamentaltensors ohne Zuhilfenahme eines Übertragungsprinzips noch unmöglich, zwei Größen in verschiedenen Punkten der Richtung nach zu vergleichen.

Ist der Fundamentaltensor einer V_n festgelegt, so lassen sich in jedem Punkte kovariante und kontravariante Größen identifizieren, und man kann die Indizes herauf- und herunterziehen, selbstverständlich aber nur, sofern der Fundamentaltensor während der Untersuchung fest bleibt (S. 39).

Ferner kann man unter diesen Bedingungen in die V_n ein Orthogonalnetz legen, das aus n gegenseitig senkrechten Kongruenzen besteht, die eine jede ∞^{n-1} Kurven enthält. Das Orthogonalnetz bestimmt in jedem Punkte n gegenseitig senkrechte Richtungen. Werden in diese Richtungen Einheitsvektoren $\underset{j}{i}^\nu$, $j = 1, \ldots, n$ gelegt, so kann jeder Vektor und somit jede Größe durch orthogonale Bestimmungszahlen gegeben werden. Es ist aber zu beachten, daß die Kongruenzen $\underset{j}{i}^\nu$ sich ganz anders verhalten als die Kongruenzen der Parameterlinien eines Systems von Urvariablen. Zu p Kongruenzen, $p = 2, \ldots, n-1$, von Parameterlinien gehört stets ein System von $\infty^{n-p}\, V_p$, die ganz aus diesen Parameterlinien aufgebaut sind, zu p Kongruenzen eines Orthogonalnetzes gehört ein solches System im allgemeinen nicht, was damit zusammenhängt, daß es keineswegs stets möglich ist, die Urvariablen so zu wählen, daß alle Parameterlinien gegenseitig senkrecht sind. Die orthogonalen Bestimmungszahlen haben mit der Wahl der Urvariablen nichts zu tun, sie ändern sich also auch nicht beim Übergang zu anderen Urvariablen. Beim Übergang zu einem anderen Orthogonalnetz transformieren sie sich orthogonal.

Aufgaben.

1. Die n^p Zahlen $v^{\lambda_1 \dots \lambda_p}$ sind dann und nur dann Bestimmungszahlen einer Größe p-ten Grades, wenn

$$v^{\lambda_1 \dots \lambda_p} w_{\lambda_1 \dots \lambda_q}$$

für eine bestimmte Wahl von q und jede beliebige Wahl der Größe $w_{\lambda_1 \dots \lambda_q}$ eine Größe $(p-q)$-ten Grades darstellt.

2. Ist $P_{\lambda}^{\cdot\,\nu} v_\nu = \alpha\, v_\lambda$ für jede Wahl von v^ν, so ist $P_{\lambda}^{\cdot\,\nu} = \alpha\, A_\lambda^\nu$ und α ist von der Wahl von v_λ unabhängig. Was bedeutet dieser Satz geometrisch?

3. Ist $u_{\lambda\mu} v^\lambda v^\mu = 0$ für jede Wahl von v^ν, die der Gleichung $v^\lambda w_\lambda = 0$ genügt, so hat $u_{(\lambda\mu)}$ die Form:

$$u_{(\lambda\mu)} = w_{(\lambda}\, p_{\mu)}\,.$$

4. Ist $u_{\lambda\mu}^{\cdot\,\cdot\,\nu} v^\lambda v^\mu w_\nu = 0$ für jede Wahl von v^ν, die der Gleichung $v^\lambda w_\lambda = 0$ genügt, so ist $u_{(\lambda\mu)}^{\cdot\,\cdot\,\nu}$ von der Form:

$$u_{(\lambda\mu)}^{\cdot\,\cdot\,\nu} = p_{(\lambda}\, A_{\mu)}^\nu\,. \qquad \text{[\textit{Friedmann}}^{1}\text{).]}$$

5. Ist $P_{\lambda}^{\cdot\,\nu} w_\nu = \alpha\, w_\lambda$ für jede Wahl von w_λ, die der Gleichung $v^\lambda w_\lambda = 0$ genügt, so ist $P_{\lambda}^{\cdot\,\nu}$ von der Form:

$$P_{\lambda}^{\cdot\,\nu} = \alpha\, A_\lambda^\nu + p_\lambda v^\nu$$

und α ist von der Wahl von w_λ unabhängig.

6. Ist $u_{\lambda\mu}^{\cdot\,\cdot\,\nu}$ alternierend in $\lambda\mu$ und hat $u_{\lambda\mu}^{\cdot\,\cdot\,\nu} v^\mu w_\nu$ die Richtung von w_λ für jede Wahl von v^ν und w_λ, die der Gleichung $v^\lambda w_\lambda = 0$ genügt, so ist $u_{\lambda\mu}^{\cdot\,\cdot\,\nu}$ von der Form:

$$u_{\lambda\mu}^{\cdot\,\cdot\,\nu} = p_{[\lambda}\, A_{\mu]}^\nu\,.$$

7. Zu beweisen, daß die Größe

$$h_{\lambda_1\mu_1} \dots h_{\lambda_{p-1}\mu_{p-1}}\, v^{\lambda_1 \dots \lambda_p}\, v^{\mu_1 \dots \mu_p}$$

symmetrisch in $\lambda_p \mu_p$ ist, wenn $h_{\lambda\mu}$ ein Tensor ist.

8. Für $p > 1$ gibt es im allgemeinen $\frac{p^n - 1}{p - 1}$ Richtungen des Vektors v^ν, die der Gleichung

$$v_{[\lambda}\, w_{\mu]\lambda_1 \dots \lambda_p}\, v^{\lambda_1} \dots v^{\lambda_p} = 0$$

genügen. $w_{\lambda_1 \dots \lambda_{p+1}}$ ist eine beliebige Größe und es ist $v_\lambda = g_{\lambda\mu} v^\mu$.

(*Hitchcock*, 1916, 2, S. 374.)

---

[1]) Aus einer Korrespondenz mit Herrn *A. Friedmann* in Petrograd.

9. Sind $\overset{1}{U}{}^{\nu}_{\cdot\lambda}, \ldots, \overset{m}{U}{}^{\nu}_{\cdot\lambda}$, $m \leqq n$, und $V^{\nu}_{\cdot\lambda}$ beliebige Größen zweiten Grades und ist

$$\overset{u}{W}{}^{\nu}_{\cdot\lambda} = \overset{u}{U}{}^{\alpha}_{\cdot\lambda} V^{\nu}_{\cdot\alpha}, \qquad u = 1, \ldots, m,$$

so ist

$$\overset{1}{W}{}^{[\nu_1}_{\cdot[\lambda_1} \ldots \overset{m}{W}{}^{\nu_m]}_{\cdot\lambda_m]} = \overset{1}{U}{}^{[\alpha_1}_{\cdot[\lambda_1} \ldots \overset{m}{U}{}^{\alpha_m]}_{\cdot\lambda_m]} V^{[\nu_1}_{\cdot[\alpha_1} \ldots V^{\nu_m]}_{\cdot\alpha_m}$$

(*Mehmke*, 1923, 14.)

10. Sind $\overset{u}{U}{}^{\nu}_{\cdot\lambda}$ und $\overset{v}{V}{}^{\nu}_{\cdot\lambda}$, $u, v = 1, \ldots, m$, $m \leqq n$, beliebige Größen zweiten Grades und ist

$$\overset{uv}{W}{}^{\nu}_{\cdot\lambda} = \overset{u}{U}{}^{\alpha}_{\cdot\lambda} \overset{v}{V}{}^{\nu}_{\cdot\alpha}, \qquad u, v = 1, \ldots, m,$$

so ist

$$\overset{1}{U}{}^{[\alpha_1}_{\cdot[\lambda_1} \ldots \overset{m}{U}{}^{\alpha_m]}_{\cdot\lambda_m]} \overset{1}{V}{}^{[\nu_1}_{\cdot[\alpha_1} \ldots \overset{m}{V}{}^{\nu_m]}_{\cdot\alpha_m]} = \overset{1(1}{W}{}^{[\nu_1}_{\cdot[\lambda_1} \overset{|2|2}{W}{}^{\nu_2}_{\cdot\lambda_2} \ldots \overset{|m|m)}{W}{}^{\nu_m]}_{\cdot\lambda_m]}$$

(*Mehmke*, 1923, 14).

11. Gilt für zwei Systeme von m Vektoren, $m \leqq n$,

$$\overset{1}{v}_{\lambda}, \ldots, \overset{m}{v}_{\lambda},$$
$$\overset{1}{w}_{\lambda}, \ldots, \overset{m}{w}_{\lambda}$$

die Gleichung:

$$\overset{1}{v}_{[\lambda} \overset{1}{w}_{\mu]} + \ldots + \overset{m}{v}_{[\lambda} \overset{m}{w}_{\mu]} = 0,$$

und sind die Vektoren v_λ linear unabhängig voneinander, so lassen sich die Vektoren w_λ linear in die v_λ ausdrücken, und die Transformationstabelle ist symmetrisch. (*Cartan*, 1919, 3, S. 151.)

12. Gilt für p Tensoren

$$\overset{1}{h}_{\lambda\mu}, \ldots, \overset{p}{h}_{\lambda\mu}$$

die Gleichung

$$\sum_u \overset{u}{h}_{[\varkappa[\lambda} \overset{u}{h}_{\mu]\nu]} = 0,$$

so gilt dieselbe Gleichung für p Tensoren, die durch orthogonale Transformation aus den $h_{\lambda\mu}$ entstehen. (*Cartan*, 1919, 3, S. 152.)

13. Man beweise die Identitäten:

$$g_{[\lambda_1[\nu_1} \ldots g_{\lambda_n]\nu_n]} \, g^{[\lambda_1[\nu_1} \ldots g^{\lambda_n]\nu_n]} = 1,$$
$$n \, g^{\lambda_2\nu_2} \ldots g^{\lambda_n\nu_n} g_{[\lambda_1[\nu_1} \ldots g_{\lambda_n]\nu_n]} = g_{\lambda_1\nu_1}.$$

14. Zu beweisen, daß sich für $n = 2$ jeder Tensor als ein symmetrisches Produkt zweier realer Vektoren schreiben läßt.

15. Ein Tensor $v_{\lambda_1 \ldots \lambda_p}$ ist dann und nur dann eine Vektorpotenz, wenn

$$v_{[\lambda_1[\lambda_2|\lambda_3 \ldots \lambda_p|} v_{|\mu_1]\mu_2]\mu_3 \ldots \mu_p} = 0.$$

16. Ist $g_{\lambda\mu}$ der Fundamentaltensor, g die Determinante der $g_{\lambda\mu}$ und $V^{\nu_1 \ldots \nu_n}$ ein n-Vektor, so ist der mit $g_{\lambda\mu}$ gemessene Inhalt von $V^{\nu_1 \ldots \nu_n}$ gleich

$$n!\, V_{i_1 \ldots i_n} = n!\, g^{\frac{1}{2}} V^{\nu_1 \ldots \nu_n} = n!\, g^{-\frac{1}{2}} V_{\lambda_1 \ldots \lambda_n}.$$

Zweiter Abschnitt.

Der analytische Teil des Kalküls.

§ 1. Die Ortsfunktionen.

In einer X_n sei ein Skalarfeld p, d. h. ein Skalar p als Funktion des Ortes, gegeben. Zwei Feldwerte p und $p + dp$ in den Punkten x^ν und $x^\nu + dx^\nu$ lassen sich dann unabhängig von der Wahl der Urvariablen vergleichen. Die Differenz dp ist wiederum ein Skalar und heißt das zum Linienelement dx^ν gehörige Differential von p. Die partiellen Differentialquotienten $\frac{\partial p}{\partial x^\lambda}$ transformieren sich beim Übergang zu den Urvariablen $'x^\nu$ folgendermaßen:

$$\frac{\partial p}{\partial' x^\lambda} = \frac{\partial p}{\partial x^\nu}\frac{\partial x^\nu}{\partial' x^\lambda}, \tag{1}$$

während sie bei Änderung des kovarianten Maßes ungeändert bleiben. Nach I § 18 sind sie also Bestimmungszahlen eines (uneigentlichen oder mit der Wahl des kovarianten Maßes veränderlichen) kovarianten Vektors. Der Vektor $\frac{\partial p}{\partial x^\nu}$ heißt der Gradientvektor des Feldes p.

Der Ort der Punkte, in denen p einen bestimmten vorgegebenen Wert hat, heißt eine äquiskalare Hyperfläche des Feldes p. Für jedes Linienelement, das innerhalb einer solchen Hyperfläche liegt, ist:

$$dx^\mu \frac{\partial p}{\partial x^\mu} = 0, \tag{2}$$

und (2) ist also die totale Differentialgleichung des Systems der äquiskalaren Hyperflächen. Geometrisch bedeutet (2), daß die $(n-1)$-Richtung des kovarianten Vektors $\frac{\partial p}{\partial x^\lambda}$ in jedem Punkte eine Hyperfläche eines Systems von ∞^1 Hyperflächen tangiert. Anders gesagt, die durch $\frac{\partial p}{\partial x^\lambda}$ in allen Punkten bestimmten E_{n-1}-Elemente reihen sich so aneinander, daß sie ∞^1 X_{n-1} bilden. Ein kovarianter Vektor mit dieser Eigenschaft heißt X_{n-1}-bildend. Ein Gradientfeld ist also stets X_{n-1}-bildend.

Wir betrachten jetzt in der X_n ein kontravariantes Vektorfeld v^ν, d. h. einen kontravarianten Vektor, dessen Bestimmungszahlen als Funktionen des Ortes gegeben sind. Zwei Feldwerte v^ν und $v^\nu + dv^\nu$ in den Punkten x^ν und $x^\nu + dx^\nu$ lassen sich jetzt nicht mehr unabhängig von der Wahl der Urvariablen vergleichen. Denn den Differentialen dv^ν kommt, im Gegensatz zu dp oben, keine von der Wahl der Urvariablen unabhängige Bedeutung zu. Man könnte es ja z. B. durch geeignete Wahl der Urvariablen so einrichten, daß für zwei bestimmte Punkte x^ν und $x^\nu + dx^\nu$ die dv^ν alle verschwinden. In einer E_n ist dies anders. Dort sind kartesische Koordinatensysteme bevorzugt, und für ein solches Koordinatensystem sind die dv^ν gerade die Bestimmungszahlen des Vektors, der erhalten wird, indem man den Feldwert in x^ν parallel nach $x^\nu + dx^\nu$ überträgt und dort von dem Feldwerte in $x^\nu + dx^\nu$ vektorisch subtrahiert. Daß es in einer X_n nicht gelingt, die Feldwerte in x^ν und $x^\nu + dx^\nu$ in einer von der Wahl der Urvariablen unabhängigen Weise zu vergleichen, liegt eben daran, daß man nicht weiß, was es heißen soll, den Feldwert in x^ν nach $x^\nu + dx^\nu$ zu übertragen[1]). Ohne eine solche Übertragung, die sich nur definitionsweise einführen läßt, gibt es also keine Möglichkeit, von der Wahl der Urvariablen unabhängige Differentiale von anderen Größen als Zahlgrößen zu bilden. Die Übertragung ist also wesentliche Grundbedingung für jede Differentialgeometrie. Umgekehrt gehört zu jeder definitionsweise eingeführten Differentiation eine bestimmte Übertragung, die man erhält, indem man das Differential in der gewählten Richtung gleich Null setzt.

§ 2. Die linearen Übertragungen[2]).

In der Wahl der Übertragung ist man vollständig frei. Man könnte für jede einzelne Größe in jedem einzelnen Punkt und für jeden einzelnen Wert von dx^ν eine ganz beliebige Übertragung definieren, und

---

[1]) Eine Verschiebung eines Vektors nach einem benachbarten Punkte einer S_n ist zuerst aufgetreten bei *Brouwer*, 1906, 2, S. 80. Später haben *Levi Civita*, 1917, 1, und unabhängig von ihm der Verfasser 1918, 1, die pseudoparallele oder geodätische Bewegung den differentialgeometrischen Betrachtungen zugrunde gelegt. Vgl. auch 1921, 2.

[2]) *Hessenberg* gab 1916, 1, den ersten Anstoß zu einer Verallgemeinerung der Grundsätze der Differentialgeometrie. In den Arbeiten von *Weyl*, 1918, 2, *König*, 1919, 2, 1920, 1, *Eddington* 1921, 1, und dem Verfasser 1922, 2, Nachtrag 1922, 2, entwickelte sich dann die allgemeine Theorie der linearen Übertragungen. Physikalische Anwendungen gaben *Weyl*, *Eddington* und *Einstein*, 1923, 5, 6, geometrische *Eisenhart* und *Veblen*, 1922, 7, 8, 9, 10. Die §§ 3—8 dieses Abschnittes enthalten das Hauptsächlichste der Arbeit 1922, 2 in etwas verallgemeinerter Fassung.

Bei *Pascal* traten schon 1902, 3 und 4, und 1903, 3, Verallgemeinerungen der *Christoffel*schen Symbole auf, die aber nicht mit linearen Übertragungen zusammenhängen. Nur die in 1903, 5 auftretenden Symbole, die sich in derselben Weise aus einem Affinor zweiten Grades ableiten wie die *Christoffel*schen Symbole aus einem Tensor, stehen zu einer linearen Übertragung in Beziehung. Bei der Behandlung der Differentialgleichungen zweiter Ordnung treten bei *Pascal* 1901, 2 Koeffizienten X_{hki} auf, die die Symmetrieeigenschaft der Γ^i_{hk} einer affinen Übertragung besitzen. Die Ausdrücke $[jhki]$ bei *Pascal* auf S. 409, deren Verschwinden die unbeschränkte Integrabilität bedingt, sind für $n = m$ die Bestimmungszahlen der zu dieser Übertragung gehörigen Krümmungsgröße. Weitere Literatur findet sich bei *Weitzenböck*, 1922, 11, S. 61.

damit wäre dann für jede Größe in jedem Punkte und für jeden Wert von dx^{ν} festgelegt, was man unter dem Differential der Größe zu verstehen hat. Es wäre also in der Tat eine Differentialgeometrie möglich geworden. Die bei einer solchen ganz willkürlichen Festsetzung erhaltene Differentiation würde dann aber keinem der formalen Gesetze genügen, denen die gewöhnliche Differentiation unterworfen ist. Es wäre z. B. das Differential einer Summe keineswegs der Summe der Differentiale gleich, und auch die gewöhnlichen Regeln für die Differentiation von Produkten behielten ihre Gültigkeit nicht.

Um da Ordnung zu schaffen und unter allen Übertragungen nur die einfachsten Arten, mit denen sich leicht rechnen läßt, zu bevorzugen, stellen wir einige Bedingungen auf, denen eine Übertragung zu genügen hat. Φ sowohl als Ψ soll im folgenden eine beliebige kovariante, kontravariante oder gemischte Größe beliebigen Grades darstellen. Da es sich bei Φ und Ψ um ganz allgemeine Größen handelt, werden die zugehörigen Indizes unterdrückt[1]). δ bedeute das zur Übertragung gehörige Differential, d das von der Wahl der Urvariablen abhängige gewöhnliche Differential: $d\Phi = \frac{\partial \Phi}{\partial x^{\mu}} dx^{\mu}$. Wo von dem Differential einer Größe ohne nähere Andeutung gesprochen wird, ist stets das kovariante Differential, d. h. das zur Übertragung gehörige von der Wahl der Urvariablen unabhängige Differential gemeint.

I. Eine (eigentliche!) Größe und ihr Differential sind Größen derselben Art. Das heißt, die Anzahl und die Transformationsweise der Bestimmungszahlen sind dieselben. Die Differentialbildung einer eigentlichen Größe ist also eine bei Änderung der Urvariablen und des kovarianten Maßes invariante Operation.

II. Das Differential ist eine lineare Funktion des Linienelementes. Sind also $\Phi_{a_1} dx^{a_1}, \ldots, \Phi_{a_n} dx^{a_n}$ die zu den Linienelementen $dx^{a_1}, \ldots, dx^{a_n}$ gehörigen Differentiale, so ist das zu dx^{μ} gehörige Differential gegeben durch die Gleichung:

(3) $$\delta\Phi = \Phi_{\mu} dx^{\mu}.$$

Aus dieser Gleichung geht hervor (I S. 16), daß Φ_{μ} eine Größe ist, die einen kovarianten Index mehr besitzt als Φ und deren Grad also um eins höher ist als der Grad von Φ. Wir bringen dies zum Ausdruck, indem wir für Φ_{μ} schreiben $\nabla_{\mu}\Phi$:

(A) $$\delta\Phi = dx^{\mu}\nabla_{\mu}\Phi.$$

$\nabla_{\mu}\Phi$ heißt der zur Übertragung gehörige (kovariante) Differentialquotient von Φ. Ist Φ eine eigentliche Größe, so bekommen die Bestimmungszahlen von $\nabla_{\mu}\Phi$ bei Änderung des kovarianten Maßes einen Faktor τ^{-1} zu wenig, und $\nabla_{\mu}\Phi$ ist also keine eigentliche Größe (S. 57).

[1]) Wir verwenden diese Schreibweise nur vorübergehend bei der Formulierung der Bedingungen.

III. Für das Differential einer Summe gilt die gewöhnliche Regel:

(B₁) $$\delta(\Phi+\Psi)=\delta\Phi+\delta\Psi.$$

Infolge (A) gilt dann auch die gewöhnliche Regel für den Differentialquotienten:

(B₂) $$\nabla_\mu(\Phi+\Psi)=\nabla_\mu\Phi+\nabla_\mu\Psi.$$

IV. Für das Differential eines *allgemeinen* Produktes gilt die gewöhnliche Regel:

(C₁) $$\delta(\Phi\Psi)=\Psi\delta\Phi+\Phi\delta\Psi.$$

Infolge (A) gilt dann auch die gewöhnliche Regel für den Differentialquotienten:

(C₂) $$\nabla_\mu\Phi\Psi=(\nabla_\mu\Phi)\Psi+\Phi\nabla_\mu\Psi.$$

Für die differenzierende Wirkung von ∇ setzen wir fest:

Die differenzierende Wirkung von ∇ erstreckt sich in jedem Term bis zur erstfolgenden *schließenden* Klammer, deren zugehörige öffnende Klammer ∇ *vorangeht.*

V. Das Differential einer Zahlgröße ist dem gewöhnlichen Differential gleich:

(D₁) $$\delta p=dp.$$

Aus (A) folgt dann:

(D₂) $$\nabla_\mu p=\frac{\partial p}{\partial x^\mu}.$$

Eine Übertragung, die diesen fünf Bedingungen genügt, heiße eine lineare Übertragung.

Jede Größe läßt sich als Summe von Vielfachen von Produkten der $2n$ Maßvektoren $\underset{\lambda}{e}^\nu$, $\overset{\nu}{e}_\lambda$ schreiben. Nach (B) und (C) ist also die Differentiation jeder Größe bekannt, wenn die Differentiation der Maßvektoren festgelegt ist. Nach (A) ist aber das Differential eines bestimmten Maßvektors linear in den n Maßvektoren gleicher Art und nach (B) ist dieses Differential eine lineare Funktion des Linienelementes. Da die kontravarianten Maßvektoren sich als veränderliche eigentliche Vektoren auffassen lassen, haben ihre Differentiale also jedenfalls die Form:

(4a) $$\delta \underset{\lambda}{e}^\nu=\Gamma^\alpha_{\lambda\mu}\,\underset{\alpha}{e}^\nu\,dx^\mu,$$

wo die $\Gamma^\nu_{\lambda\mu}$ beliebig wählbare Parameter sind. Ebenso haben die Differentiale der kovarianten Maßvektoren die Form:

(4b) $$\delta \overset{\nu}{e}_\lambda=-\,\Gamma'^{\nu}_{\alpha\mu}\,\overset{\alpha}{e}_\lambda\,dx^\mu,$$

wo die $\Gamma'^{\nu}_{\lambda\mu}$ weitere beliebig wählbare, von den $\Gamma^\nu_{\lambda\mu}$ vollkommen unabhängige Parameter sind[1]). Das Differential von v^ν bzw. w_λ ist also, da sich diese Größen in den Maßvektoren ausdrücken lassen:

$$(5) \qquad v^\nu = v^\lambda \underset{\lambda}{e^\nu}; \qquad w_\lambda = w_\nu \overset{\nu}{e_\lambda},$$

und das Differential einer Zahlgröße nach (D_1) dem gewöhnlichen Differential gleich ist, infolge (C_1), (D_1) und (4a):

$$(6a) \qquad \begin{cases} \delta v^\nu = \delta\left(v^\lambda \underset{\lambda}{e^\nu}\right) = d v^\lambda \underset{\lambda}{e^\nu} + v^\lambda \delta \underset{\lambda}{e^\nu} \\ \quad = d v^\nu + \Gamma_{\lambda\mu}^{\alpha} \underset{\alpha}{e^\nu} v^\lambda d x^\mu = d v^\nu + \Gamma_{\lambda\mu}^{\nu} v^\lambda d x^\mu, \end{cases}$$

$$(6b) \qquad \delta w_\lambda = \delta\left(w_\nu \overset{\nu}{e_\lambda}\right) = d w_\lambda - \Gamma_{\lambda\mu}^{\prime\nu} w_\nu d x^\mu.$$

Unter Berücksichtigung von (A) folgt aus (6) für die Differentialquotienten:

$$(7a) \qquad \nabla_\mu v^\nu = \frac{\partial v^\nu}{\partial x^\mu} + \Gamma_{\lambda\mu}^{\nu} v^\lambda,$$

$$(7b) \qquad \nabla_\mu w_\lambda = \frac{\partial w_\lambda}{\partial x^\mu} - \Gamma_{\lambda\mu}^{\prime\nu} w_\nu.$$

Da sich jede Größe höheren Grades als Produkt von idealen Faktoren schreiben läßt, kann man mit Hilfe von (6) und (7) und unter Berücksichtigung der allgemeinen Regel (C) für die Differentiation von Produkten das Differential und den Differentialquotienten jeder höheren Größe direkt anschreiben. Es ist z. B.:

$$(8a) \qquad \begin{cases} \delta v^{\alpha}_{\cdot\beta\gamma} = \delta\left(\underset{1}{v^\alpha} \overset{2}{v_\beta} \overset{3}{v_\gamma}\right) = \delta \underset{1}{v^\alpha} \overset{2}{v_\beta} \overset{3}{v_\gamma} + \underset{1}{v^\alpha} \delta \overset{2}{v_\beta} \overset{3}{v_\gamma} + \underset{1}{v^\alpha} \overset{2}{v_\beta} \delta \overset{3}{v_\gamma} \\ \quad = d v^{\alpha}_{\cdot\beta\gamma} + \Gamma_{\varkappa\mu}^{\alpha} v^{\varkappa}_{\cdot\beta\gamma} d x^\mu - \Gamma_{\beta\mu}^{\prime\varkappa} v^{\alpha}_{\cdot\varkappa\gamma} d x^\mu - \Gamma_{\gamma\mu}^{\prime\varkappa} v^{\alpha}_{\cdot\beta\varkappa} d x^\mu, \end{cases}$$

$$(8b) \qquad \nabla_\mu v^{\alpha}_{\cdot\beta\gamma} = \frac{\partial}{\partial x^\mu} v^{\alpha}_{\cdot\beta\gamma} + \Gamma_{\varkappa\mu}^{\alpha} v^{\varkappa}_{\cdot\beta\gamma} - \Gamma_{\beta\mu}^{\prime\varkappa} v^{\alpha}_{\cdot\varkappa\gamma} - \Gamma_{\gamma\mu}^{\prime\varkappa} v^{\alpha}_{\cdot\beta\varkappa},$$

woraus sich die bei diesen Differentiationen zu befolgende Regel leicht ablesen läßt.

Eine Übertragung ist definiert, indem die $\Gamma_{\lambda\mu}^{\nu}$ und $\Gamma_{\lambda\mu}^{\prime\nu}$ für eine bestimmte Wahl der Urvariablen und des kovarianten Maßes als Funktionen des Ortes gegeben werden. Damit die Übertragung aber selbst von dieser Wahl unabhängig sein soll, müssen sich die $2n^3$ Parameter bei Übergang zu anderen Urvariablen oder bei Änderung des kovarianten Maßes in bestimmter Weise transformieren. Eine einfache Rechnung lehrt, daß die Transformation bei Änderung der Urvariablen lautet:

$$(9) \qquad {}'\Gamma_{\omega\pi}^{\varkappa} = Q^{\lambda}_{\cdot\omega} Q^{\mu}_{\cdot\pi} P^{\varkappa}_{\cdot\nu} \Gamma_{\lambda\mu}^{\nu} + \frac{\partial Q^{\nu}_{\cdot\omega}}{\partial x^\mu} Q^{\mu}_{\cdot\pi} P^{\varkappa}_{\cdot\nu}.$$

$$(10) \qquad {}'\Gamma_{\omega\pi}^{\prime\varkappa} = Q^{\lambda}_{\cdot\omega} Q^{\mu}_{\cdot\pi} P^{\varkappa}_{\cdot\nu} \Gamma_{\lambda\mu}^{\prime\nu} + \frac{\partial Q^{\nu}_{\cdot\omega}}{\partial x^\mu} Q^{\mu}_{\cdot\pi} P^{\varkappa}_{\cdot\nu}.$$

Aus diesen Gleichungen geht hervor, daß die $\Gamma_{\lambda\mu}^{\nu}$ und ebenso die $\Gamma_{\lambda\mu}^{\prime\nu}$ keineswegs Bestimmungszahlen einer Größe dritten Grades sind. Es

[1]) In 1922, 2 ist $-\Gamma_{\lambda\mu}^{\prime\nu}$ statt $\Gamma_{\lambda\mu}^{\prime\nu}$ verwendet.

müßte dann ja der zweite Term rechts in beiden Gleichungen Null sein. Dies ist aber nur der Fall in einer E_n bei Verwendung eines kartesischen Koordinatensystems, da nur dann die $Q^{\nu}_{\cdot\omega}$ Konstanten sind.

Wird das kovariante Maß geändert, so bekommen nach (I, 157) die Bestimmungszahlen aller kovarianten Vektoren einen Faktor τ^{-1}.

Ist nun w_λ ein kovarianter Vektor, so muß nach (A) δw_λ ebenfalls ein kovarianter Vektor sein und die Gleichungen:

$$(11)\qquad 'w_\lambda = \tau^{-1} w_\lambda; \qquad \delta\, 'w_\lambda = \tau^{-1}\delta w_\lambda$$

müssen also zugleich bestehen. Nach (6b) ist aber:

$$(12)\qquad \left\{\begin{aligned} \delta\, 'w_\lambda &= d\, 'w_\lambda - {}'\Gamma'^{\nu}_{\lambda\mu}\, 'w_\nu\, d x^\mu \\ &= d\tau^{-1} w_\lambda + \tau^{-1}\left(d w_\lambda - {}'\Gamma'^{\nu}_{\lambda\mu} w_\nu\, d x^\mu\right), \end{aligned}\right.$$

so daß:

$$(13)\qquad \delta w_\lambda = d w_\lambda - \Gamma'^{\nu}_{\lambda\mu} w_\nu\, d x^\mu = d w_\lambda - {}'\Gamma'^{\nu}_{\lambda\mu} w_\nu\, d x^\mu - w_\lambda\, d\log\tau,$$

oder:

$$(14)\qquad {}'\Gamma'^{\nu}_{\lambda\mu} = \Gamma'^{\nu}_{\lambda\mu} - A^{\nu}_{\lambda} \nabla_\mu \log\tau.$$

§ 3. Das Feld $C_{\mu\lambda}^{\cdot\cdot\nu}$.

Nach der Regel für die Differentiation einer Größe höheren Grades ist:

$$(15)\qquad \nabla_\mu A^{\nu}_{\lambda} = \frac{\partial}{\partial x^\mu} A^{\nu}_{\lambda} + \Gamma^{\nu}_{\alpha\mu} A^{\alpha}_{\lambda} - \Gamma'^{\alpha}_{\lambda\mu} A^{\nu}_{\alpha} = \Gamma^{\nu}_{\lambda\mu} - \Gamma'^{\nu}_{\lambda\mu}.$$

Die Bestimmungszahlen A^{ν}_{λ} sind alle gleich 1 oder 0, die Differentiale und Differentialquotienten dieser Bestimmungszahlen sind also alle Null. Dagegen ist, wie (15) zeigt, das Differential und der Differentialquotient der Größe A^{ν}_{λ} im allgemeinen keineswegs Null. Überhaupt muß man sich hüten, aus dem Verschwinden der Differentiale und Differentialquotienten aller Bestimmungszahlen einer Größe auf das Verschwinden des Differentials und des Differentialquotienten dieser Größe selbst zu schließen. Es folgt ja z. B. auch aus (6), daß sehr wohl alle $d v^\nu$ Null sein können, ohne daß δv^ν verschwindet. Aus (15) folgt, daß die Differenzen korrespondierender Parameter $\Gamma^{\nu}_{\lambda\mu}$ und $\Gamma'^{\nu}_{\lambda\mu}$ sich bei Änderung der Urvariablen wie die Bestimmungszahlen einer Größe dritten Grades transformieren, eine Tatsache, die sich übrigens auch bei Subtraktion der Gleichungen (9) und (10) ergibt. Für diese Differenzen führen wir die Bezeichnung $C_{\mu\lambda}^{\cdot\cdot\nu}$ ein:

$$(16)\qquad \nabla_\mu A^{\nu}_{\lambda} = C_{\mu\lambda}^{\cdot\cdot\nu} = \Gamma^{\nu}_{\lambda\mu} + \Gamma'^{\nu}_{\lambda\mu}.$$

Das Differential einer Überschiebung $v^\lambda w_\lambda$ ist nach (D_1):

$$(17)\qquad \delta(v^\lambda w_\lambda) = d(v^\lambda w_\lambda) = d v^\lambda w_\lambda + v^\lambda d w_\lambda.$$

Nun ist aber:

$$(18)\qquad \left\{\begin{aligned} \delta v^\lambda w_\lambda &= d v^\lambda w_\lambda + \Gamma^{\nu}_{\lambda\mu} v^\lambda w_\nu\, d x^\mu \\ v^\lambda \delta w_\lambda &= v^\lambda d w_\lambda - \Gamma'^{\nu}_{\lambda\mu} v^\lambda w_\nu\, d x^\mu \end{aligned}\right.$$

woraus bei Addition unter Berücksichtigung von (16) und (17) folgt:

(19a) $$\delta(v^\lambda w_\lambda) = \delta v^\lambda w_\lambda + v^\lambda \delta w_\lambda - C_{\mu\lambda}^{\cdot\cdot\nu} v^\lambda w_\nu d x^\mu .$$

(19b) $$\nabla_\mu v^\lambda w_\lambda = w_\lambda \nabla_\mu v^\lambda + v^\lambda \nabla_\mu w_\lambda - C_{\mu\lambda}^{\cdot\cdot\nu} v^\lambda w_\nu .$$

Für die Differentiation einer einfachen Überschiebung gilt also die gewöhnliche Regel für Differentiation von Produkten nicht, da ein $C_{\mu\lambda}^{\cdot\cdot\nu}$ enthaltendes Zusatzglied auftritt. Man zeigt in derselben Weise, daß bei Differentiation einer i-fachen Überschiebung i Zusatzglieder auftreten, z. B.:

(20a) $$\left\{\begin{aligned} \nabla_\mu v^{\alpha\beta}_{\cdot\cdot\lambda} w_{\alpha\cdot\beta}^{\cdot\nu} = (\nabla_\mu v^{\alpha\beta}_{\cdot\cdot\lambda}) w_{\alpha\cdot\beta}^{\cdot\nu} + v^{\alpha\beta}_{\cdot\cdot\lambda} \nabla_\mu w_{\alpha\cdot\beta}^{\cdot\nu} - C_{\mu\alpha}^{\cdot\cdot\gamma} v^{\alpha\beta}_{\cdot\cdot\lambda} w_{\gamma\cdot\beta}^{\cdot\nu} \\ - C_{\mu\beta}^{\cdot\cdot\gamma} v^{\alpha\beta}_{\cdot\cdot\lambda} w_{\alpha\cdot\gamma}^{\cdot\nu} . \end{aligned}\right.$$

(20b) $$\left\{\begin{aligned} \nabla_\mu v^{\alpha\beta} w_{\alpha\beta} = (\nabla_\mu v^{\alpha\beta}) w_{\alpha\beta} + v^{\alpha\beta} \nabla_\mu w_{\alpha\beta} - C_{\mu\alpha}^{\cdot\cdot\gamma} v^{\alpha\beta} w_{\gamma\beta} \\ - C_{\mu\beta}^{\cdot\cdot\gamma} v^{\alpha\beta} w_{\alpha\gamma} . \end{aligned}\right.$$

Die Gleichung (19) zeigt, daß die Gleichung $v^\lambda w_\lambda = 0$, d. h. also die Inzidenz von v^ν und w_λ bei Übertragung von v^ν und w_λ im allgemeinen nicht erhalten bleibt. Soll nun eine Übertragung inzidenzinvariant sein, d. h. so, daß alle Inzidenzen invariant sind, so kann $C_{\mu\lambda}^{\cdot\cdot\nu}$ nicht beliebig gewählt werden, sondern es muß

(21) $$C_{\mu\lambda}^{\cdot\cdot\nu} = C_\mu A_\lambda^\nu$$

sein, wo C_μ irgendeinen beliebigen Vektor darstellt. Wird $C_\mu = 0$, so sind nicht nur alle Inzidenzen, sondern auch alle Überschiebungen invariant. Eine solche Übertragung heißt überschiebungsinvariant. Wird das kovariante Maß geändert, so folgt aus (14) und (16):

(22) $$'C_{\mu\lambda}^{\cdot\cdot\nu} = C_{\mu\lambda}^{\cdot\cdot\nu} + A_\lambda^\nu \nabla_\mu \log \tau ,$$

woraus hervorgeht, daß $C_{\mu\lambda}^{\cdot\cdot\nu}$ keine eigentliche Größe ist, da die Bestimmungszahlen sich zwar bei Änderung der Urvariablen, nicht aber bei Änderung des kovarianten Maßes richtig transformieren. Die Gleichung (22) geht für eine inzidenzinvariante Übertragung über in:

(23) $$'C_\mu = C_\mu + \nabla_\mu \log \tau .$$

Die Überschiebungsinvarianz ist also im Gegensatz zur Inzidenzinvarianz keine Eigenschaft, die der Übertragung als solche zukommt, da sie nur bei bestimmter Wahl des kovarianten Maßes auftritt. Dafür, daß eine solche Wahl möglich ist, ist notwendig und hinreichend, daß die Übertragung inzidenzinvariant und C_λ Gradientvektor ist.

§ 4. Die Felder $S_{\lambda\mu}^{\cdot\cdot\nu}$ und $S'^{\cdot\cdot\nu}_{\lambda\mu}$.

Aus den Transformationsformeln (9) läßt sich ableiten, daß auch die Differenzen:

(24) $$S_{\lambda\mu}^{\cdot\cdot\nu} = \tfrac{1}{2}(\Gamma_{\lambda\mu}^\nu - \Gamma_{\mu\lambda}^\nu)$$

sich bei Änderung der Urvariablen wie die Bestimmungszahlen einer Größe dritten Grades transformieren. Dies ergibt sich auch aus folgender Überlegung, bei der gleichzeitig die Bedeutung von $S_{\lambda\mu}^{\cdot\cdot\nu}$ klar wird. Es seien $d_1 x^\nu$ und $d_2 x^\nu$ zwei verschiedene Linienelemente im betrachteten Punkte. Aus diesen läßt sich ein kontravarianter Vektor bilden:

$$(25)\quad \begin{cases} D_{12} x^\nu = \delta_2 d_1 x^\nu - \delta_1 d_2 x^\nu = d_2 d_1 x^\nu + \Gamma_{\lambda\mu}^\nu d_1 x^\lambda d_2 x^\mu - d_1 d_2 x^\nu \\ \qquad - \Gamma_{\lambda\mu}^\nu d_2 x^\lambda d_1 x^\mu = 2\, d_1 x^\lambda d_2 x^\mu S_{\lambda\mu}^{\cdot\cdot\nu}. \end{cases}$$

Da diese Gleichung für jede Wahl von $d_1 x^\nu$ und $d_2 x^\nu$ gilt, ist $S_{\lambda\mu}^{\cdot\cdot\nu}$ in der Tat eine Größe dritten Grades[1]). $S_{\lambda\mu}^{\cdot\cdot\nu}$ ist alternierend in den Indizes λ und μ und hat also $\frac{n^2(n-1)}{2}$ Bestimmungszahlen. Bei Änderung der Wahl des kovarianten Maßes ändern sich die Bestimmungszahlen von $S_{\lambda\mu}^{\cdot\cdot\nu}$, die von den $\Gamma_{\lambda\mu}^{\prime\nu}$ unabhängig sind, nicht, und $S_{\lambda\mu}^{\cdot\cdot\nu}$ ist also eine uneigentliche Größe, da die Bestimmungszahlen einer eigentlichen Größe dieser Art einen Faktor τ^{-2} bekommen würden.

Die geometrische Bedeutung von (25) ist folgende. Verschiebt man $d_1 x^\nu$ im Sinne der definierten Übertragung entlang $d_2 x^\nu$ und ebenso $d_2 x^\nu$ entlang $d_1 x^\nu$, so entsteht im allgemeinen kein geschlossenes Viereck. Der Vektor, der die Lücke ausfüllt, ist bis auf Größen höherer Ordnung gleich $D_{12} x^\nu$. Nur wenn $S_{\lambda\mu}^{\cdot\cdot\nu} = 0$ ist, entsteht ein bis auf Größen höherer Ordnung geschlossenes Viereck. Die Übertragung heißt dann kontravariant symmetrisch.

Aus (10) folgt ebenso, daß die Differenzen:

$$(26)\quad S_{\lambda\mu}^{\prime\cdot\cdot\nu} = \tfrac{1}{2}\left(\Gamma_{\lambda\mu}^{\prime\nu} - \Gamma_{\mu\lambda}^{\prime\nu}\right)$$

Bestimmungszahlen einer (uneigentlichen) Größe dritten Grades sind[2]). Die Transformation der $S_{\lambda\mu}^{\prime\cdot\cdot\nu}$ bei Änderung des kovarianten Maßes ergibt sich aus (14):

$$(27)\quad {}'S_{\lambda\mu}^{\prime\cdot\cdot\nu} = S_{\lambda\mu}^{\prime\cdot\cdot\nu} - A_{[\lambda}^\nu \nabla_{\mu]} \log\tau .$$

Aus (24), (26) und (16) folgen die Beziehungen zwischen $S_{\lambda\mu}^{\cdot\cdot\nu}$ und $S_{\lambda\mu}^{\prime\cdot\cdot\nu}$:

$$(28)\quad S_{\lambda\mu}^{\cdot\cdot\nu} - S_{\lambda\mu}^{\prime\cdot\cdot\nu} = C_{[\mu\lambda]}^{\cdot\cdot\nu} .$$

Bildet man den alternierenden Teil des Differentialquotienten eines Vektors v_λ, so entsteht ein Bivektor:

$$(29)\quad \nabla_{[\mu} v_{\lambda]} = \frac{1}{2}\left(\frac{\partial v_\lambda}{\partial x^\mu} - \frac{\partial v_\mu}{\partial x^\lambda}\right) - S_{\lambda\mu}^{\prime\cdot\cdot\nu} v_\nu ,$$

den man die Rotation des Vektors v_λ nennt. Die Rotation ist also nur von $S_{\lambda\mu}^{\prime\cdot\cdot\nu}$ abhängig, nicht von dem symmetrischen Teil von $\Gamma_{\lambda\mu}^{\prime\nu}$. Ist v_λ ein Gradientvektor, $v_\lambda = \nabla_\lambda p$, so verschwindet $\frac{\partial v_\lambda}{\partial x^\mu} - \frac{\partial v_\mu}{\partial x^\lambda}$ und (29) geht über in :

$$(30)\quad \nabla_{[\mu} \nabla_{\lambda]} p = - S_{\lambda\mu}^{\prime\cdot\cdot\nu} \nabla_\nu p .$$

Auch aus dieser Gleichung, die für jede Wahl von p gilt, folgt nebenbei, daß $S_{\lambda\mu}^{\prime\cdot\cdot\nu}$ eine (uneigentliche) Größe dritten Grades ist[1]).

[1]) Vgl. I, Aufg. 1. [2]) In 1922, 2 ist $-Z_{\lambda\mu}^{\cdot\cdot\nu}$ statt $S_{\lambda\mu}^{\prime\cdot\cdot\nu}$ verwendet.

Nur wenn $S'^{\cdot\cdot\nu}_{\lambda\mu}$ Null ist, verschwindet die Rotation jedes Gradientfeldes. Der zweite Differentialquotient jedes Skalars ist dann eine symmetrische Größe und die Übertragung heißt **kovariant symmetrisch**. Bei einer kovariant symmetrischen Übertragung geht (29) über in:

$$(31) \qquad \nabla_{[\mu} v_{\lambda]} = \frac{1}{2}\left(\frac{\partial v_\lambda}{\partial x^\mu} - \frac{\partial v_\mu}{\partial x^\lambda}\right),$$

ein Ausdruck, der die $\Gamma'^{\nu}_{\lambda\mu}$ nicht mehr enthält. Es gilt also der Satz:

Die Rotation eines kovarianten Vektors hat für alle kovariant symmetrischen Übertragungen denselben Wert.

Hat $S_{\lambda\mu}^{\cdot\cdot\nu}$ die Form:

$$(32a) \qquad S_{\lambda\mu}^{\cdot\cdot\nu} = \tfrac{1}{2}(S_\lambda A^\nu_\mu - S_\mu A^\nu_\lambda) = S_{[\lambda} A^\nu_{\mu]},$$

so heißt die Übertragung **kontravariant halbsymmetrisch**. Das Viereck von $d_1 x^\nu$ und $d_2 x^\nu$ ist bei einer solchen Übertragung nur dann geschlossen, wenn die Richtungen von $d_1 x^\nu$ und $d_2 x^\nu$ beide in der $(n-1)$-Richtung von S_λ enthalten sind.

Hat $S'^{\cdot\cdot\nu}_{\lambda\mu}$ die Form:

$$(32b) \qquad S'^{\cdot\cdot\nu}_{\lambda\mu} = \tfrac{1}{2}(S'_\lambda A^\nu_\mu - S'_\mu A^\nu_\lambda) = S'_{[\lambda} A^\nu_{\mu]},$$

so heißt die Übertragung **kovariant halbsymmetrisch**.

Für eine kovariant halbsymmetrische Übertragung geht die Gleichung (27) über in:

$$(33) \qquad {}'S'_\lambda = S'_\lambda + \nabla_\lambda \log \tau .$$

Die kovariante Symmetrie ist also im Gegensatz zur kovarianten Halbsymmetrie keine Eigenschaft, die der Übertragung als solche zukommt, da sie nur bei bestimmter Wahl des kovarianten Maßes auftritt. Dafür, daß eine solche Wahl möglich ist, ist notwendig und hinreichend, daß die Übertragung kovariant halbsymmetrisch ist und S'_λ ein Gradientvektor.

Die notwendige und hinreichende Bedingung dafür, daß ein kovarianter Vektor v_λ Gradientvektor ist, lautet bekanntlich:

$$(34) \qquad \frac{\partial v_\lambda}{\partial x^\mu} - \frac{\partial v_\mu}{\partial x^\lambda} = 0,$$

also nach (29) für eine allgemeine Übertragung:

$$(35\,a) \qquad \nabla_{[\mu} v_{\lambda]} = - S'^{\cdot\cdot\nu}_{\lambda\mu} v_\nu ,$$

infolge (32) für eine kovariant halbsymmetrische Übertragung:

$$(35\,b) \qquad \nabla_{[\mu} v_{\lambda]} = - S'_{[\lambda} v_{\mu]} ,$$

und endlich für eine kovariant symmetrische Übertragung:

$$(35\,c) \qquad \nabla_{[\mu} v_{\lambda]} = 0 .$$

Aus (35) folgt als notwendige und hinreichende Bedingung dafür, daß durch Änderung des kovarianten Maßes bei einer inzidenzinvarianten

Übertragung Überschiebungsinvarianz herbeigeführt werden kann (vgl. S. 67):

(36a) $$\nabla_{[\mu} C_{\lambda]} = - S'^{\cdot\cdot\nu}_{\lambda\mu} C_\nu ,$$

(36b) $$\nabla_{[\mu} C_{\lambda]} = - S'_{[\lambda} C_{\mu]} ,$$

(36c) $$\nabla_{[\mu} C_{\lambda]} = 0$$

für den allgemeinen, kovariant halbsymmetrischen und kovariant symmetrischen Fall.

§ 5. Das Feld $Q_\mu^{\cdot\,\lambda\nu}$.

Die Felder $C_{\mu\lambda}^{\cdot\cdot\nu}$ und $S_{\lambda\mu}^{\cdot\cdot\nu}$ genügen nicht zur Festlegung der Übertragung. Da $C_{\mu\lambda}^{\cdot\cdot\nu}$ n^3 Bestimmungszahlen hat und $S_{\lambda\mu}^{\cdot\cdot\nu}$ $\frac{n^2(n-1)}{2}$, so fehlen noch $\frac{n^2(n+1)}{2}$ Gleichungen. Man könnte also versuchen, die Übertragung festzulegen durch den Differentialquotienten irgendeines Tensors zweiten Grades. Denn ein solcher Differentialquotient ist in zwei Indizes symmetrisch und hat demnach gerade die gewünschte Anzahl Bestimmungszahlen. Wir wählen also irgendeinen Tensor $g^{\lambda\nu}$. Der Rang soll n sein. Da der Rang n ist, ist die Möglichkeit nicht ausgeschlossen, diesen Tensor später einmal als Fundamentaltensor zu verwenden, Zunächst ist diese eventuelle spätere Verwendung für unsere Betrachtungen ganz unwesentlich. Da der Rang n ist, existiert (I. §10) ein einziger kovarianter Tensor $g_{\lambda\nu}$, so daß:

(37) $$g_{\lambda\mu} g^{\mu\nu} = A_\lambda^\nu .$$

Für den Differentialquotienten von $g^{\lambda\nu}$ schreiben wir $Q_\mu^{\cdot\,\lambda\nu}$:

(38) $$\nabla_\mu g^{\lambda\nu} = Q_\mu^{\cdot\,\lambda\nu} .$$

Aus (37) und (38) folgt unter Berücksichtigung der sich aus (19b) ergebenden Regel für die Differentiation einer Überschiebung (vgl. auch 20b):

(39) $$(\nabla_\mu g_{\lambda\alpha}) g^{\alpha\nu} + g_{\lambda\alpha} Q_\mu^{\cdot\,\alpha\nu} + C_{\mu\alpha}^{\cdot\cdot\beta} g_{\lambda\beta} g^{\alpha\nu} = C_{\mu\lambda}^{\cdot\cdot\nu}$$

oder, wenn wir $Q'_{\mu\lambda\nu} = \nabla_\mu g_{\lambda\nu}$ setzen:

(40a) $$Q'_{\mu\lambda\nu} = - g_{\lambda\alpha} g_{\nu\beta} Q_\mu^{\cdot\,\alpha\beta} + 2 C_{\mu(\lambda}^{\cdot\cdot\alpha} g_{\nu)\alpha} ,$$

was für eine inzidenzinvariante bzw. überschiebungsinvariante Übertragung übergeht in:

(40b) $$Q'_{\mu\lambda\nu} = - g_{\lambda\alpha} g_{\nu\beta} Q_\mu^{\cdot\,\alpha\beta} + 2 C_\mu g_{\lambda\nu} ,$$

(40c) $$Q'_{\mu\lambda\nu} = - g_{\lambda\alpha} g_{\nu\beta} Q_\mu^{\cdot\,\alpha\beta} .$$

Bei Änderung der Wahl des kovarianten Maßes bleiben die Bestimmungszahlen $g^{\lambda\nu}$, $g_{\lambda\nu}$ und $Q_\mu^{\cdot\,\lambda\nu}$ ungeändert. $g^{\lambda\nu}$ ist also eine eigentliche Größe, dagegen sind $g_{\lambda\nu}$ und $Q_\mu^{\cdot\,\lambda\nu}$ uneigentliche Größen.

Statt $g^{\lambda\nu}$ kann man einen anderen Tensor n^{ten} Ranges $'g^{\lambda\nu}$ wählen. Der Übergang von $g^{\lambda\nu}$ und $g_{\lambda\nu}$ zu $'g^{\lambda\nu}$ und $'g_{\lambda\nu}$ kann dann stets gegeben werden durch Gleichungen von der Form:

$$(41)\qquad \begin{cases} 'g^{\lambda\nu} = p^{\lambda}_{\cdot\varkappa}\, g^{\varkappa\nu}; & g^{\varkappa\nu} = q^{\varkappa}_{\cdot\lambda}\, 'g^{\lambda\nu}, \\ 'g_{\lambda\nu} = p^{\varkappa}_{\cdot\lambda}\, g_{\varkappa\nu}; & g_{\varkappa\nu} = q^{\lambda}_{\cdot\varkappa}\, 'g_{\lambda\nu}, \end{cases}$$

worin $p^{\lambda}_{\cdot\varkappa}$ und $q^{\varkappa}_{\cdot\lambda}$ gemischte Größen zweiten Grades sind, die den Gleichungen $p^{\varkappa}_{\cdot\lambda}\, q^{\nu}_{\cdot\varkappa} = p^{\nu}_{\cdot\varkappa}\, q^{\varkappa}_{\cdot\lambda} = A^{\nu}_{\lambda}$ genügen, und deren Bestimmungszahlen sich bei Änderung der Wahl des kovarianten Maßes nicht ändern. Da nun:

$$(42)\qquad \nabla_{\mu}\, 'g^{\lambda\nu} = \nabla_{\mu}\, p^{\lambda}_{\cdot\varkappa}\, g^{\varkappa\nu} = p^{\lambda}_{\cdot\varkappa}\, Q_{\mu}^{\cdot\,\varkappa\nu} + g^{\varkappa\nu}\, \nabla_{\mu}\, p^{\lambda}_{\cdot\varkappa} - C_{\mu\alpha}^{\cdot\,\cdot\,\beta}\, p^{\lambda}_{\cdot\beta}\, g^{\alpha\nu},$$

so transformiert sich $Q_{\mu}^{\cdot\,\lambda\nu}$ bei dieser Änderung in folgender Weise:

$$(43\,\text{a})\qquad 'Q_{\mu}^{\cdot\,\lambda\nu} = p^{\lambda}_{\cdot\varkappa}\, Q_{\mu}^{\cdot\,\varkappa\nu} + g^{\varkappa\nu}\, \nabla_{\mu}\, p^{\lambda}_{\cdot\varkappa} - C_{\mu\alpha}^{\cdot\,\cdot\,\beta}\, p^{\lambda}_{\cdot\beta}\, g^{\alpha\nu}.$$

Ebenso berechnet man:

$$(43\,\text{b})\qquad 'Q'_{\mu\lambda\nu} = q^{\varkappa}_{\cdot\lambda}\, Q'_{\mu\varkappa\nu} + g_{\varkappa\nu}\, \nabla_{\mu}\, q^{\varkappa}_{\cdot\lambda} - C_{\mu\alpha}^{\cdot\,\cdot\,\beta}\, q^{\alpha}_{\cdot\lambda}\, g_{\beta\nu}.$$

Ein besonderer Fall tritt ein, wenn:

$$(44)\qquad p^{\nu}_{\cdot\lambda} = \frac{1}{\sigma} A^{\nu}_{\lambda}; \qquad q^{\nu}_{\cdot\lambda} = \sigma A^{\nu}_{\lambda}.$$

(41) geht dann über in:

$$(45)\qquad 'g^{\lambda\nu} = \frac{1}{\sigma} g^{\lambda\nu}; \qquad 'g_{\lambda\nu} = \sigma g_{\lambda\nu}$$

und die Transformationsgleichungen lauten:

$$(46\,\text{a})\qquad \sigma\, 'Q_{\mu}^{\cdot\,\lambda\nu} = Q_{\mu}^{\cdot\,\lambda\nu} - g^{\lambda\nu}\, \nabla_{\mu} \log \sigma,$$

$$(46\,\text{b})\qquad \frac{1}{\sigma}\, 'Q'_{\mu\lambda\nu} = Q'_{\mu\lambda\nu} + g_{\lambda\nu}\, \nabla_{\mu} \log \sigma.$$

Sie sind im Gegensatz zu (43) unabhängig von $C_{\mu\lambda}^{\cdot\,\cdot\,\nu}$. Läßt sich ein Tensor $g_{\lambda\nu}$ so wählen, daß $Q'_{\mu\lambda\nu}$ das Produkt eines kovarianten Vektors mit $g_{\lambda\nu}$ ist:

$$(47\,\text{a})\qquad Q'_{\mu\lambda\nu} = Q'_{\mu}\, g_{\lambda\nu}\,^{1)},$$

so bleibt diese Eigenschaft bei den Transformationen (45) erhalten. Die Übertragung heißt in diesem Falle konform oder kontravariant winkeltreu in bezug auf $g_{\lambda\nu}$. Geometrisch bedeutet dies folgendes. Werden $g_{\lambda\nu}$ und $g^{\lambda\nu}$ als Fundamentaltensoren gewählt, so bleibt der Winkel zwischen zwei kontravarianten Vektoren bei Übertragung invariant. Wird also die Gesamtheit aller kontravarianten Vektoren in einem Punkte P nach einem benachbarten Punkt Q übertragen, so erleidet dieselbe, beurteilt mit Hilfe des Fundamentaltensors $g_{\lambda\nu}$, in Q eine konforme Transformation, alle Winkel sind dieselben geblieben, alle Längen im gleichen Verhältnis geändert.

---

[1]) Diese Gleichung tritt zuerst auf bei *Weyl*, 1918, 2.

Ist $Q'_\mu = 0$, so heißt die Übertragung metrisch oder kontravariant maßtreu in bezug auf $g_{\lambda\nu}$[1]). Es bleiben dann nicht nur die Winkel, sondern auch die mit Hilfe von $g_{\lambda\nu}$ gemessenen Längen erhalten. Dafür, daß eine Übertragung durch die Transformation (46) in eine in bezug auf $g_{\lambda\nu}$ metrische übergeführt werden kann, ist notwendig und hinreichend, daß die Übertragung konform und Q'_μ Gradientvektor ist. Bei Änderung des kovarianten Maßes transformiert sich $Q'_{\mu\lambda\nu}$ nach (40) und (22) in folgender Weise:

$$'Q'_{\mu\lambda\nu} = Q'_{\mu\lambda\nu} + 2 g_{\lambda\nu} \nabla_\mu \log \tau \,. \tag{48}$$

Eine konforme Übertragung kann also unter Umständen auch durch Änderung des kovarianten Maßes in eine metrische Übertragung übergeführt werden.

Läßt sich ein Tensor $g^{\lambda\nu}$ so wählen, daß $Q_\mu^{\cdot\,\lambda\nu}$ das Produkt eines kovarianten Vektors mit $g^{\lambda\nu}$ ist:

$$Q_\mu^{\cdot\,\lambda\nu} = Q_\mu g^{\lambda\nu}\,, \tag{47b}$$

so bleibt diese Eigenschaft bei der Transformation (45) erhalten. Die Übertragung heißt dann kovariant winkeltreu in bezug auf $g^{\lambda\nu}$. Geometrisch bedeutet dies, daß der Winkel zwischen zwei kovarianten Vektoren bei Übertragung invariant bleibt. Infolge (40b) ist eine inzidenzinvariante Übertragung kovariant winkeltreu, wenn sie kontravariant winkeltreu ist, und umgekehrt. Ebenso folgt aus (40c), daß eine überschiebungsinvariante Übertragung kovariant maßtreu ist ($Q_\lambda = 0$), wenn sie kontravariant maßtreu ist, und umgekehrt.

§ 6. Die allgemeine lineare Übertragung ausgedrückt in $C_{\mu\lambda}^{\cdot\cdot\,\nu}$, $S_{\lambda\mu}^{\cdot\cdot\,\nu}$, $g^{\lambda\nu}$ und $Q_\mu^{\cdot\,\lambda\nu}$.

Es soll nun gezeigt werden, daß eine Übertragung in der Tat vollständig bestimmt ist, wenn $C_{\mu\lambda}^{\cdot\cdot\,\nu}$ und $S_{\lambda\mu}^{\cdot\cdot\,\nu}$ gegeben sind und überdies bei irgendeiner Wahl von $g^{\lambda\nu}$ die zugehörige Größe $Q_\mu^{\cdot\,\lambda\nu}$. Nach der Regel für die Differentiation einer Größe höheren Grades ist:

$$Q_\mu^{\cdot\,\lambda\nu} = \nabla_\mu g^{\lambda\nu} = \frac{\partial g^{\lambda\nu}}{\partial x^\mu} + g^{\alpha\nu}\,\Gamma_{\alpha\mu}^\lambda + g^{\lambda\alpha}\,\Gamma_{\alpha\mu}^\nu\,, \tag{49}$$

oder

$$g_{\lambda\alpha}\,\Gamma_{\nu\mu}^\alpha + g_{\nu\alpha}\,\Gamma_{\lambda\mu}^\alpha = -\,g_{\lambda\alpha}\,g_{\nu\beta}\frac{\partial g^{\alpha\beta}}{\partial x^\mu} + g_{\lambda\alpha}\,g_{\nu\beta}\,Q_\mu^{\cdot\,\alpha\beta} \tag{50}$$

Da aber:

$$0 = \frac{\partial}{\partial x^\mu}\,g^{\nu\alpha}\,g_{\lambda\alpha} = g_{\lambda\alpha}\frac{\partial g^{\nu\alpha}}{\partial x^\mu} + g^{\nu\alpha}\frac{\partial g_{\lambda\alpha}}{\partial x^\mu}\,, \tag{51}$$

so ist (50) gleichbedeutend mit:

$$g_{\lambda\alpha}\,\Gamma_{\nu\mu}^\alpha + g_{\nu\alpha}\,\Gamma_{\lambda\mu}^\alpha = \frac{\partial g_{\lambda\nu}}{\partial x^\mu} + g_{\lambda\alpha}\,g_{\nu\beta}\,Q_\mu^{\cdot\,\alpha\beta}\,. \tag{52a}$$

---

[1]) Die Gleichung $\nabla_\mu g_{\lambda\nu} = 0$ tritt zuerst auf bei *Ricci*, 1888, 1.

Zu dieser Gleichung addiere man nun die beiden folgenden, die nur andere Schreibarten von (52a) sind:

(52b)
$$g_{\nu\alpha}\Gamma_{\mu\lambda}^{\alpha}+g_{\mu\alpha}\Gamma_{\nu\lambda}^{\alpha}=\frac{\partial g_{\nu\mu}}{\partial x^{\lambda}}+g_{\nu\alpha}g_{\mu\beta}Q_{\lambda}^{\cdot\alpha\beta},$$

(52c)
$$-g_{\mu\alpha}\Gamma_{\lambda\nu}^{\alpha}-g_{\lambda\alpha}\Gamma_{\mu\nu}^{\alpha}=-\frac{\partial g_{\mu\lambda}}{\partial x^{\nu}}-g_{\mu\alpha}g_{\lambda\beta}Q_{\nu}^{\cdot\alpha\beta}.$$

Es entsteht dann unter Berücksichtigung von (24):

(53a)
$$\left\{\begin{aligned}2g_{\nu\alpha}\Gamma_{\lambda\mu}^{\alpha}=&\left(\frac{\partial g_{\lambda\nu}}{\partial x^{\mu}}+\frac{\partial g_{\nu\mu}}{\partial x^{\lambda}}-\frac{\partial g_{\mu\lambda}}{\partial x^{\nu}}\right)+g_{\lambda\alpha}g_{\nu\beta}Q_{\mu}^{\cdot\alpha\beta}\\&+g_{\nu\alpha}g_{\mu\beta}Q_{\lambda}^{\cdot\alpha\beta}-g_{\mu\alpha}g_{\lambda\beta}Q_{\nu}^{\cdot\alpha\beta}-2g_{\lambda\alpha}S_{\nu\mu}^{\cdot\cdot\alpha}\\&-2g_{\mu\alpha}S_{\nu\lambda}^{\cdot\cdot\alpha}-2g_{\nu\alpha}S_{\mu\lambda}^{\cdot\cdot\alpha},\end{aligned}\right.$$

oder:

(53b)
$$\left\{\begin{aligned}\Gamma_{\lambda\mu}^{\nu}=&\tfrac{1}{2}g^{\nu\alpha}\left(\frac{\partial g_{\lambda\alpha}}{\partial x^{\mu}}+\frac{\partial g_{\alpha\mu}}{\partial x^{\lambda}}-\frac{\partial g_{\lambda\mu}}{\partial x^{\alpha}}\right)\\&+\tfrac{1}{2}\left(g_{\lambda\alpha}Q_{\mu}^{\cdot\alpha\nu}+g_{\mu\alpha}Q_{\lambda}^{\cdot\nu\alpha}-g^{\nu\gamma}g_{\mu\alpha}g_{\lambda\beta}Q_{\gamma}^{\cdot\alpha\beta}\right)+S_{\lambda\mu}^{\cdot\cdot\nu}\\&-g^{\nu\beta}\left(g_{\lambda\alpha}S_{\beta\mu}^{\cdot\cdot\alpha}+g_{\mu\alpha}S_{\beta\lambda}^{\cdot\cdot\alpha}\right).\end{aligned}\right.$$

Schreiben wir für den ersten Term rechts wie üblich das *Christoffel*sche Dreiindizessymbol $\left\{{\lambda\mu \atop \nu}\right\}$ und für den Rest $\Gamma_{\lambda\mu}^{\nu}-\left\{{\lambda\mu \atop \nu}\right\}$, der eine Größe dritten Grades bildet, $T_{\lambda\mu}^{\cdot\cdot\nu}$:

(54)
$$\left\{\begin{aligned}T_{\lambda\mu}^{\cdot\cdot\nu}=&\tfrac{1}{2}\left(g_{\lambda\alpha}Q_{\mu}^{\cdot\alpha\nu}+g_{\mu\alpha}Q_{\lambda}^{\cdot\nu\alpha}-g^{\nu\gamma}g_{\mu\alpha}g_{\lambda\beta}Q_{\gamma}^{\cdot\alpha\beta}\right)+S_{\lambda\mu}^{\cdot\cdot\nu}\\&-g^{\nu\beta}\left(g_{\lambda\alpha}S_{\beta\mu}^{\cdot\cdot\alpha}+g_{\mu\alpha}S_{\beta\lambda}^{\cdot\cdot\alpha}\right),\end{aligned}\right.$$

so ist unter Berücksichtigung von (16):

(55a)
$$\Gamma_{\lambda\mu}^{\nu}=\left\{{\lambda\mu \atop \nu}\right\}+T_{\lambda\mu}^{\cdot\cdot\nu},$$

(55b)
$$\Gamma_{\lambda\mu}^{\prime\nu}=+\left\{{\lambda\mu \atop \nu}\right\}+T_{\lambda\mu}^{\prime\cdot\cdot\nu},$$

(55c)
$$T_{\lambda\mu}^{\prime\cdot\cdot\nu}=T_{\lambda\mu}^{\cdot\cdot\nu}-C_{\mu\lambda}^{\cdot\cdot\nu},$$

und die Übertragung ist damit in $C_{\mu\lambda}^{\cdot\cdot\nu}$, $S_{\lambda\mu}^{\cdot\cdot\nu}$, $g^{\lambda\nu}$ und $Q_{\mu}^{\cdot\lambda\nu}$ ausgedrückt.

Aus (55a) und (55b) folgt bei Alternation über $\lambda\mu$:

(56a)
$$S_{\lambda\mu}^{\cdot\cdot\nu}=T_{[\lambda\mu]}^{\cdot\cdot\nu},$$

(56b)
$$S_{\lambda\mu}^{\prime\cdot\cdot\nu}=T_{[\lambda\mu]}^{\prime\cdot\cdot\nu}.$$

Die gewöhnliche (*Riemann*sche) Differentialgeometrie ist charakterisiert durch das Verschwinden von $C_{\mu\lambda}^{\cdot\cdot\nu}$, $S_{\lambda\mu}^{\cdot\cdot\nu}$ und $Q_{\mu}^{\cdot\lambda\nu}$. Verwendet man für diese Übertragung die Zeichen δ_0 und $\overset{0}{\nabla}$, so ist:

(57a)
$$\overset{0}{\nabla}_{\mu}v^{\nu}=\frac{\partial v^{\nu}}{\partial x^{\mu}}+\left\{{\lambda\mu \atop \nu}\right\}v^{\lambda},\qquad \delta_0 v^{\nu}=dv^{\nu}+\left\{{\lambda\mu \atop \nu}\right\}v^{\lambda}dx^{\mu},$$

(57b)
$$\overset{0}{\nabla}_{\mu}w_{\lambda}=\frac{\partial w_{\lambda}}{\partial x^{\mu}}-\left\{{\lambda\mu \atop \nu}\right\}w_{\nu},\qquad \delta_0 w_{\lambda}=dw_{\lambda}-\left\{{\lambda\mu \atop \nu}\right\}w_{\nu}dx^{\mu}$$

und (7) geht über in:

(58a) $\nabla_\mu v^\nu = \overset{0}{\nabla}_\mu v^\nu + T_{\lambda\mu}^{\cdot\cdot\nu} v^\lambda, \qquad \delta v^\nu = \delta_0 v^\nu + T_{\lambda\mu}^{\cdot\cdot\nu} v^\lambda d x^\mu,$

(58b) $\nabla_\mu w_\lambda = \overset{0}{\nabla}_\mu w_\lambda - T'^{\cdot\cdot\nu}_{\lambda\mu} w_\nu, \qquad \delta w_\lambda = d w_\lambda - T'^{\cdot\cdot\nu}_{\lambda\mu} w_\nu d x^\mu.$

Zusammenfassend können wir also den Satz aussprechen[1]):

In einer X_n läßt sich eine lineare Übertragung definieren, die invariant ist bei Änderung der Urvariablen und des kovarianten Maßes und auch unabhängig von der Wahl eines Fundamentaltensors. Die Übertragung ist vollständig bestimmt durch zwei Felder dritten Grades $C_{\mu\lambda}^{\cdot\cdot\nu}$ und $S_{\lambda\mu}^{\cdot\cdot\nu}$, die sich bei Änderung des kovarianten Maßes folgendermaßen transformieren:

$$'C_{\mu\lambda}^{\cdot\cdot\nu} = C_{\mu\lambda}^{\cdot\cdot\nu} + A_\lambda^\nu \nabla_\mu \log \tau,$$

$$'S_{\lambda\mu}^{\cdot\cdot\nu} = S_{\lambda\mu}^{\cdot\cdot\nu}$$

und ein in bezug auf irgendein Tensorfeld n^{ten} Ranges $g^{\lambda\nu}$ definiertes Feld $Q_\mu^{\cdot\lambda\nu}$, das sich bei Änderung des kovarianten Maßes folgendermaßen transformiert:

$$'Q_\mu^{\cdot\lambda\nu} = Q_\mu^{\cdot\lambda\nu}$$

und dessen Transformation bei der Änderung des Feldes $g^{\lambda\nu}$:

$$'g^{\lambda\nu} = p^\lambda_{\cdot\varkappa} g^{\varkappa\nu},$$

gegeben ist durch die Gleichung:

$$'Q_\mu^{\cdot\lambda\nu} = p^\lambda_{\cdot\varkappa} Q_\mu^{\cdot\varkappa\nu} + g^{\varkappa\nu} \nabla_\mu p^\lambda_{\cdot\varkappa} - C_{\mu\alpha}^{\cdot\cdot\beta} p^\lambda_{\cdot\beta} g^{\alpha\nu}.$$

§ 7. Spezialisierung der allgemeinsten linearen Übertragung.

Verwendet man das Prinzip des Herauf- und Herunterziehens der Indizes in bezug auf den Tensor $g_{\lambda\nu}$, was erlaubt ist, da $g_{\lambda\nu}$ der Voraussetzung nach den Rang n hat, so lassen sich die Größen $T_{\lambda\mu}^{\cdot\cdot\nu}$ und $T'^{\cdot\cdot\nu}_{\lambda\mu}$, die mit $g^{\lambda\nu}$ die Übertragung vollständig charakterisieren, in einfacher Weise schreiben. Da $Q_\mu^{\cdot\lambda\nu}$ in $\lambda\nu$ symmetrisch ist, gehen (54) und (55c) dann über in:

(59a) $T_{\lambda\mu}^{\cdot\cdot\nu} = \frac{1}{2}\left(Q_{\mu\lambda}^{\cdot\cdot\nu} + Q_{\lambda\mu}^{\cdot\cdot\nu} - Q^\nu_{\cdot\lambda\mu}\right) - S^\nu_{\cdot\mu\lambda} - S^\nu_{\cdot\lambda\mu} + S_{\lambda\mu}^{\cdot\cdot\nu},$

(59b) $T'^{\cdot\cdot\nu}_{\lambda\mu} = \frac{1}{2}\left(Q_{\mu\lambda}^{\cdot\cdot\nu} + Q_{\lambda\mu}^{\cdot\cdot\nu} - Q^\nu_{\cdot\lambda\mu}\right) - S^\nu_{\cdot\mu\lambda} - S^\nu_{\cdot\lambda\mu} + S_{\lambda\mu}^{\cdot\cdot\nu} - C_{\mu\lambda}^{\cdot\cdot\nu}.$

Diese Formeln lassen sich jetzt spezialisieren, indem die verschiedenen im Vorigen behandelten Bedingungen für die Felder $C_{\mu\lambda}^{\cdot\cdot\nu}$, $S_{\lambda\mu}^{\cdot\cdot\nu}$ und $Q_\mu^{\cdot\lambda\nu}$ eingeführt werden. Wir stellen die wichtigsten möglichen Fälle hier untereinander:

[1]) *Schouten*, 1922, 2, S. 71.

I	$C_{\mu\lambda}^{\cdot\cdot\nu}$ allgemein	:	Übertragung nicht inzidenzinvariant,
II	$C_{\mu\lambda}^{\cdot\cdot\nu} = C_\mu A_\lambda^\nu$	:	inzidenzinvariant,
III	$C_{\mu\lambda}^{\cdot\cdot\nu} = 0$	:	überschiebungsinvariant;
A	$S'^{\cdot\cdot\nu}_{\lambda\mu}$ allgemein	:	nicht kovariant symmetrisch,
B	$S'^{\cdot\cdot\nu}_{\lambda\mu} = S'_{[\lambda} A^\nu_{\mu]}$	:	kovariant halbsymmetrisch,
C	$S'^{\cdot\cdot\nu}_{\lambda\mu} = 0$	:	kovariant symmetrisch;
α	$Q'_{\mu\lambda\nu}$ allgemein	:	nicht konform,
β	$Q'_{\mu\lambda\nu} = Q'_\mu g_{\lambda\nu}$	:	konform,
γ	$Q'_{\mu\lambda\nu} = 0$	:	metrisch.

Durch Kombination entstehen 27 verschiedene Übertragungen. Einige sollen besondere Namen erhalten. Wir nennen I A α die allgemeine lineare Übertragung, III C α (mit *Weyl*) die affine, III C β die *Weyl*sche und III C γ, die Übertragung der gewöhnlichen Differentialgeometrie, die *Riemann*sche Übertragung. Aus (59) folgt, daß für die Übertragung I C α gilt:

(60a) $$T_{\lambda\mu}^{\cdot\cdot\nu} = \tfrac{1}{2}\left(Q_{\mu\lambda}^{\cdot\cdot\nu} + Q_{\lambda\mu}^{\cdot\cdot\nu} - Q^{\nu}_{\cdot\lambda\mu}\right) - C_{(\lambda\cdot\mu)}^{\cdot\nu} + C^{\nu}_{\cdot(\lambda\mu)} - C_{[\lambda\mu]}^{\cdot\cdot\nu},$$

(60b) $$T'^{\cdot\cdot\nu}_{\lambda\mu} = \tfrac{1}{2}\left(Q_{\mu\lambda}^{\cdot\cdot\nu} + Q_{\lambda\mu}^{\cdot\cdot\nu} - Q^{\nu}_{\cdot\lambda\mu}\right) - C_{(\lambda\cdot\mu)}^{\cdot\nu} + C^{\nu}_{\cdot(\lambda\mu)} - C_{(\lambda\mu)}^{\cdot\cdot\nu};$$

für II B α:

(61a) $$T_{\lambda\mu}^{\cdot\cdot\nu} = \tfrac{1}{2}\left(Q_{\mu\lambda}^{\cdot\cdot\nu} + Q_{\lambda\mu}^{\cdot\cdot\nu} - Q^{\nu}_{\cdot\lambda\mu}\right) + S_\lambda A^\nu_\mu - S^\nu g_{\lambda\mu}$$

(61b) $$T'^{\cdot\cdot\nu}_{\lambda\mu} = \tfrac{1}{2}\left(Q_{\mu\lambda}^{\cdot\cdot\nu} + Q_{\lambda\mu}^{\cdot\cdot\nu} - Q^{\nu}_{\cdot\lambda\mu}\right) + S_\lambda A^\nu_\mu - S^\nu g_{\lambda\mu} - C_\mu A^\nu_\lambda$$

$$\left.\right\} S_\lambda = - C_\lambda + S'_\lambda;$$

für II B β:

(62a) $$T_{\lambda\mu}^{\cdot\cdot\nu} = \tfrac{1}{2}\left(Q_\mu A^\nu_\lambda + Q_\lambda A^\nu_\mu - Q^\nu g_{\lambda\mu}\right) + S_\lambda A^\nu_\mu - S^\nu g_{\lambda\mu},$$

(62b) $$T'^{\cdot\cdot\nu}_{\lambda\mu} = \tfrac{1}{2}\left(Q_\mu A^\nu_\lambda + Q_\lambda A^\nu_\mu - Q^\nu g_{\lambda\mu}\right) + S_\lambda A^\nu_\mu - S^\nu g_{\lambda\mu} - C_\mu A^\nu_\lambda;$$

für II C β:

(63a) $$T_{\lambda\mu}^{\cdot\cdot\nu} = \tfrac{1}{2}\left(Q_\mu A^\nu_\lambda + Q_\lambda A^\nu_\mu - Q^\nu g_{\lambda\mu}\right) - C_\lambda A^\nu_\mu + C^\nu g_{\lambda\mu},$$

(63b) $$T'^{\cdot\cdot\nu}_{\lambda\mu} = \tfrac{1}{2}\left(Q_\mu A^\nu_\lambda + Q_\lambda A^\nu_\mu - Q^\nu g_{\lambda\mu}\right) - \left(C_\lambda A^\nu_\mu - C^\nu g_{\lambda\mu} + C_\mu A^\nu_\lambda\right);$$

für III C α (affine Übertragung):

(64) $$T_{\lambda\mu}^{\cdot\cdot\nu} = T'^{\cdot\cdot\nu}_{\lambda\mu} = \tfrac{1}{2}\left(Q_{\mu\lambda}^{\cdot\cdot\nu} + Q_{\lambda\mu}^{\cdot\cdot\nu} - Q^{\nu}_{\cdot\lambda\mu}\right)$$ [1]

und für III C β (*Weyl*sche Übertragung):

(65) $$T_{\lambda\mu}^{\cdot\cdot\nu} = T'^{\cdot\cdot\nu}_{\lambda\mu} = \tfrac{1}{2}\left(Q_\mu A^\nu_\lambda + Q_\lambda A^\nu_\mu - Q^\nu g_{\lambda\mu}\right)$$ [2].

In den Gleichungen (60), (63), (64) und (65) ist $T'^{\cdot\cdot\nu}_{\lambda\mu}$ symmetrisch in λ und μ. Für die *Riemann*sche Übertragung III C γ verschwinden $T_{\lambda\mu}^{\cdot\cdot\nu}$ und $T'^{\cdot\cdot\nu}_{\lambda\mu}$.

---

[1] *Eddington*, 1921, 1, S. 109; 1923, 7, S. 218; *Schouten*, 1922, 2, S. 73.

[2] *Weyl*, 1918, 2, S. 400.

§ 8. Die geodätischen Linien.

Wird ein Linienelement stets im Sinne der zugrunde gelegten Übertragung in seiner eigenen Richtung verschoben, so nennt man seine Bahn eine kontravariant geodätische Linie der Übertragung. Verschiebt man einen kovarianten $(n-1)$-Vektor im Sinne der zugrunde gelegten Übertragung in der eigenen Richtung, so entsteht eine kovariant geodätische Linie. Die beiden Arten von geodätischen Linien sind im allgemeinen nicht identisch. Wir befassen uns im folgenden nur mit der ersten Art und unterdrücken das Wort kontravariant. Ist also v^ν ein Vektor, der die geodätische Linie in jedem Punkte tangiert, so hat $dx^\mu \nabla_\mu v^\nu$ die Richtung von v^ν. Ist t ein Parameter auf der Kurve, so gilt also für die geodätische Linie die Gleichung:

$$\frac{dx^\mu}{dt} \nabla_\mu \frac{dx^\nu}{dt} = \alpha \frac{dx^\nu}{dt}, \tag{66}$$

wo α irgendeine Funktion des Ortes ist. Umgekehrt, gilt für eine Kurve bei irgendeiner Wahl des Parameters t eine Gleichung der Form (66), so ist die Kurve eine geodätische Linie. (66) ist infolge von (7) gleichbedeutend mit:

$$\frac{d^2 x^\nu}{dt^2} + \Gamma^\nu_{\lambda\mu} \frac{dx^\mu}{dt} \frac{dx^\lambda}{dt} = \alpha \frac{dx^\nu}{dt}, \tag{67}$$

woraus hervorgeht, daß die Lage der geodätischen Linien einer Übertragung nur von dem symmetrischen Teil der $\Gamma^\nu_{\lambda\mu}$ abhängt.

Man kann nun die Frage stellen, ob sich eine Übertragung so ändern läßt, daß die Lage der geodätischen Linien bei dieser Änderung invariant ist. Ist die Änderung der Übertragung gegeben durch die Gleichung:

$$'\Gamma^\nu_{\lambda\mu} = \Gamma^\nu_{\lambda\mu} + A^\nu_{\lambda\mu}; \qquad A^\nu_{[\lambda\mu]} = 0, \tag{68}$$

so folgt als notwendige und hinreichende Bedingung aus (67), daß die Gleichung:

$$A^\nu_{\lambda\mu}\, dx^\mu\, dx^\lambda = \beta\, dx^\nu, \tag{69}$$

worin β irgendeine Ortsfunktion ist, für jede Wahl von dx^ν gelten muß. Dies ist aber dann und nur dann der Fall, wenn $A^\nu_{\lambda\mu}$ die Form hat:

$$A^\nu_{\lambda\mu} = A^\nu_\lambda p_\mu + A^\nu_\mu p_\lambda\,{}^{1)}, \tag{70}$$

worin p_μ ein beliebiger kovarianter Vektor ist. Die in dieser Weise erhaltene Transformation der Übertragung heißt bahntreu.

Man kann also z. B. alle Übertragungen angeben, die dieselben geodätischen Linien haben wie die zu $g_{\lambda\nu}$ gehörige *Riemann*sche Übertragung. Infolge (55a) ist für diese Übertragungen:

$$T_{\lambda\mu}^{\cdot\cdot\nu} = A^\nu_\lambda p_\mu + A^\nu_\mu p_\lambda. \tag{71}$$

[1] *Weyl*, 1921, 3, S. 4; *Eisenhart*, 1922, 10, S. 234. Vgl. I, Aufg. 4.

Unter diesen sind die affinen Übertragungen dadurch ausgezeichnet, daß infolge (64):

$$\tfrac{1}{2}\left(Q_{\mu\lambda}^{\cdot\cdot\,\nu} + Q_{\lambda\mu}^{\cdot\cdot\,\nu} - Q^{\nu}_{\cdot\,\lambda\mu}\right) = A_{\lambda}^{\nu}\, p_{\mu} + A_{\mu}^{\nu}\, p_{\lambda}\,, \tag{72}$$

was sich, da $C_{\lambda} = 0$ ist, infolge (40) auch schreiben läßt:

$$\tfrac{1}{2}\left(Q'_{\mu\lambda\nu} + Q'_{\lambda\mu\nu} - Q'_{\nu\lambda\mu}\right) = -\, g_{\lambda\nu}\, p_{\mu} - g_{\mu\nu}\, p_{\lambda}\,. \tag{73}$$

Durch Addition von zwei Gleichungen der Form (73) ergibt sich daraus:

$$Q'_{\mu\lambda\nu} = \nabla_{\mu}\, g_{\lambda\nu} = -\,2\, p_{\mu}\, g_{\lambda\nu} - p_{\lambda}\, g_{\mu\nu} - p_{\nu}\, g_{\mu\lambda}\,. \tag{74}$$

Diese Gleichung enthält also die notwendigen und hinreichenden Bedingungen für den Differentialquotienten von $g_{\lambda\nu}$, damit die geodätischen Linien mit den geodätischen Linien der zu $g_{\lambda\nu}$ gehörigen *Riemann*schen Übertragung zusammenfallen. Wir sprechen daher den Satz aus:

Eine affine Übertragung hat dann und nur dann dieselben geodätischen Linien wie eine *Riemann*sche Übertragung, wenn sich ein Tensor $g_{\lambda\nu}$ auffinden läßt, dessen Differentialquotient den Bedingungen (74) genügt. $g_{\lambda\nu}$ ist dann der Fundamentaltensor der *Riemann*schen Übertragung.

Es ist möglich, daß die gegebene Übertragung selbst eine *Riemann*sche ist. Es gibt dann zwei *Riemann*sche Geometrien mit denselben geodätischen Linien. Ein Beispiel für $n = 2$ entsteht, wenn man die natürliche Maßbestimmung einer Kugel in R_3 aus dem Mittelpunkte auf eine Ebene projiziert. In der Ebene entstehen dadurch zwei Übertragungen: die euklidische der Ebene und die von der Kugel herrührende nichteuklidische. Die geodätischen Linien sind für beide die Geraden der Ebene.

§ 9. Die geodätischen Linien einer V_n als kürzeste Linien.

Es soll jetzt bewiesen werden, daß die geodätischen Linien einer *Riemann*schen Übertragung die Lösungen des Variationsproblems:

$$\bar{d}\!\int ds = 0 \quad [1]) \tag{75}$$

sind, wenn man setzt:

$$ds^2 = g_{\lambda\mu}\, dx^{\lambda}\, dx^{\mu}\,. \tag{76}$$

Es sei s eine Kurve durch die Punkte $\underset{1}{x}^{\nu}$ und $\underset{2}{x}^{\nu}$ und v^{ν} ein Feld, das in allen betrachteten Punkten regulär ist und in $\underset{1}{x}^{\nu}$ und $\underset{2}{x}^{\nu}$ verschwindet. ξ sei eine unabhängige Variable. Ist dann:

$$\bar{d}x^{\nu} = v^{\nu}\, d\xi\,, \tag{77}$$

und durchläuft x^{ν} die Kurve s, so durchläuft $x^{\nu} + \bar{d}x^{\nu}$ eine benachbarte Kurve, die ebenfalls durch $\underset{1}{x}^{\nu}$ und $\underset{2}{x}^{\nu}$ geht. Wird nun v^{ν} in beliebiger Weise geändert, aber immer so, daß die Feldwerte in $\underset{1}{x}^{\nu}$ und $\underset{2}{x}^{\nu}$ Null

---

[1]) Es ist hier $\bar{d}$ statt δ verwendet, um Verwechslung mit dem Zeichen des kovarianten Differentials auszuschließen.

bleiben, so entsteht eine andere benachbarte Kurve, und es soll die Bedingung aufgestellt werden dafür, daß das Integral von ds über die Kurve s von $\underset{1}{x^\nu}$ bis $\underset{2}{x^\nu}$ einen extremen Wert hat. Dabei soll ds zunächst gegeben sein durch die allgemeine Gleichung:

$$ds = f(x, dx)\,, \tag{78}$$

wo f eine analytische Funktion ist in den x^ν und dx^ν, positiv-homogen ersten Grades in den dx^ν.

Durch Wahl irgendeines auf allen betrachteten Kurven regulären Skalarfeldes t, das in $\underset{1}{x^\nu}$ und $\underset{2}{x^\nu}$ die Werte t_1 und t_2 haben soll, wird auf allen Kurven zugleich ein Parameter festgelegt. Die Variationsgleichung lautet dann, da x^ν auf jeder Kurve eine Funktion von t ist, unter Berücksichtigung der Homogenität von f in den dx^ν:

$$\bar{d}\int_{t_1}^{t_2} f(x, \dot{x})\,dt = 0\,; \qquad \dot{x} = \frac{dx}{dt}\,. \tag{79}$$

Nach dem Prinzip der Variationsrechnung ist diese Gleichung äquivalent mit:

$$\int_{t_1}^{t_2} dt\,\bar{d}f(x, \dot{x}) = 0\,. \tag{80}$$

Nun ist:

$$\bar{d}f(x, \dot{x}) = \left(\frac{\partial f}{\partial x^\nu} - \frac{d}{dt}\frac{\partial f}{\partial \dot{x}^\nu}\right)\bar{d}x^\nu + \frac{d}{dt}\left(\frac{\partial f}{\partial \dot{x}^\nu}\bar{d}x^\nu\right), \tag{81}$$

und bei der Integration verschwindet der Beitrag des letzten Termes, da $\bar{d}_1 x^\nu$ und $\bar{d}_2 x^\nu$ stets Null sind. (80) geht also über in:

$$\int_{t_1}^{t_2}\left(\frac{df}{dx^\nu} - \frac{d}{dt}\frac{df}{\partial \dot{x}^\nu}\right)\bar{d}x^\nu = 0\,, \tag{82}$$

eine Gleichung, die für jede Wahl von v^ν gelten soll und also äquivalent ist mit:

$$\frac{\partial f}{\partial x^\nu} - \frac{d}{dt}\frac{\partial f}{\partial \dot{x}^\nu} = 0\,, \tag{83}$$

der bekannten *Euler*schen Gleichung.

Wir setzen jetzt:

$$f(x, \dot{x}) = \sqrt{g_{\lambda\mu}\dot{x}^\lambda\dot{x}^\mu}\,, \tag{84}$$

nehmen an, daß $g_{\lambda\mu}$ den Rang n hat, und schließen alle Kurvenelemente, auf denen die Differentialform Null wird, von der Betrachtung aus. Dann geht (83) über in:

$$\begin{aligned} &\frac{1}{2}\frac{\partial g_{\lambda\mu}}{\partial x^\nu}\dot{x}^\lambda\dot{x}^\mu - \frac{1}{2T}\frac{d}{dt}T\left(g_{\nu\mu}\dot{x}^\mu + g_{\lambda\nu}\dot{x}^\lambda\right) \\ &= \frac{1}{2}\left(\frac{\partial g_{\lambda\mu}}{\partial x^\nu} - \frac{2}{T}\frac{\partial T g_{\nu\mu}}{\partial x^\lambda}\right)\dot{x}^\lambda\dot{x}^\mu - g_{\nu\mu}\ddot{x}^\mu = 0\,, \end{aligned} \tag{85}$$

wo T abkürzend gesetzt ist für $\left(g_{\lambda\mu}\dot{x}^\lambda\dot{x}^\mu\right)^{-\frac{1}{2}}$. Dies ist die Differentialgleichung der Linien extremer Länge für einen beliebigen Parameter.

Führt man für eine bestimmte Linie statt dt das mit $g_{\lambda\nu}$ gemessene Bogenelement ds aus (76) ein, so wird $T=1$ und (85) geht nach Heraufziehen eines Indexes über in:

(86) $$\frac{d^2 x^\nu}{d s^2} + \left\{ {\lambda \mu \atop \nu} \right\} \frac{d x^\lambda}{d s} \frac{d x^\mu}{d s} = 0\,.$$

Ist aber δ_0 die Differentiation der zu $g_{\lambda\nu}$ gehörigen *Riemann*schen Übertragung, so ist (86) gleichbedeutend mit:

(87) $$\delta_0 \frac{d x^\nu}{d s} = 0\,,$$

d. h. die Kurven extremer Länge sind die geodätischen Linien dieser Übertragung.

Führt man für $f(x, \dot{x})$ kompliziertere Funktionen als (84) ein, so gelingt es zwar, unter Umständen, Differentialkovarianten zu bilden, die als eine Verallgemeinerung der kovarianten Differentialquotienten einer *Riemann*schen Übertragung zu betrachten sind[1]). Diese stehen nicht in Beziehung zu einer linearen Übertragung, wohl aber zu den *Pascal*schen Verallgemeinerungen der *Christoffel*schen Symbole. In dieser Weise kann man also nicht zu den höheren linearen Übertragungen gelangen.

§ 10. Geodätisch mitbewegtes Bezugssystem und geodätisches System von Urvariablen.

Ist Φ[2]) eine Größe im Punkte $\underset{0}{x}^\nu$ und wählt man die Werte von Φ auf einer Kurve s durch $\underset{0}{x}^\nu$ so, daß $\delta\Phi$ entlang s verschwindet, so ist damit die zu den Gleichungen (6) gehörige Übertragung der Größe Φ längs s gefunden. Insbesondere kann man ein System von Maßvektoren $\underset{\lambda}{e}^\nu$, $\overset{\nu}{e}_\lambda$ in dieser Weise längs s festlegen. Gehören dann die $\underset{\lambda}{e}^\nu$ und $\overset{\nu}{e}_\lambda$ in $\underset{0}{x}^\nu$ zum nämlichen Parallelepiped (vgl. Abb. 3), und macht man $\delta\underset{\lambda}{e}^\nu$ und $\delta\overset{\nu}{e}_\lambda$ längs der Kurve Null, so gehören sie in jedem Punkte der Kurve zum nämlichen Parallelepiped, sofern die Übertragung überschiebungsinvariant ist. Diesen Fall wollen wir voraussetzen. Sodann gilt für die Differentiale irgendwelcher Felder v^ν und w_λ entlang s [vgl. (6)]:

(88 a) $$\delta v^\nu = \delta\left(v^\lambda \underset{\lambda}{e}^\nu\right) = \underset{\lambda}{e}^\nu d v^\lambda = d v^\nu\,,$$

(88 b) $$\delta w_\lambda = \delta\left(w_\nu \overset{\nu}{e}_\lambda\right) = \overset{\nu}{e}_\lambda d w_\nu = d w_\lambda\,,$$

und die Bestimmungszahlen der Differentiale sind also die Differentiale der Bestimmungszahlen in bezug auf das in der definierten Weise

[1]) *Pascal*, 1903, 3; *Sinigallia*, 1903, 4; 1905, 3; *Noether*, 1918, 6; *Weitzenböck*, 1923, 1, S. 359; *Fubini*, 1918, 4; 1920, 3. Vgl. auch S. 62, Fußnote 2.

[2]) Die Indizes sind unterdrückt, wie auf S. 63.

längs s mitbewegte Bezugssystem $\underset{\lambda}{e}^{\nu}, \underset{\lambda}{e}^{\nu}$. Das System $\underset{\lambda}{e}^{\nu}, \underset{\lambda}{e}^{\nu}$ heißt ein geodätisch bewegtes Bezugssystem. Es gilt also der Satz:

Sofern nur erste Differentiale in Betracht kommen, ist die zu irgendeiner überschiebungsinvarianten Übertragung gehörige Differentiation eine gewöhnliche Differentiation in bezug auf ein im Sinne dieser Übertragung geodätisch mitbewegtes Bezugssystem[1]).

Das Bezugssystem $\underset{\lambda}{e}^{\nu}, \underset{\lambda}{e}^{\nu}$ längs s braucht nicht zu irgendeinem System von Urvariablen zu gehören. Es gelingt im allgemeinen auch nicht, die Urvariablen so zu wählen, daß in einem einzigen Punkt die $\Gamma_{\lambda\mu}^{\nu}$ und $\Gamma_{\lambda\mu}^{\prime\nu}$ verschwinden. Denn aus den Formeln (9) und (10) für die Transformation der $\Gamma_{\lambda\mu}^{\nu}$ und $\Gamma_{\lambda\mu}^{\prime\nu}$, ist ersichtlich, daß sowohl $'\Gamma_{\lambda\mu}^{\nu} - \Gamma_{\lambda\mu}^{\nu}$, wie $'\Gamma_{\lambda\mu}^{\prime\nu} - \Gamma_{\lambda\mu}^{\prime\nu}$ in $\lambda\mu$ symmetrisch ist. Sind also $\Gamma_{\lambda\mu}^{\nu}$ und $\Gamma_{\lambda\mu}^{\prime\nu}$ nicht beide symmetrisch in $\lambda\mu$, so gibt es jedenfalls keine Transformation der Urvariablen, die $\Gamma_{\lambda\mu}^{\nu}$ und $\Gamma_{\lambda\mu}^{\prime\nu}$ in einem bestimmten Punkt der X_n zum Verschwinden bringt. Soll es also für jeden Punkt eine solche Transformation geben (die natürlich für jeden Punkt eine andere ist), so müssen die Felder $S_{\lambda\mu}^{\cdot\cdot\nu}$ und $S_{\lambda\mu}^{\prime\cdot\cdot\nu}$ überall Null sein. Es muß aber auch $C_{\mu\lambda}^{\cdot\cdot\nu}$ Null sein, da das Feld $C_{\mu\lambda}^{\cdot\cdot\nu}$ nicht durch Koordinatentransformation zum Verschwinden gebracht werden kann. Die Übertragung muß also eine affine sein.

Eine Transformation, die die Feldwerte $\overset{0}{\Gamma}{}_{\lambda\mu}^{\nu}$ im Punkte $\underset{0}{x}^{\nu}$ zum Verschwinden bringt, lautet:

$$x^{\nu} - \underset{0}{x}^{\nu} = 'x^{\nu} - \tfrac{1}{2}\overset{0}{\Gamma}{}_{\lambda\mu}^{\nu}\, 'x^{\lambda}\, 'x^{\mu} \quad (89)$$
[2])

In der Tat ist [vgl. (9a)]:

$$\frac{\partial Q_{\cdot\omega}^{\nu}}{\partial 'x^{\pi}} = \frac{\partial}{\partial 'x^{\pi}}\left(A_{\omega}^{\nu} - \overset{0}{\Gamma}{}_{\omega\lambda}^{\nu}\, 'x^{\lambda}\right) = -\overset{0}{\Gamma}{}_{\omega\pi}^{\nu}. \quad (90)$$

Ein solches System von Urvariablen heißt geodätisch in $\underset{0}{x}^{\nu}$. In bezug auf ein in $\underset{0}{x}^{\nu}$ geodätisches System sind die Bestimmungszahlen der Differentiale einer Größe in $\underset{0}{x}^{\nu}$ bei einer affinen Übertragung einfach den Differentialen der Bestimmungszahlen gleich:

$$\delta v^{\nu} = dv^{\nu};\ \delta w_{\lambda} = dw_{\lambda}. \quad (91)$$

Es gilt also der Satz:

Bei einer affinen Übertragung läßt sich für jeden Punkt eine Transformation der Urvariablen angeben, so daß die $\Gamma_{\lambda\mu}^{\nu}$ in diesem Punkte alle auf Null transformiert werden. Die zur Übertragung gehörige Differentiation ist, sofern

[1]) *Schouten*, 1918, 1, S. 46. [2]) Z. B. *Weyl*, 21, 4, S. 101.

nur erste Differentiale in Betracht kommen, in diesem Punkte eine gewöhnliche Differentiation in bezug auf die in diesem Sinne transformierten Urvariablen.

§ 11. Ein Satz von Weyl.

Es sei eine beliebige überschiebungsinvariante Übertragung durch Angabe der $\Gamma^{\nu}_{\lambda\mu}$ gegeben. In einem Punkte $\underset{0}{x}^{\nu}$ wählen wir einen beliebigen Tensor n^{ten} Ranges $\overset{0}{g}_{\lambda\mu}$. In jedem benachbarten Punkte $\underset{0}{x}^{\nu} + dx^{\nu}$ soll der Feldwert $\overset{0}{g}_{\lambda\mu} + d g_{\lambda\mu}$ so bestimmt werden, daß die Übertragung der Vektoren in $\underset{0}{x}^{\nu}$ von $\underset{0}{x}^{\nu}$ nach $\underset{0}{x}^{\nu} + dx^{\nu}$ stets Resultante ist der folgenden zwei Änderungen:

1. Einer Verschiebung der Vektoren von $\underset{0}{x}^{\nu}$ nach $\underset{0}{x}^{\nu} + dx^{\nu}$ im Sinne der zu $g_{\lambda\nu}$ gehörigen *Riemann*schen Übertragung.
2. Einer Drehung der gesamten Vektoren in $\underset{0}{x}^{\nu} + dx^{\nu}$ mit $\overset{0}{g}_{\lambda\mu} + d g_{\lambda\mu}$ als Fundamentaltensor.

Die beiden Änderungen zusammengenommen bilden das, was man eine in bezug auf $g_{\lambda\mu}$ kongruente Verpflanzung nennen kann.

Ist v^{ν} ein Vektor in $\underset{0}{x}^{\nu}$, so gilt für die erste Änderung:

$$dv^{\nu} = -\left\{ {\lambda\mu \atop \nu} \right\} v^{\lambda}\, dx^{\mu}, \tag{92}$$

und für die zweite, unter Vernachlässigung von unendlich kleinen Größen höherer Ordnung:

$$dv^{\nu} = F_{\alpha}^{\cdot\,\nu\mu}\, \overset{0}{g}_{\mu\beta}\, v^{\beta}\, dx^{\alpha}, \tag{93}$$

worin $F_{\alpha}^{\cdot\,\nu\mu}\, dx^{\alpha}$ der Bivektor der Drehung (S. 48) für die Verrückung dx^{ν} ist. Sollen diese beiden Änderungen nun zusammen für jede Wahl von v^{ν} die gegebene Übertragung liefern, so muß gelten:

$$\overset{0}{\Gamma}{}^{\nu}_{\lambda\mu}\, dx^{\mu} = \left\{ {\lambda\mu \atop \nu} \right\}_0 dx^{\mu} - F_{\mu}^{\cdot\,\nu\alpha}\, \overset{0}{g}_{\alpha\lambda}\, dx^{\mu}, \tag{94}$$

oder:

$$\overset{0}{\Gamma}{}^{\nu}_{\lambda\mu} = \left\{ {\lambda\mu \atop \nu} \right\}_0 - F_{\mu}^{\cdot\,\nu\alpha}\, \overset{0}{g}_{\alpha\lambda}, \tag{95}$$

oder:

$$\overset{0}{g}_{\nu\alpha}\, \overset{0}{\Gamma}{}^{\alpha}_{\lambda\mu} = \left[{\lambda\mu \atop \nu} \right]_0 - F_{\mu\nu\lambda}. \tag{96}$$

Da aber $F_{\mu\nu\lambda}$ in $\nu\lambda$ alternierend ist, folgt:

$$\overset{0}{g}_{\nu\alpha}\, \overset{0}{\Gamma}{}^{\alpha}_{\lambda\mu} + \overset{0}{g}_{\lambda\alpha}\, \overset{0}{\Gamma}{}^{\alpha}_{\nu\mu} = \left[{\lambda\mu \atop \nu} \right]_0 + \left[{\nu\mu \atop \lambda} \right]_0 = \frac{\partial g_{\lambda\nu}}{\partial x^{\mu}}. \tag{97}$$

Die ersten Differentialquotienten von $g_{\lambda\nu}$ in $\underset{0}{x}^{\nu}$ sind also sogar eindeutig bestimmt.

(97) bringt zum Ausdruck, daß $\nabla_{\mu} g_{\lambda\nu}$ in $\underset{0}{x}^{\nu}$ verschwindet (vgl. 8b). Die Feldwerte von $g_{\lambda\mu}$ in der Umgebung von $\underset{0}{x}^{\nu}$ werden also erhalten, indem man $g_{\lambda\mu}$ von $\underset{0}{x}^{\nu}$ aus im Sinne der zugrunde gelegten Übertragung verschiebt.

Ist $g_{\lambda\mu}$ in jedem Punkte der X_n gegeben, so sind alle Übertragungen, die eine in bezug auf $g_{\lambda\mu}$ kongruente Verpflanzung darstellen, gegeben durch die Gleichung:

$$\Gamma_{\lambda\mu}^{\nu} = \left\{ {\lambda\mu \atop \nu} \right\} - F_{\mu\alpha\lambda}\, g^{\alpha\nu}, \tag{98}$$

wo $F_{\mu\alpha\lambda}$ eine beliebig wählbare in $\alpha\lambda$ alternierende Größe darstellt. Unter diesen Übertragungen gibt es nun aber nur eine einzige symmetrische. Denn, ist $\Gamma_{\lambda\mu}^{\nu}$ symmetrisch in $\lambda\mu$, so ist auch $F_{\mu\alpha\lambda}$ in diesen Indizes symmetrisch. $F_{\mu\alpha\lambda}$ ist aber in $\alpha\lambda$ alternierend und muß also verschwinden. Die in dieser Weise ausgezeichnete Verpflanzung heißt eine Translation[1]).

Es gelten also die Sätze:

I. Zu jeder überschiebungsinvarianten Übertragung kann man einen in $\overset{}{\underset{0}{x}}{}^{\nu}$ beliebig gegebenen Wert von $g_{\lambda\mu}$ in der Umgebung von $\underset{0}{x}{}^{\nu}$ in einer einzigen Weise derart fortsetzen, daß die Übertragung von $\underset{0}{x}{}^{\nu}$ nach jedem Nachbarpunkte $\underset{0}{x}{}^{\nu} + dx^{\nu}$ eine in bezug auf $g_{\lambda\mu}$ kongruente Verpflanzung ist.

II. Zu jedem Felde $g_{\lambda\mu}$ gibt es eine einzige affine Übertragung, die eine in bezug auf $g_{\lambda\mu}$ kongruente Verpflanzung darstellt.

Der erste Satz wurde zuerst von *Weyl* bewiesen[2]), der zweite Satz ist ein Spezialfall des allgemeinen Satzes auf S. 74.

Man könnte nun versuchen, die „Kongruenz" nicht zu definieren in bezug auf die Gruppe aller linearen Transformationen, die einen quadratischen Tensor invariant lassen, sondern in bezug auf irgendeine andere geeignet gewählte inhaltstreue Untergruppe der linearen homogenen Gruppe, die dann die Gruppe der „Drehungen" genannt werden kann. Wenn man aber fordert:

1. daß bei gegebener Definition der „Drehungen" in $\underset{0}{x}{}^{\nu}$ die „Drehungen" in der Umgebung von $\underset{0}{x}{}^{\nu}$ für jede Wahl einer überschiebungsinvarianten Übertragung so gewählt werden können, daß die Übertragung eine „kongruente" Verpflanzung darstellt und

2. daß bei gegebener Definition der „Drehungen" in jedem Punkte der X_n es nur eine symmetrische Übertragung gibt, die eine in bezug auf diese Definition der Drehungen „kongruente" Verpflanzung darstellt,

so hat *Weyl*[3]). gezeigt, daß es nur eine inhaltstreue Untergruppe gibt, die diesen Forderungen genügt, eben die Gruppe, die einen quadratischen Tensor invariant läßt.

Durch diese Eigenschaft ist die quadratische Maßbestimmung allen anderen Maßbestimmungen gegenüber in besonderer Weise ausgezeichnet.

---

[1]) *Weyl*, 1922, 1, S. 117. [2]) 1921, 4, S. 131.

[3]) 1922, 1. Einen anderen Beweis gab *Cartan*, 1923, 8.

§ 12. Die Krümmungsgrößen.

Sind P und Q Punkte einer Kurve s und ist v^ν ein Vektorfeld, so ist das über s genommene Integral $\int\limits_P^Q \delta v^\nu$ die Zunahme von v^ν in bezug auf ein geodätisch mitbewegtes Bezugssystem. Ist s geschlossen und $Q = P$ und verschiebt man den Feldwert in P im Sinne der zugrunde gelegten Übertragung in der Integrationsrichtung längs s bis nach P zurück, so ist $-\int\limits_P^P \delta v^\nu$ die Differenz zwischen Endwert und Anfangswert von v^ν in P. Man darf nicht erwarten, daß das Integral für jedes Vektorfeld und für jede geschlossene Kurve verschwindet. Es verschwindet dann und nur dann stets, wenn es für jedes Feld und für die Begrenzung jedes Flächenelementes verschwindet. Wir betrachten daher das Flächenelement $f^{\omega\mu}\,d\sigma$ mit der Begrenzung s. P und Q seien Punkte von s. Der Radiusvektor von Q in bezug auf P sei $d_1 x^\nu$, der Radiusvektor eines benachbarten Punktes Q' von s sei $d_2 x^\nu = d_1 x^\nu + d\,d_1 x^\nu$. R sei ein Punkt von s, so daß $PRQQ'$ aufeinander folgen. Nimmt man nun das Integral von δv^ν über s von P über R nach Q und zurück nach P entlang $d_1 x^\nu$, so ist der Zuwachs dieses Integrals beim Übergang von Q nach Q' gleich dem Integral von P nach Q entlang $d_1 x^\nu$, von Q nach Q' über s und von Q' nach P zurück entlang $d_2 x^\nu$. Letzteres Integral ist aber, wenn wir $d_3 x^\nu$ schreiben für $d\,d_1 x^\nu$ bei Vernachlässigung von Größen dritter Ordnung:

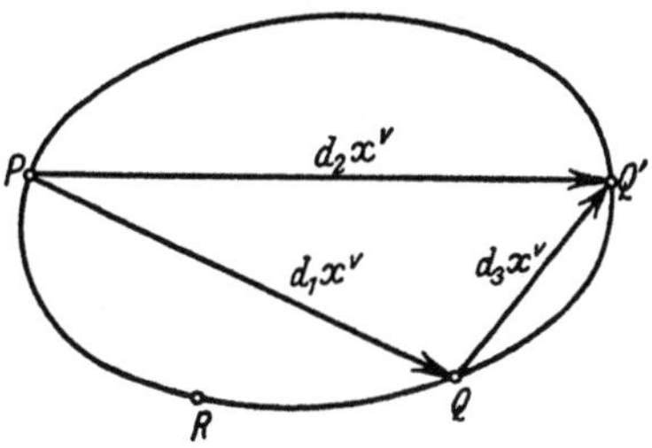

Abb. 8.

(99) $$\begin{aligned}&(\delta_1 v^\nu + \tfrac{1}{2}\delta_1^2 v^\nu) + (\delta_3 v^\nu + \tfrac{1}{2}\delta_3^2 v^\nu + \delta_1\delta_3 v^\nu) - (\delta_2 v^\nu + \tfrac{1}{2}\delta_2^2 v^\nu)\\ &\quad= \tfrac{1}{2}(\delta_1\delta_2 - \delta_2\delta_1)\,v^\nu = \tfrac{1}{2} D_{21} v^\nu.\end{aligned}$$

Nun ist:

(100) $$\left\{\begin{aligned} D_{21} v^\nu &= \delta_1\left(d_2 v^\nu + \Gamma_{\lambda\mu}^\nu v^\lambda d_2 x^\mu\right) - \delta_2\left(d_1 v^\nu + \Gamma_{\lambda\mu}^\nu v^\lambda d_1 x^\mu\right)\\ &= v^\lambda\left\{\frac{\partial}{\partial x^\mu}\Gamma_{\lambda\omega}^\nu - \frac{\partial}{\partial x^\omega}\Gamma_{\lambda\mu}^\nu - \Gamma_{\varkappa\omega}^\nu\Gamma_{\lambda\mu}^\varkappa + \Gamma_{\varkappa\mu}^\nu\Gamma_{\lambda\omega}^\varkappa\right\} d_1 x^\mu\, d_2 x^\omega,\end{aligned}\right.$$

eine Gleichung, die für jede Wahl von v^ν, $d_1 x^\nu$ und $d_2 x^\nu$ gilt, woraus hervorgeht, daß der eingeklammerte Ausdruck rechts eine Größe vierten Grades darstellt[1]). Schreiben wir für diese Größe $R_{\omega\mu\lambda}^{\cdot\,\cdot\,\cdot\,\nu}$.

(101) $$R_{\omega\mu\lambda}^{\cdot\,\cdot\,\cdot\,\nu} = \frac{\partial}{\partial x^\mu}\Gamma_{\lambda\omega}^\nu - \frac{\partial}{\partial x^\omega}\Gamma_{\lambda\mu}^\nu - \Gamma_{\varkappa\omega}^\nu\Gamma_{\lambda\mu}^\varkappa + \Gamma_{\varkappa\mu}^\nu\Gamma_{\lambda\omega}^\varkappa,$$

so ist:

(102) $$\delta\int\limits_P^P \delta v^\nu = \tfrac{1}{2} D_{21} v^\nu = \tfrac{1}{2} R_{\omega\mu\lambda}^{\cdot\,\cdot\,\cdot\,\nu}\, v^\lambda\, d_1 x^\mu\, d_2 x^\omega.$$

---

[1]) Vgl. I, Aufg. 1, S. 59.

Nun ist aber $R_{\omega\mu\lambda}^{\cdot\cdot\cdot\nu}$ in ω und μ alternierend, während:

(103) $$\tfrac{1}{2} d_1 x^{[\mu} d_2 x^{\omega]} = \delta f^{\mu\omega} d\sigma,$$

so daß die Zunahme von v^ν in bezug auf ein geodätisch mitbewegtes Bezugssystem gegeben ist durch die Gleichung:

(104) $$D v^\nu = f^{\mu\omega} d\sigma R_{\omega\mu\lambda}^{\cdot\cdot\cdot\nu} v^\lambda.$$

In derselben Weise findet man für ein kovariantes Feld:

(105) $$D w_\lambda = -f^{\mu\omega} d\sigma R'^{\cdot\cdot\cdot\nu}_{\omega\mu\lambda} w_\nu,$$

wo:

(106) $$R'^{\cdot\cdot\cdot\nu}_{\omega\mu\lambda} = \frac{\partial}{\partial x^\mu} \Gamma'^{\nu}_{\lambda\omega} - \frac{\partial}{\partial x^\omega} \Gamma'^{\nu}_{\lambda\mu} - \Gamma'^{\nu}_{\varkappa\omega} \Gamma'^{\varkappa}_{\lambda\mu} + \Gamma'^{\nu}_{\varkappa\mu} \Gamma'^{\varkappa}_{\lambda\omega}.$$

$R_{\omega\mu\lambda}^{\cdot\cdot\cdot\nu}$ und $R'^{\cdot\cdot\cdot\nu}_{\omega\mu\lambda}$ heißen die Krümmungsgrößen der Übertragung[1]). Aus (101) und (106) geht hervor, daß die Bestimmungszahlen $R_{\omega\mu\lambda}^{\cdot\cdot\cdot\nu}$ und $R'^{\cdot\cdot\cdot\nu}_{\omega\mu\lambda}$ invariant sind bei Änderung des kovarianten Maßes. $R_{\omega\mu\lambda}^{\cdot\cdot\cdot\nu}$ und $R'^{\cdot\cdot\cdot\nu}_{\omega\mu\lambda}$ sind also nur in den überschiebungsinvarianten Übertragungen eigentliche Größen.

Die Änderung, die eine Größe höheren Grades bei Umkreisung eines Flächenelementes erfährt, läßt sich jetzt mit Hilfe einer einfachen Eigenschaft des Operators $\delta_1\delta_2 - \delta_2\delta_1$ angeben. Sind nämlich Φ und Ψ allgemeine Größen, so ist:

(107) $$\begin{cases} D_{21} \Phi \Psi = (\delta_1 \delta_2 \Phi) \Psi + \delta_2 \Phi \delta_1 \Phi + \delta_1 \Phi \delta_2 \Psi + \Phi \delta_1 \delta_2 \Psi \\ \qquad - (\delta_2 \delta_1 \Phi) \Psi - \delta_1 \Phi \delta_2 \Phi - \delta_2 \Phi \delta_1 \Psi - \Phi \delta_2 \delta_1 \Psi \\ \qquad = \Psi D_{21} \Phi + \Phi D_{21} \Psi, \end{cases}$$

und der Operator $\delta_1\delta_2 - \delta_2\delta_1$ genügt also, auf allgemeine Produkte angewandt, denselben einfachen Differentiationsregeln wie der einfache Operator δ. Infolgedessen ist die gesuchte Zunahme für eine Größe höheren Grades z. B. $v_\alpha^{\cdot\beta\gamma}$:

(108) $$D v_\alpha^{\cdot\beta\gamma} = f^{\mu\omega} d\sigma \left(- R'^{\cdot\cdot\cdot\delta}_{\omega\mu\alpha} v_\delta^{\cdot\beta\gamma} + R_{\omega\mu\delta}^{\cdot\cdot\cdot\beta} v_\alpha^{\cdot\delta\gamma} + R_{\omega\mu\delta}^{\cdot\cdot\cdot\gamma} v_\alpha^{\cdot\beta\delta}\right).$$

Wenden wir die Regel für den Gebrauch von $\delta_1\delta_2 - \delta_2\delta_1$ an auf A_λ^ν, so ergibt sich:

(109) $$\begin{cases} D_{21} A_\lambda^\nu = \left(R_{\omega\mu\lambda}^{\cdot\cdot\cdot\alpha} A_\alpha^\nu - R'^{\cdot\cdot\cdot\nu}_{\omega\mu\alpha} A_\lambda^\alpha\right) d_1 x^\mu d_2 x^\omega \\ \qquad = \left(R_{\omega\mu\lambda}^{\cdot\cdot\cdot\nu} - R'^{\cdot\cdot\cdot\nu}_{\omega\mu\lambda}\right) d_1 x^\mu d_2 x^\omega. \end{cases}$$

Andererseits ist aber nach (16), (19), (25) und (28):

(110) $$\begin{cases} D_{21} A_\lambda^\nu = \delta_1 \left(d_2 x^\omega C_{\omega\lambda}^{\cdot\cdot\nu}\right) - \delta_2 \left(d_1 x^\omega C_{\omega\lambda}^{\cdot\cdot\nu}\right) \\ \qquad = 2 d_1 x^\mu d_2 x^\omega \nabla_{[\mu} C_{\omega]\lambda}^{\cdot\cdot\nu} + C_{\omega\lambda}^{\cdot\cdot\nu} (\delta_1 d_2 - \delta_2 d_1) x^\omega \\ \qquad = 2 d_1 x^\mu d_2 x^\omega \left(\nabla_{[\mu} C_{\omega]\lambda}^{\cdot\cdot\nu} - C_{\alpha\lambda}^{\cdot\cdot\nu} S'^{\cdot\cdot\alpha}_{\mu\omega}\right), \end{cases}$$

so daß die Beziehungen zwischen $R_{\omega\mu\lambda}^{\cdot\cdot\cdot\nu}$ und $R'^{\cdot\cdot\cdot\nu}_{\omega\mu\lambda}$ lauten:

(111) $$R'^{\cdot\cdot\cdot\nu}_{\omega\mu\lambda} = R_{\omega\mu\lambda}^{\cdot\cdot\cdot\nu} + 2 \nabla_{[\omega} C_{\mu]\lambda}^{\cdot\cdot\nu} - 2 S'^{\cdot\cdot\alpha}_{\omega\mu} C_{\alpha\lambda}^{\cdot\cdot\nu}.$$

---

1) In 1922, 2 sind die Bezeichnungen $U_{\omega\mu\lambda}^{\cdot\cdot\cdot\nu}$ und $R_{\omega\mu\lambda}^{\cdot\cdot\cdot\nu}$ verwendet statt $R_{\omega\mu\lambda}^{\cdot\cdot\cdot\nu}$ und $R'^{\cdot\cdot\cdot\nu}_{\omega\mu\lambda}$.

Für eine überschiebungsinvariante Übertragung verschwinden die beiden letzten Terme rechts und damit verschwindet der Unterschied zwischen den beiden Krümmungsgrößen. Es genügt dazu übrigens schon, daß die Übertragung kovariant symmetrisch ist und $\nabla_{[\omega} C_{\mu]\lambda}^{\cdot\cdot\nu}$ verschwindet.

Auch bei der Bildung von Differentialquotienten zweiter Ordnung stößt man auf die Krümmungsgrößen. Da mit Berücksichtigung von (19) und (25):

$$(112)\quad \begin{cases} (\delta_1 \delta_2 - \delta_2 \delta_1)\, v^\nu = \delta_1 (d_2 x^\omega \nabla_\omega v^\nu) - \delta_2 (d_1 x^\omega \nabla_\omega v^\nu) \\ \quad = 2\, d_1 x^\mu\, d_2 x^\omega \left(\nabla_{[\mu} \nabla_{\omega]} v^\nu - C_{[\mu\omega]}^{\cdot\cdot\alpha} \nabla_\alpha v^\nu\right) \\ \quad + (\nabla_\alpha v^\nu)(\delta_1 d_2 - \delta_2 d_1)\, x^\alpha \\ \quad = 2\, d_1 x^\mu\, d_2 x^\omega \left\{\nabla_{[\mu} \nabla_{\omega]} v^\nu + \left(C_{[\mu\omega]}^{\cdot\cdot\alpha} + S_{\omega\mu}^{\cdot\cdot\alpha}\right) \nabla_\alpha v^\nu\right\}. \end{cases}$$

s ist infolge (28):

$$(113)\qquad 2 \nabla_{[\omega} \nabla_{\mu]} v^\nu = - R_{\omega\mu\lambda}^{\cdot\cdot\cdot\nu} v^\lambda + 2 S'^{\cdot\cdot\alpha}_{\omega\mu} \nabla_\alpha v^\nu .$$

In derselben Weise ist:

$$(114)\quad \begin{cases} (\delta_1 \delta_2 - \delta_2 \delta_1)\, w_\lambda = \delta_1 (d_2 x^\omega \nabla_\omega w_\lambda) - \delta_2 (d_1 x^\omega \nabla_\omega w_\lambda) \\ \quad = 2\, d_1 x^\mu\, d_2 x^\omega \left(\nabla_{[\mu} \nabla_{\omega]} w_\lambda - C_{[\mu\omega]}^{\cdot\cdot\alpha} \nabla_\alpha w_\lambda\right) \\ \quad + (\nabla_\alpha w_\lambda)(\delta_1 d_2 - \delta_2 d_1)\, x^\alpha \\ \quad = 2\, d_1 x^\mu\, d_2 x^\omega \left\{\nabla_{[\mu} \nabla_{\omega]} w_\lambda + \left(C_{[\omega\mu]}^{\cdot\cdot\alpha} + S_{\omega\mu}^{\cdot\cdot\alpha}\right)\right\} \nabla_\alpha w_\lambda , \end{cases}$$

so daß:

$$(115)\qquad 2 \nabla_{[\omega} \nabla_{\mu]} w_\lambda = R'^{\cdot\cdot\cdot\nu}_{\omega\mu\lambda} w_\nu + 2 S'^{\cdot\cdot\alpha}_{\omega\mu} \nabla_\alpha w_\lambda .$$

Aus (113) und (115) folgt, daß für jede kovariant symmetrische Übertragung:

$$(116\,\mathrm{a})\qquad 2 \nabla_{[\omega} \nabla_{\mu]} v^\nu = - R_{\omega\mu\lambda}^{\cdot\cdot\cdot\nu} v^\lambda \;{}^{1)}$$

$$(116\,\mathrm{b})\qquad 2 \nabla_{[\omega} \nabla_{\mu]} w_\lambda = R'^{\cdot\cdot\cdot\nu}_{\omega\mu\lambda} w_\nu .$$

Da für beliebige Wahl der Größen Φ und Ψ:

$$(117)\quad \begin{aligned} \nabla_{[\omega} \nabla_{\mu]} \Phi \Psi &= \Psi \nabla_{[\omega} \nabla_{\mu]} \Phi + (\nabla_{[\omega} \Phi) \nabla_{\mu]} \Psi + (\nabla_{[\omega} \Psi) \nabla_{\mu]} \Phi \\ &+ \Phi \nabla_{[\omega} \nabla_{\mu]} \Psi = \Psi \nabla_{[\omega} \nabla_{\mu]} \Phi + \Phi \nabla_{[\omega} \nabla_{\mu]} \Psi , \end{aligned}$$

so genügt der Operator $\nabla_{[\omega} \nabla_{\mu]}$, angewandt auf Produkte denselben einfachen Differentiationsregeln wie der Operator ∇_μ. Infolgedessen gilt für irgendeine beliebige Größe höheren Grades, z. B. $v_\alpha^{\cdot\beta\gamma}$:

$$(118)\quad \begin{cases} 2 \nabla_{[\omega} \nabla_{\mu]} v_\alpha^{\cdot\beta\gamma} = R'^{\cdot\cdot\cdot\delta}_{\omega\mu\alpha} v_\delta^{\cdot\beta\gamma} - R_{\omega\mu\delta}^{\cdot\cdot\cdot\beta} v_\alpha^{\cdot\delta\gamma} - R_{\omega\mu\delta}^{\cdot\cdot\cdot\gamma} v_\alpha^{\cdot\beta\delta} \\ \qquad + 2 S'^{\cdot\cdot\delta}_{\omega\mu} \nabla_\delta v_\alpha^{\cdot\beta\gamma} . \end{cases}$$

Um $R_{\omega\mu\lambda}^{\cdot\cdot\cdot\nu}$ durch $T_{\lambda\mu}^{\cdot\cdot\nu}$ auszudrücken, setzen wir in (101) die Werte aus (55 a) ein. Dann ergibt sich nach einiger Umrechnung:

$$(119)\quad \begin{cases} R_{\omega\mu\lambda}^{\cdot\cdot\cdot\nu} = \dfrac{\partial}{\partial x^\mu} \left\{ {\lambda\omega \atop \nu} \right\} - \dfrac{\partial}{\partial x^\omega} \left\{ {\lambda\mu \atop \nu} \right\} - \left\{ {\varkappa\omega \atop \nu} \right\} \left\{ {\lambda\mu \atop \varkappa} \right\} + \left\{ {\varkappa\mu \atop \nu} \right\} \left\{ {\lambda\omega \atop \varkappa} \right\} \\ \qquad - \overset{0}{\nabla}_\omega T_{\lambda\mu}^{\cdot\cdot\nu} + \overset{0}{\nabla}_\mu T_{\lambda\omega}^{\cdot\cdot\nu} + T_{\lambda\omega}^{\cdot\cdot\varkappa} T_{\varkappa\mu}^{\cdot\cdot\nu} - T_{\lambda\mu}^{\cdot\cdot\varkappa} T_{\varkappa\omega}^{\cdot\cdot\nu} , \end{cases}$$

wo $\overset{0}{\nabla}$ sich wieder auf die *Riemann*sche Übertragung bezieht [vgl. (57)].

---

1) Für *Riemann*sche Übertragungen ist dies die Identität von *Ricci*, 1887, 1, S. 16.

Für $T_{\lambda\mu}^{\cdot\cdot\nu}=0$ geht $R_{\omega\mu\lambda}^{\cdot\cdot\cdot\nu}$ über in $K_{\omega\mu\lambda}^{\cdot\cdot\cdot\nu}$, die Krümmungsgröße der *Riemann*schen Übertragung, den *Riemann-Christoffel*schen Affinor:

$$(120)\qquad K_{\omega\mu\lambda}^{\cdot\cdot\cdot\nu}=\frac{\partial}{\partial x^{\mu}}\left\{{\lambda\omega \atop \nu}\right\}-\frac{\partial}{\partial x^{\omega}}\left\{{\lambda\mu \atop \nu}\right\}-\left\{{\varkappa\omega \atop \nu}\right\}\left\{{\lambda\mu \atop \varkappa}\right\}+\left\{{\varkappa\mu \atop \nu}\right\}\left\{{\lambda\omega \atop \varkappa}\right\},$$

so daß

$$(121)\qquad R_{\omega\mu\lambda}^{\cdot\cdot\cdot\nu}=K_{\omega\mu\lambda}^{\cdot\cdot\cdot\nu}-\overset{0}{\nabla}_{\omega}T_{\lambda\mu}^{\cdot\cdot\nu}+\overset{0}{\nabla}_{\mu}T_{\lambda\omega}^{\cdot\cdot\nu}+T_{\lambda\omega}^{\cdot\cdot\varkappa}T_{\varkappa\mu}^{\cdot\cdot\nu}-T_{\lambda\mu}^{\cdot\cdot\varkappa}T_{\varkappa\omega}^{\cdot\cdot\nu}\,{}^{1)}.$$

Aus (121) und (111) ergibt sich der Wert von $R'^{\cdot\cdot\cdot\nu}_{\omega\mu\lambda}$.

Statt $\overset{0}{\nabla}_{\omega}T_{\lambda\mu}^{\cdot\cdot\nu}$ kann man in (119) und (121) auch $\nabla_{\omega}T_{\lambda\mu}^{\cdot\cdot\nu}$ einführen. Für $R_{\omega\mu\lambda}^{\cdot\cdot\cdot\nu}$ entsteht dann die etwas kompliziertere Formel:

$$(122)\qquad \begin{cases} R_{\omega\mu\lambda}^{\cdot\cdot\cdot\nu}=K_{\omega\mu\lambda}^{\cdot\cdot\cdot\nu}-\nabla_{\omega}T_{\lambda\mu}^{\cdot\cdot\nu}+\nabla_{\mu}T_{\lambda\omega}^{\cdot\cdot\nu}-T_{\lambda\omega}^{\cdot\cdot\varkappa}T_{\varkappa\mu}^{\cdot\cdot\nu}+T_{\lambda\mu}^{\cdot\cdot\varkappa}T_{\varkappa\omega}^{\cdot\cdot\nu}\\ \qquad -T_{\lambda\varkappa}^{\cdot\cdot\nu}T_{\mu\omega}^{\cdot\cdot\varkappa}+T_{\lambda\varkappa}^{\cdot\cdot\nu}T_{\omega\mu}^{\cdot\cdot\varkappa}+C_{\omega\lambda}^{\cdot\cdot\varkappa}T_{\varkappa\mu}^{\cdot\cdot\nu}-C_{\mu\lambda}^{\cdot\cdot\varkappa}T_{\varkappa\omega}^{\cdot\cdot\nu}\\ \qquad +C_{\omega\mu}^{\cdot\cdot\varkappa}T_{\lambda\varkappa}^{\cdot\cdot\nu}-C_{\mu\omega}^{\cdot\cdot\varkappa}T_{\lambda\varkappa}^{\cdot\cdot\nu}\,{}^{2)}. \end{cases}$$

Die Größen:

$$(123)\qquad \begin{cases} R_{\mu\lambda}=R_{\nu\mu\lambda}^{\cdot\cdot\cdot\nu}; & F_{\mu\lambda}=R_{[\mu\lambda]};\\ R'_{\mu\lambda}=R'^{\cdot\cdot\cdot\nu}_{\nu\mu\lambda}; & F'_{\mu\lambda}=R'_{[\mu\lambda]};\\ V_{\omega\mu}=R_{\omega\mu\lambda}^{\cdot\cdot\cdot\lambda}; & V'_{\omega\mu}=R'^{\cdot\cdot\cdot\lambda}_{\omega\mu\lambda} \end{cases}$$

sind Komitanten von $R_{\omega\mu\lambda}^{\cdot\cdot\cdot\nu}$ bzw. $R'^{\cdot\cdot\cdot\nu}_{\omega\mu\lambda}$. Die Bestimmungszahlen dieser Größen bekommen bei Änderung des kovarianten Maßes einen Faktor τ^{-1}. Für eine *Riemann*sche Übertragung geht $R_{\mu\lambda}$ über in:

$$(124)\qquad K_{\mu\lambda}=K_{\nu\mu\lambda}^{\cdot\cdot\cdot\nu},$$

während $F_{\mu\lambda}$ und $V_{\mu\lambda}$ verschwinden. Durch Überschiebung mit $g^{\mu\lambda}$ entsteht aus $K_{\mu\lambda}$ der Skalar:

$$(125)\qquad K=g^{\mu\lambda}K_{\mu\lambda}.$$

§ 13. Die Krümmungsgrößen der weniger allgemeinen Übertragungen.

Für eine affine Übertragung (III $C\alpha$) geht (122) über in die einfachere Gleichung:

$$(126)\qquad R_{\omega\mu\lambda}^{\cdot\cdot\cdot\nu}=R'^{\cdot\cdot\cdot\nu}_{\omega\mu\lambda}=K_{\omega\mu\lambda}^{\cdot\cdot\cdot\nu}-2\nabla_{[\omega}T_{\mu]\lambda}^{\cdot\cdot\nu}-T_{\lambda\omega}^{\cdot\cdot\varkappa}T_{\varkappa\mu}^{\cdot\cdot\nu}+T_{\lambda\mu}^{\cdot\cdot\varkappa}T_{\varkappa\omega}^{\cdot\cdot\nu}.$$

Daneben gilt auch (121), so daß

$$(127)\qquad \nabla_{[\omega}T_{\mu]\lambda}^{\cdot\cdot\nu}=\overset{0}{\nabla}_{[\omega}T_{\mu]\lambda}^{\cdot\cdot\nu}-T_{\lambda\omega}^{\cdot\cdot\varkappa}T_{\varkappa\mu}^{\cdot\cdot\nu}+T_{\lambda\mu}^{\cdot\cdot\varkappa}T_{\varkappa\omega}^{\cdot\cdot\nu},$$

eine Gleichung, die sich auch unmittelbar mit Hilfe von (56a) ableiten läßt. Substitution von (127) in (126) ergibt:

$$(128)\qquad R_{\omega\mu\lambda}^{\cdot\cdot\cdot\nu}+\nabla_{[\omega}T_{\mu]\lambda}^{\cdot\cdot\nu}=K_{\omega\mu\lambda}^{\cdot\cdot\cdot\nu}-\overset{0}{\nabla}_{[\omega}T_{\mu]\lambda}^{\cdot\cdot\nu}.$$

---

[1]) *Eddington*, 1921, 1, S. 110. [2]) *Schouten*, 1922, 2, S. 76.

Für eine inzidenzinvariante, kovariant symmetrische und konforme Übertragung, $C_{\mu\lambda}^{\cdot\cdot\nu} = C_\mu A_\lambda^\nu$, $S'^{\cdot\cdot\nu}_{\lambda\mu} = 0$, $\nabla_\mu g_{\lambda\nu} = -Q_\mu g_{\lambda\nu}$, (II $C\,\beta$) gehen (122) und (111) über in

$$(129\text{a})\quad \begin{cases} R_{\omega\mu\lambda}^{\cdot\cdot\cdot\nu} = K_{\omega\mu\lambda}^{\cdot\cdot\cdot\nu} - \left(\nabla_{[\omega} T_{\mu]}\right) A_\lambda^\nu - \left\{\left(2\nabla_{[\omega} T_{[\lambda} + T_{[\omega} T_{[\lambda}\right.\right. \\ \quad \left.\left. - \tfrac{1}{2} T_\alpha T^\alpha g_{[\omega[\lambda}\right) g_{\mu]\varkappa]}\right\} g^{\varkappa\nu} - C_{[\omega} Q_{\mu]} A_\lambda^\nu ; \quad T_\mu = Q_\mu - 2 C_\mu . \end{cases}$$

$$(129\text{b})\qquad R'^{\cdot\cdot\cdot\nu}_{\omega\mu\lambda} = R_{\omega\mu\lambda}^{\cdot\cdot\cdot\nu} + 2\left(\nabla_{[\omega} C_{\mu]}\right) A_\lambda^\nu \ ^{1)} .$$

Aus dieser Gleichung folgt für die *Weyl*sche Übertragung, $C_\mu = 0$, (III $C\,\beta$):

$$(130)\quad \begin{cases} R_{\omega\mu\lambda}^{\cdot\cdot\cdot\nu} = R'^{\cdot\cdot\cdot\nu}_{\omega\mu\lambda} = K_{\omega\mu\lambda}^{\cdot\cdot\cdot\nu} - \left(\nabla_{[\omega} Q_{\mu]}\right) A_\lambda^\nu \\ \qquad - \left\{\left(2\nabla_{[\omega} Q_{[\lambda} + Q_{[\omega} Q_{[\lambda} - \tfrac{1}{2} Q_\alpha Q^\alpha g_{[\omega[\lambda}\right) g_{\mu]\varkappa]}\right\} g^{\varkappa\nu} \end{cases}$$

und für eine inzidenzinvariante, kovariant symmetrische und metrische Übertragung, $Q_\mu = 0$, (II $C\,\gamma$):

$$(131\text{a})\quad \begin{cases} R_{\omega\mu\lambda}^{\cdot\cdot\cdot\nu} = K_{\omega\mu\lambda}^{\cdot\cdot\cdot\nu} + 2\left(\nabla_{[\omega} C_{\mu]}\right) A_\lambda^\nu \\ \qquad + \left\{\left(4\nabla_{[\omega} C_{[\lambda} - 4 C_{[\omega} C_{[\lambda} + 2 C_\alpha C^\alpha g_{[\omega[\lambda}\right) g_{\mu]\varkappa]}\right\} g^{\varkappa\nu} \end{cases}$$

$$(131\text{b})\qquad R'^{\cdot\cdot\cdot\nu}_{\omega\mu\lambda} = R_{\omega\mu\lambda}^{\cdot\cdot\cdot\nu} + 2\left(\nabla_{[\omega} C_{\mu]}\right) A_\lambda^\nu .$$

Aus (126) folgt durch Faltung nach $\omega\nu$ für eine affine Übertragung, (III $C\,\alpha$):

$$(132)\quad R_{\mu\lambda} = R'_{\mu\lambda} = K_{\mu\lambda} - \nabla_\alpha T_{\mu\lambda}^{\cdot\cdot\alpha} + \nabla_\mu T_{\lambda\alpha}^{\cdot\cdot\alpha} - T_{\lambda\alpha}^{\cdot\cdot\varkappa} T_{\varkappa\mu}^{\cdot\cdot\alpha} + T_{\lambda\mu}^{\cdot\cdot\varkappa} T_{\varkappa\alpha}^{\cdot\cdot\alpha} .$$

Für $F_{\mu\lambda}$ gilt also infolge (123):

$$(133)\qquad F_{\mu\lambda} = F'_{\mu\lambda} = \nabla_{[\mu} T_{\lambda]\alpha}^{\cdot\cdot\alpha} .$$

Der Bivektor $F_{\mu\lambda}$ ist also für eine affine Übertragung die Rotation des Vektors $T_{\lambda\alpha}^{\cdot\cdot\alpha}$ [2]).

§ 14. Die 4 Identitäten der Krümmungsgrößen.

Aus (101) und (106) oder auch aus (113) und (115) folgt für die allgemeine lineare Übertragung die erste Identität der Krümmungsgrößen, die zum Ausdruck bringt, daß diese Größen in den ersten zwei Indizes alternierend sind:

$$(134\text{a})\qquad \boxed{R_{(\omega\mu)\lambda}^{\cdot\cdot\cdot\nu} = 0 ,}$$

$$(134\text{b})\qquad \boxed{R'^{\cdot\cdot\cdot\nu}_{(\omega\mu)\lambda} = 0 .}$$

Aus der Betrachtung des Differentialquotienten zweiter Ordnung $\nabla_{[\omega} \nabla_\mu v_{\lambda]}$ folgt eine weitere Identität. Infolge (29) ist:

$$(135)\quad \begin{cases} \nabla_\omega \nabla_{[\mu} v_{\lambda]} = \dfrac{1}{2} \dfrac{\partial}{\partial x^\omega}\left(\dfrac{\partial v_\lambda}{\partial x^\mu} - \dfrac{\partial v_\mu}{\partial x^\lambda}\right) - \Gamma'^{\alpha}_{\mu\omega} \nabla_{[\alpha} v_{\lambda]} - \Gamma'^{\alpha}_{\lambda\omega} \nabla_{[\mu} v_{\alpha]} \\ \qquad + \left(\Gamma'^{\alpha}_{\mu\omega} S'^{\cdot\cdot\nu}_{\alpha\lambda} + \Gamma'^{\alpha}_{\lambda\omega} S'^{\cdot\cdot\nu}_{\mu\alpha}\right) v_\nu + \left(\nabla_\omega S'^{\cdot\cdot\nu}_{\mu\lambda}\right) v_\nu \\ \qquad + S'^{\cdot\cdot\nu}_{\mu\lambda} \nabla_\omega v_\nu - C_{\omega\alpha}^{\cdot\cdot\beta} S'^{\cdot\cdot\alpha}_{\mu\lambda} v_\beta , \end{cases}$$

---

1) *Schouten*, 1922, 2. 2) *Eddington*, 1921, 1, S. 110; 1923, 7, S. 216.

und also:

$$(136)\left\{\begin{aligned} \nabla_{[\omega}\nabla_{\mu}v_{\lambda]} &= (\nabla_{\alpha}v_{[\lambda})\,\Gamma'^{\alpha}_{\omega\mu]} + 2\,\Gamma'^{\alpha}_{[\omega\mu}S'_{\lambda]\alpha}{}^{\nu}v_{\nu} + v_{\nu}\nabla_{[\omega}S'_{\mu\lambda]}{}^{\nu} \\ &\quad - (\Gamma'^{\alpha}_{[\lambda\omega}\nabla_{\mu]}v_{\alpha} - S'_{[\lambda\omega}{}^{\alpha}\nabla_{\mu]}v_{\alpha}) - S'_{[\mu\lambda}{}^{\alpha}C_{\omega]\alpha}{}^{\beta}v_{\beta} \\ &= -(\nabla_{\alpha}v_{[\lambda})\,\Gamma''^{\alpha}_{\omega\mu]} + 2\,\Gamma''^{\alpha}_{[\omega\mu}S'_{\lambda]\alpha}{}^{\nu}v_{\nu} + v_{\nu}\nabla_{[\omega}S'_{\mu\lambda]}{}^{\nu} + S'_{[\mu\lambda}{}^{\alpha}C_{\omega]\alpha}{}^{\beta}v_{\beta}\,. \end{aligned}\right.$$

Aus (115) folgt aber:

$$(137)\qquad 2\,\nabla_{[\omega}\nabla_{\mu}v_{\lambda]} = R'_{[\omega\mu\lambda]}{}^{\nu}v_{\nu} + 2\,(\nabla_{\alpha}v_{[\lambda})\,S'_{\omega\mu]}{}^{\alpha},$$

so daß, mit Berücksichtigung von (26):

$$(138)\qquad R'_{[\omega\mu\lambda]}{}^{\nu} = 4\,S'_{[\omega\mu}{}^{\alpha}S'_{\lambda]\alpha}{}^{\nu} + 2\,\nabla_{[\omega}S'_{\mu\lambda]}{}^{\nu} - 2\,S'_{[\mu\lambda}{}^{\alpha}C_{\omega]\alpha}{}^{\nu}\,.$$

Dies ist die zweite Identität, die für eine kovariant symmetrische Übertragung übergeht in:

$$(139)\qquad \boxed{R'_{[\omega\mu\lambda]}{}^{\nu} = 0\,.}$$

Aus (137) und (139) folgt für eine kovariant symmetrische Übertragung die für jeden beliebigen kovarianten Vektor gültige Identität:

$$(140)\qquad \nabla_{[\omega}\nabla_{\mu}v_{\lambda]} = 0\,.$$

Die allgemeinere unter denselben Umständen für jeden kovarianten p-Vektor gültige Identität:

$$(141)\qquad \nabla_{[\omega}\nabla_{\mu}v_{\lambda_1\ldots\lambda_p]} = 0$$

läßt sich aus (140) ableiten, indem man $v_{\lambda_1\ldots\lambda_p}$ als eine Summe von Vektorprodukten schreibt. Es gilt also der Satz:

Der alternierte Differentialquotient eines alternierten Differentialquotienten eines p-Vektors verschwindet bei jeder kovariant symmetrischen Übertragung[1]).

Aus (123) und (139) folgt durch Faltung nach $\omega\nu$ die nur für kovariant symmetrische Übertragungen gültige Gleichung:

$$(142)\qquad V'_{\lambda\mu} = -2\,R'_{[\lambda\mu]}\,.$$

Infolge (40) gilt:

$$(143)\qquad \nabla_{[\omega}\nabla_{\mu]}g_{\lambda\nu} = \nabla_{[\omega}Q'_{\mu]\lambda\nu}\,,$$

und demzufolge:

$$(144)\qquad R'_{\omega\mu\lambda}{}^{\alpha}g_{\alpha\nu} + R'_{\omega\mu\nu}{}^{\alpha}g_{\alpha\lambda} = 2\,\nabla_{[\omega}Q'_{\mu]\lambda\nu}$$

oder:

$$(145)\qquad \boxed{R'_{\omega\mu(\lambda\nu)} = \nabla_{[\omega}Q'_{\mu]\lambda\nu}\,.}$$

Dies ist die dritte Identität, die für die *Weyl*sche Übertragung übergeht in:

$$(146)\qquad R_{\omega\mu(\lambda\nu)} = R'_{\omega\mu(\lambda\nu)} = -\nabla_{[\omega}Q_{\mu]}g_{\lambda\nu} = -(\nabla_{[\omega}Q_{\mu]})\,g_{\lambda\nu}$$

und für die *Riemann*sche in:

$$(147)\qquad \boxed{K_{\omega\mu(\lambda\nu)} = 0\,.}$$

$K_{\omega\mu\lambda\nu}$ ist also nicht nur alternierend in den zwei ersten, sondern auch in den zwei letzten Indizes. Aus diesen drei Identitäten (134), (139)

---

[1]) *Poincaré*, 1887, 3, S. 336 für R_n; *Volterra*, 1889, 3, S. 602 für R_n; *Brouwer*, 1906, 1 für R_n; *Goursat*, 1922, 3, S. 105; vgl. S. 99 und 116.

und (145) folgt die nur für die *Riemann*sche Übertragung gültige vierte Identität:

$$\boxed{K_{\omega\mu\lambda\nu} = K_{\lambda\nu\omega\mu}\,.} \tag{148}$$

Infolge der dritten und vierten Identität ist die zweite Identität bei einer *Riemann*schen Übertragung äquivalent mit:

$$\boxed{K_{[\omega\mu\lambda\nu]} = 0\,.} \tag{149}$$

Daraus folgt in einfacher Weise die Anzahl der Bestimmungszahlen von $K_{\omega\mu\lambda\nu}$. Die erste und die dritte Identität lehren, daß $K_{\omega\mu\lambda\nu}$ ein Bivektoraffinor ist. Aus der vierten folgt, daß $K_{\omega\mu\lambda\nu}$ ein Bivektortensor ist. Nun hat ein allgemeiner Bivektortensor $\frac{1}{2}\left(\frac{n(n-1)}{2}+1\right)\frac{n(n-1)}{2}$ Bestimmungszahlen. (149) sind aber $\binom{n}{4}$ Bedingungsgleichungen, so daß die Anzahl $\frac{1}{2}\left(\frac{n(n-1)}{2}+1\right)\frac{n(n-1)}{2} - \binom{n}{4} = \frac{1}{12}n^2(n^2-1)$ wird.

§ 15. Die inhaltstreuen Übertragungen.

Die Änderung, die ein kontravarianter n-Vektor $U^{\nu_1\ldots\nu_n}$ bei Umkreisung von $f^{\omega\mu}d\sigma$ erfährt, ist infolge (108):

$$\left\{\begin{aligned} D\,U^{\nu_1\ldots\nu_n} &= f^{\mu\omega}\,d\sigma\left(\sum_u R_{\omega\mu\delta}^{\cdot\cdot\cdot\nu_u}\,U^{\nu_1\ldots\nu_{u-1}\delta\nu_{u+1}\ldots\nu_n}\right)\\ &= n\,f^{\mu\omega}\,d\sigma\,R_{\omega\mu\delta}^{\cdot\cdot\cdot[\nu_n}\,U^{\nu_1\ldots\nu_{n-1}]\delta}\,. \end{aligned}\right. \tag{150}$$

Dafür, daß diese Änderung für jede Wahl von $f^{\mu\omega}$ und $U^{\nu_1\ldots\nu_n}$ verschwindet, ist notwendig und hinreichend, daß:

$$R_{\omega\mu\delta}^{\cdot\cdot\cdot[\nu_n}\,U^{\nu_1\ldots\nu_{n-1}]\delta} = 0\,, \tag{151}$$

was gleichbedeutend ist mit:

$$\boxed{R_{\omega\mu\lambda}^{\cdot\cdot\cdot\lambda} = V_{\omega\mu} = 0\,.} \tag{152}$$

Wir nennen die Übertragung in diesem Falle **kontravariant inhaltstreu**[1]). In derselben Weise zeigt man, daß:

$$\boxed{R'^{\cdot\cdot\cdot\lambda}_{\omega\mu\lambda} = V'_{\omega\mu} = 0} \tag{153}$$

die notwendige und hinreichende Bedingung dafür ist, daß eine Übertragung **kovariant inhaltstreu** ist.

Infolge (111) ist:

$$V'_{\omega\mu} = V_{\omega\mu} + 2\left(\nabla_{[\omega}C_{\mu]\lambda}^{\cdot\cdot\nu}\right)A_\nu^\lambda - 2\,S'^{\cdot\cdot\alpha}_{\omega\mu}\,C_{\alpha\lambda}^{\cdot\cdot\lambda}\,, \tag{154}$$

eine Gleichung, die für eine inzidenzinvariante Übertragung infolge (21) und (I 39) übergeht in:

$$V'_{\omega\mu} = V_{\omega\mu} + 2n\,\nabla_{[\omega}C_{\mu]} - 2n\,S'^{\cdot\cdot\alpha}_{\omega\mu}\,C_\alpha \tag{155}$$

und für eine inzidenzinvariante und symmetrische in:

$$V'_{\omega\mu} = V_{\omega\mu} + 2n\,\nabla_{[\omega}C_{\mu]}\,. \tag{156}$$

Die Bedingungen für kontravariante und kovariante Inhaltstreue sind also nicht gleich. Vergleicht man die Gleichungen (155) und (156) mit (36a) und (36c), so ergibt sich der Satz:

---

[1]) *Schouten*, 1923, 4, S. 171.

Eine inzidenzinvariante und kontra- bzw. kovariant inhaltstreue Übertragung ist dann und nur dann auch ko- bzw. kontravariant inhaltstreu, wenn sich sich das Feld C_λ durch Änderung des kovarianten Maßes forttransformieren läßt.

Wo im folgenden von einer inhaltstreuen Übertragung ohne nähere Angabe die Rede ist, ist immer eine überschiebungsinvariante kontravariant und kovariant inhaltstreue Übertragung gemeint.

Aus (152), (142) und (133) folgt der Satz:

Dafür, daß eine affine Übertragung inhaltstreu ist, ist jede der drei folgenden Bedingungen notwendig und hinreichend:

1. $R_{\omega\mu\lambda}^{\cdot\,\cdot\,\cdot\,\lambda} = V_{\omega\mu}$ verschwindet.
2. $R_{\nu\mu\lambda}^{\cdot\,\cdot\,\cdot\,\nu} = R_{\mu\lambda}$ ist symmetrisch.
3. $T_{\lambda\alpha}^{\cdot\,\cdot\,\alpha}$ ist wirbelfrei.

Ist die Übertragung in einer X_n überschiebungsinvariant und inhaltstreu, so kann man zwei n-Vektorfelder $U^{\nu_1\ldots\nu_n}$ und $U_{\lambda_1\ldots\lambda_n}$ definieren, die den folgenden Bedingungen genügen:

$$\delta\, U^{\nu_1\ldots\nu_n} = 0; \qquad \delta\, U_{\lambda_1\ldots\lambda_n} = 0. \tag{157}$$

$$U_{\lambda_1\ldots\lambda_n} U^{\lambda_1\ldots\lambda_n} = \frac{1}{n!}. \tag{158}$$

Der Beweis dieses Satzes wird sich im nächsten Abschnitt bei der Behandlung der Integrabilitätsbedingungen von Differentialgleichungen ergeben (III, § 6). Mit Hilfe dieser Felder kann in jedem Punkte eine Korrespondenz zwischen den einfachen kontravarianten p-Vektoren und den einfachen kovarianten $(n-p)$-Vektoren zustande gebracht werden, wie es auf S. 32 mit Hilfe der n-Vektoren $E^{\nu_1\ldots\nu_n}$ und $E_{\lambda_1\ldots\lambda_n}$ geschehen ist. Man kann hier nicht die zu den Urvariablen gehörigen Größen $E^{\nu_1\ldots\nu_n}$ und $E_{\lambda_1\ldots\lambda_n}$ verwenden (I 49), da die Forderung der Konstanz dieser Größen die Wahl der Urvariablen einschränken würde und diese Wahl völlig frei bleiben muß. Ist also $U^{\nu_1\ldots\nu_n}$ und damit $U_{\lambda_1\ldots\lambda_n}$ festgelegt, so kann man das Element einer X_p, $p < n$, je nach Belieben darstellen entweder durch $f^{\nu_1\ldots\nu_p}\, d\tau_p$ oder durch $f_{\lambda_1\ldots\lambda_{n-p}}\, d\tau_p$, und das Element der X_n selbst kann entweder als n-Vektor $U^{\nu_1\ldots\nu_n}\, d\tau_n$ oder als Skalar $d\tau_n$ aufgefaßt werden.

§ 16. Die Bianchische Identität.

Für jeden beliebigen Vektor w_λ gilt infolge (115) und (117):

$$2\nabla_{[\xi}\nabla_{\omega]}\nabla_\mu w_\lambda = R'^{\cdot\,\cdot\,\cdot\,\alpha}_{\xi\omega\mu}\nabla_\alpha w_\lambda + R'^{\cdot\,\cdot\,\cdot\,\alpha}_{\xi\omega\lambda}\nabla_\mu w_\alpha + 2S'^{\cdot\,\cdot\,\alpha}_{\xi\omega}\nabla_\alpha\nabla_\mu w_\lambda. \tag{159}$$

Schreiben wir $\nabla_\mu w_\lambda$ als Produkt idealer Faktoren, $p_\mu q_\lambda$, so ist also:

$$\left\{\begin{aligned} 2\nabla_{[\xi}\nabla_\omega\nabla_{\mu]} w_\lambda &= R'^{\cdot\,\cdot\,\cdot\,\alpha}_{[\xi\omega\mu]}\nabla_\alpha w_\lambda + p_{[\mu} R'^{\cdot\,\cdot\,\cdot\,\alpha}_{\xi\omega]\lambda} q_\alpha \\ &\quad + 2(\nabla_\alpha p_{[\mu}) S'^{\cdot\,\cdot\,\alpha}_{\xi\omega]} q_\lambda + 2 S'^{\cdot\,\cdot\,\alpha}_{[\xi\omega} p_{\mu]}\nabla_\alpha q_\lambda. \end{aligned}\right. \tag{160}$$

Andererseits ist aber nach (115):

$$
(161)\quad \begin{cases} 2\nabla_{\xi}\nabla_{[\omega}\nabla_{\mu]} w_{\lambda} = \nabla_{\xi}\left(R'^{\cdot\cdot\cdot\nu}_{\omega\mu\lambda} w_{\nu} + 2S'^{\cdot\cdot\alpha}_{\omega\mu}\nabla_{\alpha} w_{\lambda}\right) \\ \qquad = \left(\nabla_{\xi} R'^{\cdot\cdot\cdot\nu}_{\omega\mu\lambda}\right) w_{\nu} + R'^{\cdot\cdot\cdot\nu}_{\omega\mu\lambda}\nabla_{\xi} w_{\nu} - C^{\cdot\cdot\beta}_{\xi\alpha} R'^{\cdot\cdot\cdot\alpha}_{\omega\mu\lambda} w_{\beta} \\ \qquad + 2\left(\nabla_{\xi} S'^{\cdot\cdot\alpha}_{\omega\mu}\right)\nabla_{\alpha} w_{\lambda} + 2S'^{\cdot\cdot\alpha}_{\omega\mu}\nabla_{\xi}\nabla_{\alpha} w_{\lambda} \\ \qquad - 2C^{\cdot\cdot\beta}_{\xi\alpha} S'^{\cdot\cdot\alpha}_{\omega\mu}\nabla_{\beta} w_{\lambda}, \end{cases}
$$

also:

$$
(162)\quad \begin{cases} 2\nabla_{[\xi}\nabla_{\omega}\nabla_{\mu]} w_{\lambda} = \left(\nabla_{[\xi} R'^{\cdot\cdot\cdot\nu}_{\omega\mu]\lambda}\right) w_{\nu} + p_{[\xi} R'^{\cdot\cdot\cdot\alpha}_{\omega\mu]\lambda} q_{\alpha} \\ \qquad - A^{\gamma\delta\varepsilon}_{[\xi\omega\mu]} C^{\cdot\cdot\beta}_{\gamma\alpha} R^{\cdot\cdot\cdot\alpha}_{\delta\varepsilon\lambda} w_{\beta} + 2\left(\nabla_{[\xi} S'^{\cdot\cdot\alpha}_{\omega\mu]}\right)\nabla_{\alpha} w_{\lambda} \\ \qquad + 2S'^{\cdot\cdot\alpha}_{[\omega\mu}\nabla_{\xi]}\nabla_{\alpha} w_{\lambda} - 2S'^{\cdot\cdot\alpha}_{[\omega\mu} C^{\cdot\cdot\beta}_{\xi]\alpha}\nabla_{\beta} w_{\lambda}, \end{cases}
$$

so daß mit Berücksichtigung von (138) folgt:

$$
(163\,\mathrm{a})\quad \boxed{\nabla_{[\xi} R'^{\cdot\cdot\cdot\nu}_{\omega\mu]\lambda} = -2S'^{\cdot\cdot\alpha}_{[\omega\mu} R'^{\cdot\cdot\cdot\nu}_{\xi]\alpha\lambda} + A^{\gamma\delta\varepsilon}_{[\xi\omega\mu]} C^{\cdot\cdot\nu}_{\gamma\alpha} R^{\cdot\cdot\cdot\alpha}_{\delta\varepsilon\lambda}.}
$$

Für eine kovariant symmetrische Übertragung geht diese Identität über in:

$$
(163\,\mathrm{b})\quad \nabla_{[\xi} R'^{\cdot\cdot\cdot\nu}_{\omega\mu]\lambda} = A^{\gamma\delta\varepsilon}_{[\xi\omega\mu]} C^{\cdot\cdot\nu}_{\gamma\alpha} R^{\cdot\cdot\cdot\alpha}_{\delta\varepsilon\lambda},
$$

für eine kovariant symmetrische und inzidenzinvariante in:

$$
(163\,\mathrm{c})\quad \nabla_{[\xi} R'^{\cdot\cdot\cdot\nu}_{\omega\mu]\lambda} = C_{[\xi} R'^{\cdot\cdot\cdot\nu}_{\omega\mu]\lambda},
$$

für eine überschiebungsinvariante in:

$$
(163\,\mathrm{d})\quad \nabla_{[\xi} R^{\cdot\cdot\cdot\nu}_{\omega\mu]\lambda} = -2S^{\cdot\cdot\alpha}_{[\omega\mu} R^{\cdot\cdot\cdot\nu}_{\xi]\alpha\lambda},
$$

für eine affine Übertragung in:

$$
(163\,\mathrm{e})\quad \boxed{\nabla_{[\xi} R^{\cdot\cdot\cdot\nu}_{\omega\mu]\lambda} = 0}
$$

und für eine *Riemann*sche Übertragung in:

$$
(163\,\mathrm{f})\quad \boxed{\nabla_{[\xi} K^{\cdot\cdot\cdot\nu}_{\omega\mu]\lambda} = 0,}
$$

die *Bianchi*sche Identität[1]).

Durch Faltung nach λ und ν ergibt sich aus (163a):

$$
(164)\quad \nabla_{[\xi} F'_{\omega\mu]} = -2S'^{\cdot\cdot\alpha}_{[\omega\mu} F'_{\xi]\alpha},
$$

eine Gleichung, die für eine kovariant symmetrische Übertragung übergeht in:

$$
(165)\quad \nabla_{[\xi} F'_{\omega\mu]} = 0
$$

[2]).

[1]) Die *Bianchi*sche Identität wurde zum erstenmal veröffentlicht von *Padova* 1889, 4, der sie durch briefliche Mitteilung erhielt von *Ricci*. Später wurde die Identität unabhängig bewiesen von *Bianchi* 1902, 6. *Ricci* leitete auch 1903, 1, S. 411 für $n = 3$ die für die allgemeine Relativitätstheorie so wichtige Gleichung (169) ab. *Bach* bewies 1921, 6 die Gültigkeit der Identität für eine *Weyl*sche Übertragung, und der Verfasser berichtete auf dem Kongreß in Jena 1921 über die Gültigkeit der Identität bei jeder symmetrischen Übertragung (vgl. 1923, 3). *Veblen* gab 1922, 9 einen Beweis für die affine Übertragung. *Weitzenböck* leitete 1923, 1, S. 357 die Form (163d) der Identität ab. Eine zusammenfassende historische Übersicht findet sich bei *Schouten-Struik*, 1923, 9.

[2]) *Weyl*, 1921, 3, S. 10.

Durch Faltung nach ω und ν entsteht aus (163a):

$$
(166) \quad \begin{cases} 2\nabla_{[\xi} R'_{\mu]\lambda} + \nabla_\nu R'^{\,\cdot\,\cdot\,\cdot\,\nu}_{\mu\xi\lambda} = -2 S'^{\,\cdot\,\cdot\,\alpha}_{\mu\xi} R'_{\alpha\lambda} - 4 S'^{\,\cdot\,\cdot\,\alpha}_{\nu[\mu} R'^{\,\cdot\,\cdot\,\cdot\,\nu}_{\xi]\alpha\lambda} \\ \qquad + C^{\,\cdot\,\cdot\,\beta}_{\beta\alpha} R'^{\,\cdot\,\cdot\,\cdot\,\alpha}_{\mu\xi\lambda}, \end{cases}
$$

eine Gleichung, die für eine kovariant symmetrische Übertragung übergeht in:

$$
(167) \qquad 2\nabla_{[\mu} R'_{\xi]\lambda} = \nabla_\nu R'^{\,\cdot\,\cdot\,\cdot\,\nu}_{\mu\xi\lambda} - C^{\,\cdot\,\cdot\,\beta}_{\beta\alpha} R'^{\,\cdot\,\cdot\,\cdot\,\alpha}_{\mu\xi\lambda}.
$$

Für die *Riemann*sche Übertragung folgt bei Überschiebung von (167) mit $g^{\xi\lambda}$:

$$
(168) \qquad \nabla_\mu K = 2\nabla^\omega K_{\omega\mu},
$$

oder in anderer Form:

$$
(169) \qquad \boxed{\nabla^\mu G_{\mu\lambda} = 0\,; \qquad G_{\mu\lambda} = K_{\mu\lambda} - \tfrac{1}{2} K g_{\mu\lambda},}
$$

die bekannte Impuls-Energiegleichung der Gravitationstheorie.

§ 17. Darstellung einer überschiebungsinvarianten Übertragung mit Hilfe von idealen Faktoren der Größe $\overset{\cdot}{A}{}^{\nu}_{\lambda}$.

Die auf die Krümmungsgrößen bezüglichen Berechnungen der vorigen Paragraphen waren ziemlich weitläufig. Man kann nun eine große Vereinfachung erreichen, wenn der Einheitsaffinor A^ν_λ in ideale Faktoren zerlegt wird:

$$
(170) \qquad A^\nu_\lambda = A_\lambda A^\nu = \overset{1}{A}_\lambda \underset{1}{A}{}^\nu = \overset{2}{A}_\lambda \underset{2}{A}{}^\nu = \ .
$$

Wir führen dieses aus für eine überschiebungsinvariante Übertragung, wo die erzielte Vereinfachung besonders groß ist. Infolge (D_2) und (16) ist:

$$
(171\,\mathrm{a}) \qquad \begin{cases} \nabla_\mu v^\nu = \nabla_\mu v^\lambda A_\lambda A^\nu = (\nabla_\mu v^\lambda A_\lambda) A^\nu + v^\lambda A_\lambda \nabla_\mu A^\nu \\ \quad = \left(\dfrac{\partial}{\partial x^\mu} v^\lambda A_\lambda\right) A^\nu + v^\lambda A_\lambda \nabla_\mu A^\nu \\ \quad = \dfrac{\partial v^\nu}{\partial x^\mu} + \dfrac{\partial A_\lambda}{\partial x^\mu} A^\nu v^\lambda + v^\lambda A_\lambda \nabla_\mu A^\nu, \end{cases}
$$

und ebenso:

$$
(171\,\mathrm{b}) \qquad \nabla_\mu w_\lambda = \frac{\partial w_\lambda}{\partial x^\mu} + \frac{\partial A^\nu}{\partial x^\mu} A_\lambda w_\nu + w_\nu A^\nu \nabla_\mu A_\lambda.
$$

Nun haben zwar die n^3 Produkte $A_\lambda A^\nu$ alle reale Bedeutung, nicht aber alle $2\,n^3$ Ausdrücke $\dfrac{\partial A_\lambda}{\partial x^\mu} A^\nu$, $\dfrac{\partial A^\nu}{\partial x^\mu} A_\lambda$. Von diesen haben nur die n^3 Summen:

$$
(172) \qquad \frac{\partial A_\lambda}{\partial x^\mu} A^\nu + \frac{\partial A^\nu}{\partial x^\mu} A_\lambda = \frac{\partial}{\partial x^\mu} A^\nu_\lambda
$$

kann gebildet werden, indem zuerst über die Röhre integriert wird. Dabei entsteht:

$$(201)\quad \begin{cases} \dfrac{1}{(m+1)!}\left(\overset{2}{v}_{a_2\ldots a_{m+1}} - \overset{1}{v}_{a_2\ldots a_{m+1}}\right) d x^{a_2} \ldots d x^{a_{m+1}} \\ = \dfrac{1}{m+1}\left(\overset{2}{v}_{a_2\ldots a_{m+1}} \overset{2}{f}{}^{a_2\ldots a_{m+1}} + \overset{1}{v}_{a_2\ldots a_{m+1}} \overset{2}{f}{}^{a_2\ldots a_{m+1}}\right) d\tau_m . \end{cases}$$

Wird nun über τ_m integriert, so entsteht:

$$(202)\quad \frac{1}{m+1}\int\limits_{\tau_m} v_{a_2\ldots a_{m+1}} f^{a_2\ldots a_{m+1}}\, d\tau_m ,$$

so daß:

$$(203)\quad (m+1)\int\limits_{\tau_{m+1}} \frac{\partial}{\partial x^{a_1}} v_{a_2\ldots a_{m+1}} f^{a_1\ldots a_{m+1}}\, d\tau_{m+1} = \int\limits_{\tau_m} v_{a_2\ldots a_{m+1}} f^{a_2\ldots a_{m+1}}\, d\tau_m .$$

Durch Addition von $(m+1)\binom{n}{m+1}$ Gleichungen von der Form (203) entsteht schließlich:

$$(204)\quad (m+1)\int\limits_{\tau_{m+1}} \frac{\partial}{\partial x^{\lambda_1}} v_{\lambda_2\ldots\lambda_{m+1}} f^{\lambda_1\ldots\lambda_{m+1}}\, d\tau_{m+1} = \int\limits_{\tau_m} v_{\lambda_1\ldots\lambda_m} f^{\lambda_1\ldots\lambda_m}\, d\tau_m \text{ [1]})$$

die Erweiterung für X_m in X_n des *Gauß*schen und *Stokes*schen Satzes für V_2 und V_1 in R_3. Da die $\frac{1}{2} m(m+1)$ Zahlen $\frac{\partial}{\partial x}{}_{[\lambda_1} v_{\lambda_2\ldots\lambda_{m+1}]}$ infolge (31) Bestimmungszahlen eines kovarianten $(m+1)$-Vektors sind, hat die Gleichung die allgemein kovariante Form und gilt also auch für jede beliebige andere Wahl der Urvariablen. Sie gilt überdies auch, wenn τ_{m+1} sich zusammensetzen läßt aus einer endlichen Anzahl von Teilen der X_{m+1}, von denen jeder einzelne der auf S. 96 aufgestellten Bedingung in bezug auf die Parameterlinien genügen kann, vorausgesetzt, daß $v_{\lambda_1\ldots\lambda_m}$ mit seinen ersten Ableitungen im betrachteten Gebiete stetig ist. Denn für jeden einzelnen Teil gilt dann (204) und bei Summierung heben sich die Integrale über die Zwischenbegrenzungen auf.

Es ist zu bemerken, daß bisher über die Art der Übertragung nichts vorausgesetzt wurde. Ist nun die Übertragung kovariant symmetrisch, so geht (204) infolge von (31) über in:

$$(205)\quad \boxed{(m+1)\int\limits_{\tau_{m+1}} f^{\mu\lambda_1\ldots\lambda_m} \nabla_{[\mu} v_{\lambda_1\ldots\lambda_m]}\, d\tau_{m+1} = \int\limits_{\tau_m} f^{\lambda_1\ldots\lambda_m} v_{\lambda_1\ldots\lambda_m}\, d\tau_m \text{ [2]})}.$$

Ist die Übertragung nicht kovariant symmetrisch, so tritt infolge von (29) ein Glied mit $S'_{\lambda\mu}{}^{\nu}$ hinzu, z. B. für $m=1$:

$$(206)\quad 2\int\limits_{\tau_2} f^{\mu\lambda} \nabla_{[\mu} v_{\lambda]}\, d\tau_2 - \int\limits_{\tau_2} f^{\mu\lambda} S'_{\mu\lambda}{}^{\nu} v_\nu\, d\tau_2 = \int\limits_{\tau_1} v_\lambda\, dx^\lambda .$$

Ist die Übertragung überschiebungsinvariant, symmetrisch und inhaltstreu, so läßt sich (205) umformen. Ist $U_{\lambda_1\ldots\lambda_n}$ ein konstanter n-Vektor und ist:

$$(207)\quad v_{\lambda_1\ldots\lambda_m} = U_{\lambda_1\ldots\lambda_n} w^{\lambda_{m+1}\ldots\lambda_n} ,$$

[1]) *Poincaré*, 1887, 3; 1895, 3; *Brouwer*, 1906, 1, 2; 1919, 4; weitere Literatur bei *Weitzenböck*, 1923, 1, S. 398.

[2]) *Ricci*, 1897, 3 für $m=1$ in V_3, *Schouten*, 1918, 1, S. 60 in V_4.

so ergibt sich aus (205) nach einiger Umrechnung:

$$(208)\qquad \boxed{(m+1)\int\limits_{\tau_{m+1}} f^{\mu[\lambda_1\ldots\lambda_m}\nabla_\mu w^{\lambda_{m+1}\ldots\lambda_n]}\,d\tau_{m+1} = \int\limits_{\tau_m} f^{[\lambda_1\ldots\lambda_m} w^{\lambda_{m+1}\ldots\lambda_n]}\,d\tau_m\,.}$$

Ist (vgl. S. 32 und 90):

$$(209)\qquad \begin{cases} f^{\lambda_1\ldots\lambda_{m+1}} = (-1)^{(m+1)(n-m-1)}\dfrac{n!}{(m+1)!}U^{\lambda_1\ldots\lambda_n} f_{\lambda_{m+2}\ldots\lambda_n} \\ f^{\lambda_1\ldots\lambda_m} = (-1)^{m(n-m)}\dfrac{n!}{m!}U^{\lambda_1\ldots\lambda_n} f_{\lambda_{m+1}\ldots\lambda_n}\,, \end{cases}$$

so ergibt sich ebenso aus (205):

$$(210)\qquad \boxed{\int\limits_{\tau_{m+1}} f_{[\lambda_{m+1}\ldots\lambda_{n-1}}\nabla_{\lambda_n} v_{\lambda_1\ldots\lambda_m]}\,d\tau_{m+1} = \int\limits_{\tau_m} f_{[\lambda_{m+1}\ldots\lambda_n} v_{\lambda_1\ldots\lambda_m]}\,d\tau_m}$$

und

$$(211)\qquad \boxed{\int\limits_{\tau_{m+1}} f_{\lambda_{m+1}\ldots\lambda_{n-1}}\nabla_{\lambda_n} w^{\lambda_{m+1}\ldots\lambda_n}\,d\tau_{m+1} = \int\limits_{\tau_m} f_{\lambda_{m+1}\ldots\lambda_n} w^{\lambda_{m+1}\ldots\lambda_n}\,d\tau_m\,,}$$

worin das X_{m+1}-Element als kovarianter $(n-m+1)$-Vektor und das X_m-Element als kovarianter $(n-m)$-Vektor erscheint.

Es ist zu beachten, daß in (205) und (211) der Integrand ein Skalar ist und in (208) und (210) ein n-Vektor. Bei einer euklidischaffinen Übertragung kann der Integrand auch eine andere Größe sein, bei einer allgemeinen Übertragung ist dies selbstverständlich nicht möglich, da allgemeine Größen sich dann nicht mehr über eine τ_m, $m>1$, summieren lassen.

Ist p ein Skalarfeld und die Übertragung euklidischaffin, so kann man p auffassen als $a_1, \ldots, a_m$-Bestimmungszahl eines Feldes $v_{\lambda_1\ldots\lambda_m}$, dessen andere Bestimmungszahlen alle Null sind in bezug auf ein k o n s t a n t e s System von Maßvektoren. Aus (205) ergibt sich dann:

$$(212)\qquad (m+1)\int\limits_{\tau_{m+1}} f^{\mu\lambda_1\ldots\lambda_m}\nabla_\mu p\,d\tau_{m+1} = \int\limits_{\tau_m} f^{\lambda_1\ldots\lambda_m} p\,d\tau_m\,.$$

Ist nun Φ irgendeine beliebige Größe, deren Indizes unterdrückt sind, bedeutet —o, daß man die oberen Indizes $\lambda_1, \ldots, \lambda_p$ in irgendeiner bestimmten Weise, die sich aus allgemein multiplizieren, alternieren, mischen und überschieben zusammensetzen läßt, mit den Indizes von Φ verknüpfen soll, so leitet man aus (212), indem man (212) auf alle Bestimmungszahlen von Φ in bezug auf ein k o n s t a n t e s System von Maßvektoren anwendet, folgende allgemeine Formel ab:

$$(213)\qquad \boxed{(m+1)\int\limits_{\tau_{m+1}} f^{\mu\lambda_1\ldots\lambda_m}\nabla_\mu \multimap \Phi\,d\tau_{m+1} = \int\limits_{\tau_m} f^{\lambda_1\ldots\lambda_m} \multimap \Phi\,d\tau_m\,.}$$

Ebenso folgt:

$$(214)\qquad \boxed{\int\limits_{\tau_{m+1}} f_{\lambda_{m+1}\ldots\lambda_{n-1}}\nabla_{\lambda_n} \multimap \Phi\,d\tau_{m+1} = \int\limits_{\tau_m} f_{\lambda_{m+1}\ldots\lambda_n} \multimap \Phi\,d\tau_m\,,}$$

wo —o sich auf die Art der Verknüpfung der Indizes $\lambda_{m+1}, \ldots, \lambda_n$ mit den Indizes von Φ bezieht. Für euklidischaffine Übertragungen gelten die Formeln (213) und (214) allgemein. Für überschiebungsinvariante inhaltstreue symmetrische Übertragungen gelten beide nur, sofern der

Integrand ein n-Vektor oder ein Skalar ist, und sie umfassen dann (205), (208), (210) und (211), für nicht inhaltstreue kovariant symmetrische Übertragungen gilt nur (213), sofern der Integrand ein Skalar ist.

Die für jeden p-Vektor in einer A_n gültige Identität (141) läßt sich auch leicht aus dem verallgemeinerten *Stokes*schen Satz ableiten[1]). In der Tat lehrt (205), daß das Integral von $\nabla_\mu v_{\lambda_1 \ldots \lambda_p}$ über alle τ_{p+1}, die durch eine bestimmte τ_p begrenzt werden, denselben Wert hat. Nun kann man die $(p+1)$-dimensionale Begrenzung irgendeiner τ_{p+2} immer zusammenstellen aus zwei Teilen τ'_{p+1} und τ''_{p+1} mit einer gemeinschaftlichen Begrenzung τ_p. Da aber infolge von (205):

$$(215)\qquad \begin{cases} (p+2)\int\limits_{\tau_{p+2}} f^{\omega\mu\lambda_1\ldots\lambda_p}\, \nabla_{[\omega} \nabla_\mu v_{\lambda_1\ldots\lambda_p]}\, d\tau_{p+2} \\ \quad = \left(\int\limits_{\tau'_{p+1}} + \int\limits_{\tau''_{p+1}}\right) f^{\lambda_1\ldots\lambda_{p+1}}\, \nabla_{[\lambda_1} v_{\lambda_2\ldots\lambda_{p+1}]}\, d\tau_{p+1} \end{cases}$$

und die beiden Integrale rechts sich gegenseitig aufheben, da bei dieser Integration der Schraubsinn in der einen τ_{p+1} umzukehren ist, ist das Integral von $\nabla_{[\omega} \nabla_\mu v_{\lambda_1\ldots\lambda_p]}$ über jede geschlossene τ_{p+2} gleich Null, was nur möglich ist, wenn $\nabla_{[\omega} \nabla_\mu v_{\lambda_1\ldots\lambda_p]}$ überall verschwindet.

In ähnlicher Weise läßt sich die für jeden p-Vektor in einer A_n mit inhaltstreuer Übertragung gültige Identität:

$$(216)\qquad \nabla_{\lambda_2} \nabla_{\lambda_1} v^{\lambda_1\ldots\lambda_p}$$ [1])

aus dem verallgemeinerten *Stokes*schen Satz ableiten.

§ 20. Die Übertragungen von Wirtinger.

Die Figur in einem Punkte der X_n, die besteht aus einem kovarianten Vektor w_λ mit einem inzidenten kontravarianten Vektor v^ν nennen wir[2]) einen Doppelvektor. Ein Doppelvektor ist also gegeben durch zwei ungleichartige Vektoren mit der Bedingung:

$$(217)\qquad v^\lambda w_\lambda = 0\,.$$

In jedem Punkte der X_n gibt es also ∞^{2n-1} Doppelvektoren. Bei einer inzidenzinvarianten linearen Übertragung gehen alle Doppelvektoren wieder in Doppelvektoren über. Wenn man nun zwar Inzidenzinvarianz fordert, nicht aber, daß die Übertragung des einen Elementes eines Doppelvektors in irgendeiner Weise abhängig ist von der Wahl des anderen Elementes, so gelangt man, Linearität vorausgesetzt, zu unserer

---

1) *Volterra*, 1889, 3, S. 604 für R_n; *Brouwer*, 1906, 1, für R_n; vgl. S. 88 und 119.

2) *Wirtinger* 1922, 4, S. 441, nennt eine $(n-1)$-Richtung mit einer inzidenten Richtung ein E_{n-1}-Element. Er arbeitet nicht mit Vektoren, sondern nur mit diesen Elementen, und seine Darstellungsweise ist dementsprechend etwas anders als die hier benutzte. Das Zeichen d in (218) hat dieselbe Bedeutung wie δ_ξ bei *Wirtinger*. Für die „Parallelverschiebung", die der Übertragung von *Wirtinger* entspricht, ist $\delta v^\nu = 0$, $\delta w_\lambda = 0$, und aus (219) folgt dann die Gleichung (10) auf S. 441 bei *Wirtinger*.

Übertragung II A α. Man kann aber auch fordern, daß die Übertragung von v^ν von der Wahl von w_λ und die von w_λ von der Wahl von v^ν abhängig ist. Läßt man dabei die Forderung der Linearität fallen und fordert man, daß die Differentiale linear in dx^ν sind und daß die Transformation der Doppelvektoren bei Übertragung eine Berührungstransformation ist, d. h. daß die Doppelvektoren, die eine Kegelhyperfläche einhüllen, bei Übertragung diese Eigenschaft behalten, so gelangt man zu den Übertragungen von *Wirtinger*. Die allgemeinste Form des zu diesen Übertragungen gehörigen Differentials ist dann:

$$(218)\qquad \begin{cases} \delta v^\nu = d v^\nu + \left(\dfrac{\partial \varphi_\mu}{\partial w_\nu} - r_\mu v^\nu\right) d x^\mu , \\[2ex] \delta w_\lambda = d w_\lambda - \left(\dfrac{\partial \varphi_\mu}{\partial v^\lambda} - s_\mu w_\lambda\right) d x^\mu , \end{cases}$$

worin φ_μ, r_μ und s_μ Funktionen des Ortes und von v^ν und w_λ sind, φ_μ homogen erster Ordnung und r_μ und s_μ homogen nullter Ordnung in v^ν und w_λ. Die Differentiale sind also homogen erster Ordnung, aber nicht notwendig linear in v^ν bzw. w_λ und homogen nullter Ordnung in w_λ bzw. v^ν. Setzt man Linearität der Differentiale in v^ν bzw. w_λ voraus, so muß φ_μ linear in v^ν und w_λ sein, $\varphi_\mu = \varphi^{\nu}_{\lambda\mu} v^\lambda w_\nu$, und r_μ und s_μ müssen von v^ν und w_λ unabhängig sein. In diesem speziellen Falle geht dann (218) über in:

$$(219)\qquad \begin{cases} \delta v^\nu = d v^\nu + \left(\varphi^{\nu}_{\lambda\mu} - r_\mu A^{\nu}_{\lambda}\right) v^\lambda d x^\mu , \\ \delta w_\lambda = d w_\lambda - \left(\varphi^{\nu}_{\lambda\mu} - s_\mu A^{\nu}_{\lambda}\right) w_\nu d x^\mu . \end{cases}$$

Dies ist aber die Übertragung II A α mit:

$$(220)\qquad \Gamma^{\nu}_{\lambda\mu} = W^{\nu}_{\lambda\mu} - r_\mu A^{\nu}_{\lambda} ,$$

$$(221)\qquad C_\mu = s_\mu - r_\mu .$$

Die Übertragung I A α ist selbstverständlich nicht in den Übertragungen von *Wirtinger* enthalten, da sie nicht inzidenzinvariant ist und somit Doppelvektoren nicht allgemein in Doppelvektoren überführt. Die hier behandelten linearen Übertragungen gründen sich auf die Punkttransformationen der X_n. Eine entsprechende Theorie für die Berührungstransformationen der X_n, die sicher von großem Interesse wäre, fehlt bis jetzt. Die Untersuchungen von *Wirtinger* bilden einen ersten Ansatz in dieser Richtung, wenn auch bei ihm nur die Verknüpfung von Größen in unendlich benachbarten Punkten durch Berührungstransformationen zur Betrachtung gelangen, aber noch keine infinitesimalen Berührungstransformationen der X_n selbst. Sie durften deshalb nicht unerwähnt bleiben, obwohl sie mit unserem Gegenstand nicht unmittelbar zusammenhängen.

§ 21. Der Reduktionssatz.

Solange keine Differentiationen in Frage kommen, bürgt der auf S. 28 des vorigen Abschnittes erwähnte Fundamentalsatz dafür, daß mit Hilfe der Addition, der allgemeinen Multiplikation und der Überschiebung alle Simultankomitanten aus den idealen Faktoren der gegebenen Größen hergestellt werden können.

Sobald aber Differentialquotienten gebildet werden, ist ein neuer Satz nötig, der gestattet, das Problem der Differentialkomitanten auf ein Problem algebraischer Komitanten zurückzuführen.

Dieser Reduktionssatz rührt für die *Riemann*sche Übertragung von *Christoffel*[1]) her und lautet[2]):

Die Differentialkomitanten von $g_{\lambda\nu}$ sind die algebraischen Komitanten von $g_{\lambda\nu}$, $K_{\omega\mu\lambda}^{\cdot\cdot\cdot\nu}$ und den kovarianten Differentialquotienten von $K_{\omega\mu\lambda}^{\cdot\cdot\cdot\nu}$.

Vollständige Systeme sind aufgestellt worden von *Ricci*[3]) und *Weitzenböck*[4]).

Bei einer überschiebungsinvarianten Übertragung lautet der Reduktionssatz[5]):

Die Differentialkomitanten einer überschiebungsinvarianten Übertragung sind die algebraischen Komitanten der Größen $S_{\lambda\mu}^{\cdot\cdot\nu}$ und $R_{\omega\mu\lambda}^{\cdot\cdot\cdot\nu}$ und deren kovarianten Differentialquotienten.

Nimmt man einen Tensor $g_{\lambda\nu}$ hinzu, so gilt der Satz[6]):

Die Differentialkomitanten einer überschiebungsinvarianten Übertragung und eines Tensors $g_{\lambda\nu}$ sind die algebraischen Komitanten der Größen $g_{\lambda\nu}$, $T_{\lambda\mu}^{\cdot\cdot\nu}$ und $R_{\omega\mu\lambda}^{\cdot\cdot\cdot\nu}$ und deren Differentialquotienten.

Eine allgemeinere Form des Reduktionssatzes, die den Fall berücksichtigt, daß keine lineare Übertragung vorliegt, sondern nur ein bestimmter Differentialausdruck, hat *E. Noether*[7]) gegeben.

Aufgaben.

1. Man bestimme eine überschiebungsinvariante lineare Übertragung, wenn die Differentialquotienten von n linear unabhängigen bekannten Vektoren $\underset{u}{v}^\nu$, $u = 1, \ldots, n$, gegeben sind. [*Weitzenböck*[8]) für $\nabla_\mu \underset{v}{v}^\nu = 0$.]

---

[1]) 1869, 2, vgl. auch *Ricci* und *Levi Civita*, 1901, 1.

[2]) Eine ausführliche Übersicht der verschiedenen Reduktionssätze findet sich bei *Weitzenböck*, 1923, 1.

[3]) 1912, 1 und 3. [4]) 1923, 1, S. 351.

[5]) *Weitzenböck*, 1923, 1, S. 354. [6]) *Weitzenböck*. 1923, 1, S. 357.

[7]) 1918, 6. Vgl. *Weitzenböck*, 1923, 1, S. 359. [8]) 1923, 1, S. 320.

2. Man bestimme eine überschiebungsinvariante halbsymmetrische lineare Übertragung, wenn gegeben sind:

a) ein Tensor $g^{\lambda\nu}$ n^{ten} Ranges und sein Differentialquotient $\nabla_\mu g^{\lambda\nu} = Q_\mu^{\cdot\,\lambda\nu}$, sowie

b) ein Bivektor $f^{\lambda\nu}$ n^{ten} Ranges und der gefaltete Differentialquotient $\nabla_\mu f^{\nu\mu} = I^\nu$ oder auch für $n = 4$ statt (b)

b′) ein Bivektor $f_{\lambda\nu}$ n^{ten} Ranges und der alternierte Differentialquotient $\nabla_{[\mu} f_{\lambda\nu]} = I_{\mu\lambda\nu}$.

3. Für eine Übertragung II C β gelten die Gleichungen:

$$\begin{aligned}
(\nabla_\mu v_\varkappa)\, g_{\lambda\alpha} g^{\beta\nu} &= \nabla_\mu v_\varkappa\, g_{\lambda\alpha} g^{\beta\nu} - 2\, C_\mu v_\varkappa\, g_{\lambda\alpha} g^{\beta\nu}\\
(\nabla_\mu v_\varkappa)\, g_{\lambda\alpha} g^{\beta\mu} &= \nabla_\mu v_\varkappa\, g_{\lambda\alpha} g^{\beta\mu} - 2\, C_\mu v_\varkappa\, g_{\lambda\alpha} g^{\beta\mu}\\
(\nabla_\mu v_\varkappa)\, g_{\lambda\alpha} g^{\beta\varkappa} &= \nabla_\mu v_\varkappa\, g_{\lambda\alpha} g^{\beta\varkappa} - \, C_\mu v_\varkappa\, g_{\lambda\alpha} g^{\beta\varkappa}\\
(\nabla_\mu v_\varkappa)\, g_{\lambda\alpha} g^{\mu\varkappa} &= \nabla_\mu v_\varkappa\, g_{\lambda\alpha} g^{\mu\varkappa} - \, C_\mu v_\varkappa\, g_{\lambda\alpha} g^{\mu\varkappa}\\
(\nabla_\mu v_\varkappa)\, g_{\lambda\alpha} g^{\alpha\nu} &= (\nabla_\mu v_\varkappa)\, A_\lambda^\nu = \nabla_\mu v_\varkappa\, A_\lambda^\nu - C_\mu v_\varkappa\, A_\lambda^\nu .
\end{aligned}$$

4. Man beweise für eine Übertragung II C α:

$$\nabla_\omega A_{[\nu}^\omega R_{\mu\alpha]\beta}^{\cdot\,\cdot\,\cdot\,\gamma} - 2\nabla_{[\nu} R_{\mu\alpha]\beta}^{\cdot\,\cdot\,\cdot\,\gamma} = 0 .$$

5. Bei Verwendung eines bestimmten Parameters t gelte für eine geodätische Linie die Gleichung:

$$\frac{\delta}{\delta t}\frac{d x^\nu}{d t} = \lambda \frac{d x^\nu}{d t} .$$

Man bestimme einen Parameter t', so daß

$$\frac{\delta}{\delta t'}\frac{d x^\nu}{d t'} = 0 .$$

6. Eine geodätische Linie einer *Weyl*schen Übertragung, die in irgendeinem Punkte in einer Nullrichtung des Tensors $g_{\lambda\mu}$ liegt, liegt in jedem Punkte in einer Nullrichtung. [*Weyl*[1]).] Umgekehrt, gilt diese Eigenschaft für jede geodätische Linie, so folgt noch nicht, daß die Übertragung winkeltreu ist.

7. Ist $h^{\lambda\mu}$ ein Tensor, so ist $h^{\alpha\beta} K_{\alpha\mu\lambda\beta}$ ebenfalls ein Tensor.

8. Ist $V_{\lambda\mu}$ ein Affinor, V die Determinante der $V_{\lambda\mu}$ und $v^{\lambda\mu}$ der Affinor mit der inversen Matrix:

$$\frac{\partial V}{\partial v_{\lambda\mu}} = V v_{\mu\lambda}; \qquad V_{\lambda\mu} v^{\mu\nu} = v^{\nu\mu} V_{\mu\lambda} = A_\lambda^\nu ,$$

so ist für jede lineare Übertragung:

$$P_\mu = \tfrac{1}{2} V_{\lambda\nu} \nabla_\mu v^{\nu\lambda} = -\frac{\partial \lg \sqrt{V}}{\partial x^\mu} + \Gamma_{\alpha\mu}^\alpha$$

und für jede überschiebungsinvariante Übertragung:

$$\nabla_{[\mu} P_{\lambda]} = R_{\alpha[\mu\lambda]}^{\cdot\,\cdot\,\cdot\,\alpha} - 3\nabla_{[\mu} S_{\lambda\alpha]}^{\cdot\,\cdot\,\alpha} + 6 S_{[\lambda\mu}^{\cdot\,\cdot\,\beta} S_{\alpha]\beta}^{\cdot\,\cdot\,\alpha} - S_{\lambda\mu}^{\cdot\,\cdot\,\nu} P_\nu .$$

---

1) 1919, 5, S. 114; 1921, 4, S. 114; vgl. auch *v. d. Woude*, 1923, 15 für V_n.

9. Sind P_λ und P'_λ zwei Vektoren, die sich in der in Aufgabe 8 beschriebenen Weise aus zwei beliebigen Affinoren $V_{\lambda\mu}$ und $V'_{\lambda\mu}$ ableiten, so ist bei jeder kovariant symmetrischen Übertragung $P_\lambda - P'_\lambda$ ein Gradientvektor. $\lg\sqrt{V} - \lg\sqrt{V'}$ ist stets ein Skalar.

10. Die Gleichung:

$$V_\mu w^{\nu\lambda} = P_\mu w^{\nu\lambda},$$

wo P_μ ein Vektor ist, der sich in der in Aufgabe 8 beschriebenen Weise aus einem Affinor ableitet, und $w^{\nu\lambda}$ ein Affinor n^{ten} Ranges, kann bei einer affinen Übertragung nur erfüllt sein, wenn die Übertragung inhaltstreu oder $n = 2$ ist.

11. Die notwendige und hinreichende Bedingung dafür, daß bei einer infinitesimalen Transformation einer A_n:

$$\overline{d}x^\nu = v^\nu\, dt$$

jeder Inhalt einen von der Lage unabhängigen Faktor bekommt, lautet:

$$V_\lambda v^\nu = \alpha A_\lambda^\nu, \qquad \alpha = \text{Konstante}.$$

Soll die Transformation inhaltstreu sein, so muß α verschwinden. [*Bianchi*[1]).]

12. Für eine affine Übertragung ist die *Bianchi*sche Identität zu beweisen, ausgehend von der Formel (101) für die durch (89) definierten geodätischen Urvariablen. [*Berwald*[2]).]

13. Erteilt man den Punkten einer A_n eine Verrückung $v^\nu dt$, so entsteht eine neue affine Übertragung. Die Änderung von $\Gamma_{\lambda\mu}^\nu$ ist ein Affinor:

$$A_{\lambda\mu}^{\cdot\cdot\nu}\, dt = d\,\Gamma_{\lambda\mu}^\nu = -v^\alpha\, dt\, R_{\alpha(\lambda\mu)}^{\cdot\cdot\cdot\nu} + dt\, V_{(\lambda} V_{\mu)} v^\nu.$$

Die Änderung von $R_{\omega\mu\lambda}^{\cdot\cdot\cdot\nu}$ beträgt:

$$\delta R_{\omega\mu\lambda}^{\cdot\cdot\cdot\nu} = -2\, dt\, V_{[\omega} A_{|\lambda|\mu]}^{\cdot\cdot\nu}.$$

14. Es ist allgemein die Änderung von $R_{\omega\mu\lambda}^{\cdot\cdot\cdot\nu}$ zu berechnen, wenn $\Gamma_{\lambda\mu}^\nu$ um $A_{\lambda\mu}^{\cdot\cdot\nu}\, dt$ zunimmt.

1) 1893, 1, S. 648; 1918, 8, S. 249, 501.
2) Aus einer Korrespondenz mit Herrn *L. Berwald* in Prag.

Dritter Abschnitt.

Die Integrabilitätsbedingungen der Differentialgleichungen.

§ 1. Abhängigkeit von skalaren Ortsfunktionen.

Es seien $\overset{1}{s}, \ldots, \overset{p}{s}$ p Skalarfelder in einer A_n, die alle im betrachteten Gebiet regulär sind. Hat eine Gleichung der Form:

$$\varphi\left(\overset{1}{s}, \ldots, \overset{p}{s}\right) = 0 \tag{1}$$

für alle Punkte der A_n Gültigkeit, so heißen $\overset{1}{s}, \ldots, \overset{p}{s}$ (hinsichtlich der x^ν) abhängig, im anderen Falle unabhängig. Aus (1) folgt durch Differentiation:

$$\frac{\partial \varphi}{\partial \overset{1}{s}} \nabla_\mu \overset{1}{s} + \ldots + \frac{\partial \varphi}{\partial \overset{p}{s}} \nabla_\mu \overset{p}{s} = 0 \,. \tag{2}$$

Daraus geht hervor, daß die Gradienten $\nabla_\mu \overset{1}{s}, \ldots, \nabla_\mu \overset{p}{s}$ linear abhängig sind, wenn die Felder abhängig sind. Umgekehrt kann man bekanntlich beweisen, daß aus der linearen Abhängigkeit der Gradienten die Abhängigkeit der Felder folgt. Es gilt also der Satz:

p reguläre Skalarfelder sind dann und nur dann abhängig, wenn das alternierende Produkt der Gradienten verschwindet:

$$\nabla_{[\lambda_1} \overset{1}{s} \ldots \nabla_{\lambda_p]} \overset{p}{s} = 0 \,. \tag{3}$$

§ 2. Lineare partielle Differentialgleichungen.

Dem kontravarianten Vektorfelde v^ν in einer A_n ist die lineare homogene partielle Differentialgleichung:

$$v^\nu \nabla_\nu s = 0 \,, \tag{4}$$

bis auf einen skalaren Faktor, in eineindeutiger Weise zugeordnet. Betrachten wir nur Gebiete, in denen das Feld v^ν regulär ist und nur reguläre Lösungen, so lehrt das Existenztheorem, das wir als bekannt voraussetzen, folgendes:

Jede Gleichung von der Form (4) hat $n-1$ unabhängige Lösungen $\overset{1}{s}, \ldots, \overset{n-1}{s}$.

Für irgendeine reguläre Funktion s der $\overset{u}{s}$, $u = 1, \ldots, n-1$ gilt:

$$(5) \qquad \nabla_\lambda s = \sum_u \frac{\partial s}{\partial \overset{u}{s}} \nabla_\lambda \overset{u}{s}$$

und jede solche Funktion ist also wiederum eine Lösung von (4). Ist umgekehrt s eine Lösung von (4), so muß $\nabla_\lambda s$ eine Summe von Vielfachen der $\nabla_\lambda \overset{u}{s}$ sein mit Koeffizienten, die Funktionen des Ortes sind, da es ja nicht mehr als $n-1$ linear unabhängige kovariante Vektoren geben kann, deren $(n-1)$-Richtungen alle die Richtung von v^ν enthalten. Infolgedessen verschwindet aber der n-Vektor:

$$\nabla_{[\lambda_1} s \, \nabla_{\lambda_2} \overset{1}{s} \ldots \nabla_{\lambda_n]} \overset{n-1}{s}$$

und s ist also eine Funktion der $\overset{u}{s}$. Irgendein System von $n-1$ hinsichtlich der $\overset{u}{s}$ unabhängigen Funktionen der $\overset{u}{s}$ ist ebenfalls unabhängig hinsichtlich der x^ν und bildet also ein dem Systeme der $\overset{u}{s}$ gleichwertiges System von Lösungen.

Die Lösungen s heißen auch Integrale der Gleichung (4). Die $n-1$ Systeme von ∞^1 äquiskalaren Hyperflächen der Felder s sind Integralhyperflächen dieser Gleichung. Sie schneiden sich in ∞^{n-1} Kurven, die mit den ∞^{n-1} Kurven der Kongruenz v^ν zusammenfallen und die Charakteristiken der Gleichung (4) genannt werden. Geometrisch bedeutet also (4), daß jede Charakteristik ganz in einer Integralhyperfläche enthalten ist, und eine Integralhyperfläche demnach von ∞^{n-2} Charakteristiken gebildet wird, während jede Charakteristik der Schnitt von $n-1$ Integralhyperflächen ist. Der Übergang von einem System von $n-1$ Lösungen zu einem anderen System vollzieht sich geometrisch, indem die Charakteristiken in anderer Weise zu Hyperflächen zusammengefaßt werden, was in ganz beliebiger Weise geschehen kann.

Alle n-Vektorfelder unterscheiden sich nur durch einen skalaren Faktor. Ist also $U_{\lambda_1 \ldots \lambda_n}$ ein beliebiges n-Vektorfeld, so ordnet die Gleichung:

$$(6) \qquad w_{\lambda_2 \ldots \lambda_n} = v^{\lambda_1} U_{\lambda_1 \ldots \lambda_n}$$

dem Felde v^ν in einer bis auf einen skalaren Faktor eindeutigen Weise ein kovariantes $(n-1)$-Vektorfeld zu. Der $(n-1)$-Vektor kann auch bis auf einen skalaren Faktor gegeben werden durch die Gleichung:

$$(7) \qquad v^\alpha w_{\alpha \lambda_3 \ldots \lambda_n} = 0,$$

die aus (6) durch Überschiebung mit v^{λ_2} entsteht.

(7) sagt aus, daß die Richtung des Vektors v^ν mit der Richtung des $(n-1)$-Vektors $w_{\lambda_2 \ldots \lambda_n}$ zusammenfällt. Es besteht also eine eineindeutige Zuordnung zwischen (4) und der Gleichung:

$$(8) \qquad w_{\lambda_1 \ldots \lambda_{n-1}} dx^{\lambda_1} = 0$$

und bei beliebiger Zerlegung von $w_{\lambda_1 \dots \lambda_n}$ in reale Faktoren:

(9) $$w_{\lambda_1 \dots \lambda_{n-1}} = \overset{1}{w}_{[\lambda_1} \dots \overset{n-1}{w}_{\lambda_{n-1}]}$$

ebenso zwischen (4) und dem mit (8) äquivalenten Systeme totaler Differentialgleichungen:

(10) $$\overset{u}{w}_\lambda \, d x^\lambda = 0 \,, \qquad u = 1, \dots, n-1 \,.$$

Geometrisch bedeutet (8), daß das Linienelement $d x^\nu$ die Richtung des kovarianten $(n-1)$-Vektors $w_{\lambda_1 \dots \lambda_{n-1}}$, d. h. also die Richtung von v^ν haben soll. (10) ist also das System der Differentialgleichungen der Charakteristiken, die auch Integralkurven von (10) genannt werden, (4) ist die Differentialgleichung der Integralhyperflächen.

§ 3. Systeme von linearen partiellen Differentialgleichungen.

Jedem kontravarianten einfachen p-Vektorfelde $v^{\nu_1 \dots \nu_p}$ in einer A_n ist die Gleichung:

(11) $$v^{\nu_1 \dots \nu_p} \nabla_{\nu_1} s = 0 \,,$$

bis auf einen skalaren Faktor, in eineindeutiger Weise zugeordnet. Wird der einfache p-Vektor (in beliebiger Weise) als Produkt realer Vektoren geschrieben:

(12) $$v^{\nu_1 \dots \nu_p} = \underset{1}{v}^{[\nu_1} \dots \underset{p}{v}^{\nu_p]} \,,$$

so ist (11) äquivalent mit dem System von p Gleichungen:

(13) $$\underset{u}{v}^\nu \nabla_\nu s = 0 \,, \qquad u = 1, \dots, p \,,$$

die linear unabhängig sind infolge der linearen Unabhängigkeit der Vektoren $\underset{u}{v}^\nu$. Jede Zerlegung von $v^{\nu_1 \dots \nu_p}$ in Faktoren gibt ein anderes System (13), aber alle diese Systeme sind unter sich und mit (11) äquivalent. Wir betrachten wiederum nur Gebiete, in denen das Feld $v^{\nu_1 \dots \nu_p}$ regulär ist und nur reguläre Lösungen. Die Gleichung (11) und das System (13) haben dann sicher nicht mehr als $n-p$ unabhängige Lösungen. Denn, sind $\overset{x}{s}$, $x = p+1, \dots, n$ unabhängige Lösungen und ist s eine weitere Lösung, so ist $\nabla_\lambda s$ eine Summe von Vielfachen der $\nabla_\lambda \overset{x}{s}$ mit Koeffizienten, die Funktionen des Ortes sind, da es ja nicht mehr als $n-p$ linear unabhängige kovariante Vektoren geben kann, deren $(n-1)$-Richtungen alle die p-Richtung von $v^{\nu_1 \dots \nu_p}$ enthalten.

Infolgedessen verschwindet nun aber der $(n-p+1)$-Vektor:

$$\nabla_{[\lambda} s \, \nabla_{\lambda_{p+1}} \overset{p+1}{s} \dots \nabla_{\lambda_n]} \overset{n}{s}$$

und s ist also nach (3) eine Funktion der $\overset{x}{s}$.

Jede Lösung von (13) ist auch eine Lösung der $\frac{1}{2} p (p-1)$ Gleichungen:

(14) $$\underset{u}{v}^\lambda \nabla_\lambda \underset{v}{v}^\nu \nabla_\nu s - \underset{v}{v}^\nu \nabla_\nu \underset{u}{v}^\lambda \nabla_\lambda s = 0 \,,$$

die sich, da die Rotation jedes Gradientfeldes bei einer symmetrischen Übertragung verschwindet, folgendermaßen umformen läßt:

$$(15)\quad \underset{[u}{v^\lambda} \nabla_\lambda \underset{v]}{v^\nu} \nabla_\nu s = \underset{u}{v^\lambda} \underset{v}{v^\nu} \nabla_{[\lambda} \nabla_{\nu]} s + \Big(\underset{[u}{v^\nu} \nabla_\nu \underset{v]}{v^\lambda}\Big) \nabla_\lambda s = \Big(\underset{[u}{v^\nu} \nabla_\nu \underset{v]}{v^\lambda}\Big) \nabla_\lambda s = 0 .$$

Hier ist s nur einmal differenziert und jede der $\frac{1}{2} p (p-1)$ Gleichungen ist eine Differentialgleichung von derselben Form wie (13). Sind also unter den $\frac{1}{2} p (p-1)$ Vektoren

$$\underset{[u}{v^\nu} \nabla_\nu \underset{v]}{v^\lambda}$$

gerade q vorhanden, die sowohl unter sich als von den p Vektoren $\underset{u}{v^\nu}$ linear unabhängig sind, so hat (13) jedenfalls nicht mehr als $n-p-q$ unabhängige Lösungen, da jede Lösung von (13) auch Lösung von (15), also Lösung eines Systems von $p+q$ linear unabhängigen Differentialgleichungen ist. Notwendige Bedingung dafür, daß (13) gerade $n-p$ unabhängige Lösungen hat, ist also, daß die $\frac{1}{2} p (p-1)$ Vektoren (15) alle von den $\underset{u}{v^\nu}$ linear abhängig sind. Man nennt das System (13) dann ein vollständiges System[1]). Ein Theorem, das wir als bekannt voraussetzen, lehrt, daß diese Bedingung nicht nur notwendig, sondern auch hinreichend ist:

Jedes vollständige System von p Gleichungen hat gerade $n-p$ unabhängige Lösungen.

Um die erhaltenen Bedingungen in eine Form zu bringen, die nur $v^{\nu_1 \ldots \nu_p}$ und nicht mehr die zufälligen Faktoren $\underset{u}{v^\nu}$ enthält, formen wir die $\frac{1}{2} p (p-1)$ Vektoren aus (15) folgendermaßen um:

$$(16)\qquad \underset{[u}{v^\lambda} \nabla_\lambda \underset{v]}{v^\nu} = \nabla_\lambda \underset{[u}{v^\lambda} \underset{v]}{v^\nu} - \underset{[v}{v^\nu} \nabla_\lambda \underset{u]}{v^\lambda} .$$

Sollen diese Ausdrücke von den $\underset{u}{v^\nu}$ linear unabhängig sein, so ist notwendig und hinreichend, daß die Vektoren $\nabla_\lambda \underset{[u}{v^\lambda} \underset{v]}{v^\nu}$ alle linear von den v^ν abhängen, und dies ist dann und nur dann der Fall, wenn:

$$(17)\qquad \Big(\nabla_\lambda \underset{[u}{v^\lambda} \underset{v]}{v^{[\nu}}\Big) v^{\nu_1 \ldots \nu_p]} = 0 , \qquad u, v = 1, \ldots, p\,\text{[2]}).$$

Nun ist aber (17) wieder äquivalent mit der einen Gleichung:

$$(18)\qquad \boxed{\Big(\nabla_{\lambda_1} v^{\lambda_1 \ldots [\lambda_p}\Big) v^{\nu_1 \ldots \nu_p]} = 0}$$

und diese Gleichung stellt also die notwendige und hinreichende Bedingung in der gewünschten Form dar.

Die Lösungen s heißen auch Integrale des Systems (13). Die $(n-p)$ Systeme von ∞^1 äquiskalaren Hyperflächen der Felder s sind Integralhyperflächen dieses Systems. Sie schneiden sich in ∞^{n-p} A_p,

[1]) Vgl. z. B. *v. Weber*, 1900, 1, S. 73 u. f., der Ausdruck links in (15) korrespondiert mit dem „Klammerausdruck" $(X_u X_v)$.

[2]) *Frobenius*, 1877, 1; *v. Weber*, 1900, 1, S. 99.

die in jedem Punkte durch $v^{\nu_1 \dots \nu_p}$ tangiert werden und **Charakteristiken** des Systems (13) genannt werden. Die Charakteristiken entstehen also, indem die infinitesimalen E_p des Feldes $v^{\nu_1 \dots \nu_p}$ sich X_p-bildend aneinander reihen. Wir bringen dies zum Ausdruck, indem wir sagen, das Feld $v^{\nu_1 \dots \nu_p}$ sei X_p-**bildend**. Die Aussagen, (13) sei ein vollständiges System und $v^{\nu_1 \dots \nu_p}$ sei X_p-bildend, sind also gleichbedeutend. Geometrisch bedeutet (13), daß jede Charakteristik in einer Integralhyperfläche enthalten ist, und eine Integralhyperfläche demnach von ∞^{n-p-1} Charakteristiken gebildet wird, während jede Charakteristik der Schnitt von $n-p$ Integralhyperflächen ist. Der Übergang von einem System von $n-p$ Lösungen zu einem anderen System vollzieht sich geometrisch, indem die Charakteristiken in anderer Art zu Hyperflächen zusammengefaßt werden, was in ganz beliebiger Weise geschehen kann.

Die Gleichung:

$$(19) \qquad w_{\lambda_{p+1} \dots \lambda_n} = v^{\lambda_1 \dots \lambda_p} U_{\lambda_1 \dots \lambda_n}$$

ordnet dem Felde $v^{\nu_1 \dots \nu_p}$ in einer bis auf einen skalaren Faktor eindeutigen Weise das Feld eines einfachen kovarianten $(n-p)$-Vektors zu. Der Zahlenfaktor ist eine Funktion des Ortes. Der $(n-p)$-Vektor kann auch bis auf einen skalaren Faktor gegeben werden durch die Gleichung:

$$(20) \qquad v^{\alpha \nu_2 \dots \nu_p} w_{\alpha \lambda_2 \dots \lambda_{n-p}} = 0 ,$$

die aussagt, daß die p-Richtung des Vektors $v^{\nu_1 \dots \nu_p}$ mit der p-Richtung des Vektors $w_{\lambda_1 \dots \lambda_{n-p}}$ zusammenfällt. (20) entsteht aus (19) durch Überschiebung mit $v^{\alpha_1 \dots \alpha_{p-1} \lambda_{p+1}}$. (Vgl. I, S. 53.) Es besteht also eine eineindeutige Zuordnung zwischen (11) und der Gleichung:

$$(21) \qquad w_{\lambda_1 \dots \lambda_{n-p}} d x^{\lambda_1} = 0$$

und bei beliebiger Zerlegung von $w_{\lambda_1 \dots \lambda_{n-p}}$ in reale Faktoren:

$$(22) \qquad w_{\lambda_1 \dots \lambda_{n-p}} = \overset{1}{w}_{[\lambda_1} \dots \overset{n-p}{w}_{\lambda_{n-p}]} ,$$

auch zwischen (13) und dem System totaler Differentialgleichungen:

$$(23) \qquad \overset{x}{w}_\lambda d x^\lambda = 0, \qquad x = 1, \dots, n-p .$$

Geometrisch bedeutet (21), daß das Linienelement eine Richtung haben soll, die in der p-Richtung von $w_{\lambda_1 \dots \lambda_{n-p}}$ enthalten ist. (23) sind also die Gleichungen der Charakteristiken, (13) die Gleichungen der Integralhyperflächen. Ist das Feld $v^{\nu_1 \dots \nu_p}$ X_p-bildend, so ist das Feld $w_{\lambda_1 \dots \lambda_{n-p}}$, das ja in jedem Punkte dieselbe p-Richtung hat, ebenfalls X_p-bildend.

Vermittels (19) lassen sich nun andere Formen fü die notwendige und hinreichende Bedingung (18) eines X_p-bildenden p-Vektorfeldes bilden. Da eine Gleichung von der Form:

$$(24) \qquad u^{[\alpha} v^{\nu_1 \dots \nu_p]} = 0$$

aussagt, daß die Richtung von u^α in der p-Richtung von $v^{\nu_1 \dots \nu_p}$ enthalten ist, und diese Gleichung also äquivalent ist mit:

$$(25) \qquad u^\alpha w_{\alpha \lambda_2 \dots \lambda_{n-p}} = 0 ,$$

so ist (18) erstens äquivalent mit:

$$(26\text{a})\qquad \boxed{(\nabla_{\nu_1} v^{\nu_1\ldots\nu_p})\, w_{\nu_2\lambda_2\ldots\lambda_{n-p}} = 0}\ ^{1)}.$$

Da $v^{\nu_1\ldots\nu_p} w_{\nu_2\lambda_2\ldots\lambda_{n-p}}$ verschwindet, ist aber (26a) äquivalent mit:

$$(26\text{b})\qquad \boxed{(\nabla_{\nu_1} w_{\nu_2\lambda_2\ldots\lambda_{n-p}})\, v^{\nu_1\ldots\nu_p} = 0}\ ^{1,\,2)}.$$

Die Bedingungen (26a) und (26b) bleiben notwendig und hinreichend, wenn man über $\nu_1 \nu_2 \lambda_2 \ldots \lambda_{n-p}$ alterniert.

Infolge (19) existiert nun ein kontravariantes n-Vektorfeld $V^{\nu_1\ldots\nu_n}$, so daß:

$$(27)\qquad v^{\nu_1\ldots\nu_p} = V^{\nu_1\ldots\nu_n} w_{\nu_{p+1}\ldots\nu_n},$$

und (26a) ist also äquivalent mit:

$$(28)\qquad (\nabla_{\nu_1} V^{\nu_1\ldots\nu_n} w_{\nu_{p+1}\ldots\nu_n})\, w_{\nu_2\lambda_2\ldots\lambda_{n-p}} = 0\,.$$

Nun ist $\nabla_\mu V^{\nu_1\ldots\nu_n}$ in den letzten n Indizes alternierend und hat also sicher die Form $U_\mu V^{\nu_1\ldots\nu_n}$. (26a) ist also auch äquivalent mit:

$$(29)\qquad \begin{cases} V^{\nu_1\ldots\nu_n} (\nabla_{\nu_1} w_{\nu_{p+1}\ldots\nu_n})\, w_{\nu_2\lambda_2\ldots\lambda_{n-p}} \\ + U_{\nu_1} V^{\nu_1\ldots\nu_n} w_{\nu_{p+1}\ldots\nu_n} w_{\nu_2\lambda_2\ldots\lambda_{n-p}} = 0\,. \end{cases}$$

Da der zweite Term aber identisch verschwindet, ist also (18) schließlich auch äquivalent mit:

$$(30)\qquad \boxed{(\nabla_{[\mu} w_{\nu_1\ldots\nu_{n-p}})\, w_{\lambda_1]\lambda_2\ldots\lambda_{n-p}} = 0}$$

und es ist damit eine vierte Form der notwendigen und hinreichenden Bedingung abgeleitet.

Wir sprechen also den Satz aus:

Dafür, daß das einfache p-Vektorfeld $v^{\nu_1\ldots\nu_p}$ in einer A_n X_p-bildend ist, ist jede der vier Bedingungen (18), (26a) (26b) und (30) notwendig und hinreichend.

(18) und (26a) lassen sich auch folgendermaßen aussprechen:

Dafür, daß das einfache p-Vektorfeld $v^{\nu_1\ldots\nu_p}$ in einer A_n X_p-bildend ist, ist notwendig und hinreichend, daß seine Divergenz $\nabla_{\nu_1} v^{\nu_1\ldots\nu_p}$ überall in dem p-dimensionalen Gebiet von $v^{\nu_1\ldots\nu_p}$ liegt.

§ 4. Integrabilitätsbedingungen einer Gradientgleichung.

Gilt in einer A_n die Gradientgleichung;

$$(31)\qquad \nabla_\lambda s = w_\lambda,$$

worin w_λ eine im betrachteten Gebiet reguläre Funktion der x^ν und von s ist, so lehrt Differentiation:

$$(32)\qquad \nabla_{[\mu} w_{\lambda]} = 0\,.$$

1) *Schouten*, 1918, 3; *Schouten-Struik*, 1919, 1, S. 203, engl. S. 596; *Struik*, 1922, 5, S. 53, 54.

2) Diese Gleichung korrespondiert mit den Gleichungen (21) auf S. 100 von *v. Weber*, 1900, 1.

Wir wollen nun zeigen, daß (32) nicht nur eine notwendige, sondern auch eine hinreichende Bedingung darstellt dafür, daß (31) unbeschränkt integrabel ist, d.h. daß es zu jedem vorgegebenen Wert $\overset{0}{s}$ in $\underset{0}{x}^{\nu}$ eine Lösung von (31) gibt, die in $\underset{0}{x}^{\nu}$ den Wert $\overset{0}{s}$ annimmt.

Wird die Lösung in impliziter Form geschrieben:

$$\varphi(x, s) = 0, \tag{33}$$

so ist (31) äquivalent mit dem System von n Gleichungen:

$$\frac{\partial \varphi}{\partial x^{\lambda}} + w_{\lambda} \frac{\partial \varphi}{\partial s} = 0 \tag{34}$$

in den $n+1$ Variabeln x^{ν} und s. Diese Gleichungen haben dann und nur dann eine Lösung, wenn sie ein vollständiges System bilden, d. h. wenn die $\frac{1}{2} n(n-1)$ Gleichungen:

$$\left\{\left(\frac{\partial}{\partial x^{\mu}} + w_{\mu} \frac{\partial}{\partial s}\right)\left(\frac{\partial}{\partial x^{\lambda}} + w_{\lambda} \frac{\partial}{\partial s}\right) - \left(\frac{\partial}{\partial x^{\lambda}} + w_{\lambda} \frac{\partial}{\partial s}\right)\left(\frac{\partial}{\partial x^{\mu}} + w_{\mu} \frac{\partial}{d s}\right)\right\} \varphi = 0 \tag{35}$$

oder

$$\nabla_{[\mu} w_{\lambda]} \frac{\partial \varphi}{\partial s} = 0 \tag{36}$$

eine Folge von (34) sind. Dies ist aber dann und nur dann der Fall, wenn die Determinante:

$$\begin{vmatrix} 0 & . & \ldots & 0 & \nabla_{[\mu} w_{\lambda]} \\ 1 & 0 & \ldots & 0 & w_{a_1} \\ 0 & 1 & 0 \ldots & 0 & w_{a_2} \\ \vdots & & & \vdots & \vdots \\ 0 & & \ldots & 1 & w_{a_n} \end{vmatrix} \tag{37}$$

für jede Wahl von μ und λ verschwindet, d.h. wenn $\nabla_{[\mu} w_{\lambda]}$ verschwindet.

§ 5. Die Bedingungen für ein Gradientprodukt.

Ist das Feld des einfachen $(n-p)$-Vektors $w_{\nu_1 \ldots \nu_{n-p}}$ X_p-bildend, hat $v^{\nu_1 \ldots \nu_p}$ dieselbe p-Richtung wie $w_{\nu_1 \ldots \nu_{n-p}}$ und sind $\overset{1}{s}, \ldots, \overset{n-p}{s}$ $n-p$ unabhängige Lösungen von (11), so ist $w_{\nu_1 \ldots \nu_{n-p}}$ dem alternierenden Produkte der Gradienten dieser Lösungen bis auf einen skalaren Faktor gleich:

$$w_{\nu_1 \ldots \nu_{n-p}} = \sigma \nabla_{[\nu_1} \overset{1}{s} \ldots \nabla_{\nu_{n-p}]} \overset{n-p}{s}. \tag{38}$$

Es fragt sich, wann die s so gewählt werden können, daß σ gleich 1 wird, wann also $w_{\nu_1 \ldots \nu_{n-p}}$ ein Gradientprodukt ist. Wir wollen den Satz beweisen:

Der einfache $(n-p)$-Vektor $w_{\nu_1 \ldots \nu_{n-p}}$ ist dann und nur dann ein Gradientprodukt, wenn $\nabla_{[\mu} w_{\nu_1 \ldots \nu_{n-p}]}$ verschwindet[1]).

---

[1]) *Méray*, 1899, 2, für $p = n - 2$.

Da die Rotation jedes Gradientfeldes verschwindet, ist die Bedingung notwendig. Daß sie auch hinreichend ist, zeigt folgende Überlegung.

Unter der angegebenen Bedingung gilt jedenfalls (30), $w_{\nu_1 \dots \nu_{n-p}}$ ist also X_p-bildend und hat demnach die Form:

$$w_{\lambda_1 \dots \lambda_{n-p}} = \sigma \overset{1}{s}_{[\lambda_1} \dots \overset{n-p}{s}_{\lambda_{n-p}]}, \tag{39}$$

wo alle s_λ Gradientvektoren sind. Demzufolge ist:

$$(\nabla_{[\mu}\, \sigma)\, \overset{1}{s}_{\lambda_1} \dots \overset{n-p}{s}_{\lambda_{n-p}]} = \nabla_{[\mu}\, w_{\lambda_1 \dots \lambda_{n-p}]} = 0\,, \tag{40}$$

da alle Rotationen der s_λ verschwinden. $\nabla_\lambda \sigma$ ist also eine Summe von Vielfachen der s_λ:

$$\nabla_\lambda \sigma = \sum_x^{1,\dots,n-p} \overset{x}{\alpha} \overset{x}{s}_\lambda \tag{41}$$

und σ infolgedessen (vgl. § 1) eine Funktion von $\overset{1}{s}, \dots, \overset{n-p}{s}$.

Wir suchen jetzt in dem Ausdruck:

$$\overset{1}{s'_\lambda} = \sigma \overset{1}{s}_\lambda + \sum_y^{2,\dots,n-p} \overset{y}{\beta} \overset{y}{s}_\lambda \tag{42}$$

die β so zu bestimmen, daß die Rotation von $\overset{1}{s'_\lambda}$ verschwindet, $\overset{1}{s'_\lambda}$ also ein Gradientvektor ist. Es muß also gelten:

$$\nabla_{[\mu}\, \sigma \overset{1}{s}_{\lambda]} + \sum_y \left(\nabla_{[\mu} \overset{y}{\beta}\right) \overset{y}{s}_{\lambda]} = 0\,, \tag{43}$$

oder infolge (41):

$$\overset{1}{s}_{[\mu} \sum_y \overset{y}{\alpha} \overset{y}{s}_{\lambda]} = \sum_y \left(\nabla_{[\mu} \overset{y}{\beta}\right) \overset{y}{s}_{\lambda]}\,, \tag{44}$$

wobei die Summierungen sich von 2 bis $n-p$ erstrecken.

Um zu zeigen, daß die β sich wirklich immer dieser Gleichung gemäß wählen lassen, nehmen wir $\overset{1}{s}, \dots, \overset{n-p}{s}$ als $n-p$ erste Urvariablen. Die übrigen Urvariablen können beliebig, natürlich unabhängig voneinander und von den $n-p$ ersten, gewählt werden. Die Vektoren $\overset{1}{s}_\lambda, \dots, \overset{n-p}{s}_\lambda$ werden dann die $n-p$ ersten kovarianten Maßvektoren:

$$\overset{x}{s} = x^{a_x}\,; \qquad \overset{x}{s}_\lambda = \overset{a_x}{e}_\lambda\,, \qquad x = 1, \dots, n-p \tag{45}$$

und (44) geht über in:

$$\sum_y^{2,\dots,n-p} \overset{y}{\alpha}\, \overset{a_1}{e}_{[\mu} \overset{a_y}{e}_{\lambda]} = \sum_y^{2,\dots,n-p} \overset{a_y}{e}_{[\lambda} \nabla_{\mu]} \overset{y}{\beta}\,, \tag{46}$$

eine Gleichung, die aussagt, daß die $a_1 a_y$-Bestimmungszahl des Bivektors rechts gleich $\frac{1}{2}\overset{y}{\alpha}$, die $a_y a_z$-Bestimmungszahl, $y \neq z$, $y, z = 2, \dots, n-p$, gleich Null ist. (46) ist also äquivalent mit:

$$\left.\begin{aligned} &\text{(47 a)} && \frac{\partial \overset{y}{\beta}}{\partial x^{a_1}} = \overset{y}{\alpha}\,, \\ &\text{(47 b)} && \frac{\partial \overset{y}{\beta}}{\partial x^{a_z}} - \frac{\partial \overset{z}{\beta}}{\partial x^{a_y}} = 0\,. \end{aligned}\right\} \quad y, z = 2, \dots, n-p$$

Da es nur darauf ankommt, irgendwelche Werte für die $\overset{\nu}{\beta}$ zu finden, so kann man alle Ableitungen der $\overset{\nu}{\beta}$, die nicht in (47a) vorkommen, Null setzen. Die $\overset{\nu}{\beta}$ sind dann alle auf jeder Parameterhyperfläche von x^{a_1} konstant. Gibt man auf einer bestimmten dieser Hyperflächen den $\overset{\nu}{\beta}$ beliebige Werte $\overset{\nu}{\underset{0}{\beta}}$, so sind die Werte in den übrigen Punkten der A_n durch (47a) bestimmt. Der Gradientvektor $\overset{1}{s}{}'_\lambda$ läßt sich also stets konstruieren. Nun ist aber infolge (39) und (42):

$$w_{\lambda_1 \dots \lambda_{n-p}} = \overset{1}{s}{}'_{[\lambda_1} \overset{2}{s}_{\lambda_2} \dots \overset{n-p}{s}_{\lambda_{n-p}]}\,, \tag{48}$$

und da $\overset{1}{s}{}'_\lambda$ ein Gradientvektor ist, ist der Satz damit bewiesen. Es verdient Beachtung, daß es stets gelingt, wenn $w_{\lambda_1 \dots \lambda_{n-p}}$ in der Form (39) gegeben ist, irgendeinen beliebigen der $n-p$ Faktoren s_λ multipliziert mit σ durch einen Gradientvektor zu ersetzen, ohne daß die anderen Faktoren geändert zu werden brauchen. Wir sprechen also noch den Satz aus:

Ist ein kovarianter q-Vektor als Produkt eines Skalars mit q Gradientvektoren gegeben, und ist der alternierende Teil des ersten Differentialquotienten Null, so läßt sich der Skalar zusammen mit irgendeinem beliebigen der q Faktoren stets, ohne Änderung der anderen Faktoren, durch einen Gradientvektor ersetzen.

Aus dem Beweise geht noch hervor, daß es ebenfalls stets gelingt, $w_{\lambda_1 \dots \lambda_{n-p}}$ auf die Form (48) zu bringen, wenn in (39) statt $\sigma \overset{1}{s}_\lambda$ irgendein beliebiger Vektor t_λ steht, der nicht einmal X_{n-1}-bildend zu sein braucht. Denn, ist $w_{\lambda_1 \dots \lambda_{n-p}}$ X_p-bildend, so kann man durch diese X_p erstens $n-p-1$ Systeme von X_{n-1} legen, die zu den Gradientvektoren $\overset{2}{s}_\lambda, \dots, \overset{n-p}{s}_\lambda$ gehören, und dazu dann noch irgendein System, das aus den äquiskalaren Hyperflächen irgendeines Skalars besteht, dessen Gradient von $\overset{2}{s}_\lambda, \dots, \overset{n-p}{s}_\lambda$ linear unabhängig ist. Damit ist dann aber $w_{\lambda_1 \dots \lambda_{n-p}}$ auf die Form (39) gebracht, und das weitere ergibt sich wie oben. Es gilt also der Satz:

Ist ein X_{n-q}-bildender kovarianter q-Vektor geschrieben als Produkt eines beliebigen Vektors t_λ mit $q-1$ Gradientvektoren, so läßt sich t_λ, ohne Änderung der anderen Faktoren, durch einen Gradientvektor ersetzen.

Wir werden diesen Satz im § 11 bei der Behandlung des *Pfaff*schen Problems benutzen.

Aus dem auf S. 110 ausgesprochenen Satz folgt, unter Berücksichtigung von (II, 141):

Ist ein alternierter Differentialquotient eines p-Vektors *einfach*, so ist er ein *Gradientprodukt.*

§ 6. Integrabilitätsbedingungen von Affinordifferentialgleichungen. Erster Typus.

Es soll die Frage beantwortet werden, wann die Affinordifferentialgleichung in einer A_n:

$$\nabla_\mu v^{\nu_1 \ldots \nu_p} = w_\mu^{\cdot\,\nu_1 \ldots \nu_p}, \tag{49}$$

worin $w_\mu^{\cdot\,\nu_1 \ldots \nu_p}$ eine Funktion der x^ν und von $v^{\nu_1 \ldots \nu_p}$ ist, unbeschränkt integrabel ist, d. h. wann es zu jedem vorgegebenen Wert $\overset{0}{v}{}^{\nu_1 \ldots \nu_p}$ in $\overset{0}{x}{}^\nu$ eine Lösung von (49) gibt, die in $\overset{0}{x}{}^\nu$ diesen Wert annimmt.

(49) ist gleichbedeutend mit:

$$\left(\nabla_\mu v^{\lambda_1 \ldots \lambda_p}\right) \overset{\nu_1}{e}_{\lambda_1} \ldots \overset{\nu_p}{e}_{\lambda_p} = w_\mu^{\cdot\,\lambda_1 \ldots \lambda_p} \overset{\nu_1}{e}_{\lambda_1} \ldots \overset{\nu_p}{e}_{\lambda_p}, \tag{50}$$

oder auch mit:

$$\nabla_\mu \left(v^{\lambda_1 \ldots \lambda_p} \overset{\nu_1}{e}_{\lambda_1} \ldots \overset{\nu_p}{e}_{\lambda_p}\right) = w_\mu^{\cdot\,\lambda_1 \ldots \lambda_p} \overset{\nu_1}{e}_{\lambda_1} \ldots \overset{\nu_p}{e}_{\lambda_p} + v^{\lambda_1 \ldots \lambda_p} \nabla_\mu \overset{\nu_1}{e}_{\lambda_1} \ldots \overset{\nu_p}{e}_{\lambda_p}, \tag{51}$$

also mit einem System von n^p Gradientgleichungen. Die Integrabilitätsbedingungen dieser Gleichungen lauten aber nach (32):

$$\nabla_{[\omega} w_{\mu]}^{\cdot\,\lambda_1 \ldots \lambda_p} \overset{\nu_1}{e}_{\lambda_1} \ldots \overset{\nu_p}{e}_{\lambda_p} + \nabla_{[\omega} v^{\lambda_1 \ldots \lambda_p} \nabla_{\mu]} \overset{\nu_1}{e}_{\lambda_1} \ldots \overset{\nu_p}{e}_{\lambda_p} = 0, \tag{52}$$

oder unter Berücksichtigung von (II, 116b und 117):

$$\begin{cases} \left(\nabla_{[\omega} w_{\mu]}^{\cdot\,\lambda_1 \ldots \lambda_p}\right) \overset{\nu_1}{e}_{\lambda_1} \ldots \overset{\nu_p}{e}_{\lambda_p} + w_{[\mu}^{\cdot\,\lambda_1 \ldots \lambda_p} \nabla_{\omega]} \overset{\nu_1}{e}_{\lambda_1} \ldots \overset{\nu_p}{e}_{\lambda_p} \\ + w_{[\omega}^{\cdot\,\lambda_1 \ldots \lambda_p} \nabla_{\mu]} \overset{\nu_1}{e}_{\lambda_1} \ldots \overset{\nu_p}{e}_{\lambda_p} + v^{\lambda_1 \ldots \lambda_p} \nabla_{[\omega} \nabla_{\mu]} \overset{\nu_1}{e}_{\lambda_1} \ldots \overset{\nu_p}{e}_{\lambda_p} \\ = \left(\nabla_{[\omega} w_{\mu]}^{\cdot\,\lambda_1 \ldots \lambda_p}\right) \overset{\nu_1}{e}_{\lambda_1} \ldots \overset{\nu_p}{e}_{\lambda_p} + \tfrac{1}{2} v^{\lambda_1 \ldots \lambda_p} \sum_u^{1,\ldots,p} R_{\omega\mu\alpha}^{\cdot\cdot\cdot\,\nu_u} \overset{\nu_1}{e}_{\lambda_1} \ldots \overset{\alpha}{e}_{\lambda_u} \ldots \overset{\nu_p}{e}_{\lambda_p} = 0; \end{cases} \tag{53}$$

Gleichungen, die äquivalent sind mit der Gleichung:

$$\boxed{2 \nabla_{[\omega} w_{\mu]}^{\cdot\,\nu_1 \ldots \nu_p} = -\sum_u^{1,\ldots,p} R_{\omega\mu\alpha}^{\cdot\cdot\cdot\,\nu_u} v^{\nu_1 \ldots \nu_{u-1} \alpha \nu_{u+1} \ldots \nu_p},} \tag{54}$$

die also die gesuchte Integrabilitätsbedingung darstellt.

Dieselben Überlegungen gelten, wenn die differenzierte Größe kovariant oder gemischt ist. Die Integrabilitätsbedingungen von:

$$\nabla_\mu v_{\nu_1 \ldots \nu_p} = w_{\mu\,\nu_1 \ldots \nu_p} \tag{55}$$

lauten also:

$$\boxed{2 \nabla_{[\omega} w_{\mu]\,\nu_1 \ldots \nu_p} = \sum_u^{1,\ldots,p} R_{\omega\mu\nu_u}^{\cdot\cdot\cdot\,\alpha} v_{\nu_1 \ldots \nu_{u-1} \alpha \nu_{u+1} \ldots \nu_p}.} \tag{56}$$

Als Beispiel für eine gemischte Gleichung wählen wir:

$$\nabla_\mu v_{\varkappa\lambda}^{\cdot\cdot\,\nu} = w_{\mu\varkappa\lambda}^{\cdot\cdot\cdot\,\nu}. \tag{57}$$

Hier lauten die Integrabilitätsbedingungen:

$$2 \nabla_{[\omega} w_{\mu]\varkappa\lambda}^{\cdot\cdot\cdot\,\nu} = -R_{\omega\mu\alpha}^{\cdot\cdot\cdot\,\nu} v_{\varkappa\lambda}^{\cdot\cdot\,\alpha} + R_{\omega\mu\lambda}^{\cdot\cdot\cdot\,\alpha} v_{\varkappa\alpha}^{\cdot\cdot\,\nu} + R_{\omega\mu\varkappa}^{\cdot\cdot\cdot\,\alpha} v_{\alpha\lambda}^{\cdot\cdot\,\nu}. \tag{58}$$

Ist $v^{\nu_1 \dots \nu_p}$ alternierend, so läßt sich (54) einfacher schreiben:

(59)
$$2 \nabla_{[\omega} w_{\mu]}^{\cdot\,\nu_1 \dots \nu_p} = - p\, R_{\omega \mu \alpha}^{\cdot\,\cdot\,\cdot\,[\nu_p} v^{\nu_1 \dots \nu_{p-1}]\alpha}.$$

Ebenso geht (54) für den Fall, daß $v^{\nu_1 \dots \nu_p}$ symmetrisch ist, über in:

(60)
$$2 \nabla_{[\omega} w_{\mu]}^{\cdot\,\nu_1 \dots \nu_p} = - p\, R_{\omega \mu \alpha}^{\cdot\,\cdot\,\cdot\,(\nu_p} v^{\nu_1 \dots \nu_{p-1})\alpha}.$$

Für kovariante alternierende bzw. symmetrische Größen geht (56) in derselben Weise über in:

(61)
$$2 \nabla_{[\omega} w_{\mu]\nu_1 \dots \nu_p} = p\, R_{\omega \mu [\nu_p}^{\cdot\,\cdot\,\cdot\,\cdot\,\alpha} v_{\nu_1 \dots \nu_{p-1}]\alpha},$$

bzw.

(62)
$$2 \nabla_{[\omega} w_{\mu]\nu_1 \dots \nu_p} = p\, R_{\omega \mu (\nu_p}^{\cdot\,\cdot\,\cdot\,\cdot\,\alpha} v_{\nu_1 \dots \nu_{p-1})\alpha}.$$

Die geometrische Bedeutung der Integrabilitätsbedingungen ist folgende. Ist k eine geschlossene Kurve in dem betrachteten Gebiete der A_n, so kann man $v^{\nu_1 \dots \nu_p}$ in einem bestimmten Punkte P von k einen Wert $\underset{0}{v}^{\nu_1 \dots \nu_p}$ geben, und die Werte von $v^{\nu_1 \dots \nu_p}$ auf k in der einen und in der anderen Richtung bestimmen mit Hilfe der Gleichungen:

(63)
$$\delta v^{\nu_1 \dots \nu_p} = d x^{\mu} w_{\mu}^{\cdot\,\nu_1 \dots \nu_p}.$$

Ist nun $w_{\mu}^{\cdot\,\nu_1 \dots \nu_p}$ ganz allgemein gegeben, so werden die zwei in dieser Weise für einen anderen Punkt Q von k gefundenen Werte von $v^{\nu_1 \dots \nu_p}$ nicht gleich sein. (54) ist die notwendige und hinreichende Bedingung dafür, daß die zwei Werte für jede Wahl der Kurve, der Punkte P und Q und des Wertes $\underset{0}{v}^{\nu_1 \dots \nu_p}$ einander gleich sind.

Ein wichtiger Spezialfall von (61) ergibt sich für $p = n$. Der Differentialquotient eines n-Vektors $U_{\lambda_1 \dots \lambda_n}$ ist in den letzten n Indizes alternierend und hat also die Form $U_{\mu} U_{\lambda_1 \dots \lambda_n}$.

Die Integrabilitätsbedingungen der Gleichung:

(64)
$$\nabla_{\mu} U_{\lambda_1 \dots \lambda_n} = U_{\mu} U_{\lambda_1 \dots \lambda_n}$$

sind ein Spezialfall von (61) und lauten, da das alternierende Produkt von U_{λ} mit sich selbst verschwindet:

(65)
$$2 \nabla_{[\omega} U_{\mu]} U_{\lambda_1 \dots \lambda_n} = n\, R_{\omega \mu [\lambda_n}^{\cdot\,\cdot\,\cdot\,\cdot\,\alpha} U_{\lambda_1 \dots \lambda_{n-1}]\alpha}.$$

Nun ist aber allgemein:

(66)
$$v_{[\lambda_n} w^{\alpha} U_{\lambda_1 \dots \lambda_{n-1}]\alpha} = v_{\alpha} w^{\alpha} U_{\lambda_1 \dots \lambda_n}$$

und es reduzieren sich also die Integrabilitätsbedingungen auf die einfache Form:

(67)
$$\nabla_{[\omega} U_{\mu]} = \tfrac{1}{2} n\, R_{\omega \mu \alpha}^{\cdot\,\cdot\,\cdot\,\alpha}.$$

Wie man also das Feld $U_{\lambda_1 \dots \lambda_n}$ auch wählen mag, die Rotation von U_{λ} hat stets denselben Wert, der durch Faltung von $\frac{1}{2} n\, R_{\omega \mu \lambda}^{\cdot\,\cdot\,\cdot\,\nu}$ nach $\lambda \nu$ entsteht.

Es knüpft sich hier die Frage an, unter welchen Bedingungen es möglich ist, ein Feld $U_{\lambda_1 \dots \lambda_n}$ so zu wählen, daß es im Sinne der zugrunde gelegten Übertragung konstant ist. (67) lehrt, daß dies dann und nur dann möglich ist, wenn $R_{\omega\mu\alpha}^{\cdot\cdot\cdot\alpha}$ verschwindet, d. h. (II, § 15) wenn die Übertragung inhaltstreu ist:

Konstante n-Vektorfelder gibt es in einer A_n nur bei einer inhaltstreuen Übertragung [vgl. II, S. 90[1])].

Die Integrabilitätsbedingungen der Gleichung:

$$(68) \qquad \nabla_\mu v^\nu = 0 \quad \text{bzw.} \quad \nabla_\mu w_\lambda = 0$$

lauten:

$$(69) \qquad R_{\omega\mu\lambda}^{\cdot\cdot\cdot\nu} v^\lambda = 0 \quad \text{bzw.} \quad R_{\omega\mu\lambda}^{\cdot\cdot\cdot\nu} w_\nu = 0 .$$

Dafür, daß es in einer A_n konstante Vektorfelder in jeder Richtung gibt, ist also notwendig und hinreichend, daß $R_{\omega\mu\lambda}^{\cdot\cdot\cdot\nu}$ verschwindet. Wählt man n linear unabhängige kovariante konstante Vektoren als kovariante Maßvektoren[2]), so verschwinden alle $\Gamma_{\mu\lambda}^\nu$ und es entsteht ein kartesisches Koordinatensystem, d. h. die A_n ist ein E_n:

Eine E_n ist eine A_n mit verschwindender Krümmungsgröße.

Nur in einer E_n läßt sich der Ort jedes Punktes in bezug auf einen festen Ursprung geben durch den Radiusvektor r^ν:

$$(70) \qquad r^\nu = x^\lambda \underset{\lambda}{e}^\nu = x^\nu .$$

Anwendung von ∇_μ ergibt:

$$(71) \qquad \nabla_\mu r^\nu = \nabla_\mu x^\nu = A_\mu^\nu ,$$

in Worten:

In einer E_n ist A_λ^ν der erste Differentialquotient des Radiusvektors.

In einer A_n gibt es im allgemeinen keinen Vektor, dessen erster Differentialquotient gleich A_λ^ν wäre.

§ 7. Integrabilitätsbedingungen. Zweiter Typus.

Die Integrabilitätsbedingungen von

$$(72) \qquad \nabla_{[\mu} v_{\lambda_1 \ldots \lambda_p]} = w_{\mu\lambda_1 \ldots \lambda_p},$$

wo $v_{\lambda_1 \ldots \lambda_p}$ ein p-Vektor ist, lauten in einer A_n:

$$(73) \qquad \boxed{\nabla_{[\omega} w_{\mu\lambda_1 \ldots \lambda_p]} = 0,}$$

anders gesagt:

Dafür, daß in einer A_n ein $(p+1)$-Vektor ein alternierter Differentialquotient eines p-Vektors ist, ist es notwendig

[1]) *Schouten*, 1923, 4, S. 171; *Eisenhart*, 1923, 17; *Veblen*, 1923, 16. Das Integral $\int U_{\lambda_1 \ldots \lambda_n} f^{\lambda_1 \ldots \lambda_n} d\tau_n$ ist bei einer inhaltstreuen Übertragung eine Integralinvariante. Hier knüpft die Theorie der Integralinvarianten an.

[2]) Der kovariante Maßvektor $\overset{\nu}{e}_\lambda$ ist der Gradient von x^ν. Dafür, daß ein Vektor als Maßvektor verwendet werden kann, ist also in einer A_n notwendig und hinreichend, daß seine Rotation verschwindet. Diese Bedingung ist hier erfüllt.

und hinreichend, daß sein alternierter Differentialquotient verschwindet[1]).

Die Notwendigkeit folgt aus (II, 141).

Wir beweisen zunächst, daß, wenn (72) eine nichtalternierende Lösung $v'_{\lambda_1 \dots \lambda_p}$ besitzt, auch stets eine alternierende Lösung besteht. In der Tat, gilt für $v'_{\lambda_1 \dots \lambda_p}$ die Gleichung (72) und ist $v_{\lambda_1 \dots \lambda_p} = v'_{[\lambda_1 \dots \lambda_p]}$, so ist:

$$(74) \qquad \nabla_{[\mu}\, v'_{\lambda_1 \dots \lambda_p]} = \nabla_{[\mu}\, A^{\alpha_1 \dots \alpha_p}_{\lambda_1 \dots \lambda_p]}\, v'_{\alpha_1 \dots \alpha_p} = \nabla_{[\mu}\, A^{[\alpha_1 \dots \alpha_p]}_{\lambda_1 \dots \lambda_p]}\, v_{\alpha_1 \dots \alpha_p} = \nabla_{[\mu}\, v_{\lambda_1 \dots \lambda_p]}$$

und $v_{\lambda_1 \dots \lambda_p}$ ist also ebenfalls eine Lösung von (72). Wir dürfen also voraussetzen, daß $v_{\lambda_1 \dots \lambda_p}$ alternierend ist und beweisen nun den Satz weiter für $p = 2$. Der Beweis für allgemeines p verläuft in derselben Weise. Aus der Gleichung

$$(75) \qquad \nabla_{[\mu}\, v_{\varkappa\lambda]} = w_{\mu\varkappa\lambda}$$

folgt, daß $\nabla_\mu v_{\varkappa\lambda}$ sich folgendermaßen schreiben läßt:

$$(76) \qquad \nabla_\mu\, v_{\varkappa\lambda} = w_{\mu\varkappa\lambda} + u_{\mu\varkappa\lambda},$$

wo $u_{\mu\varkappa\lambda}$ eine Größe ist, deren alternierender Teil verschwindet. Umgekehrt folgt (75) aus (76). Die Integrabilitätsbedingungen von (72) lauten:

$$(77) \qquad 2\, R_{\omega\mu[\lambda}^{\cdot\;\cdot\;\cdot\;\alpha}\, v_{\varkappa]\alpha} = 2\, \nabla_{[\omega}\, w_{\mu]\varkappa\lambda} + \nabla_\omega\, u_{\mu\varkappa\lambda} - \nabla_\mu\, u_{\omega\varkappa\lambda}.$$

Infolge (76) ist aber

$$(78) \qquad u_{\mu\varkappa\lambda} = \tfrac{2}{3} \nabla_\mu\, v_{\varkappa\lambda} - \tfrac{1}{3} \nabla_\varkappa\, v_{\lambda\mu} - \tfrac{1}{3} \nabla_\lambda\, v_{\mu\varkappa}.$$

Führt man diesen Wert in (77) ein, so entsteht:

$$(79) \qquad \begin{cases} 0 = 2\, \nabla_{[\omega}\, w_{\mu]\varkappa\lambda} - \tfrac{2}{3} R_{\omega\mu[\lambda}^{\cdot\;\cdot\;\cdot\;\alpha}\, v_{\varkappa]\alpha} - \tfrac{1}{3} \nabla_\omega \nabla_\varkappa\, v_{\lambda\mu} + \tfrac{1}{3} \nabla_\mu \nabla_\varkappa\, v_{\lambda\omega} \\ \qquad\qquad - \tfrac{1}{3} \nabla_\omega \nabla_\lambda\, v_{\mu\varkappa} + \tfrac{1}{3} \nabla_\mu \nabla_\lambda\, v_{\omega\varkappa}. \end{cases}$$

Wird in den vier letzten Termen die Reihenfolge der Differentiationen umgekehrt, so entstehen vier Terme mit $R_{\omega\mu\lambda}^{\cdot\;\cdot\;\cdot\;\nu}$:

$$(80) \qquad \begin{cases} 0 = 2\, \nabla_{[\omega}\, w_{\mu]\varkappa\lambda} - \tfrac{1}{3} \nabla_\varkappa \nabla_\omega\, v_{\lambda\mu} + \tfrac{1}{3} \nabla_\varkappa \nabla_\mu\, v_{\lambda\omega} - \tfrac{1}{3} \nabla_\lambda \nabla_\omega\, v_{\mu\varkappa} \\ \quad + \tfrac{1}{3} \nabla_\lambda \nabla_\mu\, v_{\omega\varkappa} - \tfrac{1}{3} \left(R_{\omega\mu\lambda}^{\cdot\;\cdot\;\cdot\;\alpha}\, v_{\varkappa\alpha} + R_{\mu\lambda\omega}^{\cdot\;\cdot\;\cdot\;\alpha}\, v_{\varkappa\alpha} + R_{\lambda\omega\mu}^{\cdot\;\cdot\;\cdot\;\alpha}\, v_{\varkappa\alpha} \right) \\ \quad + \tfrac{1}{3} \left(R_{\omega\mu\varkappa}^{\cdot\;\cdot\;\cdot\;\alpha}\, v_{\lambda\alpha} + R_{\mu\varkappa\omega}^{\cdot\;\cdot\;\cdot\;\alpha}\, v_{\lambda\alpha} + R_{\varkappa\omega\mu}^{\cdot\;\cdot\;\cdot\;\alpha}\, v_{\lambda\alpha} \right) \\ \quad - \tfrac{1}{3} \left(R_{\lambda\mu\varkappa}^{\cdot\;\cdot\;\cdot\;\alpha}\, v_{\omega\alpha} + R_{\mu\varkappa\lambda}^{\cdot\;\cdot\;\cdot\;\alpha}\, v_{\omega\alpha} \right) + \tfrac{1}{3} \left(R_{\lambda\omega\varkappa}^{\cdot\;\cdot\;\cdot\;\alpha}\, v_{\mu\alpha} + R_{\omega\varkappa\lambda}^{\cdot\;\cdot\;\cdot\;\alpha}\, v_{\mu\alpha} \right). \end{cases}$$

Addiert man zu dieser Gleichung die Identität:

$$(81) \qquad 0 = \tfrac{1}{3} \nabla_\varkappa \nabla_\lambda\, v_{\omega\mu} - \tfrac{1}{3} \nabla_\lambda \nabla_\varkappa\, v_{\mu\omega} - \tfrac{1}{3} R_{\varkappa\lambda\mu}^{\cdot\;\cdot\;\cdot\;\alpha}\, v_{\omega\alpha} + \tfrac{1}{3} R_{\varkappa\lambda\omega}^{\cdot\;\cdot\;\cdot\;\alpha}\, v_{\mu\alpha},$$

so heben alle Terme mit $R_{\omega\mu\lambda}^{\cdot\;\cdot\;\cdot\;\nu}$ sich infolge der zweiten Identität (II, 138) auf, und als notwendige und hinreichende Bedingung bleibt:

$$(82) \qquad \nabla_{[\omega}\, w_{\mu\varkappa\lambda]} = 0.$$

---

[1]) *Poincaré*, 1887, 3, S. 336 für R_n; *Volterra*, 1889, 3, S. 602 für R_n; *Brouwer*, 1906, 1, S. 22 für R_n; *Goursat*, 1922, 3, S. 105.

Aus dem bewiesenen Satze folgt unter Berücksichtigung von § 5 der Satz:

Ein Gradientprodukt $(p+1)^{\text{ter}}$ Stufe ist stets alternierter Differentialquotient eines p-Vektors.

Die schon im zweiten Abschnitt, S. 88, abgeleitete, für jeden p-Vektor einer A_n gültige Identität:

(83) $$\nabla_{[\omega} \nabla_{\mu} v_{\lambda_1 \ldots \lambda_p]} = 0$$

ist auch eine Folge von (72) und (73).

§ 8. Integrabilitätsbedingungen. Dritter Typus.

In der Differentialgeometrie treten oft Differentialgleichungen auf von der Form:

(84) $$\nabla_{[\mu} v_{\lambda_1 \ldots \lambda_q] \nu_1 \ldots \nu_r} = w_{\mu \lambda_1 \ldots \lambda_q \nu_1 \ldots \nu_r},$$

wo $v_{\lambda_1 \ldots \lambda_q \nu_1 \ldots \nu_r}$ in den ersten q-Indizes alternierend ist. Zur Ableitung der Integrabilitätsbedingungen dieser Gleichung bemerken wir, daß (85) gleichbedeutend ist mit

(85) $$(\nabla_{[\mu} v_{\lambda_1 \ldots \lambda_q] \alpha_1 \ldots \alpha_r}) \underset{\nu_1}{e}^{\alpha_1} \ldots \underset{\nu_r}{e}^{\alpha_r} = w_{\mu \lambda_1 \ldots \lambda_q \alpha_1 \ldots \alpha_r} \underset{\nu_1}{e}^{\alpha_1} \ldots \underset{\nu_r}{e}^{\alpha_r}$$

oder auch mit

(86) $$\begin{cases} \nabla_{[\mu} v_{\lambda_1 \ldots \lambda_q] \alpha_1 \ldots \alpha_r} \underset{\nu_1}{e}^{\alpha_1} \ldots \underset{\nu_2}{e}^{\alpha_r} \\ \quad = \left(\nabla_{[\mu} \underset{\nu_1}{e}^{\alpha_1} \ldots \underset{\nu_r}{e}^{\alpha_r}\right) v_{\lambda_1 \ldots \lambda_q] \alpha_1 \ldots \alpha_r} + w_{\mu \lambda_1 \ldots \lambda_q \alpha_1 \ldots \alpha_r} \underset{\nu_1}{e}^{\alpha_1} \ldots \underset{\nu_r}{e}^{\alpha_r}. \end{cases}$$

(86) ist aber ein System von n^r Gleichungen der Form (72). Die Integrabilitätsbedingungen dieser Gleichungen lauten also:

(87) $$\begin{cases} \nabla_{[\omega} \left(\nabla_{\mu} \underset{\nu_1}{e}^{\alpha_1} \ldots \underset{\nu_r}{e}^{\alpha_r}\right) v_{\lambda_1 \ldots \lambda_q] \alpha_1 \ldots \alpha_r} + \left(\nabla_{[\omega} \underset{\nu_1}{e}^{\alpha_1} \ldots \underset{\nu_r}{e}^{\alpha_r}\right) w_{\mu \lambda_1 \ldots \lambda_q] \alpha_1 \ldots \alpha_r} \\ \quad + (\nabla_{[\omega} w_{\mu \lambda_1 \ldots \lambda_q] \alpha_1 \ldots \alpha_r}) \underset{\nu_1}{e}^{\alpha_1} \ldots \underset{\nu_r}{e}^{\alpha_r} = 0, \end{cases}$$

oder:

(88) $$\begin{cases} \left(\nabla_{[\mu} \underset{\nu_1}{e}^{\alpha_1} \ldots \underset{\nu_r}{e}^{\alpha_r}\right) w_{\omega \lambda_1 \ldots \lambda_q] \alpha_1 \ldots \alpha_r} + \left(\nabla_{[\omega} \underset{\nu_1}{e}^{\alpha_1} \ldots \underset{\nu_r}{e}^{\alpha_r}\right) w_{\mu \lambda_1 \ldots \lambda_q] \alpha_1 \ldots \alpha_r} \\ \quad + \left(\nabla_{[\omega} \nabla_{\mu} \underset{\nu_1}{e}^{\alpha_1} \ldots \underset{\nu_r}{e}^{\alpha_r}\right) v_{\lambda_1 \ldots \lambda_q] \alpha_1 \ldots \alpha_r} + (\nabla_{[\omega} w_{\mu \lambda_1 \ldots \lambda_q] \alpha_1 \ldots \alpha_r}) \underset{\nu_1}{e}^{\alpha_1} \ldots \underset{\nu_1}{e}^{\alpha_r} = 0 \end{cases}$$

oder:

(89) $$\begin{cases} -\frac{1}{2} \sum\limits_{u}^{1,\ldots,r} v_{[\lambda_1 \ldots \lambda_q} R_{\omega \mu] \beta}^{\cdot\;\cdot\;\cdot\;\alpha_u} \underset{\nu_1}{e}^{\alpha_1} \ldots \underset{\nu_u}{e}^{\beta} \ldots \underset{\nu_r}{e}^{\alpha_r} v_{\alpha_1 \ldots \alpha_r} \\ + (\nabla_{[\omega} w_{\mu \lambda_1 \ldots \lambda_q] \alpha_1 \ldots \alpha_r}) \underset{\nu_1}{e}^{\alpha_1} \ldots \underset{\nu_r}{e}^{\alpha_r} = 0, \end{cases}$$

wo $v_{\lambda_1 \ldots \lambda_q \nu_1 \ldots \nu_r}$ in zwei ideale Faktoren zerlegt ist:

(90) $$v_{\lambda_1 \ldots \lambda_q \nu_1 \ldots \nu_r} = v_{\lambda_1 \ldots \lambda_q} v_{\nu_1 \ldots \nu_r}.$$

Die Gleichungen (89) sind aber äquivalent mit der Gleichung

(91) $$-\frac{1}{2} \sum_{u}^{1,\ldots,r} v_{[\lambda_1 \ldots \lambda_q} R_{\omega \mu] \beta}^{\cdot\;\cdot\;\cdot\;\alpha} v_{\nu_1 \ldots \nu_{u-1} \alpha \nu_{u+1} \ldots \nu_r} + \nabla_{[\omega} w_{\mu \lambda_1 \ldots \lambda_q] \nu_1 \ldots \nu_r} = 0,$$

die also die gesuchten Integrabilitätsbedingungen darstellt. Ohne Verwendung von idealen Faktoren lautet die Gleichung:

(92) $$\boxed{\nabla_{[\omega} w_{\mu \lambda_1 \ldots \lambda_q] \nu_1 \ldots \nu_r} = \frac{1}{2} \sum_{u}^{1,\ldots,r} A_{[\lambda_1 \ldots \lambda_q}^{\alpha_1 \ldots \alpha_q} R_{\omega \mu] \nu_u}^{\cdot\;\cdot\;\cdot\;\delta} v_{\alpha_1 \ldots \alpha_q \nu_1 \ldots \nu_{u-1} \delta \nu_{u+1} \ldots \nu_r}.}$$

Ist die differenzierte Größe in den letzten r Indizes kontravariant oder gemischt, so gelten dieselben Überlegungen. Die Integrabilitätsbedingungen der Gleichung

(93) $$\nabla_{[\mu}\, v_{\lambda_1 \ldots \lambda_q]\nu_1}^{\cdot\,\cdots\,\cdot\;\cdot\;\nu_2} = w_{\mu\lambda_1 \ldots \lambda_q \nu_1}^{\cdot\;\cdot\,\cdots\,\cdot\;\cdot\;\nu_2}$$

lauten also z. B.:

(94) $$\nabla_{[\omega}\, w_{\mu\lambda_1 \ldots \lambda_q]\nu_1}^{\cdot\;\cdot\,\cdots\,\cdot\;\cdot\;\nu_2} = \tfrac{1}{2} A_{[\lambda_1 \ldots \lambda_q}^{\alpha_1 \ldots \alpha_q} \left(R_{\omega\mu]\nu_1}^{\cdot\;\cdot\;\cdot\;\delta}\, v_{\alpha_1 \ldots \alpha_q \delta}^{\cdot\,\cdots\,\cdot\;\cdot\;\nu_2} - R_{\omega\mu]\delta}^{\cdot\;\cdot\;\cdot\;\nu_2}\, v_{\alpha_1 \ldots \alpha_q \nu_1}^{\cdot\,\cdots\,\cdot\;\cdot\;\delta}\right)$$

§ 9. Integrabilitätsbedingungen. Vierter Typus.

Eine Gleichung in der A_n von der Form

(95) $$\nabla_{\lambda_1} v^{\lambda_1 \ldots \lambda_p} = w^{\lambda_2 \ldots \lambda_p},$$

wo $v^{\lambda_1 \ldots \lambda_p}$ ein p-Vektor ist, $p \geqq 2$, läßt sich auf den zweiten Typus zurückführen. Es sei $U^{\nu_1 \ldots \nu_n}$ irgendein kontravariantes n-Vektorfeld und

(96) $$v^{\lambda_1 \ldots \lambda_p} = U^{\lambda_1 \ldots \lambda_n}\, u_{\lambda_{p+1} \ldots \lambda_n}.$$

(95) ist dann gleichbedeutend mit

(97) $$\nabla_{\lambda_1} U^{\lambda_1 \ldots \lambda_n}\, u_{\lambda_{p+1} \ldots \lambda_n} = w^{\lambda_2 \ldots \lambda_p},$$

oder auch mit (vgl. § 6):

(98) $$U^{\lambda_1 \ldots \lambda_n} \nabla_{\lambda_1} u_{\lambda_{p+1} \ldots \lambda_n} = u_{\lambda_{p+1} \ldots \lambda_n} V_{\lambda_1} U^{\lambda_1 \ldots \lambda_n} + w^{\lambda_2 \ldots \lambda_p}; \qquad U_\lambda = -V_\lambda.$$

Es sei nun $V_{\lambda_1 \ldots \lambda_n}$ ein kovariantes n-Vektorfeld, so daß:

(99) $$V_{\mu\nu_1 \ldots \nu_r \lambda_2 \ldots \lambda_p} U^{\lambda_1 \ldots \lambda_n} = A_{[\mu\nu_1 \quad \ldots \nu_r]}^{[\lambda_1 \lambda_{p+1} \ldots \lambda_n]},$$

dann ist:

(100) $$\nabla_\mu V_{\lambda_1 \ldots \lambda_n} = V_\mu V_{\lambda_1 \ldots \lambda_n}$$

und (99) ist gleichbedeutend mit:

(101) $$\nabla_{[\mu} u_{\nu_1 \ldots \nu_r]} = u_{[\nu_1 \ldots \nu_r} V_{\mu]} + V_{\mu\nu_1 \ldots \nu_r \lambda_2 \ldots \lambda_p} w^{\lambda_2 \ldots \lambda_p}.$$

Die Integrabilitätsbedingungen von (101) lauten aber infolge (73):

(102) $$0 = \nabla_{[\omega} u_{\nu_1 \ldots \nu_r} V_{\mu]} + \nabla_{[\omega} V_{\mu\nu_1 \ldots \nu_r]\lambda_2 \ldots \lambda_p} w^{\lambda_2 \ldots \lambda_p},$$

oder, infolge (99), auch:

(103) $$\begin{cases} 0 = V_{[\mu} \nabla_\omega u_{\nu_1 \ldots \nu_r]} + u_{[\nu_1 \ldots \nu_r} \nabla_\omega V_{\mu]} + V_{[\omega} V_{\mu\nu_1 \ldots \nu_r]\lambda_2 \ldots \lambda_p} w^{\lambda_2 \ldots \lambda_p} \\ \quad + (\nabla_{[\omega} w^{\lambda_2 \ldots \lambda_p}) V_{\mu\nu_1 \ldots \nu_r]\lambda_2 \ldots \lambda_p} \\ = u_{[\nu_1 \ldots \nu_r} \nabla_\omega V_{\mu]} + (\nabla_{[\omega} w^{\lambda_2 \ldots \lambda_p}) V_{\mu\nu_1 \ldots \nu_r]\lambda_2 \ldots \lambda_p} \\ \quad + (-1)^{r(p-1)} \dfrac{r+1}{n-r} V_{\lambda_1 \ldots \lambda_p [\nu_1 \ldots \nu_r} (\nabla_\omega V_{\mu]})\, v^{\lambda_1 \ldots \lambda_p}. \end{cases}$$

Diese Gleichung ist aber gleichbedeutend mit der Gleichung:

(104) $$\nabla_{\lambda_2} w^{\lambda_2 \ldots \lambda_p} = -\frac{1}{n} (\nabla_{[\lambda_1} V_{\lambda_2]})\, v^{\lambda_1 \ldots \lambda_p},$$

oder, infolge (100) [vgl. (64) und (67)] auch mit:

(105) $$\boxed{2 \nabla_{\lambda_2} w^{\lambda_2 \ldots \lambda_p} = R_{\lambda_1 \lambda_2 \alpha}^{\cdot\;\cdot\;\cdot\;\alpha}\, v^{\lambda_1 \ldots \lambda_p}}$$

die also die gesuchte Integrabilitätsbedingung darstellt. Für eine A_n mit inhaltstreuer Übertragung geht (105) infolge (II, 152) über in:

$$\nabla_{\lambda_2} w^{\lambda_2 \ldots \lambda_p} = 0\,, \tag{106}$$

und wir können also den Satz aussprechen:

Das Verschwinden der Divergenz eines p-Vektors in einer A_n ist notwendig und hinreichend dafür, daß der $(p-1)$-Vektor die Divergenz eines p-Vektors ist[1]).

Der Fall $p = 1$:

$$\nabla_\mu v^\mu = s \tag{107}$$

bildet eine stets unbeschränkt integrable Gleichung.

Die schon im zweiten Abschnitt (S. 99) bewiesene, für jeden p-Vektor in einer A_n mit inhaltstreuer Übertragung gültige Identität:

$$\nabla_{\lambda_2} \nabla_{\lambda_1} v^{\lambda_1 \ldots \lambda_p} = 0 \tag{108}$$

ist auch eine Folge von (95) und (106).

§ 10. Integrabilitätsbedingungen. Fünfter Typus.

Der fünfte Typus:

$$\nabla_\mu v^{\mu \lambda_2 \ldots \lambda_q \nu_1 \ldots \nu_r} = w^{\lambda_2 \ldots \lambda_q \nu_1 \ldots \nu_r}\,, \tag{109}$$

wo $v^{\mu \lambda_2 \ldots \lambda_q \nu_1 \ldots \nu_r}$ in den ersten q Indizes, $q \geqq 2$, alternierend ist, läßt sich auf den ersten und vierten zurückführen, in derselben Weise wie der dritte Typus auf den ersten und zweiten zurückgeführt wurde. Die Rechnung, die hier nicht ausgeführt wird, da sie genau in derselben Weise verläuft, führt zu den Integrabilitätsbedingungen:

$$\boxed{\begin{aligned} 2\nabla_{\lambda_2} w^{\lambda_2 \ldots \lambda_q \nu_1 \ldots \nu_r} &= R_{\lambda_1 \lambda_2 \alpha}^{\cdot\;\cdot\;\cdot\;\alpha}\, v^{\lambda_1 \ldots \lambda_q \nu_1 \ldots \nu_r} \\ &\quad + \sum_u^{1,\ldots,r} R_{\lambda_1 \lambda_2 \alpha}^{\cdot\;\cdot\;\cdot\;\nu_u}\, v^{\lambda_1 \ldots \lambda_q \nu_1 \ldots \nu_{u-1} \alpha \nu_{u+1} \ldots \nu_r}\,, \end{aligned}} \tag{110a}$$

welche für eine A_n mit inhaltstreuer Übertragung übergeht in:

$$2\nabla_{\lambda_2} w^{\lambda_2 \ldots \lambda_q \nu_1 \ldots \nu_r} = \sum_u^{1,\ldots,r} R_{\lambda_1 \lambda_2 \alpha}^{\cdot\;\cdot\;\cdot\;\nu_u}\, v^{\lambda_1 \lambda_2 \ldots \lambda_q \nu_1 \ldots \nu_{u-1} \alpha \nu_{u+1} \ldots \nu_r}. \tag{110b}$$

Der Fall $q = 1$:

$$\nabla_\mu v^{\mu \nu_1 \ldots \nu_r} = w^{\nu_1 \ldots \nu_r} \tag{111}$$

bildet wiederum eine stets unbeschränkt integrable Gleichung. Diese Eigenschaft bleibt sogar erhalten, wenn man fordert, daß $v^{\mu \nu_1 \ldots \nu_r}$ in $\nu_1 \ldots \nu_r$ alternierend ist.

§ 11. Das Pfaffsche Problem.

Es wurde im dritten Paragraphen nur die Frage erörtert, wann ein einfaches kontravariantes p-Vektorfeld bzw. ein einfaches kovariantes $(n-p)$-Vektorfeld X_p-bildend ist. Die weitergehende Frage, wann diese

[1]) *Volterra*, 1889, 3, S. 604 für R_n; *Brouwer*, 1906, S. 22 für R_n.

Felder X_q-bildend sind, $q \leq p$, d. h. wann es ein System von $\infty^{n-q}\, X_q$ gibt, so daß jede infinitesimale E_p des Feldes eine dieser X_q tangiert, während kein solches System von $\infty^{n-q-1}\, X_{q+1}$ existiert, ist bisher nur für den einfachsten Fall $p = n - 1$ vollständig beantwortet. Die hierher gehörigen Betrachtungen bilden den Gegenstand des sog. *Pfaff*schen Problems, zu dessen Behandlung wir jetzt schreiten.

Ist ein kovarianter Vektor w_λ X_q-bildend, so lassen sich die $\infty^{n-q}\, X_q$ in den verschiedensten Weisen zu $n - q$ Systemen von $\infty^1\, X_{n-1}$ zusammenfassen, so daß zu jeder X_q in jedem System eine X_{n-1} gehört, welche die X_q vollständig enthält. Sind dann $\overset{1}{s}, \ldots, \overset{n-q}{s}$ $n - q$ Skalarfelder, deren äquiskalare Hyperflächen gerade diese $n - q$ Systeme von X_{n-1} sind, so ist w_λ linear abhängig von den $n - q$ Gradienten der s, und es existiert also eine Gleichung von der Form:

$$w_\lambda = \sum_{u}^{1,\ldots,n-q} \overset{u}{\alpha}\, \nabla_\lambda \overset{u}{s}. \tag{112}$$

Umgekehrt, läßt sich w_λ auf die Form (112) bringen, nicht aber auf eine Form mit weniger Summanden, so ist w_λ sicher nicht X_{q+1}-bildend und es enthält die $(n-1)$-Richtung von w_λ in jedem Punkte die q-Richtung, in der sich die $n - q$ $(n-1)$-Richtungen der $\nabla_\lambda \overset{u}{s}$ schneiden. Infolgedessen tangiert w_λ in jedem Punkte eine der X_q, in denen sich die $n - q$ Systeme von äquiskalaren Hyperflächen der $\overset{u}{s}$ schneiden, und w_λ ist also X_q-bildend.

Der einfachste, schon im vorigen Paragraphen miterledigte Fall ist $q = n - 1$. Es ist dann:

$$w_\lambda = \alpha\, \nabla_\lambda s. \tag{113}$$

und die notwendige und hinreichende Bedingung ist ein Spezialfall von (30) und lautet:

$$w_{[\nu}\, \nabla_\mu\, w_{\lambda]} = 0. \tag{114}$$

Ist sogar $\nabla_{[\mu}\, w_{\lambda]} = 0$, so ist w_λ Gradientvektor und (113) läßt sich vereinfachen zu:

$$w_\lambda = \nabla_\lambda s. \tag{115}$$

Um auch für den allgemeinsten Fall die Bedingungen aufzustellen, wenden wir uns zur Betrachtung des Bivektors $\nabla_{[\mu}\, w_{\lambda]}$, für welchen wir die Bezeichnung $w_{\mu\lambda}$ einführen:

$$w_{\mu\lambda} = \nabla_{[\mu}\, w_{\lambda]}. \tag{116}$$

Der Rang dieses Bivektors sei r. Im ersten Abschnitt (S. 50) wurde gezeigt, daß der Rang eines Bivektors stets gerade ist und daß:

$$w_{[\mu_1\lambda_1} \ldots w_{\mu_p\lambda_p]} \begin{cases} \neq 0 & \text{für } 2p \leq r \\ = 0 & \text{,, } 2p > r \end{cases}. \tag{117}$$

Der r-Vektor, der in (117) links auftritt für $2p = r$:

(118) $$G_{\lambda_1 \ldots \lambda_r} = w_{[\lambda_1 \lambda_2} \ldots w_{\lambda_{r-1} \lambda_r]}{}^{1)},$$

ist, wie im ersten Abschnitt ebenfalls gezeigt wurde (S. 50), **einfach**. Dieser Vektor ist aber auch ein **Gradientprodukt**. Denn infolge (115) und (73) ist:

(119) $$\nabla_{[\omega} w_{\mu\lambda]} = 0$$

und es ist also:

(120) $$\nabla_{[\omega} G_{\lambda_1 \ldots \lambda_r]} = \nabla_{[\omega} w_{\lambda_1 \lambda_2} \ldots w_{\lambda_{r-1} \lambda_r]} = 0 .$$

Der r-Vektor $G_{\lambda_1 \ldots \lambda_r}$ ist also nach (30) auch X_{n-r}-**bildend** und korrespondiert demnach mit einem **vollständigen** System von $n - r$ Differentialgleichungen.

Es können nun zwei Fälle auftreten. Entweder liegt die $(n - r)$-Richtung von $G_{\lambda_1 \ldots \lambda_r}$ **nicht** in der $(n - 1)$-Richtung von w_λ, oder diese $(n - r)$-Richtung ist **ganz** in der $(n - 1)$-Richtung von w_λ enthalten. Der erste Fall tritt dann und nur dann auf, wenn der $(r + 1)$-Vektor:

(121) $$H_{\lambda_1 \ldots \lambda_{r+1}} = w_{[\lambda_1} G_{\lambda_2 \ldots \lambda_{r+1}]}{}^{1)}$$

ungleich Null ist, der zweite dann und nur dann, wenn dieser $(r + 1)$-Vektor Null ist. In diesem zweiten Falle ist dann aber sicher der $(r - 1)$-Vektor:

(122) $$F_{\lambda_1 \ldots \lambda_{r-1}} = w_{[\lambda_1} w_{\lambda_2 \lambda_3} \ldots w_{\lambda_{r-2} \lambda_{r-1}]}$$

ungleich Null, denn bei Differentiation von $F_{\lambda_1 \ldots \lambda_{r-1}}$ und Alternation über alle r Indizes entsteht infolge (116) und (119) $G_{\lambda_1 \ldots \lambda_r}$ und diese Größe ist nach Voraussetzung nicht Null.

Im ersten Falle existiert also ein $(r + 1)$-Vektor $H_{\lambda_1 \ldots \lambda_{r+1}}$, der nach (121) Produkt von $r + 1$ Vektoren und also **einfach** ist. Dieser $(r + 1)$-Vektor ist aber auch ein Gradientprodukt, da bei Differentiation und Alternation über alle $r + 2$ Indizes infolge (116) (117) und (119) Null entsteht. $H_{\lambda_1 \ldots \lambda_{r+1}}$ ist also X_{n-r-1}-**bildend** und korrespondiert demnach mit einem **vollständigen** System von $n - r - 1$ Differentialgleichungen. Da sowohl $G_{\lambda_1 \ldots \lambda_r}$ als $H_{\lambda_1 \ldots \lambda_{r+1}}$ Gradientprodukte sind, existiert nach § 5 ein Gradientvektor s_λ, der w_λ in (121) ersetzen kann, so daß:

(123) $$H_{\lambda_1 \ldots \lambda_{r+1}} = s_{[\lambda_1} G_{\lambda_2 \ldots \lambda_{r+1}]} .$$

Im zweiten Falle existiert ein $(r - 1)$-Vektor $F_{\lambda_1 \ldots \lambda_{r-1}}$. Auch dieser $(r - 1)$-Vektor ist **einfach**, was aus folgender Überlegung hervorgeht. Der Bivektor $w_{\mu\lambda}$ ist r-dimensional, liegt also in einem (kovarianten) Gebiet r^{ter} Stufe, eben dem Gebiet des r-Vektors $G_{\lambda_1 \ldots \lambda_r}$. In demselben

---

1) Bei *Graßmann*, Bd. 1, S. 345. 1862 u. f., steht X für w_λ, $X\,dx$ für $w_\lambda\,dx^\lambda$, $\left[\frac{d}{dx} X\right]$ für $\nabla_\mu w_\lambda$. Klammern geben bei *Graßmann* ein alternierendes Produkt an, so daß $G_{\lambda_1 \ldots \lambda_r}$ dort die Form $\left[\left(\frac{d}{dx} X\right)^{\frac{r}{2}}\right]$ hat und $H_{\lambda_1 \ldots \lambda_{r+1}}$ die Form $\left[X \left(\frac{d}{dx} X\right)^{\frac{r}{2}}\right]$.

Gebiet liegt der Vektor w_λ, da ja nach Voraussetzung das Produkt $w_{[\lambda_1} G_{\lambda_2 \ldots \lambda_{r+1}]}$ verschwindet. $F_{\lambda_1 \ldots \lambda_{r-1}}$ ist also ein $(r-1)$-Vektor in einem Gebiete r^{ter} Stufe und kann demnach (vgl. S. 20) nur einfach sein. $F_{\lambda_1 \ldots \lambda_{r-1}}$ ist aber **kein** Gradientprodukt, da ja sein alternierter Differentialquotient gleich $G_{\lambda_1 \ldots \lambda_r}$ ist. Dennoch ist $F_{\lambda_1 \ldots \lambda_{r-1}}$ X_{n-r+1}-**bildend**. Denn nach (30) lautet die notwendige und hinreichende Bedingung dafür:

$$(124) \qquad (\nabla_{[\mu} F_{\mu_1 \ldots \mu_{r-1})} F_{\lambda_1] \lambda_2 \ldots \lambda_{r-1}} = 0 .$$

Da aber nach (122):

$$(125) \qquad \nabla_{[\mu} F_{\lambda_1 \ldots \lambda_{r-1}]} = G_{\mu \lambda_1 \ldots \lambda_{r-1}},$$

ist (124) äquivalent mit:

$$(126) \qquad G_{[\mu_1 \ldots \mu_r} F_{\lambda_1] \lambda_2 \ldots \lambda_{r-1}} = 0 .$$

Diese Gleichung ist aber eine Identität, da $F_{\lambda_1 \ldots \lambda_{r-1}}$ ganz in dem (kovarianten) Gebiete r^{ter} Stufe von $G_{\lambda_1 \ldots \lambda_r}$ liegt und in diesem Gebiete alle alternierenden Produkte von mehr als r Faktoren identisch verschwinden.

Da $F_{\lambda_1 \ldots \lambda_{r-1}}$ X_{n-r+1}-bildend ist, gibt es ein Skalarfeld σ, so daß $\frac{1}{\sigma} F_{\lambda_1 \ldots \lambda_{r-1}}$ Gradientprodukt ist. Infolgedessen ist nach (125):

$$(127) \qquad G_{\lambda_1 \ldots \lambda_r} = (\nabla_{[\lambda_1} \sigma) \frac{1}{\sigma} F_{\lambda_2 \ldots \lambda_r]} = (\nabla_{[\lambda_1} \log \sigma) F_{\lambda_2 \ldots \lambda_r]} .$$

Es existiert also ein Gradientvektor:

$$(128) \qquad z_\lambda = \nabla_\lambda \log \sigma ,$$

so daß:

$$(129) \qquad G_{\lambda_1 \ldots \lambda_r} = z_{[\lambda_1} F_{\lambda_2 \ldots \lambda_r]} .$$

Wir fassen zusammen:

Ist r der Rang von $\nabla_\mu w_\lambda$, so existiert ein r-Vektor:

$$G_{\lambda_1 \ldots \lambda_r} = w_{[\lambda_1 \lambda_2} \ldots w_{\lambda_{r-1} \lambda_r]},$$

der ein Gradientprodukt ist. Es sind jetzt zwei Fälle zu unterscheiden:

1. Ist $w_{[\mu} G_{\lambda_1 \ldots \lambda_r]} \neq 0$, so existiert ein $(r+1)$-Vektor:

$$H_{\lambda_1 \ldots \lambda_{r+1}} = w_{[\lambda_1} G_{\lambda_2 \ldots, \lambda_{r+1}]},$$

der ebenfalls ein Gradientprodukt ist und als Produkt eines Gradientvektors mit $G_{\lambda_1 \ldots \lambda_r}$ geschrieben werden kann:

$$H_{\lambda_1 \ldots \lambda_{r+1}} = s_{[\lambda_1} G_{\lambda_2 \ldots \lambda_{r+1}]} .$$

2. Ist $w_{[\mu} G_{\lambda_1, \ldots \lambda_r]} = 0$, so existiert ein $(r-1)$-Vektor:

$$F_{\lambda_1 \ldots \lambda_{r-1}} = w_{[\lambda_1} w_{\lambda_2 \lambda_3} \ldots w_{\lambda_{r-2} \lambda_{r-1}]},$$

der einfach und X_{n-r-1}-bildend ist, aber kein Gradientprodukt, und es existiert ein Gradientvektor z_λ, so daß:

$$G_{\lambda_1 \ldots \lambda_r} = z_{[\lambda_1} F_{\lambda_2 \ldots \lambda_r]} .$$

Je nachdem der erste Fall vorliegt oder der zweite, bestimmen w_λ und $G_{\lambda_1 \ldots \lambda_r}$ in jedem Punkte ein kovariantes Gebiet $(r+1)^{\text{ter}}$ oder r^{ter} Stufe. Die Stufenzahl dieses Gebietes heißt die Klasse des Vektors w_λ oder auch des *Pfaff*schen Ausdrucks $w_\lambda\, dx^\lambda$. Ist $\varkappa$ die Klasse, so ist also:

$$\varkappa = \begin{cases} r+1 & \text{für ungerades } \varkappa, \\ r & \text{für gerades } \varkappa. \end{cases} \tag{130}$$

Die notwendigen und hinreichenden Bedingungen sind also für eine ungerade Klasse K:

$$\begin{cases} w_{[\mu_1\lambda_1} \ldots w_{\mu_p\lambda_p]} \begin{cases} \neq 0 \text{ für } 2p = K-1 & \text{(a)} \\ = 0 \text{ für } 2p = K+1 & \text{(b)} \end{cases} \\ w_{[\omega}\, w_{\mu_1\lambda_1} \ldots w_{\mu_p\lambda_p]} \begin{cases} \neq 0 \text{ ,, } 2p = K-1 & \text{(c)} \\ = 0 \text{ für } 2p = K+1. & \text{(d)} \end{cases} \end{cases} \tag{131}$$

Die Ungleichheit (131a) folgt algebraisch aus (131c). Ebenso folgt (131d) algebraisch aus (131b). Für eine gerade Klasse K' lauten die Bedingungen:

$$\begin{cases} w_{[\mu_1\lambda_1} \ldots w_{\mu_p\lambda_p]} \begin{cases} = 0 \text{ für } 2p = K'+2 & \text{(a)} \\ \neq 0 \text{ für } 2p = K' & \text{(b)} \end{cases} \\ w_{[\omega}\, w_{\mu_1\lambda_1} \ldots w_{\mu_p\lambda_p]} \begin{cases} = 0 \text{ ,, } 2p = K' & \text{(c)} \\ \neq 0 \text{ für } 2p = K'-2. & \text{(d)} \end{cases} \end{cases} \tag{132}$$

Die Ungleichheit (132a) folgt analytisch aus (132c). Ebenso folgt (132d) analytisch aus (132b)[1]).

Erstens beweisen wir nun den Satz:

Ist die Klasse $\varkappa$ von w_λ ungerade, so läßt sich immer ein Skalarfeld s finden derart, daß die Klasse von $w_\lambda - \nabla_\lambda s$ gleich $\varkappa - 1$ ist[2]).

Die Klasse von w_λ ist nach Annahme ungerade und es gelten also die Gleichungen (131), $\varkappa = K$. Ersetzt man in diesen Gleichungen w_λ durch $w_\lambda - \nabla_\lambda s$, so bleibt $w_{\mu\lambda}$ unverändert:

$$\nabla_{[\mu}(w_{\lambda]} - \nabla_{\lambda]} s) = \nabla_{[\mu} w_{\lambda]}. \tag{133}$$

[1]) *Graßmann*, 1862, 1, S. 368. *Cartan* hat 1899, 1 eine Behandlung des *Pfaff*schen Problems und seiner Verallgemeinerungen gegeben mit Hilfe einer von ihm geschaffenen Symbolik, die auf der systematischen Verwendung einer alternierenden Multiplikation beruht. Das *Goursat*sche Lehrbuch über das *Pfaff*sche Problem, 1922, 3 verwendet die *Cartan*sche Symbolik und bringt viele seiner Resultate. Sowohl dieses Lehrbuch wie die vielen schönen *Cartan*schen Arbeiten beweisen, daß diese Symbolik in geschickten Händen ein sehr nützliches und elegantes Hilfsmittel ist. Dennoch muß sie dem Riccikalkül hintangestellt werden, da letzteres nicht nur die alternierenden Größen mit derselben Kürze und Eleganz zu behandeln gestattet, sondern auch dort verwendbar bleibt, wo andere Größen auftreten und die *Cartan*sche Symbolik versagt.

[2]) *Frobenius*, 1879, 1.

Die linke Seite von (131c) geht also über in:

$$(134)\quad \begin{cases} w_{[\lambda_1} w_{\lambda_2\lambda_3} \ldots w_{\lambda_{\varkappa-1}\lambda_\varkappa]} - (\nabla_{[\lambda_1} s)\, w_{\lambda_2\lambda_3} \ldots w_{\lambda_{\varkappa-1}\lambda_\varkappa]} \\ \qquad = H_{\lambda_1 \ldots \lambda_\varkappa} - (\nabla_{[\lambda_1} s)\, G_{\lambda_2 \ldots \lambda_\varkappa]} \,. \end{cases}$$

Nun sahen wir aber auf S. 121, daß stets ein Gradientvektor s_λ existiert, dessen alternierendes Produkt mit $G_{\lambda_2 \ldots \lambda_\varkappa}$ gleich $H_{\lambda_1 \ldots \lambda_\varkappa}$ ist. Wählt man nun für s ein zu diesem Gradientvektor gehöriges Skalarfeld, so geht (131c) über in (132c) für die Klasse $K' = \varkappa - 1$. Die Gleichungen (131a) und (131b) ändern sich bei der Substitution nicht und sind gleichlautend mit den Gleichungen (132b) und (132a) für $K' = \varkappa - 1$. Da (132d) eine Folge ist von (132b), so gelten also für das Feld $w_\lambda - \nabla_\lambda s$ die Gleichungen (132) für $K' = \varkappa - 1$, was zu beweisen war.

Zweitens beweisen wir den Satz:

Ist die Klasse $\varkappa$ von w_λ gerade, so läßt sich immer ein Skalarfeld α finden, derart, daß die Klasse von $\frac{1}{\alpha} w_\lambda$ gleich $\varkappa - 1$ ist[1]).

Die Klasse von w_λ ist nach Annahme gerade und es gelten also die Gleichungen (132) $\varkappa = K'$. Ersetzt man in diesen Gleichungen w_λ durch $\frac{1}{\alpha} w_\lambda$, so ist:

$$(135)\qquad \nabla_{[\mu} \frac{1}{\alpha} w_{\lambda]} = \frac{1}{\alpha} \nabla_{[\mu} w_{\lambda]} + \left(\nabla_{[\mu} \frac{1}{\alpha}\right) w_{\lambda]} \,.$$

Die linke Seite von (132a) geht also über in:

$$(136)\quad \begin{cases} \left(\frac{1}{\alpha}\right)^{\frac{\varkappa}{2}} w_{[\lambda_1\lambda_2} \ldots w_{\lambda_{\varkappa-1}\lambda_\varkappa]} + \frac{\varkappa}{2} \left(\nabla_{[\lambda_1} \frac{1}{\alpha}\right) w_{\lambda_2} w_{\lambda_3\lambda_4} \ldots w_{\lambda_{\varkappa-1}\lambda_\varkappa]} \\ \qquad = \left(\frac{1}{\alpha}\right)^{\frac{\varkappa}{2}} \left[G_{\lambda_1 \ldots \lambda_\varkappa} - \frac{\varkappa}{\varkappa - 2} \left(\nabla_{[\lambda_1} \alpha^{\frac{\varkappa}{2} - 1}\right) F_{\lambda_2 \ldots \lambda_\varkappa]} \right] . \end{cases}$$

Nun existiert aber, wie auf S. 122 bewiesen wurde, ein Gradientvektor z_λ, dessen alternierendes Produkt mit $F_{\lambda_2 \ldots \lambda_r}$ gleich $G_{\lambda_1 \ldots \lambda_r}$ ist. Wählt man also für $\alpha^{\frac{\varkappa}{2}-1}$ ein zu dem Gradientvektor $\frac{\varkappa - 2}{\varkappa} z_\lambda$ gehöriges Skalarfeld, so geht (132b) über in (131b) für die Klasse $K = \varkappa - 1$. Die Gleichungen (132c) und (132d) ändern sich bei der Substitution nicht und sind gleichlautend mit (131d) und (131c) für $K = \varkappa - 1$. Da (131a) eine Folge ist von (131c), so gelten also für das Feld $\frac{1}{\alpha} w_\lambda$ die Gleichungen (131) für $K = \varkappa - 1$, was zu beweisen war.

Aus den beiden bewiesenen Sätzen läßt sich nun das Fundamentaltheorem des *Pfaff*schen Problems ableiten, das wir hier für das Feld w_λ (nicht für die lineare Differentialform $w_\lambda\, dx^\lambda$) formulieren wollen.

Ein Feld w_λ läßt sich dann und nur dann auf die Form:

$$w_\lambda = \nabla_\lambda \overset{0}{p} + \sum_u^{1,\ldots,s} \overset{u}{\sigma} \nabla_\lambda \overset{u}{p}$$

---

1) *Frobenius*, 1879, 1.

bringen, wo die $\overset{u}{\sigma}$ alle nicht konstante Ortsfunktionen sind, nicht aber auf eine derartige Form mit weniger Summanden, wenn die Klasse gleich $2s+1$ ist, wenn also die Gleichungen (131) gelten für $K=2s+1$. Ein Feld w_λ läßt sich dann und nur dann auf die Form:

$$w_\lambda = \sum_u^{1,\ldots,s} \overset{u}{\sigma} V_\lambda \overset{u}{p}$$

bringen, wo die $\overset{u}{\sigma}$ alle nicht konstante Ortsfunktionen sind, und nicht auf eine Form mit weniger Summanden oder mit einem konstanten Koeffizienten σ, wenn die Klasse gleich $2s$ ist, wenn also die Gleichungen (132) gelten für $K'=2s$[1]).

Die Notwendigkeit der Bedingungen folgt durch einfache Substitution. Daß sie auch hinreichend sind, wird bewiesen durch vollständige Induktion. Wir nehmen an, der erste Teil des Satzes sei bewiesen für $\varkappa=2s-1$. Ist dann $2s+1$ die Klasse von w_λ, so gibt es nach dem auf S. 123 bewiesenen Satz ein Feld $w_\lambda - V_\lambda \overset{0}{p}$ von der Klasse $2s$ und demzufolge nach dem auf S. 124 bewiesenen Satz ein Feld $\frac{1}{\overset{1}{\sigma}}\left(w_\lambda - V_\lambda \overset{0}{p}\right)$ von der Klasse $2s-1$. Nach Voraussetzung läßt sich aber dieses letzte Feld schreiben:

(137) $$\frac{1}{\overset{1}{\sigma}}\left(w_\lambda - V_\lambda \overset{0}{p}\right) = V_\lambda \overset{1}{p} + \sum_u^{2,\ldots,s} \frac{\overset{u}{\sigma}}{\overset{1}{\sigma}} V_\lambda \overset{u}{p}$$

so daß

(138) $$w_\lambda = V_\lambda \overset{0}{p} + \sum_u^{1,\ldots,s} \overset{u}{\sigma} V_\lambda \overset{u}{p},$$

was zu beweisen war. Der Beweis des zweiten Teiles des Fundamentaltheorems vollzieht sich in derselben Weise. Die in beiden Formen vorkommende Zahl s ist die Hälfte des Ranges von $V_{[\mu} w_{\lambda]}$.

Aus dem Fundamentaltheorem ergibt sich unter Berücksichtigung von S. 120 die Antwort auf die Frage, wann v_λ X_q-bildend ist.

Dafür, daß das kovariante Vektorfeld v_λ X_q-bildend ist, ist notwendig und hinreichend, daß die Klasse von v_λ gleich $2q$ oder $2q-1$ ist.

Nebenbei erhalten wir den Satz:

Läßt sich ein kovarianter Bivektor, dessen alternierter Differentialquotient verschwindet, in s einfache Bivektoren zerlegen, so läßt sich diese Zerlegung stets so ausführen, daß jeder einzelne einfache Bivektor ein Gradientprodukt, also X_{n-2}-bildend ist.

---

[1]) *Frobenius*, 1877, 1, weitere Literatur bei *v. Weber* 1900, 1.

§ 12. Bedingungen für ein X_q-bildendes p-Vektorfeld.

Ist das einfache kovariante p-Vektorfeld $w_{\lambda_1 \ldots \lambda_p}$ X_q-bildend, $q < n - p$, und wird $w_{\lambda_1 \ldots \lambda_{n-p}}$ in irgendeiner Weise als Produkt von $n - p$ realen Vektoren geschrieben:

$$w_{\lambda_1 \ldots \lambda_p} = \overset{1}{w}_{[\lambda_1} \ldots \overset{p}{w}_{\lambda_p]}\,, \tag{139}$$

so ist jedes Feld $\overset{u}{w}_\lambda$, $u = 1, \ldots, p$, X_q-bildend. Das Umgekehrte gilt aber nur, wenn die X_q für jede Wahl von u dieselben sind. Legt man durch die ∞^{n-q} X_q in irgendeiner Weise $n - q$ Systeme von ∞^1 X_{n-1}, so daß zu jeder X_q in jedem System eine X_{n-1} gehört, die diese X_q vollständig enthält, und sind $\overset{x}{s}$, $x = 1, \ldots, n - q$, Skalarfelder, deren äquiskalare X_{n-1} gerade diese X_{n-1} sind, so sind die $\overset{u}{w}_\lambda$ linear abhängig von den $n - q$ Gradienten $\nabla_\lambda \overset{x}{s}$:

$$\overset{u}{w}_\lambda = \sum_{x}^{1, \ldots, n-q} \overset{ux}{\alpha}\, \nabla_\lambda \overset{x}{s}\,. \tag{140}$$

Umgekehrt, gelten Gleichungen der Form (140), nicht aber derartige Gleichungen mit weniger als $n - q$ Summanden, so sind die Felder $\overset{u}{w}_\lambda$ und damit $w_{\lambda_1 \ldots \lambda_p}$ X_q-bildend (vgl. S. 120). Aus (140) läßt sich nun ein System von notwendigen Bedingungen herleiten. Ist

$$\overset{u}{L}_{\lambda_1 \ldots \lambda_r} = \left(\nabla_{[\lambda_1} \overset{u}{w}_{\lambda_2}\right) \ldots \left(\nabla_{\lambda_{r-1}} \overset{u}{w}_{\lambda_r]}\right), \tag{141}$$

so ist

$$\overset{1}{w}_{[\alpha_1} \ldots \overset{1}{w}_{\alpha_{\varepsilon_1}} \ldots \overset{p}{w}_{\varkappa_1} \ldots \overset{p}{w}_{\varkappa_{\varepsilon_p}} \overset{1}{L}_{\lambda_1 \ldots \lambda_{r_1}} \ldots \overset{p}{L}_{\xi_1 \ldots \xi_{r_p}]} = 0 \tag{142}$$ [1])

für jede Wahl von $\varepsilon_1, \ldots, \varepsilon_p$, $r_1, \ldots, r_p$, die den folgenden Bedingungen genügt:

$$\varepsilon_1 + \ldots + \varepsilon_p + \tfrac{1}{2}(r_1 + \ldots + r_p) = n - q + 1\,. \tag{143}$$

Denn die p Faktoren $\overset{u}{L}_{\lambda_1 \ldots \lambda_{r_u}}$ geben zusammen in jedem Term gerade $n - q + 1 - \varepsilon_1 - \ldots - \varepsilon_p$ Faktoren $\nabla_\lambda \overset{x}{s}$ und alternierende Multiplikation mit $\varepsilon_1 + \ldots + \varepsilon_p$ Faktoren $\overset{u}{w}_\lambda$ muß also Null erzeugen. Ein anderes System von notwendigen Bedingungen, das nur $w_{\lambda_1 \ldots \lambda_p}$ enthält, ist:

$$w_{[\alpha_1 \ldots \alpha_p} (\nabla_{\beta_1} w_{\gamma_1 | \lambda_2 \ldots \lambda_p |}) \ldots (\nabla_{\beta_s} w_{\gamma_s] \xi_2 \ldots \xi_p}) = 0\,, \quad s = n - q - p + 1\,, \tag{144}$$ [1])

wo über $\alpha_1, \ldots, \alpha_p, \beta_1, \gamma_1, \ldots, \beta_s, \gamma_s$ alterniert ist. Denn die ∇ enthaltenden Faktoren geben zusammen in jedem Term $n - q - p + 1$ Faktoren $\nabla_\lambda \overset{x}{s}$ und alternierende Multiplikation mit p Faktoren $\overset{u}{w}_\lambda$ erzeugt also Null. Es ist bisher nicht gelungen, ein System von notwendigen und hinreichenden Bedingungen aufzustellen.

---

[1]) Anmerkungen zu *Graßmann*, 1862, 1, S. 480.

Aufgaben.

1. Dafür, daß in einer A_n der zur Vektorpotenz

$$v_{\lambda_1 \ldots \lambda_p} = v_{\lambda_1} \ldots v_{\lambda_p}$$

gehörige Vektor v_λ X_{n-1}-bildend ist, ist notwendig und hinreichend, daß

$$v_{\lambda_1 \ldots [\lambda_p} \nabla_\mu v_{\nu_1] \ldots \nu_p} = 0 . \qquad \text{[\textit{Sinigallia}[1]).]}$$

2 a) $\overset{0}{v}_{\lambda_1 \ldots \lambda_p}$ sei eine Lösung der Gleichung (72). Man schreibe die allgemeine Lösung an.

b) $\underset{0}{v}^{\lambda_1 \ldots \lambda_p}$ sei eine Lösung der Gleichung (95). Man schreibe die allgemeine Lösung an.

3. Jeder kovariante n-Vektor in einer A_n ist ein Gradientprodukt.

4. Jeder kovariante $(n-1)$-Vektor in einer A_n ist das Produkt eines Skalars mit einem Gradientprodukt. [*Goursat*[2]).]

5. Gilt für den p-Vektor $v_{\lambda_1 \ldots \lambda_p}$ in einer A_n die Gleichung:

$$v_{\lambda_1 \ldots \lambda_{p-1} a_n} = 0$$

und verschwindet $\nabla_{[\mu} v_{\lambda_1 \ldots \lambda_p]}$, so sind die Bestimmungszahlen $v_{\lambda_1 \ldots \lambda_p}$ unabhängig von x^{a_n}. [*Cartan*[3]).]

6. Ist $v^{\lambda\nu}$ ein Affinor n^{ten} Ranges in einer A_n und $V_{\lambda\nu}$ der Affinor mit der inversen Matrix, so ist die Gleichung:

$$v^{\alpha\mu} \nabla_\mu v^{\beta\lambda} = v^{\beta\mu} \nabla_\mu v^{\alpha\lambda}$$

gleichbedeutend mit:

$$\nabla_{[\omega} V_{\mu]\lambda} = 0 . \qquad \text{[\textit{Frobenius}[4]).]}$$

7. Ist $\varkappa$ die Klasse von w_λ und σ ein beliebiger Skalar, so ist die Klasse von σw_λ $\varkappa$ oder $\varkappa + 1$, wenn $\varkappa$ ungerade ist und $\varkappa$ oder $\varkappa - 1$ im anderen Falle.

Ist p_λ ein beliebiger Gradientvektor, so ist die Klasse von $w_\lambda + p_\lambda$ $\varkappa$ oder $\varkappa - 1$, wenn $\varkappa$ ungerade ist und $\varkappa$ oder $\varkappa + 1$ im anderen Falle. [*Frobenius*[5]).]

8. Man bestimme die Klasse der Differentialformen:

a) $x^a x^c dx^b + x^a x^b dx^c + (x^a + x^c x^e) dx^d + x^c x^d dx^e ,$

b) $x^b dx^a + x^a dx^b - x^c x^e dx^d - x^c x^d dx^e + x^b dx^f .$ [*Cartan*[6]).]

---

[1]) 1903, 4, S. 296. [2]) 1922, 3, S. 117. [3]) 1922, 20, S. 72.
[4]) 1879, 1, S. 18. [5]) 1879, 1, S. 5. [6]) 1899, 1, S. 259 und 265.

Vierter Abschnitt.

Die affine Übertragung.

Übersicht der wichtigsten Formeln der affinen Übertragung.

Kovariante Differentiation:

$$\delta p = dp; \qquad \nabla_\mu p = \frac{\partial p}{\partial x^\mu}. \tag{II, D}$$

$$\delta v^\nu = dv^\nu + \Gamma^\nu_{\lambda\mu} v^\lambda dx^\mu; \qquad \nabla_\mu v^\nu = \frac{\partial v^\nu}{\partial x^\mu} + \Gamma^\nu_{\lambda\mu} v^\lambda. \tag{II, 6, 7}$$

$$\delta w_\lambda = dw_\lambda - \Gamma^\nu_{\lambda\mu} w_\nu dx^\mu; \qquad \nabla_\mu w_\lambda = \frac{\partial w_\lambda}{\partial x^\mu} - \Gamma^\nu_{\lambda\mu} w_\nu. \tag{II, 6, 7}$$

$$\Gamma^\nu_{\lambda\mu} = \Gamma^\nu_{\mu\lambda}. \tag{II, 24}$$

$$\nabla_{[\mu} w_{\lambda]} = \frac{1}{2}\left(\frac{\partial w_\lambda}{\partial x^\mu} - \frac{\partial w_\mu}{\partial x^\lambda}\right). \tag{II, 29}$$

$$\nabla_{[\omega} \nabla_{\mu]} p = 0. \tag{II, 30}$$

Tensor $g^{\lambda\nu}$:

$$\nabla_\mu g^{\lambda\nu} = Q_\mu^{\cdot\lambda\nu}; \qquad \nabla_\mu g_{\lambda\nu} = -Q_{\mu\lambda\nu}. \tag{II, 38, 40}$$

$$\Gamma^\nu_{\lambda\mu} = \left\{ {\lambda\mu \atop \nu} \right\} + T_{\lambda\mu}^{\cdot\cdot\nu}. \tag{II, 55}$$

$$T_{\lambda\mu\nu} = \tfrac{1}{2}(Q_{\mu\lambda\nu} + Q_{\lambda\mu\nu} - Q_{\nu\lambda\mu}) \tag{II, 64}$$

$$\nabla_\mu v^\nu = \overset{0}{\nabla}_\mu v^\nu + T_{\lambda\mu}^{\cdot\cdot\nu} v^\lambda; \qquad \overset{0}{\nabla}_\mu v^\nu = \frac{\partial v^\nu}{\partial x^\mu} + \left\{ {\lambda\mu \atop \nu} \right\} v^\lambda. \tag{II, 57, 58}$$

$$\nabla_\mu w_\lambda = \overset{0}{\nabla}_\mu w_\lambda - T_{\lambda\mu}^{\cdot\cdot\nu} w_\nu; \qquad \overset{0}{\nabla}_\mu w_\lambda = \frac{\partial w_\lambda}{\partial x^\mu} - \left\{ {\lambda\mu \atop \nu} \right\} w_\nu. \tag{II, 57, 58}$$

Krümmungsgröße:

$$2\nabla_{[\omega} \nabla_{\mu]} v^\nu = - R_{\omega\mu\lambda}^{\cdot\cdot\cdot\nu} v^\lambda. \tag{II, 116}$$

$$2\nabla_{[\omega} \nabla_{\mu]} w_\lambda = \quad R_{\omega\mu\lambda}^{\cdot\cdot\cdot\nu} w_\nu. \tag{II, 116}$$

$$R_{\omega\mu\lambda}^{\cdot\cdot\cdot\nu} = \frac{\partial}{\partial x^\mu}\Gamma^\nu_{\lambda\omega} - \frac{\partial}{\partial x^\omega}\Gamma^\nu_{\lambda\mu} - \Gamma^\nu_{\varkappa\omega}\Gamma^\varkappa_{\lambda\mu} + \Gamma^\nu_{\varkappa\mu}\Gamma^\varkappa_{\lambda\omega}. \tag{II, 101}$$

$$R_{\omega\mu\lambda}^{\cdot\cdot\cdot\nu} = K_{\omega\mu\lambda}^{\cdot\cdot\cdot\nu} - 2\nabla_{[\omega} T_{\mu]\lambda}^{\cdot\cdot\nu} - T_{\lambda\omega}^{\cdot\cdot\varkappa} T_{\varkappa\mu}^{\cdot\cdot\nu} + T_{\lambda\mu}^{\cdot\cdot\varkappa} T_{\varkappa\omega}^{\cdot\cdot\nu}. \tag{II, 126}$$

$$K_{\omega\mu\lambda}^{\cdot\cdot\cdot\nu} = \frac{\partial}{\partial x^\mu}\left\{ {\lambda\omega \atop \nu} \right\} - \frac{\partial}{\partial x^\omega}\left\{ {\lambda\mu \atop \nu} \right\} - \left\{ {\varkappa\omega \atop \nu} \right\}\left\{ {\lambda\mu \atop \varkappa} \right\} + \left\{ {\varkappa\mu \atop \nu} \right\}\left\{ {\lambda\omega \atop \varkappa} \right\}. \tag{II, 120}$$

$$R_{\mu\lambda} = R_{\nu\mu\lambda}^{\cdot\cdot\cdot\nu}. \qquad \text{(II, 123)}$$

$$F_{\mu\lambda} = R_{[\mu\lambda]}. \qquad \text{(II, 123)}$$

$$V_{\omega\mu} = R_{\omega\mu\lambda}^{\cdot\cdot\cdot\lambda} = -2F_{\omega\mu}. \qquad \text{(II, 123, 142)}$$

$$R_{(\omega\mu)\lambda}^{\cdot\cdot\cdot\nu} = 0. \qquad \text{(II, 134a)}$$

$$R_{[\omega\mu\lambda]}^{\cdot\cdot\cdot\nu} = 0. \qquad \text{(II, 139)}$$

$$\nabla_{[\xi} R_{\omega\mu]\lambda}^{\cdot\cdot\cdot\nu} = 0. \qquad \text{(II, 163d)}$$

$$2\nabla_{[\mu} R_{\xi]\lambda} = \nabla_\nu R_{\mu\xi\lambda}^{\cdot\cdot\cdot\nu}. \qquad \text{(II, 167)}$$

§ 1. Bahntreue Transformation der Übertragung.

Eine bahntreue Transformation einer affinen Übertragung ist nach (II, 70) gegeben durch die Gleichung

(1)
$$'\Gamma_{\lambda\mu}^{\nu} = \Gamma_{\lambda\mu}^{\nu} + A_\lambda^\nu p_\mu + A_\mu^\nu p_\lambda,$$

wo p_μ einen beliebigen Vektor darstellt. Da

(2)
$$R_{\omega\mu\lambda}^{\cdot\cdot\cdot\nu} = \frac{\partial}{\partial x^\mu}\Gamma_{\lambda\omega}^{\nu} - \frac{\partial}{\partial x^\omega}\Gamma_{\lambda\mu}^{\nu} + \Gamma_{\varkappa\mu}^{\nu}\Gamma_{\lambda\omega}^{\varkappa} - \Gamma_{\varkappa\omega}^{\nu}\Gamma_{\lambda\mu}^{\varkappa},$$

so ist

(3)
$$\left\{\begin{aligned} 'R_{\omega\mu\lambda}^{\cdot\cdot\cdot\nu} = R_{\omega\mu\lambda}^{\cdot\cdot\cdot\nu} &+ \Big\{A_\lambda^\nu \frac{\partial p_\omega}{\partial x^\mu} + A_\omega^\nu \frac{\partial p_\lambda}{\partial x^\mu} \\ &+ \Gamma_{\varkappa\mu}^{\nu}(A_\lambda^\varkappa p_\omega + A_\omega^\varkappa p_\lambda) + (A_\varkappa^\nu p_\mu + A_\mu^\nu p_\varkappa)\Gamma_{\lambda\omega}^{\varkappa} \\ &+ (A_\varkappa^\nu p_\mu + A_\mu^\nu p_\varkappa)(A_\lambda^\varkappa p_\omega + A_\omega^\varkappa p_\lambda)\Big\} \\ &- \Gamma_{\lambda\omega}^{\nu}(A_\lambda^\varkappa p_\mu + A_\mu^\varkappa p_\lambda) - (A_\varkappa^\nu p_\omega + A_\omega^\nu p_\varkappa)\Gamma_{\lambda\mu}^{\varkappa} \\ &- (A_\varkappa^\nu p_\omega + A_\omega^\nu p_\varkappa)(A_\lambda^\varkappa p_\mu + A_\mu^\varkappa p_\lambda) \\ = R_{\omega\mu\lambda}^{\cdot\cdot\cdot\nu} &+ 2A_\lambda^\nu \nabla_{[\mu} p_{\omega]} + 2A_{[\omega}^\nu \nabla_{\mu]} p_\lambda - 2A_{[\omega}^\nu p_{\mu]} p_\lambda. \end{aligned}\right.$$

oder

(4)
$$'R_{\omega\mu\lambda}^{\cdot\cdot\cdot\nu} = R_{\omega\mu\lambda}^{\cdot\cdot\cdot\nu} - 2p_{[\omega\mu]}A_\lambda^\nu + 2A_{[\omega}^\nu p_{\mu]\lambda},$$

wo

(5)
$$p_{\mu\lambda} = \nabla_\mu p_\lambda - p_\mu p_\lambda.$$

Aus (4) folgt:

(6)
$$'R_{\mu\lambda} = {'R}_{\nu\mu\lambda}^{\cdot\cdot\cdot\nu} = R_{\mu\lambda} + n\,p_{\mu\lambda} - p_{\lambda\mu},$$

sowie:

(7)
$$'V_{\omega\mu} = {'R}_{\omega\mu\lambda}^{\cdot\cdot\cdot\lambda} = V_{\omega\mu} - 2(n+1)\,p_{[\omega\mu]}.$$

Da für eine inhaltstreue Übertragung $R_{\omega\mu\lambda}^{\cdot\cdot\cdot\lambda}$ verschwindet und $R_{\mu\lambda}$ symmetrisch ist, folgt der Satz:

Bei einer bahntreuen Transformation einer inhaltstreuen Übertragung geht die Inhaltstreue dann und nur dann nicht verloren, wenn p_λ ein Gradientvektor ist.

Die Identität von *Bianchi* lehrt für den Bivektor $R_{\omega\mu\lambda}^{\cdot\cdot\cdot\lambda}$:

(8) $$\nabla_{[\xi} R_{\omega\mu]\lambda}^{\cdot\cdot\cdot\lambda} = 0 .$$

Dies ist aber nach S. 115 (III, 73) die Integrabilitätsbedingung der Gleichung:

(9) $$R_{\omega\mu\lambda}^{\cdot\cdot\cdot\lambda} - 2(n+1)\nabla_{[\omega} p_{\lambda]} = 0 ,$$

und wir haben also nach (7) den Satz erhalten:

Jede affine Übertragung läßt sich auf wenigstens eine Weise bahntreu in eine inhaltstreue Übertragung transformieren[1]).

§ 2. Die Projektivkrümmung.

Läßt sich eine Übertragung derart bahntreu transformieren, daß $'R_{\omega\mu\lambda}^{\cdot\cdot\cdot\nu} = 0$, so heißt sie projektiveuklidisch. Die notwendigen und hinreichenden Bedingungen dafür sind nach (4) erstens, daß ein Affinor $P_{\mu\lambda}$ existiert, so daß:

(10) $$R_{\omega\mu\lambda}^{\cdot\cdot\cdot\nu} = 2 P_{[\omega\mu]} A_\lambda^\nu - 2 A_{[\omega}^\nu P_{\mu]\lambda}$$

und zweitens, daß ein Vektor p_λ existiert, der mit $P_{\mu\lambda}$ folgendermaßen verknüpft ist:

(11) $$P_{\mu\lambda} = \nabla_\mu p_\lambda - p_\mu p_\lambda .$$

Die erste Bedingung ist offenbar stets erfüllt für $n = 2$.

Die Integrabilitätsbedingungen von (11) lauten:

(12) $$\begin{cases} R_{\omega\mu\lambda}^{\cdot\cdot\cdot\nu} p_\nu = 2\nabla_{[\omega} P_{\mu]\lambda} + 2(\nabla_{[\omega} p_{\mu]}) p_\lambda + 2 p_{[\mu} \nabla_{\omega]} p_\lambda \\ \qquad = 2\nabla_{[\omega} P_{\mu]\lambda} + 2 P_{[\omega\mu]} p_\lambda + 2 p_{[\mu} P_{\omega]\lambda} , \end{cases}$$

eine Gleichung, die unter Berücksichtigung von (10) übergeht in:

(13) $$2 P_{[\omega\mu]} p_\lambda - 2 p_{[\omega} P_{\mu]\lambda} = 2\nabla_{[\omega} P_{\mu]\lambda} + 2 P_{[\omega\mu]} p_\lambda + 2 p_{[\mu} P_{\omega]\lambda} ,$$

oder:

(14) $$\nabla_{[\omega} P_{\mu]\lambda} = 0 .$$

Nun folgt aus der *Bianchi*schen Identität, angewandt auf (10):

(15) $$2\nabla_{[\xi} P_{\omega\mu]} A_\lambda^\nu - 2 A_{[\omega}^\nu \nabla_\xi P_{\mu]\lambda} = 0 ,$$

woraus bei Faltung nach $\lambda\nu$ hervorgeht:

(16) $$2n\nabla_{[\xi} P_{\omega\mu]} - 2\nabla_{[\xi} P_{\mu\omega]} = 2(n+1)\nabla_{[\xi} P_{\omega\mu]} = 0$$

und bei Faltung nach $\omega\nu$:

(17) $$\begin{cases} 2\nabla_{[\xi} P_{\lambda\mu]} = \frac{2}{3} n \nabla_{[\xi} P_{\mu]\lambda} + \frac{2}{3}\nabla_{[\mu} P_{\xi]\lambda} + \frac{2}{3}\nabla_{[\mu} P_{\xi]\lambda} \\ \qquad = \frac{2}{3}(n-2)\nabla_{[\xi} P_{\mu]\lambda} , \end{cases}$$

eine Gleichung, die in Übereinstimmung ist mit (14).

---

[1]) Dem Wesen nach kommt dieser Satz vor bei *Eisenhart*, 1922, 10, S. 236; nur die geometrische Bedeutung des Verschwindens von $R_{\omega\mu\lambda}^{\cdot\cdot\cdot\lambda}$ war ihm dort noch nicht bekannt. Vgl. S. 115, Fußnote 1.

Für $n \neq 2$ sind also die Integrabilitätsbedingungen von (11) eine Folge von (10). Gilt (10), so ist:

(18) $$R_{\mu\lambda} = -n P_{\mu\lambda} + P_{\lambda\mu}$$

und:

(19) $$-(n^2-1) P_{\mu\lambda} = n R_{\mu\lambda} + R_{\lambda\mu}$$

und man kann für $n \neq 2$ der Bedingung also auch die Gestalt geben:

(20) $$P_{\omega\mu\lambda}^{\cdot\cdot\cdot\nu} = R_{\omega\mu\lambda}^{\cdot\cdot\cdot\nu} - 2P_{[\omega\mu]}A_\lambda^\nu + 2A_{[\omega}^\nu P_{\mu]\lambda} = 0,$$

wo $P_{\mu\lambda}$ jetzt eine Größe darstellt, die durch (19) definiert ist.

$P_{\omega\mu\lambda}^{\cdot\cdot\cdot\nu}$ ist invariant bei bahntreuen Transformationen der Übertragung und heißt die Projektivkrümmungsgröße. Sie verschwindet identisch für $n=1$ und $n=2$. Denn für $n=2$ ist (20) äquivalent mit den vier Gleichungen:

(21) $$\begin{cases} R_{aba}^{\cdot\cdot\cdot a} = (P_{ab} - P_{ba}) - P_{ba} = P_{ab} - 2P_{ba}, \\ R_{aba}^{\cdot\cdot\cdot b} = P_{aa}, \\ R_{abb}^{\cdot\cdot\cdot a} = P_{bb}, \\ R_{abb}^{\cdot\cdot\cdot b} = (P_{ab} - P_{ba}) + P_{ab} = 2P_{ab} - P_{ba}, \end{cases}$$

und diese Gleichungen lassen sich stets nach P_{aa}, P_{ab}, P_{ba} und P_{bb} auflösen.

Zusammenfassend können wir also den Satz aussprechen[1]):

Eine affine Übertragung ist für $n=1$ stets projektiveuklidisch, für $n>2$ dann und nur dann, wenn die Projektivkrümmungsgröße verschwindet, und für $n=2$ dann und nur dann, wenn für die durch (19) definierte Größe $P_{\mu\lambda}$ die Gleichung (14) gilt.

Aus (21) folgt, daß bei einer projektiveuklidischen Übertragung alle Bestimmungszahlen von $R_{\omega\mu\lambda}^{\cdot\cdot\cdot\nu}$ mit vier ungleichen Indizes bei jeder Wahl der Urvariablen verschwinden. Umgekehrt kann man beweisen, daß dieses Verschwinden auch eine hinreichende Bedingung darstellt dafür, daß eine Übertragung projektiveuklidisch sei. Da im projektiveuklidischen Falle $R_{\omega\mu\lambda}^{\cdot\cdot\cdot\nu}$ vollständig gegeben werden kann durch $P_{\mu\lambda}$, hat $R_{\omega\mu\lambda}^{\cdot\cdot\cdot\nu}$ in diesem Falle nur n^2 linear unabhängige Bestimmungszahlen, was sich auch in direkter Weise verifizieren läßt. Ist die Übertragung außerdem inhaltstreu, so wird $P_{\mu\lambda}$ symmetrisch und die Anzahl reduziert sich auf $\frac{1}{2}n(n+1)$.

Infolge (20) und (21) verschwindet die Faltung $P_{\nu\mu\lambda}^{\cdot\cdot\cdot\nu}$. Da aber aus denselben Gleichungen folgt, daß auch für die Projektivkrümmungsgröße die zweite Identität gilt:

(22) $$P_{[\omega\mu\lambda]}^{\cdot\cdot\cdot\nu} = 0,$$

[1]) *Weyl*, 1921, 3, S. 9.

so verschwindet demzufolge auch die Faltung $P_{\omega\mu\lambda}^{\cdot\cdot\cdot\lambda}$, was sich auch durch direkte Rechnung bestätigen läßt. Aus (20) folgt durch Differentiation und Alternation über $\xi\,\omega\,\mu$ unter Berücksichtigung von (19) und (II, 165) nach Umrechnung:

$$(23) \qquad \nabla_{[\xi} P_{\omega\mu]\lambda}^{\cdot\cdot\cdot\nu} = \frac{1}{n-2} A_{[\omega}^{\nu} \nabla_{|\alpha|} P_{\mu\xi]\lambda}^{\cdot\cdot\cdot\alpha} .$$

Eine Identität von der Form der *Bianchi*schen besteht also für die Projektivkrümmungsgröße nicht.

§ 3. Euklidischaffine Übertragungen.

Eine euklidischaffine Übertragung ist nach S. 115 charakterisiert durch die Gleichung:

$$(24) \qquad R_{\omega\mu\lambda}^{\cdot\cdot\cdot\nu} = 0 .$$

Versucht man eine beliebige affine Übertragung so bahntreu zu transformieren, daß sich die Krümmungsgröße nicht ändert, so ergibt (4), daß dies nur dann möglich ist, wenn:

$$(25) \qquad -p_{[\omega\mu]} A_{\lambda}^{\nu} + A_{[\omega}^{\nu} p_{\mu]\lambda} = 0 .$$

Durch Faltung nach $\omega\,\nu$ entsteht:

$$(26) \qquad (n-1)\, p_{[\mu\lambda]} = 0$$

und aus (25) und (26) ergibt sich, daß $p_{\mu\lambda}$ verschwinden muß. Die Transformation ist also nur möglich, wenn p_λ eine Lösung der Differentialgleichung

$$(27) \qquad \nabla_\mu p_\lambda - p_\mu p_\lambda = 0$$

ist. Die Integrabilitätsbedingungen dieser Gleichung lauten aber nach (III):

$$(28) \qquad R_{\omega\mu\lambda}^{\cdot\cdot\cdot\nu} p_\nu = p_{[\omega} p_{\mu]} p_\lambda - p_{[\omega} p_{\mu]} p_\lambda = 0$$

und wir haben also den Satz erhalten:

Unter den affinen Übertragungen lassen nur die euklidischaffinen zu jedem in irgendeinem Punkte vorgegebenen Wert von p_λ eine bahntreue Transformation zu, die die Krümmungsgröße nicht ändert.

Durch eine bahntreue Transformation mit einem Vektor p_λ, der (27) genügt, geht also eine euklidischaffine Übertragung über in eine andere, die ebenfalls euklidischaffin ist. Nun geht aber die eine euklidischaffine Geometrie in die andere über durch Auszeichnung einer anderen E_{n-1} an Stelle der „unendlichfernen" E_{n-1}. Es fragt sich, wie diese E_{n-1} durch das Vektorfeld p_λ bestimmt wird. Da infolge (28) $p_{[\omega} \nabla_\mu p_{\lambda]}$ verschwindet, ist das Feld p_λ X_{n-1}-bildend (III, 30, 114). Ist dx^μ ein Linienelement in der $(n-1)$-Richtung von p_λ, so verschwindet $dx^\mu p_\mu$ und infolge (27) also auch $dx^\mu \nabla_\mu p_\lambda$. Die X_{n-1} des Feldes p_λ sind also eben. Ist dx^μ eine beliebige Verrückung, so lehrt (27):

$$(29) \qquad dx^\mu \nabla_\mu p_\lambda = dx^\mu p_\mu p_\lambda$$

und die E_{n-1} des Feldes p_λ sind also auch parallel. In der E_n legen wir jetzt ein kartesisches Koordinatensystem und wählen $\underset{a_1}{e^\nu}$ außerhalb der

E_{n-1} von p_λ. Die Entfernung der Endhyperebene des Feldwertes von p_λ in einem Punkte x^ν liegt dann, entlang $\underset{a_1}{e^\lambda}$ mit $\underset{a_1}{e^\nu}$ als Maßeinheit gemessen, in einer Entfernung $1 : p_\lambda \underset{a_1}{e^\lambda} = p_{a_1}^{-1}$ und (27) lehrt:

$$(30) \qquad \frac{\partial p_{a_1}}{\partial x^{a_1}} = p_{a_1}^2,$$

oder, entlang $\underset{a_1}{e^\nu}$:

$$(31) \qquad -d p_{a_1}^{-1} = d x^{a_1}.$$

Aus dieser Gleichung folgt erstens, daß die Endhyperebene des Feldwertes von p_λ in $x^\nu + dx^\nu$ mit der Endhyperebene des Feldwertes in x^ν zusammenfällt, daß also überhaupt die Endhyperebenen der Feldwerte von p_λ in allen Punkten der E_n zusammenfallen. Zweitens folgt, daß das Feld p_λ in dieser für das Feld p_λ charakteristischen E_{n-1} Null wird. Wir wollen diese E_{n-1} die Null-E_{n-1} des Feldes p_λ nennen und jetzt zeigen, daß sie die gesuchte ausgezeichnete E_{n-1} der zu p_λ gehörigen Übertragung ist. Es genügt zu zeigen, daß Geraden, die sich in einem Punkte der Nullhyperebene von p_λ schneiden, im Sinne der zu p_λ gehörigen Übertragung parallel sind. In einem Punkte $\underset{0}{x^\nu}$ wählen wir einen Vektor $\underset{0}{v^\nu}$, dessen Endpunkt in der Nullhyperebene liegt: $\underset{0}{v^\nu} p_\nu = 1$ und bilden jetzt das Feld:

$$(32) \qquad v^\nu = \underset{0}{v^\nu} - \left(x^\nu - \underset{0}{x^\nu}\right).$$

Alle Vektoren dieses Feldes haben ihren Endpunkt in demselben Punkte der Nullhyperebene und es ist in jedem Punkte $v^\lambda p_\lambda = 1$. Nach (1) und (32) ist nun aber:

$$(33) \qquad \begin{cases} {}'\nabla_\mu v^\nu = -\nabla_\mu x^\nu + A^\nu_\lambda p_\mu v^\lambda + A^\nu_\mu p_\lambda v^\lambda \\ \qquad = -A^\nu_\mu + v^\nu p_\mu + A^\nu_\mu = v^\nu p_\mu, \end{cases}$$

also:

$$(34) \qquad {}'d v^\nu = v^\nu p_\mu \, d x^\mu,$$

woraus folgt, daß in der Tat alle Vektoren v^ν im Sinne der zu p_λ gehörigen Übertragung parallel sind. Es gilt also der Satz:

Wird in einer E_n durch eine bahntreue Transformation eine neue euklidischaffine Übertragung eingeführt, und ist diese Übertragung charakterisiert durch das der Gleichung (27) genügende Feld p_λ, so ist die neue unendlich ferne E_{n-1} die allen Feldwerten p_λ gemeinsame Endhyperebene.

§ 4. Größen der X_{n-1} in A_n[1]).

In der A_n liege eine X_{n-1}. P sei ein Punkt der X_{n-1}. Ist v^ν ein kontravariantes Vektorfeld in P, so kann die Richtung von v^ν entweder

[1]) Der Inhalt der Paragraphen 4—11, der zum größten Teil in 1923, 4 veröffentlicht wurde, bildet die Verallgemeinerung der aus den Arbeiten von *Blaschke*, *Pick*, *Radon* u. a. bekanntgewordenen Affingeometrie einer X_2 in E_3 und der *Berwald*schen Affingeometrie einer X_{n-1} in E_n für eine X_{n-1} in A_n. Man vergleiche auch die historischen Notizen und Literaturangaben in 1923, 4.

in der tangentialen ($n-1$)-Richtung liegen oder außerhalb dieser Richtung. Nur im ersten Falle ist v^ν auch eine Größe der X_{n-1} als Mannigfaltigkeit für sich betrachtet. Wir sagen dann, daß v^ν in der X_{n-1} liegt. Liegt v^ν nicht in der X_{n-1}, so hat es keinen Sinn, von einer „X_{n-1}-Komponente" von v^ν zu reden. Will man solche Komponenten bilden, so ist es notwendig, jedem Punkte der X_{n-1} eine bestimmte Richtung zuzuordnen, welche die X_{n-1} nicht tangiert. Die Projektion von v^ν auf X_{n-1} in der gewählten Richtung ist dann die X_{n-1}-Komponente von v^ν. Eine Richtung, die in solcher Weise einem Punkt einer X_{n-1} zugeordnet wird, heißt eine pseudonormale Richtung. Eine mit pseudonormalen Richtungen ausgestattete X_{n-1} nennen wir mit *Weyl*[1]) in A_n eingespannt.

Bei kovarianten Vektorfeldern liegt die Sache ganz anders. Jedem Punkte der X_{n-1} ist in einer bis auf einen skalaren Faktor eindeutigen Weise ein kovarianter Vektor t_λ, der Tangentialvektor, zugeordnet, dessen Anfangshyperebene die X_{n-1} tangiert. Jeder andere kovariante Vektor u_λ bestimmt durch Schnitt eindeutig, und ohne daß eine pseudonormale Richtung nötig wäre, einen kovarianten Vektor der X_{n-1}. Dieser Vektor ist aber eine ganz andere Größe als ein kovarianter Vektor der A_n, da er sich infinitesimal nicht durch eine Doppel-E_{n-1} mit Sinn, sondern durch eine Doppel-E_{n-2} mit Sinn darstellen läßt. Wählt man die Urvariablen vorübergehend einmal so, daß x^{a_n} auf X_{n-1} konstant ist, so kann die Schnittgröße in der X_{n-1} gegeben werden durch die Bestimmungszahlen:

$$v'_\lambda = u_\lambda, \qquad \lambda = a_1, \ldots, a_{n-1}. \tag{35}$$

Dieselbe Größe kann aber auch in bezug auf ein beliebiges System von Urvariablen der A_n durch n Bestimmungszahlen gegeben werden, indem man bemerkt, daß alle Vektoren $u_\lambda + \varkappa t_\lambda$ aus X_{n-1} dieselbe Größe herausschneiden. Setzen wir also für beliebige Wahl der Urvariablen:

$$v'_\lambda = u_\lambda + \varkappa t_\lambda, \qquad \lambda = a_1, \ldots, a_n \tag{36}$$

wo $\varkappa$ alle möglichen Zahlenwerte durchläuft, so hat damit die Schnittgröße n Bestimmungszahlen erhalten. Die v'_λ transformieren sich genau wie die Bestimmungszahlen eines kovarianten Vektors der A_n. Beim Übergang zu dem besonderen oben erwähnten System von Urvariablen treten die Werte (35) auf, während v'_{a_n} unbestimmt bleibt. Durch die Unbestimmtheit der v'_λ können verschiedene Ausdrücke ihren bestimmten Sinn verlieren. Dies bezieht sich aber nur auf Ausdrücke, die auch geometrisch wirklich keinen Sinn haben. Ist z. B. w^ν ein kontravarianter Vektor der X_{n-1}, so ist $t_\lambda w^\lambda = 0$, und der Ausdruck $v'_\lambda w^\lambda$ hat also einen bestimmten Sinn. Ist aber w^ν ein Vektor außerhalb der X_{n-1}, so wird der Ausdruck $v'_\lambda w^\lambda$ unbestimmt. Es ist aber auch geometrisch evident, daß dieser Ausdruck tatsächlich keinen Sinn hat. Erst wenn

[1]) *Weyl*, 1922, 12, S. 155.

eine pseudonormale Richtung eingeführt wird, ist es möglich, jedem kovarianten Vektor v'_λ in eindeutiger Weise den kovarianten Vektor v_λ der A_n zuzuordnen, dessen $(n-1)$-Richtung die $(n-2)$-Richtung von v'_λ und die pseudonormale Richtung enthält, und der durch Schnitt mit X_{n-1} v'_λ erzeugt. Die Unbestimmtheit kann dann gehoben werden, indem man $v'_\lambda = v_\lambda$ setzt, d. h. die beiden Größen überhaupt identifiziert. v_λ heißt jetzt die X_{n-1}-Komponente von u_λ. Ein kovariantes Feld, das t_λ nicht enthält, dessen $(n-1)$-Richtung also überall die pseudonormale Richtung enthält, heißt in der X_{n-1} liegend.

Für Größen höheren Grades, die ja Summen von Produkten von Vektoren sind, gelten dieselben Überlegungen. Rein kontravariante Größen der X_{n-1} lassen sich also ohne weiteres mit Größen der A_n vergleichen und haben vollständig bestimmte Bestimmungszahlen. Tritt aber ein kovarianter Index auf, so haftet den Bestimmungszahlen eine Unbestimmtheit an, die nur verschwindet, wenn die X_{n-1} eingespannt wird und diese bestimmte Einspannung während der Untersuchung festgehalten wird. X_{n-1}-Komponenten können bei allen Größen nur dann auftreten, wenn eine pseudonormale Richtung gegeben ist.

§ 5. Die Einheitsaffinoren der A_n und der X_{n-1}.

Der Einheitsaffinor der X_{n-1} als Mannigfaltigkeit für sich betrachtet, sei B^ν_λ. Wählt man die Urvariablen vorübergehend so, daß x^{a_n} auf X_{n-1} konstant ist, so ist:

$$\left.\begin{array}{ll} (37) \qquad B^\nu_\lambda = \begin{cases} 1 & \text{für } \lambda = \nu \\ 0 & \;,, \;\; \lambda \neq \nu \end{cases} & \\ (38) \qquad B^{a_n}_{a_n} = B^{a_n}_\lambda = 0; \qquad B^\nu_{a_n} = \text{unbestimmt}. & \end{array}\right\} \lambda, \nu = a_1, \ldots, a_{n-1}$$

Ist u_λ ein kovarianter Vektor der A_n, so ist:

$$(39) \qquad B^\nu_\lambda u_\nu = v'_\lambda$$

der durch Schnitt entstehende kovariante Vektor der X_{n-1}. Die Unbestimmtheit der Bestimmungszahlen von B^ν_λ verhindert also nicht, daß in (39) ein vollständig bestimmtes Resultat entsteht. Ist aber v^ν ein kontravarianter Vektor außerhalb der X_{n-1}, so hat $B^\nu_\lambda v^\lambda$ keinen Sinn. Wird eine pseudonormale Richtung gewählt, so wird dadurch die Unbestimmtheit der Bestimmungszahlen der kovarianten Größen der X_{n-1}, also auch die der B^ν_λ, aufgehoben. In der Tat, wählt man die Urvariablen wie oben, indem man dafür sorgt, daß die Parameterlinien von x^{a_n} in den Punkten der X_{n-1} in der pseudonormalen Richtung liegen, so ist:

$$(40) \qquad B^\nu_\lambda = \sum_a^{a_1, \ldots, a_{n-1}} \overset{a}{e}_\lambda \underset{a}{e}^\nu$$

oder:

$$(41) \qquad B^\nu_\lambda = A^\nu_\lambda - \overset{a_n}{e}_\lambda \underset{a_n}{e}^\nu .$$

Nun ist $\overset{a_n}{e}_\lambda$ bis auf einen Zahlenfaktor gleich t_λ und $\underset{a_n}{e}^\nu$ ist ein Vektor in der pseudonormalen Richtung, ferner ist:

(42) $$\overset{a_n}{e}_\lambda \underset{a_n}{e}^\lambda = 1 .$$

Wählt man also bei irgendeiner Wahl der Größe von t_λ einen Vektor n^ν in der pseudonormalen Richtung so, daß:

(43) $$\boxed{t_\lambda n^\lambda = 1,} \quad \text{(erste Normierungsbedingung)}$$

so ist:

(44) $$B_\lambda^\nu = A_\lambda^\nu - t_\lambda n^\nu$$

und diese Gleichung ist von der Wahl der Urvariablen unabhängig. n^ν heißt der Pseudonormalvektor. Der Pseudonormalvektor ist durch Angabe der pseudonormalen Richtung bis auf einen Zahlenfaktor bestimmt. Erst wenn auch die Normierung von t_λ festgelegt wird, ist n^ν vollständig bestimmt.

Sobald eine pseudonormale Richtung eingeführt ist und infolgedessen die Bestimmungszahlen von B_λ^ν alle bestimmt werden, hat $B_\lambda^\nu v^\lambda$ bzw. $B_\lambda^\nu w_\nu$ die Bedeutung der X_{n-1}-Komponente von v^ν bzw. w_λ. Ebenso lassen sich dann die X_{n-1}-Komponenten einer Größe höheren Grades bilden, z. B.:

(45) $$v'^{\cdot\lambda\mu}_{\varkappa\cdot\cdot\nu} = B^{\alpha\lambda\mu\delta}_{\varkappa\beta\gamma\nu} v_{\alpha\cdot\cdot\delta}^{\cdot\beta\gamma},$$

wo $B^{\alpha\lambda\mu\delta}_{\varkappa\beta\gamma\nu}$ abkürzend für $B_\varkappa^\alpha B_\beta^\lambda B_\gamma^\mu B_\nu^\delta$ eingeführt ist.

§ 6. Die in der X_{n-1} induzierten Übertragungen.

Ist p ein Feld in der X_{n-1}, so haftet der Größe $\nabla_\mu p$ eine gewisse Unbestimmtheit an, da ja p außerhalb der X_{n-1} nicht existiert. Dagegen hat der Ausdruck:

(46) $$\nabla'_\mu p = B_\mu^\alpha \nabla_\alpha p$$

eine bestimmte und von der Wahl der pseudonormalen Richtung unabhängige Bedeutung, da es ja stets einen bestimmten Sinn hat, B_μ^α mit einem kovarianten Vektor zu überschieben. Legt man die Urvariablen vorübergehend wie im § 4, so ist:

(47) $$\nabla'_\mu p = \frac{\partial p}{\partial x^\mu}, \qquad \mu = a_1 \ldots a_{n-1} .$$

Ist v^ν ein in den Punkten der X_{n-1} definiertes Feld, dessen Vektoren nicht notwendig in der X_{n-1} zu liegen brauchen, so hat in derselben Weise $B_\mu^\alpha \nabla_\alpha v^\nu$ einen bestimmten von der Wahl der pseudonormalen Richtung unabhängigen Sinn. Von dieser Größe die X_{n-1}-Komponente $B_{\mu\beta}^{\alpha\nu} \nabla_\alpha v^\beta$ zu bilden, ist aber erst nach Annahme der pseudonormalen Richtung möglich.

Ist w_λ ein in den Punkten der X_{n-1} definiertes Feld von kovarianten Vektoren der A_n, so haben $B_\mu^\alpha \nabla_\alpha w_\lambda$ und $B_{\mu\lambda}^{\alpha\beta} \nabla_\alpha w_\beta$ beide einen von der Wahl der pseudonormalen Richtung unabhängigen Sinn. Ist aber w_λ ein Feld von kovarianten Vektoren der X_{n-1}, so hat $B_\mu^\alpha \nabla_\alpha w_\lambda$, solange keine pseudonormale Richtung eingeführt ist, keinen Sinn und das gleiche gilt für $B_{\mu\lambda}^{\alpha\beta} \nabla_\alpha w_\beta$. Erst nachdem die pseudonormale Richtung gewählt ist, haben $B_\mu^\alpha \nabla_\alpha w_\lambda$ und $B_{\mu\lambda}^{\alpha\beta} \nabla_\alpha w_\beta$ einen Sinn. Wir fassen zusammen:

Vor Einführung einer pseudonormalen Richtung haben nur die Ausdrücke:

$$\nabla'_\mu p = B_\mu^\alpha \nabla_\alpha p$$
$$B_\mu^\alpha \nabla_\alpha v^\nu$$
$$B_\mu^\alpha \nabla_\alpha w_\lambda$$
$$B_{\mu\lambda}^{\alpha\beta} \nabla_\alpha w_\beta,$$

wo w_λ einen kovarianten Vektor der A_n darstellt, einen Sinn.

Nach Einführung einer pseudonormalen Richtung verschwindet der Unterschied zwischen kovarianten Größen der A_n und der X_{n-1} und es hat auch der Ausdruck:

$$B_{\mu\beta}^{\alpha\nu} \nabla_\alpha v^\beta$$

einen Sinn.

Ist also eine pseudonormale Richtung gegeben und liegen die Felder v^ν und w_λ in der X_{n-1} (S. 134, 135), so haben die Ausdrücke:

$$(48) \qquad \begin{cases} \nabla'_\mu v^\nu = B_{\mu\beta}^{\alpha\nu} \nabla_\alpha v^\beta \\ \nabla'_\mu w_\lambda = B_{\mu\lambda}^{\alpha\beta} \nabla_\alpha w_\beta \end{cases}$$

einen Sinn und stellen Felder dar, die ebenfalls in der X_{n-1} liegen. Die affine Übertragung in A_n induziert demnach eine Übertragung in der X_{n-1}, deren zugehöriger Differentialoperatorkern ∇'_μ ist. Wir wollen zeigen, daß die induzierte Übertragung ebenfalls affin ist. Erstens ist:

$$(49) \qquad \nabla_\mu B_\lambda^\nu = \nabla_\mu A_\lambda^\nu - \nabla_\mu t_\lambda n^\nu = -\nabla_\mu t_\lambda n^\nu$$

und demzufolge:

$$(50) \qquad \nabla'_\mu B_\lambda^\nu = -B_{\mu\lambda\gamma}^{\alpha\beta\nu} \nabla_\alpha t_\beta n^\gamma = 0\,.$$

Zweitens ist:

$$(51) \qquad \nabla'_{[\omega} \nabla'_{\mu]} p = \nabla'_{[\omega} B_{\mu]}^\alpha \nabla_\alpha p = B_\mu^\alpha \nabla'_{[\omega} \nabla_{\alpha]} p = B_{\omega\mu}^{\beta\alpha} \nabla_{[\beta} \nabla_{\alpha]} p = 0\,.$$

(50) und (51) sind aber die beiden Bedingungen für eine affine Übertragung (vgl. S. 75), und wir haben also den Satz erhalten:

Ist eine X_{n-1} in einer A_n eingespannt, so wird in der X_{n-1} eine affine Übertragung induziert, die dadurch charakterisiert ist, daß der Differentialquotient die X_{n-1}-Komponente des Differentialquotienten in der A_n ist.

Daneben wird aber in der X_{n-1} noch etwas anderes induziert. Die aus $B_\mu^\alpha \nabla_\alpha t_\beta$ durch Überschiebung mit B_λ^β entstehende Größe:

$$(52) \qquad \boxed{h_{\mu\lambda} = B_{\mu\lambda}^{\alpha\beta} \nabla_\alpha t_\beta}$$

hat, als Größe der X_{n-1} betrachtet, eine von der Wahl der pseudonormalen Richtung unabhängige Bedeutung. In der A_n kann man nun ein Feld t'_λ angeben, das außerhalb der X_{n-1} ganz beliebig, aber X_{n-1}-bildend ist und sich auf der X_{n-1} mit t_λ deckt. Für dieses Feld ist nach (III, 114) $\nabla_{[\mu} t'_{\lambda]}$ ein einfacher Bivektor, der t'_λ als Faktor enthält. Auf der X_{n-1} verschwindet also $B_{\mu\lambda}^{\alpha\beta} \nabla_{[\alpha} t'_{\beta]}$. Da aber:

$$(53) \qquad B_{\mu\lambda}^{\alpha\beta} \nabla_{[\alpha} t'_{\beta]} = B_{\mu\lambda}^{\alpha\beta} \nabla_{[\alpha} t_{\beta]},$$

so ist:

$$(54) \qquad h_{[\mu\lambda]} = B_{[\mu\lambda]}^{\alpha\beta} \nabla_\alpha t_\beta = B_{\mu\lambda}^{\alpha\beta} \nabla_{[\alpha} t'_{\beta]} = 0$$

und $h_{\mu\lambda}$ ist also ein Tensor. Ändert man die Normierung von t_λ, $'t_\lambda = \sigma t_\lambda$, so wird:

$$(55) \qquad 'h_{\mu\lambda} = \sigma B_{\mu\lambda}^{\alpha\beta} \nabla_\alpha t_\beta + B_{\mu\lambda}^{\alpha\beta} t_\beta \nabla_\alpha \sigma = \sigma B_{\mu\lambda}^{\alpha\beta} \nabla_\alpha t_\beta = \sigma h_{\mu\lambda}$$

und $h_{\mu\lambda}$ ist also eine durch die Übertragung der A_n und die Lage der X_{n-1} in A_n bis auf einen Zahlenfaktor vollständig bestimmte Größe. Ist der Rang von $h_{\mu\lambda}$ gleich $n-1$ und wählt man $h_{\mu\lambda}$ als Fundamentaltensor, so wäre damit, wenn $h_{\mu\lambda}$ vollständig festläge, in der X_{n-1} eine *Riemann*sche Maßbestimmung gegeben. Nun ist aber $h_{\mu\lambda}$ nur bis auf einen Zahlenfaktor bestimmt und es werden also in der X_{n-1} unendlich viele *Riemann*sche Übertragungen induziert, die alle auseinander entstehen können durch konforme Transformation:

In einer X_{n-1} in einer A_n, bei welcher $h_{\mu\lambda}$ im betrachteten Gebiet den Rang $n-1$ hat, werden, unabhängig von der Wahl der pseudonormalen Richtung, unendlich viele *Riemann*sche Übertragungen induziert, deren Fundamentaltensoren sich nur um einen skalaren Faktor unterscheiden. Wird die Normierung von t_λ fest gewählt, so wird eine bestimmte dieser *Riemann*schen Übertragungen ausgezeichnet.

Wir wollen nun im folgenden voraussetzen, daß $h_{\mu\lambda}$ den Rang $n-1$ hat, und schreiben dementsprechend:

$$(56) \qquad g_{\lambda\mu} = h_{\lambda\mu}.$$

Nur wo ausdrücklich betont werden soll, daß eine Gleichung gültig bleibt, wenn der Rang kleiner als $n-1$ ist, schreiben wir $h_{\lambda\mu}$ statt $g_{\lambda\mu}$. $g^{\lambda\mu}$ sei, wie üblich, der in der X_{n-1} zu $g_{\lambda\mu}$ gehörige kovariante Tensor.

Ist $\overset{0}{\nabla}$ der zu $g_{\lambda\mu}$ gehörige Differentialoperatorkern, so bestehen für die Felder v^ν und w_λ der X_{n-1} die Gleichungen (II, 58):

$$(57) \qquad \begin{cases} \nabla'_\mu v^\nu = \overset{0}{\nabla}_\mu v^\nu + T_{\lambda\mu}^{\cdot\cdot\nu} v^\lambda \\ \nabla'_\mu w_\lambda = \overset{0}{\nabla}_\mu w_\lambda - T_{\lambda\mu}^{\cdot\cdot\nu} w_\nu. \end{cases}$$

Die Größe $T_{\lambda\mu}^{\cdot\cdot\nu}$ liegt in der X_{n-1} und ist von der Wahl der pseudonormalen Richtung und von der Normierung von t_λ abhängig (vgl. S. 146). Da $T_{\lambda\mu}^{\cdot\cdot\nu}$ die Differenz der in λ und μ symmetrischen Parameter der beiden Übertragungen ist, ist $T_{\lambda\mu}^{\cdot\cdot\nu}$ in λ und μ symmetrisch. Im zweiten Abschnitt (II, 64, 40c) leiteten wir schon die Beziehungen zwischen $T_{\lambda\mu}^{\cdot\cdot\nu}$ und $g_{\lambda\mu}$ ab:

(58a) $$T_{\lambda\mu}^{\cdot\cdot\alpha} g_{\alpha\nu} = \tfrac{1}{2}(Q_{\mu\lambda\nu} + Q_{\lambda\mu\nu} - Q_{\nu\mu\lambda}),$$

(58b) $$Q_{\mu\lambda\nu} = -\nabla'_\mu g_{\lambda\nu} = -\overset{0}{\nabla}_\mu g_{\lambda\nu} + g_{\alpha\nu} T_{\lambda\mu}^{\cdot\cdot\alpha} + g_{\lambda\alpha} T_{\nu\mu}^{\cdot\cdot\alpha}.$$

Um auch die Beziehungen zwischen $\overset{0}{\nabla}_\mu$ und ∇_μ abzuleiten, bemerken wir zunächst, daß:

(59a) $$\begin{cases} B_\mu^\alpha \nabla_\alpha v^\nu = \nabla'_\mu v^\nu + B_\mu^\alpha (\nabla_\alpha v^\lambda) t_\lambda n^\nu \\ \qquad = \nabla'_\mu v^\nu - v^\lambda B_\mu^\alpha \nabla_\alpha t_\lambda n^\nu \\ \qquad = \nabla'_\mu v^\nu - v^\lambda h_{\mu\lambda} n^\nu \end{cases}$$

und ebenso:

(59b) $$B_\mu^\alpha \nabla_\alpha w_\lambda = \nabla'_\mu w_\lambda - w_\nu B_{\mu\beta}^{\alpha\nu} (\nabla_\alpha n^\beta) t_\lambda,$$

wo v^ν und w_λ in der X_{n-1} liegen. Infolge (57) ist also:

(60a) $$B_\mu^\alpha \nabla_\alpha v^\nu = \overset{0}{\nabla}_\mu v^\nu + v^\lambda (T_{\lambda\mu}^{\cdot\cdot\nu} - h_{\lambda\mu} n^\nu),$$

(60b) $$B_\mu^\alpha \nabla_\alpha w_\lambda = \overset{0}{\nabla}_\mu w_\lambda - w_\nu (T_{\lambda\mu}^{\cdot\cdot\nu} + B_{\mu\beta}^{\alpha\nu} (\nabla_\alpha n^\beta) t_\lambda).$$

Es ist nun wichtig, zu bemerken, daß $B_\mu^\alpha \nabla_\alpha v^\nu$ im Gegensatz zu $B_\mu^\alpha \nabla_\alpha w_\lambda$ eine von der Wahl der pseudonormalen Richtung unabhängige Größe ist (vgl. S. 137). Da das gleiche für $\overset{0}{\nabla}_\mu v^\nu$ gilt, ist auch die Größe

(61) $$P_{\lambda\mu}^{\cdot\cdot\nu} = T_{\lambda\mu}^{\cdot\cdot\nu} - h_{\lambda\mu} n^\nu$$

von dieser Wahl unabhängig. Man lasse sich nicht dadurch beirren, daß die Gleichung (61) ein Glied mit n^ν enthält, es ist ja auch $T_{\lambda\mu}^{\cdot\cdot\nu}$ von der Wahl der pseudonormalen Richtung abhängig. In der Tat läßt sich $P_{\lambda\mu}^{\cdot\cdot\nu}$ mit Hilfe der Gleichung (60a) aus der Übertragung in der A_n und der zu $g_{\lambda\mu}$ gehörigen Übertragung in der X_{n-1} ableiten, ohne daß eine pseudonormale Richtung nötig wäre. Die ersten beiden idealen Faktoren von $P_{\lambda\mu}^{\cdot\cdot\nu}$ sind kovariante Vektoren der X_{n-1}, der dritte ist ein kontravarianter Vektor, der nicht in der X_{n-1} liegt. Die letztgenannte Eigenschaft folgt aus dem Umstande, daß der letzte Faktor von $T_{\lambda\mu}^{\cdot\cdot\nu}$ ganz in der X_{n-1} liegt und der letzte Faktor von $P_{\lambda\mu}^{\cdot\cdot\nu}$ also infolge (61) nur dann in der X_{n-1} liegen kann, wenn $g_{\lambda\mu}$ verschwindet, was der Voraussetzung, daß $g_{\lambda\mu}$ den Rang $n-1$ hat, widerspricht. Da sowohl $T_{\lambda\mu}^{\cdot\cdot\nu}$ als $g_{\lambda\mu}$ in $\lambda\mu$ symmetrisch sind, gilt das gleiche für $P_{\lambda\mu}^{\cdot\cdot\nu}$

Ist die X_{n-1} in der A_n eingespannt und ist n^ν in bezug auf t_λ normiert nach (43), so existiert neben $h_{\mu\lambda}$ (52) noch eine gemischte Größe zweiten Grades:

(62) $$\boxed{l_\mu^{\cdot\nu} = B_{\mu\beta}^{\alpha\nu} \nabla_\alpha n^\beta,}$$

die wie $h_{\mu\lambda}$ bei Änderung der Normierung von t_λ den Zahlenfaktor σ bekommt.

Unter Berücksichtigung von (62) geht (60b) über in:

(60c) $$B_\mu^\alpha \nabla_\alpha w_\lambda = \overset{0}{\nabla}_\mu w_\lambda - w_\nu \left(T_{\lambda\mu}^{\cdot\cdot\,\nu} + t_\lambda l_\mu^{\cdot\,\nu}\right).$$

§ 7. Die Gleichungen von Gauß und Codazzi.

Es sei die pseudonormale Richtung festgelegt. Durch Differentiation und Alternation nach $\omega\,\mu$ entsteht dann aus (57):

(63) $$R'^{\cdot\cdot\cdot\,\nu}_{\omega\mu\lambda} = K^{\cdot\cdot\cdot\,\nu}_{\omega\mu\lambda} - 2\nabla'_{[\omega} T^{\cdot\cdot\,\nu}_{\mu]\lambda} - 2T^{\cdot\cdot\,\varkappa}_{\lambda[\omega} T^{\cdot\cdot\,\nu}_{\mu]\varkappa}$$

(II, 126), wodurch die Beziehungen zwischen den Krümmungsgrößen der beiden induzierten Übertragungen gegeben sind. Aus (59a) entsteht durch Differentiation:

(64) $$B^{\beta\alpha\nu}_{\omega\mu\gamma} \nabla_\beta B^\delta_\alpha \nabla_\delta v^\gamma = \nabla'_\omega \nabla'_\mu v^\nu - B^{\beta\alpha\nu}_{\omega\mu\gamma} \nabla_\beta v^\delta B^\varepsilon_\alpha (\nabla_\varepsilon t_\delta)\, n^\gamma.$$

Da nun aber:

(65) $$B^{\beta\alpha}_{\omega\mu} \nabla_\beta B^\delta_\alpha = - B^{\beta\alpha}_{\omega\mu} (\nabla_\beta t_\alpha)\, n^\delta = - B^{\beta\alpha}_{(\omega\mu)} (\nabla_\beta t_\alpha)\, n^\delta,$$

so entsteht aus (64) bei Alternation nach $\omega\,\mu$:

(66) $$B^{\beta\alpha\nu}_{\omega\mu\gamma} \nabla_{[\beta} \nabla_{\alpha]} v^\gamma = \nabla'_{[\omega} \nabla'_{\mu]} v^\nu - v^\delta B^{\beta\alpha\nu}_{[\omega\mu]\gamma} (\nabla_\alpha t_\delta) \nabla_\beta n^\gamma,$$

oder infolge (II, 116):

(67) $$\boxed{B^{\beta\alpha\nu\delta}_{\omega\mu\gamma\lambda} R^{\cdot\cdot\cdot\,\gamma}_{\beta\alpha\delta} = R'^{\cdot\cdot\cdot\,\nu}_{\omega\mu\lambda} + 2 l^{\cdot\,\nu}_{[\omega} h_{\mu]\lambda}.}$$

Dies ist die Verallgemeinerung der *Gauß*schen Gleichung für X_{n-1} in A_n, durch welche die Beziehungen zwischen der Krümmungsgröße $R'^{\cdot\cdot\cdot\,\nu}_{\omega\mu\lambda}$ und der X_{n-1}-Komponente von $R^{\cdot\cdot\cdot\,\nu}_{\omega\mu\lambda}$ gegeben sind.

Die Integrabilitätsbedingungen von (52) und (62) lauten:

(68) $$B^{\beta\alpha\delta}_{\omega\mu\lambda} R^{\cdot\cdot\cdot\,\gamma}_{\beta\alpha\delta}\, t_\gamma = 2\nabla'_{[\omega} h_{\mu]\lambda} + 2 B^\alpha_{[\mu} h_{\omega]\lambda} (\nabla_\alpha t_\gamma)\, n^\gamma,$$

(69) $$B^{\beta\alpha\nu}_{\omega\mu\gamma} R^{\cdot\cdot\cdot\,\gamma}_{\beta\alpha\delta}\, n^\delta = -2\nabla'_{[\omega} l^{\cdot\,\nu}_{\mu]} - 2 B^\alpha_{[\mu} l^{\cdot\,\nu}_{\omega]} (\nabla_\alpha n^\delta)\, t_\delta.$$

Dies sind die verallgemeinerten Gleichungen von *Codazzi*. Sie stehen in einer merkwürdigen Beziehung zur *Bianchi*schen Identität (II, 160d). Wendet man nämlich diese Identität an auf (67), so folgt:

(70) $$- B^{\delta\;\beta\alpha}_{\lambda[\omega\mu} l^{\cdot\,\nu}_{\xi]} R^{\cdot\cdot\cdot\,\gamma}_{\beta\alpha\delta}\, t_\gamma - B^{\nu\;\beta\alpha}_{\gamma[\omega\mu} h_{\xi]\lambda} R^{\cdot\cdot\cdot\,\gamma}_{\beta\alpha\delta}\, n^\delta = 2\nabla'_{[\xi} l^{\cdot\,\nu}_{\omega} h_{\mu]\lambda}.$$

Diese Gleichung ist aber auch eine Folge der beiden Gleichungen (68) und (69), was durch Substitution der Werte von (68) und (69) in (70) leicht verifiziert wird. Umgekehrt gelingt es aber nicht (68) und (69) aus (70) abzuleiten. Die Gleichungen von *Codazzi* lehren also mehr, als aus der *Bianchi*schen Identität abgeleitet werden kann. Wohl läßt sich (69) aus (68) und (70) ableiten, wenn $h_{\mu\lambda}$ den Rang $n-1$ hat, und ebenso (68) aus (69) und (70), wenn $l^{\cdot\,\lambda}_{\mu}$ den Rang $n-1$ hat[1]).

[1]) *Berwald*, in *Blaschke*, 1923, 10, S. 167—172 für X_{n-1} in E_n.

Der Beweis gestaltet sich für den ersten Fall folgendermaßen:

Aus (68) und (70) folgt unter Berücksichtigung von (52) und (62):

$$
(71)\quad \begin{cases}
-3\, B^{\delta\ \beta\alpha}_{\lambda\,[\omega\mu}\, l_{\xi]}^{\cdot\,\nu}\, R_{\beta\alpha\delta}^{\cdot\cdot\cdot\gamma}\, t_\gamma - 3\, B^{\nu\ \beta\alpha}_{\gamma\,[\omega\mu}\, g_{\xi]\lambda}\, R_{\beta\alpha\delta}^{\cdot\cdot\cdot\gamma}\, n^\delta \\
= \left(\nabla'_\xi\, l_\omega^{\cdot\,\nu} - \nabla'_\omega\, l_\xi^{\cdot\,\nu}\right) g_{\mu\lambda} + \left(\nabla'_\omega\, l_\mu^{\cdot\,\nu} - \nabla'_\mu\, l_\omega^{\cdot\,\nu}\right) g_{\xi\lambda} + \left(\nabla'_\mu\, l_\xi^{\cdot\,\nu} - \nabla'_\xi\, l_\mu^{\cdot\,\nu}\right) g_{\omega\lambda} \\
+ 3\, l_{[\omega}^{\cdot\,\nu}\, B^{\beta\alpha\delta}_{\xi\mu]\lambda}\, R_{\beta\alpha\delta}^{\cdot\cdot\cdot\gamma}\, t_\gamma - 6\, l_{[\omega}^{\cdot\,\nu}\, B^{\alpha}_{\mu}\, g_{\xi]\lambda} \left(\nabla_\alpha t_\gamma\right) n^\gamma ,
\end{cases}
$$

also, bei Überschiebung mit $g^{\lambda\mu}$:

$$
(72)\quad -3\, B^{\nu\ \beta\alpha\mu}_{\gamma\,[\omega\mu\xi]}\, R_{\beta\alpha\delta}^{\cdot\cdot\cdot\gamma}\, n^\delta = 2\,(n-3)\, \nabla'_{[\xi}\, l_{\omega]}^{\cdot\,\nu} - 6\, l_{[\omega}^{\cdot\,\nu}\, B^{\alpha\mu}_{\mu\xi]} \left(\nabla_\alpha t_\gamma\right) n^\gamma
$$

oder:

$$
(73)\quad -B^{\nu\beta\alpha}_{\gamma\xi\omega}\, R_{\beta\alpha\delta}^{\cdot\cdot\cdot\gamma}\, n^\delta = 2\, \nabla'_{[\xi}\, l_{\omega]}^{\cdot\,\nu} - 2\, l_{[\xi}^{\cdot\,\nu}\, B^{\alpha}_{\omega]} \left(\nabla_\alpha t_\gamma\right) n^\gamma ,
$$

und diese Gleichung ist in der Tat mit (69) äquivalent.

§ 8. Einführung der zweiten Normierungsbedingung für t_λ und n^ν.

Um die Rechnung durch Einschränkung der Wahl der pseudonormalen Richtung zu vereinfachen, stellen wir neben (43) die zweite Normierungsbedingung auf:

$$
(74\text{a})\quad \boxed{B^{\alpha}_{\mu} \left(\nabla_\alpha n^\nu\right) t_\nu = 0 ,}
$$

die infolge (43) gleichbedeutend ist mit:

$$
(74\text{b})\quad \boxed{B^{\alpha}_{\mu} \left(\nabla_\alpha t_\lambda\right) n^\lambda = 0 .}
$$

Geometrisch bedeutet (74a), daß die Richtung des Differentials von n^ν bei einer Verrückung dx^μ in der X_{n-1} in der $(n-1)$-Richtung von t_λ enthalten ist und (74b), daß die $(n-1)$-Richtung des Differentials von t_λ die Richtung von n^ν enthält[1]).

Gilt (74), so bekommen die Gleichungen (52) und (62) die einfachere Gestalt:

$$
\boxed{\begin{aligned}
&(75)\quad & h_{\mu\lambda} &= B^{\alpha}_{\mu}\, \nabla_\alpha\, t_\lambda ,\\
&(76)\quad & l_\mu^{\cdot\,\nu} &= B^{\alpha}_{\mu}\, \nabla_\alpha\, n^\nu .
\end{aligned}}
$$

Die Integrabilitätsbedingungen (68) und (69) dieser Gleichungen gehen über in die einfacheren Integrabilitätsbedingungen:

$$
\boxed{\begin{aligned}
&(77)\quad & B^{\beta\alpha\delta}_{\omega\mu\lambda}\, R_{\beta\alpha\delta}^{\cdot\cdot\cdot\gamma}\, t_\gamma &= 2\, \nabla'_{[\omega}\, h_{\mu]\lambda} ,\\
&(78)\quad & B^{\beta\alpha\nu}_{\omega\mu\gamma}\, R_{\beta\alpha\delta}^{\cdot\cdot\cdot\gamma}\, n^\delta &= -2\, \nabla'_{[\omega}\, l_{\mu]}^{\cdot\,\nu}
\end{aligned}}
$$

von (75) und (76). Zunächst ist nun zu untersuchen, ob es bei jeder Wahl der pseudonormalen Richtung möglich ist, t_λ und n^ν so zu normieren, daß (43) und (74) gelten. Dazu beweisen wir erst den Satz:

---

[1]) *Berwald*, 1922, 14, S. 164 für X_{n-1} in E_n.

Ist die Richtung von n^ν fest gewählt und werden Normierungen, die sich nur um einen auf X_{n-1} konstanten Zahlenfaktor unterscheiden, als gleich angesehen, so gibt es höchstens eine Normierung von t_λ und n^ν, so daß (43) und (74) beide gelten.

In der Tat, gäbe es zwei Normierungen t_λ, n^ν und σt_λ, $\sigma^{-1} n^\nu$, so daß:

$$(79) \qquad \begin{cases} B_\mu^\alpha (\nabla_\alpha t_\lambda)\, n^\lambda = 0\,, \\ B_\mu^\alpha (\nabla_\alpha \sigma t_\lambda)\, \sigma^{-1} n^\lambda = 0\,, \end{cases}$$

so würde unmittelbar folgen:

$$(80) \qquad \nabla'_\mu \sigma = 0\,.$$

Ist es nun bei gegebener Wahl der pseudonormalen Richtung, wenn für die Normierung t_λ, n^ν nur (43) gilt, stets möglich, ein σ zu finden, so daß für die Normierung σt_λ, $\sigma^{-1} n^\nu$ auch (74) gilt? Aus der Bedingungsgleichung:

$$(81) \qquad B_\mu^\alpha (\nabla_\alpha \sigma t_\lambda)\, \sigma^{-1} n^\lambda = 0$$

folgt:

$$(82) \qquad \nabla'_\mu \log \sigma + B_\mu^\alpha (\nabla_\alpha t_\lambda)\, n^\lambda = 0\,,$$

und $B_\mu^\alpha (\nabla_\alpha t_\lambda)\, n^\lambda$ muß also ein Gradientvektor der X_{n-1} sein. Dazu ist aber II, § 4 notwendig und hinreichend, daß:

$$(83) \qquad \nabla'_{[\omega} B_{\mu]}^\alpha (\nabla_\alpha t_\lambda)\, n^\lambda = 0$$

oder:

$$(84) \qquad B_{\omega\mu}^{\beta\alpha} \nabla_{[\beta} (\nabla_{\alpha]} t_\lambda)\, n^\lambda = 0\,,$$

oder:

$$(85) \qquad B_{\omega\mu}^{\beta\alpha} R_{\beta\alpha\lambda}^{\cdot\cdot\cdot\,\nu}\, t_\nu n^\lambda + 2\, B_{[\omega\mu]}^{\beta\alpha} (\nabla_\alpha t_\lambda)\, \nabla_\beta n^\lambda = 0\,,$$

eine Bedingungsgleichung, die sich infolge (67) auch folgendermaßen schreiben läßt:

$$(86) \qquad \begin{cases} B_{\omega\mu}^{\beta\alpha} R_{\beta\alpha\lambda}^{\cdot\cdot\cdot\,\lambda} - R'^{\cdot\cdot\cdot\,\lambda}_{\omega\mu\lambda} - 2\, B_{[\omega\mu]}^{\beta\alpha} (\nabla_\alpha t_\gamma)\, (\nabla_\beta n^\delta)\, B_\delta^\gamma \\ \qquad\qquad + 2\, B_{[\omega\mu]}^{\beta\alpha} (\nabla_\alpha t_\lambda)\, (\nabla_\beta n^\lambda) = 0\,, \end{cases}$$

oder:

$$(87) \qquad B_{\omega\mu}^{\beta\alpha} R_{\beta\alpha\lambda}^{\cdot\cdot\cdot\,\lambda} - R'^{\cdot\cdot\cdot\,\lambda}_{\omega\mu\lambda} = 2\, B_{[\omega\mu]}^{\beta\alpha} (\nabla_\alpha t_\gamma)\, (\nabla_\beta t_\delta)\, n^\gamma n^\delta = 0\,.$$

Aus (87) folgt:

Ist die Übertragung der A_n inhaltstreu, so ist die Inhaltstreue der bei einer bestimmten Wahl der pseudonormalen Richtung in der X_{n-1} induzierten Übertragung die notwendige und hinreichende Bedingung dafür, daß die Normierung von t_λ und n^ν so gewählt werden kann, daß (43) und (74) beide gelten.

Dieser Satz sagt u. a. aus, daß die in der X_{n-1} induzierte affine Übertragung stets inhaltstreu ist, wenn die Übertragung der A_n inhaltstreu ist und die Normierung von t_λ und n^ν so gewählt ist, daß (43) und

(74) beide gelten. Diese Eigenschaft kann auch anders bewiesen werden. Ist $U^{\nu_1 \dots \nu_n}$ ein in A_n konstanter n-Vektor, so ist $t_{\nu_1} U^{\nu_1 \dots \nu_n}$ ein $(n-1)$-Vektor der X_{n-1} und infolge (74 b) ist:

(88) $$\nabla'_\mu t_{\nu_1} U^{\nu_1 \dots \nu_n} = 0 .$$

Die affine Übertragung in der X_{n-1} ist also inhaltstreu.

Man kann nun auch umgekehrt von einer bestimmten Normierung von t_λ ausgehen und die Frage stellen, ob es bei dieser Normierung mehr als eine pseudonormale Richtung geben kann, so daß (43) und (74) beide gelten. Nehmen wir an, es seien n^ν und N^ν zwei verschiedene mögliche Pseudonormalvektoren. Für den Vektor $s^\nu = n^\nu - N^\nu$ würde dann nach (43) und (74) gelten:

(89) $$t_\lambda s^\lambda = 0$$

(90) $$B_\mu^\alpha (\nabla_\alpha t_\lambda) s^\lambda = 0 .$$

Nach der ersten Gleichung liegt s^λ in der X_{n-1}, die zweite Gleichung ist also gleichbedeutend mit:

(91) $$g_{\mu\lambda} s^\lambda = 0 .$$

Dies ist aber nur möglich, wenn s^ν verschwindet, da $g_{\mu\lambda}$ der Voraussetzung nach den Rang $n-1$ hat. Es gilt also der Satz:

Hat der Tensor $h_{\mu\lambda}$ den Rang $n-1$ und existiert bei irgendeiner festen Wahl der Normierung von t_λ eine pseudonormale Richtung, so daß (43) und (74) beide gelten, so ist diese Richtung bei dieser Wahl die einzig mögliche.

Ist n^ν der zu t_λ gehörige Pseudonormalvektor, so ist der zu σt_λ gehörige Pseudonormalvektor $'n^\nu$ unschwer zu bestimmen. $'n^\nu$ läßt sich immer schreiben:

(92) $$'n^\nu = \alpha n^\nu + v^\nu ,$$

wo v^ν ein ganz in der X_{n-1} liegender Vektor ist. Nach (43) ist dann $\alpha = \frac{1}{\sigma}$ und nach (74 b) muß gelten:

(93) $$\{(\nabla'_\mu \sigma) t_\lambda + \sigma g_{\mu\lambda}\} \left(\frac{1}{\sigma} n^\lambda + v^\lambda\right) = 0 ,$$

so daß:

(94) $$'n^\nu = \frac{1}{\sigma} (n^\nu - g^{\nu\mu} \nabla'_\mu \log \sigma) .$$

Es fragt sich jetzt nur noch, ob es auch wirklich zu jeder Wahl der Normierung von t_λ einen Pseudonormalvektor gibt, so daß (43) und (74) beide gelten. Der Affinor $B_\mu^\alpha \nabla_\alpha t_\lambda$ hat sicher einen Rang $\geqq n-1$, da $h_{\mu\lambda}$ den Rang $n-1$ hat. Ferner ist:

(95) $$B_{\mu_1 \dots \mu_n}^{\alpha_1 \dots \alpha_n} (\nabla_{[\alpha_1} t_{[\lambda_1}) \dots (\nabla_{\alpha_n]} t_{\lambda_n]}) = B_{[\mu_1 \dots \mu_n]}^{[\alpha_1 \dots \alpha_n]} (\nabla_{[\alpha_1} t_{[\lambda_1}) \dots (\nabla_{\alpha_n]} t_{\lambda_n]})$$

und diese Größe verschwindet, da jedes alternierende Produkt von mehr als n Faktoren in der X_{n-1} verschwindet. Nach (I, 71b) ist also der Rang von $B_{\mu}^{\alpha} \nabla_{\alpha} t_{\lambda}$ gleich $n-1$, und (74) gibt also stets eine einzige pseudonormale Richtung. Es gilt also der Satz:

Zu jeder Normierung von t_{λ} gehört in jedem Punkte, in dem $h_{\mu\lambda}$ den Rang $n-1$ hat, ein einziger Pseudonormalvektor, so daß (43) und (74) beide gelten.

§ 9. Festlegung der pseudonormalen Richtung und des Pseudonormalvektors.

In der Theorie einer V_{n-1} in V_n ist der Einheitsnormalvektor in jedem Punkte durch die Lage der V_{n-1} bestimmt. Man kann nun eine Vorschrift wünschen, die in derselben Weise jeder fest gegebenen X_{n-1} in A_n in jedem Punkte einen bestimmten Pseudonormalvektor zuordnet. Das wesentliche einer solchen Vorschrift ist nach den Erörterungen des vorigen Paragraphen darin zu erblicken, daß jeder X_{n-1} eine durch die Lage der X_{n-1} und die Übertragung der A_n eindeutig bestimmte Normierung von t_{λ} aufgedrückt wird.

Betrachten wir nun den Fall, daß die Übertragung der A_n inhaltstreu ist, so läßt sich eine solche Normierung in allen Punkten einer X_{n-1}, wo $h_{\mu\lambda}$ den Rang $n-1$ hat, leicht angeben. Wir bilden den Ausdruck:

(96) $$t_{[\lambda_1} t_{[\nu_1} g_{\lambda_2 \nu_2} \ldots g_{\lambda_n] \nu_n]} .$$

Obwohl $g_{\lambda\mu}$, so lange die pseudonormale Richtung nicht festliegt, eine Größe der X_{n-1} ist, die nicht mit einer bestimmten Größe der A_n korrespondiert, unterscheiden sich alle mit $g_{\lambda\mu}$ korrespondierenden Größen der A_n nur durch Zusatzglieder von der Form:

$$v_{\lambda} t_{\mu} + v_{\mu} t_{\lambda} + p\, t_{\lambda} t_{\mu} .$$

Diese Glieder enthalten aber alle t_{λ} und beeinflussen also den Ausdruck (96) nicht. (96) ist also ein von der Wahl der pseudonormalen Richtung unabhängiger Doppel-n-Vektor der A_n. (96) kann nicht Null sein, wenn $g_{\mu\lambda}$ den Rang $n-1$ hat (I, § 10). Bei Änderung der Normierung bekommen t_{λ} und $g_{\mu\lambda}$ beide den Faktor σ, (96) bekommt also den Faktor σ^{n+2}. Ist also $U_{\lambda_1 \ldots \lambda_n}$ ein in der A_n konstanter n-Vektor, so bestimmt die Gleichung:

(97) $$t_{[\lambda_1} t_{[\nu_1} g_{\lambda_2 \nu_2} \ldots g_{\lambda_n] \nu_n]} = \varrho^2\, U_{\lambda_1 \ldots \lambda_n} U_{\nu_1 \ldots \nu_n} ,$$

wo ϱ irgendeine gegebene Funktion des Ortes ist, in eindeutiger Weise eine Normierung von t_{λ}.

Es ist nun der zu dieser Normierung gehörige Wert von n^{ν} zu berechnen. Dazu schreiben wir die Bedingungen (74) in der Form:

(98) $$B_{\mu}^{\alpha} (\nabla_{\alpha} t_{\lambda_1} t_{\nu_1})\, n^{\lambda_1} n^{\nu_1} = 0 .$$

Da aus (97) bei Überschiebung mit $g^{\lambda_2 \nu_2} \ldots g^{\lambda_n \nu_n}$ folgt[1]):

(99) $$t_{\lambda_1} t_{\nu_1} = n^2 \varrho^2\, U_{\lambda_1 \ldots \lambda_n} U_{\nu_1 \ldots \nu_n} g^{\lambda_2 \nu_2} \ldots g^{\lambda_n \nu_n}$$

[1]) Vgl. I, Aufg. 13.

und $U_{\lambda_1 \dots \lambda_n}$ konstant ist, so ist (98) äquivalent mit:

(100) $$n^{\lambda_1} n^{\nu_1} U_{\lambda_1 \dots \lambda_n} U_{\nu_1 \dots \nu_n} \nabla'_\mu \varrho^2 g^{\lambda_2 \nu_2} \dots g^{\lambda_n \nu_n} = 0 .$$

Nun ist $n^{\lambda_1} n^{\nu_1} U_{\lambda_1 \dots \lambda_n} U_{\nu_1 \dots \nu_n}$ bis auf einen Zahlenfaktor gleich $g_{[\lambda_2 [\nu_2} \dots g_{\lambda_n] \nu_n]}$ (vgl. S. 45) so, daß (98) gleichbedeutend ist mit:

(101) $$g_{[\lambda_2 [\nu_2} \dots g_{\lambda_n] \nu_n]} \nabla'_\mu \varrho^2 g^{\lambda_2 \nu_2} \dots g^{\lambda_n \nu_n} = 0 ,$$

oder auch mit:

(102) $$(n-1) \varrho^2 g_{[\lambda_2 [\nu_2} \dots g_{\lambda_n] \nu_n]} (\nabla'_\mu g^{\lambda_2 \nu_2}) g^{\lambda_3 \nu_3} \dots g^{\lambda_n \nu_n} + \nabla'_\mu \varrho^2 = 0 .$$

Diese Gleichung ist aber äquivalent mit:

(103) $$2 \nabla'_\mu \log \varrho + g_{\lambda \nu} \nabla'_\mu g^{\lambda \nu} = 0 \text{ [1]},$$

oder in anderer Form:

(104) $$2 \nabla'_\mu \log \varrho - g^{\lambda \nu} \nabla'_\mu g_{\lambda \nu} = 0 .$$

Infolge dieser Gleichung und (58) ist also:

(105) $$\begin{cases} 2 g^{\lambda \mu} T_{\lambda \mu \nu} = g^{\lambda \mu} (2 Q_{\mu \lambda \nu} - Q_{\nu \mu \lambda}) = 2 g^{\lambda \mu} (Q_{\mu \nu \lambda} - Q_{\nu \mu \lambda}) + g^{\lambda \mu} Q_{\nu \mu \lambda} \\ \qquad = 2 g^{\lambda \mu} (Q_{\mu \nu \lambda} - Q_{\nu \mu \lambda}) - 2 \nabla'_\nu \log \varrho . \end{cases}$$

Diese Gleichung geht aber unter Berücksichtigung von (58 b) und (77) über in:

(106) $$2 g^{\lambda \mu} T_{\lambda \mu \nu} = -2 g^{\lambda \mu} B^{\beta \alpha \delta}_{\mu \nu \lambda} R_{\beta \alpha \delta}{}^{\cdot\cdot\cdot\gamma} t_\gamma - 2 \nabla'_\nu \log \varrho ,$$

woraus folgt:

(107) $$g^{\lambda \mu} T_{\lambda \mu}^{\cdot\cdot\nu} = g^{\lambda \mu} g^{\nu \omega} R_{\omega \mu \lambda}{}^{\cdot\cdot\cdot\alpha} t_\alpha - g^{\nu \mu} \nabla'_\mu \log \varrho .$$

Es ist zu beachten, daß das Glied rechts eine von der Wahl der pseudonormalen Richtung unabhängige Bedeutung hat. Nach (61) ist nun aber:

(108) $$g^{\lambda \mu} P_{\lambda \mu}^{\cdot\cdot\nu} = g^{\lambda \mu} g^{\nu \omega} R_{\omega \mu \lambda}{}^{\cdot\cdot\cdot\alpha} t_\alpha - g^{\nu \mu} \nabla'_\mu \log \varrho - (n-1) n^\nu ,$$

oder:

(109) $$\boxed{n^\nu = -\frac{1}{n-1} g^{\lambda \mu} P_{\lambda \mu}^{\cdot\cdot\nu} + \frac{1}{n-1} g^{\lambda \mu} g^{\nu \omega} R_{\omega \mu \lambda}{}^{\cdot\cdot\cdot\alpha} t_\alpha - \frac{1}{n-1} g^{\nu \mu} \nabla'_\mu \log \varrho .}$$

Durch diese Gleichung ist zu jeder Wahl der Normierung von t_λ der zugehörige Pseudonormalvektor gegeben, der den beiden Gleichungen (43) und (74) genügt.

Besonders ausgezeichnet ist der Fall $\varrho =$ Konstante. Da man einen konstanten Faktor in $U_{\lambda_1 \dots \lambda_n}$ hineinnehmen kann, kann ohne Beschränkung der Allgemeinheit $\varrho = 1$ gesetzt werden. (97) und (109) gehen dann über in:

(97 a) $$t_{[\lambda_1} t_{[\nu_1} g_{\lambda_2 \nu_2} \dots g_{\lambda_n] \nu_n]} = U_{\lambda_1 \dots \lambda_n} U_{\nu_1 \dots \nu_n} ,$$

(109 a) $$n^\nu = -\frac{1}{n-1} g^{\lambda \mu} P_{\lambda \mu}^{\cdot\cdot\nu} + \frac{1}{n-1} g^{\lambda \mu} g^{\nu \omega} R_{\omega \mu \lambda}{}^{\cdot\cdot\cdot\alpha} t_\alpha .$$

Wir haben also den Satz erhalten:

In einer A_n mit inhaltstreuer Übertragung, in der ein bestimmtes konstantes n-Vektorfeld festgelegt ist, ist jedem Punkte einer X_{n-1}, indem $h_{\mu\lambda}$ den Rang $n-1$ hat, in ein-

[1] Vgl. I, Aufg. 13.

deutiger Weise ein Tangentialvektor t_λ, und ein Pseudonormalvektor n^ν zugeordnet. Der Tangentialvektor läßt sich mit Hilfe von (97a) bestimmen, und der zugehörige Pseudonormalvektor ergibt sich dann aus (109a).

Kehren wir jetzt zu dem allgemeinen Falle, indem ϱ beliebig ist, zurück. Da erhebt sich die Frage, wie n^ν durch eine Änderung von ϱ beeinflußt wird. Die Gleichung (109) beantwortet diese Frage nicht unmittelbar, da auch die in (109) vorkommenden Größen $g^{\lambda\mu}$ und $P_{\lambda\mu}^{\cdot\cdot\nu}$ von ϱ abhängen. Der Fall läßt sich allerdings auf den Fall $\varrho = 1$ zurückführen mit Hilfe der Gleichung (94). Es ist aber interessant, diese Gleichung noch einmal in anderer Weise abzuleiten, weil dabei klar wird, welchen Beitrag die Änderungen von $\left\{ {\lambda\mu \atop \nu} \right\}$ und $P_{\lambda\mu}^{\cdot\cdot\nu}$ jede für sich liefern. Werden die Werte, die sich für allgemeines ϱ ergeben, mit einem Akzent links versehen, so folgt aus (97):

$$(110) \qquad {}'t_{[\lambda_1}\,{}'t_{(\nu_1}\,{}'g_{\lambda_2\nu_2} \ldots {}'g_{\lambda_n)\nu_n]} = \varrho^2\, t_{[\lambda_1}\, t_{[\nu_1}\, g_{\lambda_2\nu_2} \ldots g_{\lambda_n]\nu_n]}\,.$$

Ist also:

$$(111) \qquad {}'t_\lambda = \sigma\, t_\lambda; \qquad {}'g_{\lambda\mu} = \sigma\, g_{\lambda\mu}; \qquad {}'g^{\lambda\mu} = \sigma^{-1}\, g^{\lambda\mu}\,,$$

so folgt:

$$(112) \qquad \sigma^{n+1} = \varrho^2\,.$$

Nun folgt aus (111), daß:

$$(113) \qquad {}'\left\{ {\lambda\mu \atop \nu} \right\} = \left\{ {\lambda\mu \atop \nu} \right\} - \tfrac{1}{2}\, g_{\lambda\mu}\, s_\alpha\, g^{\alpha\nu} + \tfrac{1}{2}\, s_\mu\, B_\lambda^\nu + \tfrac{1}{2}\, s_\lambda\, B_\mu^\nu\,,$$

wo

$$(114) \qquad s_\mu = \nabla'_\mu \log\sigma = \frac{2}{n+1}\, \nabla'_\mu \log\varrho\,,$$

so daß:

$$(115) \qquad {}'P_{\lambda\mu}^{\cdot\cdot\nu} = P_{\lambda\mu}^{\cdot\cdot\nu} + \tfrac{1}{2}\, g_{\lambda\mu}\, s_\alpha\, g^{\alpha\nu} - \tfrac{1}{2}\, s_\mu\, B_\lambda^\nu - \tfrac{1}{2}\, s_\lambda\, B_\mu^\nu$$

und also nach 109:

$$(116) \qquad \left\{ \begin{aligned} {}'n^\nu &= -\frac{1}{n-1}\left\{ {}'g^{\lambda\mu}\, P_{\lambda\mu}^{\cdot\cdot\nu} + \frac{n-1}{2}\, s_\alpha\, {}'g^{\alpha\nu} - s_\alpha\, {}'g^{\alpha\nu} \right\} \\ &\quad + \frac{1}{n-1}\, {}'g^{\lambda\mu}\, {}'g^{\nu\omega}\, R_{\omega\mu\lambda}^{\cdot\cdot\cdot\alpha}\, {}'t_\alpha - \frac{n+1}{2(n-1)}\, {}'g^{\nu\mu}\, s_\mu \\ &= \frac{1}{\sigma}\,(n^\nu - g^{\lambda\nu}\, s_\lambda)\,, \end{aligned} \right.$$

ein Resultat, das mit (94) übereinstimmt.

Aus (115), (116) und (61) ergibt sich für die Transformation von $T_{\lambda\mu}^{\cdot\cdot\nu}$ die Formel:

$$(117) \qquad \left\{ \begin{aligned} {}'T_{\lambda\mu}^{\cdot\cdot\nu} &= {}'P_{\lambda\mu}^{\cdot\cdot\nu} + {}'g_{\lambda\mu}\, {}'n^\nu \\ &= P_{\lambda\mu}^{\cdot\cdot\nu} + \tfrac{1}{2}\, g_{\lambda\mu}\, s_\alpha\, g^{\alpha\nu} - \tfrac{1}{2}\, s_\mu\, B_\lambda^\nu - \tfrac{1}{2}\, s_\lambda\, B_\mu^\nu \\ &\quad + g_{\lambda\mu}\, n^\nu - g_{\lambda\mu}\, g^{\nu\alpha}\, s_\alpha \\ &= T_{\lambda\mu}^{\cdot\cdot\nu} - \tfrac{1}{2}\, g_{\lambda\mu}\, g^{\nu\alpha}\, s_\alpha - \tfrac{1}{2}\, s_\mu\, B_\lambda^\nu - \tfrac{1}{2}\, s_\lambda\, B_\mu^\nu\,. \end{aligned} \right.$$

Infolge der besonderen Wahl $\varrho = 1$ entsteht eine einfache Beziehung zwischen $g_{\lambda\mu}$ und $Q_{\mu\lambda\nu}$. Nach (109a) und (61) ist nämlich:

$$(118) \qquad n^\nu = -\frac{1}{n-1}\, g^{\lambda\mu}\, T_{\lambda\mu}^{\cdot\cdot\nu} + n^\nu + \frac{1}{n-1}\, g^{\lambda\mu}\, g^{\nu\omega}\, R_{\omega\mu\lambda}^{\cdot\cdot\cdot\alpha}\, t_\alpha\,,$$

so daß:

(119) $$g^{\lambda\mu}\, T_{\lambda\mu}^{\cdot\cdot\,\nu} = g^{\lambda\mu}\, g^{\nu\omega}\, R_{\omega\mu\lambda}^{\cdot\cdot\cdot\,\alpha}\, t_\alpha\,.$$

Aus dieser Gleichung und (58a) folgt:

(120) $$g^{\lambda\mu}\, Q_{\lambda\mu\nu} = 2\, g^{\lambda\mu}\, Q_{[\nu\mu]\lambda} + g^{\lambda\mu}\, B_\nu^\omega\, R_{\omega\mu\lambda}^{\cdot\cdot\cdot\,\alpha}\, t_\alpha\,,$$

oder, unter Berücksichtigung von (77):

(121) $$g^{\lambda\mu}\, Q_{\lambda\mu\nu} = 0\,.$$

§ 10. Spezialisierung für projektiveuklidische und euklidischaffine Übertragungen.

Bei einer projektiveuklidischen Übertragung verschwindet die Größe $B_{\omega\mu\lambda}^{\alpha\beta\gamma}\, R_{\alpha\beta\gamma}^{\cdot\cdot\cdot\,\nu}\, t_\nu$ in jedem Punkt für jede Lage der X_{n-1}. Infolgedessen geht die erste *Codazzi*sche Gleichung (77) über in:

(122) $$\boxed{\nabla'_{[\omega}\, h_{\mu]\lambda} = 0\,,}$$

d. h. es wird $Q_{\omega\mu\lambda}$ nun auch in den ersten und somit in allen Indizes symmetrisch. Dadurch wird auch $T_{\lambda\mu\nu}$ ein Tensor:

(123) $$T_{\lambda\mu\nu} = \tfrac{1}{2}\, Q_{\lambda\mu\nu}\,.$$

Die Symmetrie von $Q_{\lambda\mu\nu}$ bringt mit sich, daß neben Gleichung (121) die mit ihr jetzt äquivalente Gleichung:

(124) $$g^{\mu\nu}\, Q_{\lambda\mu\nu} = 0$$

tritt. Diese Beziehung zwischen zwei Tensoren $g_{\lambda\mu}$ und $Q_{\lambda\mu\nu}$ bezeichnet man mit dem Namen Apolarität[1]). Für $n-1=2$ besagt sie, daß die Nullrichtungen des Tensors $Q_{\lambda\mu\nu}$ äquianharmonisch liegen in bezug auf jede der beiden Nullrichtungen von $g_{\lambda\mu}$.

Die Bestimmungsgleichung für n^ν (109a) geht über in:

(125) $$\boxed{n^\nu = -\frac{1}{n-1}\, g^{\lambda\mu}\, P_{\lambda\mu}^{\cdot\cdot\,\nu}\,.}$$

Ist die A_n eine E_n, so verschwindet $R_{\omega\mu\lambda}^{\cdot\cdot\cdot\,\nu}$, und es vereinfachen sich noch mehr Gleichungen. Die *Gauß*sche Gleichung (67) geht über in:

(126) $$R'^{\cdot\cdot\cdot\,\nu}_{\omega\mu\lambda} + 2\, l_{[\omega}^{\cdot\,\nu}\, h_{\mu]\lambda} = 0$$

und auch die *Codazzi*schen Gleichungen (77) und (78) werden einfacher:

(127) $$\nabla'_{[\omega}\, h_{\mu]\lambda} = 0\,,$$

(128) $$\nabla'_{[\omega}\, l_{\mu]}^{\cdot\,\nu} = 0\,.$$

Durch Faltung nach $\omega\nu$ entsteht aus (126):

(129) $$R'_{\mu\lambda} = -\, l_\alpha^{\cdot\,\alpha}\, h_{\mu\lambda} + l_\mu^{\cdot\,\nu}\, h_{\nu\lambda}\,,$$

eine Gleichung, die, für den Fall, daß $h_{\mu\lambda}$ den Rang $n-1$ hat, übergeht in:

(130) $$R'_{\mu\lambda} = -\, l_\alpha^{\cdot\,\alpha}\, g_{\mu\lambda} + l_{\mu\lambda}\,.$$

[1]) Vgl. z. B. *Pascal*, 1910, 3, S. 280.

Durch Faltung nach $\nu\lambda$ ensteht aus (126):

(131) $$l_{[\omega\mu]} = 0\,.$$

(130) und (131) besagen beide, daß $l_{\mu\lambda}$ ein Tensor geworden ist[1]).

§ 11. Krümmungstheorie.

Es seien Tangentialvektor und Pseudonormalvektor vermittels (97a) und (109a) fest gewählt. Die Nullrichtungen des Tensors $g_{\lambda\mu}$ sind die asymptotischen Richtungen der X_{n-1}. Für einen Vektor v^ν in einer Nullrichtung gilt nach (75):

(132) $$v^\lambda v^\mu g_{\lambda\mu} = v^\lambda v^\mu \nabla_\mu t_\lambda = 0\,,$$

in Worten:

Beim Fortschreiten in einer asymptotischen Richtung dreht sich die tangierende infinitesimale E_{n-1} um diese Richtung.

Die Hauptgebiete des Affinors $l_\mu^{\cdot\,\nu}$ sind die Hauptkrümmungsgebiete, die Hauptrichtungen Hauptkrümmungsrichtungen. Für einen Vektor w^μ in einem Hauptgebiete gilt nach (76):

(133) $$w^\mu l_\mu^{\cdot\,\nu} = w^\mu \nabla_\mu n^\nu = \frac{1}{\varrho} w^\nu\,,$$

wo $\frac{1}{\varrho}$ ein Koeffizient ist, in Worten:

Der Zuwachs des Pseudonormalvektors beim Fortschreiten in einer Hauptkrümmungsrichtung liegt in dieser Richtung.

Die Determinante der Gleichung (133) gibt, gleich Null gesetzt, eine Gleichung $(n-1)^{\text{ten}}$ Grades in ϱ. Die $n-1$ Wurzeln, von denen einige Null sein können, sind die Hauptkrümmungen $\frac{1}{\varrho_1}, \ldots, \frac{1}{\varrho_n}$ der X_{n-1}. Zu jeder m-fachen Wurzel gehört ein m'-dimensionales Hauptkrümmungsgebiet $1 \leqq m' \leqq m$, zu den Wurzeln Null das Nullgebiet (I, S. 34). Jedes 1-dimensionale Hauptkrümmungsgebiet bestimmt eine Kongruenz von Hauptkrümmungslinien. Die Summe der Hauptkrümmungen ist die Invariante $l_\mu^{\cdot\,\mu}$.

Ist v^ν eine Kurve auf der X_{n-1}, so ist:

(134) $$n^{[\varkappa} v^\lambda \delta (n^\mu v^{\nu]}) = n^{[\varkappa} v^\lambda \delta n^\mu v^{\nu]} + n^{[\varkappa} v^\lambda n^\mu \delta v^{\nu]} = 0$$

[1]) Für $A_n = E_n$ entsteht die von *Berwald*, 1922, 13, entwickelte n-dimensionale Affingeometrie, die für $n = 3$ mit der gewöhnlichen Affingeometrie zusammenfällt. Für letztere vergleiche man die zusammenfassende Arbeit von *Blaschke* und *Reidemeister*, 1922, 15, wo auch die Titel sämtlicher bisher erschienenen Arbeiten angegeben sind, sowie *Blaschke*, 1923, 10. $g_{\lambda\mu}$ korrespondiert mit der ersten, $T_{\lambda\mu\nu}$ mit der zweiten Grundform in diesen Arbeiten.

Die allgemeinere von *Berwald*, 1922, 14 entwickelte Affingeometrie entsteht für $A_n = E_n$, wenn die pseudonormale Richtung und die Normierung von t_λ und n^ν irgendwie so gewählt werden, daß (43) und (74) gelten. Die Größen $h_{\lambda\mu}$, $l_\mu^{\cdot\,\nu}$, $T_{\lambda\mu}^{\cdot\,\cdot\,\nu}$ und $l_\mu^{\cdot\,\alpha} h_{\alpha\nu}$ sind dann identisch mit den Größen $b_{\lambda\mu}$, $\alpha_{\mu\lambda} g^{\lambda\nu}$, $\alpha_{\lambda\mu\alpha} g^{\alpha\nu}$ und $b^*_{\mu\nu}$ bei *Berwald*.

und zwei konsekutive durch n^ν und v^ν bestimmte Bivektoren haben also stets eine Richtung gemein (vgl. I, S. 26). Damit diese mit der Richtung von n^ν zusammenfällt, ist notwendig und hinreichend, daß

$$n^{[\lambda}\,\delta n^{\mu}\,v^{\nu]} = 0 \tag{135}$$

ist. $v^\alpha \nabla_\alpha n^\nu$ muß also die Richtung von v^ν haben, d. h. es muß v^ν in einem Hauptkrümmungsgebiet liegen. Es gilt also der Satz:

Beim Fortschreiten längs einer Hauptkrümmungslinie dreht sich die 2-Richtung von Tangente und Pseudonormale um die Pseudonormale.

Aus (67) ergibt sich durch Faltung nach $\omega\nu$:

$$B^{\beta\alpha\nu\delta}_{\nu\mu\gamma\lambda}\,R_{\beta\alpha\delta}^{\cdot\,\cdot\,\cdot\,\gamma} = B^{\alpha\delta}_{\mu\lambda}\,R_{\alpha\delta} - B^{\alpha\delta}_{\mu\lambda}\,R_{\beta\alpha\delta}^{\cdot\,\cdot\,\cdot\,\gamma}\,t_\gamma n^\beta = R'_{\mu\lambda} + l_\nu^{\cdot\,\nu}\,g_{\mu\lambda} - l_{\mu\lambda}. \tag{136}$$

In dieser Gleichung sind, Inhaltstreue der Übertragung in der A_n vorausgesetzt, alle Größen rechts außer $l_{\mu\lambda}$ symmetrisch. Daraus und aus dem Umstande, daß $B^{\alpha\delta}_{\mu\lambda}\,R_{\beta\alpha\delta}^{\cdot\,\cdot\,\cdot\,\gamma}$ infolge der zweiten Identität (II, 139) niemals für jede Wahl von B^ν_λ in $\mu\lambda$ symmetrisch sein kann, ohne zu verschwinden, geht hervor, daß $l_{\mu\lambda}$ dann und nur dann für jede Lage der X_{n-1} ein Tensor ist, wenn die A_n eine E_n ist. In diesem speziellen Fall wird m' stets gleich m und alle Hauptkrümmungsgebiete werden gegenseitig senkrecht (I, S. 43).

Durch Überschiebung mit $g^{\lambda\mu}$ entsteht aus (136):

$$g^{\lambda\mu}\,R_{\mu\lambda} - g^{\lambda\mu}\,R_{\beta\mu\lambda}^{\cdot\,\cdot\,\cdot\,\gamma}\,t_\gamma n^\beta = R' + (n-2)\,l; \qquad l = l_\alpha^{\cdot\,\alpha} \tag{137}$$

und durch Überschiebung mit $g^{\lambda\nu}$:

$$B^\alpha_\mu\,R_{\alpha\lambda}\,g^{\lambda\nu} - B^\alpha_\mu\,g^{\lambda\nu}\,R_{\beta\alpha\lambda}^{\cdot\,\cdot\,\cdot\,\gamma}\,t_\gamma n^\beta = R'^{\cdot\,\nu}_{\mu} + l\,B^\nu_\mu - l_\mu^{\cdot\,\nu} \tag{138}$$

woraus unter Berücksichtigung von (137) folgt:

$$\left\{\begin{aligned} l_\mu^{\cdot\,\nu} &= R'^{\cdot\,\nu}_{\mu} - B^\alpha_\mu\,R_{\alpha\lambda}\,g^{\lambda\nu} + B^\alpha_\mu\,g^{\lambda\nu}\,R_{\beta\alpha\lambda}^{\cdot\,\cdot\,\cdot\,\gamma}\,t_\gamma n^\beta \\ &\quad - \frac{1}{n-2}\left(R' - g^{\lambda\mu}\,R_{\lambda\mu} + g^{\lambda\mu}\,R_{\beta\mu\lambda}^{\cdot\,\cdot\,\cdot\,\gamma}\,t_\gamma n^\beta\right) B^\nu_\mu \end{aligned}\right. \tag{139}$$ [1].

Die Beziehungen zwischen $R'^{\cdot\,\cdot\,\cdot\,\nu}_{\omega\mu\lambda}$ und der zu $g_{\lambda\mu}$ gehörigen Krümmungsgröße $K_{\omega\mu\lambda}^{\cdot\,\cdot\,\cdot\,\nu}$ sind der Gleichung (II, 126) zu entnehmen:

$$R'^{\cdot\,\cdot\,\cdot\,\nu}_{\omega\mu\lambda} = K_{\omega\mu\lambda}^{\cdot\,\cdot\,\cdot\,\nu} - 2\,\nabla'_{[\omega}\,T_{\mu]\lambda}^{\cdot\,\cdot\,\nu} - 2\,T_{\lambda[\omega}^{\cdot\,\cdot\,\varkappa}\,T_{\mu]\varkappa}^{\cdot\,\cdot\,\nu}. \tag{140}$$

Für den Fall, daß die A_n eine E_n ist, und also $Q_{\mu\lambda\nu}$ infolge (122) symmetrisch wird, geht diese Gleichung nach einiger Umrechnung über in:

$$R'_{\omega\mu[\lambda\nu]} = K_{\omega\mu\lambda\nu} + 2\,T_{[\omega[\lambda}^{\cdot\,\cdot\,\alpha}\,T_{\mu]\nu]\alpha}, \tag{141}$$

woraus bei Überschiebung mit $g^{\omega\nu}$ entsteht:

$$R'_{\beta\mu[\lambda\alpha]}\,g^{\alpha\beta} = K'_{\mu\lambda} + T_\lambda^{\cdot\,\beta\alpha}\,T_{\mu\alpha\beta}. \tag{142}$$

[1]) In den mit (136—139) korrespondierenden Gleichungen (121—124) in 1923, 4, S. 181 sind die Terme mit $R_{\omega\mu\lambda}^{\cdot\,\cdot\,\cdot\,\nu}\,t_\nu n^\omega$ versehentlich ausgelassen.

Bei Überschiebung mit $g^{\lambda\mu}$ entsteht aus dieser Gleichung:

(143) $$R' = K' + T^{\alpha\beta\gamma}\, T_{\alpha\beta\gamma},$$

oder, infolge (137), da $R_{\omega\mu\lambda}^{\cdot\cdot\cdot\nu} = 0$ ist:

(144) $$K' = -(n-2)\, l_{\nu}^{\cdot\nu} - T^{\alpha\beta\gamma}\, T_{\alpha\beta\gamma}.$$

Die Gleichung (139) geht in diesem einfachen Falle über in:

(145) $$l_{\mu}^{\cdot\varkappa} = R'^{\cdot\varkappa}_{\mu} - \frac{1}{n-2}(K' + T^{\alpha\beta\gamma}\, T_{\alpha\beta\gamma})\, B_{\mu}^{\varkappa}.$$

$\frac{1}{n-1} l_{\nu}^{\cdot\nu}$ ist die „mittlere Affinkrümmung", $\varrho_1 \cdots \varrho_{n-1}$ sind die „affinen Hauptkrümmungsradien"[1]).

Ein besonderer Fall tritt ein, wenn alle Hauptkrümmungen gleich sind. Ein solcher Punkt heißt ein Affinnabel:

(146) $$l_{\mu}^{\cdot\nu} = \frac{1}{n-1}\, l\, B_{\mu}^{\nu}.$$

Gilt (146) für alle Punkte der X_{n-1} und ist die A_n eine E_n, so folgt aus (128) und (146):

(147) $$\nabla_{\mu}\, l = 0.$$

Die Hauptkrümmungen sind also auch konstant auf der X_{n-1}. Wird (146) in (67) eingeführt, und ist die A_n eine E_n, so entsteht:

(148) $$R'^{\cdot\cdot\cdot\nu}_{\omega\mu\lambda} = -\frac{2}{n-1}\, l\, B_{[\omega}^{\cdot\nu}\, g_{\mu]\lambda}.$$

Da in diesem Falle für jede Verrückung dx^{ν} in der X_{n-1}

(149) $$dx^{\mu}\, \nabla_{\mu}\, n^{\nu} = \frac{1}{n-1}\, l\, dx^{\nu},$$

so gehen alle Pseudonormalen durch einen Punkt. Der Radiusvektor, der sich von diesem Punkte bis zum betrachteten Punkte der X_{n-1} erstreckt, ist gleich $\frac{n-1}{l} n^{\nu}$. Die geodätischen Linien der induzierten Übertragung sind die Schnitte mit den E_2 durch den erwähnten Punkt.

Ist außerdem $T_{\lambda\mu}^{\cdot\cdot\nu} = 0$, so folgt:

(150) $$R'^{\cdot\cdot\cdot\nu}_{\omega\mu\lambda} = K_{\omega\mu\lambda}^{\cdot\cdot\cdot\nu} = -\frac{2}{n-1}\, l\, B_{[\omega}^{\nu}\, g_{\mu]\lambda}.$$

Die beiden in der X_{n-1} induzierten Übertragungen sind also in diesem besonderen Falle gleich und gehören zu einer *Riemann*schen Geometrie konstanter Krümmung. Aus (148) und (150) oder auch aus (137) folgt in diesem Falle:

(151) $$R' = K = -(n-2)\, l.$$

Der Fall $l_{\mu}^{\cdot\nu} = 0$, der hier unmittelbar anschließt, tritt auf, wenn n^{ν} auf der X_{n-1} konstant gewählt wird. Im allgemeinen ist dies nur in einer E_n möglich. Ein konstanter Pseudonormalvektor tritt z. B. bei einem Paraboloid in E_3 auf.

---

1) *Berwald*, 1922, 13, S. 105. K' und $T^{\alpha\beta\gamma}\, T_{\alpha\beta\gamma}$ sind für $A_n = E_n$ identisch mit R bzw. $-I$ bei *Berwald*.

Für den Fall der X_{n-1} in E_n ergeben sich noch verschiedene interessante Eigenschaften, wenn $l_{\mu\lambda}$ einen Rang $m < n-1$ hat. Die Kongruenzen $\underset{a}{i}^{\nu}$, $a, b, c, d = 1, \ldots, m$, $\underset{u}{i}^{\nu}$, $u, v, w = m+1, \ldots, n-1$, seien gegenseitig senkrecht, $\underset{\alpha}{i}^{\nu}$ senkrecht zum Nullgebiet, $\underset{u}{i}^{\nu}$ im Nullgebiet. Dann ist:

$$l_{\mu}^{\cdot\,\nu} = \sum_{ab} l_{ab}\, \underset{a}{i}_{\mu}\, \underset{b}{i}^{\nu} \tag{152}$$

und demnach infolge (128):

$$\left\{\begin{aligned} 0 = \nabla'_{[\omega}\, l_{\mu]}^{\cdot\,\nu} &= \sum_{ab} (\nabla'_{[\omega}\, l_{ab})\, \underset{a}{i}_{\mu]}\, \underset{b}{i}^{\nu} + \sum_{ab} l_{ab} \left(\nabla'_{[\omega}\, \underset{a}{i}_{\mu]}\right) \underset{b}{i}^{\nu} \\ &+ \sum_{ab} l_{ab}\, \underset{a}{i}_{[\mu} \left(\nabla'_{\omega]}\, \underset{b}{i}_{\lambda}\right) g^{\lambda\nu} + l_{\lambda[\mu}\, \nabla'_{\omega]}\, g^{\lambda\nu}, \end{aligned}\right. \tag{153}$$

oder, in orthogonalen Bestimmungszahlen:

$$\left.\left\{\begin{aligned} 0 = \sum_{ab} \Big\{ & \underset{a}{i}_{[y} (\nabla'_{x]}\, l_{ab})\, \underset{b}{i}_{z} + l_{ab}\, \underset{b}{i}_{z} \left(\nabla'_{[x}\, \underset{a}{i}_{y]}\right) \\ & + l_{ab}\, \underset{a}{i}_{[y}\, \nabla'_{x]}\, \underset{b}{i}_{z} + l_{a[y}\, Q_{x]az} \Big\} \end{aligned}\right.\right\} x, y, z = 1, \ldots, n-1. \tag{154}$$

Für $x = u$, $y = v$, $z = a$, $u \neq v$ ergibt sich daraus:

$$l_{aa}\, \nabla'_{[u}\, \underset{a}{i}_{v]} = 0. \tag{155}$$

Die Komponente von $\nabla'_{[\mu}\, \underset{a}{i}_{\lambda]}$ im Nullgebiet von $l_{\mu\lambda}$ verschwindet also, d. h. die $n-m-1$ Nullrichtungen von $l_{\mu\lambda}$ sind X_{n-m-1}-bildend (II, 26b):

Hat der Tensor $l_{\mu\lambda}$ einen Rang $\leqq n-3$, so bilden seine Nullrichtungen in der X_{n-1} ein System von ∞^m X_{n-m-1}.

Für $x = a$, $y = u$, $z = v$, $u \neq v$ ergibt sich:

$$-\tfrac{1}{2} l_{aa}\, \nabla'_{u}\, \underset{a}{i}_{v} - \tfrac{1}{2} l_{aa}\, Q_{uav} = 0. \tag{156}$$

Die Komponente von $\nabla'_{\mu}\, \underset{a}{i}_{\lambda}$ im Nullgebiet von $l_{\mu\lambda}$ verschwindet also im allgemeinen nicht, d. h. die X_{n-m-1} sind im allgemeinen nicht in X_{n-1} geodätisch.

Enthält eine X_{n-1} eine Kongruenz v^{ν} von geodätischen Linien der A_n, so ist gleichzeitig:

$$v^{\mu}\, \nabla_{\mu}\, v^{\nu} = \lambda\, v^{\nu} \tag{157}$$

$$v^{\lambda}\, v^{\mu}\, g_{\lambda\mu} = v^{\lambda}\, v^{\mu}\, \nabla_{\mu}\, t_{\lambda} = -\, v^{\mu}\, t_{\lambda}\, \nabla_{\mu}\, v^{\lambda} = 0. \tag{158}$$

Infolge dieser Gleichungen ist:

$$-\, v^{\alpha}\, v^{\beta}\, v^{\gamma}\, Q_{\alpha\beta\gamma} = v^{\alpha}\, v^{\beta}\, v^{\gamma}\, \nabla'_{\alpha}\, g_{\beta\gamma} = v^{\alpha}\, \nabla'_{\alpha}\, v^{\beta}\, v^{\gamma}\, g_{\beta\gamma} = 0. \tag{159}$$

Für $n = 3$ gibt es, da $g_{\lambda\mu}$ den Rang 2 hat, stets eine zweite asymptotische Richtung und einen Vektor w^{ν} in dieser Richtung, so daß:

$$g_{\lambda\mu} = v_{\lambda}\, w_{\mu} + v_{\mu}\, w_{\lambda}; \qquad w^{\lambda}\, w^{\mu}\, g_{\lambda\mu} = 0. \tag{160}$$

Ist die A_3 eine E_3, so hat $T_{\lambda\mu\nu}$ also wegen der Apolaritätsbeziehung (124) die Form:

$$T_{\alpha\beta\gamma} = p\, v_{\alpha}\, v_{\beta}\, v_{\gamma} + q\, w_{\alpha}\, w_{\beta}\, w_{\gamma}. \tag{161}$$

Aus (159) (160) und (123) folgt dann aber $q = 0$:

(162) $$T_{\alpha\beta\gamma} = p\, v_\alpha v_\beta v_\gamma,$$

so daß die Überschiebung von $T_{\alpha\beta\gamma}$ mit sich selbst, die sog. *Pick*sche Invariante[1]), verschwindet:

(163) $$T_{\alpha\beta\gamma} T^{\alpha\beta\gamma} = 0.$$

Umgekehrt, gilt (163), so hat $T_{\alpha\beta\gamma}$ infolge der Apolaritätsbeziehung die Form (162). Es gelten also (159) und (158), und da $n = 3$ ist, damit auch (157), so daß der bekannte Satz[2]) abgeleitet ist:

Das Verschwinden der *Pick*schen Invariante einer X_2 in E_3 ist notwendige und hinreichende Bedingung dafür, daß die X_2 eine Regelfläche ist.

Aus (143) und (144) folgt, daß (151) auch für Regelflächen in E_3 gilt. Die Gleichungen (160) und (162) lehren, daß die Nullrichtung v^ν von $g_{\lambda\mu}$ auch Nullrichtung von $T_{\alpha\beta\gamma}$ ist.

In einer projektiveuklidischen E_3 gilt für die orthogonalen Bestimmungszahlen von $T_{\alpha\beta\gamma}$ infolge der Apolaritätsgleichung (124):

(164) $$T_{111} = -T_{221}, \qquad -T_{211} = T_{222}$$

und infolgedessen hat die *Pick*sche Invariante hier den Wert:

(165) $$T_{\alpha\beta\gamma} T^{\alpha\beta\gamma} = 4\left(T_{111}^2 + T_{222}^2\right) = Q_{111}^2 + Q_{222}^2.$$

Der Fall, daß die X_{n-1} ein System von ∞^{n-m-1} in A_n geodätischen X_m enthält, liegt nicht im Rahmen unserer Betrachtungen. Denn in dem Falle hat der Tensor $h_{\mu\lambda}$ nicht den Rang $n-1$ und kann somit nicht mehr als Fundamentaltensor benutzt werden. Das gleiche gilt z. B. auch für eine abwickelbare Fläche in E_3.

§ 12. Änderung des Pseudonormalvektors bei bahntreuen Änderungen der Übertragung der A_n.

Es soll jetzt untersucht werden, wie sich die verschiedenen in den vorigen Paragraphen behandelten Größen ändern, wenn auf die Übertragung eine bahntreue Transformation ausgeübt wird. Da die Übertragung jedenfalls inhaltstreu bleiben muß, brauchen nur solche Transformationen der Form (1) betrachtet zu werden, bei denen p_λ ein Gradientvektor ist. Die Größe $g_{\lambda\mu}$ ändert sich dabei infolge von (1), (52) und (56) nur um einen skalaren Faktor, so daß die asymptotischen Richtungen invariant sind. Die Normierung von t_λ ändert sich, da der n-Vektor $U_{\lambda_1\ldots\lambda_n}$ bei der transformierten Übertragung nicht mehr konstant ist:

(166) $$\begin{cases} '\nabla_\mu U_{\lambda_1\ldots\lambda_n} = \nabla_\mu U_{\lambda_1\ldots\lambda_n} - \left(A_\mu^\nu p_{\lambda_1} + A_{\lambda_1}^\nu p_\mu\right) U_{\nu\lambda_2\ldots\lambda_n} + \text{usw.} \\ \qquad = \nabla_\mu U_{\lambda_1\ldots\lambda_n} + (-1)^n n\, p_{[\lambda_1} U_{\lambda_2\ldots\lambda_n]\mu} - n\, p_\mu U_{\lambda_1\ldots\lambda_n} \\ \qquad = -(n+1)\, p_\mu U_{\lambda_1\ldots\lambda_n}. \end{cases}$$

---

[1]) *Pick*, 1917, 2, S. 121; als Projektivinvariante tritt diese Größe schon auf bei *Wilczynski*, 1907, 1, S. 260.

[2]) *Blaschke*, 1923, 10, S. 125.

Es sei nun $\varrho\, U_{\lambda_1 \dots \lambda_n}$ ein Feld, das sich im betrachteten Punkte der X_{n-1} mit $U_{\lambda_1 \dots \lambda_n}$ deckt, aber bei der transformierten Übertragung konstant ist. Das Feld ϱ, das im betrachteten Punkte den Wert 1 hat, ergibt sich dann aus der Gleichung:

$$0 = {}'\nabla_\mu\, \varrho\, U_{\lambda_1 \dots \lambda_n} = [{}'\nabla_\mu\, \varrho - \varrho\,(n+1)\, p_\mu]\, U_{\lambda_1 \dots \lambda_n} \tag{167}$$

woraus hervorgeht:

$$ {}'\nabla_\mu \log \varrho = (n+1)\, p'_\mu \,. \tag{168}$$

wo:

$$p'_\lambda = B^\alpha_\lambda\, p_\alpha \tag{169}$$

ein durch Schnitt von p_λ mit X_{n-1} entstehender und also von der Wahl der pseudonormalen Richtung unabhängiger Vektor ist.

Um das neue Feld ${}'P_{\lambda\mu}^{\cdot\cdot\nu}$ zu bestimmen, betrachten wir die Änderung von $B^\alpha_\mu \nabla_\alpha v^\nu$, wo v^ν ein in der X_{n-1} gelegenes Feld ist:

$$B^\alpha_\mu\, {}'\nabla_\alpha v^\nu = B^\alpha_\mu \nabla_\alpha v^\nu + B^\alpha_\mu \left(A^\nu_\alpha\, p_\lambda + A^\nu_\lambda\, p_\alpha\right) v^\lambda \,. \tag{170}$$

Aus dieser Gleichung, (61) und (113) folgt:

$$\left\{\begin{aligned} B^{\alpha\beta}_{\mu\lambda}\, {}'P_{\alpha\beta}^{\cdot\cdot\nu} &= P_{\lambda\mu}^{\cdot\cdot\nu} + B^\nu_\mu\, p'_\lambda + B^\nu_\lambda\, p'_\mu + \tfrac{1}{2} g_{\lambda\mu}\, s_\alpha\, g^{\alpha\nu} \\ &\quad - \tfrac{1}{2} s_\mu\, B^\nu_\lambda - \tfrac{1}{2} s_\lambda\, B^\nu_\mu \,, \end{aligned}\right. \tag{171}$$

oder da infolge (114) und (168) $s_\lambda = 2\, p'_\lambda$:

$$B^{\alpha\beta}_{\mu\lambda}\, {}'P_{\alpha\beta}^{\cdot\cdot\nu} = P_{\lambda\mu}^{\cdot\cdot\nu} + g_{\lambda\mu}\, p'_\alpha\, g^{\alpha\nu} \,. \tag{172}$$

Diese Formel ist viel einfacher als (115), was daher rührt, daß sich bei der hier betrachteten Änderung nicht nur die Normierung von t_λ, sondern auch die Übertragung der X_n ändert und sich diese beiden Änderungen zum Teil aufheben. Durch Überschiebung mit $g^{\lambda\mu}$ entsteht:

$$ {}'n^\nu = \frac{1}{\sigma}\left(n^\nu - g^{\lambda\nu}\, p'_\lambda\right) . \tag{173}$$

Durch diese Gleichung wird in einer E_n jeder Geraden in der Tangentialebene eines Punktes eine durch den Punkt gehende Gerade außerhalb der Tangentialebene zugeordnet. Man wähle nur die Endhyperebene von p_λ durch die Gerade und bestimme dann ${}'n^\nu$ vermittels (169). Aus (172), (173) und (61) folgt für die Transformation von $T_{\lambda\mu}^{\cdot\cdot\nu}$ als Größe der X_{n-1} betrachtet:

$$\left\{\begin{aligned} {}'T_{\lambda\mu}^{\cdot\cdot\nu} &= B^{\alpha\beta}_{\mu\lambda}\, {}'P_{\alpha\beta}^{\cdot\cdot\nu} + {}'g_{\lambda\mu}\, {}'n^\nu \\ &= P_{\lambda\mu}^{\cdot\cdot\nu} + g_{\lambda\mu}\, p'_\alpha\, g^{\alpha\nu} + g_{\lambda\mu}\, n^\nu - g^{\nu\alpha}\, p'_\alpha\, g_{\lambda\mu} = T_{\lambda\mu}^{\cdot\cdot\nu} \,. \end{aligned}\right. \tag{174}$$

$T_{\lambda\mu}^{\cdot\cdot\nu}$ ist also bei bahntreuen Transformationen invariant.

Aus ${}'n^\nu$ läßt sich jetzt auch ${}'B^\nu_\lambda$ berechnen:

$$ {}'B^\nu_\lambda = A^\nu_\lambda - {}'t_\lambda\, {}'n^\nu = B^\nu_\lambda + t_\lambda\, p'_\alpha\, g^{\alpha\nu} \tag{175}$$

Da nur ein t_λ enthaltendes Zusatzglied auftritt, bleibt B^ν_λ, als Größe der X_{n-1} betrachtet, unverändert, ein selbstverständliches Resultat.

§ 13. Änderung der Übertragung in der X_{n-1}.

Aus (1), (59a) und (175) folgt für ein ganz in X_{n-1} liegendes Feld v^ν:

$$(176)\quad \begin{cases} {}'B^\alpha_\mu {}'\nabla_\alpha v^\nu = \left(B^\alpha_\mu + t_\mu p'_\beta g^{\alpha\beta}\right)\left\{\nabla_\alpha v^\nu + \left(A^\nu_\lambda p_\alpha + A^\nu_\alpha p_\lambda\right) v^\lambda\right\} \\ \qquad = \nabla'_\mu v^\nu - v^\lambda g_{\lambda\mu} n^\nu + \left(B^\nu_\lambda p'_\mu + B^\nu_\mu p'_\lambda\right) v^\lambda \\ \qquad + t_\mu p'_\beta g^{\alpha\beta} {}'\nabla_\alpha v^\nu \end{cases}$$

oder:

$$(177)\quad \begin{cases} {}'\nabla'_\mu v^\nu = \nabla'_\mu v^\nu - {}'B^\alpha_\mu \left({}'\nabla_\alpha v^\beta\right) t_\beta \left(n^\nu - p'_\gamma g^{\gamma\nu}\right) - v^\lambda g_{\mu\lambda} n^\nu \\ \qquad + \left(B^\nu_\lambda p'_\mu + B^\nu_\mu p'_\lambda\right) v^\lambda + t_\mu p'_\beta g^{\alpha\beta} {}'\nabla_\alpha v^\nu . \end{cases}$$

Bei Überschiebung mit B^μ_ω fallen alle t_μ enthaltenden Glieder fort und es entsteht für die Größe $B^\alpha_\mu {}'\nabla'_\alpha v^\nu$, die sich, als Größe der X_{n-1} betrachtet, nicht von ${}'\nabla'_\mu v^\nu$ unterscheidet, die Gleichung:

$$(178)\quad B^\alpha_\mu {}'\nabla'_\alpha v^\nu = \nabla'_\mu v^\nu + \left\{B^\nu_\lambda p'_\mu + B^\nu_\mu p'_\lambda - g_{\lambda\mu} p'_\alpha g^{\alpha\nu}\right\} v^\lambda .$$

Da $s_\lambda = 2 p'_\lambda$, so folgt aus (111) und (113):

$$(179)\quad {}'\overset{0}{\nabla}_\mu v^\nu = \overset{0}{\nabla}_\mu v^\nu + \left\{B^\nu_\lambda p'_\mu + B^\nu_\mu p'_\lambda - g_{\lambda\mu} p'_\alpha g^{\alpha\nu}\right\} v^\lambda$$

und auch aus diesen beiden Gleichungen folgt die schon oben erwähnte Invarianz von $T_{\lambda\mu}^{\cdot\cdot\nu}$ als Größe der X_{n-1} betrachtet.

Die Größe $l_\mu^{\cdot\nu}$ geht nach (1), (62) und (173) über in:

$$(180)\quad \begin{cases} {}'l_\mu^{\cdot\nu} = {}'B^{\alpha\nu}_{\mu\beta} {}'\nabla_\alpha {}'n^\beta \\ \qquad = \frac{1}{\sigma} B^{\alpha\nu}_{\mu\beta} \left\{l_\alpha^{\cdot\beta} - \nabla_\alpha g^{\beta\gamma} p_\gamma + A^\beta_\alpha p_\delta n^\delta - A^\beta_\alpha p_\gamma p_\delta g^{\gamma\delta}\right\} \\ \qquad - \frac{1}{\sigma} B^\alpha_\mu p_\gamma g^{\gamma\nu} \left(\nabla_\alpha g^{\beta\delta} p_\delta\right) t_\beta \\ \qquad + \frac{1}{\sigma} B^\nu_\beta t_\mu p_\gamma g^{\gamma\alpha} \left\{\nabla_\alpha n^\beta + \nabla_\alpha g^{\beta\delta} p_\delta + p_\alpha g^{\beta\delta} p_\delta + B^\beta_\alpha p_\delta n^\delta \right. \\ \qquad \left. - B^\beta_\alpha p_\delta g^{\delta\varepsilon} p_\varepsilon\right\} . \end{cases}$$

${}'l_\mu^{\cdot\nu}$ ist, als Größe der X_{n-1} betrachtet, nicht verschieden von ${}''l_\mu^{\cdot\nu} = B^{\alpha\nu}_{\mu\beta} {}'l_\alpha^{\cdot\beta} = B^\alpha_\mu {}'l_\alpha^{\cdot\nu}$, und diese Größe genügt der Gleichung:

$$(181)\quad {}''l_\mu^{\cdot\nu} = \frac{1}{\sigma}\left\{l_\mu^{\cdot\nu} + B^\nu_\mu p_\alpha n^\alpha - B^\nu_\mu p_\alpha p_\beta g^{\alpha\beta} - B^{\alpha\nu}_{\mu\beta}\left(\nabla_\alpha g^{\beta\gamma} p_\gamma - p_\alpha p_\gamma g^{\gamma\beta}\right)\right\} .$$

Nun ist:

$$(182)\quad \begin{cases} B^{\alpha\nu}_{\mu\beta}\left\{\nabla_\alpha g^{\beta\gamma} p_\gamma - p_\alpha p_\gamma g^{\gamma\beta}\right\} \\ \qquad \doteq B^{\alpha\nu}_{\mu\beta}\left\{p'_\gamma \nabla'_\alpha g^{\beta\gamma} + g^{\beta\gamma} \nabla'_\alpha p'_\gamma - p'_\alpha p'_\gamma g^{\gamma\beta}\right\} \\ \qquad = p'_\alpha \nabla'_\mu g^{\nu\alpha} - p'_\mu p'_\alpha g^{\alpha\nu} + B^\alpha_\mu g^{\nu\beta} \nabla_\alpha \left(p_\beta - p_\gamma n^\gamma t_\beta\right) \\ \qquad = p'_\alpha \nabla'_\mu g^{\nu\alpha} - p'_\mu p'_\alpha g^{\alpha\nu} + B^\alpha_\mu g^{\nu\beta} \nabla_\alpha p_\beta - p_\gamma n^\gamma B^\nu_\mu . \end{cases}$$

so daß unter Berücksichtigung von (5):

$$(183)\quad {}''l_\mu^{\cdot\nu} = \frac{1}{\sigma}\left\{\left(l_\mu^{\cdot\nu} - p'_\alpha Q_\mu^{\cdot\alpha\nu}\right) - B^\alpha_\mu g^{\nu\beta} p_{\alpha\beta} + B^\nu_\mu \left(2 p_\alpha n^\alpha - p_\alpha p_\beta g^{\alpha\beta}\right)\right\} .$$

Aus dieser Gleichung läßt sich ein bemerkenswerter Satz ableiten für den Fall, daß die A_n eine E_n und $p_{\mu\lambda} = 0$ ist, also für den Fall einer bahntreuen Transformation, die die E_n wieder in eine E_n überführt (§ 3). Bei Faltung nach $\mu\nu$ entsteht dann, da der Skalarteil von $p'_\alpha Q_{\mu}^{\cdot\,\alpha\nu}$ infolge (124) Null ist:

$$(184) \qquad {}''l_{\alpha}^{\cdot\,\alpha} = \frac{1}{\sigma} l_{\alpha}^{\cdot\,\alpha} + \frac{1}{\sigma}(n-1)(2 p_\alpha n^\alpha - p_\alpha p_\beta g^{\alpha\beta})$$

und aus (183) und (184) folgt:

$$(185) \qquad {}''l_{\mu}^{\cdot\,\nu} - \frac{1}{n-1}\,{}''l_{\alpha}^{\cdot\,\alpha} B_{\mu}^{\nu} = \frac{1}{\sigma}\left(l_{\mu}^{\cdot\,\nu} - \frac{1}{n-1} l_{\alpha}^{\cdot\,\alpha} B_{\mu}^{\cdot\,\nu}\right) - \frac{1}{\sigma} p'_\alpha Q_{\mu}^{\cdot\,\alpha\nu}.$$

Der skalarfreie Teil von $l_{\mu}^{\cdot\,\nu}$ transformiert sich also in besonders einfacher Weise.

Für $n = 3$ ist es nun im allgemeinen stets möglich, p_λ so zu wählen, daß in einem gegebenen Punkte der skalarfreie Teil von ${}''l_{\mu}^{\cdot\,\nu}$ verschwindet, d. h. daß dieser Punkt Affinnabel wird. Für den skalarfreien Teil schreiben wir einfachheitshalber $k_{\mu}^{\cdot\,\nu}$ und wählen in X_2 ein Orthogonalnetz in den Hauptrichtungen von $k_{\lambda\mu}$. Dann ist $k_{11} = -k_{22}$; $k_{12} = k_{21} = 0$ und aus (185) entstehen, wenn das linke Glied Null gesetzt wird, die Gleichungen:

$$(186) \qquad \begin{cases} \text{a)} & p'_1 Q_{111} + p'_2 Q_{121} = k_{11}, \\ \text{b)} & p'_1 Q_{112} + p'_2 Q_{122} = 0, \\ \text{c)} & p'_1 Q_{211} + p'_2 Q_{221} = 0, \\ \text{d)} & p'_1 Q_{212} + p'_2 Q_{222} = k_{22} = -k_{11}. \end{cases}$$

Da $Q_{\varkappa\lambda\mu}$ symmetrisch ist (§ 10), sind b) und c) identisch. Infolge (118) ist:

$$(187) \qquad Q_{111} = -Q_{212}, \qquad Q_{121} = -Q_{222}$$

und es sind also auch a) und d) identisch. Aus a) und b) folgt aber:

$$(188) \qquad p'_1 = \frac{Q_{111}}{Q_{111}^2 + Q_{222}^2} k_{11}, \qquad p'_2 = -\frac{Q_{222}}{Q_{111}^2 + Q_{222}^2} k_{11},$$

Die Gleichungen (186) besitzen also stets eine einzige Lösung, sofern die *Pick*sche Invariante $Q_{111}^2 + Q_{222}^2$ (165) nicht verschwindet, d. h. sofern die Fläche keine Regelfläche ist.

Es gilt also der Satz:

Ist für einen Punkt einer X_2 in E_3 die *Pick*sche Invariante nicht Null, so ist es stets möglich, die Übertragung so abzuändern, daß sie euklidischaffin bleibt und der betreffende Punkt ein Nabelpunkt wird.

Es ist wichtig, zu bemerken, daß nur p'_λ und nicht p_λ eindeutig bestimmt ist. Von der neuen unendlich fernen Ebene liegt also nur der Schnitt mit der Tangentialebene fest (vgl. § 3). Unter den Geradenpaaren in der Tangentialebene und durch den betrachteten Punkt, die einander, wie auf S. 153 bemerkt wurde, zugeordnet sind, gibt es also für $n = 3$

ein ausgezeichnetes Paar, das mit der X_2 projektivinvariant verknüpft ist. *Wilczynski* nennt die Gerade in der Tangentialebene die erste Leitgerade, die Gerade durch den Punkt die zweite Leitgerade[1]). *Weitzenböck* nennt diese zweite Gerade die Projektivnormale[2]). Die ersten Geraden der ausgezeichneten Paare bilden eine Strahlenkongruenz und ebenso die zweiten Geraden. Ein besonderer Fall tritt ein, wenn die ersten Geraden alle in einer Ebene liegen. Nur in diesem Falle gelingt es, sämtliche Punkte der X_2 zugleich in Nabelpunkte umzusetzen[3]). Man braucht dazu eben nur die erwähnte Ebene als unendlich ferne Ebene zu wählen. Die zweiten Leitgeraden, die ja Affinnormalen der Fläche sind für diese besondere Wahl der unendlich fernen Ebene, gehen dann (vgl. S. 150) alle durch einen Punkt.

§ 14. Größen der X_m in A_n[4]).

Liegt eine X_m in der A_n, so kann man bei einem kontravarianten Vektor v^ν in einem Punkte P der X_m zwei Fälle unterscheiden. Entweder ist die Richtung von v^ν in der tangentialen m-Richtung enthalten, oder sie liegt außerhalb dieser m-Richtung. Nur im ersten Falle ist v^ν eine Größe der X_m als Mannigfaltigkeit für sich betrachtet. Wir sagen dann, daß v^ν in der X_m liegt. Liegt v^ν nicht in der X_m, so hat es nur dann einen Sinn, von einer X_m-Komponente von v^ν zu reden, wenn die X_m in A_n eingespannt[5]) wird, d. h. wenn jedem Punkte der X_m eine bestimmte außerhalb der X_m liegende $(n-m)$-Richtung als pseudonormal zugeordnet wird.

Unter den kovarianten Größen ist eine ausgezeichnet. Jedem Punkte der X_m ist nämlich der Tangential-p-Vektor $t_{\lambda_1 \ldots \lambda_p}$, $p = n - m$, in einer bis auf einen skalaren Faktor eindeutigen Weise zugeordnet. Jeder kovariante Vektor u_λ, dessen $(n-1)$-Richtung die m-Richtung von $t_{\lambda_1 \ldots \lambda_p}$ nicht enthält, bestimmt durch Schnitt eindeutig und ohne daß eine pseudonormale p-Richtung nötig wäre, einen kovarianten Vektor der X_m. Ein kovarianter Vektor der X_m läßt sich durch eine Doppel-E_{m-1} mit Sinn darstellen. Wählt man die Urvariablen vorübergehend einmal so, daß $x^{a_{m+1}}, \ldots, x^{a_n}$ auf der X_m konstant sind, so kann die aus u_λ durch Schnitt entstehende Größe v'_λ in der X_m gegeben werden durch die m Bestimmungszahlen:

$$v'_\lambda = u_\lambda\,, \qquad \lambda = a_1, \ldots, a_m\,. \tag{189}$$

Wird $t_{\lambda_1 \ldots \lambda_p}$ in beliebiger Weise in p Faktoren zerlegt:

$$t_{\lambda_1 \ldots \lambda_p} = \overset{1}{t}_{[\lambda_1} \ldots \overset{p}{t}_{\lambda_p]}\,, \tag{190}$$

[1]) „Directrices of the first and second kind", 1907, 1; 1908, 2, S. 95; *Wilczynski*, 1915, 1. S. 132.

[2]) *Weitzenböck*, 1918, 7, S. 21. Bei anderen Autoren hat dieser Ausdruck eine andere Bedeutung.

[3]) Es entsteht dabei also eine Affinsphäre. Vgl. *Berwald*, 1920, 2, S. 64, Fußn. 7.

[4]) Der Inhalt der Paragraphen 14—18 wurde zum größten Teil in 1923, 4 veröffentlicht.

[5]) *Weyl*, 1922, 12, S. 155.

so kann dieselbe Größe v'_λ auch in bezug auf ein beliebiges System von Urvariablen der A_n gegeben werden, indem man bemerkt, daß alle Vektoren $u_\lambda + \underset{1}{\varkappa} \overset{1}{t}_\lambda + \ldots + \underset{p}{\varkappa} \overset{p}{t}_\lambda$ aus X_m dieselbe Größe herausschneiden, und dementsprechend setzt:

$$v'_\lambda = u_\lambda + \underset{1}{\varkappa} \overset{1}{t}_\lambda + \ldots + \underset{p}{\varkappa} \overset{p}{t}_\lambda \,, \tag{191}$$

wo $\underset{1}{\varkappa}, \ldots, \underset{p}{\varkappa}$ alle beliebigen Zahlenwerte durchlaufen. Damit hat die Größe n Bestimmungszahlen erhalten, denen eine p-fache Unbestimmtheit anhaftet. Diese Unbestimmtheit hat aber auf die Rechnung keinen störenden Einfluß, da nur solche Ausdrücke unbestimmt werden, die auch geometrisch wirklich keinen Sinn haben, alle anderen aber bestimmt bleiben. Da dieses schon auf S. 134 für $m = n - 1$ erläutert wurde, ist es unnötig, hier Beispiele anzuführen. Ist einerseits v'_λ durch u_λ stets eindeutig bestimmt, so bestimmt umgekehrt v'_λ erst dann in eindeutiger Weise einen kovarianten Vektor der A_n, wenn die X_m eingespannt wird. Ist dann v_λ der durch v'_λ und die pseudonormale p-Richtung bestimmte Vektor, so kann man v_λ und v'_λ identifizieren und v_λ als die X_m-Komponente von u_λ auffassen. Bei einer eingespannten X_m heißt ein kovarianter Vektor, der mit seiner X_m-Komponente identisch ist, in der X_m liegend.

Für Größen höheren Grades gelten dieselben Überlegungen. Rein kontravariante Größen haben stets bestimmte Bestimmungszahlen, gemischte und kovariante Größen aber nur dann, wenn eine bestimmte Einspannung angenommen und während der Untersuchung festgehalten wird. X_m-Komponenten können bei allen Größen nur bei einer eingespannten X_m auftreten. Der Einheitsaffinor der X_m ist für die schon oben verwendete besondere Wahl der Urvariablen gegeben durch die Gleichungen:

$$\left\{\begin{array}{ll} B^\nu_\lambda = \begin{cases} 1 \text{ für } \lambda = \nu \\ 0 \;\;,, \;\; \lambda \neq \nu \end{cases} & \lambda, \nu = a_1, \ldots, a_m \\ B^\mu_\varkappa = 0 & \mu = a_{m+1}, \ldots, a_n \\ B^\lambda_\mu = \text{unbestimmt} & \varkappa = a_1, \ldots, a_n \,. \end{array}\right. \tag{192}$$

Ist u_λ ein kovarianter Vektor der A_n, so ist $B^\nu_\lambda u_\nu$ der durch Schnitt entstehende kovariante Vektor der X_m. Ist aber v^ν ein kontravarianter Vektor, der nicht in der X_m liegt, so hat $B^\nu_\lambda v^\lambda$ keinen Sinn. Die X_m werde jetzt eingespannt, indem man einen einfachen p-Vektor $n^{\nu_1 \ldots \nu_p}$ wählt, der mit der tangierenden p-Richtung keine Richtung gemeinsam hat. Normiert man $t_{\lambda_1 \ldots \lambda_p}$ und $n^{\nu_1 \ldots \nu_p}$ in irgendeiner Weise so, daß:

$$\boxed{p!\, t_{\lambda_1 \ldots \lambda_p} n^{\lambda_1 \ldots \lambda_p} = 1\,,} \quad \text{(Erste Normierungsbedingung)} \tag{193}$$

so wird:

$$B^\nu_\lambda = A^\nu_\lambda - p\, p!\, t_{\lambda \alpha_2 \ldots \alpha_p} n^{\nu \alpha_2 \ldots \alpha_p} \,. \tag{194}$$

$n^{\nu_1 \ldots \nu_p}$ heißt dann der Pseudonormal-p-Vektor. Geometrisch bedeutet (193), daß $t_{\lambda_1 \ldots \lambda_p}$ aus der E_p von $n^{\nu_1 \ldots \nu_p}$ gerade $n^{\nu_1 \ldots \nu_p}$ herausschneidet. Der Pseudonormal-p-Vektor ist durch Angabe der pseudonormalen p-Richtung bis auf einen skalaren Faktor bestimmt. Erst wenn auch die Normierung von $t_{\lambda_1 \ldots \lambda_p}$ festgelegt wird, ist $n^{\nu_1 \ldots \nu_p}$ vollständig bestimmt. Nach Einführung der pseudonormalen p-Richtung hat $B^{\nu}_{\lambda} v^{\lambda}$ bzw. $B^{\nu}_{\lambda} w_{\nu}$ die Bedeutung der X_m-Komponente von v^{ν} bzw. w_{λ}, und es läßt sich dann auch von jeder Größe höheren Grades eine X_m-Komponente bilden.

§ 15. Die in der X_m induzierte affine Übertragung.

Wie für $m = n - 1$ (S. 137) haben vor Einführung einer pseudonormalen p-Richtung nur die Ausdrücke $\nabla'_{\mu} p = B^{\alpha}_{\mu} \nabla_{\alpha} p$, $B^{\alpha}_{\mu} \nabla_{\alpha} v^{\nu}$, $B^{\alpha}_{\mu} \nabla_{\alpha} w_{\lambda}$ und $B^{\alpha \beta}_{\mu \lambda} \nabla_{\alpha} w_{\beta}$, wo w_{λ} einen kovarianten Vektor der A_n darstellt, einen Sinn. Erst nach Einspannung der X_m bekommt auch $B^{\alpha \nu}_{\mu \beta} \nabla_{\alpha} v^{\beta}$ einen Sinn und es verschwindet der Unterschied zwischen kovarianten Größen der A_n und X_m. Ist also die X_m eingespannt und liegen die v^{ν} und w_{λ} in der X_m, so haben die Ausdrücke:

$$\text{(195)} \qquad \begin{cases} \nabla'_{\mu} v^{\nu} = B^{\alpha \nu}_{\mu \beta} \nabla_{\alpha} v^{\beta} \\ \nabla'_{\mu} w_{\lambda} = B^{\alpha \beta}_{\mu \lambda} \nabla_{\alpha} w_{\beta} \end{cases}$$

einen Sinn und stellen Felder dar, die ebenfalls in der X_m liegen. Wie auf S. 137 wird gezeigt, daß die in dieser Weise in der X_m induzierte Übertragung affin ist:

Ist eine X_m in einer A_n eingespannt, so wird in der X_m eine affine Übertragung induziert, die dadurch charakterisiert ist, daß der Differentialquotient die X_m-Komponente des Differentialquotienten in der A_n ist.

Liegen v^{ν} und w_{λ} in der X_m, so ist:

$$\text{(196a)} \qquad \begin{cases} B^{\alpha}_{\mu} \nabla_{\alpha} v^{\nu} = \nabla'_{\mu} v^{\nu} + B^{\alpha}_{\mu} \left(\nabla_{\alpha} v^{\beta}\right) \left(A^{\nu}_{\beta} - B^{\nu}_{\beta}\right) \\ \qquad = \nabla'_{\mu} v^{\nu} + v^{\beta} B^{\alpha}_{\mu} \nabla_{\alpha} B^{\nu}_{\beta}, \end{cases}$$

$$\text{(196b)} \qquad B^{\alpha}_{\mu} \nabla_{\alpha} w_{\lambda} = \nabla'_{\mu} w_{\lambda} + w_{\beta} B^{\alpha}_{\mu} \nabla_{\alpha} B^{\beta}_{\lambda}.$$

Schreiben wir:

$$\text{(197)} \qquad \begin{cases} B^{\alpha \beta}_{\mu \lambda} \nabla_{\alpha} B^{\nu}_{\beta} = H_{\mu \lambda}^{\cdot \cdot \nu}, \\ B^{\alpha \nu}_{\mu \beta} \nabla_{\alpha} B^{\beta}_{\lambda} = L_{\mu \cdot \lambda}^{\cdot \nu}, \end{cases}$$

so geht (193) über in:

$$\text{(198)} \qquad \begin{cases} B^{\alpha}_{\mu} \nabla_{\alpha} v^{\nu} = \nabla'_{\mu} v^{\nu} + v^{\lambda} H_{\mu \lambda}^{\cdot \cdot \nu}, \\ B^{\alpha}_{\mu} \nabla_{\alpha} w_{\lambda} = \nabla'_{\mu} w_{\lambda} + w_{\nu} L_{\mu \cdot \lambda}^{\cdot \nu}. \end{cases}$$

Wird $t_{\lambda_1 \ldots \lambda_p}$ in p reale Faktoren zerlegt:

$$\text{(199)} \qquad t_{\lambda_1 \ldots \lambda_p} = \overset{1}{t}_{[\lambda_1} \ldots \overset{p}{t}_{\lambda_p]},$$

so kann man $n^{\nu_1 \ldots \nu_p}$ so in p reale Faktoren zerlegen:

(200) $$n^{\nu_1 \ldots \nu_p} = \underset{1}{n}^{[\nu_1} \ldots \underset{p}{n}^{\nu_p]},$$

daß die Richtung von $\underset{u}{n}^{\nu}$ der Schnitt ist der p-Richtung von $n^{\nu_1 \ldots \nu_p}$ mit der $(n - p + 1)$-Richtung, die den $p - 1$ Faktoren von $t_{\lambda_1 \ldots \lambda_p}$ außer $\overset{u}{t}_\lambda$ gemeinschaftlich ist. Es ist dann:

(201) $$\overset{u}{t}_\lambda \underset{v}{n}^\lambda = 0. \qquad u \neq v$$

Wählt man dazu die Normierung der $p - 1$ ersten Faktoren $\overset{u}{t}_\lambda$, $\underset{u}{n}^\nu$ so, daß:

(202) $$\overset{u}{t}_\lambda \underset{u}{n}^\lambda = 1, \qquad u = 1, \ldots, p - 1$$

so ist infolge (193) auch:

(203) $$\overset{p}{t}_\lambda \underset{p}{n}^\lambda = 1,$$

so daß nun die Normierungsbedingung (193) äquivalent ist mit:

(204) $$\boxed{\overset{u}{t}_\lambda \underset{v}{n}^\lambda = \begin{cases} 1 & \text{für } u = v \\ 0 & \text{,, } u \neq v \end{cases} \quad u, v = 1, \ldots, p.}$$

Geometrisch bedeutet (204), daß $\underset{u}{n}^\nu$ gerade zwischen die beiden E_{n-1} von $\overset{u}{t}_\lambda$ paßt und daß seine Richtung in den E_{n-1} der $p - 1$ anderen Faktoren von $t_{\lambda_1 \ldots \lambda_p}$ enthalten ist. Für B_λ^ν gilt nun infolge von (194) die Formel:

(205) $$B_\lambda^\nu = A_\lambda^\nu - \sum_u \overset{u}{t}_\lambda \underset{u}{n}^\nu$$

und es ist also:

(206) $$\begin{cases} H_{\mu\lambda}^{\cdot\cdot\nu} = - B_{\mu\lambda}^{\alpha\beta} \sum_u \nabla_\alpha \overset{u}{t}_\beta \underset{u}{n}^\nu = - B_{\mu\lambda}^{\alpha\beta} \sum_u (\nabla_\alpha \overset{u}{t}_\beta) \underset{u}{n}^\nu, \\ L_{\mu\cdot\lambda}^{\cdot\nu} = - B_{\mu\beta}^{\alpha\nu} \sum_u \nabla_\alpha \overset{u}{t}_\lambda \underset{u}{n}^\beta = - B_{\mu\beta}^{\alpha\nu} \sum_u (\nabla_\alpha \underset{u}{n}^\beta) \overset{u}{t}_\lambda. \end{cases}$$

Infolge von (194) und (197) ist auch:

(207) $$\begin{cases} H_{\mu\lambda}^{\cdot\cdot\nu} = - p\, p!\, B_{\mu\lambda}^{\alpha\beta} (\nabla_\alpha t_{\beta\alpha_2 \ldots \alpha_p}) n^{\nu\alpha_2 \ldots \alpha_p}, \\ L_{\mu\cdot\lambda}^{\cdot\nu} = - p\, p!\, B_{\mu\beta}^{\alpha\nu} (\nabla_\alpha n^{\beta\alpha_2 \ldots \alpha_p}) t_{\lambda\alpha_2 \ldots \alpha_p}. \end{cases}$$

Aus (206) folgt, daß $H_{\mu\lambda}^{\cdot\cdot\nu}$ in $\mu\lambda$ symmetrisch ist, da die $\overset{u}{t}_\lambda$ alle die tangierende m-Richtung von X_m enthalten (vgl. S. 138):

(208) $$H_{\mu\lambda}^{\cdot\cdot\nu} = H_{\lambda\mu}^{\cdot\cdot\nu}.$$

Aus demselben Grunde ist:

(209) $$B_{\mu\lambda}^{\alpha\beta} \nabla_\alpha t_{\beta\lambda_2 \ldots \lambda_p} = B_{\mu\lambda}^{\alpha\beta} \nabla_\beta t_{\alpha\lambda_2 \ldots \lambda_p}.$$

Für $m = n - 1$ gehen $H_{\mu\lambda}^{\cdot\cdot\nu}$ und $L_{\mu\cdot\lambda}^{\cdot\nu}$ offenbar über in $- h_{\mu\lambda} n^\nu$ und $- l_\mu^{\cdot\nu} t_\lambda$. $H_{\mu\lambda}^{\cdot\cdot\nu}$ heißt der **erste Krümmungsaffinor**, $L_{\mu\cdot\lambda}^{\cdot\nu}$ der **zweite Krümmungsaffinor** der X_m in bezug auf die A_n.

§ 16. Die Gleichungen von Gauß und Codazzi für X_m in A_n[1]).

Aus (196a) folgt durch Differentiation und Alternation nach $\omega\,\mu$ unter Berücksichtigung der Symmetrie von $B^{\beta\alpha}_{\omega\mu}\nabla_\beta B^\delta_\alpha = H_{\omega\mu}^{\cdot\cdot\delta}$ in $\omega\,\mu$:

$$(210)\quad \begin{cases} B^{\beta\alpha\nu}_{\omega\mu\gamma}\nabla_{[\beta}\nabla_{\alpha]}v^\gamma = \nabla'_{[\omega}\nabla'_{\mu]}v^\nu - B^{\beta\alpha\nu}_{[\omega\mu]\gamma}\nabla_\beta v^\delta B^\varepsilon_\alpha \sum_u (\nabla_\varepsilon \overset{u}{t}_\delta)\underset{u}{n}^\gamma \\ \qquad = \nabla'_{[\omega}\nabla'_{\mu]}v^\nu - v^\delta B^{\beta\alpha\nu}_{[\omega\mu]\gamma}\sum_u (\nabla_\alpha \overset{u}{t}_\delta)\nabla_\beta \underset{u}{n}^\gamma . \end{cases}$$

also, infolge von (II, 116), (201) und (203):

$$(211)\quad B^{\beta\alpha\nu\delta}_{\omega\mu\gamma\lambda}R_{\beta\alpha\delta}^{\cdot\cdot\cdot\gamma} = R'^{\cdot\cdot\cdot\nu}_{\omega\mu\lambda} + 2B^{\beta\alpha\nu\delta}_{[\omega\mu]\gamma\lambda}\sum_u (\nabla_\alpha \overset{u}{t}_\delta)\nabla_\beta \underset{u}{n}^\gamma$$

oder:

$$(212)\quad \boxed{B^{\beta\alpha\nu\delta}_{\omega\mu\gamma\lambda}R_{\beta\alpha\delta}^{\cdot\cdot\cdot\gamma} = R'^{\cdot\cdot\cdot\nu}_{\omega\mu\lambda} + 2H_{\lambda[\mu}^{\cdot\cdot\gamma}L_{\omega]\cdot\gamma}^{\cdot\nu}.}$$

Dies ist die Verallgemeinerung der *Gauß*schen Gleichung für X_m in A_n.

Setzt man:

$$(213)\quad \begin{cases} \overset{u}{h}_{\mu\lambda} = B^{\alpha\beta}_{\mu\lambda}\nabla_\alpha \overset{u}{t}_\beta \\ \overset{u}{l}_\mu^{\cdot\nu} = B^{\alpha\nu}_{\mu\beta}\nabla_\alpha \underset{u}{n}^\beta , \end{cases}$$

so sind die Integrabilitätsbedingungen der ersten Gleichung:

$$(214)\quad \begin{cases} \nabla'_{[\omega}\overset{u}{h}_{\mu]\lambda} = B^{\gamma\delta\varepsilon}_{[\omega\mu]\lambda}\nabla_\gamma B^{\alpha\beta}_{\delta\varepsilon}\nabla_\alpha \overset{u}{t}_\beta = B^{\gamma\alpha\varepsilon}_{[\omega\mu]\lambda}\nabla_\gamma B^\beta_\varepsilon \nabla_\alpha \overset{u}{t}_\beta \\ \qquad = B^{\gamma\alpha\beta}_{[\omega\mu]\lambda}\nabla_\gamma\nabla_\alpha \overset{u}{t}_\beta + B^{\gamma\alpha\varepsilon}_{[\omega\mu]\lambda}(\nabla_\gamma B^\beta_\varepsilon)\nabla_\alpha \overset{u}{t}_\beta \\ \qquad = \tfrac{1}{2}B^{\beta\alpha\delta}_{\omega\mu\lambda}R_{\beta\alpha\delta}^{\cdot\cdot\cdot\gamma}\overset{u}{t}_\gamma + B^{\gamma\alpha}_{[\omega\mu]}H_{\gamma\lambda}^{\cdot\cdot\beta}\nabla_\alpha \overset{u}{t}_\beta \\ \qquad = \tfrac{1}{2}B^{\beta\alpha\delta}_{\omega\mu\lambda}R_{\beta\alpha\delta}^{\cdot\cdot\cdot\gamma}\overset{u}{t}_\gamma - B^{\gamma\alpha}_{[\omega\mu]}\sum_v \overset{v}{h}_{\gamma\lambda}\underset{v}{n}^\beta \nabla_\alpha \overset{u}{t}_\beta \end{cases}$$

oder:

$$(215)\quad \boxed{2\nabla'_{[\omega}\overset{u}{h}_{\mu]\lambda} = B^{\beta\alpha\delta}_{\omega\mu\lambda}R_{\beta\alpha\delta}^{\cdot\cdot\cdot\gamma}\overset{u}{t}_\gamma + 2\sum_v \overset{uv}{v}_{[\omega}\overset{v}{h}_{\mu]\lambda},}$$

wo:

$$(216)\quad \overset{uv}{v}_\lambda = B^\alpha_\lambda(\nabla_\alpha \overset{u}{t}_\beta)\underset{v}{n}^\beta = -B^\alpha_\lambda(\nabla_\alpha \underset{v}{n}^\beta)\overset{u}{t}_\beta , \qquad u \neq v .$$

Die Integrabilitätsbedingungen der zweiten Gleichung lauten:

$$(217)\quad \boxed{2\nabla'_{[\omega}\overset{u}{l}_{\mu]}^{\cdot\nu} = -B^{\beta\alpha\nu}_{\omega\mu\gamma}R_{\beta\alpha\delta}^{\cdot\cdot\cdot\gamma}\underset{u}{n}^\delta - 2\sum_v \overset{vu}{v}_{[\omega}\overset{v}{l}_{\mu]}^{\cdot\nu}.}$$

Die p^2 Vektoren $\overset{uv}{v}$ liegen in der X_m und genügen den Gleichungen:

$$(218)\quad \begin{cases} \nabla'_{[\omega}\overset{uv}{v}_{\lambda]} = \nabla'_{[\omega}B^\alpha_{\lambda]}\left(\nabla_\alpha \overset{u}{t}_\gamma\right)\underset{v}{n}^\gamma = B^{\beta\alpha}_{[\omega\lambda]}\nabla_\beta\left(\nabla_\alpha \overset{u}{t}_\gamma\right)\underset{v}{n}^\gamma \\ \qquad = \tfrac{1}{2}B^{\beta\alpha}_{\omega\lambda}R_{\beta\alpha\gamma}^{\cdot\cdot\cdot\delta}\overset{u}{t}_\delta \underset{v}{n}^\gamma + B^{\beta\alpha}_{[\omega\lambda]}\left(\nabla_\alpha \overset{u}{t}_\gamma\right)\nabla_\beta \underset{v}{n}^\gamma \end{cases}$$

---

1) *Weyl* gibt 1922, 12 eine andere Behandlung der Krümmungstheorie einer X_m in A_n, bei der vorausgesetzt ist, daß die X_m eingespannt ist.

oder:

$$\boxed{\nabla'_{[\omega}\overset{uv}{v}_{\lambda]} = \tfrac{1}{2} B^{\beta\alpha}_{\omega\lambda} R_{\beta\alpha\gamma}^{\cdot\cdot\cdot\delta}\, \overset{u}{t}_\delta \underset{v}{n}^\gamma + \overset{v}{l}_{[\omega}^{\cdot\,\gamma} \overset{u}{h}_{\lambda]\gamma} + \sum_w \overset{uw}{v}_{[\omega} \overset{wv}{v}_{\lambda]}}, \tag{219}$$

die durch Differentiation von (216) unter Berücksichtigung von (204) erhalten werden kann.

§ 17. Einführung der zweiten Normierungsbedingung für $t_{\lambda_1\ldots\lambda_p}$ und $n^{\nu_1\ldots\nu_p}$.

Als zweite Normierungsbedingung führen wir ein:

$$\boxed{B^\alpha_\mu (\nabla_\alpha t_{\lambda_1\ldots\lambda_p})\, n^{\lambda_1\ldots\lambda_p} = 0}, \tag{220a}$$

was infolge (193) gleichbedeutend ist mit:

$$\boxed{B^\alpha_\mu (\nabla_\alpha n^{\lambda_1\ldots\lambda_p})\, t_{\lambda_1\ldots\lambda_p} = 0}. \tag{220b}$$

Werden $t_{\lambda_1\ldots\lambda_p}$ und $n^{\nu_1\ldots\nu_p}$ in der im § 15 beschriebenen Weise in Faktoren zerlegt, so ist (220) gleichbedeutend mit:

$$\left\{\begin{aligned} &B^\alpha_\mu \sum_u \left(\nabla_\alpha \overset{u}{t}_\lambda\right) \underset{u}{n}^\lambda = 0, \\ &B^\alpha_\mu \sum_u \left(\nabla_\alpha \underset{u}{n}^\lambda\right) \overset{u}{t}_\lambda = 0. \end{aligned}\right. \tag{221}$$

Die geometrische Bedeutung von (193) und (220a) ist folgende. $n^{\nu_1\ldots\nu_p}$ soll für jede in X_m gelegene Verrückung dx^ν sowohl durch $t_{\lambda_1\ldots\lambda_p}$ als durch $t_{\lambda_1\ldots\lambda_p} + d\,t_{\lambda_1\ldots\lambda_p}$ aus der E_p von $n^{\nu_1\ldots\nu_p}$ herausgeschnitten werden. (220b) bedeutet, daß das Differential von $n^{\nu_1\ldots\nu_p}$ für jede in X_m gelegene Verrückung mit der $(n-p)$-Richtung von $t_{\lambda_1\ldots\lambda_p}$ in einer E_q liegt, $q < n$. Wie für $m = n - 1$ gilt der Satz:

Ist die Richtung von $n^{\nu_1\ldots\nu_p}$ fest gewählt, und werden Normierungen, die sich nur um einen auf der X_m konstanten skalaren Faktor unterscheiden, als gleich angesehen, so gibt es höchstens eine Normierung von $t_{\lambda_1\ldots\lambda_p}$ und $n^{\nu_1\ldots\nu_p}$, so daß (193) und (220) beide gelten. Der Beweis verläuft wie auf S. 142.

Ähnlich wie im § 8 sei jetzt die Frage gestellt, ob es bei gegebener Wahl der pseudonormalen Richtung, wenn für $t_{\lambda_1\ldots\lambda_p}$, $n^{\nu_1\ldots\nu_p}$ nur (193) gilt, stets möglich ist, ein σ zu finden, so daß für $\sigma t_{\lambda_1\ldots\lambda_p}$, $\sigma^{-1} n^{\nu_1\ldots\nu_p}$ auch (220) gilt. Als Faktoren von $\sigma t_{\lambda_1\ldots\lambda_p}$ und $\sigma^{-1} n^{\nu_1\ldots\nu_p}$ wählen wir $\sigma^{\frac{1}{p}} \overset{u}{t}_\lambda$ und $\sigma^{-\frac{1}{p}} \underset{u}{n}^\nu$. Aus der Bedingungsgleichung:

$$B^\alpha_\mu \sum_u \left(\nabla_\alpha \sigma^{\frac{1}{p}} \overset{u}{t}_\lambda\right) \sigma^{-\frac{1}{p}} \underset{u}{n}^\lambda = 0 \tag{222}$$

folgt:

$$\nabla'_\mu \log\sigma + B^\alpha_\mu \sum_u \left(\nabla_\alpha \overset{u}{t}_\lambda\right) \underset{u}{n}^\lambda = 0. \tag{223}$$

Dazu ist aber notwendig und hinreichend, daß:

$$B^{\beta\alpha}_{\omega\mu} \sum_u \nabla_{[\beta} \left(\nabla_{\alpha]} \overset{u}{t}_\lambda \right) \underset{u}{n}^\lambda = 0, \tag{224}$$

oder:

$$B^{\beta\alpha}_{\omega\mu} R_{\beta\alpha\lambda}^{\cdot\cdot\cdot\gamma} \sum_u \overset{u}{t}_\gamma \underset{u}{n}^\lambda + 2 B^{\beta\alpha}_{[\omega\mu]} \sum_u \left(\nabla_\alpha \overset{u}{t}_\lambda \right) \nabla_\beta \underset{u}{n}^\lambda = 0 \tag{225}$$

Infolge (211) läßt sich diese Gleichung aber schreiben:

$$\left\{ \begin{aligned} & B^{\beta\alpha}_{\omega\mu} R_{\beta\alpha\lambda}^{\cdot\cdot\cdot\lambda} - R'^{\cdot\cdot\cdot\lambda}_{\omega\mu\lambda} - 2 B^{\beta\alpha\,\delta}_{[\omega\mu]\gamma} \sum_u \left(\nabla_\alpha \overset{u}{t}_\delta \right) \nabla_\beta \underset{u}{n}^\gamma \\ & \qquad + 2 B^{\beta\alpha}_{[\omega\mu]} A^\delta_\gamma \sum_u \left(\nabla_\alpha \overset{u}{t}_\delta \right) \nabla_\beta \underset{u}{n}^\gamma = 0, \end{aligned} \right. \tag{226}$$

oder:

$$\left\{ \begin{aligned} B^{\beta\alpha}_{\omega\mu} R_{\beta\alpha\lambda}^{\cdot\cdot\cdot\lambda} - R'^{\cdot\cdot\cdot\lambda}_{\omega\mu\lambda} & = - 2 B^{\beta\alpha}_{[\omega\mu]} \sum_u \left(\nabla_\alpha \overset{u}{t}_\delta \right) \left(\nabla_\beta \underset{u}{n}^\gamma \right) \sum_v \overset{v}{t}_\gamma \underset{v}{n}^\delta \\ & = + 2 B^{\beta\alpha}_{[\omega\mu]} \sum_{uv} \overset{uv}{v}_\alpha \overset{vu}{v}_\beta . \end{aligned} \right. \tag{227}$$

Da aber der nach $B^{\beta\alpha}_{[\omega\mu]}$ stehende Ausdruck in α und β symmetrisch ist, lautet die Integrabilitätsbedingung:

$$B^{\beta\alpha}_{\omega\mu} R_{\beta\alpha\lambda}^{\cdot\cdot\cdot\lambda} - R'^{\cdot\cdot\cdot\lambda}_{\omega\mu\lambda} = 0, \tag{228}$$

und daraus folgt der Satz:

Ist die Übertragung der A_n inhaltstreu, so ist die Inhaltstreue der bei einer bestimmten Wahl der pseudonormalen p-Richtung in der X_m induzierten Übertragung die notwendige und hinreichende Bedingung dafür, daß bei dieser Wahl die Normierung von $t_{\lambda_1 \ldots \lambda_p}$ und $n^{\nu_1 \ldots \nu_p}$ so gewählt werden kann, daß (193) und (220) beide gelten.

Infolge dieses Satzes ist die in der X_m induzierte affine Übertragung stets inhaltstreu, wenn die Übertragung der A_n inhaltstreu ist und die Normierung von $t_{\lambda_1 \ldots \lambda_p}$ und $n^{\nu_1 \ldots \nu_p}$ so gewählt ist, daß (193) und (220) beide gelten. Für $m = n - 1$ wurde für diese Eigenschaft auf S. 143 noch ein anderer Beweis gegeben. Auch dieser andere Beweis ließe sich unmittelbar verallgemeinern.

§ 18. Festlegung des Pseudonormal-p-Vektors.

Nun soll untersucht werden, inwiefern es bei einer bestimmten Normierung von $t_{\lambda_1 \ldots \lambda_p}$ verschiedene Werte von $n^{\nu_1 \ldots \nu_p}$ geben kann, so daß (193) und (220) beide gelten. Nehmen wir an, es seien bei einer bestimmten Normierung von $t_{\lambda_1 \ldots \lambda_p}$ zwei verschiedene p-Vektoren $n^{\nu_1 \ldots \nu_p}$ und $N^{\nu_1 \ldots \nu_p}$ möglich. Die p $(n-1)$-Richtungen der $\overset{u}{t}_\lambda$ seien in jedem Punkte fest angenommen. Die Richtungen von $\underset{u}{n}^\nu$ und $\underset{u}{N}^\nu$ bestimmen wir in jedem Punkte als Schnitt von $n^{\nu_1 \ldots \nu_p}$ bzw. $N^{\nu_1 \ldots \nu_p}$ mit der $(n-p+1)$-Richtung, die den $p-1$-Faktoren von $t_{\lambda_1 \ldots \lambda_p}$ außer $\overset{u}{t}_\lambda$

gemeinschaftlich sind. In P sei die Normierung der einzelnen Faktoren $\overset{u}{t}_\lambda$ fest gewählt, und die Längen von $\underset{u}{n}^\nu$ und $\underset{u}{N}^\nu$ dazu so bestimmt wie (204), d. h. so, daß:

$$(229)\quad \text{a)}\ \overset{u}{t}_\lambda \underset{v}{n}^\lambda = \begin{cases} 1 & \text{für } u = v\,, \\ 0 & ,,\ \ u \neq v\,; \end{cases} \qquad \text{b)}\ \overset{u}{t}_\lambda \underset{v}{N}^\lambda = \begin{cases} 1 & \text{für } u = v \\ 0 & ,,\ \ u \neq v \end{cases} \Big\}\ u, v = 1, 2, \ldots, p\,.$$

In jedem benachbarten Punkte wählen wir die Längen der $p-1$ ersten Vektoren $\underset{u}{n}^\nu + \delta \underset{u}{n}^\nu$ und $\underset{u}{N}^\nu + \delta \underset{u}{N}^\nu$ so, daß sie, im Sinne der zugrunde gelegten Übertragung nach P verschoben, gerade zwischen die beiden E_{n-1} von $\overset{u}{t}_\lambda$ passen. Das heißt analytisch:

$$(230)\qquad B^\alpha_\mu \left(\nabla_\alpha \underset{u}{n}^\lambda\right) \overset{u}{t}_\lambda = 0\,; \qquad B^\alpha_\mu \left(\nabla_\alpha \underset{u}{N}^\lambda\right) \overset{u}{t}_\lambda = 0\,; \qquad u = 1, \ldots, p-1$$

Infolge (221 b) ist dann auch:

$$(231)\qquad B^\alpha_\mu \left(\nabla_\alpha \underset{u}{n}^\lambda\right) \overset{u}{t}_\lambda = 0\,; \qquad B^\alpha_\mu \left(\nabla_\alpha \underset{u}{N}^\lambda\right) \overset{u}{t}_\lambda = 0\,; \qquad u = 1, \ldots, p$$

Die Normierung der einzelnen Faktoren von $\overset{u}{t}_\lambda$ in der Umgebung von P wählen wir einmal so, daß in jedem Punkte $\underset{u}{n}^\nu$ zwischen die beiden E_{n-1} von $\overset{u}{t}_\lambda$ paßt, so daß also (229a) gilt, ein anderes Mal so, daß (229b) gilt. In der Umgebung von P bestehen also zwei Systeme von Feldern, die wir zur Unterscheidung $\overset{u}{t}_\lambda$ und $\overset{u}{T}_\lambda$ nennen, und die zu $\underset{u}{n}^\nu$ und $\underset{u}{N}^\nu$ gehören. Ist:

$$(232)\qquad \overset{u}{T}_\lambda = \underset{u}{\alpha}\, \overset{u}{t}_\lambda\,, \qquad u = 1, \ldots, p$$

so ist $\underset{u}{\alpha} = 1$ in P. In der Umgebung von P ist also:

$$(233)\qquad \overset{u}{t}_\lambda \underset{v}{n}^\lambda = \begin{cases} 1 & \text{für } u = v\,, \\ 0 & ,,\ \ u \neq v\,; \end{cases} \qquad \underset{u}{\alpha}\, \overset{u}{t}_\lambda \underset{v}{N}^\lambda = \begin{cases} 1 & \text{für } u = v \\ 0 & ,,\ \ u \neq v \end{cases}$$

und aus (231) und (233) folgt:

$$(234)\qquad B^\alpha_\mu \left(\nabla_\alpha \overset{u}{t}_\lambda\right) \underset{u}{n}^\lambda = 0\,; \qquad B^\alpha_\mu \left(\nabla_\alpha \overset{u}{t}_\lambda\right) \underset{u}{N}^\lambda - \nabla'_\mu \underset{u}{\alpha}^{-1} = 0\,.$$

Für die Felder $\underset{u}{s}^\nu = \underset{u}{n}^\nu - \underset{u}{N}^\nu$ gilt nun infolge (229) und (234):

$$(235)\qquad t_{\lambda_1 \ldots \lambda_p} \underset{u}{s}^{\lambda_1} = 0\,,$$

$$(236)\qquad \overset{u}{h}_{\mu\lambda} \underset{u}{s}^\lambda = -\nabla'_\mu \underset{u}{\alpha}^{-1}\,.$$

(235) bringt zum Ausdruck, daß die Vektoren $\underset{u}{s}^\nu$ in der X_m liegen.

Gibt es also einen Pseudonormal-p-Vektor $n^{\nu_1 \ldots \nu_p}$, der den Gleichungen (193) und (220) genügt, und haben die Tensoren $\overset{u}{h}_{\mu\lambda}$ alle den Rang m, so läßt sich mit Hilfe jedes beliebigen Systems von p Gradientvektoren der X_m eine andere Lösung bilden. Man könnte durch Einführung einer weiteren Bedingung eine einzige Lösung auszeichnen. Es werde z. B. verlangt, daß die beiden Systeme von Feldern $\overset{u}{t}_\lambda$ und $\overset{u}{T}_\lambda$ sich decken, daß also $\underset{u}{\alpha} = 1$, $u = 1, \ldots, p$. (236) geht dann über in:

$$\overset{u}{h}_{\mu\lambda}\, \underset{u}{s}^\lambda = 0\,. \tag{237}$$

Sind nun die $(n-1)$-Richtungen der Faktoren $\overset{u}{t}_\lambda$ so gewählt, daß alle Tensoren $\overset{u}{h}_{\mu\lambda}$ den Rang m haben, so folgt aus (237), daß die Vektoren $\underset{u}{s}^\nu$ verschwinden. Besser ist aber folgende Methode, die ausgehend von einer bestimmten Wahl der $(n-1)$-Richtungen und der Normierungen der $\overset{u}{t}_\lambda$ in allen Punkten der X_m, in eindeutiger Weise zu einem zu dieser Wahl gehörigen System von Pseudonormalvektoren $\underset{u}{n}^\nu$ führt. Es sollen die $\underset{u}{n}^\nu$ den $p(p+1)$-Gleichungen:

$$B_\mu^\alpha \left(\nabla_\alpha \overset{u}{t}_\lambda\right) \underset{u}{n}^\lambda = 0\,, \tag{238}$$

$$\overset{v}{t}_\lambda\, \underset{u}{n}^\lambda = \begin{cases} 0 & \text{für } u \neq v \\ 1 & \text{,, } u = v \end{cases} \tag{239}$$

genügen. Die erste Gleichung ist für $\underset{u}{n}^\nu$ gleichbedeutend mit der Forderung, daß $\underset{u}{n}^\nu$ in einer gemeinschaftlichen Richtung der $m\,(n-1)$-Richtungen von m Differentialen $\delta \overset{u}{t}_\lambda$ liegen soll, die zu m unabhängigen Richtungen der X_m gehören. Ist nun der Rang von $\overset{u}{h}_{\mu\lambda}$ gleich m, so sind die m Differentiale $\delta \overset{u}{t}_\lambda$ linear unabhängig und die erste Gleichung bestimmt also eine E_p, die $\underset{u}{n}^\nu$ enthalten soll. Die $p-1$ folgenden Gleichungen für $\underset{u}{n}^\nu$ bestimmen eine E_{n-p+1} und es gibt also sicher wenigstens eine Richtung, die den p ersten Gleichungen für $\underset{u}{n}^\nu$ genügt. Diese Richtung kann nicht in der $(n-1)$-Richtung von $\overset{u}{t}_\lambda$ liegen, da sie dann in der X_m liegen würde und $\overset{u}{h}_{\mu\lambda}$ infolgedessen nicht den Rang m hätte. Die $(p+1)$-te Gleichung für $\underset{u}{n}^\nu$ kann also immer durch geeignete Wahl der Länge von $\underset{u}{n}^\nu$ erfüllt werden. Gäbe es nun eine zweite Lösung $\underset{u}{N}^\nu$, so würde $\underset{u}{s}^\nu = \underset{u}{n}^\nu - \underset{u}{N}^\nu$ infolge der p Gleichungen (239) in der X_m liegen, der Rang von $\overset{u}{h}_{\mu\lambda}$ wäre dann aber infolge (238) $< m$. Es gilt also der Satz:

Ist die Normierung von $t_{\lambda_1\ldots\lambda_p}$ auf der X_m gegeben, so ist dadurch im allgemeinen der Pseudonormalvektor $n^{\nu_1\ldots\nu_p}$ nicht eindeutig bestimmt. Ist aber außerdem die Zerlegung von $t_{\lambda_1\ldots\lambda_p}$ in p Faktoren $\overset{1}{t}_\lambda, \ldots, \overset{p}{t}_\lambda$ auf der X_m gegeben, und ist der Rang der Tensoren $\overset{u}{h}_{\mu\lambda}$ gleich m, so existiert ein und nur ein System von Pseudonormalvektoren $\underset{1}{n}^\nu, \ldots, \underset{p}{n}^\nu$, so daß die Gleichungen (238) und (239) beide gelten.

Diese Methode ist nicht die einzige. Werden schärfere Bedingungen gestellt, so braucht man weniger festzulegen. Bei einer Kurve der E_3 genügt es z. B., $t_{\lambda_1\lambda_2}$ und die 2-Richtung von $\overset{1}{t}_\lambda$ längs der Kurve festzulegen. Durch die Gleichungen:

$$\left.\begin{aligned} &(240) \qquad \overset{u}{t}_\lambda \underset{v}{n}^\lambda = \begin{cases} 1 & \text{für } u = v \\ 0 & ,, \ u \neq v, \end{cases} \\ &(241) \qquad B^\alpha_\mu \left(\nabla_\alpha \overset{u}{t}_\lambda\right) \underset{v}{n}^\lambda = 0 \end{aligned}\right\} \qquad u, v = 1, 2$$

ist dann $n^{\nu_1\nu_2}$ eindeutig bestimmt. Man sieht dies sofort ein, wenn man sich die geometrische Bedeutung der Bedingungen vergegenwärtigt.

Aufgaben.

1. In einer X_n ist, außer den x^ν, ein System von Hilfsvariablen x^j, $j = 1, \ldots, n$ angenommen. Die Transformationsformeln von v^ν und w_λ zu schreiben mit Hilfe des Einheitsaffinors.

2. In einer X_m in A_n sind die Hilfsvariablen x^u, $u = 1, \ldots, m$ angenommen. P ist ein Punkt der X_m, v^ν ein in der X_m liegender kontravarianter Vektor in P und w_λ ein kovarianter Vektor der A_n in P. Man bestimme:

a) Die ${}^{v}_{u}$, ${}^{\nu}_{u}$ und ${}^{v}_{\lambda}$-Bestimmungszahlen des Einheitsaffinors der X_m.

b) Die u-Bestimmungszahlen des Schnittgebildes von w_λ mit X_m.

c) Die u-Bestimmungszahlen von v^ν.

d) Das System der Maßvektoren der A_n und der X_m.

3. In einer X_{n-1} in einer A_n mit inhaltstreuer Übertragung sind die Hilfsvariablen $\overset{u}{x}$, $u = 1, \ldots, n-1$ angenommen. $\overset{n}{e}_\lambda$ sei ein die X_{n-1} tangierender kovarianter Vektor, so daß

$$E_{\lambda_1 \ldots \lambda_n} = \overset{1}{e}_{[\lambda_1} \cdots \overset{n}{e}_{\lambda_n]}$$

ein auf X_{n-1} konstanter n-Vektor ist. Man zeige, daß für den in bezug auf $E_{\lambda_1 \ldots \lambda_n}$ normierten Tangentialvektor t_λ die Formeln gelten:

$$t_\lambda = \sigma \overset{n}{e}_\lambda,$$

$$\sigma^{-n-1} = \frac{h'_{[\lambda_1[\nu_1} \cdots h'_{\lambda_{n-1}]\nu_{n-1}]}}{\overset{1}{e}_{[\lambda_1} \overset{1}{e}_{[\nu_1} \cdots \overset{n-1}{e}_{\lambda_{n-1}]} \overset{n-1}{e}_{\nu_{n-1}]}} = \frac{h'_{[u_1[v_1} \cdots h'_{u_{n-1}]v_{n-1}]}}{\overset{1}{e}_{[u_1} \overset{1}{e}_{[v_1} \cdots \overset{n-1}{e}_{u_{n-1}]} \overset{n-1}{e}_{v_{n-1}]}}$$

$$= \{(n-1)!\}^2 h'_{[1[1} \cdots h'_{n-1]n-1]},$$

wo

$$h'_{\mu\lambda} = B^{\alpha\beta}_{\mu\lambda} \nabla_\alpha \overset{n}{e}_\beta,$$

und spezialisiere diese Formel für $n = 3$.

4. Ist die A_n aus Aufg. 3 eine E_n, und bilden die x^ν ein kartesisches Koordinatensystem, so daß $E_{\lambda_1 \ldots \lambda_n} = \overset{a_1}{e}_{[\lambda_1} \cdots \overset{a_n}{e}_{\lambda_n]}$ so ist zu zeigen, daß für die uv-Bestimmungszahlen von $h'_{\lambda\mu}$ aus Aufg. 3 die Formel gilt:

$$n! \frac{\partial^2 x^{[a_1}}{\partial x^1} \cdots \frac{\partial x^{a_{n-1}}}{\partial x^{n-1}} \frac{\partial x^{a_n]}}{\partial x^u \partial x^v} = -h'_{uv}.$$

5. Ist $\underset{0}{x}^\nu$ ein Punkt einer X_{n-1} in E_n, wo $h_{\mu\lambda}$ den Rang $n-1$ hat und x^ν ein beliebiger Punkt der E_n, so heißt

$$p = \left(x^\nu - \underset{0}{x}^\nu\right) t_\nu$$

die Affinentfernung von x^ν und $\underset{0}{x}^\nu$ in bezug auf die gegebene X_{n-1}. Sind x^u, $u = 1, \ldots, n-1$ Hilfsvariablen wie in Aufg. 3, und σ der in Aufg. 3 berechnete Koeffizient, so ist zu beweisen, daß

$$p = \sigma n! \frac{\partial x^{[a_1}}{\partial x^1} \cdots \frac{\partial x^{a_{n-1}}}{\partial x^{n-1}} \left(x^{a_n]} - \underset{0}{x}^{a_n]}\right).$$

Wie ist x^ν zu wählen, damit die Affinentfernung 1, 0 oder ∞ wird? Wie ist x^ν zu wählen, damit die Affinentfernung einen extremen Wert hat, wenn $\underset{0}{x}^\nu$ auf X_{n-1} verändert wird bei festgehaltenem x^ν[1]).

6. Eine X_{n-1} liegt in einer E_n. Aus dieser X_{n-1} wird durch eine E_m eine X_{m-1} ausgeschnitten. Es sind die Beziehungen zwischen dem Tangentialvektor t_λ der X_{n-1} in E_n und dem Tangentialvektor t'_λ der X_{m-1} in E_m zu untersuchen.

7. Man beweise die Erweiterung eines Satzes von *Transon*[2]):

Legt man durch eine E_{n-2}, die eine X_{n-1} in E_n in P berührt und nicht in einer Null-$(n-2)$-Richtung von $g_{\lambda\mu}$ liegt, alle möglichen E_{n-1}, so bilden die Pseudonormalen, die die Schnitt-X_{n-2}, eine jede in ihrer eigenen E_{n-1} besitzen, eine E_2, die die zur E_{n-2} in bezug auf $g_{\lambda\nu}$ konjugierte Richtung enthält.

8. Man beweise die Erweiterung eines Satzes von *Berwald*[3]):

Legt man durch die zu einem Punkte P einer X_{n-1} in E_n gehörige pseudonormale Richtung eine E_2, so fällt die pseudonormale Richtung der Schnittkurve in P in bezug auf die E_2 dann und nur dann mit der pseudonormalen Richtung der X_{n-1} zusammen, wenn die E_2 eine Nullrichtung des Tensors $T_{\lambda\mu\nu}$ enthält, die nicht auch Nullrichtung von $g_{\lambda\mu}$ ist.

9. Wird eine affine Übertragung mit der Krümmungsgröße $R_{\omega\mu\lambda}{}^{\cdot\cdot\cdot\nu}$ bahntreu transformiert mit Hilfe der Vektoren p_λ, $2p_\lambda$ und $3p_\lambda$ und entstehen dabei die Krümmungsgrößen $\overset{1}{R}_{\omega\mu\lambda}{}^{\cdot\cdot\cdot\nu}$, $\overset{2}{R}_{\omega\mu\lambda}{}^{\cdot\cdot\cdot\nu}$, $\overset{3}{R}_{\omega\mu\lambda}{}^{\cdot\cdot\cdot\nu}$, so ist:

$$R_{\omega\mu\lambda}{}^{\cdot\cdot\cdot\nu} - 3\overset{1}{R}_{\omega\mu\lambda}{}^{\cdot\cdot\cdot\nu} + 3\overset{2}{R}_{\omega\mu\lambda}{}^{\cdot\cdot\cdot\nu} - \overset{3}{R}_{\omega\mu\lambda}{}^{\cdot\cdot\cdot\nu} = 0^{4)}.$$

[1]) Vgl. *Blaschke*, 1923, 10, S. 110, 111, 173 für X_2 in E_3.

[2]) 1841, 1 für X_2 in E_3. [3]) 1920, 2, S. 68. [4]) Vgl. eine ähnliche Aufgabe von Herrn *Berwald* für konforme Transformationen einer V_2 in Arch. der Mathem. und Phys. Bd. 27, S. 81. 1918. Lösung in Jahresber. d. D. M. V. Bd. 22, S. 48. 1923.

Fünfter Abschnitt.

Die Riemannsche Übertragung.

Übersicht der wichtigsten Formeln der Riemannschen Übertragung.

Kovariante Differentiation:

$$\delta p = d p; \qquad \nabla_\mu p = \frac{\partial p}{\partial x^\mu}. \tag{II, D}$$

$$\delta v^\nu = d v^\nu + \left\{ {\lambda\mu \atop \nu} \right\} v^\lambda d x^\mu; \qquad \nabla_\mu v^\nu = \frac{\partial v^\nu}{\partial x^\mu} + \left\{ {\lambda\mu \atop \nu} \right\} v^\lambda. \tag{II, 57a}$$

$$\delta w_\lambda = d w_\lambda - \left\{ {\lambda\mu \atop \nu} \right\} w_\nu d x^\mu; \qquad \nabla_\mu w_\lambda = \frac{\partial w_\lambda}{\partial x^\mu} - \left\{ {\lambda\mu \atop \nu} \right\} w_\nu. \tag{II, 57b}$$

$$\left\{ {\lambda\mu \atop \nu} \right\} = \tfrac{1}{2} g^{\nu\alpha} \left\{ \frac{\partial g_{\lambda\alpha}}{\partial x^\mu} + \frac{\partial g_{\mu\alpha}}{\partial x^\lambda} - \frac{\partial g_{\lambda\mu}}{\partial x^\alpha} \right\}.$$

$$\nabla_{[\mu} w_{\lambda]} = \frac{1}{2} \left(\frac{\partial w_\lambda}{\partial x^\mu} - \frac{\partial w_\mu}{\partial x^\lambda} \right). \tag{II, 29}$$

$$\nabla_{[\omega} \nabla_{\mu]} p = 0. \tag{II, 30}$$

Tensor $g^{\lambda\nu}$:

$$\nabla_\mu g^{\lambda\nu} = \nabla_\mu g_{\lambda\nu} = 0.$$

Geodätische Linie:

$$\frac{d^2 x^\nu}{d s^2} + \left\{ {\lambda\mu \atop \nu} \right\} \frac{d x^\lambda}{d s} \frac{d x^\mu}{d s} = 0. \tag{II, 86}$$

$$i^\mu \nabla_\mu i^\nu = 0. \tag{II, 87}$$

Krümmungsgröße:

$$2 \nabla_{[\omega} \nabla_{\mu]} v^\nu = - K_{\omega\mu\lambda}{}^{\nu} v^\lambda. \tag{II, 116}$$

$$2 \nabla_{[\omega} \nabla_{\mu]} w_\lambda = + K_{\omega\mu\lambda}{}^{\nu} w_\nu. \tag{II, 116}$$

$$K_{\omega\mu\lambda}{}^{\nu} = \frac{\partial}{\partial x^\mu} \left\{ {\lambda\omega \atop \nu} \right\} - \frac{\partial}{\partial x^\omega} \left\{ {\lambda\mu \atop \nu} \right\} - \left\{ {\varkappa\omega \atop \nu} \right\} \left\{ {\lambda\mu \atop \varkappa} \right\} + \left\{ {\varkappa\mu \atop \nu} \right\} \left\{ {\lambda\omega \atop \varkappa} \right\}. \tag{II, 120}$$

$$K_{\mu\lambda} = K_{\nu\mu\lambda}{}^{\nu}. \tag{II, 124}$$

$$K_{(\omega\mu)\lambda}{}^{\nu} = 0. \tag{II, 134}$$

$$K_{[\omega\mu\lambda]}{}^{\nu} = 0. \tag{II, 139}$$

$$K_{\omega\mu(\lambda\nu)} = 0. \tag{II, 147}$$

$$K_{\omega\mu\lambda\nu} = K_{\lambda\nu\omega\mu}. \tag{II, 148}$$

$$\nabla_{[\xi} K_{\omega\mu]\lambda\nu} = 0. \qquad \text{(II, 163 f)}$$
$$2\nabla_{[\mu} K_{\xi]\lambda} = \nabla_\nu K_{\mu\xi\lambda}^{\cdot\cdot\cdot\nu}. \qquad \text{(II, 167)}$$
$$\nabla^\mu G_{\mu\lambda} = 0; \qquad G_{\mu\lambda} = K_{\mu\lambda} - \tfrac{1}{2} K g_{\mu\lambda}. \qquad \text{(II, 169)}$$

§ 1. Konforme Transformation der Übertragung.

Eine *Riemann*sche Übertragung ist gegeben durch die Gleichungen (II, 57):

$$(1)\quad \begin{cases} \text{a)}\ \nabla_\mu v^\nu = \dfrac{\partial v^\nu}{\partial x^\mu} + \left\{ {\lambda\mu \atop \nu} \right\} v^\lambda \\[2ex] \text{b)}\ \nabla_\mu v_\lambda = \dfrac{\partial w_\lambda}{\partial x^\mu} - \left\{ {\lambda\mu \atop \nu} \right\} w_\nu . \end{cases}$$

Bei der konformen Transformation:

$$2)\qquad 'g_{\lambda\mu} = \sigma g_{\lambda\mu}; \qquad 'g^{\lambda\mu} = \sigma^{-1} g^{\lambda\mu}$$

geht $\left\{ {\lambda\mu \atop \nu} \right\}$ über in:

$$(3)\qquad '\left\{ {\lambda\mu \atop \nu} \right\} = \left\{ {\lambda\mu \atop \nu} \right\} + \tfrac{1}{2}\left(A_\lambda^\nu s_\mu + A_\mu^\nu s_\lambda - g^{\nu\alpha} g_{\lambda\mu} s_\alpha\right)^{1)},$$

wo:

$$(4)\qquad s_\mu = \nabla_\mu \log \sigma .$$

Demzufolge geht (1) über in:

$$(5)\quad \begin{cases} \text{a)}\ '\nabla_\mu v^\nu = \nabla_\mu v^\nu - \tfrac{1}{2} v^\lambda g_{\lambda\mu} s_\alpha g^{\alpha\nu} + \tfrac{1}{2} v^\nu s_\mu + \tfrac{1}{2} s_\alpha v^\alpha A_\mu^\nu \\ \text{b)}\ '\nabla_\mu w_\lambda = \nabla_\mu w_\lambda - w_{(\mu} s_{\lambda)} + \tfrac{1}{2} s^\alpha w_\alpha g_{\lambda\mu}{}^{2)} . \end{cases}$$

Aus (II, 120) und (3) folgt:

$$(6)\qquad 'K_{\omega\mu\lambda}^{\cdot\cdot\cdot\nu} = K_{\omega\mu\lambda}^{\cdot\cdot\cdot\nu} - g_{[\omega[\lambda} s_{\mu]\alpha]} g^{\alpha\nu\,3)},$$

wo:

$$(7)\qquad s_{\mu\alpha} = 2\nabla_\mu s_\alpha - s_\mu s_\alpha + \tfrac{1}{2} s_\beta s^\beta g_{\mu\alpha},$$

was sich auch durch Differentiation von (5a) oder (5b) ableiten läßt. Aus (6) folgt durch Faltung nach $\omega\nu$:

$$(8)\qquad 'K_{\mu\lambda} = K_{\mu\lambda} + \tfrac{1}{4}[(n-2) s_{\mu\lambda} - s_{\alpha\beta} g^{\alpha\beta} g_{\mu\lambda}] .$$

Es drängt sich die Frage auf, ob eine konforme Transformation so

---

1) *Fubini*, 1909, 2, S. 144; *Schouten*, 1918, 1, S. 90; *Weyl*, 1918, 2.

2) *Schouten*, 1921, 2, S. 78.

3) Bei *Struik*, 1922, 5, S. 151 hat sich bei dem Übergang von der direkten Formel (140), die identisch ist mit der Formel (130) aus 1921, 2, S. 79, zur Koordinatenformel (140a) ein Fehler eingeschlichen, so daß diese Gleichung äquivalent geworden ist mit

$$'K_{\omega\mu\lambda\nu} = K_{\omega\mu\lambda\nu} - g_{[\omega[\lambda} s_{\mu]\nu]},$$

wo offenbar links ein Faktor σ^{-1} fehlt. Dieser Fehler, den *Finzi*, 1923, 11 bemerkt hat, ist übergegangen in den Schluß unserer Arbeit 1921, 7. Der Schlußsatz: Wenn zwei V_n mit $G_{\mu\lambda} = 0$ sich konform aufeinander abbilden lassen, so sind die Krümmungsgrößen einander gleich, bleibt aber richtig, was *Finzi* nicht bemerkt hat. Denn als Krümmungsgröße darf man hier, wo der Fundamentaltensor nicht festliegt, nur die gemischte Größe $K_{\omega\mu\lambda}^{\cdot\cdot\cdot\nu}$ verwenden und nicht die kovariante Größe $K_{\omega\mu\lambda\nu}$.

beschaffen sein kann, daß sie gleichzeitig bahntreu ist. Nach (3) und (II, 70) müßte dann gelten:

(9) $$\tfrac{1}{2} A_{\lambda}^{\nu} s_{\mu} + \tfrac{1}{2} A_{\mu}^{\nu} s_{\lambda} - \tfrac{1}{2} s^{\nu} g_{\lambda\mu} = A_{\lambda}^{\nu} p_{\mu} + A_{\mu}^{\nu} p_{\lambda}\,.$$

Diese Gleichung führt aber zu einem Widerspruch. Denn einerseits lehrt Faltung nach $\nu\lambda$:

(10) $$\tfrac{1}{2} n\, s_{\mu} = (n+1)\, p_{\mu}\,,$$

andererseits folgt bei Überschiebung mit $g^{\lambda\mu}$:

(11) $$-\tfrac{1}{2}(n-2)\, s_{\mu} = 2 p_{\mu}\,,$$

also wegen $s_{\mu} \neq 0$:

(12) $$2n = (n+1)(n-2)\,,$$

eine Gleichung, der keine ganzzahligen Werte von n genügen können. Es folgt also der Satz:

Eine *Riemann*sche Übertragung ist vollständig bestimmt, wenn die Lage der geodätischen Linien und der Fundamentaltensor bis auf einen skalaren Faktor gegeben sind[1]).

§ 2. Die Konformkrümmung.

Läßt sich eine *Riemann*sche Übertragung konform transformieren, so daß $'K_{\omega\mu\lambda}^{\cdot\cdot\cdot\nu} = 0$, so heißt sie konformeuklidisch. Die V_n wird in diesem Falle mit C_n bezeichnet. Die notwendigen und hinreichenden Bedingungen dafür sind nach (6) erstens, daß ein Tensor $L_{\mu\lambda}$ existiert, so daß:

(13) $$K_{\omega\mu\lambda\nu} = \frac{4}{n-2}\, g_{[\omega[\lambda} L_{\mu]\nu]}\,,$$

und zweitens, daß ein Vektor s_{λ} existiert, der mit $L_{\mu\lambda}$ folgendermaßen verknüpft ist:

(14) $$\frac{4}{n-2} L_{\mu\lambda} = 2 \nabla_{\mu} s_{\lambda} - s_{\mu} s_{\lambda} + \tfrac{1}{2} s_{\alpha} s^{\alpha} g_{\mu\lambda}\,.$$

Die erste Bedingung ist stets erfüllt für $n \leqq 3$. Die Integrabilitätsbedingungen von (14) lauten:

(15) $$K_{\omega\mu\lambda}^{\cdot\cdot\cdot\nu} s_{\nu} = \frac{4}{n-2} \nabla_{[\omega} L_{\mu]\lambda} + \nabla_{[\omega} s_{\mu]} s_{\lambda} - \tfrac{1}{2} g_{\lambda[\mu} \nabla_{\omega]} s_{\alpha} s^{\alpha}\,,$$

eine Gleichung, die unter Berücksichtigung von (13) und (14) übergeht in:

(16) $$\nabla_{[\omega} L_{\mu]\lambda} = 0\,.$$

Nun folgt aus der *Bianchi*schen Identität, angewandt auf (13):

(17) $$0 = g_{\lambda[\omega} \nabla_{\xi} L_{\mu]\nu} - g_{\lambda[\mu} \nabla_{\xi} L_{\omega]\nu} - g_{\nu[\omega} \nabla_{\xi} L_{\mu]\lambda} + g_{\nu[\mu} \nabla_{\xi} L_{\omega]\lambda}\,,$$

oder:

(18) $$g_{\lambda[\omega} \nabla_{\xi} L_{\mu]\nu} - g_{\nu[\omega} \nabla_{\xi} L_{\mu]\lambda} = 0\,.$$

Überschiebung mit $g^{\lambda\omega}$ ergibt:

(19) $$\begin{cases} n \nabla_{[\xi} L_{\mu]\nu} + \nabla_{[\mu} L_{\xi]\nu} + \nabla_{[\mu} L_{\xi]\nu} - \nabla_{[\xi} L_{\mu]\nu} + g_{\nu\xi} \nabla_{[\mu} L_{\omega]\lambda} g^{\lambda\omega} \\ \qquad\qquad + g_{\nu\mu} \nabla_{[\omega} L_{\xi]\lambda} g^{\lambda\omega} = 0\,. \end{cases}$$

oder:

(20) $$(n-3) \nabla_{[\xi} L_{\mu]\nu} + \nabla_{\omega} g^{\lambda\omega} (L_{\lambda[\xi} - g_{\lambda[\xi} L) g_{\mu]\nu} = 0; \qquad L = L_{\mu\nu} g^{\mu\nu}\,.$$

[1]) *Weyl*, 1921, 3, S. 4.

Nun folgt aber aus (13) und (II, 169) bei Überschiebung mit $g^{\omega\nu}$:

$$(21)\qquad \begin{cases} -L_{\mu\lambda}+L\,g_{\mu\lambda}=G_{\mu\lambda} \\ -G_{\mu\lambda}+\frac{1}{n-1}G\,g_{\mu\lambda}=L_{\mu\lambda}, \end{cases} \qquad G=G_{\lambda\mu}g^{\lambda\mu}$$

so daß (20) infolge (II, 169) gleichbedeutend ist mit:

$$(22)\qquad (n-3)\,\nabla_{[\omega}L_{\mu]\lambda}=0\,.$$

Für $n \neq 3$ sind also die Integrabilitätsbedingungen von (14) eine Folge von (13)[1]).

Die Gleichung (21) läßt sich auch in anderer Form schreiben:

$$(23)\qquad \begin{cases} L_{\mu\lambda}=-K_{\mu\lambda}+\frac{1}{2(n-1)}K\,g_{\mu\lambda} \\ K_{\mu\lambda}=-L_{\mu\lambda}-\frac{1}{n-2}L\,g_{\mu\lambda}\,. \end{cases}$$

Für $n \neq 3$ kann man also der Bedingung auch die Gestalt geben:

$$(24)\qquad C_{\omega\mu\lambda\nu}=K_{\omega\mu\lambda\nu}-\frac{4}{n-2}g_{[\omega[\lambda}L_{\mu]\nu]}=0\,,$$

wo $L_{\mu\lambda}$ jetzt eine Größe darstellt, die durch (23) definiert ist. $C_{\omega\mu\lambda\nu}$ ist invariant bei konformen Transformationen der Übertragung und heißt die Konformkrümmungsgröße[2]). Sie verschwindet identisch für $n=2$ und $n=3$. Zusammenfassend können wir also den Satz aussprechen[3]):

Eine *Riemann*sche Übertragung ist für $n \leq 2$ stets konformeuklidisch, für $n > 3$ dann und nur dann, wenn die Konformkrümmungsgröße verschwindet und für $n=3$ dann und nur dann, wenn für die durch (23) definierte Größe $L_{\mu\lambda}$ die Gleichung (16) gilt.

Aus (13) folgt, daß bei einer konformeuklidischen *Riemann*schen Übertragung alle orthogonalen Bestimmungszahlen K_{ijkl} mit vier ungleichen Indizes bei jeder Wahl des zugrunde gelegten Orthogonalnetzes verschwinden[4]). Umgekehrt kann man beweisen, daß dieses Verschwinden auch eine hinreichende Bedingung darstellt dafür, daß eine *Riemann*sche Übertragung konformeuklidisch sei[5]). Da im konformeuklidischen Falle $K_{\omega\mu\lambda\nu}$ vollständig gegeben werden kann durch den

---

[1]) *Schouten*, 1921, 2, S. 82. [2]) *Weyl*, 1918, 2, S. 404; 1921, 2, S. 6.

[3]) *Cotton*, 1899, 3, S. 412 für $n=3$; *Finzi*, 1902, 7 für $n=3$; *Schouten*, 1921, 2, S. 83 für $n \neq 3$; vgl. auch *Cartan*, 1922, 17 für $n=4$; *Lagrange*, 1923, 12, S. 43 für $n \neq 3$. Daß die Konformkrümmungsgröße für $n \neq 3$ verschwindet bei konformeuklidischen Übertragungen, wurde schon 1918, 2, S. 404, von *Weyl* bewiesen. *Finzi* bewies 1921, 3, daß die Bedingungen (13) und (16) zusammen ein hinreichendes System bilden, er gelangte aber noch nicht zu dem Satze, daß für $n \neq 3$ (16) eine Folge von (13) ist. Vgl. auch *Finzi*, 1922, 16.

[4]) *Schouten* und *Struik*, 1919, 1, S. 462 engl. 694.

[5]) *Schouten*, 1921, 2, S. 83.

Tensor $L_{\mu\lambda}$, hat $K_{\omega\mu\lambda\nu}$ in diesem Falle nur $\frac{1}{2}n\,(n+1)$ linear unabhängige Bestimmungszahlen, was sich auch in direkter Weise verifizieren läßt¹).

Ein besonderer Fall tritt ein, wenn $L_{\mu\lambda}$ ein Skalar wird:

$$L_{\mu\lambda} = \frac{1}{n} L\, g_{\mu\lambda}. \tag{25}$$

Die Krümmungsgröße bekommt dann die Form:

$$K_{\omega\mu\lambda\nu} = -\frac{2}{n\,(n-1)} K\, g_{[\omega[\lambda}\, g_{\mu]\nu]}\,. \tag{26}$$

Für $n = 2$ hat $K_{\omega\mu\lambda\nu}$ selbstverständlich immer diese Form. Für $n > 2$ lehrt Anwendung der *Bianchi*schen Identität auf (26), daß K in der V_n konstant ist²). Eine V_n, $n > 2$, für welche Gleichung (26) gilt, heißt eine Mannigfaltigkeit konstanter Krümmung und wird mit S_n bezeichnet. Aus (26) folgt, daß bei einer *Riemann*schen Übertragung konstanter Krümmung alle orthogonalen Bestimmungszahlen mit drei ungleichen Indizes bei jeder Wahl des zugrunde gelegten Orthogonalnetzes verschwinden. Umgekehrt kann man beweisen, daß dieses Verschwinden auch eine hinreichende Bedingung darstellt dafür, daß eine *Riemann*sche Übertragung konstante Krümmung besitzt. Die Übertragung einer S_n ist konformeuklidisch und infolge IV, § 2 auch projektiveuklidisch. Ausgehend von (IV, 19) und (IV, 21) beweist man leicht, daß jede projektiveuklidische *Riemann*sche Übertragung eine Übertragung konstanter Krümmung ist.

Infolge (23) und (24) verschwindet die Faltung $C_{\nu\mu\lambda}^{\cdot\cdot\cdot\nu}$. Eine Identität von der Form der *Bianchi*schen besteht für die Konformkrümmungsgröße nicht.

§ 3. Euklidischmetrische Übertragungen.

Eine Übertragung heißt euklidischmetrisch, wenn sie eine *Riemann*sche ist und $K_{\omega\mu\lambda\nu}$ verschwindet. Die Integrabilitätsbedingungen der Differentialgleichungen:

$$\nabla_\mu v^\nu = 0; \qquad \nabla_\mu w_\lambda = 0 \tag{27}$$

sind dann erfüllt und es lassen sich also die Maßvektoren $\underset{\lambda}{e}^{\nu}$ und $\overset{\nu}{e}_{\lambda}$ so wählen, daß $\nabla_\mu \overset{\nu}{e}_{\lambda}$ und $\nabla_\mu \underset{\lambda}{e}^{\nu}$ und damit auch die $\Gamma_{\lambda\mu}^{\nu}$ überall verschwinden³).

Versucht man, eine beliebige *Riemann*sche Übertragung so konform zu transformieren, daß sich die Krümmungsgröße nicht ändert, so ergibt (6), daß dies nur dann möglich ist, wenn:

$$g_{[\omega[\lambda}\, s_{\mu]\alpha]} = 0\,. \tag{28}$$

¹) *Schouten*, 1921, 2, S. 84. ²) *Schur*, 1886, 3, S. 563.

³) *Riemann*, 1861, 1, S. 402; *Lipschitz*, 1869, 1, S. 94; 1874, 1, S. 109; *Ricci*, 84, 1, S. 142.

Überschiebung mit $g^{\lambda\mu}$ lehrt:

(29) $$-(n-2)\, s_{\omega\nu} = s\, g_{\omega\nu}\,,$$

wo

(30) $$s = g^{\lambda\mu} s_{\lambda\mu}\,.$$

Aus (29) folgt durch Überschiebung mit $g^{\omega\nu}$:

(31) $$-2(n-1)\, s = 0\,.$$

Erste Bedingung ist also, daß der Skalarteil von $s_{\mu\lambda}$ verschwindet, d. h. es muß

(32) $$4\,\nabla^{\mu} s_{\mu} + (n-2)\, s^{\alpha} s_{\alpha} = 0$$

sein. Für $n = 2$ ist dies die einzige Bedingung. Für $n \neq 2$ folgt aus (29), daß nicht nur s, sondern auch $s_{\omega\nu}$ verschwinden muß, d. h. es muß

(33) $$2\,\nabla_{\mu} s_{\lambda} - s_{\mu} s_{\lambda} + \tfrac{1}{2} s_{\alpha} s^{\alpha} g_{\mu\lambda} = 0$$

sein. Die Integrabilitätsbedingungen dieser Gleichung lauten:

(34) $$\left\{\begin{aligned} \tfrac{1}{2} K_{\dot\omega\dot\mu\dot\lambda}{}^{\nu} s_{\nu} &= \nabla_{[\omega} s_{\mu]} s_{\lambda} - \tfrac{1}{2} g_{\lambda[\mu} \nabla_{\omega]} s_{\alpha} s^{\alpha} \\ &= s_{[\mu} \nabla_{\omega]} s_{\lambda} - g_{\lambda[\mu} g^{\alpha\beta} (\nabla_{\omega]} s_{\alpha})\, s_{\beta} \\ &= -\tfrac{1}{4} s_{\alpha} s^{\alpha} s_{[\mu} g_{\omega]\lambda} - \tfrac{1}{2} g_{\lambda[\mu} s_{\omega]} s_{\alpha} s^{\alpha} \\ &\quad + \tfrac{1}{4} g_{\lambda[\mu} g^{\alpha\beta} g_{\omega]\alpha} s_{\beta} s_{\gamma} s^{\gamma} \\ &= (-\tfrac{1}{4} + \tfrac{1}{2} - \tfrac{1}{4})\, s_{\alpha} s^{\alpha} s_{[\mu} g_{\omega]\lambda} = 0\,, \end{aligned}\right.$$

und wir haben also den Satz erhalten:

Unter den *Riemann*schen Übertragungen lassen nur die euklidischmetrischen zu jedem in irgendeinem Punkt vorgegebenen Wert von s_{λ} eine konforme Transformation zu, die die Krümmungsgröße nicht ändert.

In einer R_n, $n > 2$, muß (33) gelten und das Feld s_{λ} ist also durch Angabe des Wertes $\overset{0}{s}_{\lambda}$ in irgendeinem nicht singulären Punkt $\underset{0}{x}^{\nu}$ vollständig bestimmt. Überschiebung mit s^{μ} lehrt:

(35) $$s^{\mu} \nabla_{\mu} s_{\lambda} = \tfrac{1}{2} s^{\mu} s_{\mu} s_{\lambda} - \tfrac{1}{4} s^{\alpha} s_{\alpha} s_{\lambda} = \tfrac{1}{4} s^{\alpha} s_{\alpha} s_{\lambda}\,.$$

Aus dieser Gleichung folgt erstens, daß die Kongruenz s^{ν} aus Geraden besteht, zweitens, daß der Betrag s des Vektors s^{ν} längs einer Geraden dieser Kongruenz der Gleichung:

(36) $$\frac{ds}{dl} = \tfrac{1}{4} s^2$$

genügt, wenn die Entfernung l in dem durch s^{ν} bestimmten Sinne positiv gerechnet wird. Integration dieser Gleichung ergibt:

(37) $$\frac{1}{s} = -\frac{1}{4}\left(l - \overset{0}{l}\right) + \frac{1}{\overset{0}{s}}\,.$$

Es ist also entweder s überall Null oder es existiert ein allen Geraden der Kongruenz s^{ν} gemeinschaftlicher Punkt, wo $\frac{1}{s}$ Null wird. Im ersten

Falle ist die Transformation eine Ähnlichkeitstransformation oder eine Verschiebung. Im zweiten Falle lege man den Ursprung in den ausgezeichneten Punkt. Ist dann r^ν der Radiusvektor, und r sein Betrag, so wird:

$$(38)\qquad \begin{cases} s = -\frac{4}{r} \\ s_\mu = -4 V_\mu \log r = -4 r^{-2} r_\mu \\ \sigma = r^{-4} + C. \end{cases}$$

Die Transformation stellt also eine Inversion dar. Daraus folgt der erweiterte Satz von *Liouville*:

Die einzigen konformen Transformationen, die eine R_n in eine R_n überführen, sind die Ähnlichkeitstransformationen und die Inversionen, sowie die Transformationen, die sich aus diesen zusammensetzen lassen[1]).

Sieht man von dem Falle $s = 0$ ab, so gehen die Endhyperebenen aller Vektoren des Feldes $\frac{1}{2} s_\lambda$ durch einen Punkt, eben den ausgezeichneten Punkt, der bei der Inversion in den neuen unendlich fernen Punkt (der konformen Geometrie) übergeht:

Wird in einer R_n durch eine konforme Transformation eine neue euklidischmetrische Übertragung eingeführt, und ist diese Übertragung charakterisiert durch das der Gleichung (33) genügende Feld s_λ, $s \neq 0$, so entsteht der neue unendlich ferne Punkt aus dem allen Endhyperebenen der Feldwerte $\frac{1}{4} s_\lambda$ gemeinsamen Punkte.

§ 4. Die Größen einer V_{n-1} in V_n.

Ist eine X_{n-1} in eine V_n eingebettet, so ist durch die Maßbestimmung der V_n auch in der X_{n-1} eine quadratische Maßbestimmung festgelegt. Die X_{n-1} ist also eine V_{n-1}. Auch ist in jedem Punkte der V_{n-1} eine $(n-1)$-Richtung ausgezeichnet, die tangierende $(n-1)$-Richtung, sowie eine Richtung, die zur V_{n-1} normale Richtung. Ist $\underset{n}{i}^\nu$ der Normalvektor, d. i. der Einheitsvektor in der Richtung der Normalen, so ist $\underset{n}{i}_\lambda = g_{\lambda\nu} \underset{n}{i}^\nu$ der tangierende kovariante Vektor. [Es tritt $\underset{n}{i}^\nu$ an die Stelle von n^ν des vierten Abschnittes (S. 136) und $\underset{n}{i}_\lambda$ an die Stelle von t_λ.] Wie im § 19 des zweiten Abschnittes erklärt wurde, fassen wir $\underset{n}{i}^\nu$ und $\underset{n}{i}_\lambda$ als kontra- bzw. kovariante Bestimmungszahlen einer einzigen Größe auf, die sich geometrisch auf zwei verschiedene Weisen darstellen läßt. Die kontravariante Darstellung wird meist

---

[1]) Die Erweiterung für $n > 3$ findet sich bei *Lie*. 1871, 1 und bei *Beez*, 1875, 1; vgl. z. B. auch *Kühne*, 1892, 2.

bevorzugt und $\underset{n}{i}^\nu$ bzw. $\underset{n}{i}_\lambda$ werden dabei also als Bestimmungszahlen verschiedener Art des Normalvektors aufgefaßt.

Da ein Fundamentaltensor eingeführt ist, ist der Unterschied zwischen kovarianten, kontravarianten und gemischten Größen verschwunden, es existieren nur kovariante, kontravariante und gemischte Bestimmungszahlen und daneben, sobald ein Orthogonalnetz festgelegt ist, auch orthogonale Bestimmungszahlen. Dementsprechend besteht zwischen den Größen der V_{n-1} und der V_n kein prinzipieller Unterschied. Wird in der V_n ein Orthogonalnetz $\underset{1}{i}^\nu, \ldots, \underset{n}{i}^\nu$ so gelegt, daß die Kongruenz $\underset{n}{i}^\nu$ senkrecht zur V_{n-1} ist, so unterscheiden sich die Größen, die ganz in der V_{n-1} liegen, dadurch, daß alle orthogonalen Bestimmungszahlen, die einen Index n haben, verschwinden.

Die Fundamentaltensoren der V_n und der V_{n-1} sind in bezug auf dieses Orthogonalnetz gegeben durch die Gleichungen:

$$(39) \qquad g^{\lambda\nu} = \sum_j^{1,\ldots,n} \underset{j}{i}^\lambda \underset{j}{i}^\nu\,; \qquad g'^{\lambda\nu} = \sum_a^{1,\ldots,n-1} \underset{a}{i}^\lambda \underset{a}{i}^\nu\,,$$

oder auch:

$$(40) \qquad g_{ij} = \begin{cases} 1 \text{ für } i = j \\ 0 \text{ für } i \neq j \end{cases}; \qquad g'_{ab} = \begin{cases} 1 \text{ für } a = b \\ 0 \text{ für } a \neq b \end{cases}.$$

Die Indizes i, j, k, l sollen stets alle Werte von 1 bis n durchlaufen, die Indizes a, b, c, d die Werte von 1 bis $n-1$. Die Einheitsaffinoren A_λ^ν und B_λ^ν entstehen aus $g^{\lambda\nu}$ und $g'^{\lambda\nu}$ durch Herunterziehen eines Index:

$$(41) \qquad A_\lambda^\nu = g_{\lambda\alpha} g^{\alpha\nu}\,; \qquad B_\lambda^\nu = g_{\lambda\alpha} g'^{\alpha\nu} = g'_{\lambda\alpha} g'^{\alpha\nu}$$

Die V_{n-1}-Komponenten von Größen der V_n werden erhalten durch Überschiebung mit so vielen Faktoren B_λ^ν als die Anzahl der Indizes beträgt.

§ 5. Die in der V_{n-1} induzierte Übertragung.

Durch:

$$(42) \qquad \nabla'_\mu p = B_\mu^\alpha \nabla_\alpha p$$

und:

$$(43) \qquad \begin{cases} \text{a) } \nabla'_\mu v^\nu = B_{\mu\beta}^{\alpha\nu} \nabla_\alpha v^\beta\,, \\ \text{b) } \nabla'_\mu w_\lambda = B_{\mu\lambda}^{\alpha\beta} \nabla_\alpha w_\beta\,, \end{cases}$$

Gleichungen, die für die ganz in der V_{n-1} liegenden Felder v^ν und w_λ gelten, ist in der V_{n-1} eine Übertragung festgelegt. Daß die Übertragung affin ist, folgt (wie auf S. 137) daraus, daß $\nabla'_\mu B_\lambda^\nu$ sowie $\nabla'_{[\omega} \nabla'_{\mu]} p$ für jedes Feld p verschwindet. Da aber:

$$(44) \qquad \nabla'_\mu g'_{\lambda\nu} = B_{\mu\lambda\nu}^{\alpha\beta\gamma} \nabla_\alpha g'_{\beta\gamma} = -B_{\mu\lambda\nu}^{\alpha\beta\gamma} \nabla_\alpha \underset{n}{i}_\beta \underset{n}{i}_\gamma = 0\,,$$

so ist die Übertragung eine *Riemann*sche mit $g'_{\lambda\mu}$ als Fundamentaltensor:

Ist eine X_{n-1} in eine V_n eingebettet, so wird in der X_{n-1} eine *Riemann*sche Übertragung induziert, die dadurch charakterisiert ist, daß der Differentialquotient die X_{n-1}-Komponente des Differentialquotienten in der V_n ist. Der Fundamentaltensor der induzierten Übertragung ist die X_{n-1}-Komponente des Fundamentaltensors der V_n.

§ 6. Der zweite Fundamentaltensor einer V_{n-1} in V_n.

Da $\underset{n}{i}^\nu$ ein Einheitsvektor ist, so folgt:

(45) $$B^\alpha_\mu (\nabla_\alpha \underset{n}{i}_\lambda)\, \underset{n}{i}^\lambda = 0,$$

und:

(46) $$h_{\mu\lambda} = B^\alpha_\mu \nabla_\alpha \underset{n}{i}_\lambda,$$

ist also eine in der V_{n-1} liegende Größe und ein Tensor, da $\underset{n}{i}^\nu$ V_{n-1}-normal ist (vgl. S. 138). Die Gleichungen (IV, 74), die in einer A_n als besondere Bedingungen für den Pseudonormalvektor und den Tangentialvektor eingeführt werden mußten, sind demnach in einer V_n von selbst erfüllt, sofern als Normalvektor ein Einheitsvektor gewählt wird. Da hier n^ν und t_λ übergehen in $\underset{n}{i}^\nu$ und $\underset{n}{i}_\lambda$, die als Bestimmungszahlen einer einzigen Größe aufzufassen sind, fallen (IV, 74a) und (IV, 74b) in (45) zusammen. Aus demselben Grunde wird $l_\mu^{\cdot\,\nu} = h_\mu^{\cdot\,\nu}$ und es existiert also hier keine zweite Größe, sondern nur der Tensor $h_{\mu\lambda}$, der hier **zweiter Fundamentaltensor** der V_{n-1} heißt. $g'_{\mu\lambda}$ heißt dann der **erste Fundamentaltensor**.

Die Theorie der V_{n-1} in V_n baut sich in ganz anderer Weise auf als die im vorigen Abschnitt erörterte Theorie der X_{n-1} in A_n. Wo dort $h_{\mu\lambda}$ als Fundamentaltensor eingeführt wurde und die beiden Größen $h_{\mu\lambda}$ und $l_\mu^{\cdot\,\nu}$ zugrunde gelegt wurden, ist hier von vornherein ein Fundamentaltensor $g'_{\lambda\mu}$ vorhanden und es sind hier die beiden Tensoren $g'_{\lambda\mu}$ und $h_{\lambda\mu}$, die den Ausgangspunkt bilden.

Um eine einfache Beziehung zwischen $g'_{\lambda\mu}$ und $h_{\lambda\mu}$ abzuleiten, wählen wir die Urvariablen einmal vorübergehend so, daß x^{a_n} auf der V_{n-1} konstant ist, die Parameterlinien von x^{a_n} geodätische Linien senkrecht zur V_{n-1} sind, und x^{a_n} die von der V_{n-1} aus längs dieser Linien gemessene Entfernung s darstellt. Wir betrachten die ∞^1 V_{n-1}, die äquiskalare Hyperflächen von x^{a_n} sind. Für den kovarianten Maßvektor gilt dann die Gleichung:

(47) $$\overset{a_n}{e}_\mu = \nabla_\mu x^{a_n} = \frac{d x^{a_n}}{d s} \underset{n}{i}_\mu = \underset{n}{i}_\mu .$$

Da $\overset{a_n}{e}_\mu$ also ein Einheitsvektor ist, gilt das gleiche für den kontravarianten Maßvektor $\underset{a_n}{e}^\nu$:

(48) $$\underset{a_n}{e}^\nu = \underset{n}{i}^\nu .$$

Bei dieser Wahl der Urvariablen ist also:

(49) $$g_{a_n a_n} = \underset{a_n}{e^\alpha}\, \underset{a_n}{e_\varkappa} = 1\,,$$

es werden alle Bestimmungszahlen $g_{\lambda a_n}$, $\lambda \neq a_n$ gleich Null und die Beziehung zwischen $g'_{\lambda\mu}$ und $g_{\lambda\mu}$ wird gegeben durch die Gleichungen:

(50) $$\left.\begin{aligned} g'_{\lambda\mu} &= g_{\lambda\mu} \\ g'_{\lambda a_n} &= g_{\lambda a_n} = 0 \\ g'_{a_n a_n} &= 0 \end{aligned}\right\} \lambda, \mu = a_1, \ldots, a_{n-1}\,.$$

Nun gilt für den zweiten Fundamentaltensor der V_{n-1} senkrecht zu $\underset{n}{i^\nu}$:

(51) $$\left\{\begin{aligned} h_{\mu\lambda} &= B_\mu^\alpha \nabla_\alpha \underset{n}{i_\lambda} = B_\mu^\alpha \nabla_\alpha \overset{n}{e_\lambda} = - B_\mu^\alpha \left\{ {\lambda\alpha \atop \nu} \right\} \overset{n}{e_\nu} \\ &= -\frac{1}{2} B_\mu^\alpha g^{\nu\beta} \left(\frac{\partial g_{\lambda\beta}}{\partial x^\alpha} + \frac{\partial g_{\alpha\beta}}{\partial x^\lambda} - \frac{\partial g_{\lambda\alpha}}{\partial x^\beta} \right) \overset{n}{e_\nu} \\ &= -\frac{1}{2} B_\mu^\alpha \left(\frac{\partial g_{\lambda a_n}}{\partial x^\alpha} + \frac{\partial g_{\alpha a_n}}{\partial x^\lambda} - \frac{\partial g_{\lambda\alpha}}{\partial x^{a_n}} \right) = \frac{1}{2} \frac{\partial g'_{\lambda\mu}}{\partial x^{a_n}}\,, \end{aligned}\right\} \begin{aligned} &\lambda, \mu = \\ &a_1, \ldots, a_{n-1}\,. \\ &\alpha, \beta = \\ &a_1, \ldots, a_n\,. \end{aligned}$$

In derselben Weise beweist man:

(52) $$h^{\mu\lambda} = -\frac{1}{2} \frac{\partial g'^{\lambda\mu}}{\partial x^{a_n}}\,. \qquad \lambda, \mu = a_1, \ldots, a_{n-1}\,^{1)}$$

§ 7. Kanonische Kongruenzen und Hauptkrümmungslinien[2]).

Der zweite Fundamentaltensor einer V_{n-1} ist ein Spezialfall einer allgemeineren bei jeder Kongruenz auftretenden Größe. Ist eine Kongruenz gegeben durch das Einheitsvektorfeld $\underset{n}{i^\nu}$, so ist:

(53) $$\left(\nabla_\mu \underset{n}{i^\nu}\right) \underset{n}{i_\nu} = \tfrac{1}{2} \nabla_\mu \left(\underset{n}{i^\nu}\, \underset{n}{i_\nu}\right) = 0\,.$$

Ferner ist:

(54) $$u^\nu = i^\mu \nabla_\mu i^\nu$$

ein Vektor, der senkrecht zur Kongruenz in der infinitesimalen oskulierenden R_2 liegt, und dessen Betrag u die geodätische Richtungsänderung der Tangente pro Längeneinheit längs einer Kurve der Kongruenz angibt. u^ν heißt der Krümmungsvektor[3]) der Kongruenz, u die erste Krümmung und u^{-1} der Radius der ersten Krümmung, i^ν und u^ν bestimmen zusammen die oskulierende R_2 der Kurven. Infolge von (53) und (54) läßt sich nun $\nabla_\mu \underset{n}{i^\nu}$ zerlegen in einen Teil $H_\mu^{\cdot\,\nu}$, der in der zu $\underset{n}{i^\nu}$ senkrechten infinitesimalen R_{n-1} liegt und einen $\underset{n}{i_\mu}$ als Faktor enthaltenden Teil:

(55a) $$\nabla_\mu \underset{n}{i^\nu} = H_\mu^{\cdot\,\nu} + \underset{n}{i_\mu}\, u^\nu$$

oder, kovariant geschrieben:

(55b) $$\nabla_\mu \underset{n}{i_\lambda} = H_{\mu\lambda} + \underset{n}{i_\mu}\, u_\lambda\,.$$

---

1) Die Gleichung (51) findet sich z. B. bei *Bianchi*, 1899, 4, S. 601. $h_{\mu\lambda}$ korrespondiert mit $-\Omega_{\mu\lambda}$ bei *Bianchi*. Vgl. IV, Aufg. 4.

2) *Ricci*, 1895, 1; *Schouten-Struik*, 1919, 1.

3) „Curvatura geodetica" bei *Ricci*, 1895, 1, S. 298.

Im allgemeinen ist $H_{\mu\lambda}$ die Summe einer symmetrischen Größe $h_{\mu\lambda}$ und einer alternierenden Größe $k_{\mu\lambda}$:

(56) $$H_{\mu\lambda} = h_{\mu\lambda} + k_{\mu\lambda}\,,$$

so daß:

(57) $$\nabla_\mu \underset{n}{i}_\lambda = h_{\mu\lambda} + k_{\mu\lambda} + \underset{n}{i}_\mu u_\lambda\,.$$

Der alternierende Teil verschwindet nach (III, 114) dann und nur dann, wenn $\underset{n}{i}^\nu$ V_{n-1}-normal ist, und $h_{\mu\lambda}$ wird dann der zweite Fundamentaltensor der zu $\underset{n}{i}^\nu$ normalen V_{n-1}.

Die Gleichungen:

(58) $$h_{\mu\lambda}\, i^\lambda = \lambda\, i_\mu$$

liefern die Hauptrichtungen des Tensors $h_{\mu\lambda}$. Wie in I, § 14 erörtert wurde, gehört zu jeder m-fachen Wurzel λ ein Hauptgebiet und innerhalb dieses Gebietes lassen sich m beliebige gegenseitig senkrechte Richtungen als Hauptrichtungen wählen. Die $n-1$ Kongruenzen in diesen Hauptrichtungen, die wir mit $\underset{a}{i}^\nu$, $a = 1, \ldots, n-1$ bezeichnen, heißen nach *Ricci*[1]) die zu $\underset{n}{i}^\nu$ gehörigen orthogonalen kanonischen Kongruenzen. Wir wollen kurz von kanonischen Kongruenzen sprechen. Sie sind nur dann eindeutig bestimmt, wenn $h_{\mu\lambda}$ $n-1$ eindeutig bestimmte Hauptrichtungen hat. Infolge (57) und (58) ist die Gleichung:

(59) $$\underset{a}{i}^\lambda \underset{b}{i}^\mu \nabla_\mu \underset{n}{i}_\lambda = -\underset{a}{i}^\mu \underset{b}{i}^\lambda \nabla_\mu \underset{n}{i}_\lambda\,, \qquad a \neq b$$

für die kanonischen Kongruenzen charakteristisch.

Für die kanonischen Kongruenzen gilt der Satz:

Jede V_{n-1}-normale kanonische Kongruenz ist zusammen mit $\underset{n}{i}^\nu$ V_2-bildend.

In der Tat, ist $\underset{a}{i}^\nu$ eine V_{n-1}-normale kanonische Kongruenz, so ist:

(60) $$\left\{\begin{aligned} \underset{n}{i}^\mu \nabla_\mu \underset{a}{i}_\lambda - \underset{a}{i}^\mu \nabla_\mu \underset{n}{i}_\lambda &= \underset{n}{i}^\mu \nabla_\lambda \underset{a}{i}_\mu + \underset{a}{i}_\lambda \underset{a}{u}_\mu \underset{n}{i}^\mu - \underset{a}{i}^\mu \nabla_\mu \underset{n}{i}_\lambda \\ &= -2 \underset{a}{i}^\mu \nabla_{(\mu} \underset{n}{i}_{\lambda)} + \underset{a}{i}_\lambda \underset{a}{u}_\mu \underset{n}{i}^\mu = -2 \underset{a}{i}^\mu h_{\mu\lambda} + \underset{a}{i}_\lambda \underset{a}{u}_\mu \underset{n}{i}^\mu \\ &= \left(-2 h_{aa} + \underset{a}{u}_\alpha \underset{n}{i}^\alpha\right) \underset{a}{i}_\lambda \end{aligned}\right.$$

wo $\underset{a}{u}^\nu$ den Krümmungsvektor der Kongruenz $\underset{a}{i}^\nu$ darstellt, und die Kongruenzen $\underset{n}{i}^\nu$ und $\underset{a}{i}^\nu$ sind also V_2-bildend (vgl. III, § 3). Anders gesagt, die Gleichungen:

(61) $$\underset{n}{i}^\mu \nabla_\mu s = 0\,, \qquad \underset{a}{i}^\mu \nabla_\mu s = 0$$

bilden ein vollständiges System und besitzen somit gerade $n-2$ unabhängige Lösungen (III, § 3).

---

[1]) 1895, 1.

(59) läßt sich in einfacher Weise geometrisch deuten. Bei einer Verrückung $\underset{b}{i}^{\mu}\,dt$ erfährt $\underset{n}{i}^{\nu}$ eine Drehung in bezug auf ein geodätisch mitbewegtes Bezugssystem. Ist $\overset{b}{f}_{\lambda\mu}\,dt$ der Bivektor dieser Drehung (vgl. II, § 16), so ist:

(62) $$\underset{b}{i}^{\mu}\,\nabla_{\mu}\,\underset{n}{i}_{\lambda}\,dt = \overset{b}{f}_{\lambda}^{\cdot\,\mu}\,\underset{n}{i}_{\mu}\,dt = \overset{b}{f}_{\lambda n}\,dt\,.$$

und es ist also:

(63) $$\underset{a}{i}^{\lambda}\,\underset{b}{i}^{\mu}\,\nabla_{\mu}\,\underset{n}{i}_{\lambda} = \overset{b}{f}_{an}\,.$$

(59) bringt daher zum Ausdruck, daß die an-Komponente des Bivektors $\overset{b}{f}_{\lambda\mu}$ der nb-Komponente des Bivektors $\overset{a}{f}_{\lambda\mu}$ gleich ist[1]).

Im speziellen Falle, daß $\underset{n}{i}^{\nu}$ V_{n-1}-normal ist, verschwindet $k_{\mu\lambda}$ und (59) geht über in:

(64) $$\underset{a}{i}^{\lambda}\,\underset{b}{i}^{\mu}\,\nabla_{\mu}\,\underset{n}{i}_{\lambda} = \underset{a}{i}^{\mu}\,\underset{b}{i}^{\lambda}\,\nabla_{\mu}\,\underset{n}{i}_{\lambda} = 0\,, \qquad a \neq b\,.$$

Geometrisch bedeutet dies, daß die geodätische Drehung des Vektors $\underset{n}{i}^{\nu}$ bei einer Verrückung in der Hauptrichtung $\underset{a}{i}^{\nu}$ in der na-Ebene stattfindet. Für eine V_{n-1} in S_n besagt dies, daß die Normalen längs einer kanonischen Kongruenz eine abwickelbare V_2 bilden[2]). Die kanonischen Kongruenzen gehen dabei über in die Hauptkrümmungslinien der V_{n-1}, die sich gerade durch diese geometrische Eigenschaft charakterisieren lassen.

§ 8. Krümmungseigenschaften einer V_{n-1} in V_n.

Ist i^{ν} eine Kurve der V_{n-1}, so ist:

(65) $$\left\{\begin{aligned} i^{\mu}\,\nabla_{\mu}\,i^{\nu} &= B_{\alpha}^{\nu}\,i^{\mu}\,\nabla_{\mu}\,i^{\alpha} + \underset{n}{i}^{\nu}\,\underset{n}{i}_{\alpha}\,i^{\mu}\,\nabla_{\mu}\,i^{\alpha} \\ &= i^{\mu}\,\nabla'_{\mu}\,i^{\nu} - \underset{n}{i}^{\nu}\,i^{\alpha}\,i^{\mu}\,\nabla_{\mu}\,\underset{n}{i}_{\alpha} \\ &= i^{\mu}\,\nabla'_{\mu}\,i^{\nu} - i^{\alpha}\,i^{\beta}\,h_{\alpha\beta}\,\underset{n}{i}^{\nu}, \end{aligned}\right.$$

oder:

(66a) $$u^{\nu} = u'^{\nu} - i^{\alpha}\,i^{\beta}\,h_{\alpha\beta}\,\underset{n}{i}^{\nu},$$

wo u'^{ν} den Krümmungsvektor der Kurve i^{ν} in der V_{n-1} darstellt. Man nennt u^{ν} den absoluten Krümmungsvektor. u'^{ν} den relativen Krümmungsvektor in bezug auf V_{n-1} und:

(66b) $$u''^{\nu} = -\,i^{\alpha}\,i^{\beta}\,h_{\alpha\beta}\,\underset{n}{i}^{\nu}$$

---

[1]) *Ricci*, 1895, 1, S. 303, gibt eine andere geometrische Deutung, die den Begriff der geodätischen Bewegung nicht verwendet. Es ist dann nötig, die V_n in eine R_{n+k} einzubetten. *Ricci* nennt die $\frac{1}{2}n^2\,(n-1)$ zu dem Orthogonalnetz $\underset{j}{i}^{\nu}$, $j = 1, \ldots, n$ gehörigen Größen $\underset{j}{i}^{\lambda}\,\underset{k}{i}^{\mu}\,\nabla_{\mu}\,\underset{l}{i}_{\lambda}$ die Rotationskoeffizienten des Netzes und schreibt für diese Größen γ_{ljk}. Sie spielen in vielen seiner Untersuchungen eine große Rolle.

[2]) Vgl. *Schouten-Struik*, 1921, 9 und 10; *Struik*, 1922, 5.

den **Vektor der erzwungenen Krümmung** (vgl. S. 182) von i^ν in bezug auf V_{n-1}. Die Länge von u^ν, $u = \sqrt{(u^\alpha u^\beta g_{\alpha\beta})}$ heißt die **absolute erste Krümmung**. Es gilt also der Satz:

Der absolute Krümmungsvektor ist die Summe des relativen Krümmungsvektors in der V_{n-1} und des Vektors der erzwungenen Krümmung senkrecht zur V_{n-1}.

Aus (66a) folgen die Sätze:

Der absolute Krümmungsvektor einer Kurve ist dann und nur dann senkrecht zur V_{n-1}, wenn die Kurve in der V_{n-1} geodätisch ist.

Der absolute Krümmungsvektor einer Kurve liegt dann und nur dann in der V_{n-1}, wenn die Kurve überall in einer Nullrichtung von $h_{\lambda\mu}$ liegt.

Eine Nullrichtung von $h_{\lambda\mu}$ heißt **Haupttangentenrichtung** (**erster Ordnung**), eine Kurve, die überall in einer solchen Nullrichtung liegt, eine **Haupttangentenkurve** (**erster Ordnung**)[1].

Wählt man die Kongruenzen $\underset{a}{i}^\nu$ in Hauptkrümmungsrichtungen, so ist infolge von (64):

$$h_{\lambda\mu} = \sum_{j}^{1,\ldots,n} h_{jj} \underset{j}{i}_\lambda \underset{j}{i}_\mu, \tag{67}$$

und für eine solche Richtung ist nach (66b):

$$\underset{j}{u}^\nu = -\underset{j}{i}^\lambda \underset{j}{i}^\mu h_{\lambda\mu} = -h_{jj}. \tag{68}$$

Es gilt also der Satz:

Die orthogonalen Bestimmungszahlen von $h_{\lambda\mu}$ in bezug auf ein nach den Hauptkrümmungsrichtungen orientiertes Orthogonalnetz sind den erzwungenen Krümmungen der Hauptkrümmungslinien entgegengesetzt gleich.

Werden alle Hauptrichtungen von $h_{\lambda\mu}$ unbestimmt, d. h. ist

$$h_{\lambda\mu} = \frac{1}{n-1} h g'_{\lambda\mu}, \tag{69}$$

so heißt der betreffende Punkt ein **Umbilikalpunkt** oder **Nabelpunkt**. Dafür, daß es eine V_{n-1} gibt, deren sämtliche Punkte Nabelpunkte sind, ist notwendig und hinreichend, daß es eine Kongruenz $\underset{n}{i}^\nu$ gibt, die der Gleichung

$$\nabla_\mu \underset{n}{i}_\lambda = \frac{1}{n-1} h g'_{\lambda\mu} + \underset{n}{i}_\mu \underset{n}{u}_\lambda \tag{70}$$

auf einer zu $\underset{n}{i}^\nu$ normalen V_{n-1} genügt. Wir vereinfachen diese Gleichung, indem wir die Kongruenz geodätisch wählen, zu:

$$\nabla_\mu \underset{n}{i}_\lambda = \frac{1}{n-1} h \left(g_{\lambda\mu} - \underset{n}{i}_\lambda \underset{n}{i}_\mu\right). \tag{71}$$

---

[1] Vgl. Fußnote [2] S. 182.

Die Integrabilitätsbedingungen dieser Gleichung lauten (vgl. III, § 6):

$$(72)\quad \left\{\begin{aligned} B^{\omega\mu\lambda}_{\alpha\beta\gamma} K_{\omega\mu\lambda}^{\cdot\cdot\cdot\,\nu} \underset{n}{i}_\nu = B^{\omega\mu\lambda}_{\alpha\beta\gamma} \Big\{ &\frac{2}{n-1} g_{\lambda[\mu} \nabla_{\omega]} h - \frac{2h}{n-2} \nabla_{[\omega} \underset{n}{i}_{\mu]} \underset{n}{i}_\lambda \\ &- \frac{2}{n-1} \underset{n}{i}_\lambda \underset{n}{i}_{[\mu} \nabla_{\omega]} h \Big\}, \end{aligned}\right.$$

oder, in orthogonalen Bestimmungszahlen:

$$(73)\qquad K_{abcn} = 0\,.$$

Soll es also in der V_n nicht nur *eine* V_{n-1} mit lauter Nabelpunkten geben, sondern V_{n-1} dieser Art durch jeden Punkt in jeder $(n-1)$-Richtung, so ist notwendig und hinreichend, daß die orthogonalen Bestimmungszahlen mit mehr als *drei* ungleichen Indizes in bezug auf jedes Orthogonalnetz verschwinden. Es ergibt sich also der Satz (vgl. S. 170):

In einer V_3 geht durch jeden Punkt in jeder beliebigen Lage eine V_2 mit lauter Nabelpunkten. In einer V_n, $n > 3$, läßt sich dann und nur dann durch jeden Punkt in jeder beliebigen Lage eine V_{n-1} mit lauter Nabelpunkten legen, wenn die V_n eine C_n ist[1].

Wir betrachten jetzt den Fall, daß die V_{n-1} lauter Nabelpunkte besitzt und außerdem h auf der V_{n-1} konstant ist. Aus (72) folgt bei Überschiebung mit $\underset{a}{i}^\omega g^{\mu\lambda}$:

$$(74)\qquad K_{an} = 0\,.$$

Die Hauptrichtungen des Tensors $K_{\lambda\mu}$ nennt man *Hauptrichtungen* der V_n. (74) bringt also zum Ausdruck:

Liegt in einer V_n eine V_{n-1} mit lauter Nabelpunkten und konstantem h, so ist die Richtung senkrecht zur V_{n-1} eine Hauptrichtung der V_n[2].

Notwendig ist also, daß eine der Hauptrichtungen V_{n-1}-normal ist, diese Bedingung ist aber nicht hinreichend. Soll es in der V_n durch jeden Punkt in jeder beliebigen Lage V_{n-1} mit lauter Nabelpunkten und konstantem h geben, so muß jede Richtung Hauptrichtung sein. Der Tensor $K_{\lambda\mu}$ muß also ein Skalar sein. Da aber die V_n für $n > 3$ dann, dem vorigen Satze entsprechend konformeuklidisch ist, $K_{\omega\mu\lambda\nu}$ also die Form $\frac{4}{n-2} g_{[\omega[\lambda} L_{\mu]\nu]}$ hat, (vgl. S. 170) muß nach (23) auch $L_{\mu\lambda}$ ein Skalar sein, d. h. es muß $K_{\omega\mu\lambda\nu}$ für $n \geqq 3$ die Form (26) haben. Führt man umgekehrt diesen Wert in (72) ein, so folgt bei Überschiebung mit $\underset{a}{i}^\alpha g^{\beta\gamma}$ die Konstanz von h. Es gilt also der Satz:

In einer V_n, $n \geqq 3$, läßt sich dann und nur dann durch jeden Punkt in jeder beliebigen Lage eine V_{n-1} mit lauter

[1] *Schouten*, 1921, 2, S. 86.

[2] *Ricci*, 1903, 1, S. 415 für $h = 0$; *Rimini*, 1904, 3, S. 35 für h beliebig, $n = 3$; *Struik*, 1922, 5, S. 143 für h und n beliebig.

Nabelpunkten und konstantem h legen, wenn die V_n eine S_n ist[1]).

Für $h = 0$ verschwindet $h_{\lambda\mu}$ und damit der erzwungene Krümmungsvektor aller Kurven der V_{n-1}. Jede geodätische Linie der V_{n-1} ist dann auch geodätisch in der V_n und die V_{n-1} heißt geodätisch. Umgekehrt folgt aus dem Verschwinden dieser Krümmungsvektoren das Verschwinden von $h_{\lambda\mu}$. $h_{\lambda\mu} = 0$ charakterisiert also die geodätischen V_{n-1}. Nach den obigen Erörterungen sind geodätische V_{n-1} durch jeden Punkt in jeder beliebigen Lage nur in einer S_n möglich, während eine einzelne geodätische V_{n-1} in jedem Punkte senkrecht ist zu einer Hauptrichtung der V_n.

§ 9. Der Krümmungsaffinor einer V_m in V_n[2]).

Eine X_m sei in eine V_n eingebettet. In der X_m legen wir die zueinander senkrechten Kongruenzen $\underset{a}{i}^\nu$, $a = 1, \ldots, m$, senkrecht zur X_m die ebenfalls gegenseitig senkrechten Kongruenzen $\underset{e}{i}^\nu$, $e = m+1, \ldots, n$. Der Normal-p-Vektor, $p = n - m$, ist dann:

$$(75) \qquad i^{\nu_1 \ldots \nu_p} = \underset{m+1}{i}^{[\nu_1} \ldots \underset{n}{i}^{\nu_p]}$$

und derselbe p-Vektor ist, kovariant gedeutet, der tangierende kovariante p-Vektor. (Es tritt also $i^{\nu_1 \ldots \nu_p}$ an die Stelle von $n^{\nu_1 \ldots \nu_p}$ und $i_{\lambda_1 \ldots \lambda_p}$ an die Stelle von $t_{\lambda_1 \ldots \lambda_p}$ des vierten Abschnittes § 14.)

Der Fundamentaltensor der X_m ist:

$$(76\text{a}) \qquad g'_{\lambda\mu} = \sum_a \underset{a}{i}_\lambda \underset{a}{i}_\mu$$

und es gilt also:

$$(76\text{b}) \qquad g'_{ab} = \left\{\begin{array}{l} 1 \text{ für } a = b, \\ 0 \ \text{,,} \ a \neq b, \\ \quad g'_{je} = 0. \end{array}\right\} \begin{array}{l} a, b = 1, \ldots, m, \\ e = m+1, \ldots, n, \\ j = 1, \ldots, n. \end{array}$$

Ferner ist:

$$(77) \qquad B^\nu_\lambda = g'_{\lambda\alpha} g^{\alpha\nu}.$$

Die X_m-Komponenten von Größen der V_n werden erhalten durch Überschiebung mit so vielen Faktoren B^ν_λ wie die Anzahl der Indizes beträgt. Die ganz in der X_m liegenden Größen sind dadurch ausgezeichnet, daß die orthogonalen Bestimmungszahlen verschwinden, sofern sie einen Index $m+1, \ldots, n$ tragen. Die Beziehungen zwischen B^ν_λ, $\underset{e}{i}^\nu$ und $i^{\nu_1 \ldots \nu_p}$ sind gegeben durch die Gleichungen (vgl. IV, 194.):

$$(78) \qquad A^\nu_\lambda - B^\nu_\lambda = \sum_e \underset{e}{i}_\lambda \underset{e}{i}^\nu = p\, p!\, i_{\lambda\alpha_2 \ldots \alpha_p} i^{\nu\alpha_2 \ldots \alpha_p}.$$

1) *Schouten*, 1921, 2, S. 87.

2) Vgl. *Schouten* und *Struik*, 1921, 9 und 10; *Struik*, 1922, 5.

In der X_m wird durch die Gleichungen (42) und (43) eine Übertragung festgelegt. Wie auf S. 174 wird bewiesen, daß diese Übertragung eine *Riemann*sche mit $g'_{\lambda\mu}$ als Fundamentaltensor ist. Die X_m ist also eine V_m mit $g'_{\lambda\mu}$ als Fundamentaltensor.

Ist eine X_m in eine V_n eingebettet, so wird in der X_m eine *Riemann*sche Übertragung induziert, die dadurch charakterisiert ist, daß der Differentialquotient die X_m-Komponente des Differentialquotienten in der V_n ist. Der Fundamentaltensor der induzierten Übertragung ist die X_m-Komponente des Fundamentaltensors der V_n.

Es sei jetzt i^ν eine Kurve der V_m. Dann ist:

$$(79)\qquad \begin{cases} u^\nu = i^\mu \nabla_\mu i^\nu = B^\nu_\alpha i^\mu \nabla_\mu i^\alpha + (A^\nu_\alpha - B^\nu_\alpha) i^\mu \nabla_\mu i^\alpha \\ \quad = i^\mu \nabla'_\mu i^\nu - i^\mu i^\alpha \nabla_\mu (A^\nu_\alpha - B^\nu_\alpha) = u'^\nu + i^\mu i^\lambda \nabla_\mu B^\nu_\lambda . \end{cases}$$

Schreiben wir also:

$$(80)\qquad B^{\alpha\beta}_{\mu\lambda} \nabla_\alpha B^\nu_\beta = H_{\mu\lambda}^{\cdot\cdot\nu},$$

so ist die Beziehung zwischen den Krümmungsvektoren der Kurve i^ν gegeben durch die Gleichung:

$$(81)\qquad u^\nu = u'^\nu + i^\mu i^\lambda H_{\mu\lambda}^{\cdot\cdot\nu} .$$

u^ν ist der absolute Krümmungsvektor, u'^ν der relative Krümmungsvektor in bezug auf V_m[1]) und:

$$(82)\qquad u''^\nu = i^\mu i^\lambda H_{\mu\lambda}^{\cdot\cdot\nu}$$

der Vektor der erzwungenen Krümmung in bezug auf V_m. Für die V_m in V_n gilt also der Satz (vgl. S. 179):

Der absolute Krümmungsvektor ist die Summe des relativen Krümmungsvektors in der V_m und des Vektors der erzwungenen Krümmung senkrecht zur V_m.

Aus (81) folgen die Sätze (vgl. S. 179):

Der absolute Krümmungsvektor einer Kurve ist dann und nur dann senkrecht zur V_m, wenn die Kurve in der V_m geodätisch ist.

Der absolute Krümmungsvektor einer Kurve liegt dann und nur dann in der V_m, wenn $i^\mu i^\lambda H_{\mu\lambda}^{\cdot\cdot\nu}$ überall verschwindet.

Eine Richtung i^ν, für welche $i^\mu i^\lambda H_{\mu\lambda}^{\cdot\cdot\nu}$ verschwindet, heißt Haupttangentenrichtung (erster Ordnung), eine Kurve, die überall eine solche Richtung hat, eine Haupttangentenkurve (erster Ordnung)[2]).

---

[1]) „Curvatura normale relativa a V''_n" bei *Ricci*, 1902, 2, S. 360.

[2]) Für Haupttangentenrichtungen höherer Ordnung vgl. *Struik*, 1923, 5, S. 80.

Die Größe $H_{\mu\lambda}^{\cdot\cdot\nu}$ heißt der Krümmungsaffinor der V_m in V_n[1]). Aus (80) folgt:

$$\text{(83a)}\quad \begin{cases} H_{\mu\lambda}^{\cdot\cdot\nu} = B_{\mu\lambda}^{\alpha\beta} \nabla_\alpha B_\beta^\nu = -\sum\limits_e B_{\mu\lambda}^{\alpha\beta} \nabla_\alpha \underset{e}{i_\beta} \underset{e}{i^\nu} = -\sum\limits_e B_{\mu\lambda}^{\alpha\beta} (\nabla_\alpha \underset{e}{i_\beta}) \underset{e}{i^\nu} \\ \quad = -\sum\limits_e \overset{e}{h}_{\mu\lambda} \underset{e}{i^\nu}, \end{cases}$$

$$\text{(83b)}\quad \overset{e}{h}_{\mu\lambda} = B_{\mu\lambda}^{\alpha\beta} \nabla_\alpha \underset{e}{i_\beta}.$$

Da $\underset{e}{i_\beta}$ senkrecht zur V_m ist, läßt sich $\underset{e}{i_\beta}$ schreiben als eine Summe von Vielfachen von $n-m$ Gradientvektoren, die die m-Richtung von V_m gemeinschaftlich haben, so daß der alternierende Teil von $B_{\mu\lambda}^{\alpha\beta} \nabla_\alpha \underset{e}{i_\beta}$ verschwindet. $H_{\mu\lambda}^{\cdot\cdot\nu}$ ist also symmetrisch in μ und λ. Vergleicht man $H_{\mu\lambda}^{\cdot\cdot\nu}$ mit der im vierten Abschnitt (IV, 197) neben $H_{\mu\lambda}^{\cdot\cdot\nu}$ auftretenden Größe $L_{\mu\cdot\lambda}^{\cdot\nu}$, die hier übergeht in:

$$\text{(84)}\quad L_{\mu\cdot\lambda}^{\cdot\nu} = -\sum_e B_{\mu\beta}^{\alpha\nu} \nabla_\alpha \underset{e}{i^\beta} \underset{e}{i_\lambda},$$

so folgt:

$$\text{(85)}\quad L_{\mu\cdot\lambda}^{\cdot\nu} = H_{\mu\cdot\lambda}^{\cdot\nu}.$$

Im Gegensatz zur A_n tritt also in einer V_n nur ein einziger Krümmungsaffinor auf, was eine unmittelbare Folge der Identifizierung der Größen $t_{\lambda_1 \ldots \lambda_p}$ und $n^{\nu_1 \ldots \nu_p}$ des vierten Abschnittes ist.

Verschwindet $H_{\mu\lambda}^{\cdot\cdot\nu}$, so sind nach (81) alle in der V_m geodätischen Linien auch in der V_n geodätisch, und V_m ist also geodätisch in V_n. Ist umgekehrt V_m geodätisch in V_n, so verschwindet $v^\mu v^\lambda H_{\mu\lambda}^{\cdot\cdot\nu}$ für jede Wahl des Vektors v^ν. Da aber $H_{\mu\lambda}^{\cdot\cdot\nu}$ in $\mu\lambda$ symmetrisch ist, folgt daraus:

Eine V_m in V_n ist dann und nur dann geodätisch, wenn der Krümmungsaffinor der V_m in jedem Punkte verschwindet[2]).

§ 10. Krümmungsgebiet und Krümmungsgebilde einer V_m in V_n[3]).

In der V_m legen wir durch einen Punkt P eine in V_m geodätische Linie i^ν. In bezug auf das Orthogonalnetz $\underset{a}{i^\nu}$ sei i^ν gegeben durch die Gleichung:

$$\text{(86)}\quad i^\nu = \sum_a \underset{a}{i^\nu} \cos \underset{a}{\alpha}.$$

---

[1]) $H_{\mu\lambda}^{\cdot\cdot\nu}$ korrespondiert mit Ω_{rij} bei *Voß*, 1880, 1, S. 135, mit $b_{\alpha/rs}$ und $\omega_{\alpha hk}$ bei *Ricci*, 1903, 1, S. 414, und mit $k_{fg}^{(r)}$ bei *Kühne*, 1904, 2, S. 255.

[2]) *Ricci*, 1903, 1, S. 414, V_m in V_n.

[3]) *Schouten-Struik*, 1921, 9; *Struik*, 1922, 5, S. 103 u. f.; es finden sich dort auch viele Literaturangaben.

Dann ist:

$$u^{\nu} = u''^{\nu} = i^{\lambda} i^{\mu} H_{\lambda\mu}^{\cdot\cdot\nu} = \sum_{ab} \cos\underset{a}{\alpha} \cos\underset{b}{\alpha} \underset{a}{i^{\lambda}} \underset{b}{i^{\mu}} H_{\lambda\mu}^{\cdot\cdot\nu}. \tag{87}$$

Die $\frac{1}{2} m (m+1)$ Vektoren $\underset{a}{i^{\lambda}} \underset{b}{i^{\mu}} H_{\lambda\mu}^{\cdot\cdot\nu}$ bestimmen eine $R_{m'}$ und es ist sowohl $m' \leqq \frac{1}{2} m (m+1)$ als $m' \leqq n - m$. Diese $R_{m'}$ bestimmt mit der V_m zusammen eine $R_{m+m'}$, das Krümmungsgebiet der V_m in P.

In diesem Krümmungsgebiet spielt sich alles ab, was sich auf Krümmungen erster Ordnung der V_m in P bezieht.

Nehmen wir zunächst an, es sei $m' = \frac{1}{2} m (m+1)$. Dann liegt der Endpunkt von u''^{ν} in einer $R_{m'-1}$ durch den Endpunkt des Radiusvektors:

$$D^{\nu} = \frac{1}{m} g'^{\lambda\mu} H_{\lambda\mu}^{\cdot\cdot\nu}. \tag{88}$$

Der Endpunkt beschreibt eine V_{m-1}, das Krümmungsgebilde, welches durch die m' Gleichungen:

$$u''_{v} = \sum_{ab} \cos\underset{a}{\alpha} \cos\underset{b}{\beta} H_{abv} \tag{89}$$

mit den m Parametern $\cos\underset{a}{\alpha}$ und der Beziehung:

$$\sum_{a} \cos^2\underset{a}{\alpha} = 1 \tag{90}$$

in bezug auf ein in der R'_m gelegenes Koordinatensystem $\underset{u}{j^{\nu}}$, $u = 1, \ldots, m'$, festgelegt ist. Der Punkt mit dem Radiusvektor D^{ν} ist der Schwerpunkt des Krümmungsgebildes. Eine beliebige $R_{m'-m+1}$ in der $R_{m'}$ senkrecht zur V_m ist gegeben durch $m-1$ lineare Gleichungen zwischen den u''_{v}. Fügt man diese Gleichungen zu (89), so ergeben sich m Gleichungen zweiten Grades für die $\cos\underset{a}{\alpha}$ der Schnittpunkte. Da zu jeder positiven Wurzel eine gleich große negative gehört, und diese beiden Wurzeln zum nämlichen Punkte der V_{m-1} gehören, so ergeben sich 2^{m-1} Schnittpunkte und das Krümmungsgebilde ist also vom Grade 2^{m-1}.

Wir haben damit den Satz erhalten:

Hat die Dimensionenzahl $m + m'$ des Krümmungsgebietes den Wert $m + \frac{1}{2} m (m+1)$, so bildet u''^{v} einen m-dimensionalen Kegelmantel in der $R_{m'}$, die im Krümmungsgebiet senkrecht zur V_m ist, und sein Endpunkt beschreibt eine V_{m-1} $2^{(m-1)}$-ten Grades, die in einer $R_{m'-1}$ in der $R_{m'}$ liegt und deren Schwerpunkt den Radiusvektor D^{ν} hat.

Zwischen den ∞^{m-1} Richtungen in der V_m in P und den ∞^{m-1} Punkten des Krümmungsgebildes besteht eine 1-1-Zuordnung. Die Richtungen der V_m, die den extremen Längen von u^{ν} entsprechen, sind die Hauptkrümmungsrichtungen der V_m. Im allgemeinen geht das Krümmungsgebilde nicht durch P und gibt es also keine Haupttangentenrichtungen erster Ordnung.

Ist $m' < \frac{1}{2} m(m+1)$, was stets der Fall ist, wenn $\frac{1}{2} m(m+1) > n - m$ ist, aber $m' \geqq m$, so bleibt der für $m' = \frac{1}{2} m(m+1)$ abgeleitete Satz gültig, mit der einzigen Ausnahme, daß die V_{m-1} im allgemeinen nicht mehr in einer $R_{m'-1}$ in $R_{m'}$ liegt, und es besteht im allgemeinen auch noch eine 1-1-Zuordnung zwischen den Richtungen der V_m und den Punkten des Krümmungsgebildes; dieses Gebilde enthält jetzt aber Punkte, die mehreren Richtungen der V_m zugleich entsprechen. Es gibt im allgemeinen noch keine Haupttangentenrichtungen erster Ordnung.

Wird $m' = m - 1$, so degeneriert das Krümmungsgebilde in die $R_{m'}$, die im Krümmungsgebiet senkrecht zu V_m ist. Jedem Punkte dieser $R_{m'}$ entsprechen 2^{m-1} Richtungen der V_m. Es gibt also auch 2^{m-1} Haupttangentenrichtungen erster Ordnung.

Wird $m' < m - 1$, so degeneriert das Krümmungsgebilde in die $R_{m'}$, die im Krümmungsgebiet senkrecht zu V_m ist. Jedem Punkte dieser $R_{m'}$ entsprechen nun aber $\infty^{m-1-m'}$ Richtungen der V_m und es gibt $\infty^{m-1-m'}$ Haupttangentenrichtungen erster Ordnung.

Für $m' = 2$ heißt der betreffende Punkt planar, für $m' = 1$ axial.

Es sind in der Literatur noch verschiedene andere Gebilde zur Charakterisierung der Krümmung verwendet worden. Statt des Krümmungsgebildes G kann man den Ort der Krümmungsmittelpunkte G' nehmen, der aus G durch Inversion in bezug auf P erhalten wird. Für $m = 2$, $V_n = R_4$ nennt *Kommerell*[1]) die Kurve K in der $R_2 \perp V_2$, deren Fußpunktkurve G' ist, die „Charakteristik". Durch Inversion von K in bezug auf P entsteht eine vierte Kurve K', die wieder Fußpunktkurve von G ist. *Kühne*[2]) nimmt für V_m in R_n den Ort der Schnittgebilde der $R_{n-m} \perp V_m$ in P mit den benachbarten R_{n-m} und nennt diesen Ort die „Krümmungsspur". Eine beliebige Normale auf V_m schneidet die Krümmungsspur in m Punkten, die den m extremen Werten der Projektion von u^ν auf diese Normale entsprechen. Für V_2 in R_4 ist die Krümmungsspur identisch mit der Kurve K[3]).

Als Beispiel behandeln wir den Fall einer V_3 in V_n[4]). Es ist dann, wenn wir die Kurven geodätisch in V_3 wählen und somit u^ν schreiben, statt u'^ν:

$$(91)\quad \begin{cases} u^\nu = H_{11}^{\cdot\cdot\,\nu} \cos^2 \underset{1}{\alpha} + \text{cycl.} + 2 H_{23}^{\cdot\cdot\,\nu} \cos \underset{2}{\alpha} \cos \underset{3}{\alpha} + \text{cycl.} \\ \quad = \underset{11}{u^\nu} \cos^2 \alpha_1 + \text{cycl.} + 2 \underset{23}{u^\nu} \cos \underset{2}{\alpha} \cos \underset{3}{\alpha} + \text{cycl.} \\ \quad = \frac{1}{3} (\underset{11}{u^\nu} + \underset{22}{u^\nu} + \underset{33}{u^\nu}) + \frac{1}{3} (\underset{11}{u^\nu} - \underset{22}{u^\nu}) (3 \cos^2 \underset{1}{\alpha} - 1) \\ \quad + \frac{1}{3} (\underset{22}{u^\nu} - \underset{33}{u^\nu}) (1 - 3 \cos^2 \underset{3}{\alpha}) + (2 \underset{23}{u^\nu} \cos \underset{2}{\alpha} \cos \underset{2}{\alpha} + \text{cycl.}) . \end{cases}$$

Die 6 Vektoren $\underset{ab}{u^\nu} = H_{ab}^{\cdot\cdot\,\nu}$, $a, b = 1, 2, 3$ sind im allgemeinen linear unabhängig.

---

[1]) *Kommerell*, 1897, 4, S. 22; 1905, 4, S. 554. [2]) *Kühne*, 1904, 2.

[3]) Bei *Struik*, 1922, 5, S. 105 sind die vier Kurven G, K, G' und K' für V_2 in V_4 abgebildet.

[4]) *Schouten-Struik*, 1921, 9; *Struik*, 1922, 5, S. 119.

Das Krümmungsgebilde ist dann eine V_2 vierten Grades in einer R_5 durch den Punkt mit dem Radiusvektor:

(92) $$D^\nu = \tfrac{1}{3}(\underset{11}{u}^\nu + \underset{22}{u}^\nu + \underset{33}{u}^\nu),$$

die durch die fünf Vektoren $\underset{11}{u}^\nu - \underset{22}{u}^\nu$, $\underset{22}{u}^\nu - \underset{33}{u}^\nu$, $\underset{23}{u}^\nu$, $\underset{31}{u}^\nu$ und $\underset{12}{u}^\nu$ bestimmt wird.

Setzt man:

(93) $$\underset{3}{\alpha} = \frac{\pi}{2}, \qquad \underset{2}{\alpha} = \frac{\pi}{2} - \underset{1}{\alpha},$$

so ist:

(94) $$\begin{cases} u^\nu = \underset{11}{u}^\nu \cos^2 \underset{1}{\alpha} + \underset{22}{u}^\nu \sin^2 \underset{1}{\alpha} + 2\underset{12}{u}^\nu \sin \underset{1}{\alpha} \cos \underset{1}{\alpha} \\ \quad = \tfrac{1}{2}(\underset{11}{u}^\nu + \underset{22}{u}^\nu) + \tfrac{1}{2}(\underset{11}{u}^\nu - \underset{22}{u}^\nu)\cos 2\underset{1}{\alpha} + \underset{12}{u}^\nu \sin 2\underset{1}{\alpha} \end{cases}$$

und der Endpunkt von u^ν beschreibt also eine Ellipse mit dem Mittelpunkt $\tfrac{1}{2}(\underset{11}{u}^\nu + \underset{22}{u}^\nu)$ und den halben konjugierten Durchmessern $\tfrac{1}{2}(\underset{11}{u}^\nu - \underset{22}{u}^\nu)$ und $\underset{12}{u}^\nu$. Da die Lage von $\underset{1}{i}^\nu$, $\underset{2}{i}^\nu$ und $\underset{3}{i}^\nu$ ganz beliebig ist, liegen also auf der V_2 vierten Grades ∞^2 Ellipsen. Die V_3 ist also eine *Verونese*sche Fläche. Jeder 2-Richtung in der V_3 entspricht eine solche Ellipse, und zwei gegenseitig senkrechten Richtungen der V_2 entsprechen zwei sich diametral gegenüberliegende Punkte einer solchen Ellipse.

Bestehen zwischen den fünf Vektoren $\underset{22}{u}^\nu - \underset{33}{u}^\nu$ usw. zwei lineare Beziehungen, so reduziert sich die R_5 des Krümmungsgebildes zu einer R_3, und das Krümmungsgebilde zu einer *Steiner*schen Fläche, da diese Fläche bekanntlich die einzige irreduzibele Fläche vierter Ordnung in R_3 ist, die ∞^2 Ellipsen enthält. Für $n = 6$ ist dies immer der Fall, die R_3 geht dann überdies durch P. Der Punkt mit dem Radiusvektor D^ν ist der Schwerpunkt der Fläche.

Legen wir für $n = 6$ in die R_3 ein rechtwinkliges Koordinatensystem $\underset{4}{i}^\nu$, $\underset{5}{i}^\nu$, $\underset{6}{i}^\nu$ mit den Koordinaten x_4, x_5, x_6, dessen Ursprung den Radiusvektor D^ν hat, so ist das Krümmungsgebilde in bezug auf dieses Koordinatensystem nach (91) gegeben durch die Gleichungen:

(95) $$\begin{cases} x_4 = p_{114} \cos^2 \underset{1}{\alpha} + \text{cycl.} + 2p_{234} \cos \underset{2}{\alpha} \cos \underset{3}{\alpha} + \text{cycl.} \\ x_5 = p_{115} \cos^2 \underset{1}{\alpha} + \text{cycl.} + 2p_{235} \cos \underset{2}{\alpha} \cos \underset{3}{\alpha} + \text{cycl.} \\ x_6 = p_{116} \cos^2 \underset{1}{\alpha} + \text{cycl.} + 2p_{236} \cos \underset{2}{\alpha} \cos \underset{3}{\alpha} + \text{cycl.} \end{cases}$$

wo:

(96) $$\begin{cases} p_{114} = \tfrac{1}{3}\left(2\underset{11}{u}_4 - \underset{22}{u}_4 - \underset{33}{u}_4\right) \\ p_{234} = \underset{23}{u}_4 \end{cases}$$

oder, anders geschrieben:

(97) $$\begin{cases} x_4 = p_{114} y_1^2 + \text{cycl.} + 2p_{234} y_2 y_3 + \text{cycl.} \\ x_5 = p_{115} y_1^2 + \text{cycl.} + 2p_{235} y_2 y_3 + \text{cycl.} \\ x_6 = p_{116} y_1^2 + \text{cycl.} + 2p_{236} y_2 y_3 + \text{cycl.} \\ 1 = y_1^2 + y_2^2 + y_3^2 . \end{cases}$$

Die vier quadratischen Formen bilden, abgesehen von konstanten Faktoren, ein dreifach unendliches lineares System. In einem allgemeinen System dieser Art existieren gerade drei Formen, welche die zweifaktorigen Produkte dreier Linearformen sind[1]). Diese drei Formen $z_2 z_3$, $z_3 z_1$, $z_1 z_2$ lassen sich linear in x_4, x_5 und x_6 ausdrücken:

$$(98)\qquad \begin{cases} z_2 z_3 = \lambda_{14} x_4 + \lambda_{15} x_5 + \lambda_{16} x_6 + \lambda_{17} \\ z_3 z_1 = \lambda_{24} x_4 + \lambda_{25} x_5 + \lambda_{26} x_6 + \lambda_{27} \\ z_1 z_2 = \lambda_{34} x_4 + \lambda_{35} x_5 + \lambda_{36} x_6 + \lambda_{37} \end{cases}$$

und im allgemeinen ist also:

$$(99)\qquad \begin{cases} x_4 = \mu_{41} z_2 z_3 + \mu_{42} z_3 z_1 + \mu_{43} z_1 z_2 + \mu_{44}, \\ x_5 = \mu_{51} z_2 z_3 + \mu_{52} z_3 z_1 + \mu_{53} z_1 z_2 + \mu_{54}, \\ x_6 = \mu_{61} z_2 z_3 + \mu_{62} z_3 z_1 + \mu_{63} z_1 z_2 + \mu_{64}. \end{cases}$$

Setzen wir nun:

$$(100)\qquad \begin{cases} \mu_{41} \underset{4}{i^\nu} + \mu_{51} \underset{5}{i^\nu} + \mu_{61} \underset{6}{i^\nu} = \underset{1}{v^\nu}, \\ \mu_{42} \underset{4}{i^\nu} + \mu_{52} \underset{5}{i^\nu} + \mu_{62} \underset{6}{i^\nu} = \underset{2}{v^\nu}, \\ \mu_{43} \underset{4}{i^\nu} + \mu_{53} \underset{5}{i^\nu} + \mu_{63} \underset{6}{i^\nu} = \underset{3}{v^\nu}, \\ \mu_{44} \underset{4}{i^\nu} + \mu_{54} \underset{5}{i^\nu} + \mu_{64} \underset{6}{i^\nu} = E^\nu, \end{cases}$$

so ist nach (91):

$$(101)\qquad u^\nu - D^\nu = E^\nu + z_2 z_3 \underset{1}{v^\nu} + z_3 z_1 \underset{2}{v^\nu} + z_1 z_2 \underset{3}{v^\nu}.$$

Einem bestimmten Wertsatz z_1, z_2, z_3 entspricht in projektiver Weise eine bestimmte Richtung i^ν in der V_3. Man kann also drei Vektoren $\underset{1}{e^\nu}$, $\underset{2}{e^\nu}$ und $\underset{3}{e^\nu}$ in der V_3 wählen, so daß im allgemeinen stets:

$$(102)\qquad i^\nu = z_1 \underset{1}{e^\nu} + z_2 \underset{2}{e^\nu} + z_3 \underset{3}{e^\nu}.$$

Ist nun $\overset{1}{e_\lambda}$, $\overset{2}{e_\lambda}$, $\overset{3}{e_\lambda}$ das zu $\underset{1}{e^\nu}$, $\underset{2}{e^\nu}$, $\underset{3}{e^\nu}$ reziproke System:

$$(103)\qquad \overset{u}{e_\lambda} \underset{v}{e^\nu} = \begin{Bmatrix} 1 & \text{für } u = v, \\ 0 & \text{,,} \quad u \neq v, \end{Bmatrix} \qquad u, v = 1, 2, 3$$

so ist:

$$(104)\qquad u^\nu = D^\nu + E^\nu + i^\lambda i^\mu \left(\overset{2}{e_\lambda} \overset{3}{e_\mu} \underset{1}{v^\nu} + \overset{3}{e_\lambda} \overset{1}{e_\mu} \underset{2}{v^\nu} + \overset{1}{e_\lambda} \overset{2}{e_\mu} \underset{3}{v^\nu} \right)$$

und $H_{\lambda\mu}^{\cdot\cdot\nu}$ hat also die Form:

$$(105)\qquad H_{\lambda\mu}^{\cdot\cdot\nu} = g_{\lambda\mu} (D^\nu + E^\nu) + \overset{2}{e}_{(\lambda} \overset{3}{e}_{\mu)} \underset{1}{v^\nu} + \overset{3}{e}_{(\lambda} \overset{1}{e}_{\mu)} \underset{2}{v^\nu} + \overset{1}{e}_{(\lambda} \overset{2}{e}_{\mu)} \underset{3}{v^\nu}.$$

Hat i^ν die Richtung von $\underset{1}{e^\nu}$, $\underset{2}{e^\nu}$, oder $\underset{3}{e^\nu}$ so wird $u^\nu = D^\nu + E^\nu$. Der Punkt $D^\nu + E^\nu$ ist also der dreifache Punkt der *Steiner*schen Fläche. Für $i^\nu = \lambda \underset{2}{e^\nu} + \mu \underset{3}{e^\nu}$ wird $u^\nu = D^\nu + E^\nu + \lambda\mu \underset{1}{v^\nu}$. Umgekehrt entsprechen dem Werte $u^\nu = D^\nu + E^\nu + \nu \underset{1}{v^\nu}$ zwei Werte von i^ν, die sich aus den Gleichungen:

$$(106)\qquad \begin{cases} \lambda\mu = \nu, \\ \lambda^2 \underset{2}{e^\alpha} \underset{2}{e_\alpha} + 2\lambda\mu \underset{2}{e^\alpha} \underset{3}{e_\alpha} + \mu^2 \underset{3}{e^\alpha} \underset{3}{e_\alpha} = 1 \end{cases}$$

---

[1]) Enc. d. Math. Wiss. III, C. 1, S. 147.

bestimmen lassen. Die Gerade $u^\nu = D^\nu + E^\nu + \nu \underset{1}{v^\nu}$ ist also eine Doppelgerade der Fläche. Aus (88) und (105) folgt:

$$D^\nu = D^\nu + E^\nu + \tfrac{1}{3} g'^{\lambda\mu} \left(\overset{2}{e}_\lambda \overset{3}{e}_\mu \underset{1}{v^\nu} + \overset{3}{e}_\lambda \overset{1}{e}_\mu \underset{2}{v^\nu} + \overset{1}{e}_\lambda \overset{2}{e}_\mu \underset{3}{v^\nu} \right), \tag{107}$$

so daß:

$$E^\nu = -\tfrac{1}{3} \left(\overset{2}{e}{}^\alpha \overset{3}{e}_\alpha \underset{1}{v^\nu} + \overset{3}{e}{}^\alpha \overset{1}{e}_\alpha \underset{2}{v^\nu} + \overset{1}{e}{}^\alpha \overset{2}{e}_\alpha \underset{3}{v^\nu} \right). \tag{108}$$

Daraus geht hervor, daß E^ν dann und nur dann verschwindet, wenn $\overset{1}{e}_\lambda$, $\overset{2}{e}_\lambda$ und $\overset{3}{e}_\lambda$ und also auch $\underset{1}{e^\nu}$, $\underset{2}{e^\nu}$ und $\underset{3}{e^\nu}$ gegenseitig senkrecht sind. Dann und nur dann fällt der Schwerpunkt der *Steiner*schen Fläche in den dreifachen Punkt.

Im allgemeinen enthält die V_3 dann noch keine Haupttangentenrichtungen. Eine Haupttangentenrichtung tritt erst auf, wenn die *Steiner*sche Fläche durch den betrachteten Punkt der V_3 geht. Zwei Haupttangentenrichtungen sind vorhanden, wenn dieser Punkt in einer Doppelgeraden liegt, drei, wenn der Punkt mit dem dreifachen Punkt der Fläche zusammenfällt, also wenn $D^\nu + E^\nu = 0$. Zu den durch zwei Haupttangentenrichtungen bestimmten ∞^1 Richtungen gehören dann Vektoren erzwungener Krümmung, die alle die Richtungen einer Doppelgeraden haben.

§ 11. Minimalmannigfaltigkeiten.

Der Vektor:

$$D^\nu = \frac{1}{m} g'^{\lambda\mu} H_{\lambda\mu}^{\cdot\cdot\nu} \tag{109}$$

ist der vektorische Mittelwert der m Vektoren der erzwungenen Krümmung, die zu m beliebigen gegenseitig senkrechten Richtungen der V_m gehören. D^ν heißt dementsprechend der mittlere Krümmungsvektor der V_m.

Für V_{n-1} in V_n ist nach (83):

$$D^\nu = -\frac{1}{m} g'^{\lambda\mu} h_{\lambda\mu} \underset{n}{i^\nu} \tag{110}$$

und die Länge von D^ν ist also das arithmetische Mittel der Hauptkrümmungen.

Für V_1 in V_n ist D^ν identisch mit dem Krümmungsvektor.

Wir nennen eine V_m eine Minimalmannigfaltigkeit, wenn die Variation des Inhalts jedes durch eine geschlossene V_{m-1} begrenzten Teiles bei Festhaltung der Begrenzung verschwindet. Es gilt dann der Satz:

Eine V_m in V_n ist dann und nur dann eine Minimalmannigfaltigkeit, wenn der mittlere Krümmungsvektor D^ν in jedem ihrer Punkte verschwindet[1]).

[1]) *Lipschitz*, 1874, 2; weitere Literaturangaben bei *Struik*, 1922, 5, S. 98.

Zum Beweise[1]) grenzen wir einen Teil der V_m ab durch eine geschlossene V_{m-1} und erteilen allen Punkten des abgegrenzten Gebietes eine Verrückung $\bar{d}x^{\nu}$ [2]), die auf der Begrenzung Null wird.

Die Maßbestimmung der V_m erleidet dabei die Änderung:

$$(111)\quad \left\{\begin{aligned} \bar{d}\,ds^2 &= \bar{d}(dx^{\lambda}\,dx^{\mu}\,g_{\lambda\mu}) = \bar{\delta}\,dx^{\lambda}\,dx^{\mu}\,g_{\lambda\mu} + dx^{\lambda}\,\bar{\delta}\,dx^{\mu}\,g_{\lambda\mu} \\ &+ dx^{\lambda}\,dx^{\mu}\,\bar{\delta}\,g_{\lambda\mu} = 2\bar{\delta}\,dx^{\lambda}\,dx^{\mu}\,g_{\lambda\mu} = 2\delta\,\bar{d}x^{\lambda}\,dx^{\mu}\,g_{\lambda\mu} \\ &= 2\delta\,\bar{d}x^{\lambda}\,dx^{\mu}\,g'_{\lambda\mu} = 2\,dx^{\mu}\,dx^{\alpha}\,(\nabla_{\alpha}\,\bar{d}x^{\lambda})\,g'_{\lambda\mu} \\ &= 2\,dx^{\mu}\,dx^{\lambda}\,(\nabla'_{(\lambda}\,g'_{\mu)\alpha}\,\bar{d}x^{\alpha} - \bar{d}x^{\alpha}\,\nabla_{(\lambda}\,g'_{\mu)\alpha}). \end{aligned}\right.$$

Dieselbe Änderung der Maßbestimmung der V_m erhält man also [vgl. (80)], wenn man die V_m in Ruhe läßt und $g'_{\lambda\mu}$ ändert um:

$$(112)\qquad \bar{d}\,g'_{\lambda\mu} = 2\,\nabla'_{(\lambda}\,g'_{\mu)\alpha}\,\bar{d}x^{\alpha} - 2\,H_{\lambda\mu\alpha}\,\bar{d}x^{\alpha}.$$

Statt der gegebenen Variation kann man also die Variation (112) der Maßbestimmung in die Rechnung einführen. Wählt man vorübergehend die Urvariablen so, daß $x^{a_{m+1}}, \ldots, x^{a_n}$ auf V_m konstant sind, so ist das Volumelement der V_m:

$$(113)\qquad d\tau_m = dx^{a_1}\ldots dx^{a_m}\sqrt{g'},$$

wo g' die Determinante der $g'_{\lambda\mu}$ ist. Nun lehrt ein bekannter Determinantensatz:

$$(114)\qquad g'\,g^{\lambda\mu} = \frac{\partial g'}{\partial g_{\lambda\mu}}.$$

und infolgedessen ist:

$$(115)\qquad \bar{d}\,g' = g'\,g'^{\lambda\mu}\,\bar{d}\,g'_{\lambda\mu} = -\,g'\,g'_{\lambda\mu}\,\bar{d}\,g'^{\lambda\mu}.$$

Da sich aber die Urvariablen bei Variation der Maßbestimmung nicht ändern, folgt aus (113) und (115):

$$(116)\quad \left\{\begin{aligned} \bar{d}\,d\tau_m &= -\tfrac{1}{2}\,g'^{-\frac{1}{2}}\,dx^{a_1}\ldots dx^{a_m}\,g'\,g'^{\lambda\mu}\,\bar{d}\,g'_{\lambda\mu} \\ &= -\tfrac{1}{2}\,dx^{a_1}\ldots dx^{a_m}\,g'^{\lambda\mu}\,\bar{d}\,g'_{\lambda\mu}\sqrt{g'}, \end{aligned}\right.$$

oder, bei Einführung des Wertes von $\bar{d}\,g'_{\lambda\mu}$ aus (112):

$$(117)\quad \left\{\begin{aligned} \bar{d}\,d\tau_m &= -\,g'^{\lambda\mu}\,(\nabla'_{\lambda}\,g'_{\mu\alpha}\,\bar{d}x^{\alpha} - H_{\lambda\mu\alpha}\,\bar{d}x^{\alpha})\,d\tau_m \\ &= \left(-\,\nabla'_{\lambda}\,B^{\lambda}_{\alpha}\,\bar{d}x^{\alpha} + g'^{\lambda\mu}\,H_{\lambda\mu\alpha}\,\bar{d}x^{\alpha}\right)d\tau_m. \end{aligned}\right.$$

Bei der Integration über τ_m läßt sich der erste Term rechts mit Hilfe von (II, 211) in ein Integral von $B^{\lambda}_{\alpha}\,\bar{d}x^{\alpha}$ über die begrenzende V_{m-1} überführen und dieses Integral ist Null, da $\bar{d}x^{\nu}$ auf der Begrenzung verschwindet. Es ist also:

$$(118)\quad \left\{\begin{aligned} \bar{d}\tau &= \int_{\tau}\bar{d}\,d\tau = \int_{\tau} g'^{\lambda\mu}\,H_{\lambda\mu\alpha}\,\bar{d}x^{\alpha}\,d\tau_m \\ &= \int_{\tau} D_{\alpha}\,\bar{d}x^{\alpha}\,d\tau_m. \end{aligned}\right.$$

---

[1]) *Schouten*, 1918, 1, S. 60.

[2]) Es ist hier $\bar{d}$ verwendet statt δ, um Verwechslungen mit dem Zeichen des kovarianten Differentials zu vermeiden. Das zu $\bar{d}$ gehörige kovariante Differential wird mit $\bar{\delta}$ bezeichnet.

Dafür, daß dieses Integral für jede beliebige Wahl der Begrenzung und der Verrückung $\overline{d}x^\nu$ verschwindet, ist notwendig und hinreichend, daß D_λ Null ist. Der auf S. 188 ausgesprochene Satz ist damit bewiesen.

§ 12. Orthogonale Systeme von V_{n-1} durch eine gegebene Kongruenz.

Ricci[1]) hat sich die Frage vorgelegt, wann es möglich ist, durch eine Kongruenz $\underset{n}{i}^\nu$ $n-1$ gegenseitig orthogonale Systeme von V_{n-1} zu legen. Die V_{n-1} seien die äquiskalaren V_{n-1} der Felder $\overset{a}{p}$, $a = 1, \ldots, n-1$. Für die Gradienten der $\overset{a}{p}$ schreiben wir kurz:

$$(119) \qquad \nabla_\mu \overset{a}{p} = \overset{a}{p}_\mu .$$

$\underset{n}{i}^\nu$ ist mit jeder der Kongruenzen $\overset{a}{p}_\mu$ V_2-bildend. Die V_2 sind eben die Schnittgebilde der zu den anderen $n-2$ Kongruenzen orthogonalen V_{n-1}. Nach (III, § 3) muß also gelten:

$$(120) \qquad \underset{n}{i}^\mu \nabla_\mu \overset{a}{p}_\lambda - \overset{a}{p}^\mu \nabla_\mu \underset{n}{i} = \underset{a}{\alpha} \overset{a}{p}_\lambda + \underset{n}{\alpha} \overset{n}{i}_\lambda ,$$

wo $\underset{a}{\alpha}$ und $\underset{n}{\alpha}$ beliebige Werte haben können. Da aber $\underset{n}{i}_\lambda \perp \overset{a}{p}_\lambda$, so ist:

$$(121) \qquad \underset{n}{i}^\mu \nabla_\mu \overset{a}{p}_\lambda = \underset{n}{i}^\mu \nabla_\lambda \overset{a}{p}_\mu = - \overset{a}{p}^\mu \nabla_\lambda \underset{n}{i}_\mu ,$$

so daß (120) gleichwertig ist mit:

$$(122) \qquad -2 \overset{a}{p}^\mu \nabla_{(\mu} \underset{n}{i}_{\lambda)} = \underset{a}{\alpha} \overset{a}{p}_\lambda + \underset{n}{\alpha} \underset{n}{i}_\lambda .$$

Diese Bedingung ist dann und nur dann erfüllt, wenn $\overset{a}{p}_\lambda$ in einer Hauptrichtung des Tensors $h_{\mu\lambda}$ liegt (S. 57), d. h. wenn $\overset{a}{p}_\lambda$ eine der zu $\underset{n}{i}^\nu$ gehörigen kanonischen Kongruenzen ist. Nun sind aber die kanonischen Kongruenzen im allgemeinen nicht V_{n-1}-normal, und es müssen also die notwendigen und hinreichenden Bedingungen aufgestellt werden dafür, daß unter den möglichen kanonischen Kongruenzen $n-1$ gegenseitig senkrecht gewählt werden können, die V_{n-1}-normal sind.

Um eine erste Bedingung zu berechnen, legen wir das Orthogonalnetz $\underset{a}{i}^\nu$ in die Richtungen der kanonischen Kongruenzen (S. 177) und nehmen zunächst an, daß diese Kongruenzen eindeutig bestimmt sind. Wir gehen dann aus von der aus (57) und (59) folgenden Gleichung:

$$(123) \qquad \underset{a}{i}^\lambda \underset{b}{i}^\mu h_{\lambda\mu} = 0, \qquad a \neq b$$

---

[1]) 1895, 1, S. 301 u. f.; vgl. auch 86, 2 und 87,2. Man vergleiche zu diesem und dem folgenden Paragraphen *Schouten-Struik*, 1919, 1, wo auch die verschiedenen in der Literatur vorkommenden Formen der Bedingungen eingehend erörtert sind.

die hier jedenfalls gilt, da sie allgemein gilt für den Fall, daß $\underset{a}{i}^{\nu}$ und $\underset{b}{i}^{\nu}$ zu verschiedenen Hauptgebieten von $h_{\mu\lambda}$ gehören. Anwendung der Operation $\underset{n}{i}^{\omega}\nabla_{\omega}$ auf diese Gleichung liefert:

$$(124)\quad \underset{n}{i}^{\omega}(\nabla_{\omega}\underset{a}{i}^{\lambda})\underset{b}{i}^{\mu}h_{\mu\lambda}+\underset{a}{i}^{\lambda}\underset{n}{i}^{\omega}(\nabla_{\omega}\underset{b}{i}^{\mu})h_{\mu\lambda}+\underset{a}{i}^{\lambda}\underset{b}{i}^{\mu}\underset{n}{i}^{\omega}\nabla_{\omega}h_{\mu\lambda}=0\,. \qquad a\neq b$$

Nun enthält $\underset{a}{i}^{\lambda}h_{\mu\lambda}$ nur $\underset{a}{i}_{\mu}$, da die Kongruenzen $\underset{a}{i}^{\nu}$ kanonisch sind. Ferner soll $\underset{a}{i}^{\nu}$ V_{n-1}-normal sein, d. h. es soll u. a. gelten:

$$(125)\quad \underset{n}{i}^{\lambda}\underset{b}{i}^{\mu}\nabla_{\mu}\underset{a}{i}_{\lambda}=\underset{n}{i}^{\mu}\underset{b}{i}^{\lambda}\nabla_{\mu}\underset{a}{i}_{\lambda}\,. \qquad a\neq b$$

Demzufolge geht (124) über in:

$$(126)\quad -\underset{a}{i}^{\omega}H^{\lambda}_{\cdot\omega}\underset{b}{i}^{\mu}h_{\mu\lambda}-\underset{b}{i}^{\omega}H^{\lambda}_{\cdot\omega}\underset{a}{i}^{\mu}h_{\mu\lambda}+\underset{a}{i}^{\lambda}\underset{b}{i}^{\mu}\underset{n}{i}^{\omega}\nabla_{\omega}h_{\mu\lambda}=0. \qquad a\neq b$$

Nun ist aber:

$$(127)\quad \underset{a}{i}^{\omega}\underset{b}{i}^{\mu}h^{\lambda}_{\cdot\omega}h_{\mu\lambda}=0\,, \qquad a\neq b$$

da der Tensor $h^{\lambda}_{\cdot\omega}h_{\mu\lambda}$ dieselben Hauptrichtungen hat wie $h_{\omega\mu}$. Infolgedessen ist (126) gleichbedeutend mit den $\frac{1}{2}(n-1)(n-2)$ Gleichungen:

$$(128)\quad \boxed{\underset{a}{i}^{\mu}\underset{b}{i}^{\lambda}\left(\underset{n}{i}^{\omega}\nabla_{\omega}h_{\mu\lambda}-2k^{\alpha}_{\cdot(\mu}h_{\lambda)\alpha}\right)=0\,, \qquad a\neq b\,^{1)}\,.}$$

Diese Gleichungen bringen zum Ausdruck, daß die Hauptgebiete des Tensors $\underset{n}{i}^{\omega}\nabla_{\omega}h_{\mu\lambda}-2k^{\alpha}_{\cdot(\mu}h_{\lambda)\alpha}$ die Hauptgebiete von $h_{\mu\lambda}$ enthalten.

Eine zweite Bedingung wird erhalten, indem $\underset{c}{i}^{\omega}\nabla_{\omega}$, $a, b, c\neq$, auf (123) angewandt wird. Dann ergibt sich:

$$(129)\quad \underset{c}{i}^{\omega}\left(\nabla_{\omega}\underset{a}{i}^{\lambda}\right)\underset{b}{i}^{\mu}h_{\mu\lambda}+\underset{a}{i}^{\lambda}\underset{c}{i}^{\omega}\left(\nabla_{\omega}\underset{b}{i}^{\mu}\right)h_{\mu\lambda}+\underset{a}{i}^{\lambda}\underset{b}{i}^{\mu}\underset{c}{i}^{\omega}\nabla_{\omega}h_{\mu\lambda}=0\,, \qquad a,b,c\neq$$

oder:

$$(130)\quad (h_{bb}-h_{aa})\underset{c}{i}^{\omega}\left(\nabla_{\omega}\underset{a}{i}_{\lambda}\right)\underset{b}{i}^{\lambda}+\underset{a}{i}^{\lambda}\underset{b}{i}^{\mu}\underset{c}{i}^{\omega}\nabla_{\omega}h_{\mu\lambda}=0\,. \qquad a,b,c\neq$$

Sollen nun $\underset{a}{i}^{\nu}$, $\underset{b}{i}^{\nu}$ und $\underset{c}{i}^{\nu}$ alle V_{n-1}-normal sein, so ist:

$$(131)\quad \begin{cases} \underset{c}{i}^{\omega}\underset{b}{i}^{\lambda}\nabla_{\omega}\underset{a}{i}_{\lambda}=\underset{b}{i}^{\omega}\underset{c}{i}^{\lambda}\nabla_{\omega}\underset{a}{i}_{\lambda}=-\underset{b}{i}^{\omega}\underset{a}{i}^{\lambda}\nabla_{\omega}\underset{c}{i}_{\lambda}=-\underset{a}{i}^{\omega}\underset{b}{i}^{\lambda}\nabla_{\omega}\underset{c}{i}_{\lambda} \\ \qquad =\underset{a}{i}^{\omega}\underset{c}{i}^{\lambda}\nabla_{\omega}\underset{b}{i}_{\lambda}=\underset{c}{i}^{\omega}\underset{a}{i}^{\lambda}\nabla_{\omega}\underset{b}{i}_{\lambda}=-\underset{c}{i}^{\omega}\underset{b}{i}^{\lambda}\nabla_{\omega}\underset{a}{i}_{\lambda}\,, \end{cases}$$

so daß:

$$(132)\quad \underset{c}{i}^{\omega}\underset{b}{i}^{\lambda}\nabla_{\omega}\underset{a}{i}_{\lambda}=0\,, \qquad a,b,c\neq$$

und aus (130) folgen also die $\frac{1}{2}(n-1)(n-2)(n-3)$ Gleichungen:

$$(133\,\mathrm{a})\quad \boxed{\underset{a}{i}^{\lambda}\underset{b}{i}^{\mu}\underset{c}{i}^{\omega}\nabla_{\omega}h_{\mu\lambda}=0\,.} \qquad a,b,c\neq\,^{2)}$$

---

1) *Schouten-Struik*, 1919, 1, S. 210; engl. S. 603. *Ricci* gibt 1895, 1, S. 309, eine andere Form, ausgehend von der Gleichung

$$\underset{a}{i}^{\lambda}\underset{b}{i}^{\mu}\nabla_{\mu}\underset{n}{i}_{\lambda}=0\,, \qquad a\neq b\,,$$

statt von (123).

2) *Schouten-Struik*, 1919, 1, S. 210; engl. S. 603. *Ricci* gelangt 1895, 1, S. 309, ausgehend von der in Fußnote 1) erwähnten Gleichung zu einer anderen, etwas weniger einfachen Form dieser Bedingung.

Wenn $h_{\mu\lambda}$ keine unbestimmten Hauptrichtungen hat, sind die Bedingungen (128 a) und (133 a) notwendig und hinreichend dafür, daß die kanonischen Kongruenzen V_{n-1}-normal sind. Denn aus (133 a) und (130) folgt (132), während aus der mit (126) äquivalenten Gleichung (128 a) und (124), (125) folgt. (125) und (132) bilden aber für diesen Fall die notwendigen und hinreichenden Bedingungen dafür, daß die kanonischen Kongruenzen V_{n-1}-normal sind.

Sind aber Hauptgebiete mit mehr als einer Dimension vorhanden, so brauchen nicht alle möglichen kanonischen Kongruenzen V_{n-1}-normal zu sein und infolgedessen gelten (125) und (132) nur für den Fall, daß $\underset{a}{i}{}^{\nu}$ und $\underset{b}{i}{}^{\nu}$ bzw. $\underset{a}{i}{}^{\nu}$, $\underset{b}{i}{}^{\nu}$ und $\underset{c}{i}{}^{\nu}$ zu verschiedenen Hauptgebieten gehören. Daraus geht hervor, daß dann (128 a) und (133 a) auch nur unter diesen Bedingungen gelten:

$$(128\,\mathrm{b}) \qquad \boxed{\underset{a}{i}{}^{\cdot\mu}\,\underset{b}{i}{}^{\cdot\lambda}\left(\underset{n}{i}{}^{\cdot\omega}\nabla_{\omega}h_{\mu\lambda}-2\,k^{\alpha}_{\cdot\,(\mu}h_{\lambda)\alpha}\right)=0\,, \qquad a\neq b\,, \qquad h_{aa}\neq h_{bb}\,.}$$

$$(133\,\mathrm{b}) \qquad \boxed{\underset{a}{i}{}^{\lambda}\,\underset{b}{i}{}^{\mu}\,\underset{c}{i}{}^{\omega}\nabla_{\omega}h_{\mu\lambda}=0\,, \qquad a,b,c\neq\,, \qquad h_{aa},h_{bb},h_{cc}\neq\,.}$$

Aus den so beschränkten Bedingungen (128 b) und (133 b) lassen sich dann nicht mehr alle Gleichungen (125) und (132) ableiten, es fehlen eben die Gleichungen (125), wo $\underset{a}{i}{}^{\nu}$ und $\underset{b}{i}{}^{\nu}$ zu demselben Hauptgebiet von $h_{\lambda\mu}$ gehören, sowie die Gleichungen (132), wo $\underset{a}{i}{}^{\nu}$, $\underset{b}{i}{}^{\nu}$ und $\underset{c}{i}{}^{\nu}$ nicht alle zu verschiedenen Hauptgebieten gehören. Nun gelten aber für $h_{aa}=h_{bb}$ neben (130) die Gleichungen:

$$(134) \qquad \left\{\begin{aligned} &(h_{cc}-h_{aa})\,\underset{a}{i}{}^{\omega}\left(\nabla_{\omega}\underset{b}{i}{}_{\lambda}\right)\underset{c}{i}{}^{\lambda}+\underset{b}{i}{}^{\lambda}\,\underset{c}{i}{}^{\mu}\,\underset{a}{i}{}^{\omega}\nabla_{\omega}h_{\mu\lambda}=0\\ &(h_{aa}-h_{cc})\,\underset{b}{i}{}^{\omega}\left(\nabla_{\omega}\underset{c}{i}{}_{\lambda}\right)\underset{a}{i}{}^{\lambda}+\underset{c}{i}{}^{\lambda}\,\underset{a}{i}{}^{\mu}\,\underset{b}{i}{}^{\omega}\nabla_{\omega}h_{\mu\lambda}=0\,, \end{aligned}\right. \qquad a,b,c\neq$$

die man durch zyklische Permutation aus (130) ableitet.

Ist $\underset{c}{i}{}^{\nu}$ V_{n-1}-normal, so ergibt Subtraktion unter Berücksichtigung der Symmetrie von $\nabla_a\underset{c}{i}{}_b$ in ab:

$$(135) \qquad \boxed{\underset{c}{i}{}^{\lambda}\,\underset{a}{i}{}^{\omega}\,\underset{b}{i}{}^{\mu}\nabla_{[\omega}h_{\mu]\lambda}=0} \qquad a,b,c\neq\,, \qquad h_{aa}=h_{bb}\neq h_{cc}\,^{1})$$

Haben die Hauptgebiete $k_1, \ldots, k_s$ Dimensionen, so beträgt die Anzahl dieser Gleichungen $\frac{1}{2}\sum k_u k_v (k_u + k_v - 2)$.

Diese dritte Bedingung ergänzt nun (128 b) und (133 b) zu einem auch hinreichenden System von Bedingungen. Aus (135) und (134) folgt nämlich für den Fall, daß $\underset{c}{i}{}^{\nu}$ zu einem anderen Hauptgebiet gehört wie $\underset{a}{i}{}^{\nu}$ und $\underset{b}{i}{}^{\nu}$:

$$(136) \qquad \left(\underset{a}{i}{}^{\omega}\,\underset{b}{i}{}^{\lambda}-\underset{b}{i}{}^{\omega}\,\underset{a}{i}{}^{\lambda}\right)\nabla_{\omega}\underset{c}{i}{}_{\lambda}=0\,, \qquad a,b,c\neq\,, \qquad h_{aa}=h_{bb}\neq h_{cc}$$

---

1) *Schouten-Struik*, 1919, 1, S. 211; engl. S. 604. *Ricci* gelangt 1895, 1, S. 342, ausgehend von der in der Fußnote 1) auf S. 191 erwähnten Gleichung zu einer anderen etwas weniger einfachen Form dieser Bedingung.

und dies bedeutet, wenn $\underset{c}{i}^{\nu}$ zu einem Hauptgebiet von k Dimensionen gehört, zusammen mit den aus (128b) und (133b) folgenden Gleichungen der Form (125) und (132), daß alle zu diesem Hauptgebiet gehörigen Kongruenzen senkrecht sind zu den V_{n-k}, die durch $\underset{n}{i}^{\nu}$ und die zu den anderen Hauptgebieten gehörigen Kongruenzen gebildet werden. Denn, nennen wir die Kongruenzen in dem betrachteten Hauptgebiet $\underset{x}{i}^{\nu}$, $x = 1, \ldots, k$, und die Kongruenzen der übrigen Hauptgebiete $\underset{u}{i}^{\nu}$, u, $v = k+1, \ldots, n-1$, so ist infolge der Gleichungen von der Form (125):

$$\underset{n}{i}^{[\lambda} \underset{u}{i}^{\mu]} \nabla_{\mu} \underset{x}{i}_{\lambda} = 0 \tag{137}$$

und aus (136) und den Gleichungen von der Form (132) folgt:

$$\underset{v}{i}^{[\lambda} \underset{u}{i}^{\mu]} \nabla_{\mu} \underset{x}{i}_{\lambda} = 0. \tag{138}$$

Die $\underset{u}{i}^{\nu}$ sind also zusammen mit $\underset{n}{i}^{\nu}$ V_{n-k}-bildend (vgl. III, § 3). Infolge (137) und (138) gibt es k Lösungen der Gleichung $\underset{n}{i}^{\mu} \nabla_{\mu} s = 0$, deren Gradientvektoren in dem betrachteten Hauptgebiet liegen. Da dies für jedes Hauptgebiet gilt, gibt es ebenso viele Gruppen von Lösungen, als es Hauptgebiete gibt, und in jeder Gruppe befinden sich so viele unabhängige Lösungen, als das Hauptgebiet Dimensionen zählt. Es muß jetzt nur noch dargetan werden, daß sich die Kongruenzen $\underset{x}{i}^{\nu}$ in dem betrachteten Hauptgebiet so wählen lassen, daß sie V_{n-1}-normal und gegenseitig senkrecht sind[1]).

Durch die V_{n-k} der $\underset{u}{i}^{\nu}$ und $\underset{n}{i}^{\nu}$ legen wir ein beliebiges System von ∞^1 V_{n-1} und nennen von jetzt an die Kongruenz normal zu diesen V_{n-1}, die offenbar in dem betrachteten Hauptgebiet liegt, $\underset{1}{i}^{\nu}$. Die Kongruenzen $\underset{y}{i}^{\nu}$, $y = 2, \ldots, k$ seien in beliebiger Weise senkrecht zueinander und zu $\underset{1}{i}^{\nu}$ im betrachteten Hauptgebiet gewählt. Da $\underset{1}{i}^{\nu}$ eine kanonische Kongruenz ist, sind $\underset{n}{i}^{\nu}$ und $\underset{1}{i}^{\nu}$ V_2-bildend (S. 177), d. h. die Gleichungen

$$\underset{n}{i}^{\mu} \nabla_{\mu} s = 0, \qquad \underset{1}{i}^{\mu} \nabla_{\mu} s = 0 \tag{139}$$

haben $n-2$ unabhängige Lösungen. Nun wurde aber oben bewiesen, daß es zu jedem Hauptgebiet von k Dimensionen eine Gruppe von k unabhängigen Lösungen der ersten Gleichung gibt, deren Gradienten in diesem Hauptgebiet liegen. Die Lösungen der ersten Gleichung (139), die zu den a n d e r e n Hauptgebieten gehören, sind also auch Lösungen der zweiten Gleichung (139). Es gibt daher noch $k-1$ weitere Lösungen von (139), deren Gradientvektoren in dem betrachteten Hauptgebiete

[1]) Der Beweis ist von *Ricci*, 1895, 1, S. 310, nur die Einkleidung ist eine etwas andere.

senkrecht zu $\underset{1}{i}^{\nu}$ liegen, und die demnach auch Lösungen der $n-k-1$ Gleichungen:

$$\underset{u}{i}^{\mu} \nabla_{\mu} s = 0 \tag{140}$$

sind. Daraus geht aber hervor, daß das System der $n-k+1$ Gleichungen (139) und (140) $k-1$ Lösungen besitzt, d. h. daß die $\underset{u}{i}^{\nu}$ zusammen mit $\underset{n}{i}^{\nu}$ und $\underset{1}{i}^{\nu}$ V_{n-k+1}-bildend sind. Durch diese V_{n-k+1} legen wir ein beliebiges System von ∞^1 V_{n-1}, und nennen von jetzt an die Kongruenz normal zu diesen V_{n-1}, die offenbar senkrecht zu $\underset{1}{i}^{\nu}$ im betrachteten Hauptgebiet liegt, $\underset{2}{i}^{\nu}$. Die Kongruenzen $\underset{z}{i}^{\nu}$, $z=3, \ldots, k$, seien in beliebiger Weise senkrecht zueinander und zu $\underset{1}{i}^{\nu}$ und $\underset{2}{i}^{\nu}$ im betrachteten Hauptgebiet gewählt. Die Gleichungen:

$$\underset{n}{i}^{\mu} \nabla_{\mu} s = 0\,, \qquad \underset{2}{i}^{\mu} \nabla_{\mu} s = 0 \tag{141}$$

haben $n-2$ unabhängige Lösungen, darunter die $n-k-1$ Lösungen der ersten Gleichung, die zu den anderen Hauptgebieten gehören, und da $\underset{1}{i}^{\nu}$ V_{n-1}-normal ist, eine Lösung, deren Gradientvektor die Richtung von $\underset{1}{i}^{\nu}$ hat. Es gibt also noch $k-2$ weitere Lösungen von (141), deren Gradientvektoren alle in dem betrachteten Hauptgebiete senkrecht zu $\underset{1}{i}^{\nu}$ und $\underset{2}{i}^{\nu}$ liegen und die demnach auch Lösungen des Systems der $n-k+2$ Gleichungen (139), (140) und (141) sind. Die $\underset{n}{i}^{\nu}$ sind also zusammen mit $\underset{n}{i}^{\nu}, \underset{1}{i}^{\nu}$ und $\underset{2}{i}^{\nu}$ V_{n-k+2}-bildend. Indem man so fortfährt, lassen sich die Kongruenzen in dem betrachteten Hauptgebiete und somit in allen Hauptgebieten V_{n-1}-normal wählen, vorausgesetzt, daß die Gleichungen (128 b), (133 b) und (135) gelten.

Es gilt also der Satz:

Zu einer Kongruenz $\underset{n}{i}^{\nu}$ gibt es dann und nur dann $n-1$ gegenseitig und zu $\underset{n}{i}^{\nu}$ orthogonale V_{n-1}-normale Kongruenzen, wenn für die zu $\underset{n}{i}^{\nu}$ gehörigen gegenseitig senkrechten kanonischen Kongruenzen $\underset{a}{i}^{\nu}$, $a, b, c = 1, \ldots, n-1$ (die innerhalb der Hauptgebiete beliebig gewählt sind) folgende Gleichungen gelten:

$$\text{(128 b)}\quad \underset{a}{i}^{\lambda} \underset{b}{i}^{\mu} \left(\underset{n}{i}^{\omega} \nabla_{\omega} h_{\mu\lambda} - 2 k^{\alpha}_{\cdot(\mu} h_{\lambda)\alpha}\right) = 0\,, \qquad a \neq b, \qquad h_{aa} \neq h_{bb}$$

$$\text{(133 b)}\quad \underset{a}{i}^{\lambda} \underset{b}{i}^{\mu} \underset{c}{i}^{\omega} \nabla_{\omega} h_{\mu\lambda} = 0\,, \qquad a, b, c \neq, \quad h_{aa}, h_{bb}, h_{cc} \neq$$

$$\text{(135)}\quad \underset{c}{i}^{\lambda} \underset{a}{i}^{\mu} \underset{b}{i}^{\omega} \nabla_{[\omega} h_{\mu]\lambda} = 0\,. \qquad a, b, c \neq, \qquad h_{aa} = h_{bb} \neq h_{cc}$$

§ 13. n-fache Orthogonalsysteme.

Für den Fall, daß $\underset{n}{i}^{\nu}$ V_{n-1}-normal ist, wird $k_{\mu\lambda} = 0$ (57; III, 114) und die Gleichungen (128 b), (133 b) und (135) sind die notwendigen und hinreichenden Bedingungen dafür, daß die zu $\underset{n}{i}^{\nu}$ normalen V_{n-1} zu einem n-fachen Orthogonalsystem gehören. Die Kongruenzen $\underset{a}{i}^{\nu}$ werden Kongruenzen von Hauptkrümmungslinien (vgl. S. 178) und es gilt also der verallgemeinerte *Dupin*sche Satz:

Die V_{n-1} eines n-fachen Orthogonalsystems schneiden sich in Hauptkrümmungslinien.

Man kann den Bedingungen (128b), (133b) und (135) eine einfache geometrische Deutung geben. Die Gleichung (128b), wo jetzt der $k_{\lambda\mu}$ enthaltende Term verschwindet, und (133b) sagen aus, daß die Hauptgebiete der betreffenden Komponenten der Tensoren $\underset{n}{i}^{\omega} \nabla_{\omega} h_{\mu\lambda}$ und $\underset{c}{i}^{\omega} \nabla_{\omega} h_{\mu\lambda}$ die Hauptgebiete von $h_{\mu\lambda}$ enthalten[1]). Um auch die Gleichung (135) geometrisch zu deuten, sei bemerkt, daß:

(142) $$\nabla_{[\omega} h_{\mu]\lambda} = \nabla_{[\omega} \nabla_{\mu]} \underset{n}{i}_{\lambda} - \nabla_{[\omega} \underset{n}{i}_{\mu]} \underset{n}{u}_{\lambda},$$

und demnach:

(143) $$\begin{cases} 2 \underset{c}{i}^{\lambda} \underset{b}{i}^{\mu} \underset{a}{i}^{\omega} \nabla_{[\omega} h_{\mu]\lambda} = \underset{c}{i}^{\lambda} \underset{b}{i}^{\mu} \underset{a}{i}^{\omega} K_{\omega\mu\lambda\nu} \underset{n}{i}^{\nu} - \underset{c}{i}^{\lambda} \underset{b}{i}^{\mu} \underset{a}{i}^{\omega} h_{[\omega\mu]} \underset{n}{u}_{\lambda} \\ \qquad = \underset{c}{i}^{\lambda} \underset{b}{i}^{\mu} \underset{a}{i}^{\omega} \underset{n}{i}^{\nu} K_{\omega\mu\lambda\nu} = K_{abcn} = 0. \end{cases}$$

Nun ist:

(144) $$\underset{b}{i}^{\mu} \underset{a}{i}^{\omega} K_{\omega\mu\lambda\nu} \underset{n}{i}^{\nu} d\sigma$$

die Änderung, die der Vektor $\underset{n}{i}^{\nu}$ erfährt, wenn er um den Rand des Flächenelementes $\underset{b}{i}^{[\mu} \underset{a}{i}^{\omega]} d\sigma$ geodätisch herumgeführt wird. (135) besagt also, daß diese Änderung in dem zu $\underset{a}{i}^{\nu}$ und $\underset{b}{i}^{\nu}$ gehörigen Hauptgebiete des Tensors $h_{\mu\lambda}$ liegt[2]).

Zusammenfassend läßt sich also der Satz aussprechen:

Ein System von ∞^1 V_{n-1} in einer V_n gehört dann und nur dann zu einem n-fachen Orthogonalsystem, wenn bei einer Verrückung senkrecht zu irgend m der Hauptgebiete des zweiten Fundamentaltensors $h_{\lambda\mu}$ die Komponente des Differentials von $h_{\lambda\mu}$ in dem Gebiet, das durch diese m Hauptgebiete bestimmt ist, Hauptgebiete hat, die die erwähnten m Hauptgebiete enthalten, und überdies, bei geodätischer Herumführung des Vektors $\underset{n}{i}^{\nu}$ längs des Randes eines in einem Hauptgebiete liegenden Flächenelementes, der Zuwachs von $\underset{n}{i}^{\nu}$ in diesem Hauptgebiet liegt.

Da die V_{n-1}-Komponente von $\underset{n}{i}^{\omega} \nabla_{\omega} h_{\mu\lambda}$ Hauptgebiete hat, die die Hauptgebiete von $h_{\mu\lambda}$ enthalten, folgt:

Der Ort der Umbilikalpunkte eines Systems von ∞^1 V_{n-1}, die zu einem n-fachen Orthogonalsystem gehören, setzt sich zusammen aus Kurven der zu den V_{n-1} normalen Kongruenz[3]).

---

[1]) *Levy*, 1870, 1, für V_2 in R_3.

[2]) *Schouten-Struik*, 1919, 1, S. 461; engl. S. 693.

[3]) *Levy*, 1870, 1, für V_2 in R_3.

Aus (143) folgt, daß in einer V_n, in der jedes System von n senkrechten Richtungen in jedem beliebigen Punkte zu einem n-fachen Orthogonalsystem gehört, alle orthogonalen Bestimmungszahlen von $K_{\omega\mu\lambda\nu}$ mit mehr als drei ungleichen Indizes verschwinden müssen. Die V_n muß also konformeuklidisch sein:

Eine V_n, die n-fache Orthogonalsysteme in jeder Richtung und Lage zuläßt, ist eine C_n[1]).

§ 14. Bedingungen für einen Tensor mit V_{n-1}-normalen Hauptrichtungen.

Sind die n Hauptrichtungen $\underset{j}{i}^{\nu}$ eines Tensors $T_{\lambda\mu}$ alle V_{n-1}-normal, so bilden sie ein n-faches Orthogonalsystem und umgekehrt. Wir nehmen zunächst an, daß $T_{\lambda\mu}$ nur eindeutig bestimmte Hauptrichtungen hat. Notwendige und hinreichende Bedingungen sind also:

$$(145) \qquad \underset{k}{i}^{\lambda}\,\underset{l}{i}^{\mu}\,\nabla_{\mu}\,\underset{j}{i}_{\lambda} = 0\,, \qquad j, k, l = 1, \ldots, n;\; j, k, l \neq .$$

Diese Bedingungen lassen sich in eine andere $T_{\lambda\mu}$ enthaltende Gestalt bringen. Differentiation von:

$$(146) \qquad \underset{j}{i}^{\lambda}\,\underset{k}{i}^{\mu}\,T_{\lambda\mu} = 0\,, \qquad j, k \neq 0\,.$$

ergibt:

$$(147) \quad \underset{l}{i}^{\omega}\left(\nabla_{\omega}\,\underset{j}{i}^{\lambda}\right)\underset{k}{i}^{\mu}\,T_{\lambda\mu} + \underset{j}{i}^{\lambda}\,\underset{l}{i}^{\omega}\left(\nabla_{\omega}\,\underset{k}{i}^{\mu}\right)T_{\lambda\mu} + \underset{j}{i}^{\lambda}\,\underset{k}{i}^{\mu}\,\underset{l}{i}^{\omega}\,\nabla_{\omega}\,T_{\lambda\mu} = 0\,,$$

oder:

$$(148) \quad (T_{kk} - T_{jj})\,\underset{l}{i}^{\omega}\,\underset{k}{i}^{\lambda}\,\nabla_{\omega}\,\underset{j}{i}_{\lambda} + \underset{j}{i}^{\lambda}\,\underset{k}{i}^{\mu}\,\underset{l}{i}^{\omega}\,\nabla_{\omega}\,T_{\lambda\mu} = 0\,. \qquad \begin{cases} j, k, l = 1, \ldots, n \\ j \neq k. \end{cases}$$

Aus (145) und (148) folgt:

$$(149\text{a}) \qquad \boxed{\underset{j}{i}^{\lambda}\,\underset{k}{i}^{\mu}\,\underset{l}{i}^{\omega}\,\nabla_{\omega}\,T_{\mu\lambda} = 0\,, \qquad j, k, l \neq .}$$

Umgekehrt folgt (145) aus (148) und (149a). Hat also $T_{\lambda\mu}$ nur eindeutig bestimmte Hauptrichtungen, so ist (149) notwendig und hinreichend dafür, daß diese Richtungen V_{n-1}-normal sind. Hat $T_{\lambda\mu}$ auch unbestimmte Hauptrichtungen, so brauchen nicht alle möglichen Hauptrichtungen V_{n-1}-normal zu sein und infolgedessen gilt (145) nur für den Fall, daß $\underset{j}{i}^{\nu}$, $\underset{k}{i}^{\nu}$ und $\underset{l}{i}^{\nu}$ zu verschiedenen Hauptgebieten gehören. Daraus geht hervor, daß dann (149a) auch nur unter diesen Bedingungen gilt:

$$(149\text{b}) \qquad \boxed{\underset{j}{i}^{\lambda}\,\underset{k}{i}^{\mu}\,\underset{l}{i}^{\omega}\,\nabla_{\omega}\,T_{\mu\lambda} = 0\,, \qquad j, k, l \neq, \qquad T_{jj};\, T_{kk},\, T_{ll} \neq .}$$

Aus den so beschränkten Bedingungen (149b) lassen sich diejenigen der Gleichungen (145), in denen $\underset{j}{i}^{\nu}$, $\underset{k}{i}^{\nu}$ und $\underset{l}{i}^{\nu}$ nicht alle zu verschiedenen

---

[1]) *Schouten-Struik*, 1919, 1, S. 462; engl. S. 693; *Schouten*, 1921, 2, S. 84.

Hauptgebieten gehören, nicht mehr ableiten. Ist aber $T_{jj} = T_{kk}$, so existieren neben (148) die Gleichungen:

$$(150) \quad \begin{cases} (T_{ll} - T_{jj})\, \underset{j}{i}^{\omega} \underset{l}{i}^{\lambda} \nabla_{\omega} \underset{k}{i}_{\lambda} + \underset{k}{i}^{\lambda} \underset{l}{i}^{\mu} \underset{j}{i}^{\omega} \nabla_{\omega} T_{\lambda\mu} = 0\,, \\ (T_{jj} - T_{ll})\, \underset{k}{i}^{\omega} \underset{j}{i}^{\lambda} \nabla_{\omega} \underset{l}{i}_{\lambda} + \underset{l}{i}^{\lambda} \underset{j}{i}^{\mu} \underset{k}{i}^{\omega} \nabla_{\omega} T_{\lambda\mu} = 0\,, \end{cases}$$

aus denen durch Subtraktion entsteht:

$$(151) \quad (T_{ll} - T_{jj}) \left(\underset{j}{i}^{\omega} \underset{k}{i}^{\lambda} - \underset{k}{i}^{\omega} \underset{j}{i}^{\lambda} \right) \nabla_{\omega} \underset{l}{i}_{\lambda} + \underset{l}{i}^{\lambda} \underset{j}{i}^{\omega} \underset{k}{i}^{\mu} \nabla_{[\omega} T_{\mu]\lambda} = 0\,.$$

Aus dieser Gleichung folgt unter Berücksichtigung der Symmetrie von $\nabla_j \underset{l}{i}_k$ in jk:

$$(152) \quad \boxed{\underset{l}{i}^{\lambda} \underset{j}{i}^{\omega} \underset{k}{i}^{\mu} \nabla_{[\omega} T_{\mu]\lambda} = 0\,, \qquad j, k, l \neq, \qquad T_{jj} = T_{kk} \neq T_{ll}\,.}$$

Umgekehrt folgt aus (152) und (151):

$$(153) \quad \left(\underset{j}{i}^{\omega} \underset{k}{i}^{\lambda} - \underset{k}{i}^{\omega} \underset{j}{i}^{\lambda} \right) \nabla_{\omega} \underset{l}{i}_{\lambda} = 0\,,$$

und wie auf S. 193 wird dann bewiesen, daß sich die Kongruenzen in den Hauptgebieten von $T_{\lambda\mu}$ so wählen lassen, daß sie alle V_{n-1}-normal und gegenseitig senkrecht sind. Es gilt also der Satz:

Die Hauptrichtungen eines Tensors $T_{\lambda\mu}$ können dann und nur dann so gewählt werden, daß sie alle V_{n-1}-normal sind, wenn für die gegenseitig senkrechten Kongruenzen $\underset{j}{i}^{\nu}$, $j = 1, \ldots, n$, die alle in einer Hauptrichtung von $T_{\lambda\mu}$ liegen und innerhalb eines Hauptgebietes beliebig gewählt sind, folgende Gleichungen gelten:

$$(149\,\text{b}) \quad \begin{cases} \underset{j}{i}^{\lambda} \underset{k}{i}^{\mu} \underset{l}{i}^{\omega} \nabla_{\omega} T_{\mu\lambda} = 0\,, & j, k, l \neq, \quad T_{jj}, T_{kk}, T_{ll} \neq\,. \\ \underset{l}{i}^{\lambda} \underset{j}{i}^{\mu} \underset{k}{i}^{\omega} \nabla_{[\omega} T_{\mu]\lambda} = 0\,. & j, k, l \neq, \quad T_{jj} = T_{kk} \neq T_{ll}\,. \end{cases}$$

§ 15. Die Beziehungen der Krümmungsgrößen der V_m und der V_n.

Ist v^{ν} ein in der V_m liegendes Feld, so ist:

$$(154) \quad \begin{cases} B_{\mu}^{\alpha} \nabla_{\alpha} v^{\nu} = \nabla'_{\mu} v^{\nu} + B_{\mu}^{\alpha} \left(\nabla_{\alpha} v^{\beta} \right) \left(A_{\beta}^{\nu} - B_{\beta}^{\nu} \right) \\ \quad = \nabla'_{\mu} v^{\nu} + v^{\beta} B_{\mu}^{\alpha} \nabla_{\alpha} B_{\beta}^{\nu} \\ \quad = \nabla'_{\mu} v^{\nu} + v^{\alpha} H_{\alpha\mu}^{\cdot\cdot\,\nu}\,. \end{cases}$$

Differentiation liefert:

$$(155) \quad \begin{cases} B_{\omega\mu\gamma}^{\beta\alpha\nu} \nabla_{[\beta} \nabla_{\alpha]} v^{\gamma} + B_{\omega\gamma\mu}^{\beta\nu\varepsilon} \nabla_{[\beta} B_{\varepsilon]}^{\alpha} \nabla_{\alpha} v^{\gamma} = \\ \quad = \nabla'_{[\omega} \nabla'_{\mu]} v^{\nu} + B_{\omega\gamma\mu}^{\beta\nu\varepsilon} \nabla_{[\beta} B_{\varepsilon]}^{\alpha} v^{\delta} \nabla_{\alpha} B_{\delta}^{\gamma} \\ \quad = \nabla'_{[\omega} \nabla'_{\mu]} v^{\nu} + v^{\delta} B_{[\omega\mu]\gamma}^{\beta\,\alpha\,\nu} \nabla_{\beta} \nabla_{\alpha} B_{\delta}^{\gamma} \\ \quad = \nabla'_{[\omega} \nabla'_{\mu]} v^{\nu} - v^{\delta} B_{[\omega\mu]\gamma}^{\beta\,\alpha\,\nu} \sum_{e} \nabla_{\beta} \nabla_{\alpha} \underset{e}{i}_{\delta} \underset{e}{i}^{\gamma} \\ \quad = \nabla'_{[\omega} \nabla'_{\mu]} v^{\nu} - v^{\delta} B_{[\omega\mu]\gamma}^{\beta\,\alpha\,\nu} \sum_{e} \left(\nabla_{\alpha} \underset{e}{i}_{\delta} \right) \underset{e}{i}^{\varepsilon} \left(\nabla_{\beta} \underset{e}{i}^{\gamma} \right) \underset{e}{i}_{\varepsilon} \\ \quad = \nabla'_{[\omega} \nabla'_{\mu]} v^{\nu} - v^{\delta} B_{[\omega\mu]\gamma}^{\beta\,\alpha\,\nu} H_{\alpha\delta}^{\cdot\cdot\,\varepsilon} H_{\beta\cdot\varepsilon}^{\cdot\gamma}\,, \end{cases}$$

so daß:

$$(156)\qquad -B^{\beta\alpha\nu}_{\omega\mu\gamma} K_{\beta\alpha\lambda}^{\cdot\cdot\cdot\gamma} v^\lambda = -K'^{\cdot\cdot\cdot\nu}_{\omega\mu\lambda} v^\lambda - 2 v^\lambda H^{\cdot\cdot\alpha}_{\lambda[\mu} H^{\cdot\cdot\nu}_{\omega]\cdot\alpha}$$

oder:

$$(157)\qquad \boxed{B^{\beta\alpha\nu\delta}_{\omega\mu\gamma\lambda} K_{\beta\alpha\delta}^{\cdot\cdot\cdot\gamma} = K'^{\cdot\cdot\cdot\nu}_{\omega\mu\lambda} + 2 H^{\cdot\cdot\alpha}_{\lambda[\mu} H^{\cdot\cdot\nu}_{\omega]\cdot\alpha}.}$$

Dies ist die Verallgemeinerung der *Gauß*schen Gleichung für V_m in V_n, durch welche die Beziehungen zwischen $K'_{\omega\mu\lambda\nu}$ und der V_{n-1}-Komponente von $K_{\omega\mu\lambda\nu}$ gegeben sind [vgl. IV, 212 [1])]. Durch Anwendung von (83) erhält man eine andere Form der Gleichung:

$$(158)\qquad \boxed{K'_{\omega\mu\lambda\nu} = B^{\beta\alpha\gamma\delta}_{\omega\mu\nu\lambda} K_{\beta\alpha\delta\gamma} + 2\sum_e \overset{e}{h}_{[\omega[\lambda} \overset{e}{h}_{\mu]\nu]}}$$

$K'_{\omega\mu\lambda\nu}$ ist die Krümmungsgröße der V_m, als Mannigfaltigkeit für sich betrachtet, oder die **absolute** Krümmungsgröße der V_m, $B^{\beta\alpha\gamma\delta}_{\omega\mu\nu\lambda} K_{\beta\alpha\delta\gamma}$ ist die Krümmungsgröße einer die V_m im betrachteten Punkte tangierenden, in V_n geodätischen V_m. Diese Größe kann daher die **erzwungene Krümmungsgröße** der V_m genannt werden. Der zweite Term rechts ist die Krümmungsgröße, die die V_m haben würde, wenn die V_n eine R_n wäre, oder die **relative Krümmungsgröße** der V_m. (158) läßt sich also folgendermaßen aussprechen:

Die absolute Krümmungsgröße einer V_m in V_n ist die Summe der relativen und der erzwungenen Krümmungsgröße.

Für eine in V_n geodätische V_m verschwindet $H^{\cdot\cdot\nu}_{\lambda\mu}$ und es gilt also der Satz:

Die Krümmungsgröße einer in V_n geodätischen V_m ist die V_m-Komponente der Krümmungsgröße der V_n.

Die Größe $\sum_e \overset{e}{h}_{[\omega[\lambda} \overset{e}{h}_{\mu]\nu]}$ kann aber auch verschwinden, ohne daß die $\overset{e}{h}_{\mu\lambda}$ Null sind. Dieser Fall tritt z. B. ein, wenn in einem axialen Punkt der Rang des zur ausgezeichneten Richtung gehörigen Tensors $h_{\mu\lambda}$ eins ist [2]). In einer S_n hat $K_{\omega\mu\lambda\nu}$ die Form (26), und es ist also:

$$(159)\qquad K'_{\omega\mu\lambda\nu} = -\frac{2}{n(n-1)} K g'_{[\omega[\lambda} g'_{\mu]\nu]} + 2\sum_e \overset{e}{h}_{[\omega[\lambda} \overset{e}{h}_{\mu]\nu]},$$

was für $m = n-1$ übergeht in:

$$(160)\qquad K'_{\omega\mu\lambda\nu} = -\frac{2}{n(n-1)} K g'_{[\omega[\lambda} g'_{\mu]\nu]} + 2 h_{[\omega[\lambda} h_{\mu]\nu]}.$$

Im ersten Abschnitte (I, § 10) wurde gezeigt, daß $h_{\mu\lambda}$ durch $h_{[\omega[\lambda} h_{\mu]\nu]}$ nur dann eindeutig bestimmt ist, wenn $h_{\mu\lambda}$ einen Rang > 2 hat. Änderung von $h_{\mu\lambda}$ bedeutet aber Biegung der V_{n-1}. Es gilt also der Satz:

---

[1]) *Lipschitz*, 1870, 2, S. 292; *Ricci*, 1902, 2, S. 359.

[2]) Andere Fälle behandelt *Cartan*, 1919, 3; 1920, 4.

Eine V_{n-1} in S_n kann dann und nur dann verbogen werden, wenn der zweite Fundamentaltensor einen Rang ≤ 2 hat[1]).

§ 16. Absolute, relative und erzwungene Krümmung einer V_m in V_n.

Überschiebung von (158) mit $-\frac{1}{m(m-1)} g'^{\omega\nu} g'^{\mu\lambda}$ erzeugt, wenn wir K'_0 schreiben für $-\frac{1}{m(m-1)} K'$:

$$(161)\quad K'_0 = -\frac{1}{m(m-1)} g'^{\omega\nu} g'^{\mu\lambda} K_{\omega\mu\lambda\nu} - \frac{2}{m(m-1)} \sum_e g'^{\omega\nu} g'^{\mu\lambda} \overset{e}{h}_{[\omega[\lambda} \overset{e}{h}_{\mu]\nu]}$$

K'_0 ist die absolute Krümmung der V_m,

$$(162)\quad K_z = -\frac{1}{m(m-1)} g'^{\omega\nu} g'^{\mu\lambda} K_{\omega\mu\lambda\nu}$$

die erzwungene Krümmung, und

$$(163)\quad K_r = -\frac{2}{m(m-1)} \sum_e g'^{\omega\nu} g'^{\mu\lambda} \overset{e}{h}_{[\omega[\lambda} \overset{e}{h}_{\mu]\nu]}$$

die relative Krümmung der V_m.

(161) besagt also:

Die absolute Krümmung einer V_m in V_n ist die Summe der relativen Krümmung und der erzwungenen Krümmung[2]).

Ist die V_n eine S_n, so ist die erzwungene Krümmung K_z in allen Punkten der V_m gleich und von der Lage und der Maßbestimmung in der V_m unabhängig. K_z und K'_0 sind also Biegungsinvarianten und daraus geht hervor, daß auch K_r eine Biegungsinvariante ist.

Die relative Krümmung läßt sich in einer V_n folgendermaßen umformen:

$$(164)\quad \begin{cases} K_r = -\frac{1}{m(m-1)} \sum_e \sum_{ab} \underset{a}{i}^{\omega} \underset{a}{i}^{\nu} \underset{b}{i}^{\mu} \underset{b}{i}^{\lambda} \left\{ \left(\nabla_\omega \overset{e}{i}_\lambda\right) \nabla_\mu \overset{e}{i}_\nu - \left(\nabla_\omega \overset{e}{i}_\nu\right) \nabla_\mu \overset{e}{i}_\lambda \right\} \\ \quad = -\frac{1}{m(m-1)} \sum_e \sum_{ab}^{a\neq b} \left\{ \underset{a}{i}^{\omega} \underset{b}{i}^{\lambda} \left(\nabla_\omega \overset{e}{i}_\lambda\right) \underset{a}{i}^{\nu} \underset{b}{i}^{\mu} \left(\nabla_\mu \overset{e}{i}_\nu\right) - \right. \\ \quad \left. - \underset{a}{i}^{\omega} \underset{a}{i}^{\nu} \left(\nabla_\omega \overset{e}{i}_\nu\right) \underset{b}{i}^{\mu} \underset{b}{i}^{\lambda} \left(\nabla_\mu \overset{e}{i}_\lambda\right) \right\}. \end{cases}$$

Wählt man nun für jeden Wert von e die $\underset{a}{i}^{\nu}$ verschieden, und jedesmal in den Hauptkrümmungsrichtungen in bezug auf die Normale $\underset{e}{i}^{\nu}$, d. h. in den Hauptrichtungen des Tensors $\overset{e}{h}_{\mu\lambda}$, so wird:

$$(165)\quad \underset{a}{i}^{\omega} \underset{b}{i}^{\lambda} \nabla_\omega \underset{e}{i}_\lambda = 0, \qquad a \neq b$$

$$(166)\quad \underset{a}{i}^{\omega} \underset{a}{i}^{\lambda} \nabla_\omega \underset{e}{i}_\lambda = \overset{e}{h}_{aa}$$

---

1) *Killing*, 1885, 1, S. 238; *F. Schur*, 1886, 2, V_3 in R_4; *Bompiani*, 1914, 2, V_{n-1} in R_n; weitere Literaturangaben bei *Struik*, 1922, 5, 144.

2) *Ricci*, 1902, 2, S. 361; die Namen absolute und relative Krümmung hat *Ricci* eingeführt.

und (164) geht über in:

$$(167)\qquad K_r = \frac{1}{m\,(m-1)} \sum_e \sum_{ab}^{a \neq b} \overset{e}{h}_{aa} \overset{e}{h}_{bb}\,.$$

Die relative Krümmung ist also die Summe der algebraischen Mittelwerte der zweifaktorigen Produkte ungleichnamiger Hauptkrümmungen in bezug auf $n-m$ beliebige zueinander senkrechte Normalen der V_m[1]).

Für eine V_m in S_n ist also diese Summe eine Biegungsinvariante[2]) und für eine V_m in R_n ist sie der absoluten Krümmung gleich.

§ 17. Bedingungen für eine V_m in V_n.

Für eine V_m in V_n gilt (158), und die erste Bedingung ist also, daß sich $-B^{\beta\alpha\gamma\delta}_{\omega\mu\nu\lambda} K_{\beta\alpha\delta\gamma} + K'_{\omega\mu\lambda\nu}$ als Summe von $n-m$ Bivektortensoren von der einfachen auf S. 35 beschriebenen Art schreiben läßt. Die Integrabilitätsbedingungen von (83 b) lauten:

$$(168\,\mathrm{a})\qquad \begin{cases} \nabla'_{[\omega} \overset{e}{h}_{\mu]\lambda} = B^{\gamma\;\delta\;\varepsilon}_{[\omega\mu]\lambda} \nabla_\gamma B^{\alpha\beta}_{\delta\varepsilon} \nabla_\alpha \underset{e}{i}_\beta = B^{\gamma\;\alpha\;\varepsilon}_{[\omega\mu]\lambda} \nabla_\gamma B^{\beta}_{\varepsilon} \nabla_\alpha \underset{e}{i}_\beta \\ \qquad = B^{\gamma\;\alpha\;\beta}_{[\omega\mu]\lambda} \nabla_\gamma \nabla_\alpha \underset{e}{i}_\beta + B^{\gamma\;\alpha\;\varepsilon}_{[\omega\mu]\lambda} \left(\nabla_\gamma B^{\beta}_{\varepsilon}\right) \nabla_\alpha \underset{e}{i}_\beta \\ \qquad = \tfrac{1}{2} B^{\beta\alpha\delta}_{\omega\mu\lambda} K_{\beta\alpha\delta\gamma} \underset{e}{i}^{\gamma} + B^{\gamma\;\alpha}_{[\omega\mu]} H_{\gamma\lambda}^{\cdot\cdot\beta} \nabla_\alpha \underset{e}{i}_\beta \\ \qquad = \tfrac{1}{2} B^{\beta\alpha\delta}_{\omega\mu\lambda} K_{\beta\alpha\delta\gamma} \underset{e}{i}^{\gamma} - B^{\gamma\;\alpha}_{[\omega\mu]} \sum_f \overset{f}{h}_{\gamma\lambda} \underset{f}{i}^{\beta} \nabla_\alpha \overset{e}{i}_\beta \end{cases}$$

oder

$$(168\,\mathrm{b})\qquad \boxed{\nabla'_{[\omega} \overset{e}{h}_{\mu]\lambda} = \tfrac{1}{2} B^{\beta\alpha\delta}_{\omega\mu\lambda} K_{\beta\alpha\delta\gamma} \underset{e}{i}^{\gamma} + \sum_f \overset{ef}{v}_{[\omega} \overset{f}{h}_{\mu]\lambda}\,,}$$

wo:

$$(169)\qquad \overset{ef}{v}_\lambda = B^{\alpha}_{\lambda} \left(\nabla_\alpha \underset{e}{i}_\beta\right) \underset{f}{i}^{\beta} = - B^{\alpha}_{\lambda} \left(\nabla_\alpha \underset{f}{i}_\beta\right) \underset{e}{i}^{\beta}.$$

Die $\frac{1}{2}(n-m)(n-m-1)$ Vektoren $\overset{ef}{v}_\lambda = -\overset{fe}{v}_\lambda$, $e \neq f$, liegen in der V_m und genügen den Gleichungen:

$$(170\,\mathrm{a})\qquad \begin{cases} \nabla'_{[\omega} \overset{ef}{v}_{\lambda]} = \nabla'_{[\omega} B^{\alpha}_{\lambda]} \left(\nabla_\alpha \underset{e}{i}_\gamma\right) \underset{f}{i}^{\gamma} = B^{\beta\,\alpha}_{[\omega\lambda]} \nabla_\beta \left(\nabla_\alpha \underset{e}{i}_\gamma\right) \underset{f}{i}^{\gamma} \\ \qquad = \tfrac{1}{2} B^{\beta\,\alpha}_{\omega\,\lambda} K_{\beta\alpha\gamma\delta} \underset{e}{i}^{\delta} \underset{f}{i}^{\gamma} + B^{\beta\,\alpha}_{[\omega\lambda]} \left(\nabla_\alpha \underset{e}{i}_\gamma\right) \nabla_\beta \underset{f}{i}^{\gamma} \end{cases}$$

oder

$$(170\,\mathrm{b})\qquad \boxed{\nabla'_{[\omega} \overset{ef}{v}_{\lambda]} = \tfrac{1}{2} B^{\beta\,\alpha}_{\omega\,\lambda} K_{\beta\alpha\gamma\delta} \underset{e}{i}^{\delta} \underset{f}{i}^{\gamma} + \overset{f}{h}_{[\omega}^{\cdot\;\nu} \overset{e}{h}_{\lambda]\nu} + \sum_g \overset{eg}{v}_{[\omega} \overset{gf}{v}_{\lambda]}\,,}$$

---

1) *Ricci*, 1902, 2, S. 361, V_m in V_n.

2) *Lipschitz*, 1870, 2, für V_m in R_n; *Killing*, 1885, 1, S. 246f. für V_m in S_n. Für die anderen komplizierteren Biegungsinvarianten s. *Schouten-Struik*, 1921, 10, S. 10 u. f. Ein Referat über diese Arbeit findet sich bei *Struik*, 1922, 5, S. 128 u. f.

die durch Differentiation aus (169) gewonnen werden. Für eine V_m in S_n gilt also der Satz[1]):

Eine V_m kann dann und nur dann in einer S_n untergebracht werden, wenn

1. $\frac{1}{2}K'_{\omega\mu\lambda\nu} + \frac{1}{n(n-1)} K g'_{[\omega[\lambda} g'_{\mu]\nu]}$ sich als Summe von $n-m$ Größen der Form $\overset{e}{h}_{[\omega[\lambda} \overset{e}{h}_{\mu]\nu]}$ schreiben läßt, wo die $\overset{e}{h}_{\mu\lambda}$ $n-m$ Tensoren in der V_m sind und

2. es überdies in der V_m $\frac{1}{2}(n-m)(n-m-1)$ Vektoren $\overset{ef}{v}_\lambda = -\overset{fe}{v}_\lambda$, $e \neq f$, gibt, die zusammen mit den $n-m$ Tensoren $\overset{e}{h}_{\mu\lambda}$ den Gleichungen (168b) und (170b) genügen.

Für $m = n-1$ verschwindet (170b) und (168b) lautet jetzt:

(171) $$\nabla'_{[\omega} h_{\mu]\lambda} = \tfrac{1}{2} B_{\omega\mu\lambda}^{\beta\alpha\delta} K_{\beta\alpha\delta\gamma} \underset{e}{i}^{\gamma}.$$

Dies ist die Verallgemeinerung der *Codazzi*schen Gleichung für V_{n-1} in V_n. Es gilt also der Satz:

Eine V_{n-1} kann dann und nur dann in einer S_n untergebracht werden, wenn $\frac{1}{2}K'_{\omega\mu\lambda\nu} + \frac{1}{n(n-1)} K g'_{[\omega[\lambda} g'_{\mu]\nu]}$ sich in der Form $h_{[\omega[\lambda} h_{\mu]\nu]}$ schreiben läßt, wo $h_{\mu\lambda}$ ein Tensor der V_{n-1} ist, der der Gleichung (171) genügt.

§ 18. Änderung des Krümmungsaffinors $H_{\mu\lambda}^{\cdot\cdot\cdot\nu}$ bei konformen Transformationen der V_n.

Ist eine Kongruenz gegeben durch den Einheitsvektor i^ν und wird die V_n der konformen Transformation (2) unterworfen, so ist der neue Einheitsvektor:

(172) $$'i^\nu = \sigma^{-\frac{1}{2}} i^\nu.$$

Infolge (4) und (5) gilt also:

(173) $$\begin{cases} '\nabla_\mu {'i}^\nu = \nabla_\mu {'i}^\nu - \frac{1}{2} {'i}^\lambda g_{\lambda\mu} s_\alpha g^{\alpha\nu} + \frac{1}{2} {'i}^\nu s_\mu + \frac{1}{2} s_\alpha {'i}^\alpha A_\mu^\nu \\ \quad = \sigma^{-\frac{1}{2}} \left(\nabla_\mu i^\nu - \frac{1}{2} i_\mu s^\nu + \frac{1}{2} s_\alpha i^\alpha A_\mu^\nu\right); \qquad s^\nu = g^{\lambda\nu} s_\lambda \end{cases}$$

und:

(174) $$'u^\nu = {'i}^\mu\, '\nabla_\mu {'i}^\nu = \sigma^{-1}(u^\nu - \tfrac{1}{2}\bar{s}^\nu),$$

wo $\bar{s}^\nu$ die Komponente von $s^\nu \perp i^\nu$ ist:

(175) $$\bar{s}^\nu = s^\nu - i^\nu i^\alpha s_\alpha.$$

Es gilt also der Satz:

Bei einer konformen Transformation $'g_{\lambda\mu} = \sigma g_{\lambda\mu}$ entsteht der neue Krümmungsvektor $'u^\nu$ einer Kongruenz, indem der

[1]) *Ricci*, 1884, 1, für V_{n-1} in R_n; 1888, 1, für V_m in R_n; *Kühne*, 1903, 1, für V_m in V_n. (158) und (168b) treten für V_m in V_n schon auf bei *Voß*, 1880, 1, S. 139, Weitere Literaturangaben bei *Struik*, 1922, 5, S. 136.

Endpunkt von u^ν um $-\frac{1}{2}\overline{s}^\nu$ verschoben wird und der so entstandene Vektor durch σ dividiert wird[1]).

Ist eine V_m in der V_n gegeben, so ist infolge (83a) und (173):

$$(176)\quad \begin{cases} 'H_{\mu\lambda}^{\cdot\cdot\nu} = -\sum\limits_e B_\mu^\alpha\, 'g'_{\beta\lambda}\left('\nabla_\alpha\, '\underset{e}{i}^\beta\right)'\underset{e}{i}^\nu \\ \quad = -\sum\limits_e B_\mu^\alpha\, 'g'_{\beta\lambda}\left(\nabla_\alpha\, '\underset{e}{i}^\beta - \frac{1}{2}\,'\underset{e}{i}_\alpha s^\beta + \frac{1}{2} s_\gamma\, '\underset{e}{i}^\gamma A_\alpha^\beta\right)'\underset{e}{i}^\nu \\ \quad = H_{\mu\lambda}^{\cdot\cdot\nu} - \frac{1}{2}\sum\limits_e \underset{e}{i}^\gamma s_\gamma \underset{e}{i}^\nu g'_{\mu\lambda} \\ \quad = H_{\mu\lambda}^{\cdot\cdot\nu} - \frac{1}{2} g'_{\mu\lambda} z^\nu, \end{cases}$$

wo z^ν die Komponente von s^ν senkrecht zur V_m darstellt. Der Vektor der erzwungenen Krümmung u''^ν einer Kurve i^ν der V_m transformiert sich also folgendermaßen:

$$(177)\qquad 'u''^\nu = 'i^\lambda\, 'i^\mu\, 'H_{\mu\lambda}^{\cdot\cdot\nu} = \frac{1}{\sigma}\left(u''^\nu - \frac{1}{2} z^\nu\right),$$

und für die Transformation des Krümmungsgebildes gilt daher der Satz:

Bei einer konformen Transformation $'g_{\lambda\mu} = \sigma g_{\lambda\mu}$ einer V_m in V_n entsteht das neue Krümmungsgebilde, indem das Krümmungsgebilde um $-\frac{1}{2}z^\nu$ verschoben wird und die Radienvektoren der so entstandenen Figur durch σ dividiert werden[2]).

Aus diesem Satze folgt, daß die Dimensionenzahl m' des Krümmungsgebietes bei einer konformen Transformation der V_n übergeht in $m'-1$, m' oder $m'+1$. Ein axialer Punkt geht z. B. im Allgemeinen über in einen planaren Punkt, ist aber der Ort der Endpunkte der Krümmungsvektoren ein Punkt, so entsteht bei einer konformen Transformation wieder ein axialer Punkt oder ein Punkt, in dem $m'=0$ ist, d. h. wo $H_{\lambda\mu}^{\cdot\cdot\nu}$ verschwindet.

Andere Folgerungen[2]) sind:

Ist eine V_m in V_n gegeben, so läßt sich stets eine konforme Transformation der V_n angeben, bei der die V_m übergeht in eine Minimal-V_m.

Ist eine V_m in V_n gegeben und in dieser V_m eine Kongruenz, so läßt sich stets eine konforme Transformation der V_n angeben, bei der diese Kongruenz übergeht in ein System von Haupttangentenkurven.

§ 19. Änderung der Krümmungsgröße $K_{\omega\mu\lambda}^{\cdot\cdot\cdot\nu}$ bei bahntreuen Transformationen der Übertragung.

In einer V_n gehen wir zu einem neuen Fundamentaltensor über. Dann ist:

$$(178)\quad \begin{cases} '\nabla_\mu v^\nu = \nabla_\mu v^\nu + A_{\mu\lambda}^{\cdot\cdot\nu} v^\lambda \\ '\nabla_\mu w_\lambda = \nabla_\mu w_\lambda - A_{\mu\lambda}^{\cdot\cdot\nu} w_\nu \end{cases}$$

---

[1]) *Schouten-Struik*, 1921, 9. [2]) *Schouten-Struik*, 1923, 13.

und die Bestimmungszahlen des in $\mu\lambda$ symmetrischen Affinors $A_{\mu\lambda}^{\cdot\cdot\nu}$ sind die Differenzen von $'\left\{{\lambda\mu \atop \nu}\right\}$ und $\left\{{\lambda\mu \atop \nu}\right\}$.

$$(179)\qquad A_{\mu\lambda}^{\cdot\cdot\nu} = '\left\{{\lambda\mu \atop \nu}\right\} - \left\{{\lambda\mu \atop \nu}\right\}.$$

Die neue Krümmungsgröße läßt sich unmittelbar der Gleichung (II, 121) entnehmen:

$$(180)\qquad 'K_{\omega\mu\lambda}^{\cdot\cdot\cdot\nu} = K_{\omega\mu\lambda}^{\cdot\cdot\cdot\nu} - 2\,\nabla_{[\omega} A_{\mu]\lambda}^{\cdot\cdot\nu} + 2\,A_{\lambda[\omega}^{\cdot\cdot\varkappa} A_{\mu]\varkappa}^{\cdot\cdot\nu}.$$

Die Transformation der Übertragung ist dann und nur dann bahntreu (vgl. II, § 8, IV, § 1), wenn

$$(181)\qquad A_{\mu\lambda}^{\cdot\cdot\nu} = A_{\mu}^{\nu} p_{\lambda} + A_{\lambda}^{\nu} p_{\mu},$$

wo p_λ irgendein Gradientvektor ist, da die Inhaltstreue der Übertragung gewahrt bleibt (IV, § 1). (180) geht dann über in die einfache Gleichung:

$$(182)\qquad \begin{cases} 'K_{\omega\mu\lambda}^{\cdot\cdot\cdot\nu} = K_{\omega\mu\lambda}^{\cdot\cdot\cdot\nu} + 2\,A_{[\omega}^{\nu} \nabla_{\mu]} p_{\lambda} - 2\,A_{[\omega}^{\nu} p_{\mu]} p_{\lambda} \\ \qquad\quad = K_{\omega\mu\lambda}^{\cdot\cdot\cdot\nu} + 2\,A_{[\omega}^{\nu} p_{\mu]\lambda}, \end{cases}$$

wo:

$$(183)\qquad p_{\mu\lambda} = \nabla_{\mu} p_{\lambda} - p_{\mu} p_{\lambda}.$$

(182) ließe sich auch unmittelbar der Gleichung (IV, 4) entnehmen, da hier $p_{[\omega\mu]}$ verschwindet. Aus (182) folgt bei Faltung nach $\omega\nu$:

$$(184)\qquad 'K_{\mu\lambda} = K_{\mu\lambda} + (n-1)\,p_{\mu\lambda}.$$

Überschiebung von (182) mit $'g_{\nu}^{\cdot\lambda} = 'g_{\nu\alpha} g^{\alpha\lambda}$ lehrt[1]):

$$(185)\qquad 0 = 'g_{[\omega}^{\cdot\,\lambda} p_{\mu]\lambda}.$$

Aus dieser Gleichung läßt sich ableiten, daß es n Richtungen gibt, die sowohl für $'g_{\lambda\mu}$ als für $p_{\lambda\mu}$ Hauptrichtungen sind. In der Tat, sind $\underset{j}{i}^{\nu}$, $j = 1, \ldots, n$, Einheitsvektoren in n Hauptrichtungen von $'g_{\lambda\mu}$, so ist:

$$(186)\qquad 'g_{\omega}^{\cdot\,\lambda} = \sum_{j} 'g_{jj}\, \underset{j}{i}_{\omega} \underset{j}{i}^{\lambda},$$

$$(187)\qquad p_{\mu\lambda} = \sum_{jk} p_{jk}\, \underset{j}{i}_{\mu} \underset{k}{i}_{\lambda},$$

und (185) ist äquivalent mit:

$$(188)\qquad \sum_{l} 'g_{l[j}\, p_{k]l} = 0,$$

oder:

$$(189)\qquad 'g_{jj}\, p_{kj} - 'g_{kk}\, p_{jk} = ('g_{jj} - 'g_{kk})\, p_{jk} = 0.$$

Gehören nun $\underset{j}{i}^{\nu}$ und $\underset{k}{i}^{\nu}$ zu verschiedenen Hauptgebieten von $'g_{\lambda\mu}$, so ist $'g_{jj} - 'g_{kk} \neq 0$ und es verschwinden also alle orthogonalen Bestimmungszahlen von $p_{\lambda\mu}$ mit zwei zu verschiedenen Hauptgebieten von $'g_{\lambda\mu}$ gehörigen Indizes. Da das gleiche auch umgekehrt gilt, haben die Tensoren wenigstens ein System von Hauptrichtungen gemeinschaftlich.

---

[1]) Das Herauf- und Herunterziehen von Indizes bezieht sich auf den Fundamentaltensor $g_{\lambda\mu}$. Man bemerke, daß $'K_{\omega\mu\lambda}^{\cdot\cdot\cdot\alpha}\, 'g_{\alpha\nu}$ in $\lambda\nu$ alternierend ist, dagegen $'K_{\omega\mu\lambda\nu}$ nicht.

Es ist noch die Frage unerörtert geblieben, ob es überhaupt möglich ist, $'g_{\lambda\mu}$ so zu wählen, daß $A_{\mu\lambda}^{\cdot\cdot\nu}$ die Form (181) bekommt. Nun ist in diesem Falle infolge (178):

$$(190)\qquad \begin{cases} \nabla_\mu 'g_{\alpha\beta} = '\nabla_\mu 'g_{\alpha\beta} + A_{\mu\alpha}^{\cdot\cdot\nu} 'g_{\nu\beta} + A_{\mu\beta}^{\cdot\cdot\nu} 'g_{\nu\alpha} \\ \qquad = 0 + 2p_\mu 'g_{\alpha\beta} + p_\alpha 'g_{\beta\mu} + p_\beta 'g_{\alpha\mu}\,. \end{cases}$$

Gilt aber umgekehrt (190), so ist:

$$(191)\qquad A_{\mu\alpha}^{\cdot\cdot\nu} 'g_{\nu\beta} + A_{\mu\beta}^{\cdot\cdot\nu} 'g_{\nu\alpha} = 2p_\mu 'g_{\alpha\beta} + p_\alpha 'g_{\beta\mu} + p_\beta 'g_{\alpha\mu}\,,$$

woraus durch zyklische Permutation und Addition wie in (II, § 6) folgt:

$$(192)\qquad A_{\mu\lambda}^{\cdot\cdot\nu} 'g_{\nu\beta} = p_\mu 'g_{\lambda\beta} + p_\lambda 'g_{\beta\mu}\,.$$

Durch Überschiebung mit dem zu $'g_{\lambda\mu}$ gehörigen kontravarianten Tensor $'\overline{g}^{\beta\gamma}$ [1]) folgt aber (181). Die Transformation der Übertragung ist also dann und nur dann eine bahntreue, wenn für den neuen Fundamentaltensor die Gleichung (190) gilt, wo p_λ irgendein Gradientvektor ist. Wendet man auf (190) die Gleichungen (149b) und (152) an, so folgt, daß $'g_{\lambda\mu}$ n V_{n-1}-normale Hauptrichtungen besitzt.

Es gilt nun, die Integrabilitätsbedingungen der Gleichung (190) aufzustellen. (Nach (III, § 6) lauten diese Bedingungen:

$$(193)\qquad \begin{cases} K_{\omega\mu\alpha}^{\cdot\cdot\cdot\nu} 'g_{\nu\beta} + K_{\omega\mu\beta}^{\cdot\cdot\cdot\nu} 'g_{\nu\alpha} = 4(\nabla_{[\omega} p_{(\alpha)} 'g_{\mu]\beta)} - 4p_{[\omega} p_{(\alpha} 'g_{\mu]\beta)} \\ \qquad = 4p_{[\omega(\alpha} 'g_{\mu]\beta)}\,. \end{cases}$$

Diese Gleichung läßt sich auch aus (182) ableiten, da $K_{\omega\mu(\alpha}^{\cdot\cdot\cdot\nu} 'g_{\beta)\nu}$ infolge der dritten auch für $'K_{\omega\mu\lambda}^{\cdot\cdot\cdot\alpha} 'g_{\alpha\nu}$ gültigen Identität (II, 147) verschwindet.

Für den Fall, daß die V_n eine S_n ist (S. 171):

$$(194)\qquad K_{\omega\mu\lambda}^{\cdot\cdot\cdot\nu} = 2K_0 g_{\lambda[\omega} A_{\mu]}^{\nu}\,,\qquad K_0 = -\frac{1}{n(n-1)} K$$

ergibt sich aus (193):

$$(195)\qquad (K_0 g_{[\omega(\alpha} - 2p_{[\omega(\alpha)}) 'g_{\mu]\beta)} = 0$$

und daraus geht hervor, daß $K_0 g_{\lambda\mu} - 2p_{\lambda\mu}$ sich nur um einen skalaren Faktor von $'g_{\lambda\mu}$ unterscheiden kann. (182) geht also für diesen Fall über in:

$$(196)\qquad 'K_{\omega\mu\lambda}^{\cdot\cdot\cdot\nu} = 2K_0 g_{\lambda[\omega} A_{\mu]}^{\nu} - 2p_{\lambda[\omega} A_{\mu]}^{\nu} = \alpha\, 'g_{\lambda[\omega} A_{\mu]}^{\nu}$$

wo α ein Koeffizient ist. $'K_{\omega\mu\lambda}^{\cdot\cdot\cdot\nu}$ hat also dieselbe Form wie $K_{\omega\mu\lambda}^{\cdot\cdot\cdot\nu}$. Dies ist der Satz von *Beltrami*:

Eine S_n geht durch bahntreue Transformation über in eine S_n oder eine R_n.

Durch Überschiebung von (193) mit $g^{\mu\alpha}$ entsteht:

$$(197)\qquad \begin{cases} K_{\omega}^{\cdot\nu} 'g_{\nu\beta} - K_{\cdot\omega\beta}^{\alpha\cdot\cdot\nu} 'g_{\nu\alpha} = p_{\omega}^{\cdot\alpha} 'g_{\alpha\beta} - g^{\mu\alpha} p_{\mu\alpha} 'g_{\omega\beta} \\ \qquad + p_{\omega\beta} 'g_{\mu\alpha} g^{\mu\alpha} - p_{\beta}^{\cdot\alpha} 'g_{\alpha\omega}\,. \end{cases}$$

---

[1]) Man beachte, daß $'\overline{g}^{\beta\gamma} \neq 'g^{\beta\gamma} = 'g_{\lambda\mu} g^{\lambda\beta} g^{\mu\gamma}$.

Nun ist $K_{\cdot\omega\beta}^{\alpha\cdot\cdot\nu}\,'g_{\nu\alpha}$ infolge der für $K_{\omega\mu\lambda}^{\cdot\cdot\cdot\nu}$ gültigen Identitäten (II, § 14) ein Tensor (II, Aufg. 7), und das Gleiche gilt infolge von (185) von der rechten Seite von (197). Aus (197) folgt demnach:

(198) $$K_{[\omega}^{\cdot\cdot\nu}\,'g_{\beta]\nu}=0\,.$$

Es gibt also n Richtungen, die sowohl für $'g_{\lambda\mu}$ als für $K_{\lambda\mu}$ Hauptrichtungen sind, und in einer V_n mit eindeutig bestimmten Hauptrichtungen kann demnach der Gleichung (190) nur genügt werden durch Tensoren $'g_{\lambda\mu}$, die eben diese Richtungen als Hauptrichtungen haben. Es ist die Frage, ob es gemeinschaftlichen Hauptrichtungen von $'g_{\lambda\mu}$ und $p_{\lambda\mu}$ gibt, die sich mit gemeinschaftlichen Hauptrichtungen von $'g_{\lambda\mu}$ und $K_{\lambda\mu}$ decken. Dies ist zunächst nur sicher für den Fall, daß $'g_{\lambda\nu}$ nur eindeutig bestimmte Hauptrichtungen hat.

Zur Beantwortung dieser Frage legen wir die Kongruenzen $\underset{j}{i}^{\nu}$ in irgendwelche gemeinschaftlichen Hauptrichtungen von $'g_{\lambda\mu}$ und $p_{\lambda\mu}$. (193) geht dann über in:

(199) $$('g_{ll}-'g_{kk})\,K_{ijkl}=p_{ik}\,'g_{jl}+p_{il}\,'g_{jk}-p_{jk}\,'g_{il}-p_{jl}\,'g_{ik}\,.$$

Für $i=j$ und ebenso für $k=l$ verschwinden beide Glieder identisch. Sind wenigstens drei der Indizes i, j, k, l ungleich, und gehören k und l nicht zum nämlichen Hauptgebiet, so folgt[1]):

(200) $$K_{ijkl}=0\,.$$

Ist aber $i=k,\ j=l,\ i\neq j$, so ergibt sich:

(201) $$('g_{jj}-'g_{ii})\,K_{ijij}=p_{ii}\,'g_{jj}-p_{jj}\,'g_{ii}\,.$$

Jedes Hauptgebiet von $'g_{\lambda\mu}$ liegt also in einem Hauptgebiet von $p_{\lambda\mu}$, da nach (201) alle zu diesem Hauptgebiete gehörigen orthogonalen Bestimmungszahlen von $p_{\lambda\mu}$ untereinander gleich sind. Das Umgekehrte gilt nicht, da aus $p_{ii}=p_{jj}$ auch folgen kann, daß K_{ijij} verschwindet. (Ist $K_{\omega\mu\lambda}^{\cdot\cdot\cdot\nu}=0$, so unterscheiden sich $p_{\lambda\mu}$ und $g_{\lambda\mu}$ nach (201) nur um einen Zahlenfaktor.) Überschiebung von $K_{\omega\mu\lambda\nu}$ mit $'g^{\omega\nu}$ lehrt, unter Berücksichtigung von (200):

(202) $$\left\{\begin{aligned} K_{\omega jk\nu}\,'g^{\omega\nu}&=\sum_l K_{ljkl}\,'g_{ll}\\ &=K_{jjkj}\,'g_{jj}-K_{kjkk}\,'g_{kk}=0\,,\end{aligned}\right\}\quad j\neq k,\ 'g_{jj}\neq 'g_{kk}$$

und die gewählten Hauptrichtungen sind also auch Hauptrichtungen der Überschiebung $K_{\omega\mu\lambda\nu}\,'g^{\omega\nu}$. Die Gleichung (197) geht über in:

(203) $$\left\{\begin{aligned} K_{ji}\,'g_{ii}-\sum_l K_{ljil}\,'g_{ll}&=p_{ji}\,'g_{ii}-g^{\alpha\beta}p_{\alpha\beta}\,'g_{ji}+g^{\alpha\beta}\,'g_{\alpha\beta}\,p_{ji}\\ &\quad-p_{ij}\,'g_{jj}\,.\end{aligned}\right.$$

Für $i\neq j$ lehrt diese Gleichung unter Berücksichtigung von (202):

(204) $$K_{ji}\,'g_{ii}=\sum_l K_{ljil}\,'g_{ll}=0\,,\qquad i\neq j,\ 'g_{ii}\neq 'g_{jj}$$

und für $i=j$:

(205) $$K_{ii}\,'g_{ii}-\sum_l K_{liil}\,'g_{ll}=-g^{\alpha\beta}p_{\alpha\beta}\,'g_{ii}+g^{\alpha\beta}\,'g_{\alpha\beta}\,p_{ii}\,.$$

---

[1]) *Fubini*, 1905, 2, S. 316.

Aus (204) folgt, da $'g_{\lambda\mu}$ den Rang n hat und also keine der Bestimmungszahlen $'g_{ii}$ verschwinden kann, daß Hauptrichtungen, die $'g_{\lambda\mu}$ und $p_{\lambda\mu}$ gemeinschaftlich sind, auch Hauptrichtungen von $K_{\lambda\mu}$ und infolge (184) also auch Hauptrichtungen von $'K_{\lambda\mu}$ sind. Die Tensoren $'g_{\lambda\mu}$, $p_{\lambda\mu}$, $K_{\lambda\mu}$ und $'K_{\lambda\mu}$ haben also wenigstens ein System von n Hauptrichtungen gemeinschaftlich.

Eine Beziehung zwischen $p_{\lambda\mu}$ und den Determinanten $'g$ und g der Tensoren $'g_{\lambda\mu}$ und $g_{\lambda\mu}$ wird erhalten durch Überschiebung der Bedingungsgleichung (190) mit $'\overline{g}^{\alpha\beta}$:

$$(\nabla_\mu\, 'g_{\alpha\beta})\, '\overline{g}^{\alpha\beta} = 2\,(n+1)\, p_\mu\,, \tag{206}$$

indem man dabei berücksichtigt, daß:

$$d\log\frac{g'}{g} = '\overline{g}^{\alpha\beta}\, d\, 'g_{\alpha\beta} - g^{\alpha\beta}\, d\, g_{\alpha\beta} = '\overline{g}^{\alpha\beta}\, \delta\, 'g_{\alpha\beta}\,. \tag{207}$$

Denn aus (206) und (207) folgt:

$$p_\mu = \frac{1}{2\,(n+1)}\, \nabla_\mu \log\frac{'g}{g}\,. \tag{208}$$

Mit Hilfe dieser Gleichung kann man p_λ aus (190) eliminieren und so in einfacher Weise prüfen, ob für einen gegebenen Tensor $'g_{\lambda\mu}$ die Gleichung (190) erfüllt ist.

Betrachtet man nur Lösungen mit eindeutig bestimmten Hauptrichtungen, so lassen sich die Gleichungen (190) auf eine einfache Form bringen. Wird das Orthogonalnetz in die Hauptrichtungen von $'g_{\lambda\mu}$ gelegt, so geht (190) über in:

$$\nabla_i \sum_j {'g_{jj}}\, \underset{j}{i_k}\, \underset{j}{i_l} = {'g_{kl}}\, \nabla_i \log p + \tfrac{1}{2}\, {'g_{li}}\, \nabla_k \log p + \tfrac{1}{2}\, {'g_{ki}}\, \nabla_l \log p\,, \tag{209}$$

oder:

$$\left\{\begin{aligned} &\sum_j \left(\underset{i}{i^\mu}\frac{\partial}{\partial x^\mu}\, 'g_{jj}\right) \underset{j}{i_k}\, \underset{j}{i_l} + ('g_{ll} - 'g_{kk})\left(\nabla_i\, \underset{l}{i_k}\right) = {'g_{kl}}\, \nabla_i \log p \\ &\qquad\qquad + \tfrac{1}{2}\, {'g_{li}}\, \nabla_k \log p + \tfrac{1}{2}\, {'g_{ki}}\, \nabla_l \log p\,, \end{aligned}\right. \tag{210}$$

wo:

$$p_i = -\tfrac{1}{2}\, \nabla_i \log p \tag{211}$$

gesetzt ist, was immer erlaubt ist, da p_λ ein Gradientvektor ist. Diese Gleichung zerfällt in vier Gleichungen:

für $i, k, l \neq$

$$('g_{ll} - 'g_{kk})\, \nabla_i\, \underset{l}{i_k} = 0\,, \tag{212}$$

für $i = k \neq l$:

$$('g_{ll} - 'g_{ii})\, \nabla_i\, \underset{l}{i_i} = -\tfrac{1}{2}\, {'g_{ii}}\, \nabla_l \log p\,, \tag{213}$$

für $i \neq k = l$:

$$\underset{i}{i^\mu}\frac{\partial}{\partial x^\mu}\, 'g_{kk} = -{'g_{kk}}\, \nabla_i \log p\,, \tag{214}$$

für $i = k = l$:

$$\underset{i}{i^\mu}\frac{\partial}{\partial x^\mu}\, 'g_{ii} = -2\, {'g_{ii}}\, \nabla_i \log p\,. \tag{215}$$

Aus der ersten Gleichung folgt, daß die Kongruenzen $\underset{j}{i}^{\nu}$ V_{n-1}-normal sind [vgl. (131) und (III, 114)]. Wählt man Hilfsvariablen x^j, $j = 1, \ldots, n$ so, daß ihre äquiskalaren V_{n-1} zu den $\underset{j}{i}^{\nu}$ normal sind, und ist:

$$(216) \qquad d s^2 = \sum_i \overset{i}{H}{}^2 \, d x^i \, d x^i ,$$

so ist:

$$(217) \qquad \underset{j}{i}_{\lambda} = \overset{i}{H} \overset{j}{e}_{\lambda}$$

und:

$$(218) \quad \left\{ \begin{aligned} \nabla_i \underset{l}{i}_i &= \left(\nabla_\mu \underset{l}{i}_\lambda\right) \underset{i}{i}^{\mu} \underset{i}{i}^{\lambda} = -\underset{i}{i}^{\mu} \left(\nabla_\mu \underset{i}{i}_\lambda\right) \underset{l}{i}^{\lambda} = -\underset{i}{i}^{\mu} \left(\nabla_\mu \overset{i}{H} \overset{i}{e}_\lambda\right) \underset{l}{i}^{\lambda} \\ &= -\overset{i}{H} \underset{i}{i}^{\mu} \left(\nabla_\mu \overset{i}{e}\right) \underset{l}{i}^{\lambda} = -\overset{i}{H} \underset{l}{i}^{\lambda} \left(\nabla_\mu \overset{i}{e}_\lambda\right) \underset{i}{i}^{\mu} \\ &= -\overset{i}{H} \underset{l}{i}^{\mu} \nabla_\mu \overset{i}{H}{}^{-1} = \overset{l}{H}{}^{-1} \frac{\partial \log \overset{i}{H}}{\partial x^l} . \end{aligned} \right.$$

Die Gleichungen (213), (214) und (215) gehen dann über in:

$$(219) \qquad 2\left(\overset{l}{\varrho} - \overset{i}{\varrho}\right) \frac{\partial \log \overset{i}{H}}{\partial x^l} = \frac{\partial}{\partial x^l} \overset{i}{\varrho}$$

$$(220) \qquad \frac{\partial}{\partial x^i} p \overset{k}{\varrho} = 0 ,$$

$$(221) \qquad \frac{\partial}{\partial x^i} p \overset{i}{\varrho} + \overset{i}{\varrho} \frac{\partial p}{\partial x^i} = 0 ,$$

wo ϱ_i für $'g_{ii}$ aus (213) gesetzt ist, da $'g_{ii}$ jetzt, wo die Hilfsvariablen x^j angenommen sind, eine andere Bedeutung bekommen hat, $'g_{ii} = \overset{i}{\varrho} \overset{i}{H}{}^2$. Stellt man die Integrabilitätsbedingungen von (219) auf, so entstehen die *Lamé*schen Gleichungen [1]):

$$(222) \qquad \frac{\partial^2 \overset{i}{H}}{\partial x^m \partial x^l} = \overset{l}{H}{}^{-1} \frac{\partial \overset{i}{H}}{\partial x^l} \frac{\partial \overset{l}{H}}{\partial x^m} + \overset{m}{H}{}^{-1} \frac{\partial \overset{i}{H}}{\partial x^m} \frac{\partial \overset{m}{H}}{\partial x^l} ,$$

die bekanntlich identisch sind mit der Gleichung:

$$(223) \qquad K_{imli} = 0 , \qquad i, m, l \neq$$

die ein Spezialfall von (200) ist. Für die Integration von (219—221) sei verwiesen auf eine Arbeit von *Levi-Civita* [2]), wo diese Gleichungen in Beziehung gesetzt sind zur Transformation der dynamischen Gleichungen.

Setzt man:

$$(224) \qquad q_{\lambda\mu} = 2 \, 'g_{\lambda\mu} \log p = \frac{2}{n+1} \, 'g_{\lambda\mu} \log \frac{'g}{g} ,$$

so folgt aus (190):

$$(225) \qquad \nabla_{(\omega} \, q_{\lambda\mu)} = 0 .$$

---

[1]) Vgl. z. B. *Bianchi-Lukat*, 1899, 4, S. 485.

[2]) 1896, 1. Vgl. auch *Fubini*, 1905, 2 und *Wright*, 1908, 1, S. 80 u. f.

Existiert also ein Tensor $g_{\lambda\mu}$, so existiert ein Tensor, dessen gemischter erster Differentialquotient verschwindet. Das Umgekehrte gilt nicht. Ist i^ν irgendeine geodätische Kongruenz, so ist stets:

$$i^\mu \nabla_\mu q_{\alpha\beta} i^\alpha i^\beta = 0\,, \tag{226}$$

d. h. die Komponente des Tensors $q_{\lambda\mu}$ in irgendeiner geodätischen Linie ist längs dieser Linie konstant. Die Differentialgleichung der geodätischen Linien:

$$\frac{d^2 x^\nu}{d s^2} + \left\{ {\lambda\mu \atop \nu} \right\} \frac{d x^\lambda}{d s} \frac{d x^\mu}{d s} = 0 \tag{227}$$

hat also, im Falle ein Feld $q_{\lambda\mu}$ existiert, ein quadratisches erstes Integral:

$$q_{\alpha\beta} \frac{d x^\alpha}{d s} \frac{d x^\beta}{d s} = \text{Konstante.} \tag{228 a}$$

In derselben Weise beweist man, daß die Differentialgleichung der geodätischen Linien ein erstes Integral p^{ten} Grades:

$$q_{\lambda_1 \ldots \lambda_p} \frac{d x^{\lambda_1}}{d s} \cdots \frac{d x^{\lambda_p}}{d s} = \text{Konstante} \tag{228 b}$$

besitzt, wenn der gemischte erste Differentialquotient von $q_{\lambda_1 \ldots \lambda_p}$ verschwindet.

§ 20. Infinitesimale bahntreue Transformationen.

Erleidet der Fundamentaltensor eine infinitesimale Transformation:

$$'g_{\lambda\mu} = g_{\lambda\mu} + h_{\lambda\mu}\, d t\,, \tag{229}$$

so ist:

$$'g^{\lambda\mu} = g^{\lambda\mu} - h^{\lambda\mu}\, d t\,. \tag{230}$$

Aus der aus (190) folgenden Gleichung:

$$0 = {}'\nabla_\mu {}'g_{\alpha\beta} = \nabla_\mu {}'g_{\alpha\beta} - A_{\mu\alpha}^{\cdot\cdot\,\nu}\, {}'g_{\nu\beta} - A_{\mu\beta}^{\cdot\cdot\,\nu}\, {}'g_{\alpha\nu} \tag{231}$$

ergibt sich:

$$d t\, \nabla_\mu h_{\alpha\beta} = A_{\mu\alpha}^{\cdot\cdot\,\nu}\, g_{\nu\beta} + A_{\mu\beta}^{\cdot\cdot\,\nu}\, g_{\nu\alpha}\,, \tag{232}$$

oder:

$$\tfrac{1}{2} d t\, (\nabla_\mu h_{\lambda\alpha} + \nabla_\lambda h_{\alpha\mu} - \nabla_\alpha h_{\mu\lambda})\, g^{\alpha\nu} = A_{\mu\lambda}^{\cdot\cdot\,\nu}\,, \tag{233}$$

eine Gleichung, die man weniger einfach auch durch Berechnung der Transformation der *Christoffel*schen Symbole erhalten kann. Die Gleichung (180) geht über in die einfachere Form:

$$'K_{\omega\mu\lambda}^{\cdot\cdot\cdot\,\nu} = K_{\omega\mu\lambda}^{\cdot\cdot\cdot\,\nu} - 2 \nabla_{[\omega} A_{\mu]\lambda}^{\cdot\cdot\,\nu}\,, \tag{234}$$

oder:

$$\left\{ \begin{aligned} 'K_{\omega\mu\lambda}^{\cdot\cdot\cdot\,\nu} = K_{\omega\mu\lambda}^{\cdot\cdot\cdot\,\nu} - \tfrac{1}{2} d t\, \{ & 2 \nabla_{[\omega} \nabla_{\mu]} h_{\lambda\alpha} + \nabla_\omega \nabla_\lambda h_{\alpha\mu} - \nabla_\mu \nabla_\lambda h_{\alpha\omega} \\ & - \nabla_\omega \nabla_\alpha h_{\mu\lambda} + \nabla_\mu \nabla_\alpha h_{\omega\lambda} \}\, g^{\alpha\nu}\,. \end{aligned} \right. \tag{235}$$

Erleiden die Punkte der V_n eine Verrückung $v^\nu d t$, so wird dadurch die Maßbestimmung geändert. Dieselbe Änderung entsteht, wenn man die Punkte in Ruhe läßt, $g_{\lambda\mu}$ aber so infinitesimal transformiert, daß:

(236) $$h_{\lambda\mu}\,dt = 2\nabla_{(\mu}v_{\lambda)}\,dt$$

oder:

(237) $$h_{\mu\lambda} = 2\nabla_{(\mu}v_{\lambda)}\,.$$

Man beweist diese Eigenschaft wie im § 11, oder auch, indem man in (112) die Verrückung in die V_m legt und das Resultat für V_n statt für V_m formuliert.

Es ist daher:

(238) $$\begin{cases} A_{\mu\lambda}^{\cdot\cdot\,\nu} = \frac{1}{2}dt\,(\nabla_\mu\nabla_\lambda v_\alpha + \nabla_\mu\nabla_\alpha v_\lambda + \nabla_\lambda\nabla_\alpha v_\mu + \nabla_\lambda\nabla_\mu v_\alpha \\ \qquad - \nabla_\alpha\nabla_\mu v_\lambda - \nabla_\alpha\nabla_\lambda v_\mu)\,g^{\alpha\nu}. \end{cases}$$

Ist also die ursprünglich vorhandene Maßbestimmung euklidisch, so ist:

(239) $$A_{\mu\lambda}^{\cdot\cdot\,\nu} = dt\,\nabla_{(\mu}\nabla_{\lambda)}v^\nu = dt\,\nabla_\mu\nabla_\lambda v^\nu,$$

und (234) geht über in:

(240) $$'K_{\omega\mu\lambda}^{\cdot\cdot\cdot\,\nu} = -2\nabla_{[\omega}\nabla_{\mu]}\nabla_\lambda v^\nu = 0\,.$$

Bei einer Verrückung $v^\nu dt$ in einer R_n entsteht demnach eine Maßbestimmung mit einer Krümmungsgröße, die unendlich klein von einer höheren Ordnung als dt ist.

Eine erste Frage wäre nun, wann die durch (229) und (237) gegebene Transformation bahntreu ist. Dazu ist nach § 19 notwendig und hinreichend, daß:

(241) $$\nabla_\mu h_{\alpha\beta} = 2p_\mu g_{\alpha\beta} + p_\alpha g_{\beta\mu} + p_\beta g_{\alpha\mu},$$

wo p_λ ein Gradientvektor ist.

Da $\frac{g'}{g}$ hier übergeht in $1 + h_\alpha^{\cdot\,\alpha}dt$, ist nach (208):

(242) $$p_\mu = \frac{1}{2(n+1)}\nabla_\mu h_{\alpha}^{\cdot\,\alpha} = \frac{1}{n+1}g^{\alpha\beta}\nabla_\mu\nabla_\alpha v_\beta\,.$$

Die Integrabilitätsbedingungen von (241) entstehen aus (193) und lauten:

(243) $$K_{\omega\mu\alpha}^{\cdot\cdot\cdot\,\nu}h_{\nu\beta} + K_{\omega\mu\beta}^{\cdot\cdot\cdot\,\nu}h_{\nu\alpha} = 4p_{[\omega(\alpha}g_{\mu]\beta)}\,.$$

Hier ist $p_{\mu\lambda} = \nabla_\mu p_\lambda$, und wie auf S. 205 wird bewiesen, daß $p_{\mu\lambda}$ und $h_{\mu\lambda}$ ein System von Hauptrichtungen gemeinschaftlich haben. Aus der Gleichung (243) geht, wie auf S. 204, hervor, daß für den Fall, daß die V_n eine S_n ist, $p_{\lambda\mu}$ sich nur um einen (im allgemeinen nichtkonstanten) Faktor von $g_{\lambda\mu}$ unterscheidet, und daraus folgt wieder der Satz von *Beltrami* (S. 204) für infinitesimale Transformationen. Durch Überschiebung von (243) mit $g^{\mu\alpha}$ entsteht:

(244) $$K_{\omega}^{\cdot\,\nu}h_{\nu\beta} - K^{\alpha\cdot\cdot\,\nu}_{\cdot\,\omega\beta}h_{\nu\alpha} = -g^{\mu\alpha}p_{\mu\alpha}g_{\omega\beta} + n\,p_{\omega\beta}\,.$$

Wie auf S. 205 folgt aus dieser Gleichung, daß $h_{\lambda\mu}$ und $K_{\lambda\mu}$ ein System von Hauptrichtungen gemeinschaftlich haben. Wird ein Orthogonalnetz in n gemeinschaftliche Hauptrichtungen von $h_{\lambda\mu}$ und $p_{\lambda\mu}$ gelegt, so geht (243) über in:

(245) $$(h_{ll} - h_{kk}) K_{ijkl} = p_{ik} g_{jl} + p_{il} g_{jk} - p_{jk} g_{il} - p_{jl} g_{ik}.$$

Daraus folgt wieder erstens, daß in bezug auf dieses Orthogonalnetz alle Bestimmungszahlen K_{ijkl} mit mehr als zwei ungleichen Indizes verschwinden, wenn h und l nicht zum nämlichen Hauptgebiet gehören, und zweitens:

(246) $$(h_{jj} - h_{ii}) K_{ij\,ij} = p_{ii} - p_{jj}.$$

Aus dieser Gleichung geht hervor, daß die Hauptgebiete von $p_{\lambda\mu}$ die Hauptgebiete von $h_{\lambda\mu}$ enthalten.

Die Gleichung (241) läßt sich in einer R_n sehr einfach integrieren. Da sich $p_{\mu\lambda}$ hier nur um einen Zahlenfaktor von $g_{\lambda\mu}$ unterscheidet, ist:

(247) $$\nabla_\mu p_\lambda = C g_{\lambda\mu}.$$

Die Integrabilitätsbedingungen dieser Gleichung lauten:

(248) $$0 = (\nabla_{[\omega} C)\, g_{\mu]\lambda},$$

und C ist also eine Konstante. Ist das Koordinatensystem kartesisch, so ist der Radiusvektor $r^\nu = x^\nu$ und $\nabla_\mu x^\nu = A_\mu^\nu$, so daß:

(249) $$p_\lambda = C r_\lambda + \overset{0}{p}_\lambda,$$

wo $\overset{0}{p}_\lambda$ einen konstanten Vektor darstellt. (241) geht jetzt über in:

(250) $$\left\{\begin{aligned} \nabla_\mu h_{\alpha\beta} &= C(2 r_\mu g_{\alpha\beta} + r_\alpha g_{\mu\beta} + r_\beta g_{\alpha\mu}) \\ &\quad + 2\overset{0}{p}_\mu g_{\alpha\beta} + \overset{0}{p}_\alpha g_{\mu\beta} + \overset{0}{p}_\beta g_{\alpha\mu}. \end{aligned}\right.$$

Die Integrabilitätsbedingungen dieser Gleichung:

(251) $$0 = \nabla_{[\omega} \nabla_{\mu]} h_{\alpha\beta} = 2C\, g_{[\omega(\alpha}\, g_{\mu]\beta)},$$

sind identisch erfüllt. (250) läßt sich unmittelbar integrieren:

(252) $$h_{\alpha\beta} = C(r^2 g_{\alpha\beta} + r_\alpha r_\beta) + 2\overset{0}{p}_\gamma r^\gamma g_{\alpha\beta} + \overset{0}{p}_\alpha r_\beta + \overset{0}{p}_\beta r_\alpha + \overset{0}{h}_{\alpha\beta},$$

wo $\overset{0}{h}_{\alpha\beta}$ ein konstanter Tensor und $r^2 = r^\lambda r_\lambda$ ist. Für $\nabla_\mu v_\lambda$ gilt also:

(253) $$2\nabla_\mu v_\lambda = C(r^2 g_{\lambda\mu} + r_\lambda r_\mu) + 2\overset{0}{p}_\alpha r^\alpha g_{\lambda\mu} + \overset{0}{p}_\lambda r_\mu + \overset{0}{p}_\mu r_\lambda + \overset{0}{h}_{\lambda\mu} + f_{\mu\lambda},$$

wo $f_{\lambda\mu}$ ein Bivektor ist. Die Integrabilitätsbedingungen dieser Gleichung lauten:

(254) $$0 = C r_{[\mu} g_{\omega]\lambda} + \overset{0}{p}_{[\omega} g_{\mu]\lambda} + 2\nabla_{[\omega} f_{\mu]\lambda}.$$

Da also $\nabla_{[\omega} f_{\mu\lambda]}$ verschwindet, ist:

(255) $$\left\{\begin{aligned} \nabla_{[\omega} f_{\mu]\lambda} &= -\nabla_{[\mu} f_{\lambda]\omega} - \nabla_{[\lambda} f_{\omega]\mu} \\ &= -\tfrac{1}{2}\nabla_\mu f_{\lambda\omega} + \tfrac{1}{2}\nabla_\lambda f_{\mu\omega} - \tfrac{1}{2}\nabla_\lambda f_{\omega\mu} + \tfrac{1}{2}\nabla_\omega f_{\lambda\mu} \\ &= \nabla_\lambda f_{\mu\omega} - \tfrac{1}{2}\nabla_\lambda f_{\mu\omega} = \tfrac{1}{2}\nabla_\lambda f_{\mu\omega}, \end{aligned}\right.$$

und (254) ist demnach äquivalent mit:

(256) $$\nabla_\lambda f_{\omega\mu} = C r_{[\omega} g_{\mu]\lambda} + \overset{0}{p}_{[\omega} g_{\mu]\lambda}.$$

Schreibt man von dieser Gleichung die Integrabilitätsbedingungen an:

$$0 = C\, g_{[\xi[\omega}\, g_{\lambda]\cdot\mu]}\,, \tag{257}$$

so folgt, daß C verschwinden muß. (256) läßt sich dann integrieren:

$$f_{\omega\mu} = \overset{0}{p}_{[\omega}\, r_{\mu]} + \overset{0}{f}_{\omega\mu}\,, \tag{258}$$

wo $\overset{0}{f}_{\omega\mu}$ ein konstanter Bivektor ist, und (253) geht über in:

$$\nabla_\mu v_\lambda = \overset{0}{p}_\alpha r^\alpha g_{\lambda\mu} + \overset{0}{p}_\mu r_\lambda + \tfrac{1}{2}\overset{0}{h}_{\mu\lambda} + \overset{0}{f}_{\mu\lambda}\,. \tag{259}$$

Integration dieser Gleichung liefert schließlich:

$$v_\lambda = 2\overset{0}{p}_\alpha r^\alpha r_\lambda + \overset{0}{l}_{\lambda\alpha} r^\alpha + \overset{0}{v}_\lambda\,, \tag{260}$$

wo $\overset{0}{l}_{\lambda\alpha}$ ein konstanter Affinor und $\overset{0}{v}_\lambda$ ein konstanter Vektor ist.

Die beiden letzten Terme zusammen stellen eine starre Bewegung dar mit $\overset{0}{l}_{[\lambda\alpha]}$ als Bivektor der Drehung. Der erste Term ist ein Feld, dessen Kongruenz aus den Geraden durch O gebildet wird. Legt man für $n = 3$ den Vektor $\overset{0}{p}_\lambda$ in die X-Achse, so erleidet der Punkt x, y, z bei der Verrückung $2\overset{0}{p}_\alpha r^\alpha r_\lambda\, dt$ die Koordinatenänderungen $2\overset{0}{p} x^2 dt$, $2\overset{0}{p} x y\, dt$, $2\overset{0}{p} x z\, dt$. Alle Geraden durch die X-Achse, die der YZ-Ebene parallel sind, werden also parallel zu sich selbst in der X-Richtung verschoben um $\overset{0}{p} x^2 dt$, während alle Geraden parallel zur X-Achse sich um den Schnittpunkt mit der YZ-Ebene drehen um einen Winkel $2\overset{0}{p}\sqrt{y^2 + z^2}\, dt$ in der Ebene, die die X-Achse enthält.

§ 21. Infinitesimale konforme Transformationen.

Eine zweite Frage ist, wann die durch (229) und (237) bestimmte infinitesimale Transformation konform ist. Dazu ist notwendig und hinreichend, daß:

$$h_{\lambda\mu} = m\, g_{\lambda\mu}\,, \tag{261}$$

wo m ein im allgemeinen nicht konstanter Faktor ist. Es soll also gelten:

$$\nabla_\mu v_\lambda = \tfrac{1}{2} m\, g_{\mu\lambda} + f_{\mu\lambda}\,, \tag{262}$$

wo $f_{\mu\lambda}$ eine in $\mu\lambda$ alternierende Größe darstellt.

Die Integrabilitätsbedingungen dieser Gleichung lauten:

$$\tfrac{1}{2} K_{\omega\mu\lambda}^{\cdot\cdot\cdot\nu}\, v_\nu = \tfrac{1}{2} m_{[\omega}\, g_{\mu]\lambda} + \nabla_{[\omega} f_{\mu]\lambda}\,, \qquad m_\mu = \nabla_\mu m\,. \tag{263}$$

Wendet man auf diese Gleichung die zweite Identität (II, 139) an, so folgt:

$$\nabla_{[\omega} f_{\mu\lambda]} = 0\,, \tag{264}$$

so daß sich (263) infolge von (255) und der vierten Identität (II, 148) auch schreiben läßt:

$$v_\nu K_{\cdot\lambda\mu\omega}^{\nu} = m_{[\omega}\, g_{\mu]\lambda} + \nabla_\lambda f_{\mu\omega}\,. \tag{265}$$

Die Integrabilitätsbedingungen dieser Gleichung lauten:

$$(266)\quad \begin{cases} \tfrac{1}{2} m\, g_{\nu[\xi} K^{\nu}_{\cdot\lambda]\mu\omega} - f_{\nu[\xi} K^{\nu}_{\cdot\lambda]\mu\omega} + v_\nu \nabla_{[\xi} K^{\nu}_{\cdot\lambda]\mu\omega} \\ \qquad = m_{[\xi[\omega} g_{\lambda]\mu]} + K_{\xi\lambda[\omega}^{\cdot\cdot\cdot\alpha} f_{\mu]\alpha}, \end{cases}$$

wo:

$$(267)\quad m_{\xi\omega} = \nabla_\xi m_\omega .$$

Aus der *Bianchi*schen Identität folgt aber:

$$(268)\quad \nabla_{[\xi} K_{\lambda]\nu\mu\omega} = -\tfrac{1}{2} \nabla_\nu K_{\xi\lambda\mu\omega},$$

so daß (266) äquivalent ist mit:

$$(269)\quad \begin{cases} v^\alpha \nabla_\alpha K_{\omega\mu\lambda\nu} = f_{\omega}^{\cdot\alpha} K_{\alpha\mu\lambda\nu} + f_{\mu}^{\cdot\alpha} K_{\omega\alpha\lambda\nu} + f_{\lambda}^{\cdot\alpha} K_{\omega\mu\alpha\nu} + f_{\nu}^{\cdot\alpha} K_{\omega\mu\lambda\alpha} \\ \qquad - 2 m_{[\nu[\omega} g_{\lambda]\mu]} + m K_{\omega\mu\lambda\nu}. \end{cases}$$

Durch Überschiebung mit $g^{\omega\nu}$ entsteht:

$$(270)\quad \begin{cases} v^\alpha \nabla_\alpha K_{\mu\lambda} = f_{\mu}^{\cdot\alpha} K_{\alpha\lambda} + f_{\lambda}^{\cdot\alpha} K_{\mu\alpha} - \tfrac{1}{2} g^{\alpha\beta} m_{\alpha\beta} g_{\lambda\mu} \\ \qquad - \tfrac{1}{2}(n-2) m_{\lambda\mu} + m K_{\mu\lambda}. \end{cases}$$

Ist $m = 0$, so ändert sich die Maßbestimmung nicht. Die V_n läßt dann eine starre Bewegung zu und (262) geht über in die *Killing*sche Gleichung:

$$(271)\quad \nabla_\mu v_\lambda = f_{\mu\lambda}\,^{1)}.$$

Die Differentialgleichungen der geodätischen Linien besitzen in diesem Falle ein lineares erstes Integral[2]) (vgl. S. 208). Die Integrabilitätsbedingungen der Gleichung (271) entstehen aus (266), indem die Glieder mit m und $m_{\lambda\mu}$ verschwinden. Für $m = 0$ lassen sich (269) und (270) in einfacher Weise geometrisch deuten. Bewegt sich ein Affinor ohne Größenänderung, so ist seine Bewegung eine Drehung in bezug auf ein geodätisch mitbewegtes Bezugssystem. Ist der Bivektor der Drehung $F_{\lambda\mu} dt$, so gilt also, wenn die bewegte Größe ein Vektor v^ν ist (I, 128):

$$(272)\quad \delta v_\lambda = F_{\lambda}^{\cdot\alpha} v_\alpha\, dt$$

und für eine Größe p^{ten} Grades gilt demnach:

$$(273)\quad \delta v_{\lambda_1 \ldots \lambda_p} = \sum_u^{1,\ldots,p} F_{\lambda_u}^{\cdot\alpha} v_{\lambda_1 \ldots \lambda_{u-1} \alpha \lambda_{u+1} \ldots \lambda_p}\, dt$$

(269) und (270) bringen also für $m = 0$ zum Ausdruck, daß sich $K_{\omega\mu\lambda\nu}$ und $K_{\mu\lambda}$ bei der Verrückung $v^\nu dt$ in bezug auf ein geodätisch mitbewegtes Bezugssystem drehen, eine Tatsache, die bei einer starren Bewegung ja geometrisch selbstverständlich ist. Der Bivektor der Drehung ist $f_{\lambda\mu} dt$[3]).

1) *Killing*, 1892, 4, S. 167, weitere Literatur bei *Struik*, 1922, 5, S. 155.

2) Vgl. z. B. *Whight* 1908, 1 und *Radon*, 1922, 19.

3) *Struik*, 1922, 5, S. 160. In den Gleichungen (192a) und (194a) dort, die korrespondieren mit unseren Gleichungen (269) und (270), stehen für $m = 0$ einige Indizes falsch. Die Vektorgleichungen (192) und (194) sind aber richtig.

Ist $K_{\omega\mu\lambda}^{\cdot\cdot\cdot\nu} = 0$, so geht (269) über in:

(274) $$m_{[\xi[\omega}\, g_{\lambda]\mu]} = 0\,,$$

was besagt, daß $m_{\lambda\mu}$ verschwindet, m_λ also ein konstanter Vektor ist, $m_\lambda = \overset{0}{m}_\lambda$. Die Gleichung (265) geht dann über in:

(275) $$\nabla_\lambda f_{\mu\omega} = -\overset{0}{m}_{[\omega}\, g_{\mu]\lambda}\,.$$

Diese Gleichung läßt sich sehr einfach integrieren. Ist das Koordinatensystem kartesisch, so ist $r^\nu = x^\nu$ der Radiusvektor und

(276) $$f_{\mu\omega} = \overset{0}{m}_{[\mu}\, r_{\omega]} + \overset{0}{f}_{\mu\omega}\,,$$

wo $\overset{0}{f}_{\mu\omega}$ ein konstanter Bivektor ist. Es ist also:

(277) $$\nabla_\mu v_\lambda = \tfrac{1}{2} m\, g_{\mu\lambda} + \overset{0}{m}_{[\mu}\, r_{\lambda]} + \overset{0}{f}_{\mu\lambda}$$

und

(278) $$v_\lambda = \tfrac{1}{2} m\, r_\lambda - \tfrac{1}{4} r^2 \overset{0}{m}_\lambda + \overset{0}{f}_{\alpha\lambda}\, r^\alpha + \overset{0}{v}_\lambda\,,$$

wo $\overset{0}{v}_\lambda$ ein konstanter Vektor ist.

Die beiden letzten Terme zusammen stellen eine starre Bewegung dar mit $\overset{0}{f}_{\lambda\mu}$ als Bivektor der Drehung. Die beiden ersten Terme stellen ein Feld dar, dessen Kongruenz durch alle Kreise gebildet wird, die in O die Richtung von $\overset{0}{m}_\lambda$ tangieren.

Aufgaben.

1. Ist $\underset{j}{i}^\nu$, $j = 1, \ldots, n$ ein n-faches Orthogonalsystem in der V_n und ist

$$v^\nu = \alpha_1 \underset{1}{i}^\nu + \alpha_2 \underset{2}{i}^\nu$$

eine V_{n-1}-normale Kongruenz, so ist auch

$$v'^\nu = -\alpha_1 \underset{1}{i}^\nu + \alpha_2 \underset{2}{i}^\nu$$

V_{n-1}-normal. α_1 und α_2 brauchen nicht konstant zu sein[1]).

2. Ist ein System von $\infty^1\, V_2$ in einer V_3 gegeben, und gibt es zwei V_2-normale Kongruenzen v^ν und v'^ν, deren Kurven ganz in den V_2 liegen, und deren Bissektrixkurven Hauptkrümmungslinien der gegebenen V_2 sind, so gehören diese V_2 einem dreifachen Orthogonalsystem an[2]).

3. Jede zu i^ν kanonische Kongruenz in V_3, die mit i^ν V_2-bildend ist, ist auch V_2-normal.

---

[1]) *Demoulin*, 1913, 2 für R_3.

[2]) *Demoulin*, 1913, 2 für R_3, vgl. auch *Keraval*, 1913, 1 und 1914, 1, wo die in Aufg. 1 und 2 angegebenen Sätze abgeleitet sind für den Fall, daß v^ν und v'^ν in den Haupttangentenrichtungen einer V_2 in R_3 liegen.

4. Der Krümmungsvektor der Kongruenz eines Feldes v_λ in einer V_n, das der *Killing*schen Gleichung $\nabla_{(\mu} v_{\lambda)} = 0$ genügt, ist ein Gradientvektor. [*Ricci*[1]).]

5. Jede Kongruenz, senkrecht zu einem Felde v_λ der V_n, das der *Killing*schen Gleichung genügt, besitzt einen Krümmungsvektor senkrecht zu v_λ. [*Ricci*[2]).]

6. Die Kongruenz eines Feldes v_λ der V_n das:

a) der *Killing*schen Gleichung genügt,

b) V_{n-1}-normal ist, und

c) einen konstanten Betrag hat,

ist geodätisch und senkrecht zu einem System von geodätischen V_{n-1}. [*Struik*[3]).]

7. Ist $v^\nu dt$ eine konforme Transformation einer V_n, die ein System von ∞^1 reellen V_{n-1} invariant läßt, so gibt es eine konforme Transformation der V_n, bei der $v^\nu dt$ übergeht in eine starre Bewegung. [*Fubini*[4]).]

8. Zwei infinitesimale konforme Transformationen einer V_n mit denselben Trajektorien unterscheiden sich für $n > 2$ nur durch einen konstanten Zahlenfaktor. [*Fubini*[5]).]

9. Die äquiskalaren Hyperflächen des Betrages v eines Gradientfeldes v_λ in der V_n schneiden die Hyperflächen senkrecht zu v_λ in einem System von V_{n-2}, die senkrecht zum oskulierenden Bivektor der Kongruenz des Feldes v_λ sind. [*Fouché*[6]).]

10. Verschwindet für eine geodätische Kongruenz in einer R_3 die Divergenz des Einheitsvektors, so besteht die Kongruenz aus den Parallelen zu den Tangenten einer Raumkurve in den oskulierenden Ebenen. [*Cisotti*[7]).]

11. Eine V_m in einer V_n ist dann und nur dann geodätisch, wenn die geodätische Bewegung jedes Vektors der V_m längs jedes Linienelementes der V_m in bezug auf die V_m identisch ist mit der geodätischen Bewegung derselben Größe längs desselben Elementes in bezug auf die V_n. [*Vitali*[8]).]

12. Eine Kongruenz i_λ in einer V_n ist dann und nur dann geodätisch und V_{n-1}-normal, wenn die Rotation von i_λ verschwindet. [*Schouten-Struik*[9]).]

13. Jede V_{n-1}-normale Kongruenz der V_n ist konformgeodätisch. [*Schouten-Struik*[9]).]

---

1) 1898, 1, 2; 1901, 1, S. 608 (Berichtigung).

2) 1898, 1, 2. 3) 1922, 5, S. 157.

4) 1903, 2. 5) 1903, 2, S. 268. 6) 1914, 3, S. 1 für R_3.

7) 1910, 4. 8) 1922, 22.

9) 1921, 9, man vergleiche die Berichtigung 1922, 23.

14. Ist i_λ eine beliebige geodätische Kongruenz der V_n, und ist das Linienintegral

$$\int i_\mu \, d x^\mu$$

über jede geschlossene Kurve, die ganz in einer bestimmten V_{n-1} mit nicht singulärer Lage liegt, Null, so ist die Kongruenz V_{n-1}-normal. [*Schouten-Struik*[1]).]

15. Stachelschweinsatz. Wenn man die von den Punkten einer V_{n-1} in einer V_n ausgehenden Kurven einer geodätischen und V_{n-1}-normalen Kongruenz i_λ durch eine zu den Kurven normale V_{n-1} abschneidet, so ist bei jeder Verbiegung der ersten V_{n-1}, bei der die geodätischen Kurven mit dieser V_{n-1} fest verbunden bleiben, der Ort der Endpunkte der Kurven stets eine zu den Kurven normale V_{n-1}. Die feste Verbindung soll darin bestehen, daß in jedem Schnittpunkt Größe und Richtung in der V_{n-1} der V_{n-1}-Komponente von i^ν ungeändert bleiben. [*Schouten-Struik*[2]).]

16. Ausgehend von den in einer V_4 gültigen Gleichungen

$$\begin{aligned} &\text{I.} && s^\lambda = -\nabla_\mu F^{\mu\lambda}, \\ &\text{II.} && 0 = \nabla_{[\mu} F_{\lambda\nu]}, \\ &\text{III.} && p_\lambda = -s^\mu F_{\mu\lambda}, \end{aligned}$$

zeige man, daß Gleichungen existieren von der Form:

$$\begin{aligned} &\text{a)} && F_{\mu\lambda} = -2\nabla_{[\mu} Q_{\lambda]}, \\ &\text{b)} && \nabla^\mu s_\mu = 0, \\ &\text{c)} && p_\lambda = -\nabla^\mu S_{\mu\lambda}, \\ &\text{d)} && S_{\mu\lambda} = -F_{\mu}^{\cdot\,\alpha} F_{\alpha\lambda} - \tfrac{1}{4} g_{\mu\lambda} F_{\alpha\beta} F^{\alpha\beta}. \end{aligned}$$

In der Elektrodynamik ist:

s^λ der Vektor der Stromdichte,
$F_{\lambda\nu}$ der Bivektor des elektromagnetischen Feldes,
p_λ der Kraftvektor,
Q_λ der Potentialvektor (Vektorpotential),
$S_{\mu\lambda}$ der elektromagnetische Tensor.

I. und II. sind die *Maxwell*schen Gleichungen, b) ist die elektrische Kontinuitätsgleichung.

---

[1]) 1921, 9.

[2]) 1921, 9, für V_2 in R_3 rührt der Satz von *Beltrami* her, 1902, 8, S. 121—122.

Sechster Abschnitt.

Die Weylsche Übertragung.

Übersicht der wichtigsten Formeln der Weylschen Übertragung.

Kovariante Differentiation:

$$\delta p = d p ; \qquad \nabla_\mu p = \frac{\partial p}{\partial x^\mu}. \tag{II, D}$$

$$\delta v^\nu = d v^\nu + \Gamma^\nu_{\lambda\mu} v^\lambda d x^\mu ; \qquad \nabla_\mu v^\nu = \frac{\partial v^\nu}{\partial x^\mu} + \Gamma^\nu_{\lambda\mu} v^\lambda . \tag{II, 6, 7}$$

$$\delta w_\lambda = d w_\lambda - \Gamma^\nu_{\lambda\mu} w_\nu d x^\mu ; \qquad \nabla_\mu w_\lambda = \frac{\partial w_\lambda}{\partial x^\mu} - \Gamma^\nu_{\lambda\mu} w_\nu . \tag{II, 6, 7}$$

$$\Gamma^\nu_{\lambda\mu} = \Gamma^\nu_{\mu\lambda} . \tag{II, 24}$$

$$\nabla_{[\mu} w_{\lambda]} = \frac{1}{2}\left(\frac{\partial w_\lambda}{\partial x^\mu} - \frac{\partial w_\mu}{\partial x^\lambda}\right). \tag{II, 29}$$

$$\nabla_{[\omega} \nabla_{\mu]} p = 0 . \tag{II, 30}$$

Tensor $g^{\lambda\nu}$:

$$\nabla_\mu g^{\lambda\nu} = Q_\mu g^{\lambda\nu} ; \qquad \nabla_\mu g_{\lambda\nu} = Q'_\mu g_{\lambda\nu} = -Q_\mu g_{\lambda\nu} . \tag{II, 47, 40}$$

$$\Gamma^\nu_{\lambda\mu} = \left\{ {\lambda\mu \atop \nu} \right\} + T_{\lambda\mu}^{\cdot\cdot\nu} . \tag{II, 55}$$

$$T_{\lambda\mu}^{\cdot\cdot\nu} = \tfrac{1}{2}(Q_\mu A_\lambda^\nu + Q_\lambda A_\mu^\nu - Q_\alpha g^{\alpha\nu} g_{\lambda\mu}) . \tag{II, 65}$$

$$\nabla_\mu v^\nu = \overset{0}{\nabla}_\mu v^\nu + T_{\lambda\mu}^{\cdot\cdot\nu} v^\lambda ; \qquad \overset{0}{\nabla}_\mu v^\nu = \frac{\partial v^\nu}{\partial x^\mu} + \left\{ {\lambda\mu \atop \nu} \right\} v^\lambda . \tag{II, 57, 58}$$

$$\nabla_\mu w_\lambda = \overset{0}{\nabla}_\mu w_\lambda - T_{\lambda\mu}^{\cdot\cdot\nu} w_\nu ; \qquad \overset{0}{\nabla}_\mu w_\lambda = \frac{\partial w_\lambda}{\partial x^\mu} - \left\{ {\lambda\mu \atop \nu} \right\} w_\nu . \tag{II, 57, 58}$$

Krümmungsgröße:

$$2 \nabla_{[\omega} \nabla_{\mu]} v^\nu = - R_{\omega\mu\lambda}^{\cdot\cdot\cdot\nu} v^\lambda . \tag{II, 116a}$$

$$2 \nabla_{[\omega} \nabla_{\mu]} w_\lambda = + R_{\omega\mu\lambda}^{\cdot\cdot\cdot\nu} w_\nu . \tag{II, 116b}$$

$$R_{\omega\mu\lambda}^{\cdot\cdot\cdot\nu} = \frac{\partial}{\partial x^{\mu}} \Gamma_{\lambda\omega}^{\nu} - \frac{\partial}{\partial x^{\omega}} \Gamma_{\lambda\mu}^{\nu} - \Gamma_{\varkappa\omega}^{\nu} \Gamma_{\lambda\mu}^{\varkappa} + \Gamma_{\varkappa\mu}^{\nu} \Gamma_{\lambda\omega}^{\varkappa}. \qquad \text{(II, 101)}$$

$$R_{\omega\mu\lambda}^{\cdot\cdot\cdot\nu} = K_{\omega\mu\lambda}^{\cdot\cdot\cdot\nu} - (\nabla_{[\omega} Q_{\mu]}) A_{\lambda}^{\nu}$$
$$- \left\{ (2\nabla_{[\omega} Q_{[\lambda} + Q_{[\omega} Q_{[\lambda} - \tfrac{1}{2} Q_{\alpha} Q^{\alpha} g_{[\omega[\lambda)} g_{\mu]\varkappa]} \right\} g^{\varkappa\nu}. \qquad \text{(II, 130)}$$

$$K_{\omega\mu\lambda}^{\cdot\cdot\cdot\nu} = \frac{\partial}{\partial x^{\mu}} \left\{ {\lambda\omega \atop \nu} \right\} - \frac{\partial}{\partial x^{\omega}} \left\{ {\lambda\mu \atop \nu} \right\} - \left\{ {\varkappa\omega \atop \nu} \right\} \left\{ {\lambda\mu \atop \varkappa} \right\} + \left\{ {\varkappa\mu \atop \nu} \right\} \left\{ {\lambda\omega \atop \varkappa} \right\}. \qquad \text{(II, 120)}$$

$$R_{\mu\lambda} = R_{\nu\mu\lambda}^{\cdot\cdot\cdot\nu}. \qquad \text{(II, 123)}$$

$$F_{\mu\lambda} = R_{[\mu\lambda]}. \qquad \text{(II, 123)}$$

$$V_{\omega\mu} = R_{\omega\mu\lambda}^{\cdot\cdot\cdot\lambda} = -2F_{\omega\mu} = -n\nabla_{[\omega} Q_{\mu]}. \qquad \text{(II, 123, 142, 65, 133)}$$

$$R_{(\omega\mu)\lambda}^{\cdot\cdot\cdot\nu} = 0. \qquad \text{(II, 134a)}$$

$$R_{[\omega\mu\lambda]}^{\cdot\cdot\cdot\nu} = 0. \qquad \text{(II, 139)}$$

$$\nabla_{[\xi} R_{\omega\mu]\lambda}^{\cdot\cdot\cdot\nu} = 0. \qquad \text{(II, 163d)}$$

$$2\nabla_{[\mu} R_{\xi]\lambda} = \nabla_{\nu} R_{\mu\xi\lambda}^{\cdot\cdot\cdot\nu}. \qquad \text{(II, 167)}$$

§ 1. Einleitende Sätze.

Eine *Weyl*sche Übertragung wurde auf S. 75 definiert als eine affine Übertragung, bei welcher ein Tensor n^{ten} Ranges $g^{\lambda\mu}$ existiert, so daß:

(1a) $$\nabla_{\mu} g^{\lambda\nu} = Q_{\mu} g^{\lambda\nu}.$$

Aus (1a) folgt dann (vgl. II, 40c) für den zu $g^{\lambda\mu}$ gehörigen kovarianten Tensor $g_{\lambda\mu}$ die mit (1a) äquivalente Gleichung:

(1b) $$\nabla_{\mu} g_{\lambda\nu} = -Q_{\mu} g_{\lambda\nu}.$$

Der Tensor $g_{\lambda\mu}$ ist nun nicht der einzige Tensor, der diese Eigenschaft besitzt. In der Tat, ist:

(2) $$'g_{\lambda\mu} = \sigma g_{\lambda\mu},$$

so ist:

(3) $$\nabla_{\mu}{}' g_{\lambda\nu} = -(\sigma Q_{\mu} - \nabla_{\mu}\sigma) g_{\lambda\nu} = -(Q_{\mu} - \nabla_{\mu} \log \sigma)' g_{\lambda\nu}.$$

Setzt man also

(4) $$'Q_{\lambda} = Q_{\lambda} - \nabla_{\lambda} \log \sigma,$$

so ist:

(5) $$\nabla_{\mu}{}' g_{\lambda\nu} = -{}' Q_{\mu} g_{\lambda\nu}.$$

Der Tensor $g_{\lambda\mu}$ kann also mit einem beliebigen skalaren Faktor multipliziert werden, ohne die durch die Gleichungen (1) ausgedrückte Eigenschaft zu verlieren, und unter allen Tensoren, die so entstehen konnen und die alle einen zugehörigen Vektor Q_{λ} besitzen, ist kein einziger bevorzugt. Die Wahl eines dieser Tensoren nennen wir die nähere Wahl von $g_{\lambda\mu}$. Eine eigentliche Maßbestimmung gibt es also in der *Weyl*schen Geometrie nicht. Der Kegel der Nullinien, der für alle Tensoren $g_{\lambda\mu}$ derselbe ist, liegt aber fest, und es steht also in jedem Punkte fest, was man unter gegenseitig senkrechten Richtungen zu verstehen hat. Es sind dies Richtungen, deren zugehörige kontravariante Vektoren v^ν, w^ν der Gleichung:

$$v^\lambda w^\mu g_{\lambda\mu} = 0 \tag{6}$$

für irgendeine Wahl und also für jede Wahl von $g_{\lambda\mu}$ genügen. Kovariante und kontravariante Vektoren dürfen in einer W_n (X_n mit *Weyl*scher Übertragung) nicht identifiziert werden. Zwar läßt sich bei einer bestimmten Wahl von $g_{\lambda\mu}$ jedem kontravarianten Vektor v^ν der kovariante Vektor $g_{\lambda\nu} v^\nu$ zuordnen und kann man bei einem kovarianten Vektor nicht nur von einer $(n-1)$-Richtung, sondern auch von einer Richtung reden. Die Zuordnung ist aber nur für diese besondere Wahl gültig, so daß der Unterschied zwischen kovarianten und kontravarianten Vektoren aufrecht zu erhalten ist. Dementsprechend sind das Herauf- und Herunterziehen von Indizes und die orthogonalen Indizes nur zu verwenden, wenn einmal vorübergehend ein bestimmter Fundamentaltensor bevorzugt wird, da ja im allgemeinen ein fester Fundamentaltensor fehlt.

Aus (2) folgt, daß es unter den verschiedenen möglichen Tensoren $g_{\lambda\mu}$ dann und nur dann einen Tensor mit verschwindendem Differentialquotienten gibt, wenn Q_λ ein Gradientvektor ist. Dieser Fall, in dem die *Weyl*sche Übertragung zu einer *Riemann*schen Übertragung degeneriert, sei in diesem Abschnitt von vornherein ausgeschaltet.

Auf S. 75 wurde die Formel (II, 65) abgeleitet:

$$T_{\lambda\mu}^{\cdot\cdot\nu} = \tfrac{1}{2}(Q_\mu A_\lambda^\nu + Q_\lambda A_\mu^\nu - Q_\alpha g^{\alpha\nu} g_{\lambda\mu}), \tag{7}$$

die hier geschrieben wird, ohne den Index von Q_α heraufzuziehen, und aus dieser Gleichung folgt:

$$\Gamma_{\lambda\mu}^\nu = \left\{{\lambda\mu \atop \nu}\right\} + \tfrac{1}{2}(Q_\mu A_\lambda^\nu + Q_\lambda A_\mu^\nu - Q_\alpha g^{\alpha\nu} g_{\lambda\mu}). \tag{8}$$

Natürlich ist $\Gamma_{\lambda\mu}^\nu$ von der näheren Wahl von $g_{\lambda\mu}$ unabhängig, bei Änderung dieser Wahl ändern sich sowohl $\left\{{\lambda\mu \atop \nu}\right\}$ als $T_{\lambda\mu}^{\cdot\cdot\nu}$ und diese beiden Änderungen heben sich gegenseitig auf, was sich auch durch Nachrechnen verifizieren läßt.

Die Krümmungsgröße einer *Weyl*schen Übertragung wurde auf S. 87 (II, 130) berechnet:

$$R_{\omega\mu\lambda}^{\cdot\cdot\cdot\nu} = K_{\omega\mu\lambda}^{\cdot\cdot\cdot\nu} - A_\lambda^\nu \nabla_{[\omega} Q_{\mu]} - Q_{[\omega[\lambda} g_{\mu]\alpha]} g^{\alpha\nu}, \tag{9}$$

worin $Q_{\mu\lambda}$ steht für:

$$Q_{\mu\lambda} = 2\nabla_\mu Q_\lambda + Q_\mu Q_\lambda - \tfrac{1}{2} Q_\alpha Q_\beta g^{\alpha\beta} g_{\mu\lambda}. \tag{10}$$

$R_{\omega\mu\lambda}^{\cdot\cdot\cdot\nu}$ ist wie $\Gamma_{\lambda\mu}^\nu$ von der näheren Wahl von $g_{\lambda\mu}$ unabhängig. In der Tat geht $K_{\omega\mu\lambda}^{\cdot\cdot\cdot\nu}$ bei der konformen Transformation (2) über in (vgl. V, 6):

$$'K_{\omega\mu\lambda}^{\cdot\cdot\cdot\nu} = K_{\omega\mu\lambda}^{\cdot\cdot\cdot\nu} - s_{[\omega[\lambda} g_{\mu]\alpha]} g^{\alpha\nu}, \tag{11}$$

wo:

(12) $$s_{\mu\lambda} = 2\nabla_\mu s_\lambda - s_\mu s_\lambda + \tfrac{1}{2} s_\alpha s_\beta g^{\alpha\beta} g_{\mu\lambda},$$

(13) $$s_\mu = \nabla_\mu \log \sigma .$$

Da aber nach (4):

(14) $$'Q_\lambda = Q_\lambda - s_\lambda ,$$

und $\nabla_{[\mu} s_{\lambda]}$ verschwindet, heben sich infolge (10) alle Änderungen in der rechten Seite der Gleichung (9) gegenseitig auf.

Durch Faltung nach $\omega\nu$ entsteht aus (9):

(15) $$\left\{\begin{aligned} R_{\mu\lambda} &= K_{\mu\lambda} + \nabla_{[\mu} Q_{\lambda]} + \tfrac{1}{4}(n-2)\, Q_{\mu\lambda} + \tfrac{1}{4} Q_{\alpha\beta} g^{\alpha\beta} g_{\mu\lambda} \\ &= K_{\mu\lambda} + \nabla_{[\mu} Q_{\lambda]} + \tfrac{1}{2}(n-2)\, \nabla_\mu Q_\lambda + \tfrac{1}{4}(n-2)\, Q_\mu Q_\lambda \\ &\quad - \tfrac{1}{8}(n-2)\, Q_\alpha Q_\beta g^{\alpha\beta} g_{\mu\lambda} + \tfrac{1}{2}(\nabla_\alpha Q_\beta)\, g^{\alpha\beta} g_{\mu\lambda} \\ &\quad + \tfrac{1}{4} Q_\alpha Q_\beta g^{\alpha\beta} g_{\mu\lambda} - \frac{n}{8} Q_\alpha Q_\beta g^{\alpha\beta} g_{\mu\lambda} \\ &= K_{\mu\lambda} + \nabla_{[\mu} Q_{\lambda]} + \tfrac{1}{2}(n-2)\, \nabla_\mu Q_\lambda + \tfrac{1}{2}(\nabla_\alpha Q_\beta)\, g^{\alpha\beta} g_{\mu\lambda} \\ &\quad + \tfrac{1}{4}(n-2)\, Q_\mu Q_\lambda - \tfrac{1}{4}(n-2)\, Q_\alpha Q_\beta g^{\alpha\beta} g_{\mu\lambda} . \end{aligned}\right.$$

Für den alternierenden Teil $F_{\mu\lambda}$ von $R_{\mu\lambda}$ gilt also:

(16) $$F_{\mu\lambda} = \tfrac{1}{2} n \nabla_{[\mu} Q_{\lambda]}$$

und für $R_{\omega\mu\lambda}^{\cdot\cdot\cdot\lambda}$ infolge (II, 142):

(17) $$R_{\omega\mu\lambda}^{\cdot\cdot\cdot\lambda} = - n \nabla_{[\omega} Q_{\mu]} .$$

Aus (17) folgt:

Eine inhaltstreue *Weyl*sche Übertragung ist eine *Riemann*sche Übertragung.

Es sei die Frage erörtert, ob es neben den verschiedenen möglichen Tensoren $g_{\lambda\mu}$ noch einen anderen Tensor $h_{\lambda\mu}$ geben kann, der einen Differentialquotienten von der Form $-q_\omega h_{\lambda\mu}$ hat. Die Integrabilitätsbedingungen von:

(18) $$\nabla_\mu h_{\alpha\beta} = - q_\mu h_{\alpha\beta}$$

lauten:

(19) $$R_{\omega\mu(\alpha}^{\cdot\cdot\cdot\nu} h_{\beta)\nu} = - \nabla_{[\omega} q_{\mu]} h_{\alpha\beta} ,$$

oder, indem wir $g_{\lambda\mu}$ vorübergehend festlegen, in orthogonalen Bestimmungszahlen:

(20) $$\tfrac{1}{2} R_{ijkl} h_{ll} + \tfrac{1}{2} R_{ijlk} h_{kk} = - \nabla_{[i} q_{j]} h_{kl} .$$

(20) ist gleichbedeutend mit:

(21) $$\tfrac{1}{2} R_{ij[kl]} (h_{ll} - h_{kk}) - \tfrac{1}{2} \nabla_{[i} Q_{j]} g_{kl} (h_{ll} + h_{kk}) = - \nabla_{[i} q_{j]} h_{kl} .$$

Für $k = l$ folgt aus dieser Gleichung:

(22) $$\nabla_{[i} Q_{j]} = \nabla_{[i} q_{j]} ,$$

oder:

(23) $$q_\lambda = Q_\lambda + z_\lambda ,$$

wo z_λ ein Gradientvektor ist. Wir berechnen nun den Differentialquotienten des Ausdrucks $\alpha h_{\varkappa\lambda} g^{\lambda\nu}$, wo α ein näher zu bestimmender Faktor ist.

$$(24)\qquad \begin{cases} \nabla_\mu \alpha h_{\varkappa\lambda} g^{\lambda\nu} = (\nabla_\mu \alpha) h_{\varkappa\lambda} g^{\lambda\nu} - \alpha q_\mu h_{\varkappa\lambda} g^{\lambda\nu} + \alpha Q_\mu h_{\varkappa\lambda} g^{\lambda\nu} \\ \qquad = (\nabla_\mu \alpha - \alpha z_\mu) h_{\varkappa\lambda} g^{\lambda\nu}. \end{cases}$$

Wird nun α so gewählt, daß $z_\mu = \nabla_\mu \log \alpha$, so verschwindet der Differentialquotient und dies ist im allgemeinen nur möglich (vgl. III, S. 115), wenn

$$(25)\qquad \alpha h_{\varkappa\lambda} g^{\lambda\nu} = c A_\varkappa^\nu,$$

wo c eine Konstante darstellt. $h_{\lambda\mu}$ hat also im allgemeinen die Form $\sigma g_{\lambda\mu}$.

Mithin gilt der Satz:

Ist eine *Weyl*sche Übertragung gegeben, so gibt es im allgemeinen außer den Fundamentaltensoren $\sigma g_{\lambda\mu}$ keine anderen Tensoren zweiten Grades, die einen Differentialquotienten von derselben Form besitzen.

§ 2. Bahntreue Transformationen.

Wird auf eine *Weyl*sche Übertragung eine bahntreue Transformation ausgeübt, so ändert sich $\Gamma_{\lambda\mu}^\nu$ folgendermaßen (II, 70):

$$(26)\qquad '\Gamma_{\lambda\mu}^\nu = \Gamma_{\lambda\mu}^\nu + p_\lambda A_\mu^\nu + p_\mu A_\lambda^\nu,$$

wo p_λ kein Gradientvektor zu sein braucht, und $\nabla_\mu g_{\alpha\beta}$ geht über in:

$$(27)\qquad '\nabla_\mu g_{\alpha\beta} = -Q_\mu g_{\alpha\beta} - 2p_\mu g_{\alpha\beta} - p_\alpha g_{\mu\beta} - p_\beta g_{\mu\alpha}.$$

Es kann nun zunächst gefragt werden, welche Folgerungen sich ziehen lassen, wenn die neue Übertragung wiederum eine *Weyl*sche Übertragung ist. Dann muß ein Tensor $'g_{\lambda\mu}$ existieren, so daß $'\nabla_\omega {'g_{\mu\lambda}}$ die Form hat:

$$(28)\qquad '\nabla_\omega {'g_{\mu\lambda}} = -'Q_\omega {'g_{\mu\lambda}}.$$

Es muß also gelten (vgl. V, 190):

$$(29)\qquad \nabla_\mu {'g_{\alpha\beta}} = -'Q_\mu {'g_{\alpha\beta}} + 2p_\mu {'g_{\alpha\beta}} + p_\alpha {'g_{\mu\beta}} + p_\beta {'g_{\mu\alpha}}.$$

Die Krümmungsgröße geht über in (IV, 4):

$$(30)\qquad 'R_{\omega\mu\lambda}^{\cdot\cdot\cdot\nu} = R_{\omega\mu\lambda}^{\cdot\cdot\cdot\nu} + 2A_{[\omega}^\nu p_{\mu]\lambda} - 2A_\lambda^\nu \nabla_{[\omega} p_{\mu]};\quad p_{\mu\lambda} = \nabla_\mu p_\lambda - p_\mu p_\lambda,$$

woraus bei Faltung nach $\nu\lambda$ folgt:

$$(31)\qquad -n\nabla_{[\omega} {'Q_{\mu]}} = -n\nabla_{[\omega} Q_{\mu]} + 2p_{[\mu\omega]} - 2n\nabla_{[\omega} p_{\mu]},$$

oder:

$$(32)\qquad \nabla_{[\omega} {'Q_{\mu]}} = \nabla_{[\omega} Q_{\mu]} + 2\frac{n+1}{n}\nabla_{[\omega} p_{\mu]}.$$

Da jede Lösung $'g_{\lambda\mu}$ eine ganze Reihe von Lösungen mit sich bringt, die sich von $'g_{\lambda\mu}$ nur um einen Faktor unterscheiden, und die zu diesen

Lösungen gehörigen $'Q_\lambda$ sich auseinander ableiten durch Addition eines Gradientfeldes, kann man, unbeschadet der Allgemeinheit, setzen:

$$'Q_\lambda = Q_\lambda + 2\frac{n+1}{n}p_\lambda, \tag{33}$$

und damit eine dieser Lösungen bevorzugen. Die Integrabilitätsbedingungen von (29) lauten (vgl. V, 193):

$$\left\{\begin{aligned} R_{\omega\mu\alpha}^{\cdot\cdot\cdot\nu}\,'g_{\nu\beta} + R_{\omega\mu\beta}^{\cdot\cdot\cdot\nu}\,'g_{\alpha\nu} &= 4\nabla_{[\omega}p_{(\alpha}\,'g_{\mu]\beta)} - 4p_{[\omega}p_{(\alpha}\,'g_{\mu]\beta)} \\ &\quad + 4\nabla_{[\omega}p_{\mu]}\,'g_{\alpha\beta} - 2\nabla_{[\omega}\,'Q_{\mu]}\,'g_{\alpha\beta} \\ &= 4p_{[\omega(\alpha}\,'g_{\mu]\beta)} + 4p_{[\omega\mu]}\,'g_{\alpha\beta} - 2\nabla_{[\omega}\,'Q_{\mu]}\,'g_{\alpha\beta}, \end{aligned}\right. \tag{34}$$

oder, wenn wir $g_{\lambda\mu}$ vorübergehend festlegen, in orthogonalen Bestimmungszahlen in bezug auf ein Orthogonalnetz in den Hauptrichtungen von $'g_{\lambda\mu}$:

$$\left\{\begin{aligned} R_{ijkl}\,'g_{ll} + R_{ijlk}\,'g_{kk} &= p_{ik}\,'g_{jl} - p_{jk}\,'g_{il} + p_{il}\,'g_{jk} - p_{jl}\,'g_{ik} \\ &\quad + 4p_{[ij]}\,'g_{kl} - 2\nabla_{[i}\,'Q_{j]}\,'g_{kl}, \end{aligned}\right. \tag{35}$$

was gleichbedeutend ist mit (vgl. V, 199):

$$\left\{\begin{aligned} &R_{ij[kl]}('g_{ll} - 'g_{kk}) - \nabla_{[i}\,'Q_{j]}\,g_{kl}('g_{ll} + 'g_{kk}) \\ &\quad = p_{ik}\,'g_{jl} - p_{jk}\,'g_{il} + p_{il}\,'g_{jk} - p_{jl}\,'g_{ik} + 4p_{[ij]}\,'g_{kl} - 2\nabla_{[i}\,'Q_{j]}\,'g_{kl}. \end{aligned}\right. \tag{36}$$

Diese Gleichung zerfällt in zwei Gleichungen:

$$R_{ij[kl]}('g_{ll} - 'g_{kk}) = p_{ik}\,'g_{jl} - p_{jk}\,'g_{il} + p_{il}\,'g_{jk} - p_{jl}\,'g_{ik} \tag{37a}$$

für $k \neq l$, $i = k$, $j = l$ und:

$$-\nabla_{[i}\,'Q_{j]}\,g_{kl}('g_{ll} + 'g_{kk}) = 4p_{[ij]}\,'g_{kl} - 2\nabla_{[i}\,'Q_{j]}\,'g_{kl}. \tag{37b}$$

für $k = l$.

Aus (37b) folgt:

$$\nabla_{[i}p_{j]} = 0. \tag{38}$$

$p_{\lambda\mu}$ ist also ein Tensor und p_λ demzufolge ein Gradientvektor.

Aus (37a) folgt (vgl. V, 201):

$$('g_{jj} - 'g_{ii})\,R_{ij[ij]} = p_{ii}\,'g_{jj} - p_{jj}\,'g_{ii}. \tag{39}$$

Jedes Hauptgebiet von $'g_{\lambda\mu}$ ist also in einem Hauptgebiet von $p_{\lambda\mu}$ enthalten. Legt man das Orthogonalnetz in gemeinschaftliche Hauptrichtungen von $'g_{\lambda\mu}$ und $p_{\lambda\mu}$, so folgt aus (37a), daß

$$R_{ij[kl]} = 0 \tag{40}$$

ist, wenn wenigstens drei der Indizes i, j, k und l ungleich sind und $'g_{ll} - 'g_{kk}$ nicht verschwindet. Da aber:

$$R_{ij(kl)} = -\nabla_{[i}Q_{j]}\,g_{kl}, \tag{41}$$

so verschwindet R_{ijkl} für den Fall, daß i, j, k und l alle ungleich sind und $'g_{ll} - 'g_{kk}$ nicht verschwindet.

Faltung der Gleichung (30) nach $\omega\nu$ lehrt (vgl. IV, 6):

(42) $$'R_{\mu\lambda} = R_{\mu\lambda} + (n-1)\,p_{\mu\lambda}\,,$$

oder:

(43) $$\text{a)}\ 'R_{[\mu\lambda]} = R_{[\mu\lambda]}\,; \qquad \text{b)}\ 'R_{(\mu\lambda)} = R_{(\mu\lambda)} + (n-1)\,p_{(\mu\lambda)}\,.$$

(43 a) sagt infolge (15) dasselbe aus wie (32). Überschiebt man (9) mit $g^{\lambda\mu}$, so entsteht:

(44) $$\begin{cases} R_{\omega\mu\lambda}^{\cdot\cdot\cdot\,\nu}\,g^{\lambda\mu} = K_{\omega\alpha}\,g^{\alpha\nu} - \nabla_{[\omega}\,Q_{\alpha]}\,g^{\alpha\nu} + \frac{1}{4}(n-2)\,Q_{\omega\alpha}\,g^{\alpha\nu} \\ \qquad + \frac{1}{4}\,Q_{\alpha\beta}\,g^{\alpha\beta}\,A_{\omega}^{\nu}\,, \end{cases}$$

oder, unter Berücksichtigung von (15):

(45) $$R_{\omega\mu\lambda}^{\cdot\cdot\cdot\,\nu}\,g^{\lambda\mu} = R_{\omega\alpha}\,g^{\alpha\nu} - 2\,\nabla_{[\omega}\,Q_{\alpha]}\,g^{\alpha\nu}\,.$$

Durch Überschiebung von (34) mit $g^{\mu\alpha}$ entsteht also (vgl. V, 197):

(46) $$\begin{cases} R_{\omega\alpha}\,g^{\alpha\nu}\,'g_{\nu\beta} + R_{\omega\mu\beta}^{\cdot\cdot\cdot\,\nu}\,'g_{\alpha\nu}\,g^{\alpha\mu} = p_{\omega}^{\cdot\,\alpha}\,'g_{\alpha\beta} - g^{\mu\alpha}\,p_{\mu\alpha}\,'g_{\omega\beta} \\ \qquad + p_{\omega\beta}\,'g_{\mu\alpha}\,g^{\mu\alpha} - p_{\beta}^{\cdot\,\alpha}\,'g_{\alpha\omega}\,, \end{cases}$$

oder, in orthogonalen Bestimmungszahlen in bezug auf ein Orthogonalnetz in gemeinschaftlichen Hauptrichtungen von $'g_{\lambda\mu}$ und $p_{\lambda\mu}$ (vgl. V, 203):

(47) $$R_{ji}\,'g_{ii} - \sum_{l} R_{ljil}\,'g_{ll} = p_{ji}\,'g_{ii} - g^{\alpha\beta}\,p_{\alpha\beta}\,'g_{ji} + g^{\alpha\beta}\,'g_{\alpha\beta}\,p_{ji} - p_{ij}\,'g_{jj}\,.$$

Für $i \neq j$ lehrt diese Gleichung:

(48) $$R_{ji}\,'g_{ii} = \sum_{l} R_{ljil}\,'g_{ll} = \sum_{l} R_{lj(il)}\,'g_{ll} + \sum_{l} R_{lj[il]}\,'g_{ll}\,,$$

und für $i = j$:

(49) $$R_{ii}\,'g_{ii} - \sum_{l} R_{liil}\,'g_{ll} = -g^{\alpha\beta}\,p_{\alpha\beta}\,'g_{ii} + g^{\alpha\beta}\,'g_{\alpha\beta}\,p_{ii}\,.$$

Hat nun $'g_{ll}$ nur eindeutig bestimmte Hauptrichtungen, so hat $R_{lj[il]}$, wie auf S. 221 gezeigt wurde, keine Bestimmungszahlen mit drei ungleichen Indizes, und es ist demnach für $i \neq j$:

(50) $$\sum_{l} R_{ljil}\,'g_{ll} = -\nabla_{[i}\,Q_{j]}\,'g_{ii}\,.$$

Demzufolge ist:

(51) $$R_{(ij)} = 0$$

für $i \neq j$, d. h. die Hauptrichtungen, die $'g_{\lambda\mu}$ und $p_{\lambda\mu}$ gemeinschaftlich sind, sind auch Hauptrichtungen von $R_{(\lambda\mu)}$ und infolge (43 b) also auch von $'R_{(\lambda\mu)}$. Betrachtet man also nur Lösungen mit eindeutig bestimmten Hauptrichtungen und eine W_n, wo $R_{(\lambda\mu)}$ nur eindeutig bestimmte Hauptrichtungen hat, so kann der Gleichung (29) nur genügt werden durch Tensoren, die eben diese Richtungen als Hauptrichtungen haben.

Im allgemeinen geht eine *Weyl*sche Übertragung durch bahntreue Transformation in eine Übertragung anderer Art über. Infolge (8) und (26) gilt für eine solche Übertragung:

(52) $$'\Gamma_{\lambda\mu}^{\nu} = \left\{ {\lambda\mu \atop \nu} \right\} + \frac{1}{2}\left(Q_{\mu}\,A_{\lambda}^{\nu} + Q_{\lambda}\,A_{\mu}^{\nu} - Q_{\alpha}\,g^{\alpha\nu}\,g_{\lambda\mu}\right) + \left(p_{\mu}\,A_{\lambda}^{\nu} + p_{\lambda}\,A_{\mu}^{\nu}\right).$$

Umgekehrt haben alle Übertragungen, die sich auf diese Form bringen lassen, dieselben geodätischen Linien wie eine *Weyl*sche Übertragung. Die von *Einstein* in seinem letzten Ausbau der Relativitätstheorie[1]) verwendete Übertragung:

(53a) $$\Gamma^{\nu}_{\lambda\mu} = \left\{ {\lambda\mu \atop \nu} \right\} + \tfrac{1}{6}\left(i_\mu A^{\nu}_{\lambda} + i_\lambda A^{\nu}_{\mu} - 3\, i^{\nu} g_{\lambda\mu}\right)$$

hat z. B. dieselben geodätischen Linien wie die *Weyl*sche Übertragung:

(53b) $$\Gamma^{\nu}_{\lambda\mu} = \left\{ {\lambda\mu \atop \nu} \right\} + \tfrac{1}{2}\left(i_\mu A^{\nu}_{\lambda} + i_\lambda A^{\nu}_{\mu} - i^{\nu} g_{\lambda\mu}\right)$$

und geht in diese Übertragung über durch eine bahntreue Transformation mit $p_\lambda = \frac{1}{3} i_\lambda$. Die vom Verfasser[2]) verwendete nicht symmetrische Übertragung

(53c) $$\Gamma^{\nu}_{\lambda\mu} = \left\{ {\lambda\mu \atop \nu} \right\} + \tfrac{1}{6}\left(i_\mu A^{\nu}_{\lambda} + i_\lambda A^{\nu}_{\mu} - 3\, i^{\nu} g_{\lambda\mu}\right) - A^{\nu}_{\lambda} S_\mu$$

hat ebenfalls dieselben geodätischen Linien wie (53b). Sie läßt sich aber nicht durch eine bahntreue Transformation in (53b) überführen, da eine nichtsymmetrische Übertragung bei bahntreuen Transformationen nichtsymmetrisch bleibt.

§ 3. Die Größen einer X_{n-1} in W_n.

Ist eine X_{n-1} in eine W_n eingebettet, so ist durch die Übertragung der W_n in jedem Punkte der X_{n-1} eine zur X_{n-1} senkrechte Richtung festgelegt. Die X_{n-1} in der W_n befindet sich also in demselben Zustand wie die X_{n-1} in einer A_n nach Einführung einer pseudonormalen Richtung, d. h. ein prinzipieller Unterschied zwischen kovarianten Größen der X_{n-1} und der W_n existiert nicht, und von jeder in einem Punkte der X_{n-1} definierten Größe der W_n läßt sich eine X_{n-1}-Komponente bilden. Die X_{n-1} befindet sich nicht in dem Zustand einer X_{n-1} in V_n, da zwar die normale Richtung und die tangentiale $(n-1)$-Richtung in jedem Punkte festliegt, nicht aber der kontravariante Normalvektor und der kovariante Tangentialvektor, der hier auch Normalvektor genannt werden kann, da ein kovarianter Vektor in einer W_{n-1} auch eine Richtung besitzt (vgl. S. 218). Für diese Vektoren führen wir die Zeichen $\underset{n}{n}^{\nu}$ und $\overset{n}{t}_\lambda$ ein und normieren $\overset{n}{t}_\lambda$ in bezug auf $\underset{n}{n}^{\nu}$, so daß die Gleichung:

(54) $$\boxed{\underset{n}{n}^{\lambda}\, \overset{n}{t}_\lambda = 1}$$

gilt. Übrigens kann aber über die Größe von $\underset{n}{n}^{\nu}$ und $\overset{n}{t}_\lambda$ nichts vorausgesetzt werden, da ja die Maßbestimmung und somit der Begriff des Einheitsvektors fehlt. Auch können die $\underset{n}{n}^{\nu}$ und $\overset{n}{t}_\lambda$ nicht mehr als Bestimmungszahlen der nämlichen Größe aufgefaßt werden. Fest steht

[1]) *Einstein*, 1923, 5, 6, 18. [2]) 1923, 19.

nur, daß $g^{\lambda\nu}\overset{n}{t}_\lambda$ die Richtung von $\underset{n}{n}^\nu$ und $g_{\lambda\nu}\underset{n}{n}^\nu$ die Richtung von $\overset{n}{t}_\lambda$ hat:

$$(55)\qquad \begin{cases} \underset{n}{n}^{[\mu} g^{\lambda]\nu} \overset{n}{t}_\nu = 0 \\ \overset{n}{t}_{[\mu} g_{\lambda]\nu} \underset{n}{n}^\nu = 0. \end{cases}$$

Für den Einheitsaffinor B_λ^ν der X_{n-1} gilt die Gleichung:

$$(56)\qquad B_\lambda^\nu = A_\lambda^\nu - \overset{n}{t}_\lambda \underset{n}{n}^\nu,$$

so daß:

$$(57)\qquad \begin{cases} \underset{n}{n}^\lambda B_\lambda^\nu = 0; & \overset{n}{t}_\nu B_\lambda^\nu = 0, \\ \underset{n}{n}^\alpha g_{\alpha\nu} B_\lambda^\nu = 0; & \overset{n}{t}_\alpha g^{\alpha\lambda} B_\lambda^\nu = 0. \end{cases}$$

Die X_{n-1}-Komponenten von Größen der W_n werden wie immer erhalten durch Überschiebung mit so vielen Faktoren B_λ^ν wie die Anzahl der Indizes beträgt.

Die Komponenten von $g_{\lambda\mu}$, $g^{\lambda\mu}$ und Q_λ:

$$(58)\qquad \begin{cases} g'_{\lambda\mu} = B_{\lambda\mu}^{\alpha\beta} g_{\alpha\beta} \\ g'^{\lambda\mu} = B_{\alpha\beta}^{\lambda\mu} g^{\alpha\beta} \\ Q_\lambda^* = B_\lambda^\alpha Q_\alpha\,^{1)} \end{cases}$$

bestimmen in der X_{n-1} eine *Weyl*sche Übertragung. Denn beim Übergang nach (2) folgt aus (58):

$$(59)\quad {}'g'_{\lambda\mu} = \sigma g'_{\lambda\mu};\quad {}'g'^{\lambda\mu} = \sigma^{-1} g'^{\lambda\mu};\quad {}'Q_\lambda^* = Q_\lambda^* - B_\lambda^\nu \nabla_\nu \log\sigma = Q_\lambda^* - \nabla'_\lambda \log\sigma,$$

und es transformieren sich diese Größen also so, wie es für die Festlegung einer *Weyl*schen Übertragung erforderlich ist. Die X_{n-1} ist demnach eine W_{n-1}.

§ 4. Die in der W_{n-1} induzierte Übertragung.

Noch in anderer Weise wird eine Übertragung in der W_{n-1} induziert, indem man neben:

$$(60)\qquad \nabla'_\mu p = B_\mu^\alpha \nabla_\alpha p$$

festsetzt:

$$(61)\qquad \begin{cases} \nabla'_\mu v^\nu = B'^{\alpha\nu}_{\mu\beta} \nabla_\alpha v^\beta \\ \nabla'_\mu w_\lambda = B'^{\alpha\beta}_{\mu\lambda} \nabla_\alpha w_\beta \end{cases}$$

für in der W_{n-1} liegende Felder v^ν und w_λ. Wie im vierten Abschnitt wird bewiesen, daß diese Übertragung affin ist. Aus den Definitionen (61) folgt weiter:

$$(62)\qquad \begin{cases} \nabla'_\mu g'_{\lambda\nu} = B_{\mu\lambda\nu}^{\alpha\beta\gamma} \nabla_\alpha B_{\beta\gamma}^{\delta\varepsilon} g_{\delta\varepsilon} = B_{\mu\lambda\nu}^{\alpha\beta\gamma} \nabla_\alpha \left(A_\beta^\delta - \overset{n}{t}_\beta \underset{n}{n}^\delta\right)\left(A_\gamma^\varepsilon - \overset{n}{t}_\gamma \underset{n}{n}^\varepsilon\right) g_{\delta\varepsilon} \\ \quad = -B_{\mu\lambda\nu}^{\alpha\beta\gamma} Q_\alpha g_{\beta\gamma} \\ \quad - B_{\mu\lambda\nu}^{\alpha\beta\gamma}\left(A_\beta^\delta \nabla_\alpha \overset{n}{t}_\gamma \underset{n}{n}^\varepsilon + A_\gamma^\varepsilon \nabla_\alpha \overset{n}{t}_\beta \underset{n}{n}^\delta - \nabla_\alpha \overset{n}{t}_\beta \underset{n}{n}^\delta \overset{n}{t}_\gamma \underset{n}{n}^\varepsilon\right) g_{\delta\varepsilon} \\ \quad = -B_{\mu\lambda\nu}^{\alpha\beta\gamma} Q_\alpha g_{\beta\gamma} = -Q_\mu^* g'_{\lambda\nu}. \end{cases}$$

1) Es ist hier Q_λ^* verwendet statt Q'_λ um Verwirrung zu vermeiden, da Q'_λ schon im zweiten Abschnitt für $-Q_\lambda$ verwendet wurde.

Die durch (60), (61) definierte Übertragung ist also eine *Weyl*sche und mit der Übertragung des vorigen Paragraphen identisch:

Ist eine X_{n-1} in eine W_n eingebettet, so wird in der X_{n-1} eine *Weyl*sche Übertragung induziert, die dadurch charakterisiert ist, daß der Differentialquotient die X_{n-1}-Komponente des Differentialquotienten in der W_n ist. Der Fundamentaltensor und der Fundamentalvektor der X_{n-1} sind die X_{n-1}-Komponenten der Fundamentalgrößen der W_n.

§ 5. Die Krümmungen einer X_1 in W_n

Eine Kurve in der W_n legt in jedem Punkte eine Tangentialrichtung und eine Normal-$(n-1)$-Richtung fest. In der Tangentialrichtung legen wir den Tangentialvektor $\underset{1}{t}^{\nu}$ und den kovarianten Vektor $\overset{1}{n}_{\lambda}$. Diese Vektoren seien in bezug aufeinander so normiert, daß sie der Gleichung:

$$\underset{1}{t}^{\lambda}\,\overset{1}{n}_{\lambda}=1 \tag{63}$$

genügen. Wird dann die Normierung von $\underset{1}{t}^{\nu}$ der Kurve entlang so gewählt, daß $\delta\underset{1}{t}^{\nu}$ senkrecht zu $\underset{1}{t}^{\nu}$ ist:

$$\delta\underset{1}{t}^{\lambda}\,g_{\lambda\mu}\,\underset{1}{t}^{\mu}=0\,, \tag{64}$$

so ist diese Gleichung infolge (55) äquivalent mit:

$$\delta\underset{1}{t}^{\lambda}\,\overset{1}{n}_{\lambda}=0\,, \tag{65a}$$

und aus (63) geht hervor, daß ebenso:

$$\delta\overset{1}{n}_{\lambda}\,\underset{1}{t}^{\lambda}=0 \tag{65b}$$

ist. Diese Gleichung besagt, daß das Differential von $\overset{1}{n}_{\lambda}$ senkrecht zu $\overset{1}{n}_{\lambda}$ ist. Werden $\underset{1}{t}$ und $\overset{1}{n}_{\lambda}$ den Gleichungen (63) und (65) gemäß gewählt, so ist diese Wahl bis auf einen konstanten Zahlenfaktor eindeutig bestimmt und unabhängig von der näheren Wahl von $g_{\lambda\mu}$. Mit den in dieser Weise normierten Vektoren $\underset{1}{t}^{\nu}$ und $\overset{1}{n}_{\lambda}$ bilden wir den Vektor:

$$u_{\lambda}=\underset{1}{t}^{\mu}\,\nabla_{\mu}\,\overset{1}{n}_{\lambda}\,. \tag{66}$$

Dieser Vektor ändert sich nicht, wenn $\underset{1}{t}^{\nu}$ und $\overset{1}{n}_{\lambda}$ sich beide um einen konstanten Faktor so ändern, daß (63) gültig bleibt, und seine Richtung ist infolge (65b) senkrecht zur tangentialen Richtung. u_{λ} heißt der Vektor der ersten Krümmung der Kurve. Für $Q_{\lambda}=0$ geht u_{λ} über in den im § 7 des vorigen Abschnittes behandelten Krümmungsvektor der *Riemann*schen Geometrie. Da der Betrag des Vektors u_λ keine von der näheren Wahl des Tensors $g_{\lambda\mu}$ unabhängige Bedeutung hat, gibt es nur einen kovarianten Vektor der ersten Krümmung und keinen kontravarianten und auch keine skalare erste Krümmung wie in einer V_n[1]). Die weitere Rechnung kann erleichtert werden, indem man $g_{\lambda\mu}$ und Q_λ so wählt, daß $g_{\lambda\mu}$ längs der Kurve konstant ist. Dies wird erreicht, indem man die Transformation (3) so einrichtet, daß die $(n-1)$-Richtung des neuen Vektors Q_λ die Tangentialrichtung enthält. Denn es ist dann:

$$\underset{1}{t}^\mu \nabla_\mu g_{\alpha\beta} = -\underset{1}{t}^\mu Q_\mu g_{\alpha\beta} = 0 . \tag{67}$$

Durch diese Forderung ist $g_{\lambda\mu}$ längs der Kurve bis auf einen konstanten Zahlenfaktor bestimmt. Dieser Zahlenfaktor wird unbestimmt gelassen und somit nichts hinzugefügt, was nicht von der Lage der Kurve in der W_n abhängt. Die oben verwendete Normierung von $\underset{1}{t}^\nu$ und $\overset{1}{n}_\lambda$ entsteht nun, wenn $g_{\lambda\mu}$ einmal in dieser Weise festgelegt ist, auch, indem man festsetzt:

$$\underset{1}{t}^\nu = g^{\lambda\nu} \overset{1}{n}_\lambda , \tag{68}$$

$$\underset{1}{t}^\lambda \underset{1}{t}^\mu g_{\lambda\mu} = 1 , \tag{69}$$

denn aus diesen Gleichungen folgt sowohl (63) als (65) und es gilt auch:

$$\overset{1}{n}_\lambda \overset{1}{n}_\mu g^{\lambda\mu} = 1 . \tag{70}$$

Ein Vektor v^ν bzw. w_λ, der wie $\underset{1}{t}^\nu$ bzw. $\overset{1}{n}_\lambda$ in bezug auf diese besondere Wahl von $g_{\lambda\mu}$ Einheitsvektor ist, und also der Gleichung:

$$v^\lambda v^\mu g_{\lambda\mu} = 1 \quad \text{bzw.} \quad w_\lambda w_\mu g^{\lambda\mu} = 1 \tag{71}$$

genügt, heiße normiert. Die Größe eines normierten Vektors ändert sich, wenn zum Tensor $g_{\lambda\mu}$ ein konstanter Zahlenfaktor hinzugefügt wird. Ein Vektor, dessen Richtung längs der Kurve gegeben ist, ist durch die Normierungsbedingung bis auf einen konstanten Faktor festgelegt. Für normierte Vektoren verwenden wir die Buchstaben i oder j und schreiben dementsprechend jetzt $\underset{1}{i}^\nu$ statt $\underset{1}{t}^\nu$ und $\overset{1}{j}_\lambda$ statt $\overset{1}{n}_\lambda$.

Es sei nun $\overset{2}{j}_\lambda$ ein normierter Vektor, der die Richtung von u_λ hat:

$$u_\lambda = \frac{1}{\underset{1}{r}} \overset{2}{j}_\lambda , \tag{72}$$

wo $\frac{1}{\underset{1}{r}}$ ein Koeffizient ist.

[1]) *Juvet*, 1921, 13, gibt eine Behandlung, bei der $g_{\lambda\mu}$ und Q_μ festgehalten werden und gelangt dementsprechend zu $n-1$ skalaren Krümmungen. Er treibt also keine *Weyl*sche Geometrie, sondern eine Geometrie, die durch Auszeichnung eines bestimmten Fundamentaltensors aus einer *Weyl*schen hervorgegangen ist.

Aus der Normierungsbedingung (71) folgt für $w_\lambda = \overset{2}{j}_\lambda$:

$$\delta \overset{2}{j}_\lambda g^{\lambda\mu} \overset{2}{j}_\mu = 0\,. \tag{73}$$

Bei Änderung von $g_{\lambda\mu}$ um einen konstanten Zahlenfaktor ändern sich $\overset{1}{j}_\lambda$, $\overset{2}{j}_\lambda$ und r_1 proportional zueinander. Der Bivektor:

$$\dot{j}_{\alpha\beta} = \overset{1}{j}_{[\alpha} \overset{2}{j}_{\beta]} \tag{74}$$

heißt der oskulierende Bivektor der Kurve. Durch Differentiation und Überschiebung mit $\underset{1}{i}^\mu$ entsteht

$$u_{\alpha\beta} = \underset{1}{i}^\mu \nabla_\mu \overset{1}{j}_{[\alpha} \overset{2}{j}_{\beta]} = \underset{1}{i}^\mu \left(\nabla_\mu \overset{1}{j}_{[\alpha}\right) \overset{2}{j}_{\beta]} + \underset{1}{i}^\mu \left(\nabla_\mu \overset{2}{j}_{[\beta}\right) \overset{1}{j}_{\alpha]} = \underset{1}{i}^\mu \left(\nabla_\mu \overset{2}{j}_{[\beta}\right) \overset{1}{j}_{\alpha]}, \tag{75}$$

ein einfacher Bivektor, dessen 2-Richtung die Richtung von $\underset{1}{i}^\nu$ enthält und infolge von (73) senkrecht zu $\overset{2}{j}_\lambda$ ist. Bei Änderung von $g_{\lambda\mu}$ um einen konstanten Zahlenfaktor ändert sich $u_{\alpha\beta}$ proportional zu $\overset{1}{j}_\lambda$. $u_{\alpha\beta}$ heißt der Bivektor der zweiten Krümmung.

Es sei nun $\overset{3}{j}_\lambda$ ein normierter Vektor, dessen Richtung in der 2-Richtung von $u_{\alpha\beta}$ liegt und senkrecht ist zu $\overset{1}{j}_\lambda$ und $\overset{2}{j}_\lambda$. Dann läßt sich $u_{\alpha\beta}$ durch $\overset{1}{j}_\lambda$ und $\overset{3}{j}_\lambda$ ausdrücken:

$$u_{\alpha\beta} = \frac{1}{\underset{2}{r}} \overset{1}{j}_{[\alpha} \overset{3}{j}_{\beta]}, \tag{76}$$

woraus hervorgeht, daß $\underset{2}{r}$ sich, bei Änderung von $g_{\lambda\mu}$ um einen konstanten Zahlenfaktor, proportional zu $\overset{1}{j}_\lambda$ verändert und demnach $\underset{1}{r}\,\underset{2}{r}^{-1}$ eine von der Normierung unabhängige Invariante ist, die nur von der Lage der Kurve in der W_n abhängt. In einer V_n gehen $\frac{1}{r_1}$ und $\frac{1}{r_2}$ über in die erste und zweite Krümmung der Kurve. In einer W_n existieren diese Krümmungen nicht, nur ihr Verhältnis hat invariante Bedeutung. Aus der auch für $\overset{3}{j}_\lambda$ gültigen Normierungsbedingung (71) folgt für $w_\lambda = \overset{3}{j}_\lambda$:

$$\delta \overset{3}{j}_\lambda g^{\lambda\mu} \overset{3}{j}_\mu = 0\,. \tag{77}$$

Der Trivektor:

$$\dot{j}_{\alpha\beta\gamma} = \overset{1}{j}_{[\alpha} \overset{2}{j}_\beta \overset{3}{j}_{\gamma]} \tag{78}$$

heißt der oskulierende Trivektor der Kurve. Durch Differentiation und Überschiebung mit $\underset{1}{i}^\mu$ entsteht:

$$u_{\alpha\beta\gamma} = \underset{1}{i}^\mu \nabla_\mu \overset{1}{j}_{[\alpha} \overset{2}{j}_\beta \overset{3}{j}_{\gamma]} = \underset{1}{i}^\mu \left(\nabla_\mu \overset{3}{j}_{[\gamma}\right) \overset{1}{j}_\alpha \overset{2}{j}_{\beta]} \tag{79}$$

ein einfacher Trivektor, dessen 3-Richtung die Richtungen von $\overset{1}{j}_\lambda$ und $\overset{2}{j}_\lambda$ enthält und der infolge von (77) senkrecht ist zu $\overset{3}{j}_\lambda$. Bei Änderung der Normierung ändert sich $u_{\alpha\beta\gamma}$ proportional zu $\overset{1}{j}_\lambda \overset{2}{j}_\mu$. $u_{\alpha\beta\gamma}$ heißt der *Trivektor der dritten Krümmung*.

Ist nun $\overset{4}{j}_\lambda$ ein normierter Vektor senkrecht zu $\overset{1}{j}_\lambda$, $\overset{2}{j}_\lambda$ und $\overset{3}{j}_\lambda$ in der 3-Richtung von $u_{\alpha\beta\gamma}$, so läßt sich $u_{\alpha\beta\gamma}$ durch $\overset{1}{j}_\lambda$, $\overset{2}{j}_\lambda$ und $\overset{4}{j}_\lambda$ ausdrücken:

(80) $$u_{\alpha\beta\gamma} = \frac{1}{\underset{3}{r}} \overset{1}{j}_{[\alpha} \overset{2}{j}_\beta \overset{3}{j}_{\gamma]},$$

woraus folgt, daß sich auch $\underset{3}{r}$ bei Änderung der Normierung proportional zu $\overset{1}{j}_\lambda$ ändert und mithin auch $\underset{1}{r}\,\underset{3}{r}^{-1}$ und $\underset{2}{r}\,\underset{3}{r}^{-1}$ Invarianten der Kurve sind.

In dieser Weise kann man fortfahren. Zur Aufstellung der allgemeinen Formel ist es aber nützlich, erst die *Frenet*schen Formeln für die niederen Fälle abzuleiten.

Aus (75) und (76) folgt:

(81) $$\underset{1}{i}^\mu \nabla_\mu \overset{2}{j}_\lambda = \underset{1}{\alpha}\, \overset{1}{j}_\lambda + \underset{3}{\alpha}\, \overset{3}{j}_\lambda .$$

Aus dieser Gleichung folgt:

(82) $$\underset{1}{i}^\mu \nabla_\mu \overset{1}{j}_{[\varkappa} \overset{2}{j}_{\lambda]} = \underset{3}{\alpha}\, \overset{1}{j}_{[\varkappa} \overset{2}{j}_{\lambda]},$$

oder unter Berücksichtigung von (75) und (76):

(83) $$\underset{3}{\alpha} = \underset{2}{r}^{-1}.$$

Überschiebung von (81) mit $\underset{1}{i}^\lambda$ lehrt:

(84) $$\underset{1}{i}^\mu \underset{1}{i}^\lambda \nabla_\mu \overset{2}{j}_\lambda = \underset{1}{\alpha},$$

oder infolge (66), (67), (68) und (72):

(85) $$\begin{cases} \underset{1}{\alpha} = -\underset{1}{i}^\mu \left(\nabla_\mu \underset{1}{i}^\lambda\right) \overset{2}{j}_\lambda = -\underset{1}{i}^\mu \left(\nabla_\mu \overset{1}{j}_\alpha\right) g^{\alpha\lambda} \overset{2}{j}_\lambda - \underset{1}{i}^\mu Q_\mu \overset{1}{j}_\alpha g^{\alpha\lambda} \overset{2}{j}_\lambda \\ \qquad = -u_\alpha g^{\alpha\lambda} \overset{2}{j}_\lambda = \underset{1}{r}^{-1}, \end{cases}$$

so daß (81) übergeht in:

(86) $$\underset{1}{i}^\mu \nabla_\mu \overset{2}{j}_\lambda = \underset{2}{r}^{-1} \overset{3}{j}_\lambda - \underset{1}{r}^{-1} \overset{1}{j}_\lambda .$$

Es ist bemerkenswert, daß jeder Term dieser Gleichung eine von der besonderen Wahl von $g_{\lambda\mu}$ unabhängige Bedeutung hat.

Es sei nun in der angegebenen Weise der *oskulierende p-Vektor* gebildet:

(87) $$j_{\lambda_1 \ldots \lambda_p} = \overset{1}{j}_{[\lambda_1} \ldots \overset{p}{j}_{\lambda_p]}, \qquad p \leqq n$$

und für $u < p$ sei bewiesen:

(88) $$\underset{1}{i}^\mu \nabla_\mu \overset{u}{j}_\lambda = \underset{u}{r}^{-1} \overset{u+1}{j}_\lambda - \underset{u-1}{r}^{-1} \overset{u-1}{j}_\lambda ; \qquad \underset{0}{r}^{-1} = 0, \quad u = 1, \ldots, p.$$

Aus (87) wird dann durch Differentiation und Überschiebung mit $\underset{1}{i}^{\mu}$ der p-Vektor der p^{ten} Krümmung:

(89) $$u_{\lambda_1\ldots\lambda_p} = \underset{1}{i}^{\mu}\nabla_{\mu} j_{\lambda_1\ldots\lambda_p} = i^{\mu}\left(\nabla_{\mu}\overset{p}{j}_{[\lambda_p}\right)\overset{1}{j}_{\lambda_1}\ldots\overset{p-1}{j}_{\lambda_{p-1}]}$$

gebildet. Für $p = n$ ist $u_{\lambda_1\ldots\lambda_p} = 0$. Da $\underset{1}{i}^{\mu}\nabla_{\mu}\overset{p}{j}_{\lambda}$ senkrecht zu $\overset{p}{j}_{\lambda}$ ist, so ist $u_{\lambda_1\ldots\lambda_p}$ senkrecht zu $\overset{p}{j}_{\lambda}$. Ist also $u_{\lambda_1\ldots\lambda_p}$ nicht Null, so existiert ein normierter Vektor $\overset{p+1}{j}_{\lambda}$ senkrecht zu $\overset{1}{j}_{\lambda}, \ldots, \overset{p}{j}_{\lambda}$, so daß:

(90) $$u_{\lambda_1\ldots\lambda_p} = \underset{p}{r}^{-1}\overset{1}{j}_{[\lambda_1}\cdots\overset{p-1}{j}_{\lambda_{p-1}}\overset{p+1}{j}_{\lambda_p]},$$

wo $\underset{p}{r}^{-1}$ ein Koeffizient ist. Aus (89) und (90) folgt:

(91) $$\underset{1}{i}^{\mu}\nabla_{\mu}\overset{p}{j}_{\lambda} = \underset{1}{\alpha}\overset{1}{j}_{\lambda} + \ldots + \underset{p-1}{\alpha}\overset{p-1}{j}_{\lambda} + \underset{p+1}{\alpha}\overset{p+1}{j}_{\lambda}.$$

Diese Gleichung liefert bei Überschiebung mit $g^{\lambda\alpha}\overset{v}{j}_{\alpha}$, $v = 1, \ldots, p-2$, infolge von (88):

(92) $$\underset{v}{\alpha} = \underset{1}{i}^{\mu}\left(\nabla_{\mu}\overset{p}{j}_{\lambda}\right)g^{\lambda\alpha}\overset{v}{j}_{\alpha} = -\underset{1}{i}^{\mu}\left(\nabla_{\mu}\overset{v}{j}_{\alpha}\right)g^{\lambda\alpha}\overset{p}{j}_{\lambda} = 0$$

und bei Überschiebung mit $g^{\lambda\alpha}\overset{p-1}{j}_{\alpha}$, ebenfalls infolge von (88):

(93) $$\underset{p-1}{\alpha} = -\underset{1}{i}^{\mu}\left(\nabla_{\mu}\overset{p-1}{j}_{\alpha}\right)g^{\lambda\alpha}\overset{p}{j}_{\lambda} = -\underset{p-1}{r}^{-1}.$$

Bei Multiplikation von (91) mit $\overset{1}{j}_{[\lambda_1}\cdots\overset{p-1}{j}_{\lambda_{p-1}]}$ und Alternation entsteht:

(94) $$\left(\underset{1}{i}^{\mu}\nabla_{\mu}\overset{p}{j}_{[\lambda_p}\right)\overset{1}{j}_{\lambda_1}\cdots\overset{p-1}{j}_{\lambda_{p-1}]} = \underset{p+1}{\alpha}\overset{1}{j}_{[\lambda_1}\cdots\overset{p-1}{j}_{\lambda_{p-1}}\overset{p+1}{j}_{\lambda_p]}$$

und also, unter Berücksichtigung von (89) und (90):

(95) $$\underset{p+1}{\alpha} = \underset{p}{r}^{-1}.$$

Damit ist die Gleichung:

(96) $$\boxed{\underset{1}{i}^{\mu}\nabla_{\mu}\overset{u}{j}_{\lambda} = \underset{u}{r}^{-1}\overset{u+1}{j}_{\lambda} - \underset{u-1}{r}^{-1}\overset{u-1}{j}_{\lambda},} \qquad u = 1, \ldots, n \qquad \underset{0}{r}^{-1} = \underset{n}{r}^{-1} = 0$$

allgemein bewiesen. Setzt man:

(97) $$\underset{u}{r}^{-1}\overset{u}{j}_{\lambda} = \overset{u}{k}_{\lambda},$$

(98) $$\underset{1}{i}^{\mu}\nabla_{\mu}\overset{u}{j}_{\lambda} = \overset{u}{u},$$

(99) $$\underset{u}{\varrho} = \underset{u}{r} : \underset{u+1}{r},$$

so geht diese Gleichung über in:

(100) $$\boxed{\overset{u}{u}_{\lambda} = \underset{u}{\varrho}^{-1}\overset{u+1}{k}_{\lambda} - \overset{u-1}{k}_{\lambda}.}$$

Es sind dies die *Frenet*schen Formeln einer Kurve in einer W_n in einer Form, die die Beziehungen zwischen den invariant mit der Kurve verknüpften Vektoren $\overset{u}{u}_\lambda$ und $\overset{u}{k}_\lambda$ und Skalaren $\underset{u}{\varrho}$ zum Ausdruck bringt.

§ 6. Krümmungseigenschaften einer W_{n-1} in W_n.

Da die $(n-1)$-Richtung von $\overset{n}{t}_\lambda$ (S. 223) die W_{n-1} tangiert, ist:

$$h_{\mu\lambda} = B^{\alpha\beta}_{\mu\lambda} \nabla_\alpha \overset{n}{t}_\beta \tag{101}$$

symmetrisch in λ und μ. Dieser Tensor ist nur bis auf einen Zahlenfaktor bestimmt. Dagegen ist:

$$H_{\mu\lambda}^{\cdot\cdot\nu} = -B^{\alpha\beta}_{\mu\lambda}\left(\nabla_\alpha \overset{n}{t}_\beta\right) \underset{n}{n}^\nu \tag{102}$$

von der Normierung von $\overset{n}{t}_\lambda$ und $\underset{n}{n}^\nu$ unabhängig, vorausgesetzt, daß (54) gilt. Bilden wir nun die Größe:

$$l_\mu^{\cdot\nu} = B^{\alpha\nu}_{\mu\beta} \nabla_\alpha \underset{n}{n}^\beta. \tag{103}$$

Da $\underset{n}{n}^\nu$ dieselbe Richtung hat wie $\overset{n}{t}_\lambda$, ist jedenfalls:

$$\underset{n}{n}^\nu = \alpha\, g^{\nu\lambda} \overset{n}{t}_\lambda, \tag{104}$$

wo α ein Koeffizient ist, und demnach:

$$l_\mu^{\cdot\nu} = \alpha\, B^{\alpha\nu}_{\mu\beta} g^{\beta\lambda} \nabla_\alpha \overset{n}{t}_\lambda = \alpha\, h_{\mu\beta} g^{\beta\nu}. \tag{105}$$

$l_\mu^{\cdot\nu}$ unterscheidet sich also von der durch Heraufziehen des Index λ aus $h_{\mu\lambda}$ erzeugbaren Größe nur um einen skalaren Faktor. $l_\mu^{\cdot\nu}$ ist wie $h_{\mu\lambda}$ nur bis auf einen skalaren Faktor bestimmt. Dagegen ist:

$$L_{\mu\cdot\lambda}^{\cdot\nu} = -l_\mu^{\cdot\nu} \overset{n}{t}_\lambda = -\alpha\, h_{\mu\beta} g^{\beta\nu} \overset{n}{t}_\lambda = H_{\mu\beta}^{\cdot\cdot\alpha} g^{\beta\nu} g_{\alpha\lambda} \tag{106}$$

von der Normierung von $\overset{n}{t}_\lambda$ und $\underset{n}{n}^\nu$ unabhängig. Da gleichzeitiges Herauf- und Herunterziehen zweier Indizes unabhängig von der näheren Wahl von $g_{\lambda\mu}$ vor sich geht, ist:

$$L_{\mu\cdot\lambda}^{\cdot\nu} = H_{\mu\cdot\lambda}^{\cdot\nu} \quad \text{(vgl. V, 85)}. \tag{107}$$

$H_{\mu\lambda}^{\cdot\cdot\nu}$ heißt der Krümmungsaffinor der W_{n-1}.

Sind i^ν und j_λ die beiden Tangentialvektoren einer Kurve der W_{n-1}, und sind diese Größen längs der Kurve normiert wie $\underset{1}{t}^\nu$ und $\overset{1}{n}_\lambda$ in (63) und (69), so gilt für den absoluten Krümmungsvektor der Kurve, d. i. der Krümmungsvektor in bezug auf die W_n, nach (61) und (66):

$$(108)\quad \begin{cases} u_\lambda = i^\mu \nabla_\mu j_\lambda = i^\mu \nabla'_\mu j_\lambda + \overset{n}{t}_\lambda \underset{n}{n}^\alpha i^\mu \nabla_\mu j_\alpha \\ \quad = u'_\lambda - \overset{n}{t}_\lambda j_\alpha i^\mu \nabla_\mu \underset{n}{n}^\alpha \\ \quad = u'_\lambda - j_\beta i^\alpha l_\alpha^{\cdot\beta} \overset{n}{t}_\lambda \\ \quad = u'_\lambda + u''_\lambda, \end{cases}$$

wo:

$$(109)\quad u''_\lambda = j_\beta i^\alpha H_{\alpha\cdot\lambda}^{\cdot\beta}.$$

u'_λ ist der relative Krümmungsvektor und u''_λ der erzwungene Krümmungsvektor in bezug auf W_n. (Vgl. V, § 8 und 9.)

Die drei auf S. 179 für eine Kurve einer V_{n-1} in V_n abgeleiteten Sätze behalten also ihre Gültigkeit für eine W_{n-1} in W_n. Auch die dort angegebene Definition der Haupttangentenrichtungen (erster Ordnung) bleibt dieselbe, da ja die Nullrichtungen von $h_{\lambda\mu}$ von der näheren Wahl von $g_{\lambda\mu}$ und von der Normierung von $\overset{n}{t}_\lambda$ unabhängig sind.

Legt man $n-1$ normierte Kongruenzen $\underset{a}{i}^\nu$ in Hauptrichtungen von $h_{\lambda\mu}$:

$$(110)\quad \underset{a}{i}^\lambda \underset{b}{i}^\mu h_{\lambda\mu} = \underset{a}{i}^\lambda \underset{b}{i}^\mu \nabla_\mu \overset{n}{t}_\lambda = 0, \qquad a, b = 1, \ldots, n-1, \qquad a \neq b,$$

so ist infolge von (109):

$$(111)\quad H_{\mu\cdot\lambda}^{\cdot\nu} = \sum_a \overset{a}{j}_\mu \underset{a}{i}^\nu \overset{a}{u}''_\lambda.$$

Die Hauptrichtungen von $h_{\lambda\mu}$ sind die Hauptkrümmungsrichtungen und die zugehörigen Vektoren $\overset{a}{u}''_\lambda$ die Hauptkrümmungsvektoren. Skalare Hauptkrümmungen gibt es bei einer W_{n-1} in W_n nicht. Infolge (110) bleibt die auf S. 178 für V_{n-1} in V_n erwähnte charakteristische geometrische Eigenschaft der Hauptkrümmungslinien gültig.

§ 7. Die Gleichungen von Gauß und Codazzi.

Wie im § 7 des vierten Abschnittes entsteht aus (61) die *Gauß*sche Gleichung (vgl. IV, 67, 212 und V, 157, 158):

$$(112)\quad \begin{cases} B_{\omega\mu\gamma\lambda}^{\beta\alpha\nu\delta} R_{\beta\alpha\delta}^{\cdot\cdot\cdot\gamma} = R'^{\cdot\cdot\cdot\nu}_{\omega\mu\lambda} + 2 B_{[\omega\mu]}^{\beta\,\alpha} (\nabla_\alpha \overset{n}{t}_\lambda) \nabla_\beta \underset{n}{n}^\nu \\ \quad = R'^{\cdot\cdot\cdot\nu}_{\omega\mu\lambda} + 2 H_{\lambda[\mu}^{\cdot\cdot\gamma} H_{\omega]\cdot\gamma}^{\cdot\nu}. \end{cases}$$

Eine viel einfachere Beziehung besteht zwischen $R_{\omega\mu\lambda}^{\cdot\cdot\cdot\lambda}$ und $R'^{\cdot\cdot\cdot\lambda}_{\omega\mu\lambda}$. Neben (17) gilt die Gleichung:

$$(113)\quad R'^{\cdot\cdot\cdot\lambda}_{\omega\mu\lambda} = -(n-1)\nabla'_{[\omega} Q^*_{\mu]},$$

und aus (112) und (9) folgt:

$$(114)\quad R'^{\cdot\,\cdot\,\cdot\,\lambda}_{\omega\mu\lambda} = B^{\alpha\beta}_{\omega\mu} R^{\cdot\,\cdot\,\cdot\,\lambda}_{\alpha\beta\lambda} - B^{\beta\alpha}_{\omega\mu} R^{\cdot\,\cdot\,\cdot\,\gamma}_{\beta\alpha\delta} \overset{n}{t}_\gamma \underset{n}{n}^\delta = B^{\alpha\beta}_{\omega\mu} R^{\cdot\,\cdot\,\cdot\,\lambda}_{\alpha\beta\lambda} + B^{\beta\alpha}_{[\omega\mu]} \nabla_\beta Q_\alpha\,.$$

Aus dieser Gleichung geht hervor, daß $R'^{\cdot\,\cdot\,\cdot\,\lambda}_{\omega\mu\lambda}$ dann und nur dann für jede Lage der W_{n-1} die W_{n-1}-Komponente von $R^{\cdot\,\cdot\,\cdot\,\lambda}_{\omega\mu\lambda}$ ist, wenn $\nabla_{[\mu} Q_{\lambda]}$ verschwindet, d. h. wenn die Übertragung eine *Riemann*sche ist.

Die Gleichungen von *Codazzi* sind die Integrabilitätsbedingungen von (101) und (103) und lauten hier (vgl. IV, 68, 69 und V, 168):

$$(115)\qquad B^{\beta\alpha\delta}_{\omega\mu\lambda} R^{\cdot\,\cdot\,\cdot\,\gamma}_{\beta\alpha\delta} \overset{n}{t}_\gamma = 2\nabla'_{[\omega} h_{\mu]\lambda} + 2B^{\alpha}_{[\mu} h_{\omega]\lambda} \left(\nabla_\alpha \overset{n}{t}_\gamma\right) \underset{n}{n}^\gamma,$$

$$(116)\qquad B^{\beta\alpha\nu}_{\omega\mu\gamma} R^{\cdot\,\cdot\,\cdot\,\gamma}_{\beta\alpha\delta} \underset{n}{n}^\delta = -2\nabla'_{[\omega} l^{\cdot\,\nu}_{\mu]} - 2B^{\alpha}_{[\mu} l^{\cdot\,\nu}_{\omega]} \left(\nabla_\alpha \underset{n}{n}^\gamma\right) \overset{n}{t}_\delta.$$

§ 8. Unmöglichkeit einer weiteren Normierung von $\overset{n}{t}_\lambda$ und $\underset{n}{n}^\nu$.

Es liegt nahe, zu versuchen, $\overset{n}{t}_\lambda$ und $\underset{n}{n}^\nu$ durch die Bedingungen:

$$(117)\qquad B^{\alpha}_{\mu} \left(\nabla_\alpha \overset{n}{t}_\lambda\right) \underset{n}{n}^\lambda = 0,$$

die äquivalent sind mit:

$$(118)\qquad B^{\alpha}_{\mu} \left(\nabla_\alpha \underset{n}{n}^\lambda\right) \overset{n}{t}_\lambda = 0$$

näher festzulegen, wie das ja in der A_n sowie in der V_n möglich ist. Es läßt sich aber zeigen, daß diese Bedingung in einer W_n niemals für jede Lage der W_{n-1} erfüllt werden kann. Man nehme erst irgendeine Normierung von $\underset{n}{n}^\nu$ und $\overset{n}{t}_\lambda$ an, die nur der Gleichung (54), aber noch nicht (117) genügt und suche jetzt einen Faktor σ so zu bestimmen, daß $\sigma \overset{n}{t}_\lambda$, $\sigma^{-1} \underset{n}{n}^\nu$ auch (117) genügen. Die Integrabilitätsbedingung lehrt, wie im § 8 des vierten Abschnittes (IV, 87), daß dies nur möglich ist, wenn $R'^{\cdot\,\cdot\,\cdot\,\lambda}_{\omega\mu\lambda}$ die W_{n-1}-Komponente ist von $R^{\cdot\,\cdot\,\cdot\,\lambda}_{\omega\mu\lambda}$:

$$(119)\qquad R'^{\cdot\,\cdot\,\cdot\,\lambda}_{\omega\mu\lambda} = B^{\beta\alpha}_{\omega\mu} R^{\cdot\,\cdot\,\cdot\,\lambda}_{\beta\alpha\lambda}.$$

Im vorigen Paragraphen wurde aber gerade gezeigt, daß dies in einer nicht zu einer V_n degenerierten W_n niemals für jede Lage der W_{n-1} möglich sein kann, und eine weitere Normierung von $\overset{n}{t}_\lambda$ und $\underset{n}{n}^\nu$ in diesem Sinne ist also hier ausgeschlossen.

§ 9. Der Krümmungsaffinor einer X_m in W_n.

Ist eine X_m in eine W_n eingebettet, so ist durch die Übertragung in jedem Punkte der X_m eine zur X_m senkrechte p-Richtung, $p = n - m$, gegeben. In diese p-Richtung kann man p beliebige gegenseitig senkrechte Vektoren $\overset{}{\underset{u}{n}}{}^{\nu}$, $u = m+1, \ldots, n$ legen und p kovariante Vektoren mit denselben p Richtungen so normieren, daß:

$$(120)\qquad \overset{u}{t}_{\lambda}\,\underset{v}{n}{}^{\lambda} = \begin{cases} 1 \text{ für } u = v \\ 0 \;\;,,\;\; u \neq v. \end{cases} \qquad u, v = m+1, \ldots, n$$

Der Normal-p-Vektor ist dann:

$$(121)\qquad n^{\nu_1 \ldots \nu_p} = \underset{m+1}{n}{}^{[\nu_1} \ldots \underset{n}{n}{}^{\nu_p]}$$

und der Tangential-p-Vektor:

$$(122)\qquad t_{\lambda_1 \ldots \lambda_p} = \overset{m+1}{t}_{[\lambda_1} \ldots \overset{n}{t}_{\lambda_p]},$$

und es gilt:

$$(123)\qquad p!\, t_{\lambda_1 \ldots \lambda_p} n^{\lambda_1 \ldots \lambda_p} = 1.$$

Die Beziehungen der Einheitsaffinoren der W_n und der X_m sind gegeben durch die Gleichung:

$$(124)\qquad A_{\lambda}^{\nu} - B_{\lambda}^{\nu} = \sum_{u} \underset{u}{i}{}^{\nu} \overset{u}{j}_{\lambda} = p\, p!\, n^{\nu \alpha_2 \ldots \alpha_p} t_{\lambda \alpha_2 \ldots \alpha_p}.$$

Man vergleiche zu diesen Gleichungen IV, § 14. Durch die Gleichungen (60) und (61) wird in der X_m eine Übertragung festgelegt, und wie auf S. 224 wird bewiesen, daß diese Übertragung eine *Weyl*sche ist, die die X_m-Komponenten von $g_{\lambda\mu}$ und Q_{λ} als Fundamentalgrößen hat.

Ist eine X_m in eine W_n eingebettet, so wird in der X_m eine *Weyl*sche Übertragung induziert, die dadurch charakterisiert ist, daß der Differentialquotient die X_m-Komponente des Differentialquotienten in der W_n ist. Die Fundamentalgrößen der induzierten Übertragung sind die X_m-Komponenten der Fundamentalgrößen der W_n.

Sind i^{ν} und j_{λ} die beiden Tangentialvektoren einer Kurve der W_n, normiert wie $\underset{1}{t}{}^{\nu}$ und $\overset{1}{n}_{\lambda}$ in (63) und (69), so gilt für den absoluten Krümmungsvektor der Kurve (vgl. 108):

$$(125)\qquad \begin{cases} u_{\lambda} = i^{\mu} \nabla_{\mu} j_{\lambda} = u'_{\lambda} + \sum\limits_{u} \overset{u}{t}_{\lambda} \underset{u}{n}{}^{\alpha} i^{\mu} \nabla_{\mu} j_{\alpha} \\ \qquad = u'_{\lambda} - j_{\beta} i^{\alpha} \sum\limits_{u} \overset{u}{l}{}_{\alpha}^{\cdot\beta} \overset{u}{t}_{\lambda} \\ \qquad = u'_{\lambda} + j_{\beta} i^{\alpha} H_{\alpha\cdot\lambda}^{\cdot\beta} \\ \qquad = u'_{\lambda} + u''_{\lambda}, \end{cases}$$

wo:

$$(126)\qquad u''_{\lambda} = j_{\beta} i^{\alpha} H_{\alpha\cdot\lambda}^{\cdot\beta}$$

den erzwungenen Krümmungsvektor in bezug auf W_m darstellt und

$$(127)\qquad H_{\mu\cdot\lambda}^{\cdot\nu} = -\sum_{u} B_{\mu\beta}^{\alpha\nu} \left(\nabla_{\alpha} \underset{u}{n}{}^{\beta}\right) \overset{u}{t}_{\lambda}$$

den Krümmungsaffinor der W_m (vgl. V, § 9).

Die drei auf S. 182 für eine Kurve einer V_m in V_n abgeleiteten Sätze behalten also ihre Gültigkeit für eine W_m in W_n. Auch die dort angegebene Definition der Haupttangentenrichtungen (erster Ordnung) bleibt dieselbe. Neben $H_{\mu\cdot\lambda}^{\cdot\nu}$ existiert die Größe:

$$(128)\qquad H_{\mu\lambda}^{\cdot\cdot\nu} = -\sum_u B_{\mu\lambda}^{\alpha\beta}\left(\nabla_\alpha \overset{u}{t}_\beta\right)\underset{u}{n}^\nu = -\sum_u \overset{u}{h}_{\mu\lambda}\underset{u}{n}^\nu,$$

die sich aber durch gleichzeitiges Herauf- und Herunterziehen zweier Indizes aus $H_{\mu\cdot\lambda}^{\cdot\nu}$ ableitet. $H_{\mu\lambda}^{\cdot\cdot\nu}$ ist in $\mu\lambda$ symmetrisch, da die $(n-1)$-Richtung jedes einzelnen Vektors $\overset{u}{t}_\lambda$ die W_m tangiert und infolgedessen alle Größen $\overset{u}{h}_{\mu\lambda}$ Tensoren sind.

Wie auf S. 183 wird der Satz bewiesen:

Eine W_m in einer W_n ist dann und nur dann geodätisch, wenn der Krümmungsaffinor der W_m in jedem Punkte verschwindet.

§ 10. Das Krümmungsgebilde einer W_m in W_n.

Der Krümmungsvektor einer Kurve ist in einer W_n ein kovarianter Vektor, und diese Eigenschaft ist wesentlich, da der Vektor sich nicht unabhängig von der näheren Wahl der $g_{\lambda\mu}$ in einen kontravarianten Vektor umsetzen läßt. Sind $\underset{a}{i}^\nu$, $\underset{a}{a} = 1, \ldots, m$ m gegenseitig senkrechte Kongruenzen der W_m und $\overset{a}{j}_\lambda$ die zugehörigen kovarianten Vektoren, so hängt der erzwungene Krümmungsvektor einer Kongruenz i^ν der W_m nur von der Richtung von i^ν ab. Im betrachteten Punkte P nehme man $g_{\lambda\mu}$, $\underset{a}{i}^\nu$ und i^ν so an, daß die $\underset{a}{i}^\nu$ und i^ν Einheitsvektoren sind. Dann ist

$$(129)\qquad i^\nu = \sum_a \underset{a}{i}^\nu \cos \underset{a}{\alpha}$$

und nach (126)

$$(130)\qquad u_\lambda' = \sum_{ab} \cos \underset{a}{\alpha} \cos \underset{b}{\alpha}\, \underset{a}{i}^\alpha\, \overset{b}{j}_\beta H_{\alpha\cdot\lambda}^{\cdot\beta}.$$

Die Richtungen der $\frac{1}{2}m(m+1)$ rechts in (130) vorkommenden Vektoren bestimmen eine $R_{m'}$, $m' \leqq \frac{1}{2}m(m+1)$, das Krümmungsgebiet der W_m in P. Durchläuft i^ν alle Richtungen der W_m, so wird in diesem Gebiet durch die Endhyperebene der Vektoren u_λ eine Figur eingehüllt, die das Krümmungsgebilde der W_m in P ist. Dieses Krümmungsgebilde ist von der näheren Wahl von $g_{\lambda\mu}$ unabhängig. Für $m' = \frac{1}{2}m(m+1)$ ist das Krümmungsgebilde ein Gebilde 2^{m-1}-ter Klasse. Man kann es sich nun bequem machen, indem man den Tensor $g_{\lambda\mu}$ einmal festlegt und statt u_λ den Vektor $u_\lambda g^{\lambda\nu}$ verwendet. Dann gelten wörtlich alle Betrachtungen des § 10 des fünften Abschnittes. Es ist aber zu beachten, daß die so erhaltenen Figuren nicht invariant mit der W_m verknüpft sind, da sie auch noch von der näheren Wahl von $g_{\lambda\mu}$ abhängen, und daß das wirkliche Krümmungsgebilde erst entsteht, wenn man jeden Punkt durch Polarisation an der Einheitskugel in eine E_{n-1} umsetzt und die Einhüllende der Schnitte dieser E_{n-1} mit dem Krümmungsgebiet bildet.

Für eine W_2 in W_4 tritt z. B. gerade die Hyperbel, die *Kommerell* für V_2 in R_4 als „Charakteristik" bezeichnet hat, als Krümmungsgebilde auf[1]).

Der mittlere Krümmungsvektor einer W_m in W_n ist der Vektor

$$(131)\qquad D_\lambda = \sum_a \underset{a}{i}^{\alpha} \overset{a}{j}_\beta H_{\alpha\cdot\lambda}^{\cdot\beta} = B_\beta^\alpha H_{\alpha\cdot\lambda}^{\cdot\beta} = H_{\alpha\cdot\lambda}^{\cdot\alpha}.$$

Durch das Verschwinden des Vektors D_λ ist eine besondere Klasse von W_m charakterisiert. Diese W_m können aber keine Minimaleigenschaften im gewöhnlichen Sinne besitzen, da die W_n ja keine Maßbestimmung besitzt.

§ 11. Änderung des Krümmungsaffinors bei konformen Transformationen der Übertragung.

Unter einer konformen Transformation einer *Weyl*schen Übertragung verstehen wir eine Änderung von Q_λ, bei der sich $g_{\lambda\mu}$ nicht ändert. Eine Änderung von Q_λ mit gleichzeitiger konformer Änderung von $g_{\lambda\mu}$ läßt sich immer auf eine solche konforme Transformation zurückführen, da sich ja jede konforme Änderung von $g_{\lambda\mu}$ durch eine entsprechende Änderung von Q_λ ersetzen läßt. Ist:

$$(132)\qquad {}'Q_\lambda = Q_\lambda + S_\lambda,$$

wo S_λ kein Gradientvektor zu sein braucht, so ändert sich die Normierung von i^ν und j_λ längs einer Kurve, wenn die Bedingungen (63) und (65) für $i^\nu = \underset{1}{i}^\nu$, $j_\lambda = \overset{1}{n}_\lambda$ erhalten bleiben sollen. Ist dann für die neue Übertragung:

$$(133)\qquad {}'i^\nu = \varkappa\, i^\nu, \qquad {}'j_\lambda = \varkappa^{-1} j_\lambda,$$

so berechnet man leicht:

$$(134)\qquad i^\mu \nabla_\mu \log \varkappa = -\tfrac{1}{2} i^\mu S'_\mu,$$

wenn S'_λ die Komponente von S_λ in der Richtung der Kurve ist. Demzufolge ist:

$$(135)\quad \begin{cases} {}'u_\lambda = {}'i^\mu\, {}'\nabla_\mu\, {}'j_\lambda = {}'i^\mu \nabla_\mu\, {}'j_\lambda - \tfrac{1}{2}\,{}'i^\mu (S_\lambda A_\mu^\nu + S_\mu A_\lambda^\nu - g_{\lambda\mu} S^\nu)\,{}'j_\nu \\ \quad = u_\lambda + \tfrac{1}{2} i^\mu S'_\mu j_\lambda - \tfrac{1}{2} S_\lambda \\ \quad = u_\lambda - \tfrac{1}{2} \overline{S}_\lambda, \end{cases}$$

wo $\overline{S}_\lambda$ die Komponente von S_λ senkrecht zur Kurve darstellt. Es gilt also der Satz (vgl. S. 201):

[1]) *Kommerell*, 1897, 4, S. 22; 1905, 4, S. 555. Eine Abbildung findet sich bei *Struik*, 1923, S. 105.

Bei einer konformen Transformation einer *Weyl*schen Übertragung $'Q_\lambda = Q_\lambda + S_\lambda$ entsteht der neue Krümmungsvektor $'u_\lambda$ einer Kongruenz, indem man von u_λ die Komponente von $\frac{1}{2} S_\lambda$, deren Richtung senkrecht zur tangentialen Richtung ist, subtrahiert.

Ist eine W_m in der W_n gegeben, so gilt für jede Kurve einer Kongruenz $i^\nu j_\lambda$ der W_m

(136) $$'u'_\lambda = u'_\lambda - \tfrac{1}{2}\bar{S}'_\lambda,$$

wo $\bar{S}'_\lambda$ die W_m-Komponente von S_λ darstellt. Nun ist aber

(137) $$Z_\lambda = \bar{S}_\lambda - \bar{S}'_\lambda$$

die Komponente von S_λ senkrecht zur W_m, so daß:

(138) $$'u''_\lambda = 'u_\lambda - 'u'_\lambda = u_\lambda - u'_\lambda - \tfrac{1}{2} Z_\lambda = i^\alpha j_\beta H_{\alpha\cdot\lambda}^{\cdot\beta} - \tfrac{1}{2} Z_\lambda,$$

und:

(139) $$'H_{\mu\cdot\lambda}^{\cdot\nu} = H_{\mu\cdot\lambda}^{\cdot\nu} - \tfrac{1}{2} B_\mu^\nu Z_\lambda.$$

Es gilt also der Satz (vgl. S. 202):

Bei einer konformen Transformation einer *Weyl*schen Übertragung, $'Q_\lambda = Q_\lambda + S_\lambda$, entstehen die neuen einhüllenden kovarianten Krümmungsvektoren des Krümmungsgebildes, indem von jedem Krümmungsvektor die Komponente von $\frac{1}{2} S_\lambda$ subtrahiert wird, die senkrecht zur W_m ist.

Wie man sieht, ist die Formulierung der beiden letzten Sätze einfacher als im vorigen Abschnitt, die geometrische Interpretation aber komplizierter. Man kann sich wieder helfen, indem man einen Augenblick $g_{\lambda\mu}$ festhält und mit den invertierten Gebilden arbeitet. Dann kommt, wie im vorigen Abschnitt, eine Verschiebung und eine Ähnlichkeitstransformation heraus. Die Figuren müssen dann aber wieder rücktransformiert werden, um eine von der näheren Wahl von $g_{\lambda\mu}$ unabhängige Bedeutung zu bekommen.

Aufgaben.

1. Ist für $n > 2$ bei einer *Weyl*schen Übertragung
$$R_{\omega\mu[\lambda}^{\cdot\cdot\cdot\alpha} g_{\nu]\alpha} = 0,$$
so verschwindet $R_{\omega\mu\lambda}^{\cdot\cdot\cdot\nu}$.

2. Man beweise die in einer W_n gültige Identität:
$$R_{\omega\mu\lambda}^{\cdot\cdot\cdot\nu} g^{\mu\lambda} = \frac{n-2}{2} R_{\omega\alpha} g^{\alpha\nu} + \frac{2}{n} R_{\alpha\omega} g^{\alpha\nu}.$$
[*Bach*[1]) für $n = 4$.]

3. Man beweise die in einer W_n gültige Identität:
$$g^{\lambda\mu} \nabla_\mu \left(\frac{n-1}{n} R_{\omega\lambda} + \frac{1}{n} R_{\lambda\omega} - \frac{1}{2} R\, g_{\lambda\omega} \right) = 0.$$
[*Bach*[2]) für $n = 4$.]

---

[1]) 1921, 6, S. 118. [2]) 1921, 6, S. 119.

Siebenter Abschnitt.

Die invarianten Zerlegungen einer Größe höheren Grades.

§ 1. Problemstellung.

Eine kovariante Größe zweiten Grades $v_{\lambda\mu}$ hat n^2 Bestimmungszahlen. Sie läßt sich unmittelbar zerlegen in einen symmetrischen und einen alternierenden Bestandteil:

$$(1) \qquad v_{\lambda\mu} = v_{(\lambda\mu)} + v_{[\lambda\mu]}$$

und diese Bestandteile haben $\frac{1}{2}n(n+1)$ und $\frac{1}{2}n(n-1)$ Bestimmungszahlen. Es ist bekannt, daß eine weitere bei der affinen Gruppe invariante Zerlegung der Bestandteile in Größen mit weniger Bestimmungszahlen nicht möglich ist. Wird jetzt aber ein Fundamentaltensor eingeführt, d. h. geht man zur orthogonalen Gruppe über, so gelingt es, $v_{(\lambda\mu)}$ zu zerlegen in zwei Größen:

$$(2) \qquad v_{(\lambda\mu)} = \frac{1}{n} v_{\alpha}^{\cdot\alpha} g_{\lambda\mu} + \left(v_{(\lambda\mu)} - \frac{1}{n} v_{\alpha}^{\cdot\alpha} g_{\lambda\mu}\right).$$

Die erste Größe ist ein Skalar und hat eine Bestimmungszahl. Die zweite Größe hat $\frac{1}{2}n(n+1) - 1$ Bestimmungszahlen. Wiederum ist es bekannt, daß eine weitere bei der orthogonalen Gruppe invariante Zerlegung der Bestandteile nicht möglich ist. Die Zerlegung einer gemischten Größe zweiten Grades läßt sich in derselben Weise leicht angeben. Bei der affinen Gruppe läßt sich ein Skalarteil und ein skalarfreier Teil bilden:

$$(3) \qquad v_{\lambda}^{\cdot\nu} = \frac{1}{n} v_{\alpha}^{\cdot\alpha} A_{\lambda}^{\nu} + \left(v_{\lambda}^{\cdot\nu} - \frac{1}{n} v_{\alpha}^{\cdot\alpha} A_{\lambda}^{\nu}\right)$$

und bei der orthogonalen ist es möglich, den skalarfreien Teil weiter zu zerspalten:

$$(4) \qquad v_{\lambda}^{\cdot\nu} = \frac{1}{n} v_{\alpha}^{\cdot\alpha} A_{\lambda}^{\nu} + v_{[\lambda\mu]} g^{\mu\nu} + \left(v_{(\lambda\mu)} g^{\mu\nu} - \frac{1}{n} v_{\alpha}^{\cdot\alpha} A_{\lambda}^{\nu}\right).$$

Versucht man nun, eine Größe höheren Grades in derselben Weise in ihre Bestandteile aufzulösen, so zeigt sich, daß diese Aufgabe schon bei einer kovarianten Größe dritten Grades $v_{\varkappa\lambda\mu}$ ziemlich kompliziert und unübersichtlich wird. Zwar sind die Teile $v_{[\varkappa\lambda\mu]}$ und $v_{(\varkappa\lambda\mu)}$ mit $\binom{n}{3}$ und $\binom{n+2}{3}$ Bestimmungszahlen leicht abzuspalten und es ist auch bekannt, daß diese Teile bei der affinen Gruppe nicht weiter zerlegbar sind. Der Rest:

$$v_{\varkappa\lambda\mu} - v_{[\varkappa\lambda\mu]} - v_{(\varkappa\lambda\mu)}$$

ist nun weiter zu zerlegen in zwei Größen:

$$\tfrac{2}{3}\, v_{[\varkappa\lambda]\mu} + \tfrac{2}{3}\, v_{[\mu\lambda]\varkappa}$$

$$\tfrac{2}{3}\, v_{(\varkappa\lambda)\mu} - \tfrac{2}{3}\, v_{\mu(\lambda\varkappa)}$$

mit je $\frac{1}{3} n (n^2 - 1)$ Bestimmungszahlen und die invariante Zerlegung ist damit bei der affinen Gruppe zu Ende. Dies ist aber keineswegs unmittelbar einzusehen und ähnliches gilt z. B. für die weitere Auflösung des Teiles $v_{(\varkappa\lambda\mu)}$ bei der orthogonalen Gruppe. Es muß also eine besondere Methode ausgebildet werden, die das Problem auch in den verwickelten höheren Fällen zugänglich macht.

Zunächst ist das Problem genau zu formulieren. Unter einer linearen Komitante einer Größe verstehen wir bei der affinen Gruppe eine Komitante der Größe, bei der orthogonalen Gruppe eine Simultankomitante der Größe und des Fundamentaltensors, deren Bestimmungszahlen homogene lineare Funktionen der Bestimmungszahlen der Größe sind. Eine Größe heißt bei der zugrunde gelegten Gruppe unzerlegbar, wenn sie keine lineare Komitante besitzt, die weniger Bestimmungszahlen hat als die Größe selbst.

Die Aufgabe ist dann folgende:

Eine gegebene kovariante oder kontravariante Größe zu schreiben als eine Summe von unzerlegbaren Größen.

Es wird sich herausstellen, daß die Aufgabe in dieser Form oft mehrere Lösungen zuläßt. Dabei werden wir aber auch eine Zusatzbedingung finden, deren Einführung die Lösung zu einer eindeutig bestimmten macht. Zuerst soll die Zerlegung einer kovarianten oder kontravarianten Größe bei der affinen Gruppe behandelt werden und dann die Zerlegung bei der orthogonalen Gruppe.

§ 2. Alternationen und Mischungen.

Eine Begriffsbildung des ersten Abschnittes erweiternd nennen wir die Größe, die aus einer beliebigen Größe p^{ten} Grades $v_{\lambda_1 \dots \lambda_p}$ entsteht, indem t beliebige Gruppen von $s_1, \dots, s_t$ Indizes, $s_1 + \dots + s_t = p$, alterniert bzw. gemischt werden, eine einfache Alternation bzw. Mischung. Auch die Operation selbst soll mit diesem Namen bezeichnet werden. Die entstandene Größe wird folgendermaßen geschrieben:

(5) $$_{s_1 \dots s_t}\mathrm{A}^{\alpha}\, v_{\lambda_1 \dots \lambda_p} \quad \text{bzw.} \quad _{s_1 \dots s_t}\mathrm{M}^{\alpha}\, v_{\lambda_1 \dots \lambda_p}$$ [1].

[1] Für die Operationen sind vertikale Buchstaben gewählt, um Verwechslung mit den kursiven Buchstaben der Größen des Riccikalküls auszuschließen. Die Summierungsregeln des Riccikalküls gelten nicht für die Indizes der Operatoren. Es ist also nur dann über gleiche Indizes zu summieren, wenn dies ausdrücklich angegeben ist.

Der Index **links** heißt die **Permutationszahl** und gibt die Dimensionen der **Permutationsgebiete** an, $s_1 \geqq s_2 \geqq \ldots \geqq s_t$, $s_1 + \ldots + s_t = p$, der Index **rechts oben** kann verwendet werden, um die verschiedenen möglichen einfachen Alternationen bzw. Mischungen mit derselben Permutationszahl voneinander zu unterscheiden. Mit ${}_0\mathrm{A} = {}_0\mathrm{M} = \mathrm{I}$ wird die identische Operation bezeichnet.

Sind s_i und z_i von links gerechnet die ersten beiden korrespondierenden Zahlen aus $s_1, \ldots, s_t$ und $z_1, \ldots, z_d$, die nicht gleich sind, so heißt $s_1, \ldots, s_t$ **höher** bzw. **niedriger** als $z_1, \ldots, z_d$, wenn $s_i > z_i$ bzw. $s_i < z_i$. Die Alternationen bzw. Mischungen werden nach der Höhe der Permutationszahlen geordnet und erhalten durch diese Ordnung einen Index **rechts unten**, der für die identische Operation 1 ist. Dieser Index heißt die zur Permutationszahl gehörige **Ordnungszahl**. Die Anzahl k der möglichen verschiedenen Permutationszahlen ist der Anzahl der Lösungssysteme der Gleichung:

$$x_1 + 2x_2 + \ldots + p\,x_p = p, \tag{6}$$

die nur aus ganzzahligen positiven Wurzeln oder Wurzeln Null bestehen, gleich. Es ist also z. B. $k = 11$ für $p = 6$ und die Reihe der verschiedenen Arten von Alternationen bzw. Mischungen ist für diesen Fall:

$$ {}_0\mathrm{A}_1,\ {}_2\mathrm{A}_2,\ {}_{2,2}\mathrm{A}_3,\ {}_{3\cdot 2}\mathrm{A}_4,\ {}_3\mathrm{A}_5,\ {}_{3,2}\mathrm{A}_6,\ {}_{3,3}\mathrm{A}_7,\ {}_4\mathrm{A}_8,\ {}_{4,2}\mathrm{A}_9,\ {}_5\mathrm{A}_{10},\ {}_6\mathrm{A}_{11}, $$
$$ {}_0\mathrm{M}_1,\ {}_2\mathrm{M}_2,\ {}_{2,2}\mathrm{M}_3,\ {}_{3\cdot 2}\mathrm{M}_4,\ {}_2\mathrm{M}_5,\ {}_{3,2}\mathrm{M}_6,\ {}_{3,3}\mathrm{M}_7,\ {}_4\mathrm{M}_8,\ {}_{4,2}\mathrm{M}_9,\ {}_5\mathrm{M}_{10},\ {}_6\mathrm{M}_{11}, $$

wo für 2, 2, 2 einfachheitshalber $3 \cdot 2$ geschrieben ist und in der Permutationszahl alle Zahlen 1 fortgelassen sind. In allen Fällen, wo es nicht aus irgendeinem Grunde geboten ist, die Permutationszahl ausdrücklich mitanzugeben, verwenden wir nur **den Index rechts unten**, der die Ordnungszahl angibt. Die Formeln werden dadurch viel einfacher.

Die Summe aller einfachen Alternationen A_i bzw. Mischungen M_i mit derselben Permutationszahl, dividiert durch ihre Anzahl

$$\alpha_i = \binom{p}{s_1}\binom{p - s_1}{s_2} \ldots \binom{p - s_1 \ldots - s_{t-1}}{s_t} \quad (\text{für } s_1, \ldots, s_t \neq) \tag{7}$$

heißt die **allgemeine Alternation** bzw. **Mischung** mit dieser Permutationszahl. Die allgemeinen Alternationen bzw. Mischungen werden mit $\overline{\mathrm{A}}_i$ bzw. $\overline{\mathrm{M}}_i$ bezeichnet, wo der Index rechts die Ordnungszahl angibt. Wenn nötig, wird links die Permutationszahl mit angegeben. Für $p = 6$ sind also diese Operationen $\overline{\mathrm{A}}_i$, $\overline{\mathrm{M}}_i$, $i = 1, \ldots, 11$.

§ 3. Konjugierte Operationen.

Werden zwei Operationen ${}_{s_1 \ldots s_t}\mathrm{A}_i$ und ${}_{z_1 \ldots z_d}\mathrm{M}_i$ nacheinander angewandt, so entsteht dann und nur dann identisch Null, wenn ein Permutationsgebiet des ersten Operators mit einem Permutationsgebiet des zweiten Operators mehr als **einen** Index gemeinschaftlich hat. Die

240   Die invarianten Zerlegungen einer Größe höheren Grades.

höchste Permutationszahl $s_1', \ldots, s_{t'}'$, die in dieser Weise mit $s_1, \ldots, s_t$ nicht stets identisch Null erzeugt, heißt die zu $s_1, \ldots, s_t$ konjugierte. Die Permutationszahlen von A_i und M_j sind also dann und nur dann konjugiert, wenn eine der beiden folgenden Bedingungen erfüllt ist:

(8a) $\quad A_i M_l \begin{cases} \text{nicht stets} = 0 \text{ für } l \leq j \\ = 0 \text{ ,, } l > j \end{cases}$

(8b) $\quad A_l M_j \begin{cases} \text{nicht stets} = 0 \text{ für } l \leq i \\ = 0 \text{ ,, } l > i. \end{cases}$

Die Beziehung des Konjugiertseins ist eine reziproke, da:

(9) $\begin{cases} s_1', \ldots, s_{t'}' = s_t \cdot t, (s_{t-1} - s_t) \cdot (t-1), \ldots, (s_2 - s_3) \cdot 2, (s_1 - s_2) \cdot 1 \\ s_1, \ldots, s_t = s_{t'}' \cdot t', (s_{t'-1}' - s_{t'}') \cdot (t'-1), \ldots, (s_2' - s_3') 2, (s_1' - s_2') \cdot 1. \end{cases}$

Eine allgemeine Alternation und eine allgemeine Mischung heißen konjugiert, wenn ihre Permutationszahlen konjugiert sind. Sind $\overline{A}_i$ und $\overline{M}_j$ konjugiert, so wird jede einfache Alternation A_i durch jede einfache Mischung M_l, $l > j$ annulliert und somit auch $\overline{A}_i$ durch $\overline{M}_l$. Das Gleiche gilt bei Vertauschung von A und M. Für $p = 6$ sind die zu

$$\overline{A}_1 \; \overline{A}_2 \; \overline{A}_3 \; \overline{A}_4 \; \overline{A}_5 \; \overline{A}_6 \; \overline{A}_7 \; \overline{A}_8 \; \overline{A}_9 \; \overline{A}_{10} \; \overline{A}_{11},$$

konjugierten Mischungen:

$$\overline{M}_{11} \; \overline{M}_{10} \; \overline{M}_9 \; \overline{M}_7 \; \overline{M}_8 \; \overline{M}_6 \; \overline{M}_4 \; \overline{M}_5 \; \overline{M}_3 \; \overline{M}_2 \; \overline{M}_1.$$

Für $p > 5$ ist die Reihenfolge der Ordnungszahlen dieser Operatoren von links nach rechts nicht die natürliche. Auch die zu konjugierten Permutationszahlen gehörigen Ordnungszahlen nennen wir konjugiert. Konjugiert sind also $\frac{11}{1}, \frac{10}{2}, \frac{9}{3}, \frac{8}{5}, \frac{7}{4}, \frac{6}{6}$. Bei den einfachen Alternationen und Mischungen machen wir erst einen Unterschied zwischen den geordneten und den nicht geordneten. Werden die Permutationsgebiete numeriert, so daß jedes größere Gebiet eine niedrigere Nummer hat als jedes kleinere Gebiet, so nennen wir eine einfache Alternation oder Mischung geordnet, wenn die q^{ten} Stellen der Gebiete für jeden Wert von q in der durch diese Numerierung angegebenen Reihenfolge stehen. Beispiele von geordneten Operatoren sind für $p = 6$:

$$_{3,2}A \quad \underset{1}{\circ} \; \underset{1}{\circ} \; \underset{1}{\circ} \; \underset{2}{\times} \; \underset{2}{\times} \; \underset{3}{\bullet}$$

$$_{3,2}A \quad \underset{1}{\circ} \; \underset{2}{\times} \; \underset{1}{\circ} \; \underset{1}{\circ} \; \underset{3}{\bullet} \; \underset{2}{\times}$$

$$_{2,2}A \quad \underset{1}{\circ} \; \underset{2}{\times} \; \underset{1}{\circ} \; \underset{2}{\times} \; \underset{3}{\bullet} \; \underset{4}{\bullet}$$

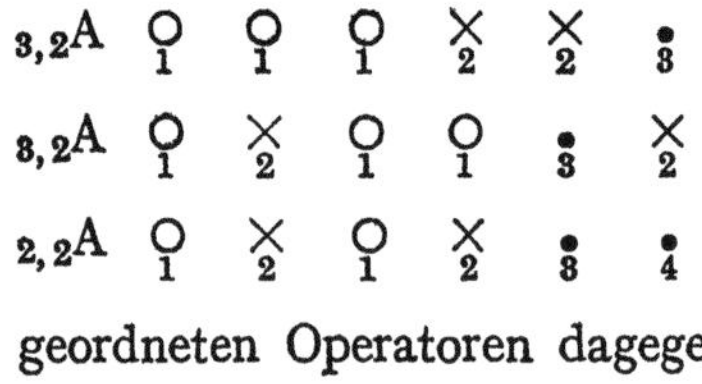

Beispiele von nicht geordneten Operatoren dagegen:

$$_{3,2}A \quad \underset{1}{\circ} \; \underset{2}{\times} \; \underset{2}{\times} \; \underset{1}{\circ} \; \underset{1}{\circ} \; \underset{3}{\circ}$$

$$_{3,2}A \quad \underset{1}{\circ} \; \underset{3}{\bullet} \; \underset{2}{\times} \; \underset{2}{\times} \; \underset{1}{\circ} \; \underset{1}{\circ}$$

$$_{2,2}A \quad \underset{2}{\times} \; \underset{1}{\circ} \; \underset{1}{\circ} \; \underset{2}{\times} \; \underset{3}{\bullet} \; \underset{4}{\bullet}$$

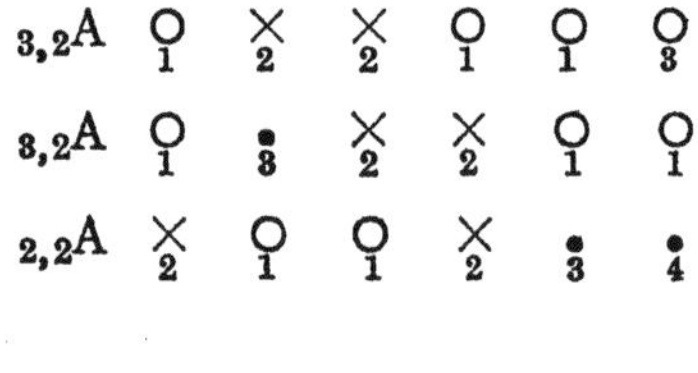

Die ○ geben das erste, die × das zweite Permutationsgebiet an, die Zahlen die Numerierung. Im ersten Gegenbeispiel stehen zwar die drei ersten Stellen der drei Permutationsgebiete in der natürlichen Reihenfolge, nicht aber die zwei zweiten Stellen, im zweiten Gegenbeispiel ist in beiden Fällen die Reihenfolge nicht die natürliche. Zu jeder geordneten einfachen Alternation ${}_{s_1 \ldots s_t}A$ gehört eine bestimmte geordnete einfache Mischung, die erhalten wird, indem man als erstes Permutationsgebiet die t ersten Stellen der Permutationsgebiete von ${}_{s_1 \ldots s_t}A$ wählt, als zweites Permutationsgebiet die zweiten Stellen dieser Gebiete usw. Diese beiden einfachen Operationen haben nach der Definition auf S. 241 konjugierte Permutationszahlen und heißen konjugiert. Als Beispiele geben wir die Permutationsgebiete der zu den oben angegebenen geordneten Operatoren gehörigen konjugierten Operatoren an:

${}_{3,2}M$ ○ × • ○ × ○

${}_{3,2}M$ ○ ○ × • ○ ×

${}_{4,2}M$ ○ ○ × × ○ ○.

Daß zwei konjugierte geordnete einfache Operatoren einander nicht annullieren, geht daraus hervor, daß ein Permutationsgebiet des einen Operators infolge des Bildungsgesetzes niemals mehr als eine Stelle mit einem Permutationsgebiet des anderen Operators gemeinschaftlich haben kann. Zu einer geordneten einfachen Alternation gibt es natürlich außer der konjugierten Operation zahlreiche einfache Mischungen mit konjugierter Permutationszahl, die ebenfalls nicht annullieren. Es ist nun aber für das folgende sehr wichtig, daß es unter diesen anderen Operatoren auch geordnete Mischungen geben kann. Z. B. ist zur geordneten Alternation:

${}_{3,2}A$ ○ × • ○ ○ ×

die geordnete Mischung:

${}_{3,2}M$ ○ ○ ○ × • ×

konjugiert, die Alternation wird aber auch durch die beiden geordneten Mischungen mit konjugierter Permutationszahl:

${}_{3,2}M$ ○ × ○ • × ○

${}_{3,2}M$ ○ × ○ × • ○

nicht annulliert.

Tritt dieser Fall auf, gibt es also zu einer einfachen geordneten Operation außer der konjugierten noch andere geordnete Operationen mit derselben Permutationszahl, die nicht annullieren, so nennen wir dies im Folgenden das Auftreten von abnormalen Nichtannullierungen. Abnormale Nichtannullierungen treten niemals auf, wenn die Permutationszahl nur ein einziges Permutationsgebiet mit mehr als einer Stelle enthält.

Ein Diagramm, das später noch weitere Verwendung finden wird, möge den Sachverhalt noch verdeutlichen. Die Permutationsgebiete einer Alternation, z. B. ${}_{7,4,3}A^1$ für $p = 16$ werden in wagerechten Zeilen übereinander der Größe nach geordnet. Die Zahlen von $1, \ldots, 16$ geben den Ort jeder Stelle an:

1	2	3	7	14	15	16
4	6	8	13			
5	9	12				
10						
11						

Die Alternation ist dann und nur dann geordnet, wenn, wie in dem angegebenen Beispiel, die Zahlen in jeder Zeile von links nach rechts und in jeder Spalte von oben nach unten in der natürlichen Reihenfolge stehen. Die konjugierte geordnete Mischung, die wir mit ${}_{4,3,3,2}M^1$ bezeichnen, entsteht aus derselben Tabelle, indem man die Spalten als Permutationsgebiete wählt, also 1, 4, 5, 10, 11; 2, 6, 9 usw. Die Frage nach einer geordneten Operation ${}_{7,4,3}A^2$, die ${}_{5,3,3,2}M^1$ nicht annulliert, ist die nach einer anderen Verteilung der Zahlen $1, \ldots, p$ über die Tabelle, so daß erstens die Reihenfolge in jeder Zeile und jeder Spalte die natürliche ist und zweitens niemals zwei Zahlen in einer Zeile vorkommen, die bei der ersten Verteilung in einer Spalte auftreten. Eine solche andere Verteilung ist z. B.:

1	3	6	7	14	15	16
2	4	8	13			
5	9	12				
10						
11						

Für eine abnormale Nichtannullierung ${}_{7,4,3}A^1 \; {}_{4,3,3,2}M^2$ hätte man eine Verteilung zu suchen, so daß die Reihenfolge in jeder Zeile und jeder Spalte die natürliche ist und niemals zwei Zahlen in einer Spalte vorkommen, die bei der ersten Verteilung in einer Zeile auftreten.

§ 4. Einige Sätze aus der Theorie der assoziativen Zahlensysteme[1]).

Ist n die Anzahl der linear unabhängigen Zahlen eines Zahlensystems und wählt man irgendwelche n linear unabhängige Zahlen

[1]) Man vergleiche z. B. die Arbeit des Verfassers 1914, 4.

$e_1, \ldots, e_n$, so ist das System gegeben durch die, die Multiplikation definierenden, Gleichungen:

$$(10) \qquad e_i e_j = \sum_k^{1,\ldots,n} \gamma_{ijk} e_k .$$

Dafür, daß das Zahlensystem assoziativ ist, ist notwendig und hinreichend, daß:

$$(11) \qquad (e_i e_j) e_k = e_i (e_j e_k) . \qquad i, j, k = 1, \ldots, n$$

Durch diese Forderung werden den Koeffizienten γ_{ijk} gewisse Bedingungen auferlegt, die sich in Gleichungen ausdrücken lassen, uns aber hier nicht weiter interessieren.

Die einfachsten assoziativen Systeme sind die *ursprünglichen Systeme*. Ein ursprüngliches System besitzt m^2 Einheiten, die wir einfachheitshalber schreiben e_{ij}, $i, j = 1, \ldots, m$, und es gelten die Multiplikationsregeln:

$$(12) \qquad e_{ij} e_{kl} = \begin{cases} e_{il} & \text{für } j = k \\ 0 & \text{„ } j \neq k . \end{cases}$$

Eine Zahl heißt *idempotent*, wenn sie ihr eigenes Quadrat ist, *nilpotent*, wenn ihr Quadrat Null ist. Die idempotenten Zahlen e_{ii} nennt man *Haupteinheiten*, die nilpotenten Zahlen e_{ij} *Nebeneinheiten* des Systems. Die Haupteinheiten annullieren sich bei Multiplikation gegenseitig und bilden also für sich ein assoziatives und *kommutatives* Zahlensystem mit m Einheiten. Ihre Summe:

$$(13) \qquad M = \sum_i e_{ii}$$

ist eine Zahl, die, mit jeder Zahl des Systems multipliziert, diese Zahl unverändert läßt. M heißt der *Modul* des Systems. Die wichtigste Eigenschaft der ursprünglichen Systeme besteht nun darin, daß die m Haupteinheiten keineswegs eindeutig bestimmt sind, sondern sich auf unendlich viele Weisen wählen lassen, und daß sich zu jeder bestimmten Wahl, z. B. e'_{ii}, $i = 1, \ldots, m$, $m^2 - m$ Nebeneinheiten e'_{ij} auffinden lassen, so daß:

$$(14) \qquad e'_{ij} e'_{kl} = \begin{cases} e'_{il} & \text{für } j = k \\ 0 & \text{„ } j \neq k . \end{cases}$$

Die Multiplikationsregeln haben also in bezug auf alle möglichen Systeme von Haupteinheiten dieselbe Gestalt (Prinzip der Selbstisomorphie). Der Modul des Systems ist die Summe der Haupteinheiten jedes beliebigen Systems.

Ein Zahlensystem kann aus s verschiedenen ursprünglichen Systemen *zusammengesetzt* sein. Damit ist gemeint, daß das System $m_1^2 + \ldots + m_s^2$ Einheiten enthält, die sich so wählen lassen, daß die ersten m_1^2 für sich ein ursprüngliches System bilden, ebenso die folgenden m_2^2 usw., und daß Zahlen, die zu verschiedenen ursprünglichen Systemen gehören, sich gegenseitig annullieren.

Die Einheiten eines solchen Systems lassen sich also folgendermaßen anordnen:

$$\begin{array}{llll}
\overset{1}{e}_{11} \ldots \overset{1}{e}_{1m_1} & & & \\
\vdots & & & \\
\overset{1}{e}_{m_1 1} \ldots \overset{1}{e}_{m_1 m_1} & & & \\
& \overset{2}{e}_{11} \ldots \overset{2}{e}_{1m_2} & & \\
& \vdots & & \\
& \overset{2}{e}_{m_2 1} \ldots \overset{2}{e}_{m_2 m_2} & \ddots & \\
& & & \overset{s}{e}_{11} \ldots \overset{s}{e}_{1m_s} \\
& & & \vdots \\
& & & \overset{s}{e}_{m_s 1} \ldots \overset{s}{e}_{m_s m_s}
\end{array}$$

und die Multiplikationsregeln lauten:

$$(15) \qquad \overset{u}{e}_{ij}\overset{v}{e}_{lm} = \begin{cases} 0 \text{ für } u \neq v \\ 0 \quad ,, \quad u = v,\ j \neq l \\ \overset{u}{e}_{im} \quad ,, \quad u = v,\ j = l. \end{cases}$$

Sind die Moduli der Untersysteme $M_1, \ldots, M_s$, so folgt aus diesen Regeln:

$$(16) \qquad \begin{cases} M_u M_v = \begin{cases} M_u \text{ für } u = v \\ 0 \quad ,, \quad u \neq v \end{cases} \\ M = \sum\limits_u^{1,\ldots,s} M_u . \end{cases}$$

Die k Moduli bilden also für sich ein assoziatives und kommutatives System mit dem Modul M. Diese k Moduli sind eindeutig bestimmte Zahlen des Systems.

§ 5. Die Zahlensysteme der Permutationen und der Klassenoperatoren.

Die $p!$ Permutationen der p Indizes von $v_{\lambda_1 \ldots \lambda_p}$ bilden ein assoziatives Zahlensystem. Denn, sind P_1, P_2 und P_3 drei Permutationen, so bedeutet sowohl:

$$P_1 (P_2 P_3) v_{\lambda_1 \ldots \lambda_p}$$

als auch:

$$(P_1 P_2) P_3 v_{\lambda_1 \ldots \lambda_p},$$

daß auf $v_{\lambda_1 \ldots \lambda_p}$ nacheinander P_3, P_2 und P_1 angewandt werden. Das System hat einen Modul, die identische Operation I. *Frobenius* hat dieses Zahlensystem untersucht und gezeigt, daß das System aus k ursprünglichen Systemen zusammengesetzt ist.

Nach den Erörterungen des vorigen Paragraphen bilden die Moduli dieser k Systeme, die wir mit ${}_i\mathrm{I}$, $i = 1, \ldots, k$, bezeichnen wollen, für sich ein assoziatives und kommutatives Zahlensystem mit k Einheiten und I als Modul:

$$(17)\qquad {}_j\mathrm{I}\,{}_k\mathrm{I} = \begin{cases} {}_j\mathrm{I} & \text{für } j = k \\ 0 & \text{,, } j \neq k. \end{cases}$$

Gelingt es, diese k Moduli durch die Operatoren A und M auszudrücken, so ist damit eine erste invariante Zerlegung von $v_{\lambda_1 \ldots \lambda_p}$ gefunden. Da gilt nun der folgende einfache Satz:

Die allgemeinen Alternationen und Mischungen $\overline{\mathrm{A}}_i$, $\overline{\mathrm{M}}_i$, $i = 1, \ldots, k$, gehören dem kommutativen Zahlensystem der ${}_i\mathrm{I}$ an und es ist:

$$(18)\qquad {}_i\mathrm{I} = \delta_{ij}^2\, \overline{\mathrm{A}}_i\, \overline{\mathrm{M}}_j = \delta_{ij}^2\, \overline{\mathrm{M}}_j\, \overline{\mathrm{A}}_i,$$

wo $\overline{\mathrm{M}}_j$ der zu $\overline{\mathrm{A}}_i$ konjugierte Operator ist und die δ_{ij} k Koeffizienten sind, die der Gleichung $\delta_{ij} = \delta_{ji}$ genügen.

Zum Beweise bemerken wir zunächst, daß die Stellen, die bei einer Permutation den Ort wechseln, in einer und nur in einer Weise in Gruppen von $s_1, s_2, \ldots, s_t$ Stellen verteilt werden können, so daß die Vertauschung in jeder einzelnen Gruppe eine zyklische ist[1]). $s_1, \ldots, s_t$ heißt die Permutationszahl der Permutation und die Permutationen mit derselben Permutationszahl bilden eine Klasse. Eine Klasse heißt gerade oder ungerade, je nachdem sie nur gerade oder nur ungerade Permutationen enthält. Die Summe aller Permutationen einer Klasse dividiert durch $p!$, heißt der Klassenoperator dieser Klasse und wird geschrieben K_i, wo i die zur Permutationszahl gehörige Ordnungszahl ist, definiert wie auf S. 240. Die Klassenoperatoren sind Zahlen des Zahlensystems der Permutationen. Wir verwenden nun den von *Frobenius* bewiesenen Satz, daß die k Klassenoperatoren für sich ein assoziatives und kommutatives Zahlensystem mit k idempotenten Einheiten bilden, das mit dem Zahlensystem der ${}_j\mathrm{I}$ identisch ist. Schreibt man nun eine allgemeine Alternation $s_1 \ldots s_t\, \overline{\mathrm{A}}\, v_{\lambda_1 \ldots \lambda_p}$ vollständig aus, so treten dabei nur Permutationen von $v_{\lambda_1 \ldots \lambda_p}$ auf, deren Permutationszahl $s_1, \ldots, s_t$ oder niedriger als $s_1, \ldots, s_t$ ist. Die Koeffizienten aller Permutationen derselben Klasse sind dabei gleich. Die allgemeine Alternation ist also eine Summe von Vielfachen aller Klassenoperatoren, die dieselbe oder eine niedrigere Permutationszahl besitzen. Für die allgemeine Mischung $s_1, \ldots, s_t\, \overline{\mathrm{M}}\, v_{\lambda_1 \ldots \lambda_p}$ gilt das Gleiche und die Koeffizienten der Permutationen in beiden Größen sind für die geraden Klassen dieselben, während sie sich für die ungeraden Klassen nur durch das Vorzeichen unterscheiden. Es gelten also die Gleichungen:

$$(19)\qquad \begin{cases} \overline{\mathrm{M}}_i = \sum\limits_{l}^{1,\ldots,i} \varkappa_{il}\, \mathrm{K}_l \\ \overline{\mathrm{A}}_i = \sum\limits_{l}^{1,\ldots,i} \delta_l\, \varkappa_{il}\, \mathrm{K}_l, \end{cases}$$

[1]) Vgl. z. B. *Pascal*, 1910, 3, S. 206.

wo die $\varkappa_{il}$ von i und l abhängige Koeffizienten sind und δ_l gleich $+1$ oder -1 ist, je nachdem die Klasse von K_l gerade oder ungerade ist. Die Operatoren $\overline{A}_i$ und $\overline{M}_i$ gehören also dem Zahlensystem der K_i an. Daraus folgt die Kommutativität dieser Operatoren. Sind nun $\overline{M}_{l_1}, \ldots, \overline{M}_{l_k}$ in dieser Reihenfolge konjugiert zu $\overline{A}_1, \ldots, \overline{A}_k$, so werden $\overline{A}_2, \ldots, \overline{A}_k$ annulliert durch $\overline{M}_{l_1}$, diese Operatoren enthalten also jedenfalls $y_1 \geqq 1$ der Haupteinheiten ${}_i\mathrm{I}$ des Zahlensystems der K_i nicht. Ebenso werden $\overline{A}_3, \ldots, \overline{A}_k$ annulliert durch $\overline{M}_{l_1}$ und $\overline{M}_{l_2}$, und diese Operatoren enthalten also jedenfalls $y_2 \geqq 1$ weitere Haupteinheiten nicht usw. $\overline{A}_k$ enthält demnach höchstens $k - \sum_l^{1,\ldots,k-1} y_l$, $y_l \geqq 1$ Haupteinheiten nicht. Da $\overline{A}_k$ aber doch jedenfalls eine Haupteinheit enthalten muß, um nicht zu verschwinden, ist $y_l = 1$, $l = 1, \ldots, k$ und es gilt die Gleichung:

$$\overline{A}_i = \sum_l^{1,\ldots,k} \frac{1}{\delta_{il}}\, {}_l\mathrm{I}, \tag{20}$$

wo die δ_{il} näher zu bestimmende Koeffizienten sind.

Die Haupteinheiten erscheinen hier in einer Reihenfolge, die durch einen unteren Index links angegeben ist und ihre Beziehungen zu den Operatoren $\overline{A}_i$ zum Ausdruck bringt. Da man dieselben Überlegungen für die Mischungen anstellen kann, so gilt auch die Gleichung:

$$\overline{M}_i = \sum_l^{1,\ldots,k} \frac{1}{\delta_{il}}\, {}^l\mathrm{I}. \tag{21}$$

Die Koeffizienten der beiden Entwicklungen sind gleich, die durch den Index links oben bestimmte Reihenfolge der Haupteinheiten ist aber eine andere, was daher rührt, daß die Zahlen $l_k, \ldots, l_1$ im allgemeinen nicht in der natürlichen Reihenfolge stehen. Für $p = 6$ geben wir hier, beide Indizes zugleich verwendend (also: ${}_i^j\mathrm{I} = {}_i\mathrm{I} = {}^j\mathrm{I}$), die Beziehungen der beiden Reihenfolgen an:

$${}_1^{11}\mathrm{I},\ {}_2^{10}\mathrm{I},\ {}_3^{9}\mathrm{I},\ {}_4^{7}\mathrm{I},\ {}_5^{8}\mathrm{I},\ {}_6^{6}\mathrm{I},\ {}_7^{4}\mathrm{I},\ {}_8^{5}\mathrm{I},\ {}_9^{3}\mathrm{I},\ {}_{10}^{2}\mathrm{I},\ {}_{11}^{1}\mathrm{I}.$$

Aus (20) und (21) folgt:

$${}_i^j\mathrm{I} = \delta_{ij}^2\, \overline{A}_i\, \overline{M}_j = \delta_{ji}^2\, \overline{M}_j\, \overline{A}_i \tag{22}$$

und damit ist der erste Teil des Satzes bewiesen. Es gilt jetzt noch die Koeffizienten δ_{ij} zu bestimmen. *Frobenius*[1]) hat die k Moduli ${}_i\mathrm{I}$ als Summen von Vielfachen der Klassenoperatoren berechnet, d. h. er hat für verschiedene Werte von k die Koeffizienten der Gleichungen:

$${}_i\mathrm{I} = \sum_j \mu_{ij}\, K_j \tag{23}$$

bestimmt. In seinen Berechnungen treten nicht direkt diese Koeffizienten auf, sondern k^2 Zahlen $\chi_l^{(n)}$, die *Frobenius* die Gruppen-

[1]) 1896, 2; 1898, 4; 1899, 5; 1900,3.

charaktere der symmetrischen Gruppe genannt hat, und die mit den μ_{ij} folgendermaßen zusammenhängen:

(24) $$\mu_{ml} = \chi_0^{(m)}\,\chi_{l-1}^{(m)}.$$

Es sind nun insbesondere die Koeffizienten μ_{m1}:

(25) $$\mu_{m1} = \left(\chi_0^{(m)}\right)^2,$$

also die Zahlen der ersten Zeile in der Tabelle der Gruppencharaktere, die uns hier interessieren. Für diese Zahlen gilt der von *Frobenius* bewiesene Satz:

Die Anzahl der linear unabhängigen Zahlen des ursprünglichen Systems mit dem Modul $_i\mathrm{I}$ ist gleich μ_{i1}.

Nun ist K_1 die identische Operation, dividiert durch $p!$. Der Ausdruck $\overline{\mathrm{A}}_i\,\overline{\mathrm{M}}_j$ in (22) enthält also, in Klassenoperatoren entwickelt, K_1 mit dem Koeffizienten 1, und aus einem Vergleich von (22) und (23) folgt demnach:

(26) $$\delta_{ij}^2 = \delta_{ji}^2 = \mu_{i1}.$$

Damit ist auch der zweite Teil des Satzes bewiesen. Den *Frobenius*schen Tabellen entnehmen wir einige Werte von $\chi_0^{(i)} = \delta_{ij}$[1]:

$p=3$ $\delta_{13} = \delta_{31} = 1$, $\delta_{22} = 2$,

$p=4$ $\delta_{15} = \delta_{51} = 1$, $\delta_{24} = \delta_{42} = 3$, $\delta_{33} = 2$,

$p=5$ $\delta_{17} = \delta_{71} = 1$, $\delta_{26} = \delta_{62} = 4$, $\delta_{35} = \delta_{53} = 5$, $\delta_{44} = 6$,

$$p=6\begin{cases}\delta_{1,11} = \delta_{11,1} = 1, & \delta_{2,10} = \delta_{10,2} = 5, \quad \delta_{39} = \delta_{93} = 9, \quad \delta_{47} = \delta_{74} = 5,\\ \delta_{58} = \delta_{85} = 10, & \delta_{66} = 16.\end{cases}$$

Durch diesen merkwürdigen Zusammenhang mit der Theorie der Gruppencharaktere läßt sich nun in sehr einfacher Weise eine erste Zerlegung von $v_{\lambda_1\ldots\lambda_p}$ erzielen. Denn es ist nach (22):

(27) $$\begin{cases} v_{\lambda_1\ldots\lambda_p} = \mathrm{I}\, v_{\lambda_1\ldots\lambda_p} = \sum\limits_i {}_i\mathrm{I}\, v_{\lambda_1\ldots\lambda_p} = \sum\limits_i \delta_{ij}^2\, \overline{\mathrm{A}}_i\, \overline{\mathrm{M}}_j\, v_{\lambda_1\ldots\lambda_p} \\ \qquad = \sum\limits_i \delta_{ij}^2\, \overline{\mathrm{M}}_j\, \overline{\mathrm{A}}_i\, v_{\lambda_1\ldots\lambda_p} \end{cases}$$

und in dieser Entwicklung ist die bei der gebräuchlichen invariantentheoretischen Reihenentwicklung oft recht komplizierte Berechnung der Koeffizienten die denkbar einfachste geworden, vorausgesetzt, daß man über die Zahlen aus der ersten Zeile der Tabellen der Gruppencharaktere der symmetrischen Gruppe verfügen kann. Als Beispiel mit Koeffizienten sei die Zerlegung von $v_{\lambda_1\ldots\lambda_6}$ angeführt:

(28) $$\begin{cases} v_{\lambda_1\ldots\lambda_6} = (\overline{\mathrm{A}}_{11}\,\overline{\mathrm{M}}_1 + 25\,\overline{\mathrm{A}}_{10}\,\overline{\mathrm{M}}_2 + 81\,\overline{\mathrm{A}}_9\,\overline{\mathrm{M}}_3 + 100\,\overline{\mathrm{A}}_8\,\overline{\mathrm{M}}_5 + 25\,\overline{\mathrm{A}}_7\,\overline{\mathrm{M}}_4 \\ \qquad + 256\,\overline{\mathrm{A}}_6\,\overline{\mathrm{M}}_6 + 100\,\overline{\mathrm{A}}_5\,\overline{\mathrm{M}}_8 + 25\,\overline{\mathrm{A}}_4\,\overline{\mathrm{M}}_7 + 81\,\overline{\mathrm{A}}_3\,\overline{\mathrm{M}}_9 \\ \qquad + 25\,\overline{\mathrm{A}}_2\,\overline{\mathrm{M}}_{10} + \overline{\mathrm{A}}_1\,\overline{\mathrm{M}}_{11})\, v_{\lambda_1\ldots\lambda_6}. \end{cases}$$

Jede der k Größen, die bei der Zerlegung entstehen, hat die Eigenschaft, daß sie zu einem bestimmten Paar konjugierter Permutationszahlen,

[1]) Es ist zu beachten, daß die Reihenfolge der $\chi_0^{(i)}$ in diesen Tabellen nicht mit der hier verwendeten übereinstimmt.

also auch zu einem bestimmten Paar konjugierter Ordnungszahlen $\genfrac{}{}{0pt}{}{j}{i}$ gehört und durch jede Alternation A_l, $l > i$, sowie durch jede Mischung M_q, $q > j$, annulliert wird. Nennen wir eine Größe dieser Art eine Elementarsumme, so gilt also der Satz, daß sich jede Größe in k Elementarsummen zerlegen läßt. Diese Zerlegung ist eine eindeutige, da das Zahlensystem der Klassenoperatoren ja nur ein einziges System von Haupteinheiten besitzt. Eine Elementarsumme mit den konjugierten Ordnungszahlen $\genfrac{}{}{0pt}{}{j}{i}$ läßt sich als Summe von Alternationen mit der Ordnungszahl i und auch als Summe von Mischungen mit der Ordnungszahl j schreiben. Umgekehrt ist jede Größe, die diese beiden Schreibarten zuläßt, eine Elementarsumme mit den konjugierten Ordnungszahlen $\genfrac{}{}{0pt}{}{j}{i}$. Zusammenfassend sprechen wir den Satz aus:

Jede kovariante Größe p^{ten} Grades läßt sich in einer und nur einer Weise zerlegen in k Elementarsummen. Eine Elementarsumme ist dadurch charakterisiert, daß ihr ein bestimmtes Paar Ordnungszahlen $\genfrac{}{}{0pt}{}{j}{i}$ zugeordnet ist und sie annulliert wird durch jeden Operator A_l, $l > i$, und durch jeden Operator M_q, $q > j$[1].

Die hier dargestellte Zerlegung in Elementarsummen wurde vom Verfasser 1917 auf dem „Natuur- en Geneeskundig Congres" im Haag vorgetragen[1], und sodann 1919[2], zusammen mit der in den folgenden Paragraphen zu erörternden weiteren Zerlegung in Elementargrößen und den Beziehungen zu den Reihenentwicklungen der Invariantentheorie ausführlicher veröffentlicht. Erst vor kurzem wurde dem Verfasser bekannt, daß *A. Young* die erste Zerlegung schon 1901, 1902[3]) angegeben hat. Eine kurze Zusammenfassung der *Young*schen Resultate findet sich im letzten Abschnitt „General theorems on quantics" der Invariantentheorie von *Grace* und *Young*[4]. *Young* hat ganz unabhängig von *Frobenius* gearbeitet und konnte also seine Koeffizienten nicht der Theorie der Gruppencharaktere entnehmen. Es ist ihm aber doch gelungen, einen Ausdruck für diese Koeffizienten zu finden. Seine Formel für den zur Permutationszahl $s_1, \ldots, s_t$ gehörigen Koeffizienten lautet:

$$\delta_{ij}^2 = (p!)^2 \left\{ \frac{\prod\limits_{\alpha,\beta}^{1,\ldots,t} (s_\alpha - s_\beta - \alpha + \beta)}{\prod\limits_{\alpha}^{1,\ldots,t} \{(s_\alpha + t - \alpha)!\}} \right\}^2, \quad \alpha \neq \beta. \tag{29}$$

Es ist sehr interessant, daß *Young* damit, ohne sich dessen bewußt zu sein, eine explizite Formel für die Zahlen der ersten Zeile aus der Tabelle der *Frobenius*schen Gruppencharaktere aufgestellt hat.

Es geschieht oft, daß von den k Elementarsummen einige Null werden. Dies ist immer der Fall, wenn $p > n$, denn es verschwinden

---

[1]) 1917, 3. [2]) 1919, 6, 7. [3]) 1901, 3; 1902, 9. [4]) 1903, 8.

dann alle Operatoren A, die ein Permutationsgebiet mit mehr als n Stellen enthalten. Für $n = 4$ verschwinden so bei der Zerlegung von $v_{\lambda_1 \ldots \lambda_6}$ die Operatoren A_{10} und A_{11} und damit ${}_{11}^{1}I$ und ${}_{10}^{2}I$. Für $n = 3$ verschwinden auch ${}_{9}^{3}I$ und ${}_{8}^{5}I$ und für $n = 2$ auch ${}_{7}^{4}I$, ${}_{6}^{6}I$, ${}_{5}^{8}I$ und ${}_{4}^{7}I$. Auch kann man aus der Art der zu zerlegenden Größe oft auf das Verschwinden bestimmter Operatoren ${}_{i}^{j}I$ schließen. Soll z. B. die Größe:

$$(30) \qquad v_{\alpha\beta\gamma\varkappa\lambda\xi} = v_{[\alpha\beta\gamma][\varkappa\lambda]\xi},$$

die in $\alpha\beta\gamma$ und in $\varkappa\lambda$ alternierend ist, zerlegt werden, so kann man bemerken, daß es eine Alternation ${}_{3,2}A_6^{\alpha}$ gibt, durch die $v_{\alpha\beta\gamma\varkappa\lambda\xi}$ entstehen kann:

$$(31) \qquad {}_{3,2}A_6^{\alpha} v_{\alpha\ldots\xi} = v_{\alpha\ldots\xi}.$$

Nun ist aber jeder Operator A_6 konjugiert zu einem Operator M_6 und A_6 wird also annulliert durch die Operatoren $M_7, \ldots, M_{11}$. Bei der Zerlegung verschwinden somit die fünf durch ${}_{4}^{7}I$, ${}_{5}^{8}I$, ${}_{3}^{9}I$, ${}_{2}^{10}I$ und ${}_{1}^{11}I$ entstehenden Elementarsummen, so daß die Zerlegung für $v_{\varkappa\ldots\xi}$ für $n \geqq 6$ lautet:

$$(32) \qquad v_{\alpha\ldots\xi} = \left({}_{11}^{1}I + {}_{10}^{2}I + {}_{9}^{3}I + {}_{8}^{5}I + {}_{7}^{4}I + {}_{6}^{6}I\right) v_{\alpha\ldots\xi},$$

für $n = 4$:

$$(33) \qquad v_{\alpha\ldots\xi} = \left({}_{9}^{3}I + {}_{8}^{5}I + {}_{7}^{4}I + {}_{6}^{6}I\right) v_{\alpha\ldots\xi}$$

und für $n = 3$:

$$(34) \qquad v_{\alpha\ldots\xi} = \left({}_{7}^{4}I + {}_{6}^{6}I\right) v_{\alpha\ldots\xi}.$$

§ 6. Die Zerlegung einer Elementarsumme in geordnete Elementargrößen.

Im vierten Paragraphen sahen wir, daß jedes ursprüngliche System mit δ_{ij}^2 Zahlen und dem Modul ${}_{i}^{j}I$ δ_{ij} Haupteinheiten besitzt, deren Summe ${}_{i}^{j}I$ ist, daß es aber auf unendlich viele Weisen möglich ist, diese δ_{ij} Haupteinheiten zu wählen. Da nun mit jedem System von Haupteinheiten eine weitere Zerlegung der durch ${}_{i}^{j}I$ entstandenen Elementarsumme korrespondiert, gibt es unendlich viele Zerlegungen, und die im ersten Paragraphen gestellte Aufgabe hat also, wenn keine weiteren Bedingungen eingeführt werden, keine eindeutig bestimmte Lösung.

Unter einer Elementargröße erster Art mit der Permutationszahl $s_1, \ldots, s_t$ soll eine Größe verstanden werden, die durch eine Alternation ${}_{s_1 \ldots s_t}A$ entstehen kann, und die durch alle Alternationen mit höherer Permutationszahl annulliert wird. Für eine Elementargröße zweiter Art gilt dieselbe Definition in bezug auf Mischungen. Jede Elementargröße ist also eine Elementarsumme (§ 5) und umgekehrt ist jede Elementarsumme eine Summe von Elementargrößen erster Art und auch eine Summe von Elementargrößen zweiter Art. Ist die Alternation oder Mischung, durch welche die Elementargröße entstanden ist, geordnet, so soll die Größe eine **geordnete Elementargröße** erster bzw. zweiter Art heißen. Es soll nun bewiesen werden, daß die Zerlegung einer Elementarsumme in **geordnete** Elementargrößen erster oder zweiter Art eine **eindeutig bestimmte** Aufgabe ist. Der Beweis sei geführt für geordnete Elementargrößen erster Art, für die Größen zweiter Art gelten dann dieselben Überlegungen.

Wir beweisen zunächst den Satz:

Jede Elementargröße ist eine Summe von Vielfachen geordneter Elementargrößen, die alle Isomere der gegebenen Größe sind.

Die idealen Faktoren in den Permutationsgebieten seien:

$$\left.\begin{array}{lr} s_1 \text{ Faktoren } & u_\lambda, \\ s_2 \quad \text{,,} & v_\lambda, \\ s_3 \quad \text{,,} & w_\lambda, \\ \quad \text{usw.} & \end{array}\right\} s_1 + \ldots + s_t = p\,.$$

Diese p Faktoren stehen in einer ganz beliebigen Reihenfolge. Wir betrachten zunächst die Gruppe der ersten Faktoren sämtlicher Permutationsgebiete. Ist der erste Faktor dieser Gruppe ein u_λ, so ist das Permutationsgebiet der u_λ jedenfalls schon, was diesen ersten Faktor betrifft, geordnet in bezug auf die anderen Permutationsgebiete, und wir können direkt zur Gruppe der zweiten Faktoren übergehen. Ist aber der erste Faktor kein u_λ, sondern etwa ein w_λ, so erzeugt Alternation über diesen Faktor w_λ und die s_1 Faktoren u_λ nach Voraussetzung Null und diese Faktoren lassen sich also ersetzen durch (vgl. I, 33):

$$(35)\quad \left\{\begin{aligned} & w_{\lambda_0} u_{\lambda_1} \ldots u_{\lambda_{s_1}} = w_{\lambda_0} u_{[\lambda_1} \ldots u_{\lambda_{s_1}]} = w_{\lambda_1} u_{[\lambda_0} u_{\lambda_2} \ldots u_{\lambda_{s_1}]} \\ & \quad - w_{\lambda_2} u_{[\lambda_0} u_{\lambda_1} u_{\lambda_3} \ldots u_{\lambda_{s_1}]} + \ldots + (-1)^{s_1 - 1} w_{\lambda_{s_1}} u_{[\lambda_0} \ldots u_{\lambda_{s_1 - 1}]} \\ & \quad = u_{\lambda_0} w_{\lambda_1} u_{\lambda_2} \ldots u_{\lambda_{s_1}} - u_{\lambda_0} u_{\lambda_1} w_{\lambda_2} u_{\lambda_3} \ldots u_{\lambda_{s_1}} \\ & \quad + \ldots + (-1)^{s_1 - 1} u_{\lambda_0} u_{\lambda_1} \ldots u_{\lambda_{s_1 - 1}} w_{\lambda_{s_1}}\,. \end{aligned}\right.$$

Die gegebene Größe läßt sich also schreiben als eine Summe von s_1 Größen, die alle mit einem Faktor u_λ anfangen und alle in den Permutationsgebieten dieselben Faktoren enthalten wie die gegebene Größe und demnach Isomere der gegebenen Größe mit eventuellen Zahlenfaktoren sind. Wir wählen irgendeine dieser Größen aus und fassen die Gruppe der zweiten Faktoren aller Permutationsgebiete ins Auge. Ist der erste Faktor dieser Gruppe ein u_λ, so gehen wir direkt zur dritten Gruppe über, ist der erste Faktor aber z. B. ein w_λ, so erzeugt Alternation über die beiden ersten Faktoren w_λ und die $s_1 - 1$ letzten Faktoren u_λ nach Voraussetzung Null, und die ausgewählte Größe läßt sich also schreiben als eine Summe von Größen, die alle als ersten Faktor der ersten Gruppe und ebenso als ersten Faktor der zweiten Gruppe ein u_λ aufweisen und dazu in den Permutationsgebieten dieselben Faktoren enthalten wie die ausgewählte Größe und demnach Isomere der gegebenen Größe mit eventuellen Zahlenfaktoren sind. In derselben Weise fortfahrend, erhält man schließlich eine Summe von Vielfachen von Isomeren der gegebenen Größe, die alle die Eigenschaft haben, daß die Gruppen der ersten, zweiten usw. Faktoren der Permutationsgebiete alle als ersten Faktor ein u_λ aufweisen. Es sei eins dieser Isomere betrachtet und von diesem Isomer die Gruppe der ersten Faktoren der Permutationsgebiete. Der erste Faktor dieser Gruppe ist ein u_λ. Ist der zweite Faktor ein v_λ, so gehen wir direkt zur zweiten Gruppe über. Ist aber der zweite Faktor etwa ein w_λ, so erzeugt Alternation über die s_1 Faktoren u_λ und gleichzeitige Alternation über diesen Faktor w_λ und die s_2 Faktoren v_λ nach Voraussetzung Null. Das ausgewählte Isomer läßt sich also schreiben als eine Summe von Vielfachen von Isomeren, die in allen Gruppen ein u_λ als ersten Faktor und dazu in der ersten Gruppe ein v_λ als zweiten Faktor aufweisen. In dieser Weise fortfahrend kann man die gegebene Elementargröße schließlich als eine Summe von Vielfachen geordneter Elementargrößen schreiben, die alle Isomere der gegebenen Größe sind. Da jede Elementarsumme eine Summe von Elementargrößen erster (zweiter) Art ist, folgt aus dem bewiesenen Satz:

Jede Elementarsumme ist eine Summe von geordneten Elementargrößen erster Art und auch eine Summe von geordneten Elementargrößen zweiter Art.

Für die Operatoren $\mathrm{A}_i^\alpha \mathrm{M}_j^\beta$ beweisen wir jetzt den Satz:

Sind i und j konjugierte Ordnungszahlen, so ist jeder Operator $\mathrm{A}_i^\alpha \mathrm{M}_j^\beta$ entweder identisch Null oder bis auf einen Zahlenfaktor idempotent.

Es sei:

$$\mathrm{A}_i^\alpha = {}_{s_1 \ldots s_t}\mathrm{A}_i^\alpha; \qquad \mathrm{M}_j^\beta = {}_{s'_1 \ldots s'_{t'}}\mathrm{M}_j^\beta. \tag{36}$$

Auf eine beliebige Größe $v_{\lambda_1 \ldots \lambda_p}$ werde M_j^β angewandt. $\mathrm{M}_j^\beta v_{\lambda_1 \ldots \lambda_p}$ läßt sich dann schreiben als ein Produkt von s'_1 gleichen idealen Faktoren $\overset{1}{v}_\lambda$, s'_2 gleichen Faktoren $\overset{2}{v}_\lambda$ usw. Diese Faktoren ordnen wir in einer Tabelle so an, daß die Zeilen die Permutationsgebiete von M_j^β, die Spalten die Permutationsgebiete von A_i^α bilden. Dies ist dann und nur dann möglich, wenn $\mathrm{A}_i^\alpha \mathrm{M}_j^\beta$ nicht identisch verschwindet, d. h. wenn kein Permutationsgebiet von A_i^α mehr als eine Stelle mit irgendeinem Permutationsgebiet von M_j^β gemeinschaftlich hat. Die Indizes λ lassen wir einfachheitshalber fort:

$$\begin{array}{ll}
\overset{1}{v} \ldots\ldots \overset{1}{v} & (s'_1 \text{ Faktoren}) \\
\overset{2}{v} \ldots\ldots \overset{2}{v} & (s'_2 \quad ,, \quad) \\
\vdots & \\
\overset{t'}{v} \ldots \overset{t'}{v} & (s'_{t'} \quad ,, \quad).
\end{array}$$

Man lasse jetzt A_i^α auf $M_j^\beta v_{\lambda_1 \ldots \lambda_p}$ wirken. Jede Spalte mit l Faktoren wird dabei ersetzt durch die $l!$ Terme des alternierenden Produktes der Faktoren. Es entstehen also $s_1!\, s_2! \ldots s_t!$ Größen und zu jeder Größe gehört eine Tabelle. Zusammen enthalten diese Tabellen alle Verteilungen der Buchstaben $\overset{1}{v}, \ldots, \overset{s_1}{v}$, bei denen in keiner Spalte zwei gleiche Buchstaben stehen, nur diese, und alle mit dem Koeffizienten $\pm (s_1! \ldots s_t!)^{-1}$. Wird jetzt M_j^β angewandt auf $A_i^\alpha M_j^\beta v_{\lambda_1 \ldots \lambda_p}$, so bedeutet dies, daß jede Zeile mit i Faktoren ersetzt wird durch die $l!$ Terme des symmetrischen Produktes des Faktoren. Es entstehen also jetzt $s'_1! \ldots s'_{t'}!\, s_1! \ldots s_t!$ Größen und ebensoviele Tabellen. Wird schließlich A_i^α angewandt auf $M_j^\beta A_i^\alpha M_j^\beta v_{\lambda_1 \ldots \lambda_p}$, so annulliert dieser Operator alle Größen, deren Tabelle in einer Spalte zwei gleiche Buchstaben enthält und nur diese Größen. Es bleiben also nur die Größen übrig, die vorhanden waren nach einmaliger Anwendung von $A_i^\alpha M_j^\beta$ auf $v_{\lambda_1 \ldots \lambda_p}$, und zwar sämtliche und alle mit dem nämlichen Vorzeichen wie dort und mit einem für alle gleichen Koeffizienten. Damit ist bewiesen, daß:

$$(37) \qquad A_i^\alpha M_j^\beta A_i^\alpha M_j^\beta v_{\lambda_1 \ldots \lambda_p} = \frac{1}{\varepsilon_{ij}} A_i^\alpha M_j^\beta v_{\lambda_1 \ldots \lambda_p},$$

wo ε_{ij} ein näher zu bestimmender Koeffizient ist, der nicht verschwindet, wenn $A_i^\alpha M_j^\beta$ nicht identisch Null ist, und der dann nur von i abhängt.

Offenbar ändert sich das Resultat nicht, wenn man M_j^β bei der zweiten Anwendung ersetzt durch einen anderen Operator mit derselben Ordnungszahl M_j^γ, vorausgesetzt, daß $M_j^\gamma A_i^\alpha$ nicht identisch Null ist. Dies läßt sich auch in anderer Weise beweisen. Annullieren nämlich M_j^β und M_j^γ beide A_i^α nicht, so gibt es eine Permutation $P_{\beta\gamma}$, die M^β in M^γ umsetzt und A^α, eventuell bis auf das Vorzeichen, invariant läßt:

$$(38) \qquad P_{\gamma\beta} M_j^\beta P_{\beta\gamma} = M_j^\gamma; \qquad P_{\beta\gamma} M_j^\gamma P_{\gamma\beta} = M_j^\beta; \qquad P_{\gamma\beta} = P_{\beta\gamma}^{-1}$$

$$(39) \qquad P_{\gamma\beta} A_i^\alpha = A_i^\alpha P_{\gamma\beta} = P_{\beta\gamma} A_i^\alpha = A_i^\alpha P_{\gamma\beta} = \pm A_i^\alpha.$$

Es ist also:

$$(40) \qquad A_i^\alpha M_j^\beta A_i^\alpha = A_i^\alpha P_{\beta\gamma} M_i^\gamma P_{\gamma\beta} A_i^\alpha = A_i^\alpha M_j^\gamma A_i^\alpha.$$

Ebenso beweist man:

$$(41) \qquad M_j^\beta A_i^\alpha M_j^\beta = M_j^\beta A_i^\delta M_j^\beta,$$

wenn A_i^α und A_i^δ beide M_j^β nicht annullieren.

Nach diesen Vorbereitungen ist es möglich, ein System von Haupteinheiten zu finden, das die gewünschte Zerlegung in geordnete Elementargrößen herbeiführt. Dies gelingt am einfachsten für den Fall, wo keine abnormalen Nichtannullierungen auftreten. Sind nämlich A_i^α, $\alpha = 1, \ldots, \eta_{ij}$ geordnete Alternationen und M_i^α die konjugierten geordneten Mischungen, so sind die Operatoren:

$$42) \qquad {}^j_i I^\alpha = \varepsilon_{ij} A_i^\alpha M_j^\alpha, \qquad \alpha = 1, \ldots, \eta_{ij},$$

idempotent, während sie sich gegenseitig annullieren, da abnormale Nichtannullierungen nicht auftreten. Diese Operatoren sind Haupteinheiten, und es ist nur noch zu beweisen, daß sie ein System von Haupteinheiten bilden, d. h. daß:

$$\sum_\alpha {}^{j}_{i}\mathrm{I}^\alpha = {}^{j}_{i}\mathrm{I}. \tag{43}$$

Nun läßt sich jede Elementarsumme mit den Ordnungszahlen ${}^{j}_{i}$, wie oben bewiesen wurde, als Summe geordneter Alternationen und auch als Summe geordneter Mischungen schreiben, und es ist also:

$$ {}^{j}_{i}\mathrm{I}\, u_{\lambda_1\ldots\lambda_p} = \sum_\alpha \mathrm{A}_i^\alpha \overset{\alpha}{v}_{\lambda_1\ldots\lambda_p} = \sum_\alpha \mathrm{A}_i^\alpha \mathrm{M}_j^\alpha \overset{\alpha}{w}_{\lambda_1\ldots\lambda_p}, \tag{44}$$

wo die Summierung über alle geordneten A_i zu erfolgen hat. Infolge (42) ist also:

$$\left\{\begin{aligned} {}^{j}_{i}\mathrm{I}\, u_{\lambda_1\ldots\lambda_p} &= \sum_\alpha {}^{i}_{j}\mathrm{I}^\alpha \mathrm{A}_i^\alpha \mathrm{M}_j^\alpha \overset{\alpha}{w}_{\lambda_1\ldots\lambda_p} = \sum_\alpha {}^{j}_{i}\mathrm{I}^\alpha \sum_\alpha \mathrm{A}_i^\alpha \mathrm{M}_j^\alpha \overset{\alpha}{w}_{\lambda_1\ldots\lambda_p} \\ &= \sum {}^{j}_{i}\mathrm{I}^\alpha\, {}^{j}_{i}\mathrm{I}\, u_{\lambda_1\ldots\lambda_p} \end{aligned}\right. \tag{45}$$

für jede beliebige Wahl von $u_{\lambda_1\ldots\lambda_p}$ und demnach:

$$ {}^{j}_{i}\mathrm{I} = \sum_\alpha {}^{j}_{i}\mathrm{I}^\alpha\, {}^{j}_{i}\mathrm{I}, \tag{46}$$

was gleichbedeutend ist mit (43).

Für den Fall, daß abnormale Nichtannullierungen auftreten, beweisen wir zunächst den Satz:

Sind die Produkte geordneter Operatoren mit konjugierten Permutationszahlen $\mathrm{M}_j^1 \mathrm{A}_i^2$, $\mathrm{M}_j^2 \mathrm{A}_i^3$, $\mathrm{M}_j^3 \mathrm{A}_i^4 \ldots$, $\mathrm{M}_j^{s-1} \mathrm{M}_i^s$ *alle ungleich Null, so ist* $\mathrm{M}_j^s \mathrm{A}_i^1 = 0$, mit anderen Worten, *die abnormalen Nichtannullierungen können niemals eine geschlossene Kette bilden.*

Zum Beweise schreiben wir die idealen Faktoren in eine Tabelle, so daß die Permutationsgebiete von A_i^1 die Zeilen, die Permutationsgebiete von M_j^1 die Spalten bilden, wie dies z. B. für ${}_{7,4,3}\mathrm{A}_i^1$, ${}_{5,3,3,2}\mathrm{M}_j^1$ für $p = 16$ auf S. 243 geschehen ist. Die Zahlen, die die Ordnung der Faktoren angeben, stehen jetzt in jeder Zeile und in jeder Spalte in der natürlichen Reihenfolge. Ebenso schreiben wir die Tabelle für $\mathrm{A}_i^2 \mathrm{M}_j^2$ an. Es ist jetzt $\mathrm{M}_i^1 \mathrm{A}_j^2$ dann und nur dann nicht Null, wenn in der Tabelle von A_i^2 und M_i^2 nie zwei Zahlen in einer Zeile vorkommen, die in der Tabelle von A_i^1 und M_i^1 in derselben Spalte stehen. Eine mögliche Anordnung für ${}_{7,4,3}\mathrm{A}_i^2$, ${}_{5,3,3,2}\mathrm{M}_j^1$ für $p = 16$ wäre also z. B. die zweite Tabelle auf S. 243. Betrachtet man nun die Inversionen der Zeilen untereinander, d. h. die Anzahl der Fälle, wo eine Zahl in einer Zeile kleiner ist als eine Zahl in einer der vorhergehenden Zeilen, so ist offenbar diese Zahl für die zweite Tabelle größer als für die erste.

Denn es ist ja die zweite aus der ersten erzeugt, indem eine oder mehrere Zahlengruppen, die ursprünglich die natürliche Reihenfolge hatten, permutiert sind. Ebenso würde eine möglicherweise vorhandene dritte Tabelle mehr Zeileninversionen enthalten als die zweite usw., d. h. es ist unmöglich, daß man auf diesem Wege zur ersten Tabelle zurückgelangt, und der Prozeß muß also irgendwo abbrechen. Die Kette kann sich verzweigen, aber kein Zweig kann sich schließen.

Wir sind jetzt imstande, das System der Haupteinheiten zu berechnen. Es sei z. B. durch die Ungleichungen:

$$M_j^\alpha A_i^\beta \neq 0, \qquad M_j^\beta A_i^\gamma \neq 0, \qquad M_j^\gamma A_i^\delta \neq 0 \tag{47}$$

eine vollständige offene Kette ohne Verzweigungen bestimmt. Zur Abkürzung schreiben wir $L_\alpha = \varepsilon_{ij} A_i^\alpha M_j^\alpha$, $\alpha = 1, \ldots, \eta_{ij}$. Die Operatoren L_α sind dann idempotent. Ferner sind:

$$\begin{cases} {}^j_i\mathrm{I}^\alpha = L_\alpha - L_\alpha L_\beta + L_\alpha L_\beta L_\gamma - L_\alpha L_\beta L_\gamma L_\delta, \\ {}^j_i\mathrm{I}^\beta = L_\beta - L_\beta L_\gamma + L_\beta L_\gamma L_\delta, \\ {}^j_i\mathrm{I}^\gamma = L_\gamma - L_\gamma L_\delta, \\ {}^j_i\mathrm{I}^\delta = L_\delta . \end{cases} \tag{48}$$

idempotent, während die gegenseitigen Produkte von ${}^j_i\mathrm{I}^\alpha$, ${}^j_i\mathrm{I}^\beta$, ${}^j_i\mathrm{I}^\gamma$ und ${}^j_i\mathrm{I}^\delta$ und alle Produkte mit irgendeinem anderen Operator $L_\varkappa$, $\varkappa \neq \alpha, \beta, \gamma, \delta$, verschwinden. Hat die Kette eine Verzweigung, z. B.:

$$M_j^\beta A_i^\varepsilon \neq 0, \qquad M_j^\varepsilon A_i^\eta \neq 0, \tag{49}$$

so bekommt ${}^j_i\mathrm{I}^\beta$ weitere Zusatzglieder:

$${}^j_i\mathrm{I}^\beta = L_\beta - L_\beta L_\gamma + L_\beta L_\gamma L_\delta - L_\beta L_\varepsilon + L_\beta L_\varepsilon L_\eta . \tag{50}$$

In dieser Weise lassen sich so viele idempotente sich gegenseitig annullierende Operatoren bilden, wie es geordnete Operatoren A_i oder M_j gibt.

Aus dem Bildungsgesetz der ${}^j_i\mathrm{I}^\alpha$ und (41) geht hervor:

$$\left.\begin{array}{ll} (51) & \varepsilon_{ij} A_i^\alpha M_j^\alpha \, {}^j_i\mathrm{I}^\beta \begin{cases} \mathrm{I}_\beta \text{ für } \alpha = \beta \\ 0 \quad \text{„} \quad \alpha \neq \beta \end{cases} \\ (52) & {}^j_i\mathrm{I}^\alpha A_i^\alpha M_j^\alpha \begin{cases} A_i^\alpha M_j^\alpha \text{ für } \alpha = \beta \\ 0 \quad \text{„} \quad \alpha \neq \beta \end{cases} \\ (53) & {}^j_i\mathrm{I}^\alpha A_i^\beta \begin{cases} \varepsilon_{ij} A_i^\alpha M_j^\alpha A_i^\alpha \text{ für } \alpha = \beta \\ 0 \quad \text{„} \quad \alpha \neq \beta \end{cases} \end{array}\right\} \alpha, \beta = 1, \ldots, \eta_{ij} .$$

Es ist jetzt noch zu beweisen, daß die ${}^j_i\mathrm{I}^\alpha$, $\alpha = 1, \ldots, \eta_{ij}$ ein System von Haupteinheiten bilden. Jede Elementarsumme läßt sich zerlegen in geordnete Alternationen und jeder bei dieser Zerlegung entstehende Teil wieder in geordnete Mischungen:

$${}^j_i\mathrm{I}\, u_{\lambda_1 \ldots \lambda_p} = \sum_\alpha A_i^\alpha \overset{\alpha}{v}_{\lambda_1 \ldots \lambda_p} = \sum_{\alpha\beta} A_i^\alpha M_j^\beta \overset{\alpha\beta}{w}_{\lambda_1 \ldots \lambda_p}, \tag{54}$$

wo die Summierung über alle geordneten A_i und M_j zu erfolgen hat. Da abnormale Nichtannullierungen auftreten, läßt sich (54) nicht auf die einfache Form (44) bringen. Nun ist aber nach (37), (52) und (53):

(55) $$\varepsilon_{ij}\, A_i^\alpha\, M_j^\beta = \varepsilon_{ij}^2\, A_i^\alpha\, M_j^\beta\, A_i^\alpha\, M_j^\beta = \varepsilon_{ij}\, {}_i^j\mathrm{I}^\alpha\, A_i^\alpha\, M_j^\beta,$$

so daß:

(56) $${}_i^j\mathrm{I}\, u_{\lambda_1 \ldots \lambda_p} = \sum_{\alpha\beta} {}_i^j\mathrm{I}^\alpha\, A_i^\alpha\, M_j^\beta\, \overset{\alpha\beta}{w}_{\lambda_1 \ldots \lambda_p}$$

und infolgedessen:

(57) $$\sum_\alpha {}_i^j\mathrm{I}^\alpha\, {}_i^j\mathrm{I}\, u_{\lambda_1 \ldots \lambda_p} = {}_i^j\mathrm{I}\, u_{\lambda_1 \ldots \lambda_p}.$$

Aus (41), (53), (55) und (56) folgt ferner:

(58) $${}_i^j\mathrm{I}^\alpha\, {}_i^j\mathrm{I}\, u_{\lambda_1 \ldots \lambda_p} = {}_i^j\mathrm{I}^\alpha\, A_i^\alpha \sum_\beta M_j^\beta\, \overset{\alpha\beta}{w}_{\lambda_1 \ldots \lambda_p} = \sum_\beta A_i^\alpha\, M_j^\beta\, \overset{\alpha\beta}{w}_{\lambda_1 \ldots \lambda_p} = A_i^\alpha\, \overset{\alpha}{v}_{\lambda_1 \ldots \lambda_p}$$

und damit ist bewiesen, daß es nur eine einzige Zerlegung einer Elementarsumme in Elementargrößen erster Art gibt. Da für Elementargrößen zweiter Art dasselbe gilt, ergibt sich der Hauptsatz:

Jede Elementarsumme und somit jede Größe kann in einer und nur einer Weise zerlegt werden in geordnete Elementargrößen erster (zweiter) Art.

Nebenbei hat sich der Satz ergeben:

Die Anzahl der zu irgendeinem Paar konjugierter Ordnungszahlen ${}_i^j$ gehörigen Alternationen oder Mischungen ist gleich der Anzahl δ_{ij} der Haupteinheiten des zu diesen Ordnungszahlen gehörigen ursprünglichen Systems.

Die Zahlen aus der ersten Zeile der Tabellen der *Frobenius*schen Gruppencharaktere haben also noch eine Bedeutung, die in der Theorie der endlichen Gruppen nicht zum Ausdruck gekommen ist. Jede dieser Zahlen gibt nämlich die Anzahl der zu den betreffenden Ordnungszahlen gehörigen möglichen geordneten Alternationen und Mischungen an.

Die Koeffizienten ε_{ij} lassen sich folgendermaßen bestimmen. Ist α_i die Anzahl der einfachen Operatoren A_i oder M_i und β_i die Anzahl der einfachen Alternationen, die einen bestimmten Operator M_j nicht annullieren, also z. B. für $p = 6$:

(59) $$\alpha_9 = 15 \qquad \alpha_3 = 45 \qquad \beta_9 = 4 \qquad \beta_3 = 12,$$

so ist allgemein:

(60) $$\frac{\alpha_i}{\beta_i} = \frac{\alpha_j}{\beta_j},$$

wenn i und j konjugierte Ordnungszahlen sind. Nun enthält $\overline{A}_i \overline{M}_j$ gerade $\alpha_i \beta_j = \alpha_j \beta_i$ Operatoren $A_i^\alpha M_j^\beta$, die nicht identisch verschwinden, und diese Operatoren kommen in $\overline{A}_i \overline{M}_j$ alle mit dem Faktor $\frac{1}{\alpha_i \alpha_j}$ vor. Diese $\alpha_i \beta_j$ Operatoren lassen sich aber auf die δ_{ij} Produkte von geordneten Operatoren $A_i^\alpha M_j^\alpha$ zurückführen, und diese bekommen dabei den Koeffizienten:

(61) $$\frac{\alpha_i \beta_j}{\delta_{ij}} \cdot \frac{1}{\alpha_i \alpha_j} = \frac{\beta_j}{\alpha_j \delta_{ij}}.$$

Es ist also:

(62) $${}^j_i\mathrm{I} = \delta_{ij}^2 \bar{A}_i \bar{M}_j = \sum_\alpha \frac{\delta_{ij}\beta_j}{\alpha_j} A_i^\alpha M_j^\alpha = \sum_\alpha \frac{\delta_{ij}\beta_i}{\alpha_i} A_i^\alpha M_j^\alpha,$$

so daß:

(63) $$\varepsilon_{ij} = \frac{\beta_i}{\alpha_i}\delta_{ij} = \frac{\beta_j}{\alpha_j}\delta_{ij}.$$

Für $p = 6$ sind die Werte von ε_{ij}:

(64) $$\begin{cases} \varepsilon_{1,11} = \varepsilon_{11,1} = 1, & \varepsilon_{2,10} = \varepsilon_{10,2} = \frac{5}{3}, & \varepsilon_{3,9} = \varepsilon_{9,3} = \frac{12}{5}, \\ \varepsilon_{4,7} = \varepsilon_{7,4} = 2, & \varepsilon_{5,8} = \varepsilon_{8,5} = 2, & \varepsilon_{6,6} = \frac{16}{5}. \end{cases}$$

Die gefundene Zerlegung in geordnete Elementargrößen erster oder zweiter Art ist nun wirklich eine Zerlegung in unzerlegbare Größen, wie sie im ersten Paragraphen verlangt wurde. Um dies darzutun, muß noch bewiesen werden, daß eine geordnete Elementargröße keine lineare Komitante besitzen kann, die weniger Bestimmungszahlen hat als die Größe selbst. Nun bestehen zwischen den Bestimmungszahlen einer geordneten Elementargröße erster Art $v_{\lambda_1 \ldots \lambda_p}$ die Gleichungen:

(65) $$v_{\lambda_1 \ldots \lambda_p} = {}^j_i\mathrm{I}^\alpha v_{\lambda_1 \ldots \lambda_p}.$$

Infolgedessen hat $v_{\lambda_1 \ldots \lambda_p}$ eine Anzahl $q < n^p$ linear unabhängige Bestimmungszahlen. Sollte nun $v_{\lambda_1 \ldots \lambda_p}$ eine lineare Komitante $w_{\lambda_1 \ldots \lambda_p}$ mit weniger als q linear unabhängigen Bestimmungszahlen besitzen, so müßte ein Operator H existieren, eine Summe von Vielfachen von Permutationen, so daß:

(66) $$w_{\lambda_1 \ldots \lambda_p} = \mathrm{H}\,{}^j_i\mathrm{I}^\alpha v_{\lambda_1 \ldots \lambda_p}$$

wäre. Nun folgt aus (65), daß H nur Zahlen des zu ${}^j_i\mathrm{I}$ gehörigen Zahlensystems erhalten kann. Schreiben wir für die Zahlen dieses Systems $\mathrm{i}_{\alpha\beta}$, und richten wir es so ein, daß:

(67) $${}^j_i\mathrm{I}^\beta = \mathrm{i}_{\beta\beta}, \qquad \beta = 1, \ldots, \delta_{ij},$$

und daß die Multiplikationsregeln lauten:

(68) $$\mathrm{i}_{\beta\gamma}\,\mathrm{i}_{\delta\varepsilon} \begin{cases} \mathrm{i}_{\beta\varepsilon} & \text{für } \gamma = \delta \\ 0 & \;\;,, \;\; \gamma \neq \delta, \end{cases}$$

so kann H nur die Zahlen $\mathrm{i}_{\beta\alpha}$, $\beta = 1, \ldots, \delta_{ij}$, enthalten:

(69) $$\mathrm{H} = \sum_\beta \mathrm{H}_\beta\, \mathrm{i}_{\beta\alpha}$$

und (66) geht über in:

(70) $$w_{\lambda_1 \ldots \lambda_p} = \sum_\beta \mathrm{H}_\beta\, \mathrm{i}_{\beta\alpha}\, {}^j_i\mathrm{I}^\alpha w_{\lambda_1 \ldots \lambda_p} = \sum_\beta \mathrm{H}_\beta\, \mathrm{i}_{\beta\alpha}\, w_{\lambda_1 \ldots \lambda_p}.$$

Wird aber auf diese Gleichung der Operator:

(71) $$\mathrm{H}' = \sum_\beta \mathrm{H}_\beta \, \mathrm{i}_{\alpha\beta}$$

angewandt, so folgt:

(72) $$\mathrm{H}' w_{\lambda_1 \ldots \lambda_p} = \left(\sum_\beta \mathrm{H}_\beta^2\right) \mathrm{i}_{\alpha\alpha} v_{\lambda_1 \ldots \lambda_p} = \left(\sum_\beta \mathrm{H}_\beta^2\right) v_{\lambda_1 \ldots \lambda_p},$$

und aus dieser Gleichung folgt, daß das Verschwinden von $w_{\lambda_1 \ldots \lambda_p}$ stets das Verschwinden von $v_{\lambda_1 \ldots \lambda_p}$ zur Folge hat. Dies wäre aber nicht möglich, wenn $w_{\lambda_1 \ldots \lambda_p}$ weniger als q linear unabhängige Bestimmungszahlen hätte, es ist sogar nur möglich, wenn $w_{\lambda_1 \ldots \lambda_p}$ ein Isomer von $v_{\lambda_1 \ldots \lambda_p}$ ist. Dieselben Überlegungen gelten für geordnete Elementargrößen zweiter Art, und auch für nicht geordnete Elementargrößen, da ja jede solche Größe ein Isomer einer geordneten Elementargröße ist. Somit gilt der Satz:

Eine Elementargröße (erster oder zweiter Art) ist unzerlegbar und besitzt außer ihren Isomeren keine linearen Komitanten.

Die Zerlegung einer kovarianten Größe in Größen, die bei der affinen Gruppe unzerlegbar sind, ist damit vollständig zu Ende geführt. Für kontravariante Größen gelten natürlich ganz dieselben Überlegungen, so daß auch dieser Fall miterledigt ist.

§ 7. Berechnung der Bestimmungszahlen der Elementargrößen.

Die Berechnung der Bestimmungszahlen der Elementargrößen soll an einigen Beispielen vorgeführt werden. Für $p = 4$ lautet die Zerlegung einer Größe in Elementarsummen:

(73) $$\begin{cases} v_{\varkappa\lambda\mu\nu} = (\overline{\mathrm{A}}_5 \overline{\mathrm{M}}_1 + 9\,\overline{\mathrm{A}}_4 \overline{\mathrm{M}}_2 + 4\,\overline{\mathrm{A}}_3 \overline{\mathrm{M}}_3 + 9\,\overline{\mathrm{A}}_2 \overline{\mathrm{M}}_4 + \overline{\mathrm{A}}_1 \overline{\mathrm{M}}_5)\, v_{\varkappa\lambda\mu\nu} \\ \quad = ({}_4\overline{\mathrm{A}} + 9\,{}_3\overline{\mathrm{A}}\,{}_2\overline{\mathrm{M}} + 4\,{}_{2,2}\overline{\mathrm{A}}\,{}_{2,2}\overline{\mathrm{M}} + 9\,{}_2\overline{\mathrm{A}}\,{}_3\overline{\mathrm{M}} + {}_4\overline{\mathrm{M}})\, v_{\varkappa\lambda\mu\nu}. \end{cases}$$

Nun hat:

(74) $${}_4\mathrm{A}\, v_{\varkappa\lambda\mu\nu} = v_{[\varkappa\lambda\mu\nu]}$$

$\binom{n}{4}$ Bestimmungszahlen. Der zweite Term besteht aus drei Größen, die in drei Indizes alternierend sind und also $n\binom{n}{3}$ Bestimmungszahlen haben würden, wenn sie nicht der Bedingung unterworfen wären, daß sie durch ${}_4\mathrm{A}$ annulliert werden. Diese Bedingung gibt $\binom{n}{4}$ Gleichungen und es bleiben also $n\binom{n}{3} - \binom{n}{4}$ Bestimmungszahlen. Der dritte Term besteht aus zwei Größen, die durch einen Operator ${}_{2,2}\mathrm{A}$ entstanden sind und also ohne weitere Bedingungen $\binom{n}{2}^2$ Bestimmungszahlen haben würden. Die erste Bedingung ist, daß alle Operatoren ${}_3\mathrm{A}\,{}_2\mathrm{M}$ Null erzeugen. Zu einem geordneten Operator ${}_{2,2}\mathrm{A}$ gibt es aber nur zwei geordnete Operatoren ${}_2\mathrm{M}$, die nicht identisch Null erzeugen, und diese sind in bezug auf ${}_{2,2}\mathrm{A}$ nicht wesentlich verschieden. Es sind also nur $n\binom{n}{3} - \binom{n}{4}$ Bestimmungszahlen abzuziehen. Die zweite Bedingung ist, daß ${}_4$A annulliert, und das erfordert einen Abzug von $\binom{n}{4}$ Bestimmungszahlen. Der dritte Term besteht also aus zwei Größen mit je:

$$(75)\qquad \binom{n}{2}^2 - n\binom{n}{3} + \binom{n}{4} - \binom{n}{4} = \binom{n}{2}^2 - n\binom{n}{3}$$

Bestimmungszahlen. Jede der drei Größen des vierten Termes würde, wenn man die Bedingungen nicht mitrechnet, $n^2\binom{n}{2}$ Bestimmungszahlen haben. Zu einem bestimmten geordneten Operator ${}_2$A gibt es nun nur einen geordneten Operator ${}_{2,2}$M und zwei geordnete Operatoren ${}_2$M, die nicht identisch annullieren. Im ganzen sind also:

$$(76)\qquad \binom{n}{2}^2 - n\binom{n}{3} + 2n\binom{n}{3} - 2\binom{n}{4} + \binom{n}{4} = \binom{n}{2}^2 + n\binom{n}{3} - \binom{n}{4}$$

Bestimmungszahlen abzuziehen, so daß $n^2\binom{n}{2} - \binom{n}{2}^2 - n\binom{n}{3} + \binom{n}{4}$ Bestimmungszahlen bleiben. Der letzte Term schließlich ist symmetrisch und hat also $\binom{n+3}{4}$ Bestimmungszahlen. Für $n = 4$ sind z. B. die Anzahlen:

$$(77)\qquad 1 + 3\times 15 + 2\times 20 + 3\times 45 + 35 = 256 = 4^4.$$

Für $n = 3$ verschwindet ${}_4$A und man erhält:

$$(78)\qquad 3\times 3 + 2\times 6 + 3\times 15 + 15 = 81 = 3^4.$$

Der mittlere Term hat für die Differentialgeometrie ein besonderes Interesse. Er besitzt gerade die algebraischen Eigenschaften der *Riemann-Christoffel*schen Krümmungsgröße, die in den vier Identitäten (II, § 14) zum Ausdruck kommen. Die Krümmungsgröße ist also eine geordnete Elementargröße und sie ist demnach unzerlegbar bei der affinen Gruppe.

Für $p = 6$ wurde die Zerlegung in Elementarsummen schon auf S. 248 angegeben. Für $n \geqq 6$ gibt die weitere Zerlegung $1 + 5 + 9 + 10 + 5 + 16 + 10 + 5 + 9 + 5 + 1 = 76$ geordnete Elementargrößen. Für $n = 4$ verschwinden die Operatoren ${}^{1}_{11}$I und ${}^{2}_{10}$I und für die übrig bleibenden Terme berechnet man die Anzahl der Bestimmungszahlen nach der oben angegebenen Methode zu:

$$(79)\qquad \left\{\begin{aligned} &9\times 6 + 10\times 10 + 5\times 10 + 16\times 64 + 10\times 70 + 5\times 50\\ &\quad + 9\times 126 + 5\times 140 + 84 = 4096 = 4^6.\end{aligned}\right.$$

Für $n = 3$ verschwinden auch ${}^{3}_{9}$I und ${}^{5}_{8}$I und man erhält:

$$(80)\qquad \left\{\begin{aligned} &5\times 1 + 16\times 8 + 10\times 10 + 5\times 10 + 9\times 27\\ &\quad + 5\times 35 + 28 = 729 = 3^6.\end{aligned}\right.$$

§ 8. Die Zerlegung einer bestimmten Größe sechsten Grades[1]).

Als Beispiel wollen wir die Größe:

$$(81)\qquad v_{\alpha\beta\gamma\varkappa\lambda\xi} = v_{[\alpha\beta\gamma][\varkappa\lambda]\xi} = \overset{1}{\mathrm{A}}_6\, v_{\alpha\beta\gamma\varkappa\lambda\xi}$$

[1]) Die Zerlegung dieser Größe, die zu einer in Punkt, Linien und Ebenenkoordinaten linearen quaternären Form in Beziehung gesetzt werden kann, wurde 1923, 20 angegeben.

mit 96 Bestimmungszahlen, die für $n = 4$ schon im fünften Paragraphen in Elementargrößen zerlegt ist, weiter zerlegen in geordnete Elementargrößen. Zur Zerlegung des ersten Termes der Entwicklung (33) auf S. 250.

$$(82)\qquad {}^{8}_{9}\mathrm{I}\, v_{\alpha\ldots\xi} = 81\, {}_{4,2}\overline{\mathrm{A}}\, {}^{2,2}\overline{\mathrm{M}}\, v_{\alpha\ldots\xi} = 81\, {}_{4,2}\overline{\mathrm{A}}\, {}^{2,2}\overline{\mathrm{M}}\, \mathrm{A}_6^1\, v_{\alpha\ldots\xi}$$

verwenden wir die Tabelle der 9 geordneten ${}_{4,2}\mathrm{A}$ und ${}_{2,2}\mathrm{M}$:

	${}_{4,2}\mathrm{A}$						${}_{2,2}\mathrm{M}$					
1	○	○	○	○	×	×	○	×	•	•	○	○
2	○	○	○	×	○	×	○	×	•	○	•	×
3	○	○	×	○	○	×	○	×	○	•	•	×
4	○	×	○	○	○	×	○	○	×	•	•	×
5	○	○	○	×	×	○	○	×	•	○	×	•
6	○	○	×	○	×	○	○	×	○	•	×	
7	○	○	×	×	○	○	○	×	○	×	•	•
8	○	×	○	○	×	○	○	○	×	•	×	•
9	○	×	○	×	○	○	○	○	×	×	•	•

Die abnormalen Nichtannullierungen sind durch Verbindungsstriche angegeben. Es ist $\varepsilon_{93} = \frac{12}{5}$ (S. 256). Da von den geordneten Operatoren M_3 nur M_3^1, M_3^2 und M_3^5 den Operator A_6^1 nicht annullieren und bei A_9^1, A_9^2 und A_9^5 keine abnormalen Nichtannullierungen auftreten, lautet die Zerlegung:

$$(83)\qquad {}^{8}_{9}\mathrm{I}\, v_{\alpha\ldots\xi} = \frac{12}{5}\left(\mathrm{A}_9^1\mathrm{M}_3^1 + \mathrm{A}_9^2\mathrm{M}_3^2 + \mathrm{A}_9^5\mathrm{M}_3^5\right) v_{\alpha\ldots\xi}\,.$$

Setzt man die Stellen der 7 verschiedenen in Betracht kommenden Operatoren untereinander wie in untenstehender Tabelle geschehen ist:

A_9^1	○	○	○	○	×	×
A_9^2	○	○	○	×	○	×
A_9^5	○	○	○	×	×	○
M_3^1	○	×	•	•	○	×
M_3^2	○	×	•	○		×
M_3^5	○	×	•	○	×	•
A_6^1	○	○	○	×	×	•

so ist ersichtlich, daß bei der Permutation P_{45}, die die vierte mit der fünften Stelle vertauscht und bei der $v_{\alpha\ldots\xi}$ nur das Vorzeichen wechselt, A_9^2 übergeht in A_9^1 und gleichzeitig M_3^2 in M_3^1. Wir wollen dieses

Verhalten von $A_9^1 M_3^1$ und $A_9^2 M_3^2$ kurz andeuten mit den Worten: $A_9^1 M_3^1$ und $A_9^2 M_3^2$ haben denselben Typus in bezug auf A_6^1. Es ist also:

$$(84)\quad \begin{cases} A_9^2 M_3^2 v_{\alpha\ldots\xi} = P_{45} A_9^1 P_{45} P_{45} M_3^1 P_{45} v_{\alpha\ldots\xi} \\ \qquad = -P_{45} A_9^1 M_3^1 v_{\alpha\ldots\xi} \end{cases}$$

und:

$$(85)\quad {}^3_9\mathrm{I}\, v_{\alpha\ldots\xi} = \frac{12}{5}\left(A_9^1 M_3^1 - P_{45} A_9^1 M_3^1 + A_9^5 M_3^5\right) v_{\alpha\ldots\xi}$$

Die zwei ersten Terme sind demnach Isomere und ${}^2_9\mathrm{I}\, v_{\alpha\ldots\xi}$ hat demzufolge nur $2 \times 6 = 12$ Bestimmungszahlen (vgl. S. 258).

Zur Zerlegung von ${}^5_8\mathrm{I}\, v_{\alpha\ldots\xi}$ verwenden wir die Tabelle der 10 geordneten ${}_4A$ und ${}_3M$:

	${}_4A$						${}_3M$					
1	○	○	○	○	•	•	○	•	•		○	○
2	○	○	○	•	○	•	○	•	•	○	•	○
3	○	○	•	○	○	•	○	•	○	•	•	○
4	○	•	○	○	○	•	○	○	•	•	•	○
5	○	○	○	•	•	○	○	•	•	○	○	•
6	○	○	•	○	•	○	○	•	○	•	○	•
7	○	○	•	•	○	○	○	•	○	○	•	•
8	○	•	○	○	•	○	○	○	•	•	○	•
9	○	•	○	•	○	○	○	○	•	○	•	•
10	○		•	○	○	○	○	○	○	•	•	•

Abnormale Nichtannullierungen treten nicht auf (vgl. S. 242). Nur M_5^1 und M_5^2 annullieren A_6^1 nicht und $A_8^1 M_5^1$ und $A_8^2 M_5^2$ haben in bezug auf A_6^1 denselben Typus. Da $\varepsilon_{85} = 2$ (S. 256), lautet die Entwicklung:

$$(86)\quad {}^5_8\mathrm{I}\, v_{\alpha\ldots\xi} = 2\left(A_8^1 M_5^1 - P_{45} A_8^1 M_5^1\right) v_{\alpha\ldots\xi}.$$

${}^5_8\mathrm{I}\, v_{\alpha\ldots\xi}$ hat also 10 Bestimmungszahlen (vgl. S. 258).

Zur Zerlegung von ${}^4_7\mathrm{I}\, v_{\alpha\ldots\xi}$ verwenden wir die Tabelle der 5 geordneten ${}_{3,3}A$ und ${}_{3,2}M$:

1	○	○	○	×	×	×	○	×	+	○	×	+
2	○	○	×	○	×	×	○	×	○	+	×	+
3	○	×	○	○	×	×	○	○	×	+	×	+
4	○	○	×	×	○	×	○	×	○	×	+	+
5	○	×	○	×	○	×	○	○	×	×	+	+

Die eine anormale Nichtannullierung ist angegeben.

Es ist $\varepsilon_{74} = 2$ (S. 256). A_6^1 wird nur durch M_4^1 nicht annulliert, und bei A_7^1 treten keine abnormalen Annullierungen auf. Infolgedessen ist:

(87) $${}_7^4\mathrm{I}\, v_{\alpha\ldots\xi} = 2\, A_7^1\, M_4^1\, v_{\alpha\ldots\xi}$$

und ${}_7^4\mathrm{I}\, v_{\alpha\ldots\xi}$ hat 10 Bestimmungszahlen (vgl. S. 258):

Zur Zerlegung von ${}_6^6\mathrm{I}\, v_{\alpha\ldots\xi}$ verwenden wir die Tabelle der 16 geordneten ${}_{3,2}A$ und ${}_{3,2}M$:

1	○	○	○	×	×	•	○	×	•	○	×	○
2	○	○	×	○	×	•	○	×	○	•	×	○
3	○	○	×	×	○	•	○	×	○	×	•	○
4	○	○	○	×	•	×	○	×	•	○	○	×
5	○	○	×	×	•	○	○	×	○	×	○	•
6	○	○	×	○	•	×	○	×	○	•	○	×
7	○	○	×	•	○	×	○	×	○	○	•	×
8	○	○	×	•	×	○	○	×	○	○	×	•
9	○	×	○	○	×	•	○	○	×	•	×	○
10	○	×	○	○	•	×	○	○	×	•	○	×
11	○	×	○	•	○	×	○	○	×	○	•	×
12	○	×	○	×	○	•	○	○	×	×	•	○
13	○	×	•	○	○	×	○	○	○	×	•	×
14	○	×	○	×	•	○	○	○	×	×	○	•
15	○	×	○	•	×	○	○	○	×	○	×	•
16	○	×	•	○	×	○	○	○	○	×	×	•

Die abnormalen Nichtannullierungen sind angegeben. Es ist $\varepsilon_{6,6} = \frac{16}{5}$ (S. 256). A_6^1 wird nur durch M_6^1 nicht annulliert. Demzufolge ist:

(88) $${}_6^6\mathrm{I}\, v_{\alpha\ldots\xi} = \frac{16}{5} A_6^1\, M_6^1\, v_{\alpha\ldots\xi}$$

und ${}_6^6\mathrm{I}\, v_{\alpha\ldots\xi}$ hat 64 Bestimmungszahlen (vgl. S. 258). Die gesuchte Zerlegung von $v_{\alpha\ldots\xi}$ ist also gegeben durch die Gleichung:

(89) $$\left\{\begin{aligned} v_{\alpha\ldots\xi} = \Big\{ & \tfrac{12}{5}\left(A_9^1 M_3^1 - P_{4,5} A_9^1 M_3^1 + A_9^5 M_3^5\right) \\ & + 2\left(A_8^1 M_5^1 - P_{45} A_8^1 M_5^1\right) + 2\, A_7^1 M_4^1 \\ & + \tfrac{16}{5} A_6^1 M_6^1 \Big\}\, v_{\alpha\ldots\xi}, \end{aligned}\right.$$

und sie enthält 5 verschiedene Größen mit $2 \times 6 + 10 + 10 + 64 = 96$ Bestimmungszahlen.

§ 9. Die Zerlegung einer symmetrischen Größe bei der orthogonalen Gruppe.

Eine symmetrische Größe $v_{\lambda_1 \ldots \lambda_p}$ läßt sich bei der affinen Gruppe nicht weiter zerlegen. Bei der orthogonalen Gruppe besitzt sie aber die linearen Komitanten:

(90) $$g^{\lambda_1 \lambda_2} v_{\lambda_1 \ldots \lambda_p}, \qquad g^{\lambda_1 \lambda_2} g^{\lambda_3 \lambda_4} v_{\lambda_1 \ldots \lambda_p},$$

die im allgemeinen $\binom{n+p-3}{p-2}$, $\binom{n+p-5}{p-4}$ usw. Bestimmungszahlen haben.

Zur Zerlegung von $v_{\lambda_1 \ldots \lambda_p}$ in unzerlegbare Größen bilden wir zunächst einige Operatoren. Es sei:

(91) $$\begin{cases} S_0 v_{\lambda_1 \ldots \lambda_p} = I v_{\lambda_1 \ldots \lambda_p} = v_{\lambda_1 \ldots \lambda_p}, \\ S_1 v_{\lambda_1 \ldots \lambda_p} = \frac{1}{n}\binom{p}{2} g^{\alpha\beta} v_{\alpha\beta(\lambda_3 \ldots \lambda_p} g_{\lambda_1 \lambda_2)}, \\ S_2 v_{\lambda_1 \ldots \lambda_p} = \frac{1}{n^2}\frac{1}{2!}\binom{p}{2}\binom{p-2}{2} g^{\alpha\beta} g^{\gamma\delta} v_{\alpha\beta\gamma\delta(\lambda_5 \ldots \lambda_p} g_{\lambda_1 \lambda_2} g_{\lambda_3 \lambda_4)} \text{ usw.} \end{cases}$$

$S_i v_{\lambda_1 \ldots \lambda_p}$ ist also eine Summe von $(i!)^{-1}\binom{p}{2} \cdots \binom{p-2i+2}{2}$ Termen. Läßt man erst S_i wirken und dann S_1, so enthält das Resultat:

$$\frac{1}{i!}\frac{(n+2p)\,i-2i\,(i+1)}{n}\binom{p}{2}\binom{p-2}{2}\cdots\binom{p-2i+2}{2}$$

Terme von S_i und für $2(i+1) \leqq p$:

$$\frac{1}{i!}\binom{p}{2}\cdots\binom{p-2i}{i}$$

Terme von S_{i+1}.

Demnach ist:

(92) $$\begin{cases} S_1 S_i = \frac{(n+2p)\,i-2i\,(i+1)}{n} S_i + (i+1)\, S_{i+1}, & 2(i+1) \leqq p \\ S_1 S_i = \frac{(n+2p)\,i-2i\,(i+1)}{n} S_i; & p-1 \leqq 2i \leqq p. \end{cases}$$

Aus diesen Gleichungen folgt erstens, daß alle Operatoren S_i sich linear in den Potenzen von S_1 ausdrücken lassen, und die Operatoren S_i infolgedessen dem kommutativen Gesetze unterworfen sind:

(93) $$S_i S_j = S_j S_i.$$

Zweitens folgt, daß für $i \leqq j$ $S_i S_j$ nur S_j bis S_{i+j} enthält. Insbesondere interessieren uns die Produkte von S_i mit sich selbst. Aus (92) leitet man leicht ab, daß in der allgemeinen Formel:

(94) $$S_i S_i = \frac{1}{\lambda_i} S_i + \mu_{i1} S_{i+1} + \ldots + \mu_{ii} S_{i+i}$$

für λ_i gilt:

(95) $$\frac{1}{\lambda_i} = \frac{i\,(n+2p)-2i\,(i+1)}{n}.$$

Es sei nun $p-1 \leqq 2l \leqq p$, also S_l der höchste vorkommende Operator. Das Zahlensystem der S_i enthält dann $l+1$ linear unabhängige Zahlen, und es besitzt $l+1$ idempotente Haupteinheiten, die sich folgendermaßen bestimmen lassen. Infolge von (94) ist:

$$\text{(96)} \qquad \mathrm{J}_l = \lambda_l \mathrm{S}_l$$

idempotent. Da $\mathrm{I} - \mathrm{J}_l$ durch J_l annulliert wird, ist:

$$\text{(97)} \qquad \lambda_{l-1} \mathrm{S}_{l-1} (\mathrm{I} - \mathrm{J}_l) \lambda_{l-1} \mathrm{S}_{l-1} (\mathrm{I} - \mathrm{J}_l) = \lambda_{l-1} \mathrm{S}_{l-1} (\mathrm{I} - \mathrm{J}_l),$$

so daß:

$$\text{(98)} \qquad \mathrm{J}_{l-1} = \lambda_{l-1} \mathrm{S}_{l-1} (\mathrm{I} - \mathrm{J}_l)$$

idempotent ist, während J_l und J_{l-1} sich gegenseitig annullieren. In derselben Weise ist:

$$\text{(99)} \qquad \mathrm{J}_{l-2} = \lambda_{l-2} \mathrm{S}_{l-2} (\mathrm{I} - \mathrm{J}_{l-1}) (\mathrm{I} - \mathrm{J}_l)$$

idempotent und annulliert J_l und J_{l-1}. In dieser Weise fortfahrend erhält man $l+1$ idempotente Operatoren $\mathrm{J}_l, \ldots, \mathrm{J}_0$, die sich alle gegenseitig annullieren und somit ein System von Haupteinheiten bilden. Die S_i lassen sich linear in den Haupteinheiten ausdrücken und es enthält S_i nur die J_j, $j \geqq i$. Bei Anwendung von S_i auf J_m, $m = 0, \ldots, l$, entsteht also Null oder J_m mit einem Faktor. Dieses System liefert eine invariante Zerlegung von $v_{\lambda_1 \ldots \lambda_p}$:

$$\text{(100)} \qquad v_{\lambda_1 \ldots \lambda_p} = (\mathrm{J}_l + \cdots + \mathrm{J}_0) v_{\lambda_1 \ldots \lambda_p}.$$

Wir wollen nun zeigen, daß irgendein Glied der Reihe $\mathrm{J}_m v_{\lambda_1 \ldots \lambda_p}$ keine linearen Komitanten mit weniger Bestimmungszahlen besitzt. Da die Größe symmetrisch ist, besitzt sie keine affinen Komitanten. Es genügt also, zu zeigen, daß Überschiebung mit einem oder mit mehreren Faktoren $g^{\lambda\mu}$ nicht zu einer Größe mit weniger Bestimmungszahlen führen kann. Da die Größe symmetrisch ist, kann man ebensogut zeigen, daß durch Anwendung von keinem der Operatoren S_i eine Größe mit weniger Bestimmungszahlen entstehen kann. Wir sahen aber schon oben, daß Anwendung von S_i auf J_m Null oder J_m mit einem Faktor erzeugt, und damit ist also bewiesen, daß die Größen $\mathrm{J}_m v_{\lambda_1 \ldots \lambda_p}$ bei der orthogonalen Gruppe unzerlegbar sind. Da auch irgendeine gegebene unzerlegbare Größe sich mit Hilfe der gefundenen Hauptreihe nicht weiter auflösen läßt, ist die Eindeutigkeit der angegebenen Zerlegung bewiesen. Zusammenfassend sprechen wir den Satz aus:

Jede symmetrische Größe p^{ten} Grades läßt sich in einer und nur einer Weise zerlegen in höchstens $l+1$, $p-1 \leqq 2l \leqq p$, bei der orthogonalen Gruppe unzerlegbare Größen.

Die Anzahl der Bestimmungszahlen der unzerlegbaren Bestandteile ergeben sich aus dem Umstande, daß $\mathrm{S}_i v_{\lambda_1 \ldots \lambda_p}$ $\binom{n+p-2i-1}{p-2i}$ Bestimmungszahlen hat und S_i nur die J_j, $j \geqq i$ enthält. Die Anzahl der Bestimmungszahlen von $\mathrm{J}_i v_{\lambda_1 \ldots \lambda_p}$ ist also:

$$\binom{n+p-2i-1}{p-2i} - \binom{n+p-2i-3}{p-2i-2}.$$

Für $n = 3$ sind die Anzahlen z. B. für ungerades p: 3, 7, 11, 15, 19, 23, ... und für gerades p: 1, 5, 9, 13, ... Für $n = 4$ sind die Anzahlen für ungerades p: 4, 16, 36, 64, ... und für gerades p: 1, 9, 25, 49, 81. Sie bilden stets eine arithmetische Reihe $(n-1)^{\text{ter}}$ Ordnung.

Zur Größe $\mathrm{J}_i v_{\lambda_1 \dots \lambda_p}$ gehört eine symmetrische Größe $(p - 2i)$-ten Grades $v_{\lambda_{2i+1} \dots \lambda_p}$, die dieselbe Anzahl Bestimmungszahlen hat wie $v_{\lambda_1 \dots \lambda_p}$, so daß:

(101) $$v_{\lambda_1 \dots \lambda_p} = g_{(\lambda_1 \lambda_2} \cdots v_{\lambda_{2i+1} \dots \lambda_p)} \,.$$

Beide Größen sind bei der orthogonalen Gruppe lineare Komitanten voneinander.

§ 10. Die Zerlegung einer allgemeinen Größe bei der orthogonalen Gruppe.

Eine Größe sei zerlegt in geordnete Elementargrößen. Jede dieser Elementargrößen hat die Form:

(102) $$u_{\lambda_1 \dots \lambda_p} = \varepsilon_{ij\, s_1 \dots s_t} \mathrm{A}^{\alpha}_{i\, s'_1 \dots s'_{t'}} \mathrm{M}^{\alpha}_{j}\, u_{\lambda_1 \dots \lambda_p} = \varepsilon_{ij} \mathrm{A}^{\alpha}_{i} \mathrm{M}^{\alpha}_{j} \, {}^{j}_{i}\mathrm{I}^{\alpha}\, u_{\lambda_1 \dots \lambda_p}$$

und es gilt, eine Größe dieser Form bei der orthogonalen Gruppe weiter zu zerlegen. Dazu betrachten wir die t' Permutationsgebiete von M^{α}_{j} ein jedes für sich und zerlegen die ideale symmetrische Größe jedes Gebietes nach der im vorigen Paragraphen angegebenen Methode in $l_u + 1$ unzerlegbare Größen, $s'_u - 1 \leqq 2\, l_u \leqq s'_u$, $u = 1, \dots, t'$. Sind die zugehörigen Operatoren $\mathrm{J}^{u}_{\beta_u}$, $\beta_u = 0 \dots l_u$, so ist:

(103) $$\mathrm{M}^{\alpha}_{j} = \sum_{u}^{1,\dots,t'} \sum_{\beta_u}^{1,\dots,l_u} \mathrm{J}^{u}_{\beta_u} \mathrm{M}^{\alpha}_{j}$$

und

(104) $$u_{\lambda_1 \dots \lambda_p} = \sum_{u} \sum_{\beta_u} \mathrm{A}^{\alpha}_{i}\, \mathrm{J}^{u}_{\beta_u} \mathrm{M}^{\alpha}_{j} \, {}^{j}_{i}\mathrm{I}^{\alpha}\, u_{\lambda_1 \dots \lambda_p} \,.$$

Die gegebene Elementargröße ist damit in $t' + \sum_{u} l_u$ Größen aufgelöst und es braucht jetzt nur noch untersucht zu werden, ob diese Größen bei der orthogonalen Gruppe unzerlegbar sind.

Dazu überschieben wir die zu bestimmten Werten von β_u, $u = 1, \dots, t'$, gehörige Größe:

(105) $$v_{\lambda_1 \dots \lambda_p} = \sum_{u} \mathrm{A}^{\alpha}_{i}\, \mathrm{J}^{u}_{\beta_u} \mathrm{M}^{\alpha}_{j} \, {}^{j}_{i}\mathrm{I}^{\alpha}\, u_{\lambda_1 \dots \lambda_p}$$

irgendwo mit $g^{\lambda\mu}$. Gehören die beiden Stellen, wo die Überschiebung stattfindet, demselben Permutationsgebiet von A^{α}_{i} an, so entsteht identisch Null. Wir brauchen also nur den Fall zu betrachten, wo die beiden Stellen zu verschiedenen Permutationsgebieten von A^{α}_{i} gehören. Schreibt man dann den Operator A^{α}_{i} aus, so entstehen $s_1! \dots s_t!$ Größen, und jede dieser Größen ist ein Isomer von:

(106) $$w_{\lambda_1 \dots \lambda_p} = \sum_{u} \mathrm{J}^{u}_{\beta_u} \mathrm{M}^{\alpha}_{j} \, {}^{j}_{i}\mathrm{I}^{\alpha}\, u_{\lambda_1 \dots \lambda_p} \,,$$

das irgendwo mit $g^{\lambda\mu}$ überschoben ist. Wir betrachten eine dieser Überschiebungen. Findet die Überschiebung statt an zwei Stellen, die zu demselben Permutationsgebiet von M_j^α gehören, so entsteht nach den Erörterungen des vorigen Paragraphen eine lineare Komitante, die nicht weniger Bestimmungszahlen haben kann als die Größe selbst. Liegen die beiden Stellen dagegen in zwei Permutationsgebieten mit s'_v und s'_w Stellen, $v > w$, so wenden wir eine einfache Mischung an, die als Permutationsgebiet alle Permutationsgebiete von M_j^α enthält, die mehr als s'_v Stellen enthalten und dazu ein Permutationsgebiet von $s'_v + 1$ Stellen, das besteht aus dem von der Überschiebung getroffenen Gebiet von s'_v Stellen zusammen mit der zweiten Stelle der Überschiebung. Diese Mischung erzeugt Null, da $w_{\lambda_1 \ldots \lambda_p}$ durch jede Mischung mit höherer Permutationszahl als M_j^α annulliert wird, und die Gleichung, die dies zum Ausdruck bringt, gibt die Überschiebung als eine Summe von s'_v Größen, die alle mit $g^{\lambda\mu}$ überschoben sind an zwei Stellen, die ganz in dem Permutationsgebiet mit s'_v Stellen liegen. Denn, ist z. B für $v = 3$:

(107) $$q_{(\varkappa}\, p_\lambda\, p_\mu\, p_{\nu)} = 0\,,$$

so läßt sich diese Gleichung schreiben:

(108) $$q_\varkappa\, p_\lambda\, p_\mu\, p_\nu = -\, p_\varkappa\, q_\lambda\, p_\mu\, p_\nu - p_\varkappa\, p_\lambda\, q_\mu\, p_\nu - p_\varkappa\, p_\lambda\, p_\mu\, q_\nu$$

und es ist also:

(109) $$g^{\varkappa\lambda}\, q_\varkappa\, p_\lambda\, p_\mu\, p_\nu = -\tfrac{1}{2} g^{\varkappa\lambda}\, p_\varkappa\, p_\lambda\, q_\mu\, p_\nu - \tfrac{1}{2} g^{\varkappa\lambda}\, p_\varkappa\, p_\lambda\, p_\mu\, q_\nu\,.$$

Damit ist aber die Überschiebung in jedem Falle, wo nicht identisch Null entsteht, zurückgeführt auf Überschiebungen, die keine linearen Komitanten mit weniger Bestimmungszahlen erzeugen können.

Es ist also bewiesen, daß in d i e s e r Weise keine linearen Komitanten mit weniger Bestimmungszahlen entstehen können. Es gibt aber noch eine andere Entstehungsweise. Die Größe $w_{\lambda_1 \ldots \lambda_p}$ enthält in jedem der t' Permutationsgebiete mit s'_i Stellen ein symmetrisches Produkt von x_i Faktoren $g_{\lambda\mu}$, $0 \leqq 2x_i \leqq s'_i$, mit einer idealen symmetrischen Größe $(s'_i - 2x_i)$-ten Grades. Man kann die Größe $w_{\lambda_1 \ldots \lambda_p}$ also aus einem realen Produkt von t' idealen Größen $(s'_i - 2x_i)$-ten Grades, $i = 1, \ldots, t'$, entstehen lassen, wenn man $\sum x_i$ Faktoren $g_{\lambda\mu}$ hinzufügt und über bestimmte Stellengruppen mischt. Das Produkt der t' Größen ist eine reale lineare Komitante von $w_{\lambda_1 \ldots \lambda_p}$, die $g_{\lambda\mu}$ nicht mehr enthält. Diese Komitante ist nun im allgemeinen keineswegs unzerlegbar bei der affinen Gruppe. Sie läßt sich in der in den §§ 5 und 6 angegebenen Weise in geordnete Elementargrößen zerlegen und mit dieser Zerlegung korrespondiert eine Zerlegung von $w_{\lambda_1 \ldots \lambda_p}$ und somit auch von $v_{\lambda_1 \ldots \lambda_p}$ in lineare Komitanten mit weniger Bestimmungszahlen. Es ist nun sehr bemerkenswert, daß aus den so erhaltenen Teilen bei Überschiebung mit $g^{\lambda\mu}$ keine linearen Komitanten mit weniger Bestimmungszahlen mehr gebildet werden können. Dies wurde oben bewiesen, für die Größe $w_{\lambda_1 \ldots \lambda_p}$ selbst, es muß also auch für jeden bei der letzten Zerlegung enstehenden Teil von $w_{\lambda_1 \ldots \lambda_p}$ gelten, da diese Teile ja alle nur Summen von Vielfachen von Isomeren von $w_{\lambda_1 \ldots \lambda_p}$ sind. Wäre dies nicht der Fall, so müßte man mit der Zerlegung mit Hilfe der Operatoren J und der Zerlegung in geordnete Elementargrößen abwechselnd ad infinitum fortfahren. Jetzt ist aber die Zerlegung in unzerlegbare Größen nach Ausführung von zwei Schritten erreicht. Es besteht also der Satz:

Jede geordnete Elementargröße $\varepsilon_{ij} \mathrm{A}_i^\alpha \mathrm{M}_j^\alpha u_{\lambda_1 \ldots \lambda_p}$ läßt sich zerlegen in bei der orthogonalen Gruppe unzerlegbare Größen. Diese Zerlegung wird ausgeführt, indem man die Größe schreibt $\varepsilon_{ij} \mathrm{A}_i^\alpha \mathrm{M}_j^\alpha {}_i^j\mathrm{I}^\alpha u_{\lambda_1 \ldots \lambda_p}$, die Zerlegungsmethode für eine symmetrische Größe anwendet auf jedes einzelne Permutationsgebiet von M_j^α und jeden so erhaltenen Teil wiederum zerspaltet, indem man die $g_{\lambda\mu}$ nicht enthaltenden Komitanten mit derselben Anzahl Bestimmungszahlen in geornete Elementargrößen zerlegt.

Es ist zu beachten, daß schließlich nicht alle erhaltenen Teile unabhängig zu sein brauchen. Wie bei der Zerlegung in geordnete Elementargrößen treten oft nebeneinander Teile auf, deren Bestimmungszahlen proportional sind.

§ 11. Beispiel der Zerlegung bei der orthogonalen Gruppe.

Als Beispiel soll eine allgemeine Größe vierten Grades $v_{\varkappa\lambda\mu\nu}$ für $n = 3$ zerlegt werden. Die Zerlegung der affinen Gruppe liefert drei Größen:

(110) $$\tfrac{3}{2}\, {}_3\mathrm{A}_4^\alpha\, {}_2\mathrm{M}_2^\alpha\, v_{\varkappa\lambda\mu\nu},$$

mit 3 Bestimmungszahlen, zwei Größen:

(111) $$\tfrac{4}{3}\, {}_{2,2}\mathrm{A}_3^\alpha\, {}_{2,2}\mathrm{M}_3^\alpha\, v_{\varkappa\lambda\mu\nu},$$

mit 6 Bestimmungszahlen, drei Größen:

(112) $$\tfrac{3}{2}\, {}_2\mathrm{A}_2^\alpha\, {}_3\mathrm{M}_4^\alpha\, v_{\varkappa\lambda\mu\nu},$$

mit 15 Bestimmungszahlen und eine Größe:

(113) $${}_4\mathrm{M}_5^\alpha\, v_{\varkappa\lambda\mu\nu} = v_{(\varkappa\lambda\mu\nu)}$$

mit 15 Bestimmungszahlen.

Jede Größe (110) ist ein Vektor. Bei der weiteren Zerlegung dieser Größe entstehen zwei Vektoren, deren Bestimmungszahlen aber proportional sind. Bei der weiteren Zerlegung jeder Größe (111) entsteht ein Skalar und eine Größe mit 5 Bestimmungszahlen. Die zweite Größe ist eine Komitante eines Tensors zweiten Grades, dessen Skalarteil verschwindet. Jede Größe (112) liefert erst zwei Größen mit 8 und 7 Bestimmungszahlen. Bei der Zerlegung der $g_{\lambda\mu}$ nicht enthaltenden Komitante der ersten Größe in Elementargrößen löst sich dann diese Größe in zwei Teile mit 3 und 5 Bestimmungszahlen auf. Die symmetrische Größe (113) liefert schließlich drei Größen mit 1, 5 und 9 Bestimmungszahlen. Im ganzen ergeben sich 19 bei der orthogonalen Gruppe unzerlegbare Größen mit $3 \times 1 + 6 \times 3 + 6 \times 5 + 3 \times 7 + 1 \times 9 = 81 = 3^4$ Bestimmungszahlen.

§ 12. Die Beziehungen der Zerlegung bei der affinen Gruppe zu den Reihenentwicklungen der Invariantentheorie[1]).

Wird eine Größe $v_{\lambda_1 \dots \lambda_\alpha \mu_1 \dots \mu_\beta \dots}$, die in $\lambda_1 \dots \lambda_\alpha$, $\mu_1 \dots \mu_\beta$, usw. symmetrisch ist, überschoben mit den kontravarianten Variablenreihen x^ν, y^ν usw., so entsteht eine algebraische Form:

(114) $$F = v_{\lambda_1 \dots \lambda_\alpha \mu_1 \dots \mu_\beta \dots} \dots x^{\lambda_1} \dots x^{\lambda_\alpha} \dots y^{\mu_1} \dots y^{\mu_\beta} \dots$$

Wird nun die Größe $v_{\lambda_1 \dots \mu_1 \dots}$ in geordnete Elementargrößen erster oder zweiter Art zerlegt, so entsteht bei Überschiebung mit den Variablenreihen eine Entwicklung von F nach g e o r d n e t e n E l e m e n t a r f o r m e n erster oder zweiter Art. Eine Elementarform ist dadurch charakterisiert, daß sie keine linear kovarianten Formen besitzt, die sich durch weniger Bestimmungszahlen geben lassen als die Form selbst. Ist eine Form nach geordneten Elementarformen entwickelt, so läßt sich die Entwicklung nicht weiter fortsetzen. Die Entwicklung nach Elementarformen muß also sämtliche Reihenentwicklungen von Formen mit kontra- bzw. kovarianten Variablenreihen, die in der Invariantentheorie aufgetreten sind, umfassen. Für $n = 2$ ist die Entwicklung nach Elementarsummen identisch mit der *Gordan*schen Reihenentwicklung und für allgemeines n mit der Reihenentwicklung von *Young*[2]) (vgl. S. 249). Die Entwicklung nach geordneten Elementarformen erster Art ist identisch mit der Reihenentwicklung von *Godt*[3]). Die weitergehende Entwicklung nach geordneten Elementarformen wurde vom Verfasser 1919[4]) angegeben. Für allgemeine Werte von n kann man in der Entwicklung nach Elementarsummen alle Glieder zusammengreifen, die im Operator A eine gleiche Anzahl n-stelliger Permutationsgebiete aufweisen. Dann entsteht die Reihenentwicklung, die, für den Fall, daß die Anzahl der Variablenreihen gleich n ist, von *Capelli*[5]) angegeben ist und für den allgemeinen Fall von *Deruyts*[6]) und *Petr*[7]).

Aufgaben.

1. Man bestimme mit Hilfe der *Young*schen Formel die Werte von δ_{ij} für die Permutationszahlen von der Form $\alpha \cdot 2$.

---

[1]) Man vergleiche für eine ausführlichere Darstellung 1919, 7.
[2]) 1901, 3; 1902, 9. [3]) 1908, 3. [4]) 1919, 7. [5]) 1882, 1; 1890, 2.
[6]) 1892, 3; 1893, 2. [7]) 1907, 2.

2. Mit Hilfe der in der vorigen Aufgabe berechneten Koeffizienten entwickle man die n-äre Form

$$v_{\lambda_1 \dots \lambda_q \mu_1 \dots \mu_r} x^{\lambda_1} \dots x^{\lambda_q} y^{\mu_1} \dots y^{\mu_r}; \qquad p = q + r$$

in eine Reihe.

3. Man bestimme die Werte von δ_{ij} für $p = 5$ (S. 248) durch Abzählen der geordneten Alternationen oder Mischungen.

4. Es sind die Werte von ε_{ij} für $p = 4$ und $p = 5$ zu berechnen.

5. Man zerlege $v_{\alpha\beta\gamma\delta\varepsilon}$ bei der affinen Gruppe und bestimme die Anzahl der Bestimmungszahlen für $n = 5, 4, 3, 2$.

6. Man zerlege $v_{\alpha\beta\gamma\delta}$ bei der orthogonalen Gruppe für $n = 4$ und bestimme die Anzahl der Bestimmungszahlen. Welche Teile kommen in der Größe $R_{\omega\mu\lambda}^{\cdot\cdot\cdot\,\alpha} g_{\alpha\nu}$ der *Weyl*schen Übertragung vor?

Lösungen.

I, 1. Wir setzen

$$u^{\lambda_{q+1}\dots\lambda_p} = v^{\lambda_1\dots\lambda_p} w_{\lambda_1\dots\lambda_q}$$

Bei der Transformation (8) geht diese Gleichung über in

$$P^{\lambda_{q+1}\dots\lambda_p}_{\alpha_{q+1}\dots\alpha_p} u^{\alpha_{q+1}\dots\alpha_p} = {}'v^{\lambda_1\dots\lambda_p} Q^{\beta_1\dots\beta_q}_{\lambda_1\dots\lambda_q} w_{\beta_1\dots\beta_q},$$

wo wir zur Abkürzung die Buchstaben P und Q nur einmal geschrieben haben. Diese Gleichung ist gleichbedeutend mit

$$u^{\lambda_{q+1}\dots\lambda_p} = {}'v^{\alpha_1\dots\alpha_p} Q^{\lambda_1\dots\lambda_p}_{\alpha_1\dots\alpha_p} w_{\lambda_1\dots\lambda_q},$$

so daß

$$\alpha)\qquad \left(v^{\lambda_1\dots\lambda_p} - {}'v^{\alpha_1\dots\alpha_p} Q^{\lambda_1\dots\lambda_p}_{\alpha_1\dots\alpha_p}\right) w_{\lambda_1\dots\lambda_q} = 0$$

ist für jede Wahl der Größe $w_{\lambda_1\dots\lambda_q}$. Wir wählen jetzt

$$w_{\lambda_1\dots\lambda_q} = \overset{\nu_1}{e}_{\lambda_1} \cdots \overset{\nu_q}{e}_{\lambda_q}.$$

Die Gleichung (α) geht dann über in

$$v^{\nu_1\dots\nu_q\lambda_{q+1}\dots\lambda_p} = {}'v^{\alpha_1\dots\alpha_p} Q^{\nu_1\dots\nu_q\lambda_{q+1}\dots\lambda_p}_{\alpha_1\dots\qquad\dots\alpha_p},$$

gültig für jede Wahl von $\nu_1, \dots, \nu_q$, und es ist also

$$v^{\lambda_1\dots\lambda_p} = {}'v^{\alpha_1\dots\alpha_p} Q^{\lambda_1\dots\lambda_p}_{\alpha_1\dots\alpha_p}.$$

Die $v^{\lambda_1\dots\lambda_p}$ sind also Bestimmungszahlen einer kontravarianten Größe p^{ten} Grades.

I, 2. Wählt man für v_λ nacheinander die n Maßvektoren $\overset{\nu}{e}_\lambda$, so ergibt sich:

$$P_\lambda^{\cdot\nu} = \begin{cases} \alpha, \lambda = \nu \text{ (nicht summieren)} \\ 0, \lambda \neq \nu. \end{cases}$$

Geometrisch bedeutet dies, daß eine lineare homogene Transformation, die jede beliebige Richtung invariant läßt, eine Ähnlichkeitstransformation ist.

I, 3. Man wähle $\overset{a_1}{e}_\lambda = w_\lambda$ und für v^ν nacheinander die Maßvektoren $\underset{a_2}{e^\nu}, \dots, \underset{a_n}{e^\nu}$. Sodann ergibt sich:

$$u_{\lambda\mu} = 0, \qquad \lambda, \mu = a_2, \dots, a_n,$$

so daß $u_{\lambda\mu}$ die Form hat:

$$u_{\lambda\mu} = \overset{a_1}{e}_\lambda q_\mu + r_\lambda \overset{a_1}{e}_\mu = w_\lambda q_\mu + r_\lambda w_\mu.$$

Daraus geht hervor, daß $u_{(\lambda\mu)}$ sich schreiben läßt:

$$u_{\lambda\mu} = w_{(\lambda}(q_{\mu)} + r_{\mu)}) = w_{(\lambda}p_{\mu)}.$$

I, 4[1]). Nach Aufgabe 3 ist $u_{(\dot\lambda\dot\mu)}{}^{\nu} w_\nu$ von der Form

$$u_{(\dot\lambda\dot\mu)}{}^{\nu} w_\nu = p_{(\lambda} w_{\mu)}$$

für jede beliebige Wahl von w_λ. Eine Gleichung von dieser Form kann aber nur bestehen, wenn p_λ von der Wahl von w_λ unabhängig ist. Wählt man nun für w_λ nacheinander die n Maßvektoren $\overset{\nu}{e}_\lambda$, so ergibt sich:

$$u_{(\dot\lambda\dot\mu)}{}^{\nu} = \begin{cases} \left.\begin{array}{l} p_\lambda,\ \nu = \mu = \lambda \\ \tfrac{1}{2}p_\lambda,\ \nu = \mu \neq \lambda \\ \tfrac{1}{2}p_\mu,\ \nu = \lambda \neq \mu \end{array}\right\} \text{(nicht summieren)} \\ 0,\ \nu \neq \lambda,\ \nu \neq \mu \end{cases}$$

und es ist also:

$$u_{(\dot\lambda\dot\mu)}{}^{\nu} = p_{(\lambda} A_{\mu)}^{\nu}.$$

I, 5. Man wähle $\underset{a_1}{e^\nu} = v^\nu$ und für w_λ nacheinander die Maßvektoren $\overset{a_2}{e}_\lambda, \ldots, \overset{a_n}{e}_\lambda$. Sodann ergibt sich:

$$P_\lambda^{\cdot\nu} = \begin{cases} \alpha,\ \nu = \lambda \text{ (nicht summieren)} \\ 0,\ \nu \neq \lambda \end{cases} \begin{array}{l} \nu = a_2, \ldots, a_n \\ \lambda = a_1, \ldots, a_n. \end{array}$$

$P_\lambda^{\cdot\nu}$ läßt sich also schreiben:

$$P_\lambda^{\cdot\nu} = \alpha \overset{a_2}{e}_\lambda \underset{a_2}{e^\nu} + \ldots + \alpha \overset{a_n}{e}_\lambda \underset{a_n}{e^\nu} + q_\lambda \underset{a_1}{e^\nu}$$

oder

$$P_\lambda^{\cdot\nu} = \alpha A_\lambda^\nu + p_\lambda v^\nu; \qquad p_\lambda = q_\lambda - \alpha \overset{a_1}{e}_\lambda.$$

I, 6. Nach Aufgabe 5 hat $u_{\dot\lambda\dot\mu}{}^{\nu} v^\mu$ die Form:

$$u_{\dot\lambda\dot\mu}{}^{\nu} v^\mu = \alpha A_\lambda^\nu + q_\lambda v^\nu,$$

wo α ein Koeffizient ist, der von der Wahl von v^μ abhängt. Eine Gleichung dieser Form kann aber nur bestehen, wenn q_λ von dieser Wahl unabhängig ist. Für v^ν wählen wir nun nacheinander $\underset{a_1}{e^\nu}, \ldots, \underset{a_n}{e^\nu}$. Dann ergibt sich:

$$u_{\dot\lambda\dot\mu}{}^{\nu} \underset{\varkappa}{e^\mu} = \underset{\varkappa}{\alpha} A_\lambda^\nu + q_\lambda \underset{\varkappa}{e^\nu}$$

oder

$$u_{\dot\lambda\dot\mu}{}^{\nu} \underset{\varkappa}{e^\mu} \overset{\varkappa}{e}_\omega = \underset{\varkappa}{\alpha} \overset{\varkappa}{e}_\omega A_\lambda^\nu + q_\lambda \underset{\varkappa}{e^\nu} \overset{\varkappa}{e}_\omega,$$

so daß:

$$u_{\dot\lambda\dot\mu}{}^{\nu} = r_\mu A_\lambda^\nu + q_\lambda A_\mu^\nu.$$

Da aber $u_{\dot\lambda\dot\mu}{}^{\nu}$ alternierend ist in $\lambda\mu$, ist $r_\lambda = -q_\lambda$ und $u_{\dot\lambda\dot\mu}{}^{\nu}$ hat also die Form:

$$u_{\dot\lambda\dot\mu}{}^{\nu} = p_{[\lambda} A_{\mu]}^\nu.$$

---

[1]) Vgl. Druckfehlerberichtigungen.

I, 7. Es ist:

$$h_{\lambda_1\mu_1}\ldots h_{\lambda_{p-1}\mu_{p-1}}\,v^{\lambda_1\ldots\lambda_p}\,v^{\mu_1\ldots\mu_p} = h_{\mu_1\lambda_1}\ldots h_{\mu_{p-1}\lambda_{p-1}}\,v^{\mu_1\ldots\mu_{p-1}\lambda_p}\,v^{\lambda_1\ldots\lambda_{p-1}\mu_p}$$
$$= h_{\lambda_1\mu_1}\ldots h_{\lambda_{p-1}\mu_{p-1}}\,v^{\lambda_1\ldots\lambda_{p-1}\mu_p}\,v^{\mu_1\ldots\mu_{p-1}\lambda_p}\,.$$

I, 8. In orthogonalen Bestimmungszahlen ist die Gleichung äquivalent mit dem Systeme von n Gleichungen p^{ten} Grades:

$$\sum_{i_1,\ldots,i_p} w_{1 i_1\ldots i_p}\quad v_{i_1}\ldots v_{i_p} = \alpha\, v_1\,,$$
$$\vdots$$
$$\sum_{i_1,\ldots,i_p} w_{n i_1\ldots i_p}\quad v_{i_1}\ldots v_{i_p} = \alpha\, v_n\,.$$

Mit jeder Lösung dieses Systems außer 0 korrespondiert eine mögliche Richtung von v_λ. Das System hat im Allgemeinen p^n Lösungen. Eine dieser Lösungen ist $v_\lambda = 0$. Ist aber v_λ eine Lösung, so ist v_λ, multipliziert mit jedem der $p-2$ Werte von $\sqrt[p-1]{1}$ außer 1 ebenfalls eine Lösung. Es bleiben also $\frac{p^n-1}{p-1}$ Richtungen von v^ν.

I, 9. Es ist:

$$\overset{1}{W}{}^{[\nu_1}_{\bullet\,[\lambda_1}\ldots\overset{m}{W}{}^{\nu_m]}_{\bullet\,\lambda_m]} = \overset{1}{U}{}^{\alpha_1}_{\bullet\,[\lambda_1}\ldots\overset{m}{U}{}^{\alpha_m}_{\bullet\,\lambda_m]}\;V^{[\nu_1}_{\bullet\,\alpha_1}\ldots V^{\nu_m]}_{\bullet\,\alpha_m}$$
$$= \overset{1}{U}{}^{\alpha_1}_{\bullet\,[\lambda_1}\ldots\overset{m}{U}{}^{\alpha_m}_{\bullet\,\lambda_m]}\;V^{[\nu_1}_{\bullet\,[\alpha_1}\ldots V^{\nu_m]}_{\bullet\,\alpha_m]}$$
$$= \overset{1}{U}{}^{[\alpha_1}_{\bullet\,[\lambda_1}\ldots\overset{m}{U}{}^{\alpha_m]}_{\bullet\,\lambda_m]}\;V^{[\nu_1}_{\bullet\,[\alpha_1}\ldots V^{\nu_m]}_{\bullet\,\alpha_m]}\,.$$

I, 10. Es ist:

$$\overset{1}{U}{}^{[\alpha_1}_{\bullet\,[\lambda_1}\ldots\overset{m}{U}{}^{\alpha_m]}_{\bullet\,\lambda_m]}\;\overset{1}{V}{}^{[\nu_1}_{\bullet\,[\alpha_1}\ldots\overset{m}{V}{}^{\nu_m]}_{\bullet\,\alpha_m]}$$
$$= \overset{1}{U}{}^{\alpha_1}_{\bullet\,[\lambda_1}\ldots\overset{m}{U}{}^{\alpha_m}_{\bullet\,\lambda_m]}\;\overset{1}{V}{}^{[\nu_1}_{\bullet\,[\alpha_1}\ldots\overset{m}{V}{}^{\nu_m]}_{\bullet\,\alpha_m]}$$
$$= \overset{1}{U}{}^{\alpha_1}_{\bullet\,[\lambda_1}\ldots\overset{m}{U}{}^{\alpha_m}_{\bullet\,\lambda_m]}\;\overset{(1}{V}{}^{[\nu_1}_{\bullet\,\alpha_1}\ldots\overset{m)}{V}{}^{\nu_m]}_{\bullet\,\alpha_m}$$
$$= \overset{1\,(1}{W}{}^{[\nu_1}_{\bullet\,[\lambda_1}\,\overset{|2|\,2}{W}{}^{\nu_2}_{\bullet\,\lambda_2}\ldots\overset{|m|\,m)}{W}{}^{\nu_m]}_{\bullet\,\lambda_m]}\,.$$

I, 11. Multipliziert man die Gleichung alternierend mit $\overset{2}{v}_{[\lambda_2},\ldots,\overset{m}{v}_{\lambda_m]}$, so entsteht:

$$\overset{1}{w}_{[\mu}\,\overset{1}{v}_\lambda\,\overset{2}{v}_{\lambda_2}\ldots\overset{m}{v}_{\lambda_m]} = 0$$

und $\overset{1}{w}_\lambda$ ist also linear abhängig von $\overset{1}{v}_\lambda,\ldots,\overset{m}{v}_\lambda$. Das Gleiche gilt für $\overset{2}{w}_\lambda,\ldots,\overset{m}{w}_\lambda$. Ist die Transformationstabelle:

$$\overset{u}{w}_\lambda = \sum_v \underset{uv}{\alpha}\,\overset{v}{v}_\lambda\,,$$

so folgt aus der gegebenen Gleichung:

$$\sum_{uv}\underset{uv}{\alpha}\,\overset{u}{v}_{[\lambda}\,\overset{v}{v}_{\mu]} = 0$$

und es ist also $\underset{uv}{\alpha} = \underset{vu}{\alpha}$.

I, 12. Man wähle p gegenseitig senkrechte Einheitsvektoren $\overset{u}{i}_\lambda$, $u=1,\ldots,p$, und bilde die Größe

$$H_{\varkappa\lambda\mu} = \sum_u \overset{u}{i}_\varkappa \overset{u}{h}_{\lambda\mu},$$

$\overset{u}{h}_{\lambda\mu}$ entsteht dann durch Überschiebung von $H_{\varkappa\lambda\mu}$ mit $\overset{u}{i}{}^\varkappa$:

$$\overset{u}{h}_{\lambda\mu} = \overset{u}{i}{}^\varkappa H_{\varkappa\lambda\mu}.$$

Überschiebt man $H_{\varkappa\lambda\mu}$ mit p anderen gegenseitig senkrechten Einheitsvektoren, die lineare Funktionen der $\overset{u}{i}_\lambda$ sind, so entstehen p andere Tensoren, die auch durch orthogonale Transformation aus den $h_{\lambda\mu}$ erhalten werden können. Die linke Seite der gegebenen Gleichung läßt sich nun schreiben

$$\sum_u \overset{u}{i}{}^\alpha \overset{u}{i}{}^\beta H_{\alpha[\varkappa[\lambda} H_{|\beta|\mu]\nu]}.$$

Diese Größe ist aber von der näheren Wahl der p Vektoren $\overset{u}{i}_\lambda$ unabhängig, da die Summe $\sum_u \overset{u}{i}{}^\alpha \overset{u}{i}{}^\beta$ von dieser Wahl unabhängig ist. Sie ist also invariant bei orthogonalen Transformationen der $h_{\lambda\mu}$.

I, 14. Es sei der Tensor:

$$h_{\lambda\mu} = h_{aa} \overset{a}{e}_\lambda \overset{a}{e}_\mu + h_{ab}\left(\overset{a}{e}_\lambda \overset{b}{e}_\mu + \overset{b}{e}_\lambda \overset{a}{e}_\mu\right) + h_{bb} \overset{b}{e}_\lambda \overset{b}{e}_\mu.$$

Sind h_{aa} und h_{bb} beide Null, so liefert diese Gleichung direkt das gewünschte Resultat. Wir nehmen also an, daß etwa $h_{bb} \neq 0$ ist. Soll nun $h_{\lambda\mu} = v_{(\lambda} w_{\mu)}$ sein, so folgt:

$$v_a w_a = h_{aa}$$
$$v_a w_b + w_a v_b = 2 h_{ab}$$
$$v_b w_b = h_{bb}$$

und es ist also:

$$v_\alpha = \alpha\, h_{bb}^{-\frac{1}{2}}\left(h_{ab} + \sqrt{h_{ab}^2 - h_{aa} h_{bb}}\right)$$
$$v_b = \alpha\, h_{bb}^{\frac{1}{2}}$$
$$w_a = \alpha^{-1} h_{bb}^{-\frac{1}{2}}\left(h_{ab} - \sqrt{h_{ab}^2 - h_{aa} h_{bb}}\right)$$
$$w_b = \alpha^{-1} h_{bb}^{\frac{1}{2}}$$

wo α ein beliebiger Zahlenfaktor ist. Ist $h_{\lambda\mu} = g_{\lambda\mu}$, so liegen v_λ und w_λ in den absoluten Richtungen. Für $n > 2$ läßt sich ein Tensor zweiten Grades dann und nur dann als symmetrisches Produkt zweier realer Vektoren schreiben, wenn sein Rang 2 ist.

I, 15. Die Bedingung ergibt sich aus (I, 42) für $q = 1$.

II, 1. Ist

$$\nabla_\mu \underset{u}{v}{}^\nu = \underset{u}{v}{}^{\cdot\nu}_{\mu},$$

so ist

$$\Gamma^\nu_{\lambda\mu} \underset{u}{v}{}^\lambda = \underset{u}{v}{}^{\cdot\nu}_{\mu} - \frac{\partial \underset{u}{v}{}^\nu}{\partial x^\mu}.$$

Sind nun $\overset{u}{w}_\lambda$, $u = 1, \ldots, n$, n Vektoren, so daß

$$\sum_u \underset{u}{v}^\nu \overset{u}{w}_\lambda = A_\lambda^\nu, \qquad \underset{u}{v}^\nu \overset{v}{w}_\nu = 0, \qquad u \neq v$$

so ist:

$$\Gamma_{\lambda\mu}^\nu = \sum_u \left(\underset{u\mu}{v}{}^{\cdot\nu} - \frac{\partial \underset{u}{v}^\nu}{\partial x^\mu} \right) \overset{u}{w}_\lambda .$$

II, 2. Setzen wir

$$\Gamma_{\lambda\mu}^\nu = \Lambda_{\lambda\mu}^\nu + S_\lambda A_\mu^\nu - S^\nu g_{\lambda\mu},$$

so ist $\Lambda_{[\lambda\mu]}^\nu = 0$ und $\Lambda_{\lambda\mu}^\nu$ läßt sich mit Hilfe von (II, 61) durch $Q_\mu^{\cdot\lambda\nu}$ und $g_{\lambda\mu}$ ausdrücken.

Nun ist im Falle (b):

$$I^\nu = \frac{\partial f^{\nu\mu}}{\partial x^\mu} - \Lambda_{\lambda\mu}^\mu f^{\lambda\nu} - (n-2) S_\lambda f^{\lambda\nu}$$

und im Falle (b'):

$$I_{\mu\lambda\nu} = \frac{1}{3}\left(\frac{\partial}{\partial x^\mu} f_{\lambda\nu} + \frac{\partial}{\partial x^\lambda} f_{\nu\mu} + \frac{\partial}{\partial x^\nu} f_{\mu\lambda} \right) + 2 S_{[\lambda} f_{\nu\mu]}$$

und in beiden Fällen läßt sich S_λ aus der erhaltenen Gleichung berechnen, da $f^{\lambda\nu}$ bzw. $f_{\lambda\nu}$ den Rang n hat.

II, 4. Vgl. Druckfehlerberichtigung.

II, 5. $$t' = \int e^{\int \lambda\, dt + C_1} dt + C_2 .$$

C_1 und C_2 sind Integrationskonstanten. Hat der Parameter t selbst die gewünschte Eigenschaft, so hat jeder Parameter, der die Form $C_1 t + C_2$ hat, dieselbe Eigenschaft.

II, 6. Ist v^ν ein Vektor in der Richtung der Kurve, so gilt

$$\alpha) \quad v^\mu \nabla_\mu v^\nu = \lambda v^\nu .$$

Im Punkte P soll nun gelten

$$\underset{0}{v}^\nu \underset{0}{v}^\lambda \overset{0}{g}_{\lambda\nu} = 0 .$$

Nun ist aber

$$v^\mu \nabla_\mu v^\nu v^\lambda g_{\lambda\nu} = 2 \lambda v^\nu v^\lambda g_{\lambda\nu} + v^\mu Q'_\mu g_{\lambda\nu} v^\lambda v^\nu$$

und es verschwindet in P also die erste Ableitung von $v^\nu v^\lambda g_{\lambda\nu}$ in der Richtung von v^ν. Da man in derselben Weise das Gleiche für die höheren Ableitungen beweisen kann, verschwindet, bei den bekannten Voraussetzungen über Stetigkeit, $v^\nu v^\lambda g_{\lambda\nu}$ längs der Kurve.

Umgekehrt, gilt für eine Kurve in jedem Punkte (α) und

$$\beta) \quad v^\nu v^\lambda g_{\lambda\nu} = 0 ,$$

so ist

$$v^\mu Q'_{\mu\lambda\nu} v^\nu v^\lambda = 0 .$$

Soll diese Gleichung für jede Kurve gelten, die den Gleichungen (α) und (β) genügt, so muß $v^\nu v^\lambda g_{\lambda\nu}$ für jede Wahl von v^ν in $v^\mu v^\nu v^\lambda Q'_{\mu\lambda\nu}$ als Faktor enthalten sein und $Q'_{(\mu\nu\lambda)}$ hat also die Form

$$Q'_{(\mu\nu\lambda)} = P'_{(\mu} g_{\nu\lambda)} .$$

Daraus folgt aber noch nicht, daß $Q'_{\mu\lambda\nu}$ von der Form $Q'_\mu g_{\lambda\nu}$ ist.

II, 7. Es ist

$$h^{\alpha\beta} K_{\alpha\mu\lambda\beta} = h^{\alpha\beta} K_{\lambda\beta\alpha\mu} = h^{\alpha\beta} K_{\beta\lambda\mu\alpha} = h^{\beta\alpha} K_{\beta\lambda\mu\alpha} = h^{\alpha\beta} K_{\alpha\lambda\mu\beta} .$$

II, 10. Differentiation und Alternation über $\omega\,\mu$ lehrt

$$\nabla_{[\omega} \nabla_{\mu]} w^{\nu\lambda} = \nabla_{[\omega} P_{\mu]} w^{\nu\lambda}$$

oder (Aufg. 8):
$$-\tfrac{1}{2} R_{\omega\mu\alpha}{}^{\nu} w^{\alpha\lambda} - \tfrac{1}{2} R_{\omega\mu\alpha}{}^{\lambda} w^{\nu\alpha} = R_{\alpha[\omega\mu]}{}^{\alpha} w^{\nu\lambda} .$$

Überschiebung mit dem Affinor mit inverser Matrix $W_{\lambda\nu}$ lehrt:

$$-R_{\omega\mu\alpha}{}^{\alpha} = n R_{\alpha[\omega\mu]}{}^{\alpha}$$

oder

$$V_{\omega\mu} = -n R_{[\omega\mu]} .$$

Nach (II, 142) ist also entweder $n = 2$ oder $V_{\omega\mu} = 0$.

II, 11. Es sei $v_{\lambda_1 \ldots \lambda_n}$ ein in der A_n konstantes n-Vektorfeld. Dann ist:

$$\begin{aligned} &\overline{d}(v_{\lambda_1\ldots\lambda_n} d_1 x^{\lambda_1} \ldots d_n x^{\lambda_n}) \\ &= v_{\lambda_1\ldots\lambda_n} (\overline{\delta} d_1 x^{\lambda_1} \ldots d_n x^{\lambda_n} + d_1 x^{\lambda_1} \overline{\delta} d_2 x^{\lambda_2} \ldots d_n x^{\lambda_n} + \ldots) \\ &= v_{\lambda_1\ldots\lambda_n} (\delta_1 \overline{d} x^{\lambda_1} \ldots d_n x^{\lambda_n} + \delta_1 x^{\lambda_1} d_2 \overline{d} x^{\lambda_2} \ldots d_n x^{\lambda_n} + \ldots) \\ &= v_{\lambda_1\ldots\lambda_n} dt (d_1 x^\mu (\nabla_\mu v^{\lambda_1}) \ldots d_n x^{\lambda_n} + d_1 x^{\lambda_1} d_2 x^\mu (\nabla_\mu v^{\lambda_2}) \ldots d_n x^{\lambda_n} + \ldots) \\ &= (v_{\mu\lambda_2\ldots\lambda_n} \nabla_{\lambda_1} v^\mu + v_{\lambda_1\mu\lambda_3\ldots\lambda_n} \nabla_{\lambda_2} v^\mu + \ldots) dt\, d_1 x^{\lambda_1} \ldots d_n x^{\lambda_n} \\ &= n\, dt (v_{\mu[\lambda_2\ldots\lambda_n} \nabla_{\lambda_1]} v^\mu) d_1 x^{\lambda_1} \ldots d_n x^{\lambda_n} . \end{aligned}$$

Es soll also
$$v_{\mu[\lambda_2\ldots\lambda_n} \nabla_{\lambda_1]} v^\mu = \alpha\, v_{\lambda_1\ldots\lambda_n}$$

sein und α soll konstant sein. Dies ist nur möglich für

$$\nabla_\lambda v^\nu = \alpha A_\lambda^\nu .$$

II, 12. Für diese Wahl der Urvariablen ist im betrachteten Punkt $\overset{}{\underset{0}{x}}{}^\nu$:

$$R_{\omega\mu\lambda}{}^{\nu} = \frac{\partial}{\partial x^\mu} \Gamma^\nu_{\lambda\omega} - \frac{\partial}{\partial x^\omega} \Gamma^\nu_{\lambda\mu}$$

und

$$\nabla_\xi R_{\omega\mu\lambda}{}^{\nu} = \frac{\partial}{\partial x^\xi} \left(\frac{\partial}{\partial x^\mu} \Gamma^\nu_{\lambda\omega} - \frac{\partial}{\partial x^\omega} \Gamma^\nu_{\lambda\mu} \right),$$

und es ergibt sich daraus unmittelbar sowohl

$$R_{[\omega\mu\lambda]}{}^{\nu} = 0$$

als

$$\nabla_{[\xi} R_{\omega\mu]\lambda}{}^{\nu} = 0 .$$

II, 14.
$$'R_{\omega\mu\lambda}{}^{\nu} = R_{\omega\mu\lambda}{}^{\nu} - 2\, dt\, \nabla_{[\omega} A_{|\lambda|\mu]}{}^{\nu} .$$

III, 1. Die Bedingungsgleichung läßt sich umformen in:

$$v_{\lambda_1} \dots v_{[\lambda_p} (\nabla_\mu v_{\nu_1]}) v_{\nu_2} \dots v_{\nu_p} = 0$$

und diese Gleichung ist gleichbedeutend mit:

$$v_{[\lambda} \nabla_\mu v_{\nu]} = 0 .$$

III, 2. a) Es sei $v_{\lambda_1 \dots \lambda_p}$ die allgemeine Lösung. Dann ist:

$$\nabla_{[\mu} (v_{\lambda_1 \dots \lambda_p]} - \overset{0}{v}_{\lambda_1 \dots \lambda_p]}) = 0 .$$

Nach (III, § 7) ist also

$$v_{\lambda_1 \dots \lambda_p} = \overset{0}{v}_{\lambda_1 \dots \lambda_p} + \nabla_{[\lambda_1} u_{\lambda_2 \dots \lambda_p]} ,$$

wo $u_{\lambda_2 \dots \lambda_p}$ ein beliebiger $(p-1)$-Vektor ist.

b) Man findet in ähnlicher Weise unter Berücksichtigung von (III, § 9):

$$v^{\nu_1 \dots \nu_p} = \underset{0}{v}^{\nu_1 \dots \nu_p} + \nabla_\mu u^{\mu \nu_1 \dots \nu_p} ,$$

wo $u^{\mu \nu_1 \dots \nu_p}$ ein beliebiger $(p+1)$-Vektor ist.

III, 3. Es ist der auf S. 110 ausgesprochene Satz anzuwenden.

III, 4. Jedes kovariante $(n-1)$-Vektorfeld bestimmt eine Kongruenz. Durch diese Kongruenz kann man immer $n-1$ Systeme von ∞^1 V_{n-1} legen, die äquiskalare Hyperflächen von $n-1$ unabhängigen Skalarfeldern (III, § 1) $\overset{1}{s}, \dots, \overset{n-1}{s}$ sind. Die Gradienten $\overset{1}{s}_\lambda, \dots, \overset{n-1}{s}_\lambda$ dieser Felder sind dann linear unabhängig und der $(n-1)$-Vektor hat also dieselbe Richtung wie das alternierende Produkt dieser Gradienten. Aus der bewiesenen Eigenschaft folgt, daß sich der alternierte Differentialquodient $\nabla_{[\lambda_1} v_{\lambda_2 \dots \lambda_n]}$ eines kovarianten $(n-1)$-Vektors $v_{\lambda_2 \dots \lambda_n}$ stets schreiben läßt $s_{[\lambda_1} v_{\lambda_2 \dots \lambda_n]}$, wo s_λ einen Gradientvektor darstellt.

III, 5. Aus den beiden Voraussetzungen folgt:

$$\frac{\partial v_{\lambda_1 \dots \lambda_p}}{\partial x^{a_n}} = \frac{\partial v_{a_n \lambda_2 \dots \lambda_p}}{\partial x^{\lambda_1}} - \frac{\partial v_{\lambda_1 a_n \lambda_3 \dots \lambda_p}}{\partial x^{\lambda_2}} \dots - (-1)^p \frac{\partial v_{\lambda_1 \dots \lambda_{p-1} a_n}}{\partial x^{\lambda_p}} = 0 .$$

III, 6. Man differenziere die Gleichung:

$$v^{\nu \alpha} V_{\alpha \lambda} = A^\nu_\lambda .$$

Dann folgt: $$V_{\alpha \lambda} \nabla_\mu v^{\nu \alpha} + v^{\nu \alpha} \nabla_\mu V_{\alpha \lambda} = 0 ,$$

so daß: $$V_{\alpha \lambda} v^{\varkappa \mu} \nabla_\mu v^{\nu \alpha} + v^{\nu \alpha} v^{\varkappa \mu} \nabla_\mu V_{\alpha \lambda} = 0 .$$

Die gegebene Gleichung ist also gleichbedeutend mit:

$$V_{\alpha \lambda} v^{\nu \mu} \nabla_\mu v^{\varkappa \alpha} + v^{\nu \alpha} v^{\varkappa \mu} \nabla_\mu V_{\alpha \lambda} = 0$$

oder:

$$v^{[\nu |\alpha|} v^{\varkappa] \mu} \nabla_\mu V_{\alpha \lambda} = 0 .$$

Da $v^{\lambda \nu}$ den Rang n hat, ist diese Gleichung aber gleichbedeutend mit:

$$\nabla_{[\mu} V_{\alpha] \lambda} = 0 .$$

III, 7. Ist $\varkappa = K'$ (III, 132), so ändern sich die Gleichungen (132 a, c, d) beim Übergang von w_λ zu $'w_\lambda = \sigma w_\lambda$ nicht. Die Gleichung

(132 b) bleibt entweder ungeändert, oder sie geht über in (131 b) für die Klasse $K = \varkappa - 1$ (vgl. S. 124). Die Klasse bleibt also $\varkappa$ oder sie geht über in $\varkappa - 1$. In derselben Weise verfährt man in den anderen Fällen.

III, 8: a) $\varkappa = 4$,

b) $\varkappa = 5$.

IV, 1. Es ist

$$v^j = \frac{\partial x^j}{\partial x^\nu} v^\nu; \qquad w_k = \frac{\partial x^\lambda}{\partial x^k} w_\lambda$$

und infolgedessen

$$A^j_\lambda = A^\nu_\lambda \frac{\partial x^j}{\partial x^\nu} = \frac{\partial x^j}{\partial x^\lambda}; \qquad A^\nu_k = A^\nu_\lambda \frac{\partial x^\lambda}{\partial x^k} = \frac{\partial x^\nu}{\partial x^k},$$

so daß

$$v^j = A^j_\nu v^\nu; \qquad w_k = A^\lambda_k w_\lambda.$$

IV, 2. a) Es ist

$$B^v_u = \frac{\partial x^v}{\partial x^u}; \qquad B^\nu_u = \frac{\partial x^\nu}{\partial x^u}.$$

B^v_λ kann nicht gleich $\frac{\partial x^v}{\partial x^\lambda}$ gesetzt werden, da die x^v nicht als Funktionen der x^ν gegeben sind. Legen wir ein System von Hilfsvariablen x^j so, daß $x^{j_{m+1}}, \ldots, x^{j_n}$ auf der X_m konstant sind, so ist

$$B^v_j = \frac{\partial x^v}{\partial x^j}, \; j = j_1, \ldots, j_m,$$

$$B^v_j = \text{unbestimmt}, \; j = j_{m+1}, \ldots, j_n.$$

Kehren wir jetzt zu den Urvariablen x^ν zurück, so ist:

$$B^v_\lambda = B^v_j A^j_\lambda.$$

Den Bestimmungszahlen haftet eine $(n-m)$-fache Unbestimmtheit an, was zu erwarten war, da B^v_λ eine Größe der X_m ist.

b) $w'_u = B^\nu_u w_\nu$, die w'_u sind vollständig bestimmt,

c) $v^u = B^u_\lambda v^\lambda$, die v^u sind vollständig bestimmt,

der Ausdruck hätte aber keinen Sinn, wenn v^ν nicht in der X_m liegen würde.

d)
$$\overset{\nu}{e}_\lambda = \begin{cases} 1, & \lambda = \nu \\ 0, & \lambda \neq \nu \end{cases} \qquad \underset{\lambda}{e}^\nu = \begin{cases} 1, & \lambda = \nu \\ 0, & \lambda \neq \nu \end{cases}$$

$$\overset{v}{e}{}'_u = \begin{cases} 1, & u = v \\ 0, & u \neq v \end{cases} \qquad \underset{u}{e}'^v = \begin{cases} 1, & u = v \\ 0, & u \neq v \end{cases}$$

$$\overset{v}{e}{}'_\lambda = B^u_\lambda \overset{v}{e}{}'_u \qquad \underset{u}{e}'^\nu = B^\nu_v \underset{u}{e}'^v.$$

Den Bestimmungszahlen $\overset{v}{e}{}'_\lambda$ haftet eine $(n-m)$-fache Unbestimmtheit an.

IV, 3. Nach der Normierungsformel (IV, 97 a, S. 145) ist

$$\sigma^{n+1} \overset{n}{e}_{[\lambda_1} \overset{n}{e}_{[\nu_1} h'_{\lambda_2 \nu_2} \dots h'_{\lambda_n] \nu_n]} = E_{\lambda_1 \dots \lambda_n} E_{\nu_1 \dots \nu_n} .$$

Da aber $h'_{\lambda\mu}$, $\overset{1}{e}_\lambda, \dots, \overset{n-1}{e}_\lambda$ alle Größen der X_{n-1} sind, folgt aus dieser Gleichung die zu beweisende Formel.

Für $n = 3$ geht die Formel über in

$$\sigma^{-4} = 4\, h'_{[1\,[1} h'_{2]\,2]} = 2\,(h'_{11} h'_{22} - h'_{12} h'_{21}) .$$

IV, 4. Es ist

$$\begin{aligned} & n!\, \frac{\partial x^{[a_1}}{\partial x^1} \dots \frac{\partial x^{a_{n-1}}}{\partial x^{n-1}} \frac{\partial^2 x^{a_n]}}{\partial x^u \partial x^v} \\ &= n!\, E_{\nu_1 \dots \nu_n} \frac{\partial x^{\nu_1}}{\partial x^1} \dots \frac{\partial x^{\nu_{n-1}}}{\partial x^{n-1}} \frac{\partial^2 x^{\nu_n}}{\partial x^u \partial x^v} \\ &= n!\, E_{\nu_1 \dots \nu_n} B_1^{\nu_1} \dots B_{n-1}^{\nu_{n-1}} \frac{\partial}{\partial x^u} B_v^{\nu_n} \\ &= n!\, \overset{1}{e}_{\nu_1} \dots \overset{n}{e}_{\nu_n} \underset{1}{e}^{[\nu_1} \dots \underset{n-1}{e}^{\nu_{n-1}} \frac{\partial}{\partial x^u} B_v^{\nu_n]} \\ &= \quad \overset{n}{e}_\lambda \frac{\partial}{\partial x^u} B_v^\lambda = - B_v^\lambda \frac{\partial}{\partial x^u} \overset{n}{e}_\lambda \\ &= - B_v^\lambda \frac{\partial x^\alpha}{\partial x^u} \frac{\partial \overset{n}{e}_\lambda}{\partial x^\alpha} \\ &= - B_v^\lambda B_u^\alpha \nabla_\alpha \overset{n}{e}_\lambda \\ &= - h'_{uv} . \end{aligned}$$

Für $n = 3$ korrespondieren also h'_{11}, h'_{12} und h'_{22} mit $-L$, $-M$ und $-N$ bei anderen Autoren[1]), während $h_{u\lambda} = \sigma h'_{\mu\lambda}$.

IV, 5. Es ist (vgl. Aufg. 2):

$$\begin{aligned} & \sigma n!\, \frac{\partial x^{[a_1}}{\partial x^1} \dots \frac{\partial x^{a_{n-1}}}{\partial x^{n-1}} \left(x^{a_n]} - \underset{0}{x}^{a_n]}\right) \\ &= \sigma n!\, E_{\nu_1 \dots \nu_n} \frac{\partial x^{[\nu_1}}{\partial x^1} \dots \frac{\partial x^{\nu_{n-1}}}{\partial x^{n-1}} \left(x^{\nu_n]} - \underset{0}{x}^{\nu_n]}\right) \\ &= \sigma n!\, E_{\nu_1 \dots \nu_n} \underset{1}{e}^{[\nu_1} \dots \underset{n-1}{e}^{\nu_{n-1}} \left(x^{\nu_n]} - \underset{0}{x}^{\nu_n]}\right) \\ &= \sigma \overset{n}{e}_\lambda \left(x^\lambda - \underset{0}{x}^\lambda\right) = t_\lambda \left(x^\lambda - \underset{0}{x}^\lambda\right) . \end{aligned}$$

Die Affinentfernung wird 1, wenn der Punkt in der Endhyperebene von t_λ liegt, 0 wenn der Punkt in der Tangentenhyperebene der X_{n-1} liegt, und ∞ für einen Punkt im Unendlichen.

Ist x^ν konstant und $\underset{0}{x}^\nu$ veränderlich, so ist

$$\begin{aligned} d p &= - t_\nu\, d \underset{0}{x}^\nu - \left(x^\nu - \underset{0}{x}^\nu\right) d \underset{0}{x}^\mu \nabla_\mu t_\nu \\ &= - \left(x^\nu - \underset{0}{x}^\nu\right) d \underset{0}{x}^\mu \nabla_\mu t_\nu \end{aligned}$$

---

[1]) Vgl. z. B. *Blaschke*, 1923, 10, S. 103. Vgl. auch die Fußnote [1]) auf S. 175 des fünften Abschnittes.

und dieser Ausdruck wird nur dann Null, wenn $x^\nu - \underset{0}{x^\nu}$ die Richtung von n^ν hat, d. h. wenn x^ν in der Affinnormalen liegt.

IV, 6. Neben den x^ν nehmen wir in der E_n n Hilfsvariable x^u, $u = 1, \ldots, n$ an, so daß $x^m, \ldots, x^{n-1}$ auf der E_m konstant sind und die Parameterhyperflächen dieser Variablen $n - m$ Systeme von ∞^1 Hyperebenen bilden, während x^n auf der X_{n-1} konstant ist, und die anderen $m - 1$ Variablen so gewählt sind, daß

$$E_{\lambda_1 \ldots \lambda_n} = \overset{1}{e}_{[\lambda_1} \ldots \overset{n}{e}_{\lambda_n]}$$

auf der X_{n-1} konstant ist. Es ist nun $t_\lambda = \sigma \overset{n}{e}_\lambda$ und σ ist zu bestimmen wie in Aufgabe 3. Ist B'^{ν}_{λ} der Einheitsaffinor der E_m, so ist B'^{ν}_{λ} auf der E_m konstant und $\overset{n}{e}{}'_\lambda = B'^{\nu}_{\lambda} \overset{n}{e}_\nu$ ist ein kovarianter Vektor der E_m, der die X_{m-1} tangiert. Jedenfalls gilt also für den Tangentialvektor t'_λ der X_{m-1} in der E_m:

$$t'_\lambda = \sigma' B'^{\nu}_{\lambda} \overset{n}{e}_\nu = \frac{\sigma'}{\sigma} B'^{\nu}_{\lambda} t_\nu$$

und es gilt $\frac{\sigma^1}{\sigma}$ zu bestimmen. Ist B^{ν}_{λ} der Einheitsaffinor der X_{n-1}, C^{ν}_{λ} der Einheitsaffinor der X_{m-1}, und setzen wir

$$p_{\mu\lambda} = B^{\alpha\beta}_{\mu\lambda} \nabla_\alpha \overset{n}{e}_\beta; \qquad p'_{\mu\lambda} = C^{\alpha\beta}_{\mu\lambda} \nabla_\alpha \overset{n}{e}{}'_\beta,$$

so ist infolge der Konstanz von B'^{ν}_{λ}

$$p'_{\mu\lambda} = C^{\alpha\beta}_{\mu\lambda} \nabla_\alpha B'^{\gamma}_{\beta} \overset{n}{e}_\gamma = C^{\alpha\beta}_{\mu\lambda} \nabla_\alpha \overset{n}{e}_\beta = C^{\alpha\beta}_{\mu\lambda} p_{\alpha\beta};$$

$p'_{\mu\lambda}$ entsteht also durch Schnitt von $p_{\mu\lambda}$ mit der X_{m-1}. Die Normierungsgleichungen für t_λ und für t'_λ lauten (vgl. Aufg. 3):

$$\sigma^{-n-1} = \{(n-1)!\}^2 \, p_{[1[1} \cdots p_{n-1]n-1]},$$

$$\sigma'^{-m-1} = \{(m-1)!\}^2 \, p'_{[1[1} \cdots p'_{m-1]m-1]} = \{(m-1)!\}^2 \, p_{[1[1} \cdots p_{m-1]m-1]}.$$

Führen wir jetzt für die richtig normierten Werte der Tensoren $p_{\mu\lambda}$ und $p'_{\lambda\mu}$, wie üblich, die Bezeichnungen $g_{\lambda\mu}$ und $g'_{\lambda\mu}$ ein:

$$g_{\lambda\mu} = \sigma p_{\lambda\mu}; \qquad g'_{\lambda\mu} = \sigma' p'_{\lambda\mu},$$

so entsteht:

$$\sigma^{-2} = \{(n-1)!\}^2 \, g_{[1[1} \cdots g_{n-1]n-1]},$$

$$\sigma^{m-1} \sigma'^{-m-1} = \{(m-1)!\}^2 \, g_{[1[1} \cdots g_{m-1]m-1]},$$

woraus folgt:

$$\left(\frac{\sigma'}{\sigma}\right)^{-m-1} = \left\{\frac{(m-1)!}{(n-1)!}\right\}^2 \frac{g_{[1[1} \cdots g_{m-1]m-1]}}{g_{[1[1} \cdots g_{n-1]n-1]}};$$

$$= \frac{1}{\binom{n-1}{m-1}} g^{[m[m} \cdots g^{n-1]n-1]},$$

$$= \frac{1}{\binom{n-1}{m-1}} g^{\lambda_m \mu_m} \cdots g^{\lambda_{n-1}\mu_{n-1}} \overset{m}{e}_{[\lambda_m} \cdots \overset{n-1}{e}_{\lambda_{n-1}]} \overset{m}{e}_{[\mu_m} \cdots \overset{n-1}{e}_{\mu_{n-1}]}.$$

Für den Pseudonormalvektor der X_{m-1} in der E_m setzen wir an

$$\alpha\, n'^{\nu} = n^{\nu} + y^{\nu},$$

wo n^{ν} den Pseudonormalvektor der X_{n-1} und y^{ν} einen Vektor in der X_{n-1} darstellt. Für jede Verrückung in der X_m muß dann gelten:

$$(n^{\lambda} + y^{\lambda})\, \delta\left(\frac{\sigma'}{\sigma} t_{\lambda}\right) = 0,$$

so daß

$$C_{\mu}^{\alpha}\left(\nabla'_{\alpha} \frac{\sigma'}{\sigma}\right) t_{\lambda} n^{\lambda} + \frac{\sigma'}{\sigma} C_{\mu}^{\alpha}\left(\nabla_{\alpha} t_{\lambda}\right) y^{\lambda} = 0$$

oder

$$C_{\mu}^{\alpha} \nabla'_{\alpha} \log \frac{\sigma'}{\sigma} + C_{\mu}^{\alpha} g_{\alpha\lambda} y^{\lambda} = 0.$$

Daraus folgt:

$$C_{\mu}^{\alpha}\, g_{\alpha\lambda} y^{\lambda} = \frac{1}{m+1}\left(\frac{\sigma'}{\sigma}\right)^{m+1} \frac{1}{\binom{n-1}{m-1}} C_{\mu}^{\alpha}\left(\nabla'_{\alpha} g^{\lambda_m \mu_m} \ldots g^{\lambda_{n-1}\mu_{n-1}}\right)$$
$$\cdot \overset{m}{e}_{[\lambda_m} \ldots \overset{n-1}{e}_{\lambda_{n-1}]} \overset{m}{e}_{[\mu_m} \ldots \overset{n-1}{e}_{\mu_{n-1}]}.$$

Für $m = n-1$ geht diese Gleichung über in

$$\alpha)\quad C_{\mu}^{\alpha} g_{\alpha\lambda} y^{\lambda} = \frac{1}{n} \frac{C_{\mu}^{\alpha}\left(\nabla'_{\alpha} g^{\lambda\nu}\right) \overset{n-1}{e}_{\lambda} \overset{n-1}{e}_{\nu}}{g^{\alpha\beta} \overset{n-1}{e}_{\alpha} \overset{n-1}{e}_{\beta}}.$$

IV, 7. Gibt man der E_m aus Aufg. 6 für $m = n-1$ zwei verschiedene Stellungen, die sich schneiden in einer E_{n-2}, die die X_{n-1} in P tangiert, so ist in P die Schnittgröße von $\overset{n-1}{e}_{\lambda}$ mit der X_{n-1} und damit die rechte Seite der Gleichung (α) für beide Fälle dieselbe. Sind also $\overset{1}{y}{}^{\nu}$ und $\overset{2}{y}{}^{\nu}$ die Werte von y^{ν} in P in diesen beiden Fällen, so ist

$$C_{\mu}^{\alpha} g_{\alpha\lambda}\left(\overset{1}{y}{}^{\lambda} - \overset{2}{y}{}^{\lambda}\right) = 0,$$

d. h. die Pseudonormalen n'^{ν} liegen alle in einer E_2, die die zur E_{n-2} in bezug auf $g_{\lambda\nu}$ konjugierte Richtung enthält.

IV, 8. Für $m = 2$ geht die Gleichung für y^{ν} aus Aufg. 6 über in

$$C_{\mu}^{\alpha} g_{\alpha\lambda} y^{\lambda} = \frac{1}{3} C_{\mu}^{\alpha} \frac{\left(\nabla'_{\alpha} g^{\lambda_2\mu_2} \ldots g^{\lambda_{n-1}\mu_{n-1}}\right) \overset{2}{e}_{[\lambda_2} \ldots \overset{n-1}{e}_{\lambda_{n-1}]} \overset{2}{e}_{[\mu_2} \ldots \overset{n-1}{e}_{\mu_{n-1}]}}{g^{\alpha_2\beta_2} \ldots g^{\alpha_{n-1}\beta_{n-1}} \overset{2}{e}_{[\alpha_2} \ldots \overset{n-1}{e}_{\alpha_{n-1}]} \overset{2}{e}_{[\beta_2} \ldots \overset{n-1}{e}_{\beta_{n-1}]}},$$

$$= \frac{1}{3} C_{\mu}^{\alpha} \frac{\left(\nabla'_{\alpha} g_{\lambda_1\mu_1}\right) g^{[\lambda_1[\mu_1} \ldots g^{\lambda_{n-1}]\mu_{n-1}]} \overset{2}{e}_{[\lambda_2} \ldots \overset{n-1}{e}_{\lambda_{n-1}]} \overset{2}{e}_{[\mu_2} \ldots \overset{n-1}{e}_{\mu_{n-1}]}}{g_{\alpha_1\beta_1} g^{[\alpha_1[\beta_1} \ldots g^{\alpha_{n-1}]\beta_{n-1}} \overset{2}{e}_{[\alpha_2} \ldots \overset{n-1}{e}_{\alpha_{n-1}]} \overset{2}{e}_{[\beta_2} \ldots \overset{n-1}{e}_{\beta_{n-1}]}},$$

$$= \frac{1}{3} C_{\mu}^{\alpha} \frac{\left(\nabla'_{\alpha} g_{\lambda\nu}\right) \underset{1}{e}{}^{\lambda} \underset{1}{e}{}^{\nu}}{g_{\beta\gamma} \underset{1}{e}{}^{\beta} \underset{1}{e}{}^{\gamma}}.$$

Dieser Ausdruck verschwindet aber dann und nur dann, wenn

$$\underset{1}{e}{}^{\alpha} \left(\nabla'_{\alpha} g_{\lambda\nu}\right) \underset{1}{e}{}^{\lambda} \underset{1}{e}{}^{\nu} = 2\, \underset{1}{e}{}^{\alpha} \underset{1}{e}{}^{\beta} \underset{1}{e}{}^{\gamma}\, T_{\alpha\beta\gamma} = 0$$

ist, ohne daß $g_{\alpha\beta}\underset{1}{e}^\alpha \underset{1}{e}^\beta$ verschwindet, d. h. also, wenn $\underset{1}{e}^\nu$ in einer Nullrichtung des Tensors $T_{\lambda\mu\nu}$ liegt, die nicht gleichzeitig Nullrichtung von $g_{\lambda\mu}$ ist.

V, 1. Man bilde die Kongruenzen

$$\underset{1}{w}^\nu = -\alpha_2 \underset{1}{i}^\nu + \alpha_1 \underset{2}{i}^\nu; \qquad \underset{1}{w}'^\nu = +\alpha_2 \underset{1}{i}^\nu + \alpha_1 \underset{2}{i}^\nu$$

$$\underset{2}{w}^\nu = \underset{2}{w}'^\nu = \underset{3}{i}^\nu$$

$$\vdots$$

$$\underset{n-1}{w}^\nu = \underset{n-1}{w}'^\nu = \underset{n}{i}^\nu,$$

die senkrecht zu v^ν bzw. v'^ν sind. Da v^ν V_{n-1}-normal ist, gilt nach (III, 26b):

$$\underset{u}{w}^{[\mu} \underset{v}{w}^{\lambda]} \nabla_\mu \left(\alpha_1 \underset{1}{i}_\lambda + \alpha_2 \underset{2}{i}_\lambda\right) = 0; \qquad u, v = 1, \ldots, n-1; \qquad u \neq v,$$

und es ist zu beweisen, daß

$$\underset{u}{w}'^{[\mu} \underset{v}{w}'^{\lambda]} \nabla_\mu \left(-\alpha_1 \underset{1}{i}_\lambda + \alpha_2 \underset{2}{i}_\lambda\right) = 0.$$

Für $u, v \neq 1$ ist also zu beweisen, daß

$$\underset{x}{i}^{[\mu} \underset{y}{i}^{\lambda]} \nabla_\mu \alpha_1 \underset{1}{i}_\lambda = 0; \qquad x, y = 3, \ldots, n; \qquad x \neq y.$$

Diese Gleichung ist aber erfüllt, weil die $\underset{j}{i}^\nu$ ein n-faches Orthogonalsystem bilden. Für $u = 1$, $v \neq 1$ ist zu beweisen, daß

$$-\alpha_2 \underset{1}{i}^{[\mu} \underset{x}{i}^{\lambda]} \nabla_\mu \alpha_2 \underset{2}{i}_\lambda + \alpha_1 \underset{2}{i}^{[\mu} \underset{x}{i}^{\lambda]} \nabla_\mu \alpha_1 \underset{1}{i}_\lambda = 0; \qquad x = 3, \ldots, n,$$

und auch diese Gleichung ist aus demselben Grunde erfüllt.

V, 2. Die Kongruenzen der Hauptkrümmungslinien seien $\underset{1}{i}^\nu$ und $\underset{2}{i}^\nu$, und es sei

$$v^\nu = \alpha_1 \underset{1}{i}^\nu + \alpha_2 \underset{2}{i}^\nu,$$

$$v'^\nu = -\alpha_1 \underset{1}{i}^\nu + \alpha_2 \underset{2}{i}^\nu.$$

Da v^ν und v'^ν beide V_2-normal sind, gelten nach (III, 26b) die beiden Gleichungen

$$\left(\mp \alpha_2 \underset{1}{i}^{[\mu} \underset{3}{i}^{\lambda]} + \alpha_1 \underset{2}{i}^{[\mu} \underset{3}{i}^{\lambda]}\right) \nabla_\mu \left(\pm \alpha_1 \underset{1}{i}_\lambda + \alpha_2 \underset{2}{i}_\lambda\right) = 0.$$

Aus diesen Gleichungen folgt:

$$-\alpha_2^2 \underset{1}{i}^{[\mu} \underset{3}{i}^{\lambda]} \nabla_\mu \underset{2}{i}_\lambda + \alpha_1^2 \underset{2}{i}^{[\mu} \underset{3}{i}^{\lambda]} \nabla_\mu \underset{1}{i}_\lambda = 0$$

oder

$$(\alpha_1^2 + \alpha_2^2) \underset{3}{i}^\mu \underset{1}{i}^\lambda \nabla_\mu \underset{2}{i}_\lambda + (\alpha_2^2 - \alpha_1^2) \underset{1}{i}^\mu \underset{2}{i}^\lambda \nabla_\mu \underset{3}{i}_\lambda = 0.$$

Nun ist aber $\underset{1}{i}^\mu \underset{2}{i}^\lambda \nabla_\mu \underset{3}{i}_\lambda$ Null und es verschwindet also auch $\underset{3}{i}^\mu \underset{1}{i}^\lambda \nabla_\mu \underset{2}{i}_\lambda$.

V, 3. Es sei $\underset{1}{i}^\nu$ die kanonische Kongruenz, die mit i^ν V_2-bildend ist. Dann ist nach III, § 3

$$\alpha) \qquad i^\mu \nabla_\mu \underset{1}{i}_\lambda - \underset{1}{i}^\mu \nabla_\mu i_\lambda = \alpha \underset{1}{i}_\lambda + \beta i_\lambda.$$

Ist nun $\underset{2}{i}^{\nu}$ eine kanonische Kongruenz senkrecht zu $\underset{1}{i}^{\nu}$ und i^{ν}, so ergibt Überschiebung mit $\underset{2}{i}^{\lambda}$ unter Berücksichtigung von (V, 59):

$$\underset{2}{i}^{\lambda} i^{\mu} \nabla_{\mu} \underset{1}{i}_{\lambda} = \underset{2}{i}^{\lambda} \underset{1}{i}^{\mu} \nabla_{\mu} i_{\lambda} = - \underset{1}{i}^{\lambda} \underset{2}{i}^{\mu} \nabla_{\mu} i_{\lambda} = i^{\lambda} \underset{2}{i}^{\mu} \nabla_{\mu} \underset{1}{i}_{\lambda}$$

und $\underset{1}{i}_{\lambda}$ ist also V_2-normal.

V, 4. Es sei $v_{\lambda} = v\, i_{\lambda}$. Infolge der Killingschen Gleichung ist dann

$$(\nabla_{\mu} v)\, i_{\lambda} + v \nabla_{\mu} i_{\lambda} = -(\nabla_{\lambda} v) i_{\mu} - v \nabla_{\lambda} i_{\mu}.$$

Überschiebung mit i^{μ} ergibt:

$$i_{\lambda} i^{\mu} \nabla_{\mu} v + v\, u_{\lambda} = - \nabla_{\lambda} v$$

oder

$$u_{\lambda} = - i_{\lambda} i^{\mu} \nabla_{\mu} \log v - \nabla_{\lambda} \log v.$$

Bei nochmaliger Überschiebung mit i^{λ} entsteht:

$$0 = -2 i^{\mu} \nabla_{\mu} \log v$$

und es ist also

$$u_{\lambda} = - \nabla_{\lambda} \log v.$$

Nebenbei ergibt sich, daß v, also auch $\frac{u_{\lambda}}{\nabla_{\lambda} v}$ längs den Kurven der Kongruenz des Feldes v_{λ} konstant ist.

Ricci hat gezeigt[1]), daß ein Feld v_{λ} dann und nur dann der *Killing*schen Gleichung genügt, wenn:

1. Jedes System von $n-1$ zu v_{λ} senkrechten Kongruenzen ein kanonisches System bildet, ferner

2. jede Kongruenz senkrecht zu v_{λ} einen Krümmungsvektor besitzt, der ebenfalls senkrecht zu v_{λ} ist, und schließlich

3. die Kongruenz der Krümmungsvektoren u_{λ} von v_{λ} V_{n-1}-normal ist und $\frac{u_{\lambda}}{\nabla_{\lambda} v}$ längs den Kurven der Kongruenz von v_{λ} konstant ist.

V, 5. Es sei j_{λ} die Kongruenz senkrecht zu v_{λ} und $v_{\lambda} = v\, i_{\lambda}$. Differentiation der Gleichung

$$j_{\lambda} v^{\lambda} = 0$$

liefert:

$$v^{\lambda} \nabla_{\mu} j_{\lambda} + j^{\lambda} \nabla_{\mu} v_{\lambda} = 0.$$

Unter Berücksichtigung der *Killing*schen Gleichung folgt also:

$$v^{\lambda} j^{\mu} \nabla_{\mu} j_{\lambda} = - j^{\mu} j^{\lambda} \nabla_{\mu} v_{\lambda} = 0.$$

V, 6. Ist $v_{\lambda} = v\, i_{\lambda}$, so ist

$$\nabla_{\mu} v_{\lambda} = v \nabla_{\mu} i_{\lambda} = - v \nabla_{\lambda} i_{\mu}.$$

Da i_{λ} V_{n-1}-normal ist, verschwindet $i_{[\nu} \nabla_{\mu} i_{\lambda]}$ und $\nabla_{[\mu} i_{\lambda]}$ hat also die Form $p_{[\mu} i_{\lambda]}$, $p_{\lambda} \perp i_{\lambda}$.

---

[1]) 1898, 1, 2; 1901, 1, S. 174, 608; 1902, 1. In 1901, 1 S. 174 und in 1902, 1 wird gefordert, daß v_{λ} V_{n-1}-normal ist statt u_{λ}. *Ricci* verbesserte dies 1901, 1 S. 608. In dem Neudruck von *Juvet*, 1923 ist diese Verbesserung von 1901, 1 nicht berücksichtigt worden.

Es ist also
$$u_\lambda = i^\mu \nabla_\mu i_\lambda = i^\mu \nabla_{[\mu} i_{\lambda]} = -\tfrac{1}{2} p_\lambda .$$
Da aber andererseits
$$u_\lambda = i^\mu \nabla_\mu i_\lambda = - i^\mu \nabla_\lambda i_\mu = 0,$$
verschwindet p_λ und damit $\nabla_\mu v_\lambda$.

V, 7. Es seien die V_{n-1} äquiskalare Hyperflächen des Feldes p. Man braucht jetzt nur eine konforme Transformation der V_n zu bestimmen, durch welche die V_{n-1} äquidistant werden, d. h. $p^\lambda p_\lambda$, $p_\lambda = \nabla_\lambda p$, in eine Konstante übergeführt wird. Ist die Transformation
$$'g_{\lambda\mu} = \sigma g_{\lambda\mu},$$
so ist
$$'p^\lambda = p_\mu {}'g^{\lambda\mu} = \sigma^{-1} p^\lambda; \qquad 'p_\lambda = p_\lambda = \frac{\partial p}{\partial x^\lambda}.$$
Wählt man also
$$\sigma = p_\lambda p^\lambda,$$
so wird $'p_\lambda {}'p^\lambda = 1$.

V, 8. Sind $v^\nu dt$ und $p v^\nu dt$ die beiden Transformationen, so ist nach (V, 262):
$$\nabla_\mu v_\lambda = \tfrac{1}{2} m g_{\lambda\mu} + f_{\mu\lambda}$$
und es ist also:
$$\nabla_\mu p v_\lambda = \tfrac{1}{2} p m g_{\lambda\mu} + p f_{\mu\lambda} + (\nabla_\mu p) v_\lambda .$$
Dieser Differentialquotient soll nun aber dieselbe Form haben wie $\nabla_\mu v_\lambda$ und es muß also $v_{(\lambda} \nabla_{\mu)} p$ ein Vielfaches von $g_{\lambda\mu}$ sein. Dies ist aber für $\nabla_\mu p \neq 0$ nur für $n = 2$ möglich (vgl. I, Aufg. 14); v_λ und $\nabla_\lambda p$ liegen dann in den beiden absoluten Richtungen.

V, 9. Ist j^ν senkrecht zu v_λ und senkrecht zu $\nabla_\mu v$, so ist
$$j^\lambda v^\mu \nabla_\mu v_\lambda = v^\lambda j^\mu \nabla_\mu v_\lambda = v^\lambda j^\mu (\nabla_\mu v) i_\lambda + v^\lambda j^\mu v \nabla_\mu i_\lambda = 0;$$
j^ν ist also senkrecht zu $v^\mu \nabla_\mu v_\lambda$. Da
$$v^\mu \nabla_\mu v_\lambda = v^\mu (\nabla_\mu v) i_\lambda + v^2 i^\mu \nabla_\mu i_\lambda ,$$
ist j^ν auch senkrecht zum Krümmungsvektor $u_\lambda = i^\mu \nabla_\mu i_\lambda$. Sämtliche Richtungen, die zu v_λ und zu $\nabla_\mu v$ senkrecht sind, sind also auch senkrecht zu u_λ.

V, 10. Wir beweisen zunächst den Hilfssatz:

Verschwindet für einen Affinor $P_{\lambda\mu}$ in R_2 sowohl $P_\mu^{\cdot\mu}$ als $P_{\mu\lambda} P^{\mu\lambda}$, so ist der Rang von $P_{\lambda\mu}$ gleich 1.

In orthogonalen Bestimmungszahlen lauten die Voraussetzungen:
$$P_{11} + P_{22} = 0,$$
$$P_{11} P_{11} + 2 P_{12} P_{21} + P_{22} P_{22} = 0,$$
und aus diesen Gleichungen folgt:
$$P_{11} P_{22} - P_{12} P_{21} - P_{21} P_{12} + P_{22} P_{11} = 4 P_{[1[1} P_{2]2]} = 0$$
oder
$$P_{[\varkappa[\lambda} P_{\mu]\nu]} = 0. \qquad \text{(Vgl. I, 71 b.)}$$

Nach den Voraussetzungen gilt nun für den Einheitsvektor i_λ:

$$\alpha)\quad i^\mu \nabla_\mu i_\lambda = 0,$$

$$\beta)\quad \nabla_\mu i^\mu = 0.$$

Setzen wir also

$$\gamma)\quad \nabla_\mu i_\lambda = P_{\mu\lambda},$$

so liegt $P_{\mu\lambda}$ ganz in der $R_2 \perp i^\nu$ und aus (β) folgt

$$\delta)\quad P_\mu^{\cdot\mu} = 0.$$

Die Integrabilitätsbedingungen von (γ) lauten (III, 56):

$$\nabla_{[\omega} P_{\mu]\lambda} = 0$$

und es ist also:

$$i^\alpha \nabla_\alpha P_{\mu\lambda} = i^\alpha \nabla_\mu P_{\alpha\lambda} = -\left(\nabla_\mu i^\alpha\right) P_{\alpha\lambda} = -P_\mu^{\cdot\alpha} P_{\alpha\lambda}.$$

Bei Überschiebung mit $g^{\lambda\mu}$ folgt aus dieser Gleichung unter Berücksichtigung von (δ):

$$P_{\lambda\mu} P^{\mu\lambda} = 0,$$

so daß der Rang von $P_{\lambda\mu}$ gleich 1 ist. $P_{\lambda\mu}$ hat also die Form:

$$P_{\mu\lambda} = v_\mu w_\lambda;\qquad v_\lambda \perp w_\lambda,\qquad v_\lambda \perp i_\lambda,\qquad w_\lambda \perp i_\lambda,$$

so daß

$$w^\mu \nabla_\mu i_\lambda = 0.$$

Die Kongruenz besteht also aus ∞^1 Systemen von ∞^1 Geraden. Jedes System besteht aus parallelen Geraden in einer Ebene. Die Kongruenz des Feldes v_μ ist zu diesen Ebenen senkrecht. Der Schnitt zweier benachbarten Ebenen ist senkrecht zu v_λ und zu $v^\mu \nabla_\mu v_\lambda$. Da

$$i^\lambda v^\mu \nabla_\mu v_\lambda = -v^\lambda v^\mu \nabla_\mu i_\lambda = 0,$$

ist dieser Schnitt zu i^ν parallel und die Geraden der Kongruenz i sind also parallel zu den Tangenten der Raumkurve, deren oskulierende Ebenen die Ebenen senkrecht zu v^ν sind.

V, 11. Wie bei der Ableitung von (V, 81) folgt für einen Vektor v^ν der V_m und die Kurve i^ν der V_m:

$$\alpha)\quad i^\mu \nabla_\mu v^\nu = i^\mu \nabla'_\mu v^\nu + i^\mu v^\lambda H_{\mu\lambda}^{\cdot\cdot\nu}.$$

Sind nun die geodätischen Bewegungen identisch, so muß $i^\mu v^\lambda H_{\mu\lambda}^{\cdot\cdot\nu}$ für jede Wahl von i^ν und v^ν verschwinden, d. h. es muß $H_{\mu\lambda}^{\cdot\cdot\nu}$ verschwinden. Umgekehrt folgt aus (α), daß die geodätischen Bewegungen identisch sind, wenn $H_{\mu\lambda}^{\cdot\cdot\nu}$ verschwindet.

V, 12. Ist $\nabla_{[\mu} i_{\lambda]} = 0$, so ist i_λ ein Gradientvektor und also V_{n-1}-normal, und es ist

$$u_\lambda = i^\mu \nabla_\mu i_\lambda = i^\mu \nabla_\lambda i_\mu = 0.$$

Umgekehrt, ist die Kongruenz V_{n-1}-normal und geodätisch, so verschwinden u_λ und $k_{\mu\lambda}$ in (V, 57) und es ist also

$$\nabla_{[\mu} i_{\lambda]} = h_{[\mu\lambda]} = 0.$$

V, 13. Die Kongruenz i_λ ist konformgeodätisch, wenn es ein Skalarfeld σ gibt, so daß bei der zu $\sigma g_{\mu\lambda}$ gehörigen Übertragung i_λ geodätisch ist. Bei dieser Übertragung ist aber $\sigma^{\frac{1}{2}} i_\lambda$ Einheitsvektor. Notwendige und hinreichende Bedingung ist also:

$$\nabla'_{[\mu}\, \sigma^{\frac{1}{2}} i_{\lambda]} = 0\,.$$

Diese Gleichung ist aber nach (II, 31) gleichbedeutend mit

$$\nabla_{[\mu}\, \sigma^{\frac{1}{2}} i_{\lambda]} = 0\,,$$

d. h. σ muß so gewählt werden, daß $\sigma^{\frac{1}{2}} i_\lambda$ Gradientvektor ist. Nun ist aber i_λ V_{n-1}-normal, und eine solche Wahl ist also stets möglich.

V, 14. Das Linienintegral über eine beliebige Kurve k der V_n läßt sich umsetzen in ein Linienintegral über eine Kurve k' der V_{n-1}, die ausgeschnitten wird durch die geodätischen Linien der Kongruenz, die k schneiden. Das Linienintegral verschwindet also über jede geschlossene Kurve der V_m, folglich verschwindet die Rotation des Feldes i_λ und die Kongruenz ist also (vgl. Aufg. 12) V_{n-1}-normal[1]).

V, 15. Man zeigt zunächst, ausgehend von dem in Aufgabe 14 formulierten Satz, daß die bei der Verbiegung aus i'_λ entstehende Kongruenz i'_λ V_{n-1}-normal ist. Eine aus Kurven der Kongruenz bestehende V_2 schneide aus der ersten V_{n-1} eine Kurve k' aus, aus der zweiten eine Kurve k. Ausgehend von der Eigenschaft, daß das Linienintegral von $i'_\mu\, d x^\mu$ über jede geschlossene Kurve der V_n verschwindet, wird dann bewiesen, daß jedes Linienelement von k zu i'_λ senkrecht ist[1]).

V, 16. (a) ist eine Folge von (II) (III, § 7), ebenso folgt (b) aus (I) (III, § 9). Aus (I) und (III) ergibt sich:

$$\begin{aligned} p_\lambda = (\nabla_\omega F^{\omega\mu})\, F_{\mu\lambda} &= \nabla_\omega\, F^{\omega\mu} F_{\mu\lambda} - F^{\omega\mu}\, \nabla_\omega F_{\mu\lambda}\,, \\ &= \nabla_\omega F^{\omega\mu} F_{\mu\lambda} - F^{\omega\mu}\, \nabla_{[\omega} F_{\mu]\lambda}\,. \end{aligned}$$

Nun ist infolge II (V, 255):

$$\nabla_{[\omega} F_{\mu]\lambda} = \tfrac{1}{2} \nabla_\lambda F_{\mu\omega}\,,$$

so daß

$$\begin{aligned} p_\lambda &= \nabla_\mu F^{\mu\alpha} F_{\alpha\lambda} - \tfrac{1}{2} (\nabla_\lambda F_{\mu\omega})\, F^{\omega\mu} \\ &= \nabla_\mu F^{\mu\alpha} F_{\alpha\lambda} - \tfrac{1}{4} \nabla_\lambda F_{\mu\omega} F^{\omega\mu} \\ &= \nabla^\mu \left(F_\mu^{\cdot\,\alpha} F_{\alpha\lambda} + \tfrac{1}{4} g_{\mu\lambda} F_{\alpha\beta} F^{\alpha\beta}\right). \end{aligned}$$

VI, 1. Nach (II, 130) folgt aus der Voraussetzung:

$$R_{\omega\mu\lambda}^{\cdot\cdot\cdot\,\nu} = - A_\lambda^\nu\, \nabla_{[\omega} Q_{\mu]}$$

und infolge der zweiten Identität (II, 139) ist also

$$A_{[\lambda}^\nu\, \nabla_\omega Q_{\mu]} = 0\,.$$

Durch Faltung nach $\omega\,\nu$ folgt aber aus dieser Gleichung:

$$\nabla_\lambda Q_\mu + n\, \nabla_\mu Q_\lambda + \nabla_\lambda Q_\mu = 0\,,$$

so daß

$$(n-2)\, \nabla_{[\mu} Q_{\lambda]} = 0\,.$$

---

[1]) Vgl. *Schouten-Struik*, 1921, 9.

Nur für $n = 2$ ist also eine *Weyl*sche Übertragung möglich, bei welcher beim Herumführen eines Vektors längs jeder beliebigen geschlossenen Kurve Anfangswert und Endwert stets dieselbe Richtung haben.

VI, 2. Nach (II, 130) und (II, 146) ist:

$$\begin{aligned} R_{\omega\mu\lambda}^{\cdot\cdot\cdot\nu} g^{\mu\lambda} &= R_{\omega\mu\lambda\alpha} g^{\alpha\nu} g^{\mu\lambda} \\ &= R_{\omega\mu[\lambda\alpha]} g^{\alpha\nu} g^{\mu\lambda} - \nabla_{[\omega} Q_{\mu]} A_\lambda^\nu g^{\mu\lambda} \\ &= R_{\mu\omega[\alpha\lambda]} g^{\alpha\nu} g^{\mu\lambda} - \nabla_{[\omega} Q_{\mu]} A_\lambda^\nu g^{\mu\lambda} \\ &= R_{\mu\omega\alpha\lambda} g^{\alpha\nu} g^{\mu\lambda} - R_{\mu\omega(\alpha\lambda)} g^{\alpha\nu} g^{\mu\lambda} - \nabla_{[\omega} Q_{\mu]} A_\lambda^\nu g^{\mu\lambda} \\ &= R_{\omega\alpha} g^{\alpha\nu} - 2 \nabla_{[\omega} Q_{\alpha]} g^{\alpha\nu}. \end{aligned}$$

Infolge von (VI, 16) ist also:

$$\begin{aligned} R_{\omega\mu\lambda}^{\cdot\cdot\cdot\nu} g^{\mu\lambda} &= R_{\omega\alpha} g^{\alpha\nu} - \frac{2}{n} R_{\omega\alpha} g^{\alpha\nu} + \frac{2}{n} R_{\alpha\omega} g^{\alpha\nu} \\ &= \frac{n-2}{n} K_{\omega\alpha} g^{\alpha\nu} + \frac{2}{n} R_{\alpha\omega} g^{\alpha\nu}. \end{aligned}$$

VI, 3. Überschiebung der aus (II, 167) folgenden Gleichung

$$\nabla_\omega R_{\mu\lambda} - \nabla_\mu R_{\omega\lambda} = \nabla_\nu R_{\omega\mu\lambda}^{\cdot\cdot\cdot\nu}$$

mit $g^{\mu\lambda}$ lehrt unter Berücksichtigung von Aufgabe 2:

$$\begin{aligned} &\nabla_\omega R - Q_\omega g^{\mu\lambda} R_{\mu\lambda} - g^{\lambda\mu} \nabla_\mu R_{\omega\lambda} \\ &\quad = \nabla_\nu \left(\frac{n-2}{n} R_{\omega\alpha} g^{\alpha\nu} + \frac{2}{n} R_{\alpha\omega} g^{\alpha\nu}\right) \\ &\quad - Q_\nu \left(\frac{n-2}{n} R_{\omega\alpha} g^{\alpha\nu} + \frac{2}{n} R_{\alpha\omega} g^{\alpha\nu}\right) \end{aligned}$$

oder:

$$\nabla_\omega R - Q_\omega R - g^{\lambda\mu} \nabla_\mu R_{\omega\lambda} = \frac{n-2}{2} g^{\alpha\nu} \nabla_\nu R_{\omega\alpha} + \frac{2}{n} g^{\alpha\nu} \nabla_\nu R_{\alpha\omega}.$$

Nun ist

$$g^{\lambda\mu} \nabla_\mu R g_{\lambda\omega} = \nabla_\omega R - R g_{\lambda\omega} Q_\mu g^{\lambda\mu} = \nabla_\omega R - Q_\omega R$$

und also

$$g^{\lambda\mu} \nabla_\mu R g_{\lambda\omega} - g^{\lambda\mu} \nabla_\mu R_{\omega\lambda} = \frac{n-2}{n} g^{\lambda\mu} \nabla_\mu R_{\omega\lambda} + \frac{2}{n} g^{\lambda\mu} \nabla_\mu R_{\lambda\omega}$$

oder

$$-2 g^{\lambda\mu} \nabla_\mu \left(\frac{n-1}{n} R_{\omega\lambda} + \frac{1}{n} R_{\lambda\omega} - \tfrac{1}{2} R g_{\lambda\omega}\right) = 0.$$

VII, 1.

$$\delta_{ij} = \frac{\binom{p}{2\alpha}\binom{2\alpha}{\alpha}}{\binom{p-\alpha+1}{\alpha}}.$$

VII, 2. Die Entwicklung der in $\lambda_1 \ldots \lambda_q$ und $\mu_1 \ldots \mu_r$ symmetrischen Größe $v_{\lambda_1 \ldots \mu_r}$ lautet:

$$v_{\lambda_1 \ldots \mu_r} = \sum_{\alpha}^{0, \ldots, p'} \sum_{\lambda}^{1, \ldots \delta_{ij}} \varepsilon_{ij\, p-\alpha, \alpha} \mathrm{M}^\lambda{}_{\alpha \cdot 2} \mathrm{A}^\lambda v_{\lambda_1 \ldots \mu_r}$$

$$p' = \begin{cases} \tfrac{1}{2} p \text{ für } p \text{ gerade,} \\ \tfrac{1}{2}(p-1) \text{ für } p \text{ ungerade,} \end{cases}$$

da alle Alternationen, die nicht von der Form ${}_{\alpha\cdot 2}A$ sind, $v_{\lambda_1\dots\mu_r}$ annullieren. Zur Berechnung von ε_{ij} bemerken wir, daß

$$\alpha_i = \binom{p}{2\alpha}(2\alpha)!\,\frac{1}{2^\alpha\,\alpha!}\,; \qquad \alpha_j = \binom{p}{\alpha}$$

$$\beta_i = \alpha!\binom{p-\alpha}{\alpha}\,; \qquad \beta_j = 2^\alpha.$$

Infolge (VII, 63) ist also

$$\varepsilon_{ij} = \frac{2^\alpha}{\binom{p}{\alpha}}\,\frac{\binom{p}{2\alpha}\binom{2\alpha}{\alpha}}{\binom{p-\alpha+1}{\alpha}} = \frac{2^\alpha\binom{p-\alpha}{\alpha}}{\binom{p-\alpha+1}{\alpha}}.$$

Von den geordneten Operatoren ${}_{\alpha\cdot 2}A$ gibt es gerade $\binom{r}{\alpha}$, die $v_{\lambda_1\dots\mu_r}$ nicht annullieren, und diese erzeugen alle irgend ein Isomer von

$$\cdot\, v_{[\lambda_1\dots[\lambda_\alpha|\lambda_{\alpha+1}\dots\lambda_q|\mu_1]\dots\mu_\alpha]\dots\mu_r}\,\cdot$$

Diese Größe ist zu mischen über $\lambda_1\dots\lambda_q\,\mu_{\alpha+1}\dots\mu_r$ und über $\mu_1\dots\mu_\alpha$ und sodann mit $x^{\lambda_1}\dots x^{\lambda_q}y^{\mu_1}\dots y^{\mu_r}$ zu überschieben. Statt dessen können wir ebensogut nicht mischen und überschieben mit der Größe

$$x^{(\lambda_1}\dots x^{\lambda_q}y^{\mu_{\alpha+1}}\dots y^{\mu_r)}\,y^{\mu_1}\dots y^{\mu_\alpha}.$$

Von dieser Größe erzeugen nur die Terme nicht Null, die beim Ausschreiben kein y mit einem Index von $\lambda_1, \dots, \lambda_\alpha$ enthalten. Diese Terme zusammengenommen ergeben

$$\frac{\binom{p-2\alpha}{r-\alpha}}{\binom{p-\alpha}{r-\alpha}}\,x^{\lambda_1}\dots x^{\lambda_\alpha}x^{(\lambda_{\alpha+1}}\dots x^{\lambda_q}y^{\mu_{\alpha+1}}\dots y^{\mu_r)}\,y^{\mu_1}\dots y^{\mu_\alpha}$$

$$= \frac{\binom{q}{\alpha}}{\binom{p-\alpha}{\alpha}}\,x^{\lambda_1}\dots x^{\lambda_\alpha}x^{(\lambda_{\alpha+1}}\dots x^{\lambda_q}y^{\mu_{\alpha+1}}\dots y^{\mu_r)}\,y^{\mu_1}\dots y^{\mu_\alpha}.$$

Der eine Operator ${}_{\alpha\cdot 2}A$ gibt also im Endresultat den Beitrag

$$2^\alpha\,\frac{\binom{q}{\alpha}}{\binom{p-\alpha}{\alpha}}\cdot\frac{\binom{p-\alpha}{\alpha}}{\binom{p-\alpha+1}{\alpha}}\,.$$

$$\cdot\, v_{\lambda_1\dots\lambda_q\mu_1\dots\mu_r}\,x^{\lambda_1}\dots x^{\lambda_\alpha}y^{\mu_1}\dots y^{\mu_\alpha}x^{(\lambda_{\alpha+1}}\dots x^{\lambda_q}y^{\mu_{\alpha+1}}\dots y^{\mu_r)}.$$

Da alle Operatoren denselben Beitrag liefern, resultiert, wenn wir einfachheitshalber schreiben

$$v_{\lambda_1\dots\lambda_q\mu_1\dots\mu_r} = a_{\lambda_1}\dots a_{\lambda_q}\,b_{\mu_1}\dots b_{\mu_r}$$

die Formel

$$v_{\lambda_1\dots\mu_r}x^{\lambda_1}\dots x^{\lambda_q}y^{\mu_1}\dots y^{\mu_r} = \sum_{\alpha}^{0,\dots,p'} 2^\alpha\,\frac{\binom{q}{\alpha}\binom{r}{\alpha}}{\binom{p-\alpha+1}{\alpha}}\,\{a_{[\lambda}\,b_{\mu]}\,x^{[\lambda}y^{\mu]}\}^\alpha\,.$$

$$\cdot\, a_{(\lambda_{\alpha+1}}\dots a_{\lambda_q}\,b_{\mu_{\alpha+1}}\dots b_{\mu_r)}\,x^{\lambda_{\alpha+1}}\dots x^{\lambda_q}y^{\mu_{\alpha+1}}\dots y^{\mu_r}.$$

Wenn man bemerkt, daß für $n=2$

$$a_{[\lambda}\, b_{\mu]}\, x^{[\lambda}\, y^{\mu]} = \tfrac{1}{2}(a_a\, b_b - a_b\, b_a)\,(x^a\, y^b - x^b\, y^a)\,,$$

und für die eingeklammerten Determinanten, wie in der Invariantentheorie gebräuchlich $(a\,b)$ und $(x\,y)$ schreibt, so entsteht die bekannte *Clebsch-Gordan*sche Entwicklung einer binären Form:

$$v_{\lambda_1\ldots\mu_r}\, x^{\lambda_1}\ldots x^{\lambda_q}\, y^{\mu_1}\ldots y^{\mu_r} = \sum_{\alpha}^{0,\ldots,p'} \frac{\binom{q}{\alpha}\binom{r}{\alpha}}{\binom{p-\alpha+1}{\alpha}}\,(a\,b)^\alpha\,(x\,y)^\alpha\,\cdot$$

$$\cdot\, a_{(\lambda_{\alpha+1}}\ldots a_{\lambda_q}\, b_{\mu_{\alpha+1}}\ldots b_{\mu_r)}\, x^{\lambda_{\alpha+1}}\ldots x^{\lambda_q}\, y^{\mu_{\alpha+1}}\ldots y^{\mu_r}\,.$$

VII, 4

$p=4$:	$\alpha_1 = 1$	$\beta_1 = 1$	$\varepsilon_{15} = 1$
	$\alpha_2 = 4$	$\beta_2 = 2$	$\varepsilon_{24} = \frac{3}{2}$
	$\alpha_3 = 3$	$\beta_3 = 2$	$\varepsilon_{33} = \frac{4}{3}$
	$\alpha_4 = 6$	$\beta_4 = 3$	$\varepsilon_{42} = \frac{3}{2}$
	$\alpha_5 = 1$	$\beta_5 = 1$	$\varepsilon_{51} = 1$
$p=5$:	$\alpha_1 = 1$	$\beta_1 = 1$	$\varepsilon_{17} = 1$
	$\alpha_2 = 5$	$\beta_2 = 2$	$\varepsilon_{26} = \frac{8}{5}$
	$\alpha_3 = 10$	$\beta_3 = 4$	$\varepsilon_{35} = 2$
	$\alpha_4 = 10$	$\beta_4 = 3$	$\varepsilon_{44} = \frac{9}{5}$
	$\alpha_5 = 15$	$\beta_5 = 6$	$\varepsilon_{53} = 2$
	$\alpha_6 = 10$	$\beta_6 = 4$	$\varepsilon_{62} = \frac{8}{5}$
	$\alpha_7 = 1$	$\beta_7 = 1$	$\varepsilon_{71} = 1$.

VII, 5

$$v_{\alpha\beta\gamma\delta\varepsilon} = \Big\{{}_5\mathrm{A}_7 + \sum_{\varkappa}^{1,\ldots,4} \tfrac{8}{5}\, {}_4\mathrm{A}_6^{\varkappa}\, {}_2\mathrm{M}_2^{\varkappa}$$

$$+ \sum_{\lambda}^{1,\ldots,5} 2\, {}_{3,2}\mathrm{A}_5^{\lambda}\, {}_{2,2}\mathrm{M}_3^{\lambda} + \sum_{\mu}^{1,\ldots,6} \tfrac{9}{5}\, {}_3\mathrm{A}_4^{\mu}\, {}_3\mathrm{M}_4^{\mu}$$

$$+ \sum_{\nu}^{1,\ldots,5} 2\, {}_{2,2}\mathrm{A}_3^{\nu}\, {}_{3,2}\mathrm{M}_5^{\nu} + \sum_{\omega}^{1,\ldots,4} \tfrac{8}{5}\, {}_2\mathrm{A}_2^{\omega}\, {}_4\mathrm{M}_6^{\omega} + {}_5\mathrm{M}_7\Big\}\, v_{\alpha\beta\gamma\delta\varepsilon}\,.$$

Für $n \geqq 5$ gibt es 26 Teile, für $n=4$ verschwindet der erste Teil, für $n=3$ verschwinden die 5 ersten Teile und für $n=2$ die 16 ersten. Die Anzahlen der Bestimmungszahlen sind für:

$$n=5:\quad 1 + 4\times 24 + 5\times 75 + 6\times 126 + 5\times 175 + 4\times 224 + 126 = 3125 = 5^5,$$

$$n=4:\quad 4\times 4 + 5\times 20 + 6\times 36 + 5\times 60 + 4\times 84 + 56 = 1024 = 4^5,$$

$$n=3:\quad 5\times 3 + 6\times 6 + 5\times 15 + 4\times 24 + 21 = 243 = 3^5,$$

$$n=2:\quad 5\times 2 + 4\times 4 + 6 = 32 = 2^5.$$

VII, 6.

Die Zerlegung bei der affinen Gruppe lautet (VII § 6 und 7)

$$v_{\alpha\beta\gamma\delta} = \Big\{ {}_4A_5 + \sum_{\varkappa}^{1,\ldots,3} \tfrac{3}{2}\, {}_3A_4^{\varkappa}\, {}_2M_2^{\varkappa} + \sum_{\lambda}^{1,\ldots,2} \tfrac{4}{3}\, {}_{2,2}A_3^{\lambda}\, {}_{2,2}M_3^{\lambda}$$
$$+ \sum_{\mu}^{1,\ldots,3} \tfrac{3}{2}\, {}_2A_2^{\mu}\, {}_3M_4^{\mu} + {}_4M_5 \Big\} v_{\alpha\beta\gamma\delta}.$$

Bei der orthogonalen Gruppe läßt sich der erste Teil nicht weiter zerlegen. Jede Größe

$$\tfrac{3}{2}\, {}_3A_4^{\varkappa}\, {}_2M_2^{\varkappa}\, v_{\alpha\beta\gamma\delta}$$

zerfällt in zwei Teile mit 6 und 9 Bestimmungszahlen. Die erste dieser Größen ist ein Bivektor. Jede Größe

$$\tfrac{4}{3}\, {}_{2,2}A_3^{\lambda}\, {}_{2,2}M_3^{\lambda}\, v_{\alpha\beta\gamma\delta}$$

zerfällt in drei Teile mit 1, 9 und 10 Bestimmungszahlen. Der erste Teil ist ein Skalar, der zweite eine Komitante eines Tensors zweiten Grades, dessen Skalarteil verschwindet. Jede Größe

$$\tfrac{3}{2}\, {}_2A_2^{\mu}\, {}_3M_4^{\mu}\, v_{\alpha\beta\gamma\delta}$$

zerfällt zunächst in zwei Teile mit 15 und 30 Bestimmungszahlen. Der erste Teil zerfällt wieder in zwei Teile mit 6 und 9 Bestimmungszahlen, Komitanten eines Bivektors bzw. eines skalarfreien Tensors zweiten Grades.

Die Größe

$${}_4M_5\, v_{\alpha\beta\gamma\delta}$$

zerfällt in drei Teile mit 1, 9 und 25 Bestimmungszahlen. Der erste Teil ist ein Skalar, der zweite eine Komitante eines skalarfreien Tensors zweiten Grades.

Im ganzen ergeben sich 25 bei der orthogonalen Gruppe unzerlegbare Größen mit $1 + 3\,(6 + 9) + 2\,(1 + 9 + 10) + 3\,(6 + 9 + 30) + (1 + 9 + 25) = 256 = 4^4$ Bestimmungszahlen.

Die Krümmungsgröße der *Weyl*schen Übertragung ist (VI, 9):

$$R_{\omega\mu\lambda}^{\cdot\,\cdot\,\cdot\,\nu} = K_{\omega\mu\lambda}^{\cdot\,\cdot\,\cdot\,\nu} - \nabla_{[\omega} Q_{\mu]} A_\lambda^\nu - Q_{[\omega[\lambda} g_{\mu]\alpha]} g^{\alpha\nu}.$$

$K_{\omega\mu\lambda\nu}$ ist eine geordnete Elementargröße, die zum Operator $\tfrac{4}{3}\, {}_{2,2}A_3\, {}_{2,2}M_3$ gehört, bei dem in ${}_{2,2}M$ über $\omega\lambda$ und $\mu\nu$ gemischt wird. Wendet man diesen Operator auf $-Q_{[\omega[\lambda} g_{\mu]\nu]}$ an, so entsteht

$$-Q'_{[\omega[\lambda} g_{\mu]\nu]}, \qquad Q'_{\lambda\mu} = Q_{(\lambda\mu)} = Q_{\lambda\mu} - \frac{4}{n} F_{\mu\lambda}$$

Anwendung auf $-\nabla_{[\omega} Q_{\mu]} g_{\lambda\nu}$ ergibt Null.

Eine erste Zerlegung von $R_{\omega\mu\lambda\nu}$ ist also (vgl. VI, 16)

$$\alpha) \quad R_{\omega\mu\lambda\nu} = \{K_{\omega\mu\lambda\nu} - Q'_{[\omega[\lambda} g_{\mu]\nu]}\} - \frac{1}{n}\{2F_{\omega\mu} g_{\lambda\nu} + 4F_{[\omega[\lambda} g_{\mu]\nu]}\}$$

Anwendung des Operators $\frac{3}{2}\,{}_3A_4\,{}_2M_2$, bei dem in ${}_2M$ über $\omega\lambda$ gemischt wird, auf den zweiten Teil rechts in (α) ergibt:

$$-\frac{9}{2n}F_{[\omega\mu}\,g_{\nu]\lambda}$$

Anwendung des Operators $\frac{3}{2}\,{}_3A_4\,{}_2M_2$, bei dem in ${}_2M$ über $\omega\nu$ gemischt wird, ergibt:

$$+\frac{3}{2n}F_{[\omega\mu}\,g_{\lambda]\nu}.$$

Anwendung des Operators $\frac{3}{2}\,{}_2A_2\,{}_3M_4$, bei dem in ${}_3M$ über $\omega\lambda\nu$ gemischt wird, ergibt:

$$-\frac{1}{n}(F_{\omega\mu}\,g_{\lambda\nu}+F_{\lambda[\mu}\,g_{\omega]\nu}+F_{\nu[\mu}\,g_{\omega]\lambda})$$

Anwendung der beiden anderen Operatoren ${}_2A_2\,{}_3M_4$ ergibt Null. Da auch Anwendung der Operatoren ${}_4A$ und ${}_4M$ Null erzeugt, lautet die Zerlegung von $R_{\omega\mu\lambda\nu}$ bei der affinen Gruppe:

$$\begin{aligned}R_{\omega\mu\lambda\nu}=&-\frac{9}{2n}F_{[\omega\mu}\,g_{\nu]\lambda}+\frac{3}{2n}F_{[\omega\mu}\,g_{\lambda]\nu}+\{K_{\omega\mu\lambda\nu}-Q'_{[\omega[\mu}\,g_{\lambda]\nu]}\}\\&-\frac{1}{n}\{F_{\omega\mu}\,g_{\lambda\nu}+2F_{(\lambda[\mu}\,g_{\nu)\omega]}\}.\end{aligned}$$

Der erste, zweite und vierte Teil zerfallen bei der orthogonalen Gruppe nicht weiter, sie haben alle 6 Bestimmungszahlen und sind Komitanten desselben Bivektors $F_{\lambda\mu}$. Der zweite Teil zerfällt wie oben in drei Teile mit 1, 9 und 10 Bestimmungszahlen. Dieser zweite Teil ist bei *Bach*[1]) aufgetreten, bei dem auch die Formel (α) vorkommt.

[1]) 1921, 6, S. 118, *Bach* verwendet für diesen Teil den Buchstaben S.

Literaturverzeichnis.

1841

1. *Transon, A.:* Recherches sur la courbure des lignes et des surfaces. Journal de mathém. pures et appl. (Liouville) Bd. 6, S. 191—208.

1844

1. *Grassmann, H.:* Die lineale Ausdehnungslehre. Ein neuer Zweig der Mathematik. Gesamm. Schriften I, S. 1—139. Leipzig: Teubner 1894.

1861

1. *Riemann, B.:* Commentatio mathematica, qua respondere tentatur quaestioni ab III^{ma} Academia Parisiensi propositae etc. Gesamm. Werke, 2. Aufl. 1892, S. 391—423, mit Anmerkungen von Dedekind.

1868

1. *Helmholtz, H.:* Über die Tatsachen, die der Geometrie zu Grunde liegen. Göttinger Nachr. S. 193—221; Wissensch. Abhandl. Bd. II, S. 618—639.

1869

1. *Lipschitz, R.:* Untersuchungen in Betreff der ganzen homogenen Funktionen von *n* Differentialen. Journal für die reine und angew. Mathem. (Crelle) Bd. 70, S. 71—102; Bd. 72, S. 1—56, 1870. Auszug im Monatsber. Acad. Berlin 1869, S. 44—53.

2. *Christoffel, E. B.:* Über die Transformation der homogenen Differentialausdrücke zweiten Grades. Journal für die reine und angew. Mathem. (Crelle) Bd. 70, S. 46—70; Gesamm. mathem. Abh. Bd. I, S. 352—377.

1870

1. *Lévy, M.:* Mémoire sur les coordonnées curvilignes orthogonales. Journal de l'Ecole Polytechnique Bd. 26, S. 157—200.

2. *Lipschitz, R.:* Entwicklung einiger Eigenschaften der quadratischen Formen von *n* Differentialen. Journal für die reine und angew. Mathem. (Crelle) Bd. 71, S. 274—287, 288—295.

1872

1. *Lie, S.:* Komplexe, insbesondere Linien und Kugelkomplexe mit Anwendung auf die Theorie partieller Differentialgleichungen. Mathem. Annalen Bd. 5, S. 145—246.

1874

1. *Lipschitz, R.:* Extrait de six mémoires dans le journal de mathématiques de Borchardt. Bulletin des Sciences Mathém. Bd. 4, S. 97—110, 142—157, 212—224, 297—307, 308—320.

2. *Lipschitz, R.:* Ausdehnung der Theorie der Minimalflächen. Journal für die reine und angew. Mathem. (Crelle) Bd. 78, S. 1—45; vgl. Monatsber. Acad. Berlin 1872, S. 361—367.

1875

1. *Beez, R.:* Zur Theorie des Krümmungsmaßes von Mannigfaltigkeiten höherer Ordnung. Zeitschr. für Mathem. und Physik Bd. 20, S. 423—444; Bd. 21, S. 373—401, 1876.

1877

1. *Frobenius, G.:* Über das Pfaffsche Problem. Journal für die reine und angew. Mathem. (Crelle) Bd. 82, S. 230—315.

1879

1. *Frobenius, G.:* Über homogene totale Differentialgleichungen. Journal für die reine und angew. Mathem. (Crelle) Bd. 86, S. 1—19.

1880

1. *Voss, A.:* Zur Theorie der Transformation quadratischer Differentialausdrücke und der Krümmung höherer Mannigfaltigkeiten. Mathem. Annalen Bd. 16, S. 129—178.

1882

1. *Capelli:* Fondamenti di una teoria generale delle forme algebriche. Memorie Accad. Lincei Bd. 12, S. 1—72.

1884

2. *Ricci, G.:* Principii di una teoria delle forme differenziali quadratiche. Annali di Matem. (II) Bd. 12, S. 135—167.

1885

1. *Killing, W.:* Die nicht-euklidischen Raumformen in analytischer Behandlung. Leipzig: Teubner. XII + 264 S.

1886

1. *Ricci, G.:* Sui parametri e gli invarianti delle forme quadratiche differenziale. Annali di Matem. (II), Bd. 14, S. 1—11.

2. *Ricci, G.:* Sui sistemi di integrali independenti di una equazione lineare ed omogenea a derivate parziali di 1° ordine. Rendiconti Accad. Lincei (IV) Bd. 2 II, S. 119—122, 190—194. Auszug von 1887, 2.

3. *Schur, F.:* Über den Zusammenhang der Räume konstanten Krümmungsmaßes mit den projektiven Räumen. Mathem. Annalen Bd. 27, S. 537—567.

1887

1. *Ricci, G.:* Sulla derivazione covariante ad una forma quadratica differenziale. Rendiconti Accad. Lincei (IV) Bd. 3 I, S. 15—18.

2. *Ricci, G.:* Sui sistemi di integrali indipendenti di una equazione lineare ed omogenea a derivate parziali di 1° ordine. Annali di Matem. (II) Bd. 15, S. 127—159.

3. *Poincaré, H.:* Sur les résidus des intégrales doubles. Acta mathematica Bd. 9, S. 321—380.

1888

1. *Ricci, G.:* Sulla classificazione delle forme differenziali quadratiche. Rendiconti Accad. Lincei (IV) Bd. 4 I, S. 203—207.

2. *Ricci, G.:* Delle derivazione covarianti e contravarianti e del loro uso nell' Analisi applicata. Studi editi della Università di Padova a commemorare l'ottavo Centenario della origine della Università di Bologna, III, Padova, 30 S.

1889

1. *Ricci, G.:* Sopra certi sistemi di funzioni. Rendiconti Accad. Lincei (IV) Bd. 5 I, S. 112—118.

2. *Ricci, G.:* Di un punto della teoria delle forme differenziali quadratiche ternarie. Rendiconti Accad. Lincei (IV) Bd. 5 I, S. 643—651.

3. *Volterra, V.:* Sulle funzioni conjugate. Rendiconti Accad. Lincei (IV) Bd. 5 I, S. 599—611.

4. *Padova, E.:* Sulle deformazioni infinitesimi. Rendiconti Accad. Lincei (IV) Bd. 5 I, S. 174—178.

1890

1. *Lie, S.:* Über die Grundlagen der Geometrie I, II. Ber. sächs. Gesellsch. der Wiss. Leipzig Bd. 42, S. 284—321, 355—418.

2. *Capelli.:* Sur les opérations dans la théorie des formes algébriques. Mathem. Annalen Bd. 37, S. 1—37.

1892

1. *Ricci, G.:* Résumé de quelques travaux sur les systèmes variables des fonctions associés à une forme différentielle quadratique. Bulletin Sciences Mathém. (II) Bd. 16, S. 167—189.

2. *Kühne, H.:* Beitrag zur Lehre von der n-fachen Mannigfaltigkeit. Archiv der Mathem. u. Physik (II) Bd. 11, S. 353—407; auch Dissert. Berlin. 55 S.

3. *Deruyts.:* Essai d'une théorie générale des formes algébriques. Mém. de Liége (II) Bd. 17, S. 1—156.

4. *Killing, W.:* Über die Grundlagen der Geometrie. Journal für die reine und angewandte Mathem. (Crelle) Bd. 109, S. 121—186.

1893

1. *Ricci, G.:* Di alcune applicazioni del calcolo differenziale assoluto alla teoria delle forme differnziale quadratiche binarie e dei sistemi a due variabili. Atti R. Istituto Veneto (VII) Bd. 4, S. 1336—1364.

2. *Deruyts:* Détermination des fonctions invariantes de formes à plusieurs séries de variables. Mém. couronnées et mém. sav. étr. Bruxelles Bd. 53, S. 1—23. (1890—1893.)

3. *Ricci, G.:* Dei sistemi di coordinate atti a ridurre la espressione del quadrato dell' elemento lineare di una superficie alla forma $ds^2 = (U + V)(du^2 + dv^2)$. Rendiconti Accad. Lincei (V) Bd. 2 I, S. 73—81.

1894

1. *Ricci, G.:* Sulla teoria delle linee geodetiche e dei sistemi isotermi di Liouville Atti R. Istituto Veneto (VII) Bd. 5 (= 53), S. 643—681.

2. *Ricci, G.:* Sulla teoria intrinseca delle superficie ed in ispecie di quelle di 2° grado. Atti R. Istituto Veneto (VII) Bd. 5 (= 53), S. 445—488.

1895

1. *Ricci, G.:* Dei sistemi di congruenze ortogonali in una varietà qualunque. Memorie Accad. Lincei (V) Bd. 2, S. 276—322.

2. *Ricci, G.:* Sulla teoria degli iperspazi. Rendiconti Accad. Lincei (V) Bd. 4 II, S. 232—237.

3. *Poincaré, H.:* Analysis situs. Journal de l'Ecole Polytechnique (II) Bd. 1, S. 1—123.

1896

1. *Levi-Civita, T.:* Sulle trasformazioni delle equazioni dinamiche. Annali di Matem. (II) Bd. 24, S. 255—300.

2. *Frobenius, G.:* Über Gruppencharaktere. Sitzungsber. preuß. Akad. Wissensch. Berlin S. 985—1021.

1897

1. *Ricci, G.:* Lezioni sulla teoria delle superficie. Verona-Padova, Frat. Drucker. VIII + 416 S. (Lithographie 1898.)

2. *Ricci, G.:* Sur les systèmes complètement orthogonaux dans un espace quelconque. Comptes Rendus Académie Paris Bd. 125, S. 810—811.

3. *Ricci, G.:* Del teorema de Stokes in uno spazio qualunque a tre dimensioni ed in coordinate generale. Atti R. Istituto Veneto (VII) Bd. 8 (= 56), S. (1536—1539), 1896—1897.

4. *Kommerell, K.:* Die Krümmung der zweidimensionalen Gebilde im ebenen Raum von vier Dimensionen. Dissert.: Tübingen. 53 S.

1898

1. *Ricci, G.:* Sur les groupes continus de mouvements d'une variété quelconque à trois dimensions. Comptes Rendus Académie Paris Bd. 127, S. 344—346.

2. *Ricci, G.:* Sur les groupes continus de mouvements d'une variété quelconque. Comptes Rendus Académie Paris Bd. 127, S. 360—361.

3. *Cotton, E.:* Sur la représentation conforme des variétés à trois dimensions. Comptes Rendus Académie Paris Bd. 127, S. 349—351.

4. *Frobenius, G.:* Über Relationen zwischen den Charakteren einer Gruppe und denen ihrer Untergruppen. Sitzungsber. preuß. Akad. Wissensch. Berlin S. 501—515.

1899

1. *Cartan, E.:* Sur certaines expressions différentielles et le problème de Pfaff. Annales de l'Ecole normale supérieure (III) Bd. 16, S. 239—332.

2. *Méray, Ch.:* Intégration d'une différentielle totale binaire. Annales de l'Ecole normale supérieure (III) Bd. 16, S. 509—520.

3. *Cotton, E.:* Sur les variétés à trois dimensions. Annales Faculté des Sciences Toulouse (II) Bd. 1, S. 385—438; auch Thèse Paris. 54 S.

4. *Bianchi, L.:* Vorlesungen über Differentialgeometrie. Autorisierte deutsche Übersetzung von M. Lukat, 1. Aufl. Leipzig: Teubner. 659 S.

5. *Frobenius, G.:* Über die Composition der Charaktere einer Gruppe. Sitzungsber. preuß. Akad. Wissensch. Berlin S. 330—339.

1900

1. *Weber, E. von:* Vorlesungen über das Pfaffsche Problem und die Theorie der partiellen Differentialgleichungen erster Ordnung. Leipzig: Teubner. XI + 622 S.

2. *Frobenius, G.:* Über die Charaktere der symmetrischen Gruppe. Sitzungsber. preuß. Akad. Wissensch. Berlin S. 516—534.

1901

1. *Ricci, G. et T. Levi-Civita:* Méthodes de calcul différentiel absolu et leurs applications. Mathem. Annalen Bd. 54, S. 125—201, Berichtigungen S. 608. Neudruck (ohne Berichtigungen): Collection de monographies scientifiques étrangères, publiée sous la direction *M. G. Juvet,* professeur à l'université de Neuchâtel, No. 5. Paris: A. Blanchard.

2. *Pascal, E.:* Grundlagen für eine Theorie der Systeme totaler Differentialgleichungen zweiter Ordnung. Mathem. Annalen Bd. 54, S. 400—416.

3. *Young, A.:* On quantitive substitutional analysis. Proceedings Mathem. Soc. London Bd. 33, S. 97—146.

1902

1. *Ricci, G.:* Sui gruppi continui di movimenti in una varietà qualunque a tre dimensioni. Memorie della Soc. ital. d. Sc. (III) Bd. 12, S. 69—92.

2. *Ricci, G.:* Formole fondamentali nella teoria generale di varietà e della loro curvatura. Rendiconti Accad. Lincei (V) Bd. 11^{I}, S. 355—362.

3. *Pascal, E.:* Sulla teoria invariantiva delle espresioni ai differenziali totali di second'ordine, e su di una estensione dei simboli di Christoffel. Rendiconti Accad. Lincei (V) Bd. 11^{II}, S. 105—112.

4. *Pascal, E.:* Trasformazioni infinitesime e forme ai differenziali di second'-ordine. Rendiconti Accad. Lincei (V) Bd. 11^{II}, S. 167—173.

5. *Schoute, P. H.:* Mehrdimensionale Geometrie I. Leipzig: Göschen. 295 S.

6. *Bianchi, L.:* Sui simboli a quattro indice e sulla curvatura di Riemann. Rendiconti Accad. Lincei (V) Bd. 11^II^, S. 3—7.

7. *Finzi, A.:* Le ipersuperficie a tre dimensioni che si possono rappresentare conformemente sullo spazio euclideo. Atti R. Istituto Veneto (VIII) Bd. 5 (= 62), S. 1049—1062. (1902—1903.)

8. *Beltrami, E.:* Opere matematiche publicate per cura della Facoltà di Scienze della R. Università di Roma Bd. I. Milano: U. Hoepli. XII + 437 S.

9. *Young, A.:* On quantitive substitutional Analysis. Proceedings Mathem. Soc. London Bd. 34, S. 361—397.

1903

1. *Ricci, G.:* Sulle superficie geodetiche in una varietà qualunque e in particolare nella varietà a tre dimensioni. Rendiconti Accad. Lincei (V) Bd. 12^{I}, S. 409—420.

2. *Fubini, G.:* Sulla teoria degli spazi che ammettono un gruppo conforme Atti Accad. Torino Bd. 38, S. 262—276 (= 404—418).

3. *Pascal, E.:* Introduzione alla teoria delle forme differenziali di ordine qualunque. Rendiconti Accad. Lincei (V) Bd. 12^{I}, S. 325—332; und die acht anschließenden Arbeiten in Bd. 12^{I} und 12^{II}.

4. *Sinigallia, L.:* I simboli di Christoffel estesi per le forme differenziali di primo ordine e di grado qualunque. Rendiconti Circolo matem. Palermo Bd. 17, S. 287—296.

5. *Pascal, E.:* Siehe 1906, 3 (irrtümlicherweise als 1903 angegeben).

6. *Fubini, G.:* Sui gruppi di trasformazione geodetiche. Memorie Accad. Torino Bd. 53, S. 261—313.

7. *Kühne, H.:* Die Grundgleichungen einer beliebigen Mannigfaltigkeit. Archiv der Mathem. u. Physik (III) Bd. 4, S. 300—311.

8. *Grace, J. H.* and *A. Young:* The Algebra of Invariants. Cambridge University Press. VI + 384 S.

1904

1. *Ricci, G.:* Direzioni e invarianti principali di una varietà qualunque. Atti R. Istituto Veneto (VIII) Bd. 6 (= 63), S. 1233—1239.

2. *Kühne, H.:* Über die Krümmung einer beliebigen Mannigfaltigkeit. Archiv der Mathem. u. Physik (III) Bd. 6, S. 251—260.

3. *Rimini, G.:* Sugli spazi a tre dimensioni che ammettono un gruppo a quattro parametri di movimenti, Annali R. Scuola Norm. Pisa Bd. 9, 57 S.

1905

1. *Ricci, G.:* Sui gruppi continui di movimenti rigidi negli iperspazii. Rendiconti Accad. Lincei (V) Bd. 14^{II}, S. 487—491.

2. *Fubini, G.:* Sulle coppie di varietà geodeticamente applicabili. Rendiconti Accad. Lincei (V) Bd. 14^{I}, S. 678—683; Bd. 14^{II}, S. 315—322.

3. *Sinigallia, L.:* Sugli invarianti differenziali. Rendiconti Circolo matem. Palermo Bd. 19, S. 161—184.

4. *Kommerell, K.:* Riemannsche Flächen im ebenen Raum von vier Dimensionen. Mathem. Annalen Bd. 60, S. 546—596; auch: Programm Nr. 707 Karlsgymnasium Heilbronn. 49 S.

1906

1. *Brouwer, L. E. J.:* Meerdimensionale vectordistributies. Verslagen Kon. Akad. v. Wetenschappen Amsterdam Bd. 15, S. 14—26. — Englisch: Polydimensional Vectordistributions, Proceedings Kon. Akad. v. Wetensch. Amsterdam Bd. 9, S. 66—78.

2. *Brouwer, L. E. J.:* Het krachtveld der nieteuklidische negatief gekromde ruimten. Verslagen Kon. Akad. v. Wetenschappen Amsterdam Bd. 15, S. 75—94. — Englisch: The force field of the non-Euclidean spaces with negative curvature. Proceedings Kon. Akad. v. Wetenschappen Amsterdam Bd. 9, S. 116—133.

3. *Pascal, E.:* Sulla equivalenza di due sistemi di forme differenziali multilineari, e su quella di due forme differenziali complete di 2° ordine. Rendiconti Circolo matem. Palermo Bd. 22, S. 97—105.

1907

1. *Wilczynski, E. J.:* Differential geometry of curved surfaces. Transactions American Mathem. Soc. Bd. 8, S. 233—260.

2. *Petr, K.:* Über eine Reihenentwicklung für algebraische Formen. Bulletin intern. Prague Bd. 12, S. 163—191.

1908

1. *Wright, J. E.:* Invariants of quadratic differential forms. Cambridge Tracts Nr. 9. 90 S.

2. *Wilczynski, E. J.:* Projective differential geometry of curved surfaces. Transactions American Mathem. Soc. Bd. 9, S. 79—120, 293—315.

3. *Gödt, W.:* Über die Entwicklung binärer Formen mit mehreren Variablen. Arch. f. Mathem. u. Phys. Bd. 13, S. 1—12.

1909

1. *Fubini, G.:* Sulle rappresentazioni che conservano le ipersfere. Annali di Matem. (III) Bd. 16, S. 141—160.

1910

1. *Ricci, G.:* Sulla determinazione di varietà dotate di proprietà intrinseche date a priori. Rendiconti Accad. Lincei (V) Bd. 19^I, S. 181—187; Bd. 19^II, S. 85—90.

2. *Ricci, G.:* Sulla determinazione di varietà che godono di proprietà intrinseche prestabilite. Atti Società ital. progr. sc. Bd. 3, S. 477—480.

3. *Pascal, E.:* Repertorium der höheren Mathematik. Analysis. I. Band, 2. Aufl. Leipzig und Berlin: Teubner. 527 S.

4. *Cisotti, U.:* Sopra le congruenze rettilinee solenoidali. Rendiconti Accad. Lincei (V) Bd. 19^I, S. 325—329.

1912

1. *Ricci, G.:* Di un metodo per la determinazione di un sistema completo di invarianti per un dato sistema di forme. Rendiconti Circolo matem. Palermo Bd. 33, S. 194—200.

2. *Rothe, H.:* Über Komplexgrößen 2ter und $(\nu - 2)^{\text{ter}}$ Stufe in einem Hauptgebiet ν^{ter} Stufe und die durch sie bestimmten linearen Komplexe. Sitzungsber. Akad. Wien, Abt. IIa Bd. 121, S. 1015—1050.

3. *Ricci, G.:* Della trasformazione delle forme differenziali quadratiche. Rendiconti Accad. Lincei (V) Bd. 21^I, S. 527—532.

1913

1. *Kéraval, E.:* Sur une famille de systèmes triplement orthogonaux. Comptes Rendus Académie Paris Bd. 157, S. 905—908.

2. *Demoulin, A.:* Sur une propriété caractéristique des familles de Lamé. Comptes Rendus Académie Paris Bd. 157, S. 1050—1053.

1914

1. *Kéraval, E.:* Sur une famille de systèmes triplement orthogonaux. Comptes Rendus Académie Paris Bd. 158, S. 238—241.

2. *Bompiani, E.:* Forma geometrica delle condizioni per la deformabilità delle ipersuperficie. Rendiconti Accad. Lincei (V) Bd. 23^I, S. 126—131.

3. *Fouché, M.:* Sur les champs de force, dont les lignes de force sont planes. Journal de l'École Polytechn. Bd. 18, S. 1—185.

4. *Schouten, J. A.:* Zur Klassifizierung der associativen Zahlensysteme. Math. Annalen Bd. 76, S. 1—66; Zusätze Bd. 77, S. 307. 1916; Bd. 78, S. 218—220. 1917.

1915

1. *Wilczynski, E. J.:* Über Flächen mit unbestimmten Direktrixkurven. Mathem. Annalen Bd. 76, S. 129—160.

1916

1. *Hessenberg, G.:* Vektorielle Begründung der Differentialgeometrie. Mathem. Annalen Bd. 78, S. 187—217.

2. *Hitchcock, F. L.:* A classification of quadratic vectors. Proceedings American Acad. Arts and Sc. Bd. 52, S. 372—454.

1917

1. *Levi-Civita, T.:* Nozione di parallelismo in una varietà qualunque e conseguente specificazione geometrica della curvatura Riemanniana. Rendiconti Circolo Matem. Palermo Bd. 42, S. 173—205.

2. *Pick, G.:* Über affine Geometrie IV. Differentialinvarianten der Flächen gegenüber affinen Transformationen. Berichte sächs. Akad. Leipzig Bd. 69, S. 107—136.

3. *Schouten, J. A.:* Over de invoering van ideale elementen. Handelingen 16e Nederl. Natuur- en Gen. Congres S. 149—159.

1918

1. *Schouten, J. A.:* Die direkte Analysis zur neueren Relativitätstheorie. Verhandelingen Kon. Akad. v. Wetenschappen Amsterdam Bd. 12, Nr. 6. 95 S.

2. *Weyl, H.:* Reine Infinitesimalgeometrie. Math. Zeitschrift Bd. 2, S. 384—411.

3. *Schouten, J. A.:* Over het aantal graden van vrijheid van het geodetisch meebewegende assenstelsel en de omvattende euklidische ruimte met het geringste aantal afmetingen. Verslagen Kon. Akad. v. Wetenschappen Amsterdam Bd. 27, S. 16—22.

Englisch: On the number of degrees of freedom of the geodetically moving systems and the enclosing euclidean space with the least possible number of dimensions. Proceedings Kon. Akad. v. Wetenschappen Amsterdam Bd. 21, S. 607—613.

4. *Fubini, G.:* I differenziali controvarianti. Atti Accad. Torino Bd. 54, S. 5—7.

5. *Finsler, P.:* Über Kurven und Flächen in allgemeinen Räumen. Dissert.: Göttingen. 121 S.

6. *Noether, E.:* Invarianten beliebiger Differentialausdrücke. Göttinger Nachrichten S. 37—44.

7. *Weitzenböck, R.:* Zur projektiven Differentialgeometrie analytischer Flächen. Sitzungsber. Akad. Wien IIa, Bd. 127, S. 1529—1558.

8. *Bianchi, L.:* Lezioni sulla teoria dei gruppi continui finiti di trasformazioni. Pisa: E. Spoerri. VI + 590 S.

9. *Ricci, G.:* Sulle varietà a tre dimensioni dotate di terne principali di congruenze geodetiche. Rend. Accad. Lincei (V) Bd. 27I, S. 21—28, 75—87.

10. *Ricci. G.:* Della varietà a tre dimensioni con terne ortogonali di congruenze a rotazioni costanti. Rend. Accad. Lincei (V) Bd. 27II, S. 36—44.

1919

1. *Schouten, J. A* en *D. J. Struik:* Over n-voudig orthogonale stelsels van $(n-1)$-dimensionale uitgebreidheden in een algemeene uitgebreidheid van n afmetingen. Verslagen Kon. Akad. v. Wetenschappen Amsterdam Bd. 28, S. 201—212, 425—463.

Englisch: On n-tuple orthogonal systems of $(n-1)$-dimensional manifolds in a general manifold of n dimensions. Proceedings Kon. Akad. v. Wetenschappen Amsterdam Bd. 22, S. 596—605, 684—695.

2. *König, R.:* Über affine Geometrie XXIV. Ein Beitrag zu ihrer Grundlegung. Ber. sächs. Gesellsch. der Wiss. Leipzig Bd. 71, S. 3—19.

3. *Cartan, E.:* Sur les variétés de courbure constante d'un espace euclidien ou non euclidien. Bulletin soc. mathém. France Bd. 47, S. 125—160.

4. *Brouwer, L. E. J.:* Opmerkingen over meervoudige integralen. Verslagen Kon. Akad. v. Wetenschappen Amsterdam Bd. 28, S. 116—120.

Englisch: Remark on Multiple Integrals. Proceedings Kon. Akad. v. Wetenschappen Amsterdam Bd. 22, S. 150—154. 1920.

5. *Weyl, H.:* Raum, Zeit, Materie, 3. Aufl. Berlin: Julius Springer.

6. *Schouten, J. A.:* Over reeksontwikkelingen van ko- en kontravariante grootheden van hoogeren graad bij de lineaire homogene groep. Versl. Kon. Akad. v. Wetensch. Amsterdam Bd. 27, S. 1277—1292.

Englisch: On expansions in series of covariant and contravariant quantities of higher degree under the linear homogeneous group. Proceedings Kon. Akad. v. Wetenschappen Amsterdam Bd. 22, S. 251—266.

7. *Schouten, J. A.:* Over reeksontwikkelingen van algebraische vormen met verschillende rijen van variabelen van verschillenden graad. Versl. Kon. Akad. v. Wetenschappen Amsterdam Bd. 27, S. 1481—1495.

Englisch: On expansions in series of algebraic forms with different sets of variables of different degree. Proceedings Kon. Akad. v. Wetenschappen Amsterdam Bd. 22, S. 269—282.

1920

1. *König, R.:* Beiträge zu einer allgemeinen Mannigfaltigkeitslehre. Jahresber. d. Deutschen Mathem. Verein. Bd. 28, S. 213—228.

2. *Berwald, L.:* Über affine Geometrie XXVII. Liesche F_2, Affinnormale und mittlere Affinkrümmung. Mathem. Zeitschrift Bd. 8, S. 63—78.

3. *Fubini, G.:* Differenziali controvarianti. Rendiconti Accad. Lincei Bd. 29^{II}, S. 118—120.

4. *Cartan, E.:* Sur les variétés de courbure constante d'un espace euclidien ou non euclidien. Bulletin Soc. mathém. France Bd. 47, S. 125—160. 1919; Bd. 48, S. 132—208. 1920.

5. *Ricci, G.:* Della integrazióne dei sistemi di equazioni ai differenziali totali. Atti R. Istituto Veneto Bd. 81, S. 179—183. (1920/21.)

1921

1. *Eddington, A. S.:* A Generalisation of Weyls Theory of the Electromagnetic and Gravitational Fields. Proceedings Royal Society A. Bd. 99, S. 104—122.

2. *Schouten, J. A.:* Über die konforme Abbildung n-dimensionaler Mannigfaltigkeiten mit quadratischer Maßbestimmung auf eine Mannigfaltigkeit mit euklidischer Maßbestimmung. Mathem. Zeitschrift Bd. 11, S. 58—88.

3. *Weyl, H.:* Zur Infinitesimalgeometrie: Einordnung der projektiven und der konformen Auffassung. Göttinger Nachrichten 1921, S. 99—112.

4. *Weyl, H.:* Raum, Zeit, Materie, 4. Aufl. Berlin: Julius Springer. 300 S.

5. *Segre, C.:* Mehrdimensionale Räume. Encykl. Mathem. Wissensch. III C 7.

6. *Bach, R.:* Zur Weylschen Relativitätstheorie und der Weylschen Erweiterung des Krümmungsbegriffs. Mathem. Zeitschrift Bd. 9, S. 110—135.

7. *Schouten, J. A.* and *D. J. Struik:* On some properties of general manifolds relating to Einstein's theory of gravitation. Amer. Journal of Mathem. Bd. 43, S. 213—216.

8. *Finzi, A.:* Sulla representabilità conforme di due varietà ad n dimensioni l'una sull'altra. Atti R. Istituto Veneto Bd. 80^{II}, S. 777—789.

9. *Schouten, J. A.* und *D. J. Struik:* Über das Theorem von Malus-Dupin und einige verwandte Theoreme in einer n-dimensionalen Mannigfaltigkeit mit beliebiger quadratischer Maßbestimmung. Rendiconti Circolo Matem. Palermo Bd. 45, S. 313—331.

10. *Schouten, J. A.* and *D. J. Struik:* On Curvature and Invariants of Deformation of a V_m in V_n. Proceedings Kon. Akad. v. Wetenschappen Amsterdam Bd. 24, S. 146—161.

11. *Laue, M. von:* Die Relativitätstheorie. II. Die allgemeine Relativitätstheorie und Einsteins Lehre von der Schwerkraft. Braunschweig: Vieweg & Sohn. XII + 276 S.

12. *Riemann, B.:* Über die Hypothesen, welche der Geometrie zu Grunde liegen. Neu herausgegeben und erläutert von *H. Weyl.* Berlin: Julius Springer. 47 S.

13. *Juvet, G.:* Les formules de Frenet dans un espace généralisé de Weyl. Bulletin Soc. neuchâteloise des sc. nat. Bd. 46. 1920—21; vgl. auch Comptes Rendus Académie Paris Bd. 172, S. 1647—1650. 1921.

1922

1. *Weyl, H.:* Die Einzigartigkeit der Pythagoreischen Maßbestimmung. Mathem. Zeitschrift Bd. 12, S. 114—146.

2. *Schouten, J. A.:* Über die verschiedenen Arten der Übertragung, die einer Differentialgeometrie zu Grunde gelegt werden können. Mathem. Zeitschrift Bd. 13, S. 56—81; Nachtrag ebenda Bd. 15, S. 168.

3. *Goursat, E.:* Leçons sur le problème de Pfaff. Paris: J. Hermann. 386 S.

4. *Wirtinger, W.:* On a general infinitesimal geometry in reference to the theory of relativity. Transactions Philosoph. Soc. Cambridge Bd. 22, S. 439—448.

5. *Struik, D. J.:* Grundzüge der mehrdimensionalen Differentialgeometrie in direkter Darstellung. Berlin: Julius Springer. 198 S.

6. *Schouten, J. A.* und *D. J. Struik:* Einführung in die neueren Methoden der Differentialgeometrie Christiaan Huygens Bd. I, S. 333—353; Bd. II, S. 1—24, 155—171, 291—306. 1923.

7. *Eisenhart, L. P.* and *O. Veblen:* The Riemann geometry and its generalisation. Proceedings Nat. Acad. of Science U. S. A. Bd. 8, S. 19—23.

8. *Eisenhart, L. P.:* Fields of parallel vectors in the geometry of paths. Proceeding Nat. Acad. of Science U. S. A. Bd. 8, S. 207—212.

9. *Veblen, O.:* Normal coördinates for the geometry of paths. Proceedings Nat. Acad. Science U. S. A. Bd. 8, S. 192—197.

10. *Eisenhart, L. P.:* Spaces with corresponding paths. Proceedings Nat. Acad. of Science U. S. A. Bd. 8, S. 233—238.

11. *Weitzenböck, R.:* Neuere Arbeiten der algebraischen Invariantentheorie. Differentialinvarianten. Encycl. Mathem. Wissensch. III D 10 (E 1), 71 S.

12. *Weyl, H.:* Zur Infinitesimalgeometrie: p-dimensionale Fläche im n-dimensionalen Raum. Mathem. Zeitschrift Bd. 12, S. 154—160.

13. *Berwald, L.:* Die Grundgleichungen der Hyperflächen im euklidischen Raum gegenüber den inhaltstreuen Affinitäten. Monatshefte f. Mathem. u. Physik Bd. 32, S. 89—106.

14. *Berwald, L.:* Zur Geometrie einer n-dimensionalen Riemannschen Mannigfaltigkeit im $(n + 1)$-dimensionalen euklidisch-affinen Raum. Jahresber. d. Deutschen Mathem. Verein. Bd. 31, S. 162—170.

15. *Blaschke, W.* und *K. Reidemeister:* Über die Entwicklung der Affingeometrie. Jahresber. d. Deutschen Mathem. Verein. Bd. 31, S. 63—82.

16. *Finzi, A.:* Sulle varietà in rappresentazione conforme con la varietà euclidea a più di tre dimensioni. Rendiconti Accad. Lincei (V) Bd. 31^{I}, S. 8—12.

17. *Cartan, E.:* Sur les équations de la gravitation d'Einstein. Journal de mathém. pures et appl. (Liouville) (9) Bd. 1, S. 141—203. Separatausgabe: Paris: Gauthier-Villars. 65 S.

18. *Schouten, J. A.* und *D. J. Struik:* Über Krümmungseigenschaften einer m-dimensionalen Mannigfaltigkeit, die in einer n-dimensionalen Mannigfaltigkeit

mit beliebiger quadratischer Maßbestimmung eingebettet ist. Rendiconti Circolo Matem. Palermo Bd. 46, S. 165—184.

19. *Radon, J.:* Über statische Gravitationsfelder. Abhandl. Mathem. Seminar Hamburg Bd. 1, S. 268—280.

20. *Cartan, E.:* Leçons sur les invariants intégraux. Paris: J. Hermann. X + 210 S.

21. *Lipka, J.:* Sui sistemi *E* nel calcolo differenziale assoluto. Rendiconti Accad. Lincei Bd. 31^{I}, S. 242—245.

22. *Vitali, G.:* Sul parallelismo di Levi Civita, Rendiconti Accad. Lincei (V) Bd. 31^{II}, S. 86—88.

23. *Schouten, J. A.* und *D. J. Struik:* Berichtigung zur Mitteilung über das Theorem von Malus-Dupin. Rendiconti Circolo Matem. Palermo Bd. 46, S. 346.

24. *Ricci, G.:* Un teorema sulle sustituzioni lineari. Atti e Memorie della R. Accad. di Scienze, Lettere ed Arti in Padova. XXXVIII S.

25. *Ricci, G.:* Reducibilità delle quadratiche differenziale e ds^2 della statica einsteiniana. Rendiconti Accad. Lincei (V) Bd. 31^{I}, S. 65—71.

1923

1. *Weitzenböck, R.:* Invariantentheorie. Groningen: Noordhoff. 408 S.

2. *Weyl, H.:* Raum, Zeit, Materie, 5. Aufl. Berlin: Julius Springer.

3. *Schouten, J. A.:* Über die Bianchische Identität für symmetrische Übertragungen. Mathem. Zeitschrift Bd. 17, S. 111—115.

4. *Schouten, J. A.:* Über die Einordnung der Affingeometrie in die Theorie der höheren Übertragungen. Mathem. Zeitschrift Bd. 17, S. 161—182, 183—188.

5. *Einstein, A.:* Zur allgemeinen Relativitätstheorie. Sitzungsber. preuß. Akad. Wissensch. Berlin 1923, S. 32—38.

6. *Einstein, A.:* Bemerkung zu meiner Arbeit „Zur allgemeinen Relativitätstheorie". Sitzungsber. preuß. Akad. Wissensch. Berlin 1923, S. 76—77.

7. *Eddington, A. S.:* The mathematical theory of relativity. Cambridge University Press. 247 S.

8. *Cartan, E.:* Sur un théorème fondamental de M. H. Weyl. Journal de Mathém. pures et appl. (Liouville) (IX) Bd. 2, S. 167—192; vgl. auch Comptes Rendus Académie Paris Bd. 175, S. 82—85.

9. *Schouten, J. A.* and *D. J. Struik:* Note on Mr. Harward's paper on the Identical Relations in Einstein's Theory. Philos. Magazine Bd. 47 (1924).

10. *Blaschke, W.:* Vorlesungen über Differentialgeometrie und geometrische Grundlagen von Einsteins Relativitätstheorie. II. Affine Differentialgeometrie, bearbeitet von *K. Reidemeister.* Berlin: Julius Springer. IX + 259 S.

11. *Finzi, A.:* Sulla curvatura conforme di una varietà. Rendiconti Accad. Lincei (V) Bd. 32^{I}, S. 215—218.

12. *Lagrange, R.:* Sur le calcul differentiel absolu. Thèse Paris. 69 S.

13. *Schouten, J. A.* et *D. J. Struik:* Un théorème sur la transformation conforme dans la géometrie différentielle à *n* dimensions. Comptes Rendus Acad. Paris Bd. 176, S. 1597—1600.

14. *Mehmke, R.:* Einige Sätze über Matrizen. Journal für die reine u. angew. Mathem. (Crelle) Bd. 152, S. 33—39.

15. *van der Woude, W.:* Over den lichtweg in de algemeene relativiteitstheorie. Versl. Kon. Akad. v. Wetenschappen Amsterdam Bd. 31, S. 373—377.

Englisch: On the lightpath in the general theory of relativity. Proceedings Kon. Akad. v. Wetenschappen Amsterdam Bd. 25, S. 288—292.

17. *Veblen, O.:* Equiaffine geometry of paths. Proceedings Nat. Acad. of Science U. S. A. Bd. 9, S. 3—4.

18. *Eisenhart, L. P.:* Affine geometry of paths possessing an invariant integral. Proceedings Nat. Acad. of Science U. S. A. Bd. 9, S. 4—7.

19. *Einstein, A.:* Zur affinen Feldtheorie. Sitzungsber. preuß. Akad. Berlin S. 137—140.

20. *Schouten, J. A.:* Over een niet-symmetrische affine veldtheorie. Versl. Kon. Akad. v. Wetenschappen Amsterdam Bd. 32, S. 842—849.

Englisch: On a non-symmetrical affine field theory. Proceedings Kon. Akad. v. Wetenschappen Amsterdam Bd. 26, S. 850—857.

Auszug: Physica, Nederlandsch Tijdschr. v. Natuurkunde Bd. 3, 1923, S. 365—369.

21. *Schouten, J. A.:* Über die Anwendung der allgemeinen Reihenentwicklung auf eine bestimmte quaternäre Form sechsten Hauptgrades. Rendiconti Circolo Matem. Palermo Bd. 47.

22. *Ricci, G.:* Di una proprietà caratteristica delle congruenze di linee tracciate sulla sfera di raggio eguale a 1. Rend. Accad. dei Lincei (V) Bd. 32, S. 265—267.

Namen- und Sachverzeichnis[1]).

[1]) Fette Zahlen deuten Definitionen oder wichtige Theoreme an.

Druckfehlerberichtigungen.

Seite 2, Zeile 2 von unten. In der Aufzählung ist der vierte mit dem fünften Abschnitt verwechselt.

Seite 3, Zeile 6 von unten steht sechs, zu lesen sieben.

Seite 32. In (53) und den letzten 8 Zeilen ist überall l mit h und v mit w zu vertauschen.

Seite 33, Zeile 1 von oben steht $h^{\varkappa\lambda} l_{\lambda\mu}$, zu lesen $l^{\varkappa\lambda} h_{\lambda\mu}$. In (56) ist statt v^ν zu lesen w^ν.

Seite 51, Zeile 11 von unten steht $\overset{u}{v}{}^{\lambda_1 \dots \lambda_p}$, zu lesen $\overset{u}{v}_{\lambda_1 \dots \lambda_p}$.

Seite 59, Aufgabe 4 steht von v^ν, zu lesen von v^ν und w_λ.

Seite 60, Aufgabe 9 steht $V^{\nu m]}_{\cdot\ \alpha_m}$, zu lesen $V^{\nu m]}_{\cdot\ \alpha_m]}$.

Seite 66 (16) rechts steht $+$, zu lesen $-$.

Seite 71, Zeile 8 von unten. Hinter dies einzufügen: für inzidenzinvariante Übertragungen.

Seite 72, Zeile 2 von oben. Hinter dann einzufügen: bei einer inzidenzinvarianten Übertragung.

Seite 84 (109) erste Zeile, das eingeklammerte zu lesen:

$$R_{\omega\mu\alpha}^{\cdot\ \cdot\ \cdot\ \nu} A_\lambda^\alpha - R'^{\cdot\ \cdot\ \cdot\ \alpha}_{\omega\mu\lambda} A_\alpha^\nu .$$

Seite 85 (114) steht $)\} \nabla_\alpha w_\lambda$, zu lesen $) \nabla_\alpha w_\lambda\}$.

Seite 91 (162), (163 a) (163 b) steht dreimal R statt R'.

Seite 93 (177) steht $) \nabla_\alpha w_\lambda$, zu lesen $\nabla_\alpha w_\lambda)$.

Seite 101 letzte Zeile steht $\underset{v}{v}{}^\nu$, zu lesen $\underset{u}{v}{}^\nu$.

Seite 102, Aufg. 4. Statt $R_{\mu\ \alpha]\ \beta}^{\cdot\ \cdot\ \cdot\ \gamma}$ zweimal zu lesen $R'^{\cdot\ \cdot\ \cdot\ \gamma}_{\mu\ \alpha]\ \beta}$.

Seite 129 (3) in der ersten Zeile hinzuzufügen:

$$-A_\lambda^\nu \frac{\partial p_\mu}{\partial x^\omega} - A_\mu^\nu \frac{\partial p_\lambda}{\partial x^\omega},$$

in der vierten Zeile steht $\Gamma_{\lambda\omega}^\nu$, zu lesen $\Gamma_{\varkappa\omega}^\nu$.

Seite 130 (9) steht p_λ, zu lesen p_μ.

Seite 140, Zeile 1 von oben die Worte „wie $h_{\mu\lambda}$" zu streichen, und statt σ zu lesen σ^{-1}.

Seite 152, Zeile 15 von oben steht E_3, zu lesen X_3.

Seite 165 letzte Zeile steht ∂x^{a_n}, zu lesen $\partial^2 x^{a_n}$.

Seite 240, Zeile 3 von unten steht $\underset{3}{\circ}$, zu lesen $\underset{3}{\bullet}$.

MIX
Papier aus verantwortungsvollen Quellen
Paper from responsible sources
FSC® C105338

If you have any concerns about our products,
you can contact us on
ProductSafety@springernature.com

In case Publisher is established outside the EU,
the EU authorized representative is:
Springer Nature Customer Service Center GmbH
Europaplatz 3, 69115 Heidelberg, Germany

Printed by Libri Plureos GmbH
in Hamburg, Germany